Introdução à
Combustão

O autor

Stephen R. Turns graduou-se em engenharia mecânica pela The Pennsylvania State University em 1970, finalizou seu mestrado na Wayne State University em 1974 e seu doutorado na University of Wisconsin at Madison em 1979. Trabalhou como engenheiro pesquisador no General Motors Research Laboratories de 1970 a 1975. Tornou-se professor assistente da Penn State em 1979 e atualmente é professor titular do Departamento de Engenharia Mecânica. O Prof. Turns leciona diversas disciplinas na área de ciências térmicas e foi agraciado com inúmeras distinções por excelência em ensino na Penn State. Pesquisador ativo na área de combustão, com muitas publicações, ele é membro do The Combustion Institute, da American Society of Mechanical Engineers, do American Institute of Aeronautics and Astronautics, da American Society of Engineering Education e da Society of Automotive Engineers.

T956i   Turns, Stephen R.
             Introdução à combustão : conceitos e aplicações / Stephen R. Turns ; tradução: Amir Antônio Martins de Oliveira Júnior ; [revisão técnica: Amir Antônio Martins de Oliveira Júnior].
         – 3. ed. – Porto Alegre : AMGH, 2013.
             xvi, 404 p. : il. ; 25 cm.

             ISBN 978-85-8055-274-4

             1. Combustão. I. Título.

                                                        CDU 662.61

Catalogação na publicação: Ana Paula M. Magnus – CRB 10/2052

Stephen R. Turns

Introdução à
Combustão
Conceitos e aplicações

3ª ED.

Tradução:
Amir Antônio Martins de Oliveira Júnior
Engenheiro Mecânico pela UFSC
Doutor em Engenharia Mecânica pela The University of Michigan at Ann Arbor
Professor Adjunto do Departamento de Engenharia Mecânica da UFSC
Membro do Comitê Científico da Rede Nacional de Combustão

McGraw Hill Education

bookman

AMGH Editora Ltda.
2013

Obra originalmente publicada sob o título *An Introduction to Combustion: Concepts and Applications*, 3rd Edition
ISBN 0073380199 / 9780073380193

Original edition copyright ©2012, The McGraw-Hill Global Education Holdings, LLC., New York, New York 10020. All rights reserved.

Portuguese language translation copyright ©2013, AMGH Editora Ltda., a Grupo A Educação S.A. company.
All rights reserved.

Gerente editorial: *Arysinha Jacques Affonso*

Colaboraram nesta edição:

Editora: *Verônica de Abreu Amaral*

Capa: *Maurício Pamplona*

Leitura final: *Mônica Stefani*

Assistente editorial: *Danielle Oliveira da Silva Teixeira*

Editoração: *Techbooks*

Reservados todos os direitos de publicação, em língua portuguesa, à
AMGH EDITORA LTDA., uma parceria entre GRUPO A EDUCAÇÃO S.A. e
McGRAW-HILL EDUCATION
Av. Jerônimo de Ornelas, 670 – Santana
90040-340 – Porto Alegre – RS
Fone: (51) 3027-7000   Fax: (51) 3027-7070

É proibida a duplicação ou reprodução deste volume, no todo ou em parte, sob quaisquer formas ou por quaisquer meios (eletrônico, mecânico, gravação, fotocópia, distribuição na Web e outros), sem permissão expressa da Editora.

Unidade São Paulo
Av. Embaixador Macedo Soares, 10.735 – Pavilhão 5 – Cond. Espace Center
Vila Anastácio – 05095-035 – São Paulo – SP
Fone: (11) 3665-1100   Fax: (11) 3667-1333

SAC 0800 703-3444 – www.grupoa.com.br

IMPRESSO NO BRASIL
PRINTED IN BRAZIL

Este livro é dedicado a Joan Turns.

Em contraste, as primeiras chamas tremulando na entrada de uma caverna são a nossa própria descoberta, a nossa conquista, o nosso domínio do invisível poder químico.
O fogo controlado, naquele lugar de escuridão brutal e sombras que atacam e devoram, o cadinho e a retorta química, o vapor e a indústria.
Ele encerrava em si mesmo todo o futuro da humanidade.

Loren Eiseley,
O Universo Inesperado

Apresentação à Edição Brasileira

Em um processo de combustão, as ligações químicas nas moléculas de um combustível e de um oxidante são rompidas, os átomos presentes são reorganizados na forma de produtos de combustão, novas ligações são feitas e como resultado, além dos produtos de combustão, existe a liberação de energia térmica. Portanto, combustão é a conversão de um combustível em energia, na forma de calor e luz, e energia é chave para o crescimento, promoção de desenvolvimento social e seguridade econômica.

Hoje, 80% da oferta de energia no Brasil é convertida em processos de combustão, cerca de 2/3 a partir de combustíveis fósseis e 1/3 a partir de combustíveis renováveis. Isso equivale a 8,6 EJ (1 EJ corresponde a 10^{18} Joule). Esse valor pode ser comparado, por exemplo, à geração anual recorde da usina de Itaipu que ocorreu em 2012. Convertendo a energia total gerada por Itaipu durante 2012 em Joules, observamos que o total de energia gerado no Brasil por processos de combustão equivale a 24 Itaipus. Desse total, 40% é usado na indústria e 30% nos transportes. Setores industriais importantes para economia e infraestrutura, como químico e petroquímico, ferro, aço, cimento, metais e alimentos, são intensivos em energia. Praticamente todo o setor de transporte funciona com energia gerada em processos de combustão.

Portanto, combustão é um fenômeno subjacente à nossa existência e não somente compõe o custo dos bens que consumimos, mas define a nossa própria possibilidade de crescimento. Essa quantidade de energia, imensa no cenário brasileiro, é apenas 4% da energia convertida no mundo em processos de combustão. Enquanto a intensidade energética nos Estados Unidos situa-se ao redor de 7,9 tep/hab (tonelada equivalente de petróleo por habitante), a média mundial é 1,8 tep/hab, e a média na América do Sul é 1,2 tep/hab. Previsões otimistas de crescimento projetam uma média mundial de 1,9 tep/hab em 2020, indicando que um dos parâmetros essenciais para definir a magnitude do crescimento possível nos próximos anos será a energia consumida para gerar as coisas que precisamos, ou seja, a eficiência. Aumentar a eficiência requer melhores combustíveis, melhor integração de processos e melhor tecnologia. O crescimento sustentável requer que se minimizem os impactos ambientais e se fixe o crescimento atual com olhos nas necessidades das gerações futuras.

O estudo da combustão permite que o engenheiro trabalhe no aumento da eficiência em sistemas e processos; no projeto e construção de equipamentos visando maior eficiência, proteção do ambiente e da saúde humana; no desenvolvimento e domínio do conhecimento para a criação de cadeias econômicas fortes, com enfoque em tecnologia e inovação. Não bastasse a importância do assunto, ele é intelectualmente estimulante, vista a natureza multidisciplinar do estudo da combustão, envolvendo conceitos da formação das substâncias, dos escoamentos, das transferências de calor e massa, da análise matemática, da simulação computacional, dos materiais, do meio ambiente, da atmosfera, da biologia e da saúde humana. Basta uma olhada no programa do *International Symposium on Combustion* para verificarmos a amplitude e diversidade dos temas estudados na área de combustão.

Esta obra acolhe o estudante e o praticante de combustão com o cuidado que ele merece, fruto da experiência do autor de mais de 30 anos na prática e no ensino de combustão. Este livro alia a linguagem fácil ao conteúdo preciso e abrangente, ilustrado por exemplos típicos do cotidiano do praticante na área. Para o iniciante, espero que esse seja o princípio de uma interessante e frutífera viagem.

Amir Antônio Martins de Oliveira Júnior
Professor do Dep. de Engenharia Mecânica da UFSC
Membro do Comitê Científico da Rede Nacional de Combustão

Prefácio à Terceira Edição

A terceira edição mantém os objetivos principais das edições anteriores: primeiro, apresentar conceitos básicos de combustão usando análises relativamente simples e de fácil entendimento; segundo, introduzir uma grande variedade de aplicações que invocam ou relacionam os vários conceitos teóricos. O objetivo primordial é oferecer um livro que seja útil, tanto para o aluno formalmente matriculado em cursos de graduação ou em cursos introdutórios de pós-graduação nas engenharias, quanto para o estudo informal dos engenheiros envolvidos com as aplicações da combustão.

O fio condutor das revisões nesta edição é a adição e atualização de tópicos relacionados ao uso da energia, à proteção ao meio ambiente, incluindo as mudanças climáticas, e ao uso dos novos combustíveis. Nessa direção, o Capítulo 1 inclui mais informações detalhadas sobre as fontes de energia, e a geração e o uso de eletricidade. O Capítulo 4 contém novas seções dedicadas aos mecanismos reduzidos, à catálise e às reações heterogêneas. Como os mecanismos químicos detalhados para a combustão e a formação de poluentes têm crescido em complexidade, é maior a necessidade de mecanismos reduzidos robustos. O tratamento catalítico pós-combustão dos gases de exaustão firmou-se como o procedimento padrão para o controle de emissões de motores a combustão interna de ignição por centelha e está também avançando como estratégia de tratamento das emissões dos motores a combustão interna de ignição por compressão. A combustão catalítica é interessante também em algumas aplicações. Esses fatores foram as principais razões para a inclusão das novas seções do Capítulo 4. As mudanças no Capítulo 5 refletem o progresso alcançado recentemente no desenvolvimento de mecanismos detalhados para os combustíveis usados nas aplicações em mobilidade. Outras mudanças são a atualização do mecanismo de cinética química para a combustão do metano (GRI Mech) incluindo a química detalhada do nitrogênio e a adição de uma nova seção apresentando um mecanismo reduzido para a combustão de metano com a formação de óxido nítrico. As mudanças no Capítulo 9 refletem os avanços nas técnicas experimentais e de modelagem, empregadas no estudo das chamas laminares não pré-misturadas.

O programa computacional, fornecido nas edições anteriores em um disquete, está disponível no *site* da editora, em www.grupoa.com.br. O portal também contém o manual de solução para o instrutor, uma biblioteca de imagens e arquivos de códigos exclusivos para o professor em inglês. Procure pelo livro no nosso catálogo e acesse a Área do Professor por meio de um cadastro.

Espero que esta nova edição continue a servir bem àqueles que usaram as edições anteriores e que as modificações realizadas aumentem a utilidade do livro.

Stephen R. Turns
University Park, PA

Agradecimentos

Muitas pessoas apoiaram e dedicaram tempo e energia às várias edições deste livro. Inicialmente, gostaria de agradecer aos muitos revisores que contribuíram nesta empreitada. Meu amigo e colega de departamento Chuck Merkle ofereceu contínuo apoio moral e serviu como uma caixa de ressonância para as ideias, tanto de conteúdo, quanto pedagógicas adotadas na primeira edição. Muitos alunos na Penn State colaboraram de várias formas e gostaria de agradecer, particularmente, as contribuições de Jeff Brown, Jongguen Lee e Don Michael. Sankaran Venkateswaran merece um agradecimento especial por ter fornecido os resultados do modelo de chama em jato turbulento, assim como Dave Crandall pela sua assistência com o programa disponibilizado neste livro. Tenho uma grande dívida de agradecimento a Donn Mueller, que pacientemente resolveu todos os problemas no final dos capítulos. Gostaria de agradecer meus amigos e colegas na Auburn University que me receberam durante um longo período sabático: Sushil Bhavnani, Roy Knight, Pradeep Lal, Bonnie MacEwan, Tom Manig, P. K. Raju e Jeff Suhling. Gostaria também de agradecer ao Gas Research Institute (agora denominado Gas Technology Institute) pelo seu suporte às minhas atividades de pesquisa ao longo dos anos, pois foram essas atividades que me proporcionaram a inspiração e o impulso inicial para escrever este livro. Cheryl Adams e Mary Newby foram fundamentais ao transcrever o manuscrito e modificar vários rascunhos até atingir a versão final. Tenho com elas uma grande dívida. Agradeço também o suporte e a assistência de Bill Stenquist e Lora Neyens da McGraw-Hill. O apoio incondicional da família foi um componente inestimável ao longo deste trabalho. Eles toleraram incrivelmente bem o tempo que passei escrevendo este livro durante os fins de semana e os feriados, um tempo que eu poderia ter ficado na companhia deles. Joan, minha esposa e amiga de mais de 40 anos, tem sido incansável em seu suporte a mim e aos meus projetos. Por isso, sou eternamente grato. Muito obrigado, Joan.

Sumário

1 Introdução 1
Motivação para o estudo da combustão 1
Uma definição de combustão 9
Modos de combustão e tipos de chamas 9
Procedimento adotado no nosso estudo 11
Referências 11

2 Combustão e termoquímica 13
Visão geral 13
Revisão das propriedades e relações termodinâmicas 13
    Propriedades extensivas e intensivas 13
    Equação de estado 14
    Equação de estado calórica 14
    Misturas de gases ideais 16
    Calor latente de vaporização 19
Primeira lei da termodinâmica 19
    Primeira lei para um sistema 19
    Primeira lei para um volume de controle 21
Misturas de reagentes e produtos 22
    Estequiometria 22
    Entalpia padrão e entalpia de formação 27
    Entalpia de combustão e poderes caloríficos 30
Temperaturas de chamas adiabáticas 34
Equilíbrio químico 39
    Considerações baseadas na segunda lei 39
    Função de Gibbs 41
    Sistemas complexos 45
Produtos de combustão em equilíbrio 47
    Equilíbrio completo 47
    Equilíbrio água-gás 50
    Efeitos da pressão 53
Algumas aplicações 54
    Recuperação e regeneração 54
    Recirculação de gases queimados (ou de exaustão) 60
Resumo 67
Lista de símbolos 68
Referências 69
Questões de revisão 70
Problemas 71

3 Introdução à transferência de massa 80
Visão geral 80
Rudimentos de transferência de massa 80
    Leis de transferência de massa 81
    Conservação da massa das espécies químicas 87
Algumas aplicações da transferência de massa 89
    O problema de Stefan 89
    Condições de contorno na interface líquido-vapor 90
    Evaporação de gotas 95

Resumo 101
Lista de símbolos 102
Referências 103
Questões de revisão 103
Problemas 104

4 Cinética química 107

Visão geral 107
Reações elementares *versus* globais 107
Taxas das reações elementares 109
   Reações bimoleculares e teoria de colisão 109
   Outras reações elementares 114
Taxas de reação Para mecanismos em múltiplas etapas 115
   Taxas de produção líquidas 115
   Notação compacta 116
   Relação entre coeficientes de taxa e constantes de equilíbrio 118
   Aproximação de estado estacionário 120
   O mecanismo das reações unimoleculares 121
   Reações em cadeia e de ramificação da cadeia 123
   Escalas de tempo químicas características 128
   Equilíbrio parcial 133
Mecanismos reduzidos 134
Catálise e reações heterogêneas 135
   Reações em uma superfície sólida 135
   Mecanismos detalhados 137
Resumo 139
Lista de símbolos 139
Referências 141
Exercícios 142

5 Alguns mecanismos químicos importantes 148

Visão geral 148
O sistema H_2–O_2 148
Oxidação do monóxido de carbono 151
Oxidação de hidrocarbonetos 152
   Esquema geral para alcanos 152
   Mecanismos globais e quase-globais 155
   Combustíveis reais e seus substitutos de pesquisa 157
Combustão do metano 158
   Mecanismo detalhado 158
   Análise de caminhos de reações em alta temperatura 167
   Análise dos caminhos de reação em baixa temperatura 169
Formação dos óxidos de nitrogênio 170
Combustão de metano e formação de óxidos de nitrogênio – um mecanismo reduzido 173
Resumo 175
Referências 176
Questões e problemas 178

6 Acoplamento de análises térmicas e químicas de sistemas reativos 182

Visão geral 182
Reator com massa fixa e pressão constante 183
   Aplicação dos princípios de conservação 183
   Resumo do modelo para o reator 185
Reator com massa fixa e volume constante 186
   Aplicação dos princípios de conservação 186
   Resumo do modelo para o reator 187
Reator perfeitamente misturado 192
   Aplicação dos princípios de conservação 194
   Resumo do modelo para o reator 195
Reator de escoamento uniforme 204
   Hipóteses 204
   Aplicação dos princípios de conservação 205
Aplicações na modelagem de sistemas de combustão 208
Resumo 209
Lista de símbolos 210

Referências 211
Problemas e projetos 212
Apêndice 6A – Algumas relações úteis entre frações mássicas, frações molares, concentrações molares e massa molar da mistura 217

7 Equações de conservação simplificadas para escoamentos reativos 218

Visão geral 218
Conservação da massa da mistura (continuidade) 219
Conservação da massa das espécies químicas (continuidade para as espécies químicas) 221
Difusão multicomponente 224
    Formulações gerais 224
    Cálculo dos coeficientes de difusão multicomponentes 226
    Procedimento simplificado 229
Conservação da quantidade de movimento linear 231
    Forma unidimensional 231
    Formas bidimensionais 233
Conservação da energia 236
    Forma unidimensional geral 236
    Formas de Shvab–Zeldovich 239
    Formas úteis para o cálculo de chamas 242
O conceito de escalar conservado 242
    Definição de fração de mistura 243
    Conservação da fração de mistura 244
    Equação da energia de escalar conservado 248
Resumo 249
Lista de símbolos 249
Referências 251
Questões de revisão 251
Problemas 252

8 Chamas laminares pré-misturadas 255

Visão geral 255
Descrição física 256
    Definição 256
    Características principais 256
    Chamas típicas de laboratório 258
Análise simplificada 263
    Hipóteses 263
    Princípios de conservação 264
    Solução 266
Análise detalhada 270
    Equações governantes 270
    Condições de contorno 271
    Estrutura de uma chama CH_4–Ar 273
Fatores que influenciam a velocidade e espessura de chama 276
    Temperatura 276
    Pressão 277
    Razão de equivalência 277
    Tipo de combustível 277
Correlações para a velocidade de chama para alguns combustíveis 281
Extinção, inflamabilidade e ignição 284
    Extinção por uma parede fria 284
    Limites de inflamabilidade 289
    Ignição 292
Estabilização de chama 295
Resumo 300
Lista de símbolos 300
Referências 302
Questões de revisão 304
Problemas 304

9 Chamas laminares não pré-misturadas 307

Visão geral 307
Jato laminar não reativo com densidade constante 308
    Descrição física 308

Hipóteses simplificativas 309
Princípios de conservação 310
Condições de contorno 310
Solução 311
Descrição física da chama em jato 316
Descrições teóricas simplificadas 319
Hipóteses principais 319
Equações de conservação 320
Relações adicionais 321
Procedimento usando escalar conservado 322
Várias soluções 329
Comprimentos de chamas para queimadores de orifícios circulares e de fendas 333
Correlações de Roper 333
Efeitos de vazão e de geometria 337
Fatores que alteram a estequiometria 337
Formação e destruição de fuligem 343
Chamas de jatos opostos 347
Descrição matemática 348
Estrutura de uma chama de CH_4–ar 351
Resumo 354
Lista de símbolos 355
Referências 357
Questões de revisão 359
Problemas 360

Apêndice A Propriedades termodinâmicas para alguns gases contendo C–H–O–N 363

Apêndice B Propriedades de combustíveis 377

Apêndice C Propriedades para o ar, nitrogênio e oxigênio 381

Apêndice D Coeficientes de difusão binária e metodologia para a sua estimativa 384

Apêndice E Método de Newton generalizado para a solução de sistemas de equações não lineares 387

Apêndice F Programas computacionais para o cálculo dos produtos em equilíbrio da combustão de hidrocarbonetos com o ar 390

Índice 393

capítulo 1

Introdução

MOTIVAÇÃO PARA O ESTUDO DA COMBUSTÃO

A combustão e o seu controle são essenciais para a nossa existência neste planeta. Em 2007, aproximadamente 85% da energia consumida nos Estados Unidos foi gerada em processos de combustão [1] (Fig. 1.1). Uma rápida olhada ao nosso redor mostra a importância da combustão na nossa vida diária. Muito provavelmente, o aquecimento da sua sala ou da sua casa vem diretamente de um equipamento de combustão (provavelmente, uma caldeira ou fornalha a gás ou a óleo), ou, indiretamente, da eletricidade gerada pela queima de um combustível fóssil. Nos Estados Unidos, a energia elétrica é gerada principalmente por combustão. Em 2006, apenas 32,7% da capacidade instalada de geração de eletricidade era nuclear ou hidrelétrica, com mais da metade do total sendo provida pela queima de carvão mineral, como mostrado na Tabela 1.1 [2]. Os sistemas de transporte são baseados quase que completamente em sistemas de combustão. A Fig. 1.2 fornece uma visão geral do escoamento da energia na produção de eletricidade nos Estados Unidos. Em 2007, veículos terrestres e aéreos consumiram cerca de 13,6 milhões de barris por dia de vários derivados de petróleo [3], ou, aproximadamente, dois terços de todo o petróleo importado ou produzido pelos Estados Unidos. Toda a energia elétrica e de propulsão nos aviões é produzida pela queima a bordo de combustível líquido, e muitos trens são propulsionados por motores a combustão interna. Na atualidade também presenciamos o crescimento de motores de ignição por centelha em equipamentos domésticos, como aparadores e cortadores de grama, sopradores de folhas, motosserras, etc.

Os processos na indústria dependem muito da combustão. As indústrias do setor de produção de metais utilizam fornalhas para a produção de ferro gusa, aço, alumínio e outros metais, enquanto as indústrias do setor metal-mecânico empregam fornos para aquecimento, tratamentos térmicos e superficiais, agregando valor às peças acabadas. Outros equipamentos de uso industrial baseados em sistemas de combustão incluem caldeiras, aquecedores de fluidos em indústrias químicas e refinarias, fornos de fusão de vidro, secadores de sólidos, fornos e estufas de secagem e cura de revestimentos, filmes e papel, incineradores [4, 5] e muitos outros exemplos. A indústria de produção de cimento é um grande consumidor de calor de processo gerado por com-

2 Introdução à Combustão

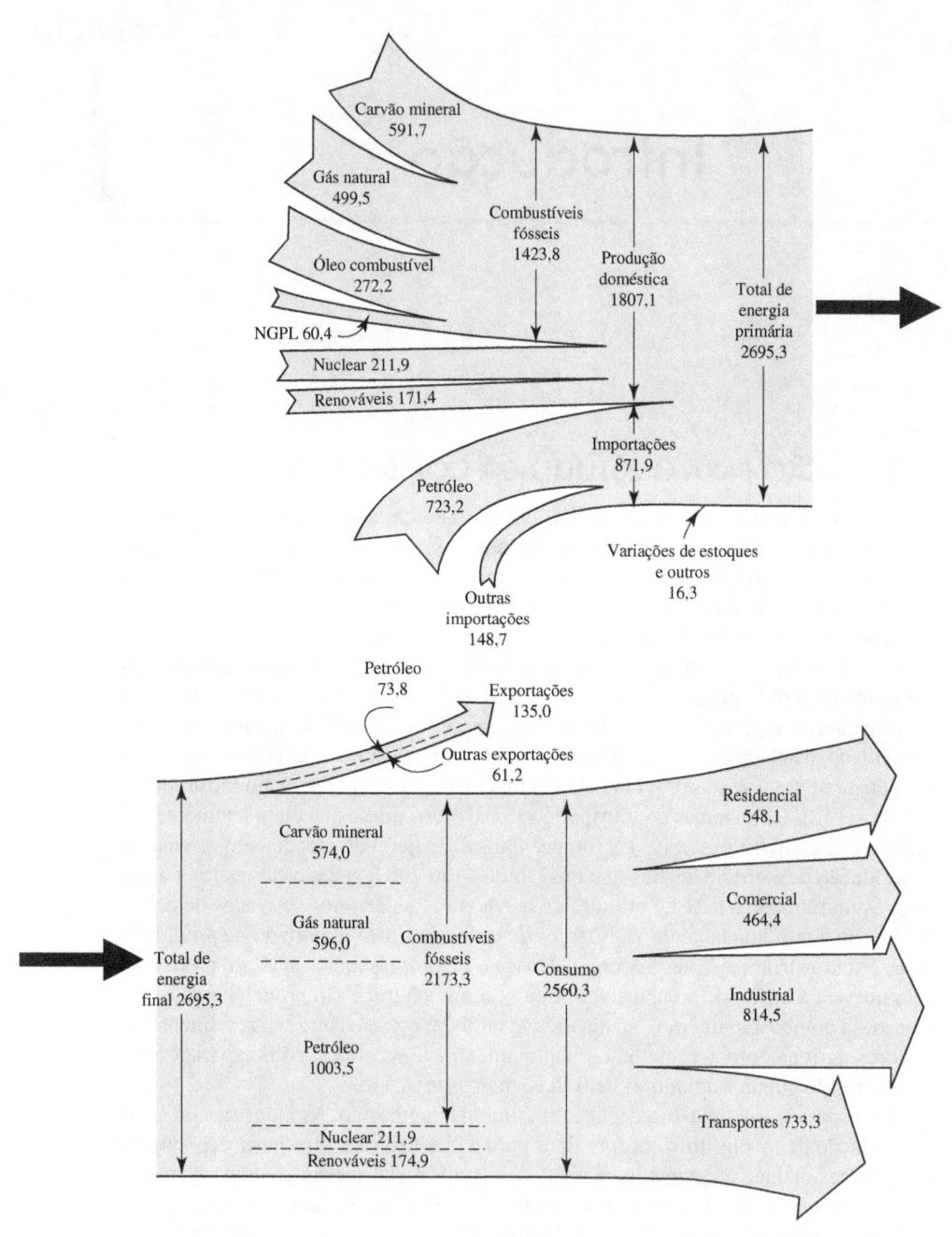

Figura 1.1 Diagrama de Sankey mostrando as fontes e o respectivo consumo final de energia pelos diferentes setores da economia dos Estados Unidos para o ano de 2007, em milhões de toneladas equivalentes de petróleo (Mtep = 10^6 tep = $41,87 \times 10^9$ J). Energias renováveis incluem geração hidrelétrica convencional (62,1 Mtep), biomassa (90,3 Mtep), geotérmica (8,9 Mtep), solar fotovoltaica (2,0 Mtep) e eólica (8,0 Mtep).
FONTE: Obtido da Ref. [1].

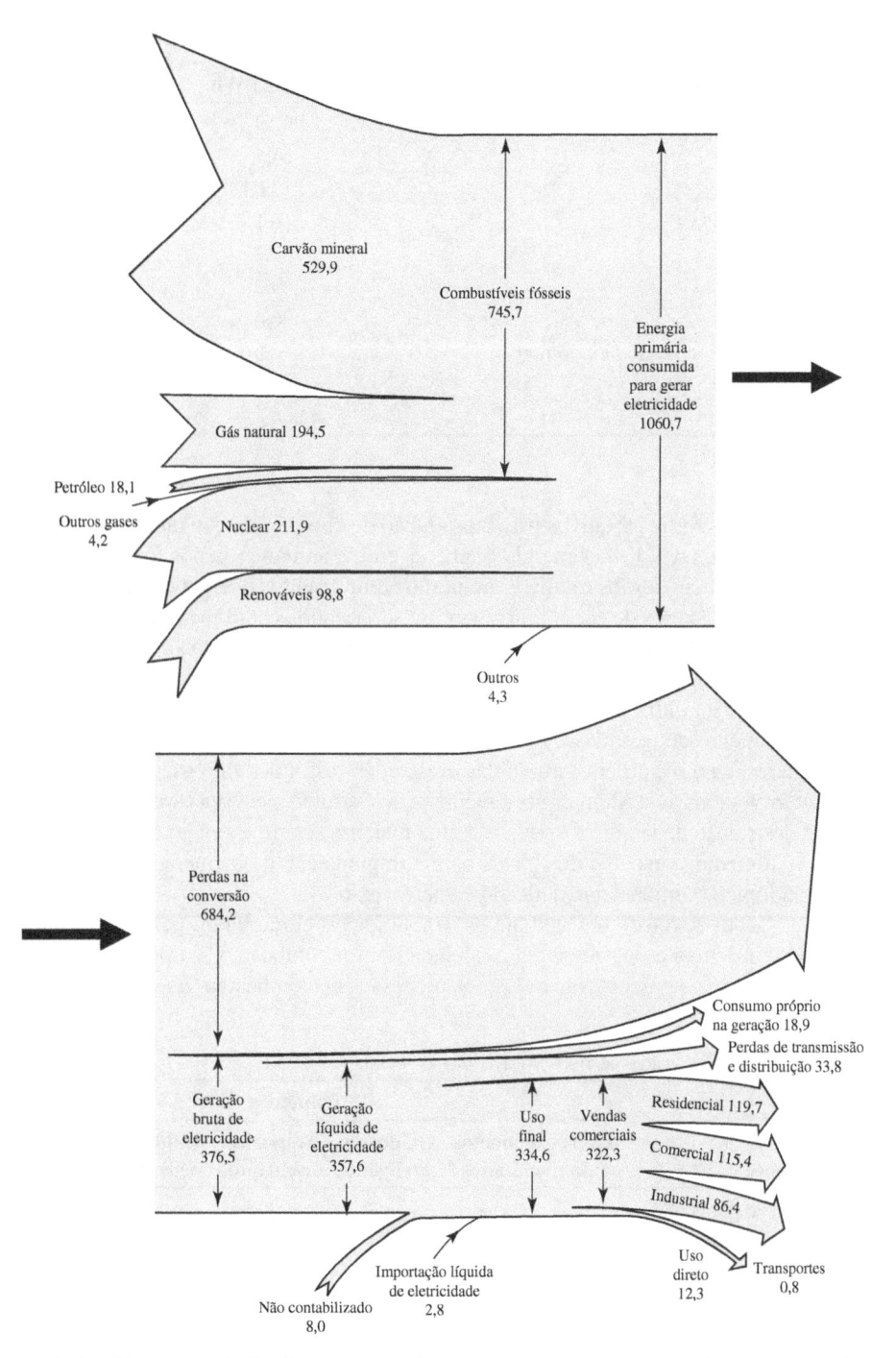

Figura 1.2 Diagrama de Sankey mostrando a geração, o uso e as perdas na transmissão e distribuição de eletricidade nos Estados Unidos para o ano de 2007, em milhões de toneladas equivalentes de petróleo (Mtep = 10^6 tep = $41,87 \times 10^9$ J).
FONTE: Obtido da Ref. [2].

Tabela 1.1 Geração de eletricidade nos Estados Unidos em 2006

Fonte	Bilhões de kWh	(%)
Carvão mineral	1 990,9	49,0
Petróleo	64,4	1,6
Gás natural	813,0	20,0
Outros gases combustíveis	16,1	0,4
Nuclear	787,2	19,4
Hidrelétrica	289,2	7,1
Outras renováveis	96,4	2,4
Bombeamento para reservatório hidrelétrico	−6,6	−0,2
Outras	14,0	0,3
Total	4 064,7	100,0

FONTE: Obtido da Ref. [2].

bustão. Os fornos rotativos para a produção de clínquer de cimento usaram 10 Mtep[1] de energia, ou 1,4% da energia final consumida na indústria nos Estados Unidos em 1989. Hoje, os fornos rotativos ainda são equipamentos energeticamente ineficientes e grandes ganhos de economia poderiam ser atingidos com melhorias nesses equipamentos [6]; trabalhos atuais mostram progressos nessa direção [7].

Além de auxiliar na produção de bens de consumo e de capital, a combustão é utilizada na outra ponta do ciclo de vida de um produto, como uma forma de processamento de resíduos. A incineração é um método antigo, mas tem recebido um interesse renovado em virtude das crescentes restrições impostas à implantação de aterros sanitários. Além disso, a incineração é atrativa pela sua capacidade de permitir a destruição de resíduos tóxicos de uma maneira segura e ambientalmente adequada. Atualmente, a escolha dos locais para a implantação de incineradores de resíduos é um tópico politicamente delicado e controverso.

Tendo revisado brevemente os benefícios proporcionados pela combustão, agora abordamos a desvantagem associada com a combustão – a poluição ambiental. Os principais poluentes gerados nos processos de combustão são os hidrocarbonetos

Tabela 1.2 Poluentes tipicamente emitidos por diversas fontes

	Poluentes				
Fonte	Hidrocarbonetos não queimados	Óxidos de nitrogênio	Monóxido de carbono	Óxidos de enxofre	Material particulado
Motores de ignição por centelha	+	+	+	−	−
Motores de ignição por compressão	+	+	+	−	+
Turbinas a gás	+	+	+	−	+
Termelétricas a carvão	−	+	−	+	+
Aparelhos a gás natural	−	+	+	−	−

---

[1] Mtep = 10^6 tep = milhões de toneladas equivalentes de petróleo = $41,87 \times 10^9$ J = $39,68 \times 10^6$ Btu.

não queimados ou parcialmente queimados, os óxidos de nitrogênio (NO e NO_2), o monóxido de carbono (CO), os óxidos de enxofre (SO_2 e SO_3) e os particulados em suas várias formas. A Tabela 1.2 apresenta os poluentes comumente associados com os vários equipamentos de combustão e sujeitos a regulamentações legais em muitos países. As consequências da poluição primária vão desde problemas de saúde específicos, até o nevoeiro químico (*smog*), a chuva ácida, o aquecimento global e a redução da camada de ozônio. As Figs. 1.3 a 1.8 [9] apresentam a evolução temporal entre 1940 e 1980 das contribuições das várias fontes à poluição nos Estados Unidos. O impacto das emendas editadas na década de 1970 à importante legislação ambiental criada nos Estados Unidos (*Clean Air Act Amendments of 1970*) é claramente percebido nessas figuras. A redução das emissões relacionadas aos equipamentos de combustão nos últimos anos é ilustrada na Fig. 1.9.

Dada a importância da combustão na nossa sociedade, é de certa forma surpreendente que pouquíssimos engenheiros tenham mais do que apenas um conhecimento superficial dos fenômenos de combustão. Entretanto, considerando que os currículos dos cursos de engenharia já são suficientemente exigentes em termos de conteúdos e carga horária, não é realista pensar que esse assunto receberá mais atenção do que aquela que já lhe é dedicada. Portanto, os engenheiros com algum conhecimento e experiência em combustão encontrarão muitas oportunidades para usar sua *expertise*. Além das motivações práticas para estudar combustão, o assunto é intelectualmente

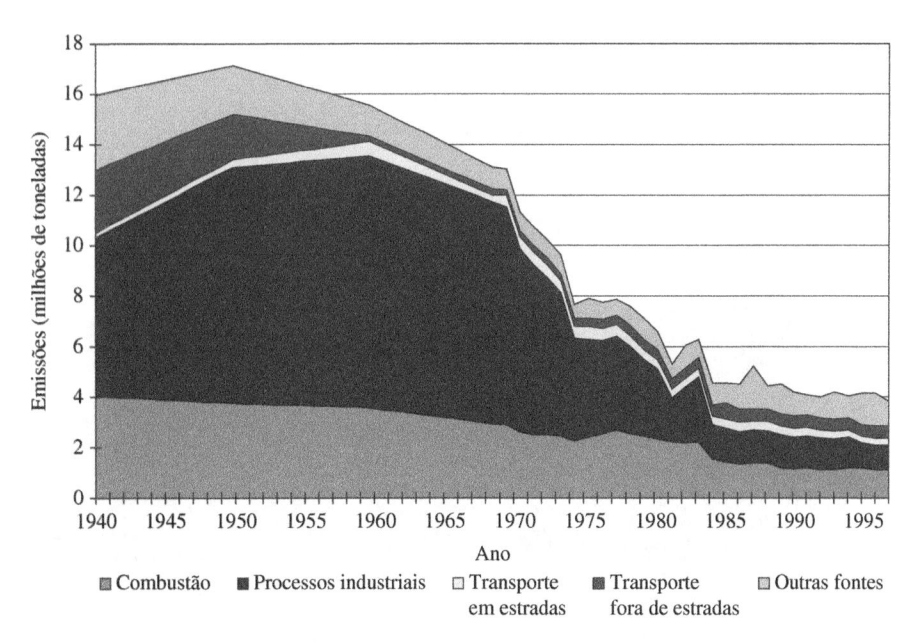

Figura 1.3 Tendências nas emissões de material particulado (PM_{10}) para os Estados Unidos, entre os anos de 1940 e 1998, excluindo poeira originada em materiais granulares expostos ao ambiente. PM_{10} se refere ao material particulado com diâmetro menor que 10 micra. A leitura da legenda da esquerda para a direita corresponde aos valores mostrados no gráfico de baixo para cima.
FONTE: Obtido da Ref. [9].

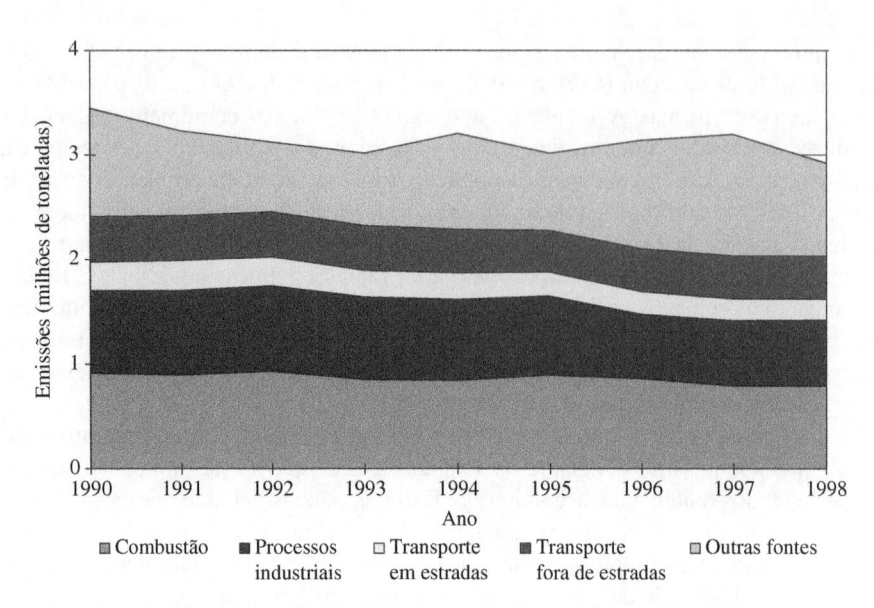

Figura 1.4 Tendências nas emissões diretas de material particulado ($PM_{2,5}$) nos Estados Unidos, de 1990 a 1998, excluindo poeira originada em materiais granulares expostos ao ambiente. $PM_{2,5}$ se refere ao material particulado com diâmetro inferior a 2,5 micra. A leitura da legenda da esquerda para a direita corresponde aos valores mostrados no gráfico de baixo para cima.
FONTE: Obtido da Ref. [9].

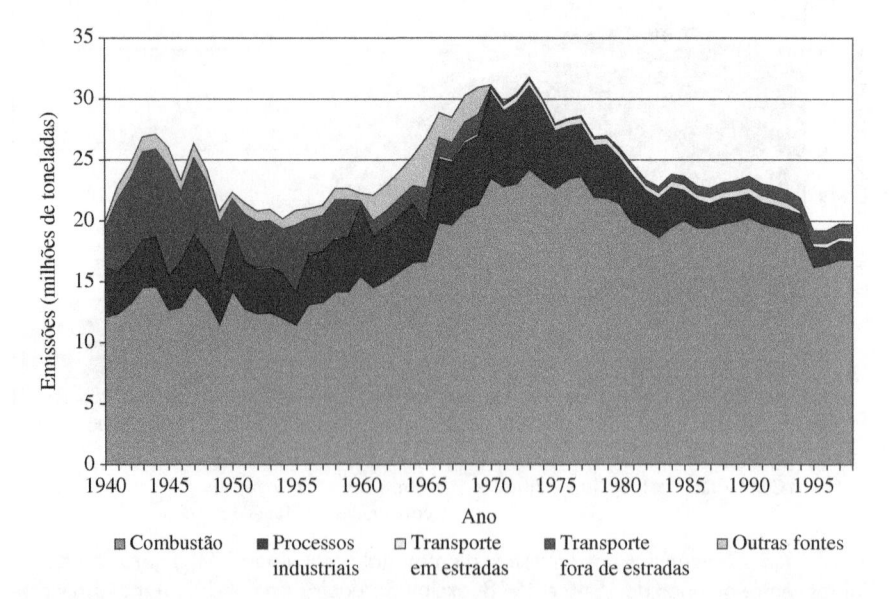

Figura 1.5 Tendências nas emissões de óxidos de enxofre (SO_x) nos Estados Unidos, entre 1940 e 1998. A leitura da legenda da esquerda para a direita corresponde aos valores mostrados no gráfico de baixo para cima.
FONTE: Obtido da Ref. [9].

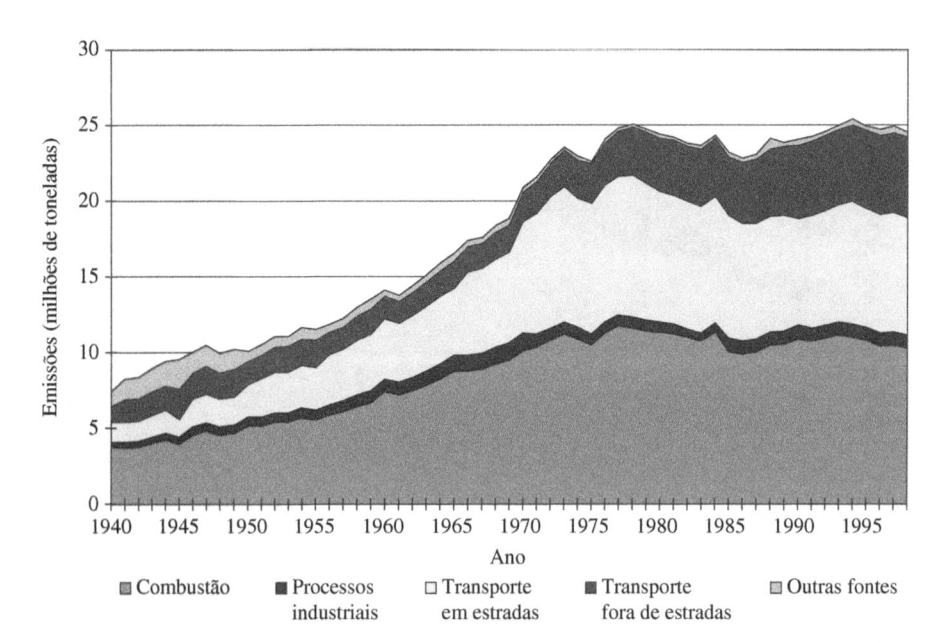

Figura 1.6 Tendências nas emissões de óxidos de nitrogênio (NO_x) nos Estados Unidos, de 1940 a 1998. A leitura da legenda da esquerda para a direita corresponde aos valores mostrados no gráfico de baixo para cima.
FONTE: Obtido da Ref. [9].

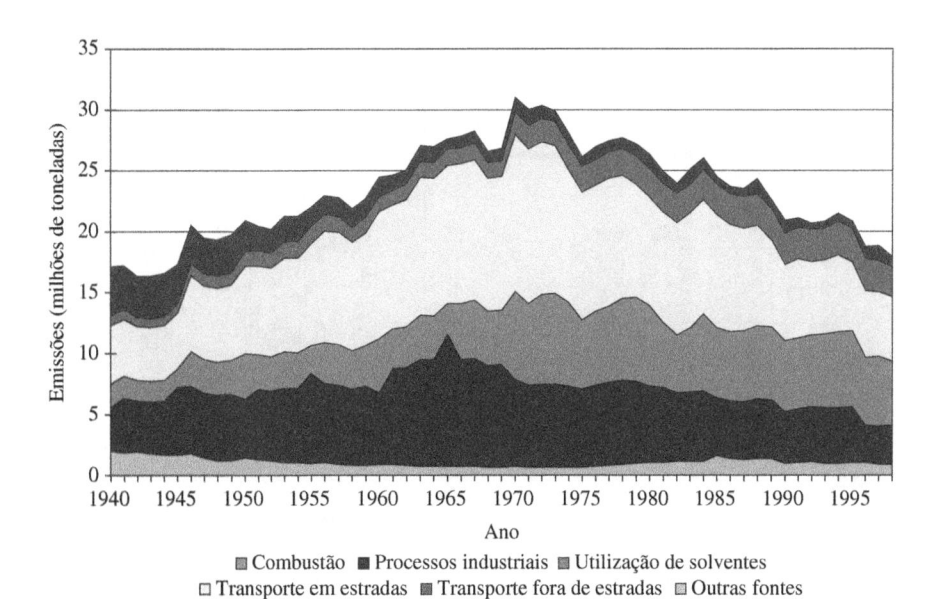

Figura 1.7 Tendências nas emissões de compostos orgânicos voláteis (VOC) nos Estados Unidos, de 1940 a 1998. A leitura da legenda da esquerda para a direita corresponde aos valores mostrados no gráfico de baixo para cima.
FONTE: Obtido da Ref. [9].

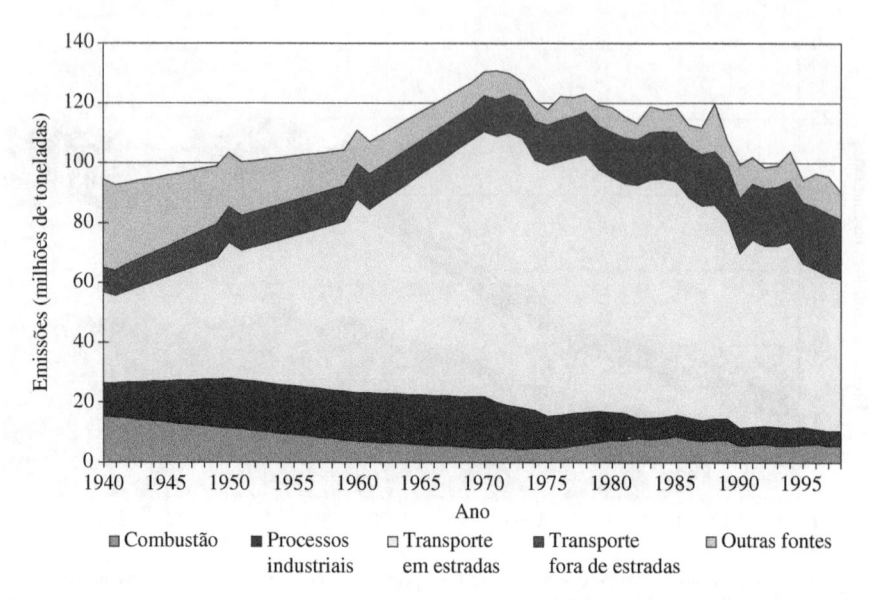

Figura 1.8 Tendências nas emissões de monóxido de carbono (CO) nos Estados Unidos, de 1940 a 1998. A leitura da legenda da esquerda para a direita corresponde aos valores mostrados no gráfico de baixo para cima.
FONTE: Obtido da Ref. [9].

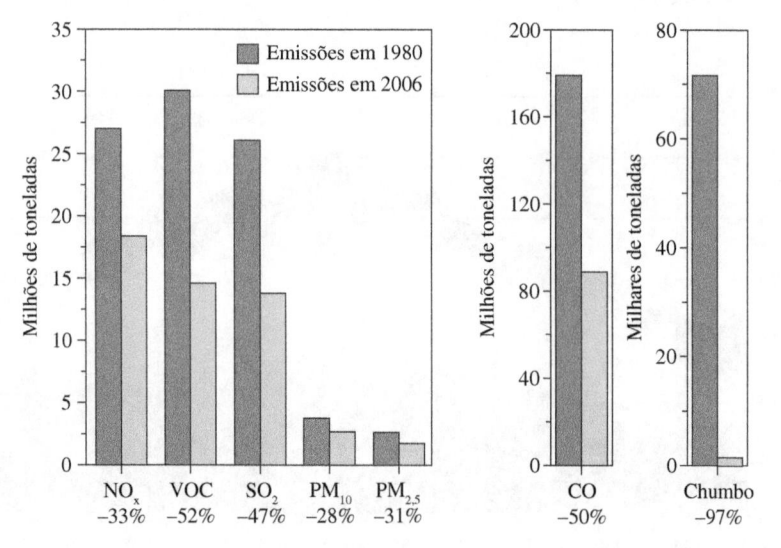

Figura 1.9 Comparação entre as emissões de óxidos de nitrogênio (NO_x), compostos orgânicos voláteis (Volatile Organic Compounds VOC), dióxido de enxofre (SO_2) e material particulado (PM_{10} e $PM_{2,5}$) (painel à esquerda), monóxido de carbono (CO) (painel no centro) e chumbo (painel à direita) nos Estados Unidos, mostrando reduções de 1980 a 2006. Na abcissa dos gráficos estão indicadas as variações percentuais observadas. As reduções mostradas nas emissões de material particulado correspondem aos anos de 1990 ($PM_{2,5}$) e 1985 (PM_{10}), em vez de 1980.
FONTE: Obtido da Ref. [8].

estimulante, porque integra todas as ciências térmicas e traz a química para o campo de ação da engenharia.

UMA DEFINIÇÃO DE COMBUSTÃO

O dicionário *Webster* oferece um ponto de partida útil para a definição de **combustão** como *"a oxidação rápida gerando calor, ou ambos, calor e luz; também, a oxidação lenta acompanhada por pequena liberação de calor e sem emissão de luz"*. Para os nossos propósitos, restringiremos a definição para incluir somente a primeira parte, a rápida oxidação, pois muitos dos equipamentos de combustão usados nas aplicações pertencem a esse domínio.

Essa definição enfatiza a importância intrínseca das reações químicas para a combustão. Ela também enfatiza por que a combustão é tão importante: a combustão converte a energia armazenada em ligações químicas em energia térmica que pode ser utilizada de várias formas. Ao longo deste livro, ilustraremos as diversas aplicações da combustão.

MODOS DE COMBUSTÃO E TIPOS DE CHAMAS

A combustão pode ocorrer nos modos **com chama** ou **sem chama** e as chamas, por sua vez, podem ser classificadas como **chamas pré-misturadas** ou **não pré-misturadas** (ou de **difusão**). A diferença entre os modos com chama ou sem chama é ilustrada pelos processos que ocorrem na câmara de combustão de um motor de ignição por centelha apresentando "detonação" (Fig. 1.10). Na Fig. 1.10a, observamos uma zona fina com uma intensa ocorrência de reações químicas propagando-se pela mistura ar-combustível ainda não reagida no interior do cilindro de um motor a combustão interna de ignição por centelha. A fina zona de reação é o que comumente denominamos de chama. Atrás da chama estão os produtos de combustão quentes. À medida que a chama se desloca na câmara de combustão, a pressão e, consequentemente, a temperatura dos gases não queimados, aumenta, devido a um processo de compressão isentrópica. Sob determinadas condições (Fig. 1.10b), reações de oxidação rápidas se desenvolvem em diferentes pontos na mistura não queimada, levando à ocorrência de uma rápida combustão em todo o volume de gases não queimados. Essa liberação essencialmente volumétrica de energia térmica em motores a combustão interna é chamada de **autoignição**, e o abrupto aumento de pressão resulta no característico ruído metálico da detonação, conhecido pelos mecânicos como "batida de pino". A ocorrência de "detonação" em motores a combustão interna é indesejável. Os aditivos da gasolina à base de chumbo[2] visavam reduzir a tendência para a detonação, mas foram banidos por serem tóxicos à saúde humana. Um dos desafios atuais para os projetistas de motores a combustão interna consiste em desenvolver estratégias de minimização da ocorrência de "detonação". Os motores de ignição por compressão (por exemplo, os motores que operam com óleo diesel), por outro lado, são projetados de forma que o processo de combustão normal seja de fato iniciado pela autoignição da mistura combustível-ar.

---

[2] A descoberta de que o chumbo tetraetila reduz a ocorrência de detonação, feita por Thomas Midgley em 1921, permitiu o aumento das razões de compressão dos motores produzidos na época, aumentando sua eficiência e potência.

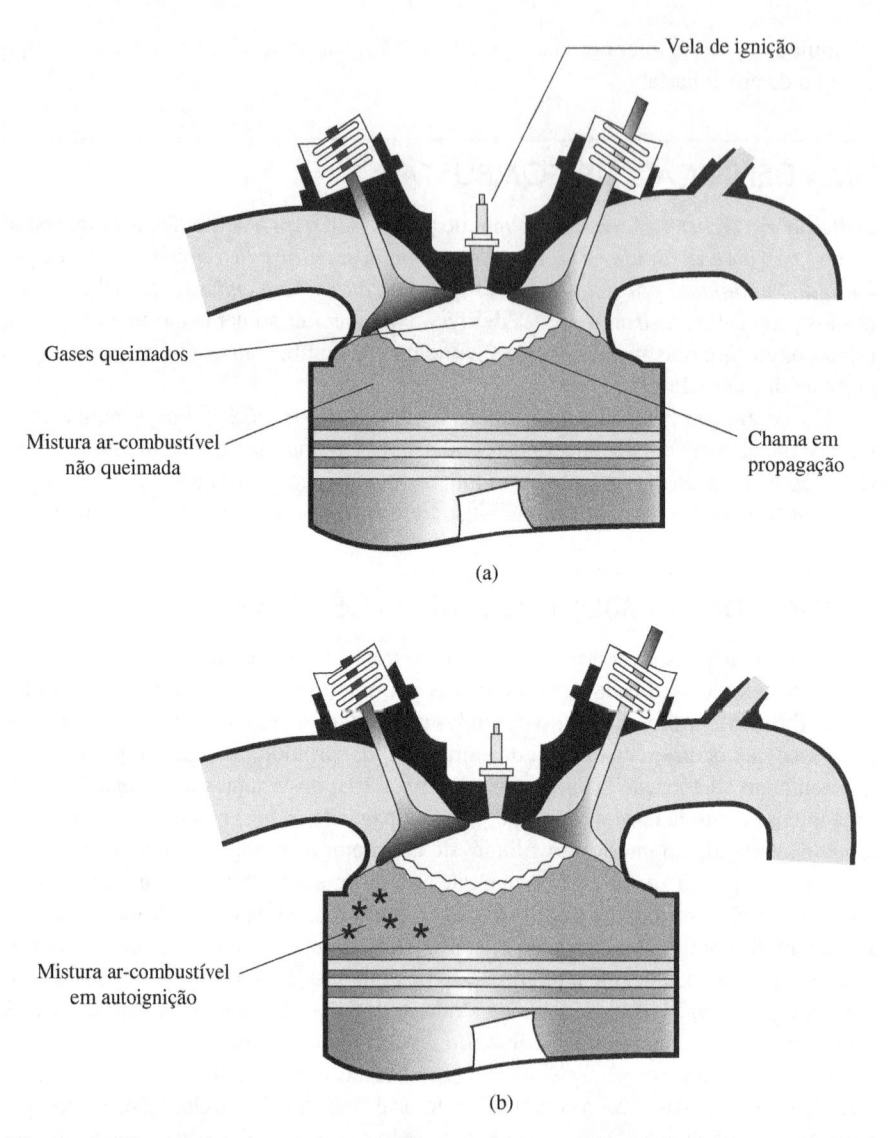

Figura 1.10 Modos de combustão (a) com chama e (b) sem chama em um motor a combustão interna de ignição por centelha. Em (b), a autoignição da mistura não queimada remanescente à frente da chama em propagação é responsável pela "detonação".

A divisão em duas classes de chamas, pré-misturadas e não pré-misturadas, está relacionada com o estado de mistura molecular dos reagentes, como os próprios nomes sugerem. Em uma chama pré-misturada, o combustível e o oxidante estão misturados molecularmente antes que qualquer reação química se manifeste. O motor a combustão interna de ignição por centelha é um exemplo no qual ocorrem chamas pré-misturadas. Já em uma chama não pré-misturada, os reagentes estão incialmente segregados e a reação ocorre somente na interface das regiões de combustível e de oxidante, que é o local onde a mistura molecular coloca em contato as moléculas de combustível e oxidante. Uma simples vela de parafina é um exemplo de chama não pré-misturada. Nas diversas aplicações, ambos os tipos de chama estão presentes com diferentes intensidades. Na combustão em um motor de ignição por compressão com injeção direta de combustível, por exemplo, entende-se que ambas as chamas, pré-misturadas e não pré-misturadas, estão presentes de forma significativa. O termo "difusão" aplica-se, em sentido estrito, ao transporte molecular em espécies químicas, o qual promove a mistura molecular dos diferentes componentes de uma mistura gasosa. Por exemplo, em uma chama não pré-misturada, as moléculas de combustível sofrem difusão na direção da chama a partir do lado do combustível, enquanto as moléculas de oxidante difundem para a região da chama a partir da direção oposta. Em chamas não pré-misturadas em escoamento turbulento, a turbulência do escoamento proporciona uma forma adicional convectiva, de mistura macroscópica entre o combustível e o oxidante. A mistura molecular, isto é, a difusão de massa, completa então o processo de mistura no escoamento turbulento, permitindo que as reações químicas ocorram.

PROCEDIMENTO ADOTADO NO NOSSO ESTUDO

Iniciaremos o nosso estudo da combustão investigando os principais processos físicos, ou ciências, que formam a base da ciência da combustão: **termoquímica**, no Capítulo 2; **transporte de massa molecular**, no Capítulo 3; **cinética química**, nos Capítulos 4 e 5; e, nos Capítulos 6 e 7, aplicaremos esses conhecimentos à **mecânica dos fluidos**. Nos capítulos subsequentes, utilizaremos esses fundamentos para compreender as chamas laminares pré-misturadas (Capítulo 8) e as chamas laminares não pré-misturadas (Capítulo 9). Nessas chamas laminares, é relativamente fácil entender como são aplicados os princípios de conservação fundamentais. Mesmo que muitos sistemas de combustão operem com escoamentos turbulentos e a aplicação de conceitos teóricos para essas situações seja muito mais desafiadora, os mesmos princípios fundamentais formam a base para as análises.

Um dos principais objetivos deste livro é proporcionar um tratamento da combustão que seja suficientemente simples de forma que os estudantes, mesmo que não tenham tido qualquer contato com o assunto, sintam-se confortáveis, tanto com os aspectos fundamentais, quanto com os aspectos aplicados. Espera-se, a partir disso, que alguns se sintam motivados a buscar mais conhecimento sobre esse campo fascinante, por meio de estudos em nível mais avançado ou pela atuação como engenheiros de aplicação.

REFERÊNCIAS

1. U. S. Energy Information Agency, "Annual Energy Review 2007," DOE/EIA-0384, 2008. (Veja também http://www.eia.doe.gov/aer/.)
2. U. S. Energy Information Agency, "Electricity," http://www.eia.doe.gov/fuelelectric.html. Acessado em 30/07/2008.
3. U. S. Energy Information Agency, "Petroleum," http://www.eia.doe.gov/oil_gas/petroleum/info_glance/petroleum.html. Acessado em 30/07/2008.

4. Bluestein, J., "NO_x Controls for Gas-Fired Industrial Boilers and Combustion Equipment: A Survey of Current Practices," Gas Research Institute, GRI-92/0374, October 1992.
5. Baukal, C. E., Jr. (Ed.), *The John Zink Combustion Handbook*, CRC Press, Boca Raton, 2001.
6. Tresouthick, S. W., "The SUBJET Process for Portland Cement Clinker Production," presented at the 1991 Air Products International Combustion Symposium, 24–27 March 1991.
7. U. S. Environmental Protection Agency, "Energy Trends in Selected Manufacturing Sectors: Opportunities for Environmentally Preferable Energy Outcomes," Final Report, March, 2007.
8. U. S. Environmental Protection Agency, "Latest Findings on National Air Quality – Status and Trends through 2006," http://www.epa.gov/air/airtrends/2007/. Acessado em 30/07/2008.
9. U. S. Environmental Protection Agency, "National Air Pollutant Emission Trends, 1940–1998," EPA-454/R-00-002, March 2000.

Combustão e termoquímica

capítulo 2

VISÃO GERAL

Neste capítulo, examinaremos diversos conceitos termodinâmicos importantes ao estudo da combustão. Primeiro, revisaremos brevemente as relações básicas entre as propriedades dos gases ideais e das misturas de gases ideais, assim como a primeira lei da termodinâmica. Embora, provavelmente, você já esteja familiarizado com esses conceitos dos seus estudos anteriores de termodinâmica, vamos retomá-los, pois fazem parte do nosso estudo da combustão. A seguir, enfocaremos tópicos de termodinâmica específicos para combustão e sistemas reativos: conceitos e definições relacionados com a conservação de elementos químicos; uma definição de entalpia que leva em consideração as ligações químicas; e os conceitos vindos da primeira lei que definem o calor de reação, os poderes caloríficos e as temperaturas de chamas adiabáticas. O equilíbrio químico, um conceito advindo da segunda lei da termodinâmica, é desenvolvido e aplicado à mistura de produtos de combustão. Enfatizaremos o equilíbrio porque, em muitos sistemas de combustão, o conhecimento do estado de equilíbrio é suficiente para definir muitos dos parâmetros de desempenho dos equipamentos. Por exemplo, é provável que a temperatura e concentração das espécies químicas majoritárias na saída de uma câmara de combustão operando em regime permanente sejam principalmente determinadas por considerações de equilíbrio químico. Vários exemplos serão empregados para ilustrar esses princípios.

REVISÃO DAS PROPRIEDADES E RELAÇÕES TERMODINÂMICAS

Propriedades extensivas e intensivas

O valor de uma **propriedade extensiva** depende da quantidade (massa ou número de mols) da substância considerada. Em geral, usamos símbolos em letra maiúscula para identificar as propriedades extensivas, por exemplo: V (m^3) para volume, U (J) para energia interna, H (J) ($= U + PV$) para a entalpia, etc. Uma **propriedade intensiva**, por outro lado, é expressa por unidade de massa ou por mols de substância e seu valor é independente da quantidade de substância presente, normalmente utilizam-se símbolos em letra minúscula, por exemplo: v (m^3/kg) para o volume específico, u (J/kg) para a energia interna específica, h (J/kg) (= $u + Pv$) para a entalpia específica, etc. Existem duas importantes exceções a essa regra do uso de letra minúscula para identificar propriedades intensivas: a temperatura T e a pressão P. Neste livro, as propriedades intensivas molares serão identificadas com o uso de uma barra sobre o símbolo, por exemplo, $\bar{u}$ e $\bar{h}$ (J/kmol). As propriedades extensivas são obtidas simplesmente ao multiplicar as respectivas propriedades intensivas pela massa (ou pelo número de mols), ou seja,

$$V = mv \text{ (ou } N\bar{v}\text{)}$$
$$U = mu \text{ (ou } N\bar{u}\text{)} \quad (2.1)$$
$$H = mh \text{ (ou } N\bar{h}\text{)}, \text{ etc.}$$

Nas derivações seguintes, usaremos propriedades intensivas tanto por unidade de massa quanto por mols, dependendo de qual se mostrar mais apropriada (ou conveniente) em cada caso.

Equação de estado

Uma **equação de estado** fornece a relação entre a pressão, P, a temperatura, T, e o volume V (ou o volume específico, v) para uma substância. Quando um gás apresentar comportamento ideal, ou seja, o gás pode ser modelado como se não houvesse forças intermoleculares e como se as moléculas não ocupassem volume, as seguintes formas equivalentes da equação de estado dos gases ideais se aplicam:

$$PV = NR_u T, \quad (2.2a)$$
$$PV = mRT, \quad (2.2b)$$
$$Pv = RT, \quad (2.2c)$$

ou

$$P = \rho RT, \quad (2.2d)$$

onde a constante dos gases para um determinado gás R relaciona-se com a constante universal dos gases R_u (= 8314 J/kmol-K) e com a massa molar do gás MW por

$$R = R_u/MW. \quad (2.3)$$

A densidade ρ na Eq. 2.2d é o inverso do volume específico ($\rho = 1/v = m/V$). No decorrer deste livro, assumiremos comportamento de gás ideal para todas as espécies químicas em fase gasosa e misturas de gases. Essa hipótese é apropriada para praticamente todos os sistemas do nosso interesse porque as altas temperaturas associadas com a combustão resultam em densidades suficientemente baixas para que o comportamento de gás ideal seja uma aproximação razoável.

Equação de estado calórica

Expressões relacionando a energia interna (ou a entalpia) com a pressão e a temperatura são denominadas **equações de estado calóricas**, ou seja,

$$u = u(T, v) \quad (2.4a)$$
$$h = h(T, P). \quad (2.4b)$$

A palavra "calórica" relaciona-se ao uso da unidade caloria (cal) para expressar a energia, a qual foi suplantada, no sistema internacional de unidades (SI), pela unidade Joule.

Expressões gerais para variações infinitesimais em u ou h podem ser formuladas pela diferenciação das Eqs. 2.4a e b:

$$du = \left(\frac{\partial u}{\partial T}\right)_v dT + \left(\frac{\partial u}{\partial v}\right)_T dv \qquad (2.5a)$$

$$dh = \left(\frac{\partial h}{\partial T}\right)_P dT + \left(\frac{\partial h}{\partial P}\right)_T dP. \qquad (2.5b)$$

Nessas relações, reconhecemos que as derivadas parciais em relação à temperatura constituem-se nos **calores específicos** a **volume constante** e à **pressão constante**, respectivamente, ou seja,

$$c_v \equiv \left(\frac{\partial u}{\partial T}\right)_v \qquad (2.6a)$$

$$c_p \equiv \left(\frac{\partial h}{\partial T}\right)_P. \qquad (2.6b)$$

Para um gás ideal, as derivadas parciais em relação ao volume específico, $(\partial u/\partial v)_T$, e à pressão, $(\partial h/\partial P)_T$, são zero. Usando esse conhecimento, integramos a Eq. 2.5, substituímos a Eq. 2.6 no resultado, e obtemos a seguinte equação de estado calórica para um gás ideal:

$$u(T) - u_{\text{ref}} = \int_{T_{\text{ref}}}^{T} c_v \, dT \qquad (2.7a)$$

$$h(T) - h_{\text{ref}} = \int_{T_{\text{ref}}}^{T} c_p \, dT. \qquad (2.7b)$$

Em outra seção a seguir, definiremos um estado de referência adequado que leva em consideração a existência de diferentes energias de ligação entre os átomos que formam as várias moléculas.

Tanto para gases com comportamento ideal como para aqueles com comportamento real, os calores específicos c_v e c_p são em geral funções da temperatura. Isso é consequência de a energia interna de uma molécula consistir em três componentes (translacional, vibracional e rotacional) e de os modos rotacional e vibracional se tornarem progressivamente mais ativos à medida que a temperatura aumenta, conforme previsto pela mecânica quântica. A Fig. 2.1 ilustra esquematicamente esses três modos de armazenamento de energia, pela comparação entre uma espécie química monoatômica, na qual a energia interna consiste unicamente em energia cinética de translação, e uma molécula diatômica, a qual apresenta, além da energia cinética de translação, armazenamento de energia na vibração da ligação química, representada como uma mola unindo os dois núcleos, e na rotação em torno de dois eixos ortogonais. A partir desse modelo simplificado (Fig. 2.1), podemos imaginar que os calores específicos das moléculas diatômicas sejam maiores do que das moléculas monoatômicas. Em geral, quanto mais complexa for a molécula, maior será o seu calor específico molar. Isso é observado na Fig. 2.2, onde os calores específicos molares para algumas espécies químicas típicas dos produtos de combustão são mostradas como função da temperatura. Olhando de forma agrupada, as moléculas triatômi-

(a) **Espécie química monoatômica**

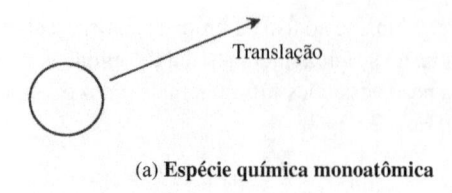

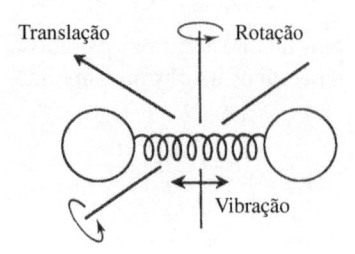

(b) **Espécie química diatômica**

Figura 2.1 (a) A energia interna de espécies químicas monoatômicas consiste somente na energia cinética de translação, enquanto (b) a energia interna de espécies químicas diatômicas divide-se entre translacional, vibracional (potencial e cinética) e rotacional (cinética).

cas apresentam os maiores calores específicos, seguidas das moléculas diatômicas e finalmente das monoatômicas. Observe que as moléculas triatômicas também apresentam uma dependência maior da temperatura do que as moléculas diatômicas, uma consequência do maior número de modos rotacionais e vibracionais disponíveis para serem ativados à medida que a temperatura aumenta. Em comparação, as espécies químicas monoatômicas apresentam calores específicos aproximadamente constantes em uma grande faixa de temperaturas. De fato, o calor específico do hidrogênio atômico é constante ($\bar{c}_p$ = 20,786 kJ/kmol-K) entre 200 e 5000 K.

As Tabelas A.1 a A.12 do Apêndice A apresentam valores de calor específico à pressão constante em função da temperatura para várias espécies químicas. No Apêndice A também são fornecidos os coeficientes dos polinômios da biblioteca de propriedades termodinâmicas do programa CHEMKIN [1], o qual foi usado para gerar as tabelas. Esses coeficientes podem ser facilmente utilizados em programas do tipo planilha eletrônica para obter valores de $\bar{c}_p$ para qualquer temperatura dentro da faixa de temperatura indicada.

Misturas de gases ideais

Dois conceitos importantes e úteis para caracterizar a composição de uma mistura são as frações molares e as frações mássicas das espécies químicas que formam a mistura. Considere uma mistura multicomponente de gases formada por N_1 mols da espécie química 1, N_2 mols da espécie química 2, etc. A **fração molar da espécie química**

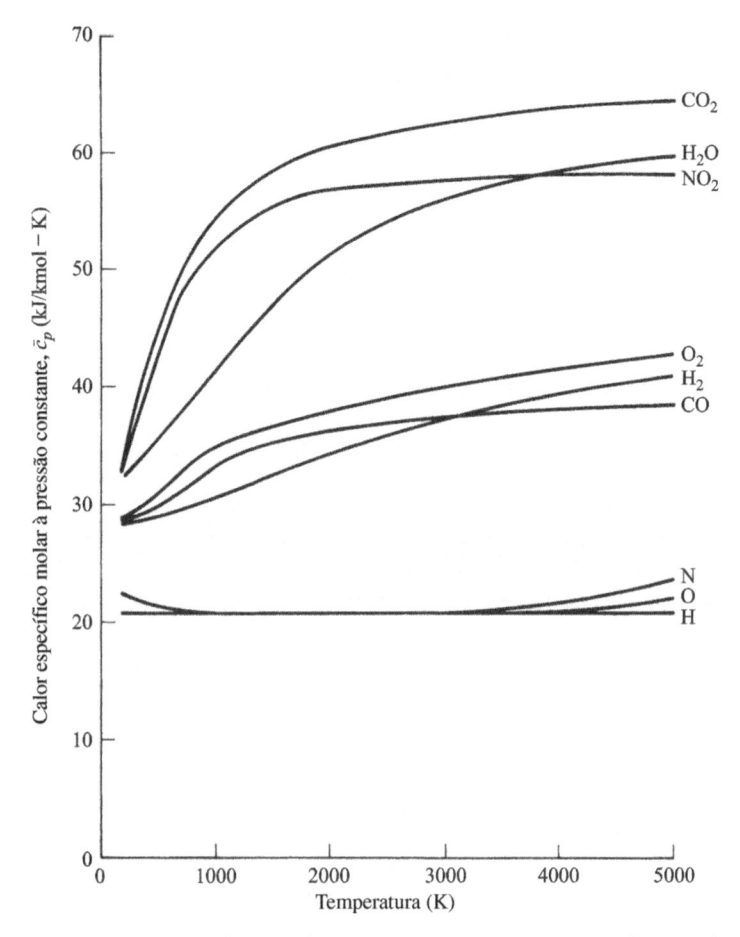

Figura 2.2 Calores específicos molares à pressão constante como função da temperatura para espécies químicas monoatômicas (H, N e O), diatômicas (CO, H_2 e O_2) e triatômicas (CO_2, H_2O e NO_2). Valores obtidos do Apêndice A.

i, χ_i, é definida como a fração do número total de mols no sistema correspondente às moléculas da espécie química i, isto é,

$$\chi_i \equiv \frac{N_i}{N_1 + N_2 + \cdots N_i + \cdots} = \frac{N_i}{N_{tot}}. \quad (2.8)$$

Da mesma forma, a **fração mássica da espécie química** i, Y_i, é a relação entre a massa da espécie química i e a massa total da mistura:

$$Y_i \equiv \frac{m_i}{m_1 + m_2 + \cdots m_i + \cdots} = \frac{m_i}{m_{tot}}. \quad (2.9)$$

Observe que, por definição, a soma total das frações molares (ou das frações mássicas) de todas as espécies químicas deve ser unitária, ou seja,

$$\sum_i \chi_i = 1 \quad (2.10a)$$

$$\sum_i Y_i = 1. \tag{2.10b}$$

As frações molares e as frações mássicas são facilmente convertidas de uma para outra usando as massas molares das espécies químicas da mistura:

$$Y_i = \chi_i MW_i / MW_{mis} \tag{2.11a}$$

$$\chi_i = Y_i MW_{mis} / MW_i. \tag{2.11b}$$

A **massa molar da mistura**, MW_{mis}, é facilmente calculada a partir do conhecimento ou das frações molares ou das frações mássicas:

$$MW_{mis} = \sum_i \chi_i MW_i \tag{2.12a}$$

$$MW_{mis} = \frac{1}{\sum_i (Y_i / MW_i)}. \tag{2.12b}$$

As frações molares são também usadas para determinar as pressões parciais. A **pressão parcial da espécie química i, P_i**, é a pressão que a espécie química i exerceria se fosse isolada da mistura e mantida na mesma temperatura e volume. Para misturas de gases ideais, a pressão da mistura é a soma das pressões parciais de todos os seus componentes:

$$P = \sum_i P_i. \tag{2.13}$$

A pressão parcial pode ser relacionada com a composição da mistura e com a pressão total na forma

$$P_i = \chi_i P. \tag{2.14}$$

Para misturas de gases ideais, muitas **propriedades específicas mássicas (ou molares) da mistura** são calculadas simplesmente como a média ponderada pela fração mássica (ou molar) das respectivas propriedades específicas dos componentes. Por exemplo, as entalpias das misturas são calculadas por

$$h_{mis} = \sum_i Y_i h_i \tag{2.15a}$$

$$\overline{h}_{mis} = \sum_i \chi_i \overline{h}_i. \tag{2.15b}$$

Outras propriedades frequentemente utilizadas que podem ser tratadas da mesma maneira são as energias internas, u e $\overline{u}$. Observe que, com a nossa hipótese de gás ideal, nem as propriedades das espécies químicas individualmente (u_i, $\overline{u}_i$, h_i, $\overline{h}_i$) nem as propriedades das misturas dependem da pressão.

A entropia da mistura também é calculada pela média ponderada das entropias das espécies químicas que a compõem:

$$s_{mis}(T, P) = \sum_i Y_i s_i(T, P_i) \tag{2.16a}$$

$$\overline{s}_{mis}(T, P) = \sum_i \chi_i \overline{s}_i(T, P_i). \tag{2.16b}$$

Nesse caso, entretanto, as entropias das espécies químicas individualmente (s_i e $\overline{s}_i$) dependem das respectivas pressões parciais, conforme indicado na Eq. 2.16. As entropias dos componentes da mistura na Eq. 2.16 podem ser calculadas a partir dos valores de entropia no estado de referência padrão ($P_{ref} \equiv P^o = 1$ atm) como

$$s_i(T, P_i) = s_i(T, P_{ref}) - R \ln \frac{P_i}{P_{ref}} \quad (2.17a)$$

$$\overline{s}_i(T, P) = \overline{s}_i(T, P_{ref}) - R_u \ln \frac{P_i}{P_{ref}}. \quad (2.17b)$$

As entropias específicas molares no estado de referência padrão são tabuladas no Apêndice A para muitas das espécies químicas de interesse em combustão.

Calor latente de vaporização

Em muitos processos de combustão, a mudança de fase líquido-vapor é importante. Por exemplo, uma gota de combustível líquido deve inicialmente evaporar antes de ser queimada; e, se resfriado suficientemente, o vapor de água presente nos produtos de combustão pode condensar-se. Formalmente, definimos o **calor latente de vaporização**, h_{fg}, como o calor requerido para vaporizar completamente uma unidade de massa de líquido em uma dada temperatura em um processo à pressão constante, ou seja,

$$h_{fg}(T, P) = h_{vapor}(T, P) - h_{líquido}(T, P), \quad (2.18)$$

onde T e P são as correspondentes pressão e temperatura de saturação, respectivamente. O calor latente de vaporização é também conhecido com **entalpia de vaporização**. Calores latentes de vaporização para vários combustíveis nas suas respectivas temperaturas de ebulição a 1 atm (ou seja, a temperatura de saturação na pressão de 1 atm) estão na Tabela B.1 do Apêndice B.

O calor latente de vaporização a uma dada temperatura e pressão é frequentemente utilizado na **equação de Clausius–Clapeyron** para estimar a variação da pressão de saturação com a temperatura:

$$\frac{dP_{sat}}{P_{sat}} = \frac{h_{fg}}{R} \frac{dT_{sat}}{T_{sat}^2}. \quad (2.19)$$

Essa equação supõe que o volume específico da fase líquida é negligenciável quando comparado com o volume específico da fase vapor e também que o vapor comporta-se como um gás ideal. Supondo que h_{fg} é constante, a Eq. 2.19 pode ser integrada desde ($P_{sat,1}$, $T_{sat,1}$) até ($P_{sat,2}$, $T_{sat,2}$) para permitir, por exemplo, que $P_{sat,2}$ seja estimado a partir do conhecimento dos valores de $P_{sat,1}$, $T_{sat,1}$ e $T_{sat,2}$. Usaremos esse procedimento na nossa discussão sobre a evaporação (Capítulo 3).

PRIMEIRA LEI DA TERMODINÂMICA

Primeira lei para um sistema

A conservação da energia é o princípio fundamental incorporado na primeira lei da termodinâmica. Para um **sistema**, ou seja, uma **porção de massa** separada da vizi-

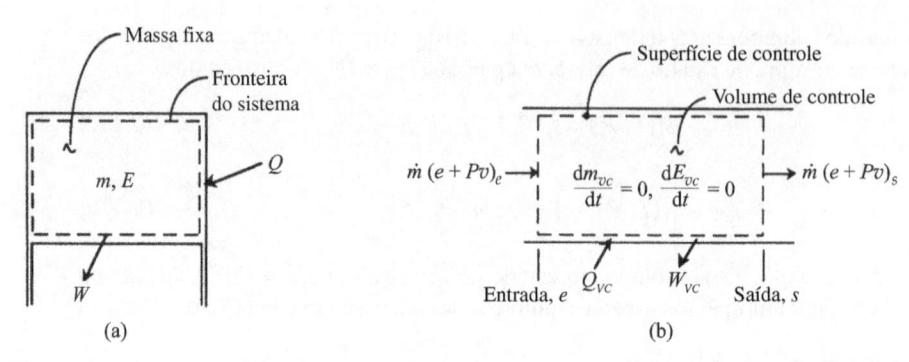

Figura 2.3 (a) Esquema de um sistema (massa fixa) com uma fronteira móvel sobre o pistão. (b) Volume de controle com fronteiras fixas e escoamento em regime permanente.

nhança por uma fronteira impermeável, (Fig. 2.3a), a conservação da energia para uma variação finita entre dois estados 1 e 2 é expressa como

$$\underbrace{{}_1Q_2}_{\substack{\text{Calor adicionado ao} \\ \text{sistema durante o} \\ \text{processo do estado} \\ \text{1 para o estado 2}}} - \underbrace{{}_1W_2}_{\substack{\text{Trabalho realizado pelo} \\ \text{sistema na vizinhança} \\ \text{durante o processo do} \\ \text{estado 1 para o estado 2}}} = \underbrace{\Delta E_{1-2}}_{\substack{\text{Variação da energia} \\ \text{total do sistema durante} \\ \text{o processo do estado 1} \\ \text{para o estado 2}}} \quad (2.20)$$

Ambos ${}_1Q_2$ e ${}_1W_2$ são funções da trajetória e são avaliados somente nas fronteiras do sistema. $\Delta E_{1-2} (\equiv E_2 - E_1)$ é a variação da energia (total) do sistema, a qual é a soma das energias interna, cinética e potencial, ou seja,

$$E = m(\underbrace{u}_{\substack{\text{Energia interna} \\ \text{específica mássica} \\ \text{do sistema}}} + \underbrace{\tfrac{1}{2} v^2}_{\substack{\text{Energia cinética} \\ \text{específica mássica} \\ \text{do sistema}}} + \underbrace{gz}_{\substack{\text{Energia potencial} \\ \text{específica mássica} \\ \text{do sistema}}}). \quad (2.21)$$

A energia do sistema é uma variável de estado e, como tal, ΔE não depende do caminho percorrido pelo sistema ao sofrer a mudança de estado. A Eq. 2.20 pode ser convertida para uma base mássica ou expressa para representar um dado instante de tempo. Essas formas são

$${}_1q_2 - {}_1w_2 = \Delta e_{1-2} = e_2 - e_1 \quad (2.22)$$

e

$$\underbrace{\dot{Q}}_{\substack{\text{Taxa de} \\ \text{transferência de} \\ \text{calor para o sistema}}} - \underbrace{\dot{W}}_{\substack{\text{Taxa de produção de} \\ \text{trabalho (potência)} \\ \text{pelo sistema sobre a} \\ \text{vizinhança}}} = \underbrace{dE/dt}_{\substack{\text{Variação da} \\ \text{energia total} \\ \text{do sistema}}} \quad (2.23)$$

ou

$$\dot{q} - \dot{w} = de/dt, \quad (2.24)$$

onde letras minúsculas são usadas para as variáveis específicas expressas em base mássica, por exemplo, $e \equiv E/m$.

Primeira lei para um volume de controle

A seguir, consideraremos um **volume de controle**, uma região de análise na qual um fluido pode escoar através das suas fronteiras, como ilustrado na Fig. 2.3b. A primeira lei aplicada a um volume de controle em regime permanente trocando massa com o exterior através de escoamentos uniformes com vazão mássica constante (RPEU) é particularmente útil para os nossos propósitos e, certamente, você já a conhece dos seus estudos anteriores de termodinâmica [2-4]. Porém, devido à sua importância para o nosso estudo, apresentaremos nessa seção uma breve discussão. A primeira lei com as hipóteses de RPEU é escrita como

$$\dot{Q}_{vc} - \dot{W}_{vc} = \dot{m}e_s - \dot{m}e_e + \dot{m}(P_s v_s - P_e v_e),$$

$\dot{Q}_{vc}$	$\dot{W}_{vc}$	$\dot{m}e_s$	$\dot{m}e_e$	$\dot{m}(P_s v_s - P_e v_e)$
Taxa de transferência de calor da vizinhança para o volume de controle através da superfície de controle	Taxa de produção de trabalho (potência) executada pelo volume de controle, incluindo trabalho de eixo, mas excluindo trabalho de escoamento	Energia escoando para fora do volume de controle	Energia escoando para dentro do volume de controle	Taxa líquida de produção de trabalho (potência) associada com forças de pressão nas regiões onde existe escoamento através das fronteiras do volume de controle, ou seja, trabalho de escoamento

(2.25)

onde os subscritos s e e denotam a saída e a entrada do escoamento, respectivamente, e $\dot{m}$ é a vazão mássica. Antes de escrevermos a Eq. 2.25 em uma forma mais conveniente, é apropriado listar as principais hipóteses envolvidas na sua derivação:

1. *O volume de controle encontra-se estacionário em relação ao sistema de coordenadas.* Isso elimina toda a forma de trabalho associada com movimentação da superfície de controle, assim como a necessidade de considerar variações das energias cinética e potencial causadas pelo movimento do próprio volume de controle.

2. *As propriedades do fluido em cada ponto no interior do volume de controle ou na superfície de controle não variam com o tempo.* Essa hipótese permite tratar todos os processos que o fluido sofre como ocorrendo em regime permanente.

3. *As propriedades do fluido são uniformes ao longo das áreas de entrada e de saída dos escoamentos.* Isso permite usar valores únicos para as propriedades dos escoamentos, em vez de precisarmos calcular integrais de área sobre a superfície de controle nas regiões de entrada e de saída dos escoamentos.

4. *Existem apenas um escoamento de entrada e um escoamento de saída.* Essa hipótese foi invocada apenas para manter a equação final em uma forma compacta e poderia ser facilmente removida para permitir o tratamento de múltiplos escoamentos de entrada e de saída.

A energia específica e dos escoamentos de entrada e de saída consiste nas parcelas de energia interna, cinética e potencial, isto é,

$$e = u + \tfrac{1}{2}v^2 + gz, \qquad (2.26)$$

e	u	$\tfrac{1}{2}v^2$	gz
Energia total por unidade de massa	Energia interna por unidade de massa	Energia cinética por unidade de massa	Energia potencial por unidade de massa

onde v e z são a velocidade e a elevação em relação a um referencial de energia potencial, respectivamente, do escoamento no ponto em que ele cruza a superfície de controle.

Os termos na Eq. 2.25 envolvendo o produto da pressão com o volume específico, associados com o trabalho de escoamento, podem ser combinados com a energia interna específica da Eq. 2.26, resultando na entalpia específica:

$$h \equiv u + Pv = u + P/\rho. \tag{2.27}$$

Combinando as Eqs. 2.25–2.27 e rearranjando, obtemos a nossa forma final para a equação da conservação da energia para um volume de controle:

$$\dot{Q}_{vc} - \dot{W}_{vc} = \dot{m}\left[(h_s - h_e) + \tfrac{1}{2}(v_s^2 - v_e^2) + g(z_s - z_e)\right]. \tag{2.28}$$

A primeira lei também pode ser expressa em uma base específica mássica bastando dividir a Eq. 2.28 pela vazão mássica $\dot{m}$, ou seja,

$$q_{vc} - w_{vc} = h_s - h_e + \tfrac{1}{2}(v_s^2 - v_e^2) + g(z_s - z_e). \tag{2.29}$$

No Capítulo 7, apresentaremos expressões mais completas para a conservação da energia que serão subsequentemente simplificadas para atender aos objetivos deste livro. Por enquanto, a Eq. 2.28 é suficiente para os nossos propósitos.

MISTURAS DE REAGENTES E PRODUTOS

Estequiometria

A quantidade **estequiométrica** de oxidante é simplesmente a quantidade necessária para queimar completamente certa quantidade de combustível. Se uma quantidade de oxidante maior do que a estequiométrica é fornecida, diz-se que a mistura é pobre em combustível, ou, simplesmente, **pobre**; fornecer uma quantidade de oxidante menor que a estequiométrica resulta em uma mistura rica em combustível ou, simplesmente, **rica**. A razão estequiométrica oxidante-combustível (ou ar-combustível) é determinada por um simples balanço atômico, supondo que o combustível reage para formar um conjunto ideal de produtos. Para um combustível hidrocarboneto dado pela fórmula química genérica C_xH_y, a relação estequiométrica pode ser expressa como

$$C_xH_y + a(O_2 + 3{,}76\,N_2) \rightarrow xCO_2 + (y/2)H_2O + 3{,}76aN_2, \tag{2.30}$$

onde

$$a = x + y/4. \tag{2.31}$$

Por simplicidade, assumiremos no decorrer deste livro que a composição simplificada para o ar corresponde a 21% de O_2 e 79% de N_2 (por volume), ou seja, para cada mol de O_2 no ar existem $0{,}79/0{,}21 = 3{,}76$ mols de N_2.

A **razão estequiométrica ar-combustível** pode ser encontrada como

$$(A/F)_{esteq} = \left(\frac{m_a}{m_F}\right)_{esteq} = \frac{4{,}76a}{1}\frac{MW_a}{MW_F}, \tag{2.32}$$

onde MW_a e MW_F são as massas molares do ar e do combustível, respectivamente. A Tabela 2.1 apresenta as razões estequiométricas ar-combustível para o metano e o carbono sólido. Também é mostrada a razão oxigênio-combustível para a combustão de H_2 em O_2 puro. Para essas misturas, observamos que há muito mais oxidante que combustível.

Tabela 2.1 Algumas propriedades de combustão do metano, hidrogênio e carbono sólido, segundo a reação química global identificada na primeira coluna, para os reagentes a 298 K

	Δh_R (kJ/kg$_f$)	Δh_R (kJ/kg$_{mis}$)	$(O/F)_{esteq}$[a] (kg/kg)	$T_{ad,eq}$ (K)
CH$_4$ + ar	−55 528	−3 066	17,1	2226
H$_2$ + O$_2$	−142 919	−15 880	8,0	3079
C(s) + ar	−32 794	−2 645	11,4	2301

[a]O/F é a razão mássica oxidante-combustível onde, para a combustão com ar, o ar é considerado o oxidante.

A **razão de equivalência**, Φ, é comumente usada para indicar quantitativamente quando uma mistura de oxidante e combustível é rica, pobre ou estequiométrica. A razão de equivalência é definida como

$$\Phi = \frac{(A/F)_{esteq}}{(A/F)} = \frac{(F/A)}{(F/A)_{esteq}} \quad (2.33a)$$

A partir dessa definição, observamos que para misturas ricas em combustível, $\Phi > 1$, e para misturas pobres em combustível, $\Phi < 1$. Para uma mistura estequiométrica, $\Phi = 1$. Em muitas aplicações em combustão, a razão de equivalência é o fator mais importante na determinação do desempenho do sistema. Outros parâmetros equivalentes utilizados para definir a estequiometria são o **percentual de ar estequiométrico**, o qual relaciona-se com a razão de equivalência por

$$\% \text{ ar estequiométrico} = \frac{100\%}{\Phi} \quad (2.33b)$$

e o **percentual de excesso de ar**, ou

$$\% \text{ excesso de ar} = \frac{(1-\Phi)}{\Phi} \cdot 100\%. \quad (2.33c)$$

Exemplo 2.1

Uma turbina a gás estacionária de pequeno porte e baixa emissão (veja a Fig. 2.4) opera a plena carga (3950 kW) em uma razão de equivalência de 0,286 com uma vazão de ar de admissão de 15,9 kg/s. A composição equivalente do combustível (um gás natural) é $C_{1,16}H_{4,32}$. Determine a vazão de combustível e a razão ar-combustível na operação da turbina.

Solução

Dado: $\Phi = 0,286$, $MW_a = 28,85$,

$\dot{m}_a = 15,9$ kg/s, $MW_F = 1,16(12,01) + 4,32(1,008) = 18,286$

Encontre: $\dot{m}_F$ e (A/F).

Prosseguiremos inicialmente encontrando (A/F) e então $\dot{m}_F$. A solução requer somente a aplicação das definições expressas pelas Eqs. 2.32 e 2.33, ou seja,

$$(A/F)_{esteq} = 4,76a \frac{MW_a}{MW_F},$$

onde $a = x + y/4 = 1,16 + 4,32/4 = 2,24$. Assim,

$$(A/F)_{esteq} = 4,76(2,24)\frac{28,85}{18,286} = 16,82,$$

e, da Eq. 2.33,

$$\boxed{(A/F)} = \frac{(A/F)_{esteq}}{\Phi} = \frac{16,82}{0,286} = \boxed{58,8}$$

Como (A/F) é a razão entre as vazões de ar e de combustível,

$$\boxed{\dot{m}_F} = \frac{\dot{m}_a}{(A/F)} = \frac{15,9 \text{ kg/s}}{58,8} = \boxed{0,270 \text{ kg/s}}$$

(a)

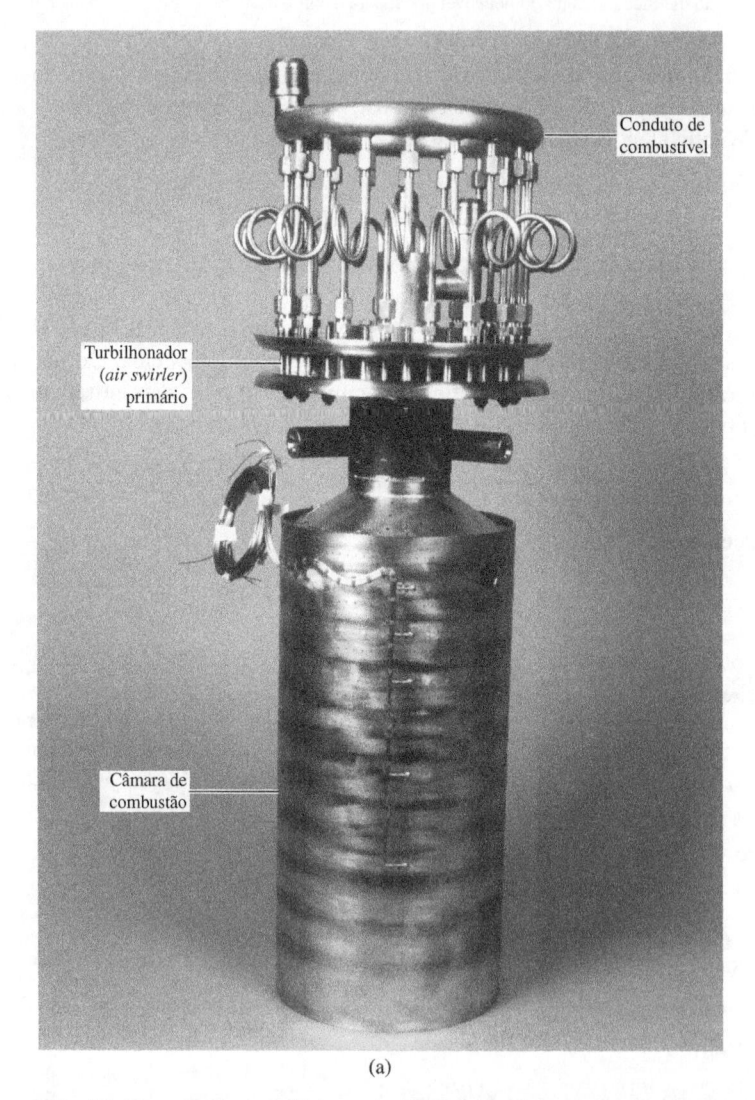

Figura 2.4 (a) Câmara de combustão de baixo NO_x de uma turbina a gás experimental e (b)(c) sistema de mistura de combustível e ar. Oito câmaras de combustão são usadas em uma turbina a gás de 3950 kW.
FONTE: Copyright © 1987, *Electric Power Research Institute*, EPRI AP-5347, NO_x *Reduction for Small Gas Turbine Power Plants*. Reimpresso sob permissão.

Capítulo 2 – Combustão e termoquímica

(b)

Palhetas do turbilhonador (18)
Orifício de injeção do combustível principal
Injeção de combustível da chama piloto
Combustível da chama piloto
Combustível da chama principal
Cabeça do queimador
Distribuidor de combustível para o turbilhonador (18)
Ar primário

(c)

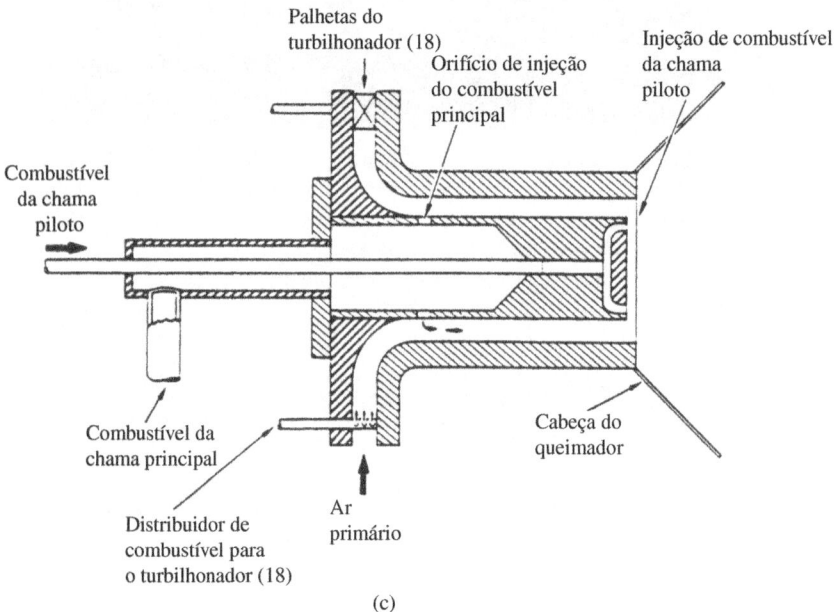

Figura 2.4 (*continuação*)

Comentário

Observe que mesmo na potência máxima, uma grande quantidade de ar é levada à câmara de combustão da turbina a gás.

Exemplo 2.2

Uma caldeira industrial a gás natural (veja a Fig. 2.5) opera com uma concentração de oxigênio de 3% (molar) nos gases de exaustão. Determine a razão ar-combustível de operação e a razão de equivalência. Nas suas contas, utilize metano para modelar o gás natural.

Figura 2.5 Dois queimadores de gás natural de 10 MW (34 milhões de Btu/hora) montados na parede da fornalha de 3 m de comprimento de uma caldeira. O ar entra nos queimadores através das tubulações verticais de grande diâmetro e o gás natural é alimentado pelas tubulações horizontais à esquerda.
FONTE: Cortesia do fabricante de queimadores *Fives North American Combustion, Inc.*

Solução

Dado: $\chi_{O_2} = 0{,}03$, $MW_F = 16{,}04$,
$MW_a = 28{,}85$.

Encontre: (A/F) e Φ.

Podemos usar a fração molar de O_2 dada para encontrar a razão ar-combustível. Para isso, escrevemos a reação global de combustão admitindo "combustão completa", isto é, ausência de dissociação dos produtos de combustão (todo o C do combustível torna-se CO_2 e todo o hidrogênio torna-se H_2O):

$$CH_4 + a(O_2 + 3{,}76N_2) \rightarrow CO_2 + 2H_2O + bO_2 + 3{,}76aN_2,$$

onde a e b estão relacionados pela conservação de átomos de O,

$$2a = 2 + 2 + 2b$$

ou

$$b = a - 2.$$

Da definição de fração molar (Eq. 2.8),

$$\chi_{O_2} = \frac{N_{O_2}}{N_{mis}} = \frac{b}{1 + 2 + b + 3{,}76a} = \frac{a-2}{1 + 4{,}76a}.$$

Substituindo o valor conhecido de $\chi_{O_2}(= 0,03)$ e então resolvendo a resulta em

$$0,03 = \frac{a-2}{1+4,76a}$$

ou

$$a = 2,368.$$

A razão mássica ar-combustível, em geral, é expressa como

$$(A/F) = \frac{N_a}{N_F} \frac{MW_a}{MW_F},$$

assim,

$$(A/F) = \frac{4,76a}{1} \frac{MW_a}{MW_F}$$

$$\boxed{(A/F)} = \frac{4,76(2,368)(28,85)}{16,04} = \boxed{20,3}$$

Para encontrar Φ, precisamos determinar $(A/F)_{esteq}$. Da Eq. 2.31, $a = 2$. Então,

$$(A/F)_{esteq} = \frac{4,76(2)28,85}{16,04} = 17,1$$

Aplicando a definição de Φ (Eq. 2.33), tem-se finalmente

$$\boxed{\Phi} = \frac{(A/F)_{esteq}}{(A/F)} = \frac{17,1}{20,3} = \boxed{0,84}$$

Comentário

Nessa solução, supomos que a fração molar de O_2 foi reportada em uma "base úmida", isto é, mols de O_2 por mol de gases de exaustão, incluindo a água gerada na combustão. Frequentemente, na medição de espécies químicas em gases de exaustão, a umidade é removida para evitar a condensação no interior dos analisadores de gases. Assim, χ_{O_2} também pode ser reportado em uma "base seca".

Entalpia padrão e entalpia de formação

No tratamento de sistemas quimicamente reativos, o conceito de entalpia padrão é muito valioso. Para qualquer espécie química, podemos definir uma **entalpia padrão** que é igual à soma de uma parcela que quantifica a energia associada às ligações químicas (ou à ausência de ligações químicas), chamada de **entalpia de formação**, h_f, e outra parcela associada somente com a temperatura, que é a **variação de entalpia sensível**, Δh_s. Assim, podemos escrever a entalpia molar padrão da espécie química i como

$$\underset{\substack{\text{Entalpia padrão} \\ \text{na temperatura } T}}{\bar{h}_i(T)} = \underset{\substack{\text{Entalpia de formação} \\ \text{no estado de referência} \\ \text{padrão } (T_{ref}, P^o)}}{\bar{h}_{f,i}^o(T_{ref})} + \underset{\substack{\text{Variação de entalpia} \\ \text{sensível no processo} \\ \text{de } T_{ref} \text{ para } T}}{\Delta \bar{h}_{s,i}(T)}, \qquad (2.34)$$

onde $\Delta \bar{h}_{s,i} \equiv \bar{h}_i(T) - \bar{h}_{f,i}^o(T_{ref})$.

Para utilizar a Eq. 2.34, é necessário definir um **estado de referência padrão**. Empregamos a temperatura de estado padrão, $T_{ref} = 25°C$ (298,15 K), e a pressão de estado padrão, $P_{ref} = P^o = 1$ atm (101.325 Pa), conforme as tabelas termodinâmicas da NASA [5] e do programa CHEMKIN [1]. Além disso, adotamos a convenção de que as entalpias de formação são iguais a zero para o estado de ocorrência natural dos elementos na temperatura e pressão do estado de referência. Por exemplo, a 25°C e 1 atm, o oxigênio existe na forma de moléculas diatômicas, assim,

$$\left(\bar{h}^o_{f,O_2}\right)_{298} = 0,$$

onde o subscrito o é usado para identificar que o valor corresponde àquele na pressão do estado de referência.

A formação de átomos de oxigênio no estado padrão a partir do oxigênio gasoso requer a quebra de uma ligação química razoavelmente forte. A energia de dissociação do O_2 a 298 K é 498.390 $kJ/kmol_{O_2}$. A quebra dessa ligação cria dois átomos de O, assim, a entalpia de formação do oxigênio atômico é metade do valor da energia de dissociação da ligação no O_2, ou seja,

$$\left(\bar{h}^o_{f,O}\right) = 249.195 \text{ kJ/kmol}_O.$$

Dessa forma, as entalpias de formação são interpretadas fisicamente como a diferença líquida entre a entalpia associada com a quebra de ligações químicas do estado de ocorrência natural dos elementos e com a formação de novas ligações para criar a substância de interesse no estado padrão de referência.

A representação gráfica da entalpia padrão proporciona uma forma interessante de entender esse conceito. Na Fig. 2.6, as entalpias padrão do oxigênio atômico (O) e do oxigênio diatômico (O_2) são apresentadas como função da temperatura começando no zero absoluto. A 298,15 K, observamos que $\bar{h}_{O_2}$ é zero (devido à definição da

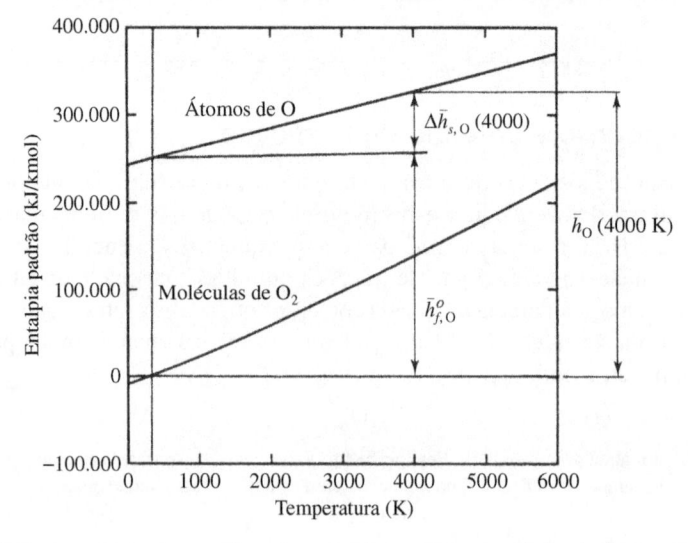

Figura 2.6 Interpretação gráfica da entalpia padrão, entalpia de formação e entalpia sensível.

condição padrão de referência) e a entalpia padrão do oxigênio atômico torna-se igual à sua entalpia de formação, pois a variação de entalpia sensível a 298,15 K é zero. Na temperatura de 4000 K, observamos que há uma contribuição adicional da entalpia sensível sobre a entalpia de formação. No Apêndice A, são fornecidas as entalpias de formação no estado de referência e as variações de entalpia sensível são tabuladas em função da temperatura para um conjunto de espécies químicas de importância para a combustão; entalpias de formação avaliadas em temperaturas de referência diferentes do estado padrão de 298,15 K também são mostradas.

Exemplo 2.3

Um escoamento de gás a 1 atm é formado por uma mistura de CO, CO_2 e N_2 na qual as frações molares de CO e de CO_2 são 0,10 e 0,20, respectivamente. A temperatura do escoamento é 1200 K. Determine a entalpia específica padrão da mistura em base molar (kJ/kmol) e em base mássica (kJ/kg). Também determine as frações mássicas dos três componentes da mistura.

Solução

Dado: $\chi_{CO} = 0{,}10$, $T = 1200$ K,

$\chi_{CO_2} = 0{,}20$, $P = 1$ atm

Encontre: $\bar{h}_{mis}, h_{mis}, Y_{CO}, Y_{CO_2}$ e Y_{N_2}.

Encontrar $\bar{h}_{mis}$ requer a aplicação direta da relação para misturas ideais, Eq. 2.15; determinar χ_{N_2} exige o conhecimento de que $\sum \chi_i = 1$ (Eq. 2.10). Assim,

$$\chi_{N_2} = 1 - \chi_{CO_2} - \chi_{CO} = 0{,}70$$

e

$$\bar{h}_{mis} = \sum \chi_i \bar{h}_i$$
$$= \chi_{CO}\left[\bar{h}^o_{f,CO} + \left(\bar{h}(T) - \bar{h}^o_{f,298}\right)_{CO}\right]$$
$$+ \chi_{CO_2}\left[\bar{h}^o_{f,CO_2} + \left(\bar{h}(T) - \bar{h}^o_{f,298}\right)_{CO_2}\right]$$
$$+ \chi_{N_2}\left[\bar{h}^o_{f,N_2} + \left(\bar{h}(T) - \bar{h}^o_{f,298}\right)_{N_2}\right].$$

Substituindo os valores do Apêndice A (Tabela A.1 para o CO, Tabela A.2 para o CO_2 e Tabela A.7 para o N_2):

$$\bar{h}_{mis} = 0{,}10[-110{.}541 + 28{.}440]$$
$$+ 0{,}20[-393{.}546 + 44{.}488]$$
$$+ 0{,}70[0 + 28{.}118]$$
$$\boxed{\bar{h}_{mis} = -58{.}339{,}1 \text{ kJ/kmol}_{mis}}$$

Para obter h_{mis}, precisamos determinar a massa molar da mistura:

$$MW_{mis} = \sum \chi_i MW_i$$
$$= 0{,}10(28{,}01) + 0{,}20(44{,}01) + 0{,}70(28{,}013)$$
$$= 31{,}212.$$

Então,

$$\boxed{h_{mis}} = \frac{\bar{h}_{mis}}{MW_{mis}} = \frac{-58{.}339{,}1}{31{,}212} = \boxed{-1869{,}12 \text{ kJ/kg}_{mis}}$$

Como encontramos o valor de MW_{mis} anteriormente, as frações mássicas podem ser calculadas diretamente das definições (Eq. 2.11):

$$Y_{CO} = 0{,}10 \frac{28{,}01}{31{,}212} = 0{,}0897$$

$$Y_{CO_2} = 0{,}20 \frac{44{,}01}{31{,}212} = 0{,}2820$$

$$Y_{N_2} = 0{,}70 \frac{28{,}013}{31{,}212} = 0{,}6282$$

Como verificação, observamos que $0{,}0897 + 0{,}2820 + 0{,}6282 = 1{,}000$, conforme requerido.

Comentário

Tanto as unidades em base molar como em base mássica são frequentemente usadas em combustão. Por causa disso, você precisa se sentir confortável ao realizar as conversões quando necessário ou conveniente.

Entalpia de combustão e poderes caloríficos

A partir do conhecimento de como expressar a entalpia de misturas de reagentes e de produtos, podemos definir a entalpia de reação ou, mais especificamente, quando tratamos de reações de combustão, a entalpia de combustão. Considere o reator com escoamento em regime permanente mostrado na Fig. 2.7, no qual uma mistura estequiométrica de reagentes entra e uma mistura de produtos deixa o reator, ambas na condição padrão de referência (25°C, 1 atm). Assume-se que a combustão é completa, ou seja, todo o carbono do combustível é convertido para CO_2 e todo o hidrogênio é convertido para H_2O. Para que os produtos de combustão saiam na mesma temperatura dos reagentes, calor deve ser removido do reator. A primeira lei da termodinâmica aplicada aos escoamentos em regime permanente (Eq. 2.29) relaciona o calor por unidade de massa de mistura saindo do reator com as entalpias padrão específicas dos reagentes e produtos na forma

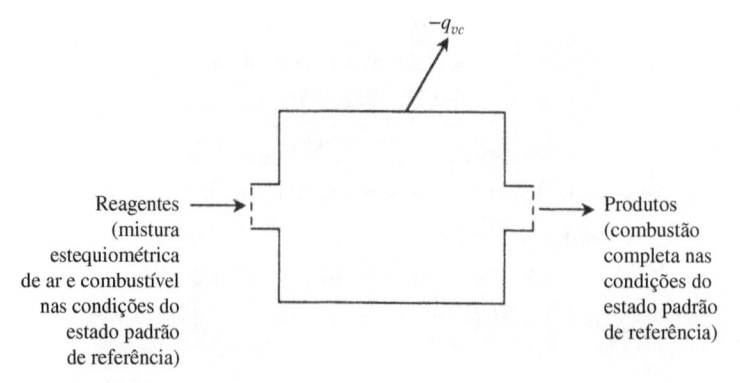

$$q_{vc} = h_s - h_e = h_{prod} - h_{reag}. \qquad (2.35)$$

Figura 2.7 Reator de escoamento em regime permanente usado para determinar a entalpia de combustão.

A definição de **entalpia de reação**, ou **entalpia de combustão**, Δh_R (por massa de mistura), é

$$\Delta h_R \equiv q_{vc} = h_{\text{prod}} - h_{\text{reag}} \qquad (2.36a)$$

ou, em termos de propriedades extensivas,

$$\Delta H_R = H_{\text{prod}} - H_{\text{reag}}. \qquad (2.36b)$$

A entalpia de combustão pode ser ilustrada graficamente conforme a Fig. 2.8. Como o calor é negativo, a entalpia padrão dos produtos é menor do que a dos reagentes. Por exemplo, a 25°C e 1 atm, a entalpia dos reagentes para uma mistura estequiométrica de metano e ar, para 1 kmol de metano, é −74.831 kJ. Nas mesmas condições, (25°C, 1 atm), os produtos de combustão apresentam entalpia padrão de −877.236 kJ. Assim,

$$\Delta H_R = -877.236 - (-74.831) = -802.405 \text{ kJ}.$$

Esse valor pode ser convertido para uma base "por massa de combustível":

$$\Delta h_R \left(\frac{\text{kJ}}{\text{kg}_F} \right) = \Delta H_R / MW_F \qquad (2.37)$$

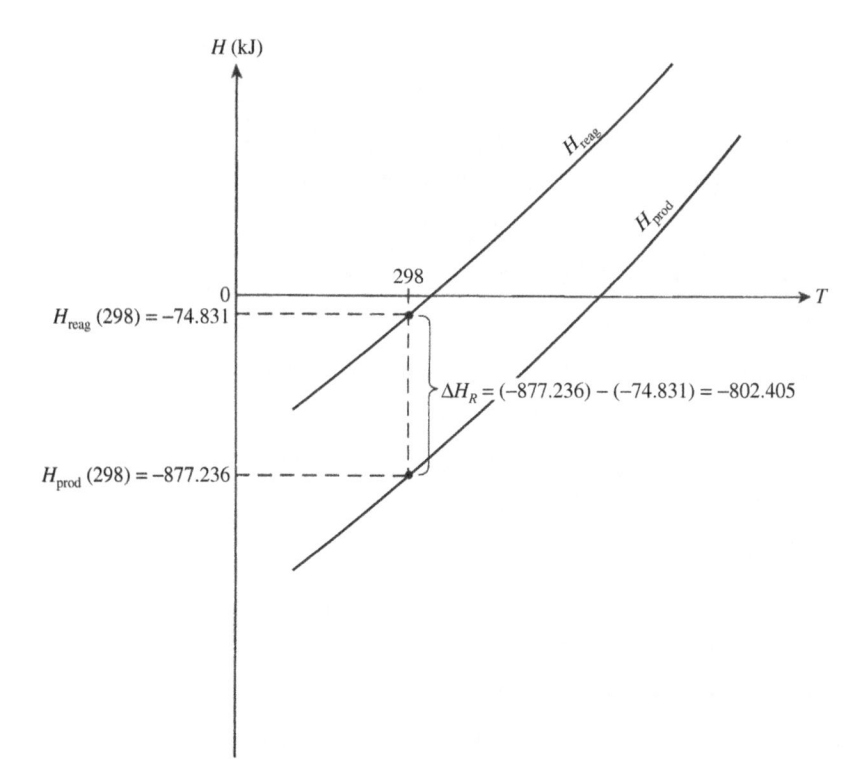

Figura 2.8 Entalpia de reação usando valores representativos para uma mistura estequiométrica de metano e ar. Supõe-se que a água nos produtos de combustão esteja no estado gasoso.

ou

$$\Delta h_R \left(\frac{kJ}{kg_F} \right) = (-802.405/16,043) = -50.016.$$

Esse valor pode, por sua vez, ser convertido para uma base "por massa de mistura":

$$\Delta h_R \left(\frac{kJ}{kg_{mis}} \right) = \Delta h_R \left(\frac{kJ}{kg_F} \right) \frac{m_F}{m_{mis}}, \qquad (2.38)$$

onde

$$\frac{m_F}{m_{mis}} = \frac{m_F}{m_a + m_F} = \frac{1}{(A/F)+1}. \qquad (2.39)$$

Da Tabela 2.1, observamos que a razão ar-combustível estequiométrica para o CH_4 é 17,11. Assim,

$$\Delta h_R = \left(\frac{kJ}{kg_{mis}} \right) = \frac{-50.016}{17,11+1} = -2761,8.$$

Observe que esse valor de entalpia de combustão depende da temperatura escolhida para a sua avaliação, uma vez que as entalpias dos reagentes e produtos variam com a temperatura, isto é, a distância entre as linhas de H_{prod} e H_{reag} na Fig. 2.8 não é constante.

O **calor de combustão**, Δh_c (também conhecido como **poder calorífico**), é numericamente igual à entalpia de reação, mas com sinal contrário. O **poder calorífico superior**, ou **maior**, **PCS**, é o calor de combustão calculado supondo que toda a água nos produtos foi condensada para líquido. Esse cenário libera o máximo de energia, por isso a denominação de superior. O **poder calorífico inferior**, **PCI**, corresponde à situação na qual toda a água permanece do estado vapor. Para o CH_4, o poder calorífico superior é aproximadamente 11% maior do que o inferior. Poderes caloríficos no estado padrão (25°C, 1 atm) para vários combustíveis são fornecidos no Apêndice B.

Exemplo 2.4

A. Determine os poderes caloríficos superior e inferior a 298 K para o n-decano, $C_{10}H_{22}$, no estado gasoso, por kmol e por kg de combustível. A massa molar do n-decano é 142,284 kg/kmol.

B. Se a entalpia de vaporização do n-decano é 359 kJ/kg_F a 298 K, quais são os poderes caloríficos superior e inferior do n-decano líquido?

Solução

A. Para 1 mol de $C_{10}H_{22}$, a reação química admitindo "combustão completa" pode ser escrita como

$$C_{10}H_{22}(g) + 15,5(O_2 + 3,76N_2) \rightarrow 10CO_2 + 11H_2O(l \text{ ou } g) + 15,5(3,76)N_2.$$

Para ambos os poderes caloríficos, inferior e superior,

$$\Delta H_c = -\Delta H_R = H_{reag} - H_{prod},$$

onde o valor numérico de H_{prod} depende se o H_2O nos produtos está no estado líquido (determinando o poder calorífico superior) ou gasoso (determinando o poder calorífico inferior). As entalpias sensíveis para todas as espécies químicas são zero, pois desejamos obter o ΔH_c no estado de referência (298 K). Além disso, as entalpias de formação do O_2 e do N_2 também são zero a 298 K. Reconhecendo que

$$H_{reag} = \sum_{reag} N_i \bar{h}_i \quad \text{e} \quad H_{prod} = \sum_{prod} N_i \bar{h}_i,$$

obtemos

$$\Delta H_{c,H_2O(l)} = PCS = (1)\bar{h}^o_{f,C_{10}H_{22}} - \left[10\bar{h}^o_{f,CO_2} + 11\bar{h}^o_{f,H_2O(l)}\right].$$

A Tabela A.6 (Apêndice A) fornece a entalpia de formação para a água no estado gasoso e a entalpia de vaporização. Com esses valores, calculamos a entalpia de formação da água líquida (Eq. 2.18):

$$\bar{h}^o_{f,H_2O(l)} = \bar{h}^o_{f,H_2O(g)} - \bar{h}_{fg} = -241.847 - 44.010 = -285.857 \text{ kJ/kmol.}$$

Usando esse valor, junto com as entalpias de formação dadas nos Apêndices A e B, obtemos o poder calorífico superior:

$$\Delta H_{c,H_2O,(l)} = (1)\left(-249.659 \frac{kJ}{kmol}\right)$$
$$- \left[10\left(-393.546 \frac{kJ}{kmol}\right) + 11\left(-285.857 \frac{kJ}{kmol}\right)\right]$$
$$= 6.830.096 \text{ kJ}$$

e

$$\boxed{\Delta \bar{h}_c = \frac{\Delta H_c}{N_{C_{10}H_{22}}} = \frac{6.830.096 \text{ kJ}}{1 \text{ kmol}} = 6.830.096 \text{ kJ/kmol}_{C_{10}H_{22}}}$$

ou

$$\boxed{\Delta h_c = \frac{\Delta \bar{h}_c}{MW_{C_{10}H_{22}}} = \frac{6.830.096 \frac{kJ}{kmol}}{142,284 \frac{kg}{kmol}} = 48.003 \text{ kJ/kg}_{C_{10}H_{22}}}$$

Para obter o poder calorífico inferior, usamos $\bar{h}^o_{f,H_2O(g)} = -241.847$ kJ/kmol no lugar de $\bar{h}^o_{f,H_2O(l)} = -285.857$ kJ/kmol. Assim,

$$\boxed{\Delta \bar{h}_c = 6.345.986 \text{ kJ/kmol}_{C_{10}H_{22}}}$$

ou

$$\boxed{\Delta h_c = 44.601 \text{ kJ/kg}_{C_{10}H_{22}}}$$

B. Para $C_{10}H_{22}$, no estado líquido,

$$H_{reag} = (1)\left(\bar{h}^o_{f,C_{10}H_{22}(g)} - \bar{h}_{fg}\right),$$

ou

$$\Delta h_c\binom{\text{combustível}}{\text{líquido}} = \Delta h_c\binom{\text{combustível}}{\text{gasoso}} - h_{fg}.$$

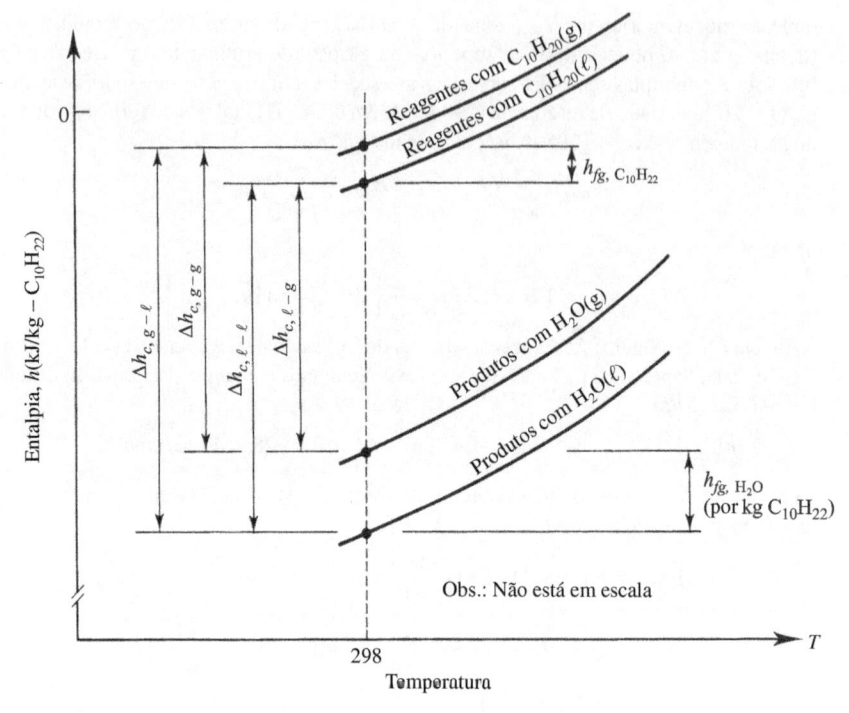

Figura 2.9 Gráfico de entalpia *versus* temperatura ilustrando a determinação dos valores de poder calorífico no Exemplo 2.4.

Assim,

$$\Delta h_c \text{ (superior)} = 48.003 - 359$$
$$= 47.644 \text{ kJ/kg}_{C_{10}H_{22}}$$
$$\Delta h_c \text{ (inferior)} = 44.601 - 359$$
$$= 44.242 \text{ kJ/kg}_{C_{10}H_{22}}$$

Comentário

A representação gráfica das várias definições e/ou dos processos termodinâmicos é um importante auxílio para esquematizar ou conferir a solução dos problemas. A Fig. 2.9 ilustra o comportamento das variáveis desse exemplo nas coordenadas *h-T*. Note que é fornecida a entalpia de vaporização para o *n*-decano no estado padrão (298,15 K), enquanto no Apêndice B o valor aparece na temperatura de ebulição (447,4 K, a temperatura de saturação na pressão de 1 atm).

TEMPERATURAS DE CHAMAS ADIABÁTICAS

Definiremos duas temperaturas de chamas adiabáticas: uma para a combustão à pressão constante e a outra para a combustão a volume constante. Se a mistura combustível-ar queima adiabaticamente à pressão constante, a entalpia padrão dos reagentes no estado inicial (digamos, $T = 298$ K, $P = 1$ atm) é igual à entalpia padrão dos produtos no estado final ($T = T_{ad}$, $P = 1$ atm), isto é, a aplicação da Eq. 2.28 resulta em

$$H_{reag}(T_i, P) = H_{prod}(T_{ad}, P), \qquad (2.40a)$$

ou, de modo equivalente, em uma base por massa de mistura,

$$h_{reag}(T_i, P) = h_{prod}(T_{ad}, P). \qquad (2.40b)$$

Dessa forma, a primeira lei, Eq. 2.40, define a propriedade que denominamos de **temperatura de chama adiabática à pressão constante**, ilustrada na Fig. 2.10. Conceitualmente, a temperatura de chama adiabática é simples, entretanto, calcular o seu valor requer o conhecimento da composição dos produtos de combustão. Nos valores típicos de temperatura de chama, os produtos dissociam-se e forma-se uma mistura com muitas espécies químicas diferentes. Conforme mostrado na Tabela 2.1 e na Tabela B.1 no Apêndice B, as temperaturas de chama são tipicamente da magnitude de milhares de Kelvins. O cálculo da composição de misturas em equilíbrio químico é o assunto da próxima seção. O exemplo seguinte ilustra o conceito fundamental por trás da temperatura de chama adiabática à pressão constante, no entanto, fazendo algumas hipóteses aproximadas no que diz respeito à composição da mistura e ao cálculo da entalpia dos produtos de combustão.

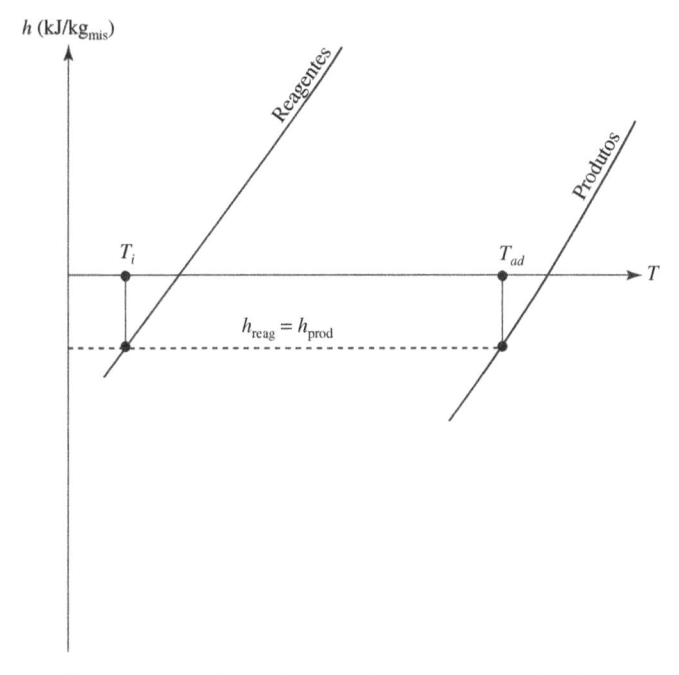

Figura 2.10 Ilustração da determinação da temperatura de chama adiabática à pressão constante nas coordenadas h–T.

Exemplo 2.5

Estime a temperatura de chama adiabática à pressão constante para à combustão estequiométrica de CH_4 e ar. A pressão é 1 atm e a temperatura é 298 K.

Use as seguintes hipóteses:

1. "Combustão completa" (ausência de dissociação), isto é, a mistura de produtos é formada somente por CO_2, H_2O e N_2.
2. A entalpia da mistura de produtos é estimada usando calores específicos constantes avaliados a 1200 K ($\approx 0{,}5(T_i + T_{ad})$, onde T_{ad} é estimado em aproximadamente 2100 K).

Solução

Composição da mistura:

$$CH_4 + 2(O_2 + 3{,}76N_2) \rightarrow 1CO_2 + 2H_2O + 7{,}52N_2$$

$$N_{CO_2} = 1, N_{H_2O} = 2, N_{N_2} = 7{,}52.$$

Propriedades (Apêndices A e B):

Espécies químicas	Entalpias de Formação a 298 K $\bar{h}_{f,i}^o$ (kJ/kmol)	Calores específicos a 1200 K $\bar{c}_{p,i}$ (kJ/kmol-K)
CH_4	−74 831	−
CO_2	−393 546	56,21
H_2O	−241 845	43,87
N_2	0	33,71
O_2	0	−

Primeira lei (Eq. 2.40):

$$H_{reag} = \sum_{reag} N_i \bar{h}_i = H_{prod} = \sum_{prod} N_i \bar{h}_i$$

$$H_{reag} = (1)(-74.831) + 2(0) + 7{,}52(0)$$

$$= -74.831 \text{ kJ}$$

$$H_{prod} = \sum N_i \left[\bar{h}_{f,i}^o + \bar{c}_{p,i}(T_{ad} - 298) \right]$$

$$= (1)[-393.546 + 56{,}21(T_{ad} - 298)]$$

$$+ (2)[-241.845 + 43{,}87(T_{ad} - 298)]$$

$$+ (7{,}52)[0 + 33{,}71(T_{ad} - 298)].$$

Igualando H_{reag} a H_{prod} e resolvendo T_{ad} fornece

$$\boxed{T_{ad} = 2318 \text{ K}}$$

Comentários

Comparando esse resultado com aquele mostrado na Tabela 2.1 ($T_{ad, eq}$ = 2226 K), calculado considerando a composição de equilíbrio, mostra que o procedimento simplificado superestima o valor de T_{ad} por um pouco menos que 100 K. Considerando o caráter aproximativo das hipóteses adotadas, isso parece ser um resultado surpreendentemente bom. Removendo a hipótese 2 e recalculando T_{ad} usando expressões para os calores específicos como função da temperatura, isto é,

$$\bar{h}_i = \bar{h}_{f,i}^o + \int_{298}^{T} \bar{c}_{p,i} \, dT,$$

resulta em $T_{ad} = 2328$ K. (Note que o Apêndice A fornece os valores das entalpias sensíveis para cada temperatura T, ou seja, o resultado dessa integração. Esses são os valores encontrados nas Tabelas JANAF [6].) Como esse resultado é bastante próximo daquele obtido com c_p constante, concluímos que a diferença de ~ 100 K ocorre ao negligenciar a dissociação. Observe que a dissociação causa uma redução de T_{ad}, pois uma quantidade maior de energia é armazenada nas ligações químicas (quantificada pelas entalpias de formação) do que está disponível como entalpia sensível.

Anteriormente, lidamos com um sistema à pressão constante, o qual seria apropriado para tratar a câmara de combustão de uma turbina a gás ou uma fornalha. Vamos agora considerar a **temperatura de chama adiabática a volume constante**, a qual utilizaríamos na análise de um ciclo Otto, por exemplo. A primeira lei da termodinâmica (Eq. 2.20) requer que

$$U_{\text{reag}}(T_{\text{inic}}, P_{\text{inic}}) = U_{\text{prod}}(T_{ad}, P_f), \tag{2.41}$$

onde U é a energia interna padrão da mistura. Graficamente, a Eq. 2.41 é semelhante ao esquema (na Fig. 2.10) usado para ilustrar a temperatura de chama adiabática à pressão constante, exceto que a energia interna substitui a entalpia. Como a maioria das compilações ou dos cálculos de propriedades termodinâmicas fornecem valores de H (ou h) em vez de U (ou u) [1, 6], podemos rearranjar a Eq. 2.41 para a seguinte forma:

$$H_{\text{reag}} - H_{\text{prod}} - V(P_{\text{inic}} - P_f) = 0. \tag{2.42}$$

Aplicamos a equação de estado dos gases ideais para eliminar os termos PV:

$$P_{\text{inic}} V = \sum_{\text{reag}} N_i R_u T_{\text{inic}} = N_{\text{reag}} R_u T_{\text{inic}}$$

$$P_f V = \sum_{\text{prod}} N_i R_u T_{ad} = N_{\text{prod}} R_u T_{ad}.$$

Assim,

$$H_{\text{reag}} - H_{\text{prod}} - R_u(N_{\text{reag}} T_{\text{inic}} - N_{\text{prod}} T_{ad}) = 0. \tag{2.43}$$

Uma forma alternativa da Eq. 2.43, em uma base por massa de mistura, pode ser obtida dividindo a Eq. 2.43 pela massa da mistura, m_{mis}, e reconhecendo que

$$m_{\text{mis}}/N_{\text{reag}} \equiv MW_{\text{reag}}$$

ou

$$m_{\text{mis}}/N_{\text{prod}} \equiv MW_{\text{prod}}.$$

Assim, obtemos

$$h_{\text{reag}} - h_{\text{prod}} - R_u \left(\frac{T_{\text{inic}}}{MW_{\text{reag}}} - \frac{T_{ad}}{MW_{\text{prod}}} \right) = 0. \tag{2.44}$$

Como a composição de equilíbrio da mistura de produtos depende da temperatura e da pressão, verificaremos na próxima seção, usando a Eq. 2.43 ou 2.44 junto com a equação de estado dos gases ideais e as equações de estado calóricas apropriadas [por exemplo, $h = h(T, P) = h(T)$, para gás ideal], que calcular T_{ad} depende de um procedimento direto, mas não trivial.

Exemplo 2.6

Estime a temperatura de chama adiabática a volume constante para uma mistura estequiométrica de CH_4 e ar usando as mesmas hipóteses do Exemplo 2.5. As condições iniciais são: T_i = 298 K, P = 1 atm (= 101 325 Pa).

Solução

A composição e as propriedades usadas no Exemplo 2.5 são aplicadas aqui. Notamos, no entanto, que os valores de $c_{p,i}$ devem ser avaliados a uma temperatura maior que 1200 K, pois o valor de T_{ad} para volume constante será maior do que o valor à pressão constante. De qualquer forma, usaremos os mesmos valores anteriores a fim de permitir uma comparação mais direta.

Primeira lei (Eq. 2.43):

$$H_{reag} - H_{prod} - R_u(N_{reag}T_{inic} - N_{prod}T_{ad}) = 0$$

ou

$$\sum_{reag} N_i \bar{h}_i - \sum_{prod} N_i \bar{h}_i - R_u(N_{reag}T_{inic} - N_{prod}T_{ad}) = 0.$$

Substituindo os valores numéricos, temos

$$H_{reag} = (1)(-74.831) + 2(0) + 7,52(0)$$
$$= -74.831 \text{ kJ}$$
$$H_{prod} = (1)[-393.546 + 56,21(T_{ad} - 298)]$$
$$+ (2)[-241.845 + 43,87(T_{ad} - 298)]$$
$$+ (7,52)[0 + 33,71(T_{ad} - 298)]$$
$$= -877.236 + 397,5(T_{ad} - 298) \text{ kJ}$$

e

$$R_u(N_{reag}T_{inic} - N_{prod}T_{ad}) = 8,315(10,52)(298 - T_{ad}),$$

onde $N_{reag} = N_{prod}$ = 10,52 kmol.

Reorganizando a Eq. 2.43 e resolvendo T_{ad} resulta em

$$\boxed{T_{ad} = 2889 \text{ K}}$$

Comentários

(i) Para as mesmas condições iniciais, as temperaturas obtidas para a combustão a volume constante são muito maiores do que para a combustão à pressão constante (571 K maior nesse exemplo). Isso decorre do fato de as forças de pressão não realizarem trabalho quando o volume é mantido constante. (ii) Observe também que o número de mols foi conservado entre os estados inicial e final. Esse é um resultado fortuito que ocorre com o CH_4, mas não com outros combustíveis. (iii) A pressão final está muito acima da pressão inicial: $P_f = P_{inic}(T_{ad}/T_{inic})$ = 9,69 atm.

EQUILÍBRIO QUÍMICO

Em processos de combustão a alta temperatura, os produtos de combustão não são misturas simples de produtos ideais, como sugere o balanço atômico simples utilizado para determinar a estequiometria (veja a E. 2.30). Ao contrário, as espécies majoritárias **dissociam-se**, produzindo inúmeras espécies químicas minoritárias. Sob algumas condições, aquelas espécies químicas normalmente denominadas de minoritárias podem de fato estar presentes em grandes concentrações. Por exemplo, os produtos da combustão ideal de um hidrocarboneto com ar são CO_2, H_2O, O_2 e N_2. A dissociação dessas espécies químicas e as reações entre os produtos de dissociação resultam nas espécies químicas H_2, OH, CO, H, O, N, NO e provavelmente muitas outras. O problema que tratamos nessa seção é o cálculo das frações molares de todas as espécies químicas nos produtos de combustão em uma dada temperatura e pressão, sujeitas à restrição da conservação do número de mols de cada elemento químico presentes na mistura inicial. Essa restrição baseada nos elementos químicos simplesmente estabelece que o número de átomos de C, H, O e N é constante, quaisquer que sejam as formas (as moléculas) nas quais eles estejam combinados.

Existem vários procedimentos para o cálculo da composição de equilíbrio. Para manter uma consistência com o tratamento do equilíbrio químico em muitos livros de termodinâmica, enfocaremos o uso das constantes de equilíbrio e limitaremos a nossa discussão aos gases ideais. Para a descrição de outros métodos, o leitor interessado deve consultar a literatura [5, 7].

Considerações baseadas na segunda lei

O conceito de equilíbrio tem as suas raízes na segunda lei da termodinâmica. Considere um reator adiabático com volume constante no qual uma massa fixa de reagentes forma produtos. À medida que as reações prosseguem, tanto a temperatura como a pressão aumentam até atingir uma condição final de equilíbrio. A natureza desse estado final (definido pela temperatura, pressão e composição) não é prevista apenas pela primeira lei, mas está ligada à segunda lei. Considere a reação de combustão

$$CO + \tfrac{1}{2}O_2 \to CO_2. \qquad (2.45)$$

Se a temperatura final é suficientemente alta, o CO_2 irá dissociar-se. Supondo que os produtos dessa dissociação consistam somente em CO_2, CO e O_2, podemos escrever

$$\left[CO + \tfrac{1}{2}O_2\right]_{\substack{\text{reagentes}\\\text{frios}}} \to \left[(1-\alpha)CO_2 + \alpha CO + \frac{\alpha}{2}O_2\right]_{\substack{\text{produtos}\\\text{quentes}}} \qquad (2.46)$$

onde a é a fração de CO_2 que sofreu dissociação. Podemos calcular a temperatura de chama adiabática como uma função da fração de dissociação, α, usando a Eq. 2.42. Por exemplo, para $\alpha = 1$, nenhum calor é liberado e a temperatura, pressão e composição da mistura permanecem inalteradas; já para $\alpha = 0$, ocorre a liberação da máxima energia e a temperatura e pressão seriam as mais altas possíveis permitidas pela conservação da energia. A variação da temperatura de chama adiabática com o valor de α é mostrada graficamente na Fig. 2.11.

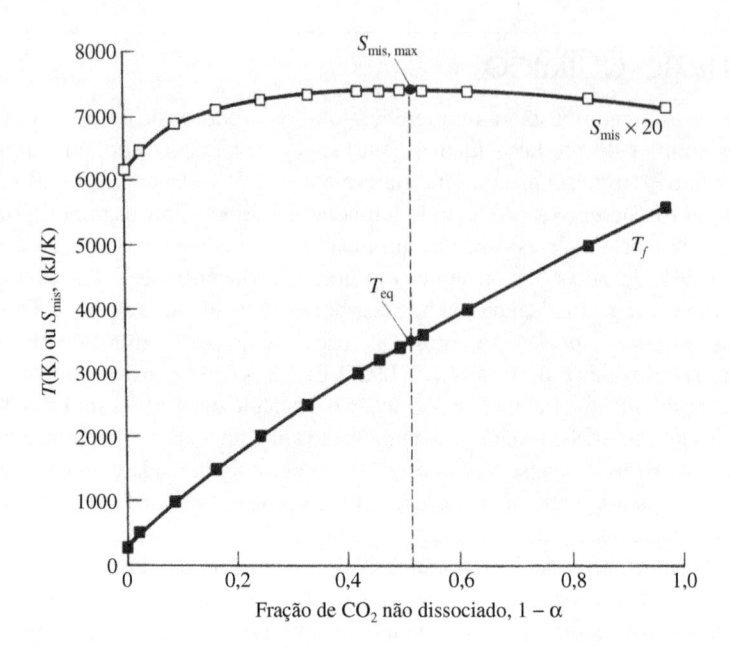

Figura 2.11 Ilustração do equilíbrio químico para um sistema isolado com massa fixa (fechado).

Quais são as restrições impostas pela segunda lei nesse experimento mental no qual variamos livremente o valor de α? A entropia da mistura de produtos pode ser calculada ao somar as entropias das espécies químicas, isto é,

$$S_{mis}(T_f, P) = \sum_{i=1}^{3} N_i \bar{s}_i(T_f, P_i) = (1-\alpha)\bar{s}_{CO_2} + \alpha\bar{s}_{CO} + \frac{\alpha}{2}\bar{s}_{O_2}, \quad (2.47)$$

onde N_i é o número de mols da espécie química i na mistura. As entropias das espécies químicas são obtidas de

$$\bar{s}_i = \bar{s}_i^o(T_{ref}) + \int_{T_{ref}}^{T_f} \bar{c}_{p,i} \frac{dT}{T} - R_u \ln \frac{P_i}{P^o}, \quad (2.48)$$

onde assume-se o comportamento de gás ideal e P_i é a pressão parcial da espécie química i. Representando graficamente a entropia da mistura (Eq. 2.47) como uma função da fração de dissociação, vemos que um ponto máximo é atingido em um dado valor intermediário de α. Para a reação escolhida, $CO + \frac{1}{2}O_2 \rightarrow CO_2$, a máxima entropia ocorre próximo a $1 - \alpha = 0,5$.

Para a nossa escolha de condições (U, V e m constantes, o que implica em nenhuma transferência de calor ou realização de trabalho), a segunda lei requer que a variação da entropia do sistema seja nula ou positiva, isto é,

$$dS \geq 0. \quad (2.49)$$

Assim, vemos que a composição do sistema se modificará espontaneamente na direção do ponto de entropia máxima qualquer que seja o lado da aproximação, pois em ambas as direções, dS é positivo. Uma vez que a entropia máxima é atingida, nenhuma mudança adicional é possível, pois qualquer mudança ocorreria na direção de decréscimo da entropia, uma violação da segunda lei (Eq. 2.49). Formalmente, a condição de equilíbrio pode ser escrita como

$$(dS)_{U,V,m} = 0. \qquad (2.50)$$

Em resumo, quando fixamos a energia interna, o volume e a massa de um sistema isolado, a aplicação da Eq. 2.49 (segunda lei), Eq. 2.41 (primeira lei) e Eq. 2.2 (equação de estado) define a temperatura, a pressão e a composição de equilíbrio.

Função de Gibbs

Embora a análise anterior tenha ajudado a ilustrar como a segunda lei participa no estabelecimento do equilíbrio químico, o uso de um sistema isolado (energia fixa) com massa e volume constantes não é particularmente útil para muitos dos problemas típicos envolvendo equilíbrio químico. Por exemplo, frequentemente surge a necessidade de calcular a composição de uma mistura em uma dada temperatura, pressão e estequiometria. Para esses problemas, a **energia livre de Gibbs**, G, ocupa o lugar da entropia como a propriedade termodinâmica de interesse.

Como você provavelmente se recorda dos seus estudos anteriores de termodinâmica, a energia livre de Gibbs é definida em termos das outras propriedades termodinâmicas como

$$G \equiv H - TS. \qquad (2.51)$$

A segunda lei pode então ser expressa como

$$(dG)_{T,P,m} \leq 0 \qquad (2.52)$$

estabelecendo que a energia livre de Gibbs sempre decresce quando o sistema sofre uma variação espontânea isotérmica e isobárica, na ausência de outras formas de trabalho além do trabalho de fronteira (P–dV). Esse princípio permite calcular a composição de equilíbrio de uma mistura a uma dada temperatura e pressão. A função de Gibbs atinge um mínimo no estado de equilíbrio com temperatura e pressão constantes, em contraste com a entropia que vimos que atinge um máximo para um sistema com energia e volume constantes (Fig. 2.11). Assim, no equilíbrio,

$$(dG)_{T,P,m} = 0 \qquad (2.53)$$

Para uma mistura de gases ideais, a função de Gibbs para a espécie química i é dada por

$$\bar{g}_{i,T} = \bar{g}_{i,T}^o + R_u T \ln\left(P_i/P^o\right) \qquad (2.54)$$

onde $\bar{g}_{i,T}^o$ é a função de Gibbs da espécie química pura na pressão do estado padrão de referência (isto é, $P_i = P^o$) e P_i é a pressão parcial. A pressão do estado padrão, P^o, por convenção tida como 1 atm, aparece no denominador do termo logarítmico. Com sistemas reativos, a **função de Gibbs de formação**, $\bar{g}_{f,i}^o$, é frequentemente utilizada:

$$\bar{g}_{f,i}^o(T) \equiv \bar{g}_i^o(T) - \sum_{j\,\text{elementos}} v_j' \bar{g}_j^o(T), \qquad (2.55)$$

onde os v_j' são os coeficientes estequiométricos dos elementos requeridos para formar um mol da espécie química de interesse. Por exemplo, os coeficientes são $v_{O_2}' = \frac{1}{2}$ e

$v'_C = 1$ para formar um mol de CO a partir de O_2 e C, respectivamente. Conforme estabelecido para as entalpias, os valores da função de Gibbs de formação dos estados de ocorrência natural dos elementos nas condições padrão de referência (25°C e 1 atm) recebem o valor zero. O Apêndice A apresenta valores da função de Gibbs de formação como função da temperatura para várias espécies químicas. A disponibilidade de tabelas de $\bar{g}^o_{f,i}(T)$ em função da temperatura é bastante útil. Em cálculos que serão feitos a seguir, precisaremos avaliar diferenças de $\bar{g}^o_{i,T}$ entre várias espécies químicas à mesma temperatura. Essas diferenças poderão ser facilmente obtidas utilizando os valores da função de Gibbs de formação na temperatura de interesse, disponíveis no Apêndice A; as tabelas JANAF [6] fornecem valores para mais de 1000 espécies químicas.

A função de Gibbs para uma mistura de gases ideais pode ser expressa como

$$G_{mis} = \sum N_i \bar{g}_{i,T} = \sum N_i \left[\bar{g}^o_{i,T} + R_u T \ln(P_i/P^o) \right] \quad (2.56)$$

onde N_i é o número de mols da espécie química i.

Para temperatura e pressão fixas, a condição de equilíbrio torna-se

$$dG_{mis} = 0 \quad (2.57)$$

ou

$$\sum dN_i \left[\bar{g}^o_{i,T} + R_u T \ln(P_i/P^o) \right] + \sum N_i d\left[\bar{g}^o_{i,T} + R_u T \ln(P_i/P^o) \right] = 0. \quad (2.58)$$

Como $d(\ln P_i) = dP_i/P_i$ e $\Sigma dP_i = 0$, pois, sendo a pressão total constante, todas as variações em pressões parciais devem ser nulas, pode-se mostrar que o segundo termo na Eq. 2.58 é identicamente igual a zero. Assim,

$$dG_{mis} = 0 = \sum dN_i \left[\bar{g}^o_{i,T} + R_u T \ln(P_i/P^o) \right]. \quad (2.59)$$

Para um sistema geral, no qual

$$aA + bB + \cdots \Leftrightarrow eE + fF + \cdots, \quad (2.60)$$

a variação no número de mols de cada espécie química é diretamente proporcional ao seu coeficiente estequiométrico, isto é,

$$dN_A = -\kappa a \quad (2.61)$$
$$dN_B = -\kappa b$$
$$\vdots \quad \vdots$$
$$dN_E = +\kappa e$$
$$dN_F = +\kappa f$$
$$\vdots \quad \vdots$$

Substituindo a Eq. 2.61 na Eq. 2.59 e cancelando a constante de proporcionalidade k, obtemos

$$-a\left[\bar{g}^o_{A,T} + R_u T \ln(P_A/P^o)\right] - b\left[\bar{g}^o_{B,T} + R_u T \ln(P_B/P^o)\right] - \cdots \quad (2.62)$$
$$+ e\left[\bar{g}^o_{E,T} + R_u T \ln(P_E/P^o)\right] + f\left[\bar{g}^o_{F,T} + R_u T \ln(P_F/P^o)\right] + \cdots = 0.$$

Rearranjando a Eq. 2.62, agrupando os termos com logaritmos, resulta em

$$-\left(e\overline{g}^o_{E,T} + f\overline{g}^o_{F,T} + \cdots - a\overline{g}^o_{A,T} - b\overline{g}^o_{B,T} - \cdots\right) \quad (2.63)$$

$$= R_u T \ln \frac{(P_E/P^o)^e \cdot (P_F/P^o)^f \cdot \text{etc.}}{(P_A/P^o)^a \cdot (P_B/P^o)^b \cdot \text{etc.}}$$

O termo entre parênteses no lado esquerdo da Eq. 2.63 é chamado de **variação da função de Gibbs no estado padrão de referência** ΔG^o_T, ou seja,

$$\Delta G^o_T = \left(e\overline{g}^o_{E,T} + f\overline{g}^o_{F,T} + \cdots - a\overline{g}^o_{A,T} - b\overline{g}^o_{B,T} - \cdots\right) \quad (2.64a)$$

ou, alternativamente,

$$\Delta G^o_T \equiv \left(e\overline{g}^o_{f,E} + f\overline{g}^o_{f,F} + \cdots - a\overline{g}^o_{f,A} - b\overline{g}^o_{f,B} - \cdots\right)_T. \quad (2.64b)$$

O argumento do logaritmo é definido com a **constante de equilíbrio** K_p para a reação expressa na Eq. 2.60, isto é,

$$K_p = \frac{(P_E/P^o)^e \cdot (P_F/P^o)^f \cdot \text{etc.}}{(P_A/P^o)^a \cdot (P_B/P^o)^b \cdot \text{etc.}}. \quad (2.65)$$

A partir dessas definições, a Eq. 2.63, que é a nossa condição de equilíbrio químico para um processo que se desenvolve à temperatura e pressão constantes, torna-se

$$\Delta G^o_T = -R_u T \ln K_p, \quad (2.66a)$$

ou

$$K_p = \exp(-\Delta G^o_T / R_u T). \quad (2.66b)$$

A partir da definição de K_p (Eq. 2.65) e da sua relação com ΔG^o_T (Eq. 2.66), obtemos uma indicação qualitativa de quando uma dada reação química no equilíbrio favorece os produtos (reagindo quase que completamente) ou os reagentes (a reação praticamente não ocorre). Se ΔG^o_T for positivo, o equilíbrio desloca-se na direção dos reagentes, visto que ln K_p, sendo negativo, requer que K_p seja menor que um. Contrariamente, se ΔG^o_T for negativo, o equilíbrio desloca-se na direção dos produtos. Uma interpretação física desse comportamento pode ser encontrada na definição de ΔG em termos das variações de entalpia e entropia associadas com a reação. Da Eq. 2.51, podemos escrever

$$\Delta G^o_T = \Delta H^o - T\Delta S^o,$$

a qual substituída na Eq. 2.66b, fornece:

$$K_p = e^{-\Delta H^o / R_u T} \cdot e^{\Delta S^o / R_u}.$$

Para que K_p seja maior que a unidade, o que deslocaria o equilíbrio na direção dos produtos, a variação de entalpia para a reação, ΔH^o, deveria ser negativa, isto é, a reação deveria ser exotérmica e a energia interna do sistema seria reduzida (haveria transferência de calor para a vizinhança). Além disso, variações positivas na entropia, indicando maior caos molecular, levam a valores de $K_p > 1$.

Exemplo 2.7

Considere a dissociação de CO_2 como uma função da temperatura e da pressão,

$$CO_2 \Leftrightarrow CO + \tfrac{1}{2}O_2.$$

Encontre a composição da mistura, isto é, as frações molares de CO_2, CO e O_2 que resultam a partir de CO_2 puro, nas temperaturas T = 1500, 2000, 2500 e 3000 K e pressões p = 0,1, 1, 10 e 100 atm.

Solução

Para encontrar as três frações molares desconhecidas, χ_{CO_2}, χ_{CO} e χ_{O_2}, precisaremos de três equações. A primeira equação será uma expressão de equilíbrio, Eq. 2.66. As outras duas equações virão de expressões para a conservação que estabelecem que os números de mols de C e O, correspondendo à composição inicial de CO_2 puro, são constantes, independentemente de como eles são distribuídos entre as três espécies químicas.

Para utilizar a Eq. 2.66, notamos que $a = 1$, $b = 1$ e $c = \tfrac{1}{2}$, pois

$$(1)CO_2 \Leftrightarrow (1)CO + \left(\tfrac{1}{2}\right)O_2.$$

Assim, podemos calcular a variação da função de Gibbs no estado de referência padrão. Por exemplo, em $T = 2500$ K,

$$\Delta G_T^o = \left[\left(\tfrac{1}{2}\right)\bar{g}_{f,O_2}^o + (1)\bar{g}_{f,CO}^o - (1)\bar{g}_{f,CO_2}^o\right]_{T=2500}$$

$$= \left(\tfrac{1}{2}\right)0 + (1)(-327.245) - (-396.152)$$

$$= 68.907 \text{ kJ/kmol}.$$

Os valores usados foram obtidos das Tabelas A.1, A.2 e A.11 do Apêndice.

Da definição de K_p, temos

$$K_p = \frac{(P_{CO}/P^o)^1 (P_{O_2}/P^o)^{0,5}}{(P_{CO_2}/P^o)^1}.$$

Podemos reescrever K_p em termos das frações molares reconhecendo que $P_i = \chi_i P$. Assim,

$$K_p = \frac{\chi_{CO}\chi_{O_2}^{0,5}}{\chi_{CO_2}} \cdot (P/P^o)^{0,5}$$

Substituindo essas relações na Eq. 2.66b, temos

$$\frac{\chi_{CO}\chi_{O_2}^{0,5}(P/P^o)^{0,5}}{\chi_{CO_2}} = \exp\left[\frac{-\Delta G_T^o}{R_u T}\right]$$

$$= \exp\left[\frac{-68,907}{(8,315)(2500)}\right]$$

$$\frac{\chi_{CO}\chi_{O_2}^{0,5}(P/P^o)^{0,5}}{\chi_{CO_2}} = 0,03635. \tag{I}$$

Criamos uma segunda equação para expressar a **conservação dos elementos químicos**:

$$\frac{\text{No. de átomos de carbono}}{\text{No. de átomos de oxigênio}} = \frac{1}{2} = \frac{\chi_{CO} + \chi_{CO_2}}{\chi_{CO} + 2\chi_{CO_2} + 2\chi_{O_2}}.$$

Podemos generalizar o problema definindo um parâmetro Z como a razão C/O, que assume diferentes valores dependendo da composição inicial da mistura:

$$Z = \frac{\chi_{CO} + \chi_{CO_2}}{\chi_{CO} + 2\chi_{CO_2} + 2\chi_{O_2}}$$

ou

$$(Z-1)\chi_{CO} + (2Z-1)\chi_{CO_2} + 2Z\chi_{O_2} = 0. \tag{II}$$

Para obter a terceira e última equação, impomos que a soma de todas as frações molares deve ser igual à unidade:

$$\sum_i \chi_i = 1$$

ou

$$\chi_{CO} + \chi_{CO_2} + \chi_{O_2} = 1. \tag{III}$$

A solução simultânea das Eqs. I, II e III para determinados valores de P, T e Z fornece as frações molares χ_{CO}, χ_{CO_2} e χ_{O_2}. Usando as Eqs. II e III para eliminar χ_{CO_2} e χ_{O_2}, a Eq. I torna-se

$$\chi_{CO}(1 - 2Z + Z\chi_{CO})^{0,5}(P/P^o)^{0,5} - [2Z - (1+Z)\chi_{CO}]\exp(-\Delta G_T^o/R_u T) = 0.$$

Essa expressão é facilmente resolvida para χ_{CO} pelo método iterativo de Newton–Raphson, o qual pode ser implementado, por exemplo, em uma planilha eletrônica. As outras incógnitas, χ_{CO} e χ_{O2}, são então obtidas a partir das Equações II e III.

A Tabela 2.2 mostra os resultados para quatro valores de temperatura e pressão. A Fig. 2.12 mostra as frações molares de CO em equilíbrio em função da pressão para os quatro valores de temperatura investigados.

Comentários

Duas observações gerais com relação a esses resultados podem ser feitas. Primeiro, a qualquer temperatura fixa, o aumento da pressão suprime a dissociação do CO_2 em CO e O_2. Segundo, aumentar a temperatura a uma pressão fixa promove a dissociação do CO_2. Ambas as tendências são consistentes com o **princípio de Le Châtelier**, que estabelece que qualquer sistema inicialmente em um estado de equilíbrio, quando submetido a uma alteração imposta externamente (por exemplo, um aumento de pressão ou temperatura), desloca a sua composição em uma direção que busca minimizar essa alteração. Para um aumento de pressão, isso se reflete no deslocamento do equilíbrio na direção da produção de um menor número de mols. Para a reação $CO_2 \Leftrightarrow CO + \frac{1}{2}O_2$, isso significa deslocar o equilíbrio para a esquerda, ou seja, para o lado do CO_2. Para reações equimolares, a pressão não tem efeito. Quando a temperatura é aumentada, a composição é deslocada para a direção endotérmica. Como calor é absorvido da vizinhança quando o CO_2 dissocia-se em CO e O_2, o aumento da temperatura desloca o equilíbrio para a direita, ou seja, para o lado do $CO + \frac{1}{2}O_2$.

Sistemas complexos

As seções anteriores enfocaram situações simples envolvendo uma única reação em equilíbrio. Entretanto, em muitos sistemas de combustão, várias espécies químicas e diversas reações em equilíbrio simultâneas são importantes. Em princípio, o caso

Tabela 2.2 Composições de equilíbrio a várias temperaturas e pressões para $CO_2 \Leftrightarrow CO + \frac{1}{2}O_2$

	$P = 0,1$ atm	$P = 1$ atm	$P = 10$ atm	$P = 100$ atm
	$T = 1500$ K, $\Delta G_T^o = 1{,}5268 \times 10^8$ J/kmol			
χ_{CO}	$7{,}755 \times 10^{-4}$	$3{,}601 \times 10^{-4}$	$1{,}672 \times 10^{-4}$	$7{,}76 \times 10^{-5}$
χ_{CO_2}	0,9988	0,9994	0,9997	0,9999
χ_{O_2}	$3{,}877 \times 10^{-4}$	$1{,}801 \times 10^{-4}$	$8{,}357 \times 10^{-5}$	$3{,}88 \times 10^{-5}$
	$T = 2000$ K, $\Delta G_T^o = 1{,}10462 \times 10^8$ J/kmol			
χ_{CO}	0,0315	0,0149	$6{,}96 \times 10^{-3}$	$3{,}243 \times 10^{-3}$
χ_{CO_2}	0,9527	0,9777	0,9895	0,9951
χ_{O_2}	0,0158	0,0074	$3{,}48 \times 10^{-3}$	$1{,}622 \times 10^{-3}$
	$T = 2500$ K, $\Delta G_T^o = 6{,}8907 \times 10^7$ J/kmol			
χ_{CO}	0,2260	0,1210	0,0602	0,0289
χ_{CO_2}	0,6610	0,8185	0,9096	0,9566
χ_{O_2}	0,1130	0,0605	0,0301	0,0145
	$T = 3000$ K, $\Delta G_T^o = 2{,}7878 \times 10^7$ J/kmol			
χ_{CO}	0,5038	0,3581	0,2144	0,1138
χ_{CO_2}	0,2443	0,4629	0,6783	0,8293
χ_{O_2}	0,2519	0,1790	0,1072	0,0569

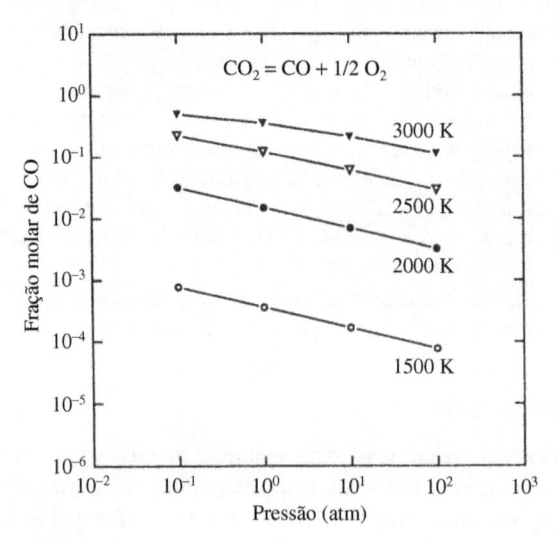

Figura 2.12 Frações molares de CO resultantes da dissociação do CO_2 puro a diferentes pressões e temperaturas.

anterior poderia incluir reações adicionais. Por exemplo, a reação $O_2 \Leftrightarrow 2O$ é provavelmente importante nas temperaturas consideradas. A inclusão dessa reação introduz somente uma incógnita adicional, χ_O. Facilmente adicionamos uma equação que leve em consideração a dissociação do O_2:

$$\left(\chi_O^2/\chi_{O_2}\right) P/P^o = \exp\left(-\Delta G_T^{o\prime}/R_u T\right),$$

onde $\Delta G_T^{o\prime}$ é a função de Gibbs no estado de referência padrão apropriada para a reação $O_2 \Leftrightarrow 2O$. A expressão da conservação dos elementos (Eq. II) é modificada para incluir as espécies químicas adicionais contendo átomos de oxigênio,

$$\frac{\text{No. de átomos de C}}{\text{No. de átomos de O}} = \frac{\chi_{CO} + \chi_{CO_2}}{\chi_{CO} + 2\chi_{CO_2} + 2\chi_{O_2} + \chi_O},$$

e a Eq. III torna-se

$$\chi_{CO} + \chi_{CO_2} + \chi_{O_2} + \chi_O = 1.$$

Temos agora um novo conjunto de quatro equações com quatro incógnitas para resolver. Como duas das quatro equações são não lineares, é provável que algum método de solução simultânea de equações não lineares seja aplicado. O Apêndice E apresenta o **método de Newton generalizado**, o qual é facilmente aplicado nesses sistemas.

Um exemplo desse procedimento aplicado ao sistema C, H, N, O é o programa computacional desenvolvido por Olikara e Borman [8]. Esse programa calcula a fração molar de equilíbrio de 12 espécies químicas, envolvendo sete reações de equilíbrio e quatro relações de conservação de elementos químicos, uma relação para cada um dos átomos C, O, H e N. Desenvolvido especificamente para simulações de motores a combustão interna, ele é facilmente incluído como uma sub-rotina em programas de simulação numérica. Esse programa faz parte da biblioteca disponibilizada junto com este livro, conforme explicado no Apêndice F.

Um dos programas generalizados de equilíbrio químico mais utilizados é o poderoso *NASA Chemical Equilibrium with Applications* [5]. Esse programa é capaz de gerenciar mais de 400 espécies químicas e muitas características especiais foram programadas. Por exemplo, o desempenho de bocais de foguete e as condições através de ondas de choque podem ser calculados. O procedimento teórico para o cálculo do equilíbrio químico não emprega as constantes de equilíbrio, mas aplica uma técnica de minimização, ou da função de Gibbs, ou da função de Helmholtz, sujeita às restrições impostas pelos balanços atômicos.

Vários outros programas para o cálculo de equilíbrio químico estão disponíveis na Internet para *download* ou uso *online*, por exemplo, as Refs. [9, 10].

PRODUTOS DE COMBUSTÃO EM EQUILÍBRIO

Equilíbrio completo

Quando combinamos a primeira lei com os princípios de equilíbrio químico, a temperatura de chama adiabática e a composição detalhada dos produtos de combustão podem ser obtidas simultaneamente pela solução das Eqs. 2.40 (ou 2.41) e 2.66, com as constantes de conservação atômica apropriadas. Como exemplo, nas Figs. 2.13 e 2.14 são mostrados os resultados desse cálculo para a combustão de propano e ar à pressão constante (1 atm), na qual assumiu-se que os produtos de combustão são CO_2, CO, H_2O, H_2, H, OH, O_2, O, NO, N_2 e N.

Na Fig. 2.13, apresenta-se o comportamento da temperatura de chama adiabática e das frações molares das **espécies químicas majoritárias** como função da razão de equivalência. Os produtos majoritários na combustão pobre são H_2O, CO_2, O_2 e N_2, enquanto para a combustão rica, tem-se H_2O, CO_2, CO, H_2 e N_2. É interessante observar que a máxima temperatura de chama adiabática, 2278 K para essa mistura, não ocorre na estequiometria, mas ligeiramente para o lado rico ($\Phi = 1,05$). O mesmo se observa para o comportamento da fração molar da água ($\Phi = 1,15$). O fato de a temperatura máxima estar no lado rico é uma consequência do comportamento de dois fatores: do calor de combustão e da inércia térmica da mistura de produtos de combustão ($N_{prod} \cdot \bar{c}_{p,prod}$). Ambos decrescem para valores de razão de equivalência Φ além da estequiometria. Porém, para razões de equivalência entre $\Phi = 1$ e $\Phi(T_{max})$, a inércia térmica decresce mais abruptamente com Φ do que ΔH_c, enquanto além de $\Phi(T_{max})$, o valor de ΔH_c diminui mais abruptamente do que o da inércia térmica. O decrescimento da inércia térmica é determinado pelo decrescimento no número de mols de produtos formados por mol de combustível queimado, sendo o decrescimento do calor específico médio menos significativo. Na Fig 2.13, também se observa, como resultado da dissociação, a presença

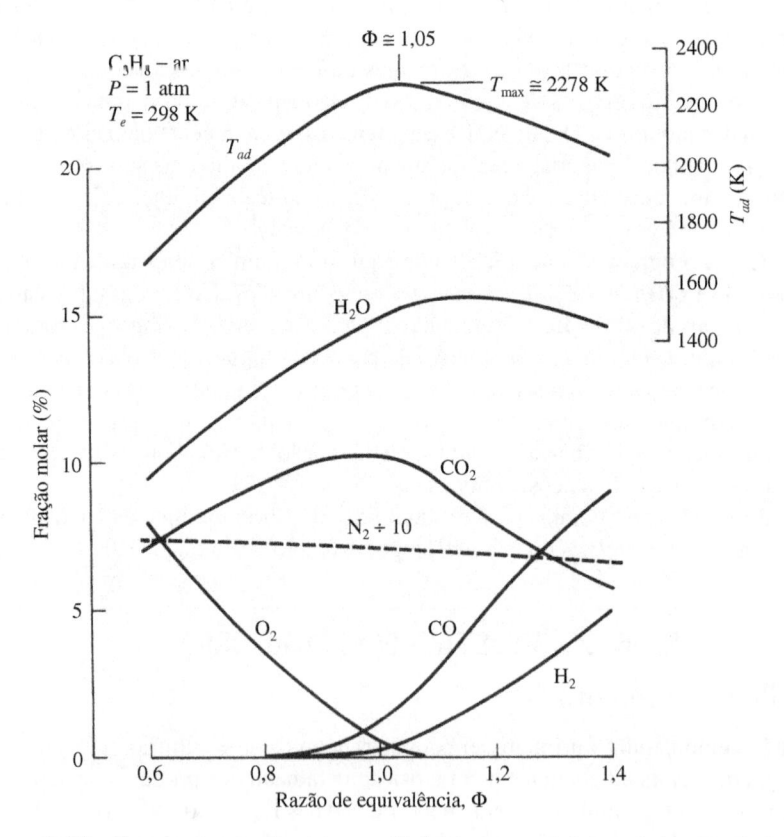

Figura 2.13 Temperaturas de chama adiabática e espécies químicas majoritárias nos produtos de combustão de propano e ar a 1 atm.

simultânea de O_2, CO e H_2 nas condições estequiométricas ($\Phi = 1$). Sob condições de "combustão completa", isto é, sem dissociação, as concentrações dessas espécies químicas seria zero. Isso expõe a natureza aproximada da hipótese de "combustão completa". Quantificaremos esse efeito a seguir.

Algumas das **espécies químicas minoritárias** presentes no estado de equilíbrio na combustão de hidrocarbonetos com ar são mostradas na Fig. 2.14. Na figura, observamos que as frações molares dos átomos de O e H, assim como das moléculas diatômicas OH e NO, permanecem todas abaixo de 4000 ppm. Observamos ainda que CO é uma espécie química minoritária na combustão pobre, enquanto o O_2 é uma espécie química minoritária na combustão rica. As frações molares de CO e O_2, no entanto,

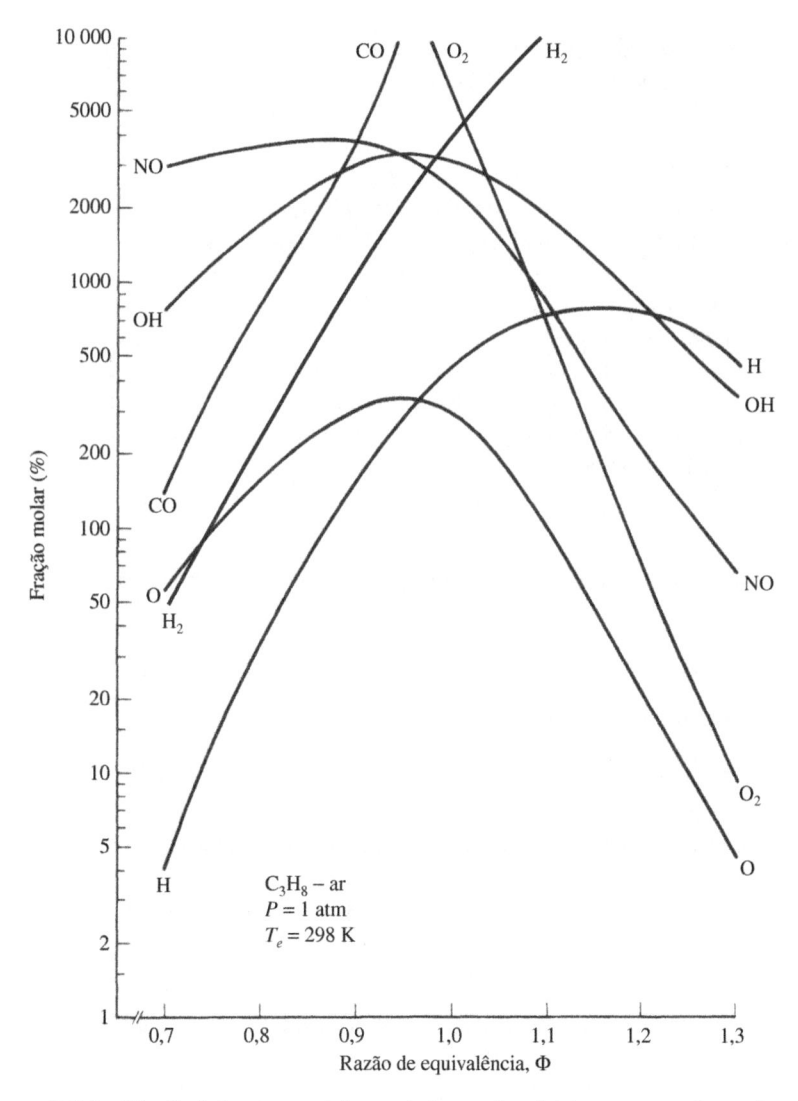

Figura 2.14 Distribuição de espécies químicas minoritárias nos produtos de combustão de propano e ar a 1 atm.

ultrapassam o limite da escala da ordenada do gráfico (10000 ppm) e se tornam produtos majoritários à medida que a combustão se torna rica ou pobre, respectivamente. É interessante observar que a fração molar da hidroxila OH é mais do que uma ordem de magnitude maior do que a do O atômico, e que ambas as frações molares atingem o máximo em condições de estequiometria ligeiramente pobres. Além disso, embora não mostrado, as frações molares do N atômico são muitas ordens de magnitude menores do que as do O atômico. A ausência de dissociação das moléculas de N_2 resulta da forte ligação covalente tripla. Os máximos nas frações molares de O e OH na região pobre têm implicações na cinética de formação do NO. As concentrações de equilíbrio do NO formam uma curva relativamente horizontal nas imediações da estequiometria, decrescendo suavemente na região pobre e abruptamente na região rica. Na maioria dos sistemas de combustão, os níveis de NO são bem menores que as concentrações de equilíbrio mostradas, por causa da velocidade de formação relativamente baixa do NO, conforme estudaremos nos Capítulos 4 e 5.

Equilíbrio água-gás

Nessa seção, desenvolveremos relações simplificadas que permitirão o cálculo dos produtos de combustão ideais (negligenciando a produção de espécies químicas minoritárias por dissociação) para condições ricas e pobres. Para a combustão pobre, não há novidades, pois utilizaremos apenas os balanços atômicos. Para condições ricas, no entanto, empregaremos uma única reação de equilíbrio, a reação $CO + H_2O \Leftrightarrow CO_2 + H_2$, denominada de **reação de deslocamento água-gás**, para considerar a presença simultânea dos produtos de combustão incompleta CO e H_2. A reação de deslocamento água-gás tem importância central para o processo de reforma a vapor de CO na indústria do petróleo.

Supondo ausência de dissociação, a combustão de um hidrocarboneto arbitrário com ar simplificado pode ser representada como

$$C_xH_y + a(O_2 + 3{,}76N_2) \to bCO_2 + cCO + dH_2O + eH_2 + fO_2 + 3{,}76aN_2, \quad (2.67a)$$

que, para *combustão pobre ou estequiométrica* ($\Phi \leq 1$), torna-se

$$C_xH_y + a(O_2 + 3{,}76N_2) \to bCO_2 + dH_2O + fO_2 + 3{,}76aN_2, \quad (2.67b)$$

e, para *combustão rica* ($\Phi > 1$), torna-se

$$C_xH_y + a(O_2 + 3{,}76N_2) \to bCO_2 + cCO + dH_2O + eH_2 + 3{,}76aN_2, \quad (2.67c)$$

Como o coeficiente a representa a razão entre o número de mols de O_2 nos reagentes por mol de combustível, podemos relacionar a com a razão de equivalência usando a Eq. 2.31, isto é,

$$a = \frac{x + y/4}{\Phi}; \quad (2.68)$$

assim, dado o tipo do combustível e Φ, a assume um valor conhecido.

Nosso objetivo é encontrar as frações molares das espécies químicas que formam a mistura de produtos de combustão. Para a combustão pobre ou estequiométrica, os coeficientes c e e são zero porque há O_2 suficiente para que todo o C e o H presentes no combustível reajam para formar CO_2 e H_2O, respectivamente. Os coeficientes b, d e f podem ser encontrados pelos balanços atômicos de C, H e O, respectivamente. Assim,

$$b = x \tag{2.69a}$$

$$c = 0 \tag{2.69b}$$

$$d = y/2 \tag{2.69c}$$

$$e = 0 \tag{2.69d}$$

$$f = \left(\frac{1-\Phi}{\Phi}\right)(x + y/4). \tag{2.69e}$$

O número de mols de produtos (por mol de combustível queimado) pode ser encontrado pela soma desses coeficientes com os $3{,}76a$ mols de N_2:

$$N_{TOT} = x + y/2 + \left(\frac{x+y/4}{\Phi}\right)(1 - \Phi + 3{,}76). \tag{2.70}$$

As frações molares são então determinadas dividindo cada um desses coeficientes por N_{TOT}:

Condições pobres ou estequiométricas ($\Phi \leq 1$)

$$\chi_{CO_2} = x/N_{TOT}, \tag{2.71a}$$

$$\chi_{CO} = 0, \tag{2.71b}$$

$$\chi_{H_2O} = (y/2)/N_{TOT}, \tag{2.71c}$$

$$\chi_{H_2} = 0, \tag{2.71d}$$

$$\chi_{O_2} = \left(\frac{1-\Phi}{\Phi}\right)(x+y/4)/N_{TOT}, \tag{2.71e}$$

$$\chi_{N_2} = 3{,}76(x + y/4)/(\Phi N_{TOT}). \tag{2.71f}$$

Para a combustão rica ($\Phi > 1$), nenhum oxigênio aparece nos produtos, assim, o coeficiente f é zero. Isso nos deixa com quatro incógnitas (b, c, d e e). Para calculá-las, empregamos os balanços para os três elementos (C, H e O) e o equilíbrio na reação de deslocamento água-gás,

$$K_p = \frac{\left(P_{CO_2}/P^o\right) \cdot \left(P_{H_2}/P^o\right)}{\left(P_{CO}/P^o\right) \cdot \left(P_{H_2O}/P^o\right)} = \frac{b \cdot e}{c \cdot d}. \tag{2.72}$$

O uso da Eq. 2.72 torna o sistema de equações para b, c, d e e não linear (quadrático). Resolver o balanço de elementos em termos do coeficiente b resulta em

$$c = x - b \tag{2.73a}$$

$$d = 2a - b - x \tag{2.73b}$$

$$e = -2a + b + x + y/2 \tag{2.73c}$$

Substituir as Eqs. 2.73a–c na Eq. 2.72 resulta em uma equação quadrática para b, cuja solução é

$$b = \frac{2a(K_p - 1) + x + y/2}{2(K_p - 1)} \quad (2.74)$$

$$- \frac{1}{2(K_p - 1)} \left[(2a(K_p - 1) + x + y/2)^2 - 4K_p(K_p - 1)(2ax - x^2) \right]^{1/2},$$

onde a raiz negativa é selecionada para fornecer valores positivos, fisicamente realistas de b. Novamente,

$$N_{TOT} = b + c + d + e + 3{,}76a = x + y/2 + 3{,}76a, \quad (2.75)$$

e as frações molares dos vários produtos são expressas como uma função de b (Eq. 2.74):

Condições ricas ($\Phi > 1$):

$$\chi_{CO_2} = b/N_{TOT}, \quad (2.76a)$$

$$\chi_{CO} = c/N_{TOT} = (x - b)/N_{TOT}, \quad (2.76b)$$

$$\chi_{H_2O} = d/N_{TOT} = (2a - b - x)/N_{TOT}, \quad (2.76c)$$

$$\chi_{H_2} = e/N_{TOT} = (-2a + b + x + y/2)/N_{TOT}, \quad (2.76d)$$

$$\chi_{O_2} = 0, \quad (2.76e)$$

$$\chi_{N_2} = 3{,}76a/N_{TOT} \quad (2.76f)$$

onde a é avaliado da Eq. 2.68. Programas do tipo planilha eletrônica são utilizados para resolver as Eqs. 2.76a–f e suas relações auxiliares a partir dos valores de x e y para os vários combustíveis e das razões de equivalência para a mistura reagente. Como K_p é uma função da temperatura, uma temperatura apropriada deve ser escolhida para avaliá-lo. No entanto, observa-se que nas temperaturas típicas de combustão, digamos entre 2000 e 2400 K, os valores calculados das frações molares não dependem fortemente do valor escolhido para a temperatura de avaliação do K_p. A Tabela 2.3 fornece valores de K_p para diferentes temperaturas.

A Tabela 2.4 mostra a comparação entre os valores calculados considerando o equilíbrio completo e o método aproximado discutido das frações molares de CO e H_2 para os produtos de combustão de propano e ar à pressão constante de 1 atm. A constante de equilíbrio para a reação de deslocamento água-gás foi avaliada a 2200

Tabela 2.3 Valores da constante de equilíbrio K_p para a reação de deslocamento água-gás, $CO + H_2O \leftrightarrow CO_2 + H_2$, para algumas temperaturas

T (K)	K_p	T (K)	K_p
298	$1{,}05 \times 10^5$	2000	0,2200
500	138,3	2500	0,1635
1000	1,443	3000	0,1378
1500	0,3887	3500	0,1241

Tabela 2.4 Frações molares de CO e H_2 para a combustão rica de C_3H_8 e ar a $P = 1$ atm

	χ_{CO}			χ_{H_2}		
Φ	Equilíbrio completo	Equilíbrio água-gás[a]	% de diferença	Equilíbrio completo	Equilíbrio água-gás[a]	% de diferença
1,1	0,0317	0,0287	−9,5	0,0095	0,0091	−4,2
1,2	0,0537	0,0533	−0,5	0,0202	0,0203	+0,5
1,3	0,0735	0,0741	+0,8	0,0339	0,0333	−1,8
1,4	0,0903	0,0920	+1,9	0,0494	0,0478	−3,4

[a] Para $K_P = 0{,}193$ ($T = 2200$ K).

K para todas as razões de equivalência. Observamos que, para $\Phi \gtrsim 1{,}2$, o equilíbrio completo e os métodos aproximados fornecem concentrações que diferem apenas por uma pequena porcentagem. À medida que Φ aproxima-se da unidade, o método simples torna-se progressivamente menos acurado, essencialmente porque se negligenciou a dissociação.

Para quantificar o grau de dissociação em $\Phi = 1$, a Tabela 2.5 mostra as frações molares de CO_2 e H_2O calculadas utilizando o equilíbrio completo e a hipótese de ausência de dissociação. Observamos que, a 1 atm, aproximadamente 12% do CO_2 dissocia-se, em contraste com apenas 4% para o H_2O.

Efeitos da pressão

A pressão tem um efeito significante na dissociação. A Tabela 2.6 mostra o decrescimento do grau de dissociação do CO_2 com o aumento da pressão. Como a única espécie química contendo C nos produtos, além do CO_2, é o CO, o efeito mostrado na tabela resulta do equilíbrio químico na reação $CO_2 \Leftrightarrow CO + \frac{1}{2}O_2$. Uma vez que a dissociação do CO_2 resulta em um aumento do número total de mols presentes, o efeito da pressão é consistente com o princípio de Le Châtelier discutido anteriormente. A dissociação do H_2O é mais complexa porque, além do H_2O, o átomo de hidrogênio está presente no OH, H_2 e H. Assim, não podemos isolar o efeito da pressão na dissociação do H_2O em uma única reação, e precisamos considerar simultaneamente várias reações em equilíbrio. O efeito resultante da pressão é um decrescimento da dissociação do H_2O, conforme esperado. Verificamos também que a temperatura de chama adiabática cresce com o aumento da pressão porque a dissociação é suprimida, um efeito que também está de acordo com o princípio de Le Châtelier.

Tabela 2.5 Grau de dissociação para os produtos de combustão de propano e ar ($P = 1$ atm, $\Phi = 1$)

	Fração molar		
Espécie química	Equilíbrio completo	Sem dissociação	% dissociada
CO_2	0,1027	0,1163	11,7
H_2O	0,1484	0,1550	4,3

Tabela 2.6 Efeito da pressão na dissociação dos produtos de combustão de propano e ar ($\Phi = 1$)

Pressão (atm)	T_{ad} (K)	χ_{CO_2}	% dissociação	χ_{H_2O}	% dissociação
0,1	2198	0,0961	17,4	0,1444	6,8
1,0	2268	0,1027	11,7	0,1484	4,3
10	2319	0,1080	7,1	0,1512	2,5
100	2353	0,1116	4,0	0,1530	1,3

ALGUMAS APLICAÇÕES

Nessa seção, apresentaremos duas aplicações: o uso de recuperação ou regeneração para melhorar a eficiência térmica e/ou aumentar a temperatura de chama, e o uso de recirculação de gás queimado (ou de exaustão) para reduzir a temperatura de chama. A nossa intenção é aplicar os conceitos desenvolvidos nesse capítulo na análise de problemas típicos da prática da engenharia de combustão e ilustrar a utilização dos programas computacionais que acompanham este livro.

Recuperação e regeneração

Um **recuperador** é um trocador de calor no qual a energia sensível de um escoamento em regime permanente de produtos de combustão, isto é, gases queimados, é transferida para o ar fornecido ao processo de combustão. A Fig. 2.15 apresenta um esquema do fluxo de massa na fornalha com regeneração. Vários recuperadores são utilizados nas aplicações, muitos dos quais empregam a transferência de calor radiante a partir dos gases queimados, bem como a convecção. Um exemplo de um recuperador de uma aplicação que utiliza queima indireta é ilustrado na Fig. 2.16.

Um **regenerador** também transfere energia dos gases queimados para o ar de combustão, mas, nesse caso, um meio de armazenamento de energia, tipicamente

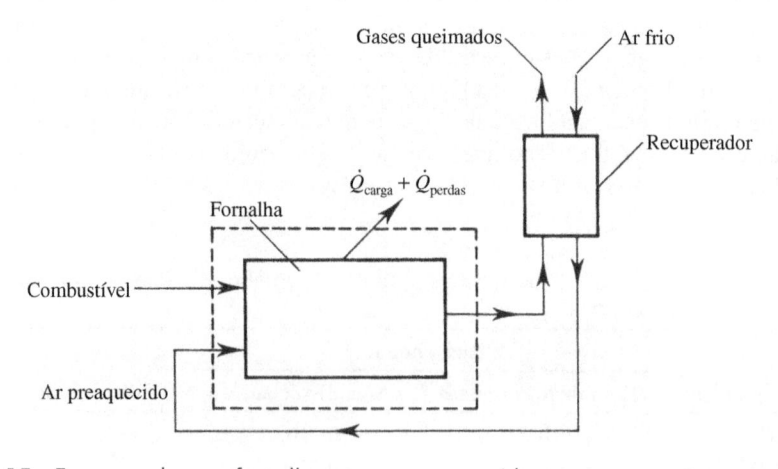

Figura 2.15 Esquema de uma fornalha com ar preaquecido por recuperação ou regeneração. A linha tracejada identifica as fronteiras do volume de controle usado no Exemplo 2.8.

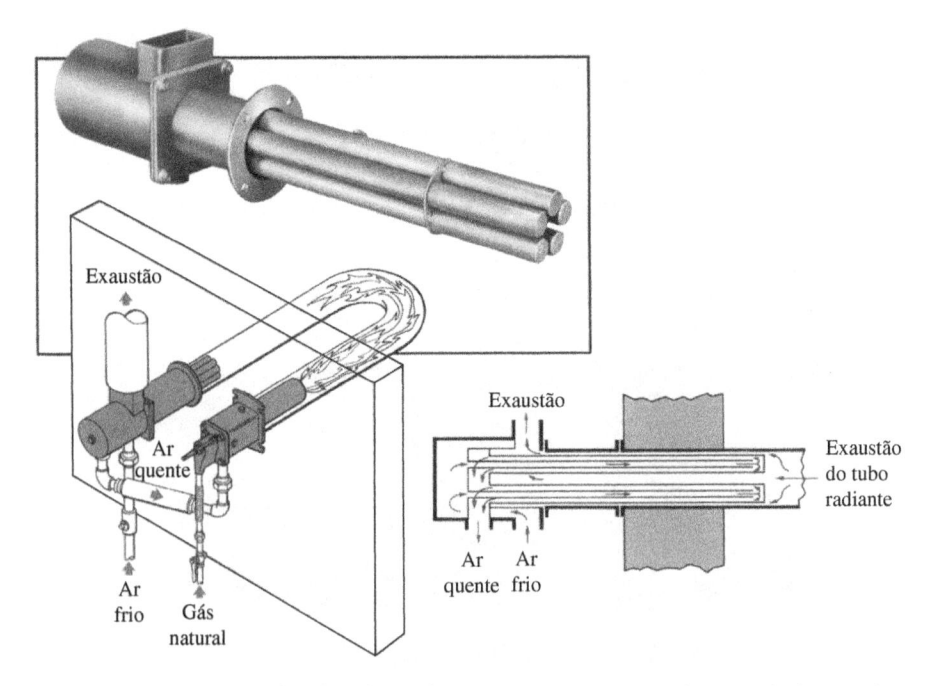

Figura 2.16 Queimador de tubo radiante com um recuperador acoplado ao tubo do queimador usado para aquecimento indireto. Observe que os gases queimados atravessam o recuperador.
FONTE: Cortesia do fabricante de queimadores *Eclipse Combustion*.

uma matriz cerâmica ou de aço corrugado, é alternadamente aquecido pelos gases quentes e resfriado pelo ar de combustão. A Fig. 2.17 ilustra a aplicação de um regenerador de disco girante para uma turbina a gás automotiva e a Fig 2.18 mostra um conceito similar aplicado em uma fornalha industrial. Em outros conceitos de regeneradores, as direções dos escoamentos de gases e de ar são alternadas a fim de aquecer e resfriar o meio de armazenamento térmico.

Exemplo 2.8

Um recuperador, como o mostrado na Fig. 2.16, é empregado em uma fornalha de tratamento térmico operada com gás natural. A fornalha opera à pressão atmosférica com razão de equivalência de 0,9. O combustível entra no queimador a 298 K e o ar é preaquecido.

A. Determine o efeito do preaquecimento de ar na temperatura de chama adiabática da zona de chama para a temperatura do ar variando de 298 K a 1000 K.

B. Qual é a economia de combustível obtida com o preaquecimento do ar de 298 K a 600 K? Suponha que a temperatura dos gases queimados na saída da fornalha, antes de entrar no regenerador, seja 1700 K, com ou sem o preaquecimento de ar.

Solução (Parte A)

Empregaremos o programa computacional HPFLAME, o qual incorpora as sub-rotinas de equilíbrio químico de Olikara e Borman [8], para resolver o problema de determinação da temperatura de chama adiabática à pressão constante, $H_{reac} = H_{prod}$. O arquivo de entrada para o programa requer a definição do combustível ao fornecer o número de átomos de C, H, O e N que formam a molécula de combustível, a razão de equivalência, uma estimativa para a tempe-

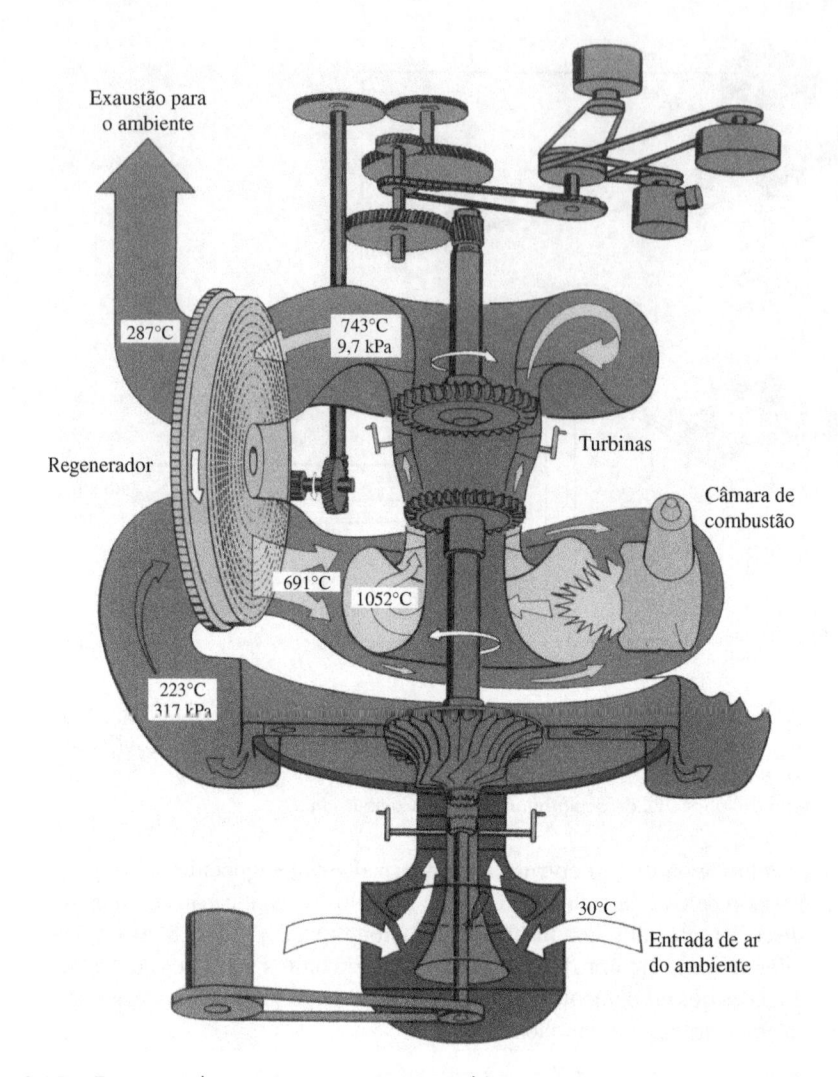

Figura 2.17 Esquema do escoamento em uma turbina a gás automotiva com um regenerador de disco girante. O ar ambiente é comprimido a 317 kPa e 223°C antes de atravessar o regenerador. A energia térmica entregue pelo regenerador aquece o ar até 691°C e então ele segue para a câmara de combustão. Após a expansão dos produtos de combustão através de duas turbinas, eles entram no lado oposto do regenerador a 743°C, transferem calor para o disco girante, e então sofrem exaustão para o ambiente a 287°C.
FONTE: Cortesia do *Chrysler Group LLC*.

ratura de chama adiabática, a pressão e a entalpia dos reagentes. O arquivo de entrada para esse exemplo, tratando o gás natural como metano puro, é mostrado a seguir:

Adiabatic Flame Calculation for Specified Fuel, Phi, P, & Reactant
Enthalpy Using Olikara & Borman Equilibrium Routines
Problem Title: **EXEMPLO 2.8 Preaquecimento do ar a 1000 K**

```
01          /ATOMOS DE CARBONO NO COMBUSTIVEL
04          /ATOMOS DE HIDROGENIO NO COMBUSTIVEL
```

Capítulo 2 – Combustão e termoquímica **57**

(a)

(b)

Figura 2.18 (a) Regenerador rotativo de aço usado em fornalhas com aplicação industrial. (b) A direção dos escoamentos é indicada pelas setas no esquema.
FONTE: Da Ref. [11]. Cortesia do *IHEA Combustion Technology Manual*.

00	/ATOMOS DE OXIGENIO NO COMBUSTIVEL	
00	/ATOMOS DE NITROGENIO NO COMBUSTIVEL	
0,900	/RAZAO DE EQUIVALENCIA	
2000.	/TEMPERATURA (K) (Estimativa inicial)	
101325.0	/PRESSAO (Pa)	
155037.0	/ENTALPIA DOS REAGENTES POR KMOL DE COMBUSTIVEL (kJ/kmol-combustivel)	

O único valor de entrada que requer um cálculo prévio é a entalpia dos reagentes, expressa em kJ/kmol de combustível. Para encontrar o número de mols de O_2 e N_2 fornecido por mol de combustível, escrevemos a reação de combustão como

$$CH_4 + a(O_2 + 3{,}76N_2) \rightarrow \text{produtos},$$

onde (Eq. 2.68)

$$a = \frac{x + y/4}{\Phi} = \frac{(1 + 4/4)}{0{,}9} = 2{,}22.$$

Assim,

$$CH_4 + 2{,}22O_2 + 8{,}35N_2 \rightarrow \text{produtos}.$$

A entalpia dos reagentes (por mol de combustível) é então

$$H_{reag} = \bar{h}^o_{f,CH_4} + 2{,}22\Delta\bar{h}_{s,O_2} + 8{,}35\Delta\bar{h}_{s,N_2}.$$

Usando as Tabelas A.7, A.11 e B.1, essa expressão pode ser resolvida para várias temperaturas do ar, conforme mostra a seguinte tabela:

T (K)	$\Delta\bar{h}_{s,O_2}$ (kJ/kmol)	$\Delta\bar{h}_{s,N_2}$ (kJ/kmol)	H_{reag} (kJ/kmol$_f$)	T_{ad} (K)
298	0	0	−74 831	2134
400	3 031	2 973	−45 254	2183
600	9 254	8 905	+20 140	2283
800	15 838	15 046	+86 082	2373
1000	22 721	21 468	+155 037	2456

Usando os valores H_{reag} da tabela, as temperaturas de chama adiabática à pressão constante são calculadas usando o programa HPFLAME. Esses resultados aparecem na tabela e estão representados de forma gráfica na Fig. 2.19.

Comentário (Parte A)

Observamos na Fig. 2.19 que, para a faixa de temperaturas de preaquecimento investigadas, um aumento de 100 K na temperatura do ar resulta em um aumento de 50 K na temperatura de chama. Esse efeito pode ser atribuído à maior dissociação que ocorre com o aumento da temperatura e ao maior calor específico dos produtos em comparação com o ar.

Solução (Parte B)

Para determinar a quantidade de combustível economizada como resultado do preaquecimento do ar a 600 K, escreveremos um balanço de energia para o volume de controle indicado na Fig. 2.15, supondo que tanto o calor transferido para a carga quanto as perdas de calor para o ambiente permanecem inalterados, com ou sem preaquecimento. Admitindo escoamento em regime permanente, aplicamos a Eq. 2.28 reconhecendo que calor é transferido para fora do volume de controle:

$$-\dot{Q} = -\dot{Q}_{carga} - \dot{Q}_{perda} = \dot{m}(h_{prod} - h_{reag})$$
$$= (\dot{m}_A + \dot{m}_F)h_{prod} - \dot{m}_F h_F - \dot{m}_A h_A.$$

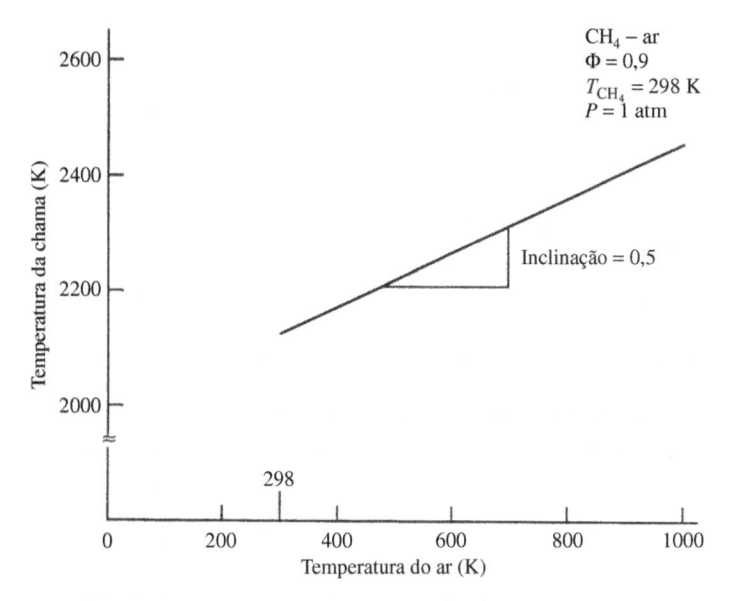

Figura 2.19 Efeito do preaquecimento do ar de combustão na temperatura de chama adiabática para a combustão de metano com ar ($\Phi = 0,9$, $P = 1$ atm).

Por conveniência, definimos uma eficiência de utilização de combustível como

$$\eta \equiv \frac{\dot{Q}}{\dot{m}_F \text{PCI}} = \frac{-([(A/F)+1]h_{\text{prod}} - (A/F)h_A - h_F)}{\text{PCI}}.$$

Para avaliar essa eficiência, usamos:

$$(A/F) = \frac{(A/F)_{\text{esteq}}}{\Phi} = \frac{17,1}{0,9} = 19,0$$

$$h_F = \bar{h}^o_{f,F}/MW_F = \frac{-74.831}{16,043} = -4664,4 \text{ kJ/kg}$$

$h_{\text{prod}} = -923 \text{kJ/kg}$ (calculada pelo programa TPEQUIL, veja o Apêndice F)

$$h_{A \text{ a } 298 \text{ K}} = 0$$

$$h_{A \text{ a } 600 \text{ K}} = \left(0,21\Delta\bar{h}_{s,O_2} + 0,79\Delta\bar{h}_{s,N_2}\right)/MW_A$$

$$= \frac{0,21(9254) + 0,79(8905)}{28,85}$$

$$= 311,2 \text{ kJ/kg}.$$

Assim, com o ar entrando a 298 K,

$$\eta_{298} = \frac{-[(19+1)(-923) - 19(0) - (-4664,4)]}{50.016}$$

$$= 0,276$$

e, para o ar entrando a 600 K,

$$\eta_{600} = \frac{-1[(19+1)(-923) - 19(311,2) - (-4664,4)]}{50.016}$$

$$= 0,394.$$

Agora calculamos a economia de combustível, definida como

$$\text{Economia} = \frac{\dot{m}_{F,600} - \dot{m}_{F,298}}{\dot{m}_{F,298}} = 1 - \frac{\eta_{298}}{\eta_{600}}$$

$$= 1 - \frac{0,276}{0,394} = 0,30$$

ou, expressando como uma porcentagem,

$$\boxed{\text{Economia} = 30\%}.$$

Comentário (Parte B)

Vemos que uma economia de combustível substancial pode ser obtida com o uso de recuperadores que aproveitam parte da energia sensível existente nos gases queimados que de outra forma iria para a chaminé. Observe que as emissões de óxido nítrico podem ser afetadas, uma vez que as temperaturas máximas aumentarão como resultado do preaquecimento. Com o ar entrando a 600 K, a temperatura de chama adiabática aumenta 150 K (7,1%) acima do seu valor quando o ar está a 298 K.

Recirculação de gases queimados (ou de exaustão)

Uma das estratégias de redução da quantidade de óxidos de nitrogênio (NOx) formados e emitidos de certos equipamentos de combustão consiste na recirculação de uma parcela dos gases queimados e na reintrodução junto com a mistura ar-combustível. O efeito dos gases recirculados é decrescer a temperatura máxima na zona de chama. O decréscimo da temperatura de chama resulta em menor formação de NO$_x$. A Fig. 2.20a esquematiza a aplicação da recirculação de gases queimados (*flue-gas recirculation* – FGR) em uma caldeira ou fornalha e a Fig 2.20b ilustra a recirculação de gases de exaustão (*exhaust-gas recirculation* – EGR) em motores automotivos. O exemplo a seguir mostra como o princípio da conservação da energia pode ser aplicado para determinar o efeito da recirculação de gases de exaustão na temperatura de chama adiabática.

Exemplo 2.9

Considere um motor de ignição por centelha cujos processos de compressão e combustão foram idealizados como uma compressão politrópica do ponto morto inferior (estado 1) para o ponto morto superior (estado 2) seguida de uma combustão a volume constante (estado 2 para o estado 3), respectivamente, como mostrado no esquema a seguir. Determine o efeito do EGR, entre 0 e 20% expresso como uma porcentagem volumétrica da mistura de ar e combustível, na temperatura de chama adiabática e pressão no estado 3. A razão de compressão do motor (RC $\equiv$ V_1/V_2) é 8,0, o expoente politrópico é 1,3 e os valores iniciais de pressão e temperatura (estado 1) são 0,5 atm e 298 K, respectivamente, independentemente da quantidade de gás recirculado. O combustível é iso-octano e a razão de equivalência é unitária.

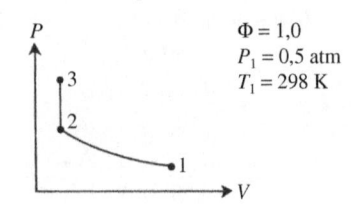

$\Phi = 1,0$
$P_1 = 0,5$ atm
$T_1 = 298$ K

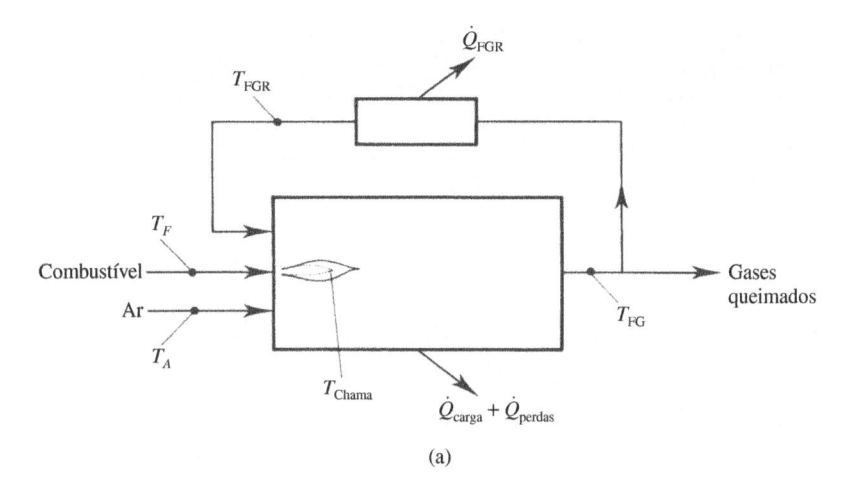

Figura 2.20 (a) Esquema da recirculação de gás queimado (FGR) aplicado à fornalha de uma caldeira. (b) Esquema de um sistema de recirculação de gases de exaustão (EGR) para um motor a combustão interna de ignição por centelha.
FONTE: (b) Cortesia da *Ford Motor Company*.

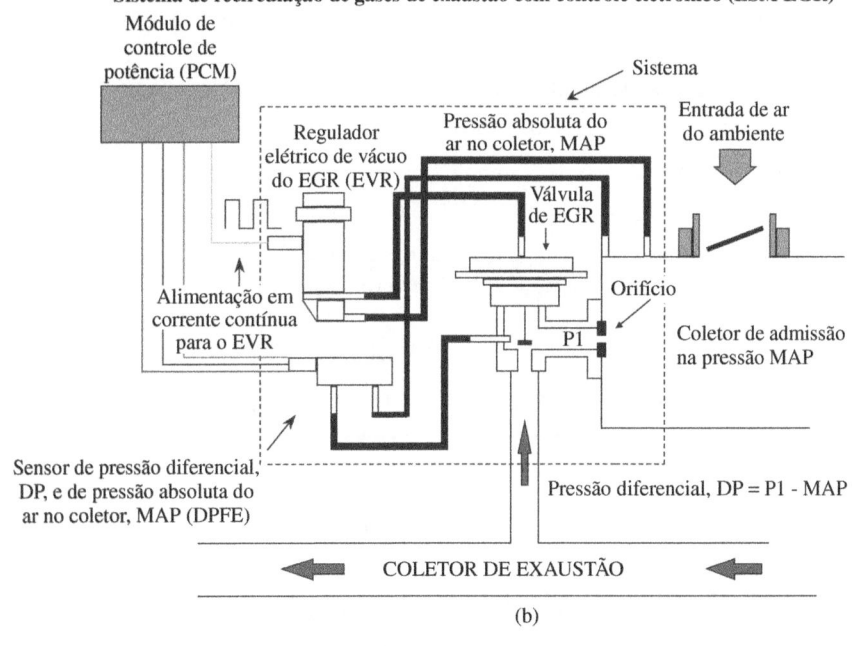

Solução

Para determinar a temperatura e pressão no início da combustão (estado 2), aplicamos as relações politrópicas:

$$T_2 = T_1(V_1/V_2)^{n-1} = 298(8)^{0,3} = 556 \text{ K}$$
$$P_2 = P_1(V_1/V_2)^n = 0,5(8)^{1,3} = 7,46 \text{ atm } (755.885 \text{ Pa})$$

Para analisar o processo de combustão, usaremos o programa UVFLAME. Os dados de entrada requeridos pelo programa que precisam ser calculados previamente são H_{reag} (kJ/kmol – **combustível**), N_{reag}/N_F e MW_{reag}. Esses valores se modificarão à medida que a porcentagem de EGR é variada, mesmo que a temperatura e pressão permaneçam constantes. Para determinar os valores desses dados de entrada, inicialmente determinaremos a composição dos gases recirculados supondo que eles consistam em produtos de combustão sem dissociação,

$$C_8H_{18} + 12,5(O_2 + 3,76N_2) \rightarrow 8CO_2 + 9H_2O + 47N_2.$$

Assim,

$$\chi_{CO_2} = \frac{8}{8+9+47} = \frac{8}{64} = 0,1250$$

$$\chi_{H_2O} = \frac{9}{64} = 0,1406$$

$$\chi_{N_2} = \frac{47}{64} = 0,7344.$$

Usando as Tabelas A.2, A.6 e A.7, avaliamos a entalpia molar específica dos gases recirculados a T_2 (= 556 K):

$$\overline{h}_{EGR} = 0,1250(-382.707) + 0,1406(-232.906) + 0,7344(7588)$$
$$= -75.012,3 \text{ kJ/kmol}_{EGR}.$$

A entalpia molar específica do ar a T_2(= 556 K) é

$$\overline{h}_A = 0,21(7853) + 0,79(7588) = 7643,7 \text{ kJ/kmol}_a.$$

A entalpia do combustível a T_2 é calculada utilizando os coeficientes dados na Tabela B.2. Observe que a entalpia gerada a partir desses coeficientes já é a soma da entalpia de formação e da entalpia sensível:

$$\overline{h}_F = -161.221 \text{ kJ/kmol}_F.$$

A entalpia dos reagentes no estado 2 pode agora ser calculada:

$$H = N_F \overline{h}_F + N_A \overline{h}_A + N_{EGR} \overline{h}_{EGR},$$

onde, por definição,

$$N_{EGR} \equiv (N_A + N_F)\%EGR/100\%.$$

A partir da estequiometria dada, $N_A = 12,5(4,76) = 59,5$ kmol; assim,

$$H_{reag} = (1)\overline{h}_F + (59,5)\overline{h}_A + 60,5(\%EGR)\overline{h}_{EGR/100\%}.$$

Valores de H_{reag} para várias porcentagens de EGR são mostrados na tabela a seguir.

A massa molar da mistura reagente é

$$MW_{reag} = \frac{N_F MW_F + N_A MW_A + N_{EGR} MW_{EGR}}{N_F + N_A + N_{EGR}},$$

onde

$$MW_{EGR} = \sum_{EGR} \chi_i MW_i$$
$$= 0,1250(44,011) + 0,1406(18,016) + 0,7344(28,013)$$
$$= 29,607 \text{ kg/kmol}_{EGR}.$$

Valores de MW_{reag} e $N_{TOT}(= N_F + N_A + N_{EGR})$ também são mostrados na tabela a seguir.

%EGR	N_{EGR}	N_{TOT}	MW_{reag}	$H_{reag}(kJ/kmol_F)$
0	0	60,500	30,261	+293 579
5	3,025	63,525	30,182	+66 667
10	6,050	66,550	30,111	−160 245
15	9,075	69,575	30,045	−387 158
20	12,100	72,600	29,980	−614 070

Com essas informações, usamos o programa UVFLAME e calculamos as seguintes temperaturas de chama adiabática e correspondentes pressões no estado 3.

%EGR	$T_{ad}(= T_3)$ (K)	P_3 (atm)
0	2804	40,51
5	2742	39,41
10	2683	38,38
15	2627	37,12
20	2573	36,51

Esses resultados são mostrados graficamente na Fig. 2.21.

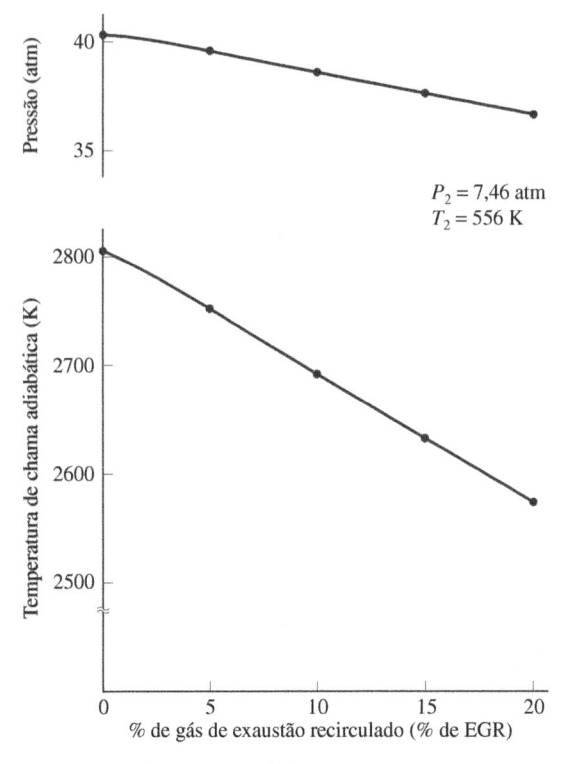

Figura 2.21 Temperatura de chama adiabática e pressão máxima calculadas para a combustão a volume constante na qual os produtos de combustão foram recirculados e misturados com o combustível e o ar de admissão (Exemplo 2.9).

Comentários

Da tabela e do gráfico, constatamos que o EGR pode ter um efeito marcante na temperatura máxima: a adição de 20% de EGR resulta em uma queda de 275 K em comparação com a condição de zero EGR. Como veremos nos Capítulos 4, 5 e 15, tal decréscimo pode ter um efeito considerável na formação de NO_x.

Devemos observar que, nas aplicações de engenharia, a temperatura dos gases recirculados provavelmente varia com a quantidade recirculada, o que afetaria a temperatura máxima final. Além disso, não verificamos se a temperatura do estado inicial (estado 1) estava abaixo do ponto de orvalho dos gases recirculados (ou seja, da temperatura de saturação para a pressão parcial da água gasosa presente na mistura), pois a formação de condensado seria indesejável em um sistema de EGR.

Exemplo 2.10

Durante a operação de uma caldeira compacta a gás natural (modelado como CH_4 puro), mede-se uma concentração de O_2 nos gases queimados de 1,5% (por volume). O gás combustível é fornecido a 298 K e o ar é preaquecido a 400 K. Determine a temperatura de chama adiabática e a concentração de NO de equilíbrio para a operação com 15% de FGR, onde o FGR é expresso como a porcentagem em volume da mistura de ar e combustível. Os gases de recirculação entram na câmara de combustão a 600 K. Compare esses resultados com aqueles da operação sem FGR.

Solução

Iniciamos determinando a razão de equivalência. Para ambos os casos, a estequiometria global é a mesma e pode ser escrita como

$$CH_4 + a(O_2 + 3{,}76N_2) \rightarrow CO_2 + 2H_2O + xO_2 + 3{,}76aN_2$$

Um balanço atômico de O fornece

$$2a = 2 + 2 + 2x$$

ou

$$x = a - 2.$$

Como $\chi_{O_2} = 0{,}015$, então

$$0{,}015 = \frac{x}{1 + 2 + x + 3{,}76a}.$$

Resolver essas duas relações simultaneamente resulta em

$$x = 0{,}1699 \quad \text{e} \quad a = 2{,}1699.$$

Para as condições estequiométricas ($\Phi = 1$), $a = 2$. Assim, a razão de equivalência de operação é simplesmente

$$\Phi = \frac{2}{a} = \frac{2}{2{,}1699} = 0{,}9217,$$

a qual resulta das Eqs. 2.32 e 2.33a.

Consideramos primeiro o caso sem FGR e empregamos o programa HPFLAME para calcular a temperatura de chama adiabática e o valor de χ_{NO} de equilíbrio. Como dado de entrada, precisamos da entalpia dos reagentes por mol de combustível:

$$H_{reag} = N_F \bar{h}_F + N_{O_2} \bar{h}_{O_2} + N_{N_2} \bar{h}_{N_2},$$

onde

$$N_F = 1 \text{ (requerido, em uma base de kmol de combustível)}$$
$$N_{O_2} = a = 2{,}1699,$$
$$N_{N_2} = 3{,}76a = 8{,}1589.$$

Usando as Tabelas B.1, A.11 e A.7 do Apêndice, avaliamos as entalpias molares específicas de CH_4, O_2 e N_2 nas suas respectivas temperaturas para obter a entalpia da mistura de reagentes:

$$H_{reag} = 1(-74{,}831) + 2{,}1699(3031) + 8{,}1589(2973)$$
$$= -43{,}997 \text{ kJ}.$$

Como a caldeira opera essencialmente na pressão atmosférica, os dados de entrada do programa HPFLAME são:

Adiabatic Flame Calculation for Specified Fuel, Phi, P, & Reactant
Enthalpy Using Olikara & Borman Equilibrium Routines
Problem Title: **EXEMPLO 2.10 Caso sem FGR**

01	/ATOMOS DE CARBONO NO COMBUSTIVEL
04	/ATOMOS DE HIDROGENIO NO COMBUSTIVEL
00	/ATOMOS DE OXIGENIO NO COMBUSTIVEL
00	/ATOMOS DE NITROGENIO NO COMBUSTIVEL
0.9217	/RAZAO DE EQUIVALENCIA
2000.	/TEMPERATURA (K) (Estimativa inicial)
101325.0	/PRESSAO (Pa)
−43997.0	/ENTALPIA DOS REAGENTES POR KMOL DE COMBUSTIVEL (kJ/kmol-combustivel)

Após o processamento, o programa HPFLAME fornece

$$T_{ad} = 2209{,}8 \text{K}$$
$$\chi_{NO} = 0{,}003497 \quad \text{ou} \quad 3497 \text{ ppm}.$$

Para o caso com 15% de FGR, há diferentes formas de calcular a temperatura de chama adiabática usando os programas fornecidos neste livro. O nosso procedimento consistirá em inicialmente determinar a entalpia da mistura (formada por combustível, ar e FGR) por unidade de massa de mistura e então empregar a Eq. 2.40b:

$$h_{reag} = h_{prod}(T_{ad}).$$

Usaremos o programa TPEQUIL para calcular $h_{prod}(T_{ad})$ para valores estimados de T_{ad} e iterar até obter um resultado final.

Uma vez que calculamos previamente as entalpias do combustível e do ar, precisamos somente adicionar esses valores à entalpia do FGR para obter a entalpia total dos reagentes, ou seja,

$$H_{reag} = N_F \bar{h}_F + N_{O_2} \bar{h}_{O_2} + N_{N_2} \bar{h}_{N_2} + N_{FGR} \bar{h}_{FGR},$$

Em vez de calcular $\bar{h}_{FGR}$ manualmente, usaremos TPEQUIL com $T = 600$ K, $\Phi = 0{,}9217$ e $P = 101325$ Pa. Isso fornece

$$h_{FGR} = -2{,}499 \cdot 10^3 \text{ kJ/kg}$$

com

$$MW_{FGR} = 27{,}72 \text{ kg/kmol}.$$

Assim,

$$\bar{h}_{FGR} = h_{FGR} MW_{FGR} = -67.886 \text{ kJ/kmol}_{FGR}.$$

Obtemos o número de mols de FGR a partir da definição

$$N_{FGR} = (N_F + N_A)\%FGR/100\%$$
$$= [1 + (2,1699)4,76]0,15$$
$$= 1,6993 \text{ kmol}.$$

A entalpia da mistura reagente é

$$H_{reag} = -43.997 + 1,6993(-67.886)$$
$$= -159.356 \text{ kJ},$$

e a entalpia mássica específica é

$$h_{reag} = \frac{H_{reag}}{m_{reag}} = \frac{H_{reag}}{N_F MW_F + N_A MW_A + N_{FGR} MW_{FGR}}$$
$$= \frac{-159.356}{1(16,043) + 10,329(28,85) + 1,6993(27,72)}$$
$$= -441,3 \text{ kJ/kg}.$$

Empregaremos a Eq. 2.40b com o programa TPEQUIL. Sabendo que T_{ad} deve ser menor que o valor de 2209,8 K obtido para FGR igual a zero, usaremos o valor 2100 K na primeira iteração. Com essa temperatura como dado de entrada do programa TPEQUIL, o valor de saída para h_{prod} (2100 K) é $-348,0$ kJ/kg. Uma segunda iteração, realizada com a estimativa de temperatura de 2000 K, fornece h_{prod} (2000 K) $= -519,2$ kJ/kg. Com esses dois valores, respectivamente maior e menor que o valor desejado, realizamos uma interpolação linear obtendo $T_{ad} = 2045,5$ K. Uma nova iteração usando esse valor de temperatura como dado de entrada do programa TPEQUIL resulta no valor final:

$$T_{ad} = 2046,5 \text{ K}$$

com

$$\chi_{NO} = 0,002297 \quad \text{ou} \quad 2297 \text{ ppm}.$$

Comparando esses resultados com aqueles sem FGR, observamos que o valor de 15% de FGR resulta em uma queda da temperatura de chama adiabática de aproximadamente 163 K, e as frações molares de equilíbrio de NO decrescem em 34%.

Comentários

Esse problema pode ser resolvido diretamente usando o programa HPFLAME, desde que o valor correto de entalpia dos reagentes seja usado. Uma vez que o programa assume que os reagentes são formados apenas por combustível e ar, o FGR precisa ser tratado como parte do combustível ou do ar, assim, o número de mols de combustível será maior que um. O número de mols de "combustível" originado do FGR é o número de mols de FGR dividido pelo número de mols de produtos formados por mol de CH_4 queimado, conforme determinado a partir da reação de combustão dada no início da solução, isto é,

$$N_{\text{"F" do FGR}} = \frac{N_{FGR}}{N_{prod}/N_{CH_4}},$$

Assim, a entalpia de reagentes que deve ser fornecida como dado de entrada para o HPFLAME é

$$\bar{h}_{reag}(\text{kJ/kmol}_{\text{"F"}}) = \frac{H_{reag}}{1 + N_{\text{"combustível" do FGR}}}.$$

Para o nosso problema, $N_{\text{"F" do FGR}} = 1{,}6993(0{,}0883) = 0{,}15$ e $\bar{h}_{\text{reag}} = -159356/1{,}15 = -138571$ kJ/kmol$_f$. Usar esse valor com o HPFLAME gera o mesmo resultado para T_{ad} conforme obtido anteriormente, porém, sem a necessidade de iterações. Para a combustão a volume constante (veja Exemplo 2.9), o programa UVFLAME trabalha diretamente em uma base mássica adotando os valores de número de mols total e massa molar dos reagentes como dados de entrada. Portanto, nenhuma conversão é necessária ao valor da entalpia dos reagentes contendo FGR ou EGR quando se usa o UVFLAME.

Observamos que as frações molares de NO calculadas anteriormente são valores de *equilíbrio*. Nas aplicações de engenharia, as concentrações de NO na câmara de combustão e nos gases na chaminé são determinadas pela cinética química (Capítulos 4 e 5) porque, em geral, não há tempo de residência suficiente para atingir o equilíbrio químico. De qualquer forma, as diferenças entre os valores de NO de equilíbrio com e sem FGR indicam o potencial para a redução pelo FGR da formação de NO cineticamente determinada.

RESUMO

Todos os conceitos apresentados neste capítulo são fundamentais para o estudo da combustão. Iniciamos este capítulo com uma breve revisão das propriedades termodinâmicas das substâncias puras e das misturas de gases ideais. Também revisamos o princípio da conservação da energia, ou a primeira lei da termodinâmica. A primeira lei nas suas várias formas já deve ter se tornado uma velha amiga sua. Você deve estar familiarizado com a razão de equivalência e como ela é usada para definir quando uma mistura é pobre, rica ou estequiométrica. Outras propriedades termodinâmicas importantes definidas aqui incluem as entalpias padrão, as quais, usadas com a primeira lei, estabelecem as entalpias de reação, os poderes caloríficos e as temperaturas de chamas adiabáticas à pressão constante e a volume constante. Você deve ser capaz de ilustrar esses conceitos graficamente usando propriedades termodinâmicas apropriadas como coordenadas (h–T ou u–T). Em nossa discussão do equilíbrio químico, introduzimos o conceito de função de Gibbs e demonstramos a sua utilidade para o cálculo da composição de equilíbrio de misturas de gases ideais. Você deve saber calcular composições em equilíbrio para misturas simples usando a constante de equilíbrio (K_p), junto com a conservação dos elementos químicos, bem como formular problemas mais complexos (a familiaridade com um ou mais programas computacionais para o cálculo do equilíbrio é útil para a solução desses problemas). Os tópicos finais deste capítulo trataram sobre os efeitos da razão de equivalência, da temperatura e da pressão sobre a composição da mistura de produtos de combustão e a importância da dissociação. Você precisa entender quais espécies químicas podem ser consideradas majoritárias ou minoritárias e reconhecer a ordem de magnitude das frações molares das 11 espécies químicas importantes abordadas nos nossos exemplos. Também mostramos a utilidade do equilíbrio água-gás quando desejamos determinar a composição de misturas de produtos de combustão rica de forma simplificada. Você deve ser capaz de calcular a composição das misturas de produtos de combustão supondo a ausência de dissociação. Finalmente, duas aplicações foram exemplificadas: o uso de recuperação ou regeneração para melhorar a eficiência térmica e/ou aumentar a temperatura de chama, e o uso de recirculação de gás queimado (ou de exaustão) para reduzir a temperatura de chama. Embora muitos tópicos aparentemente diferentes foram discutidos, você deve compreender como os princípios estabelecidos pela primeira e segunda leis da termodinâmica embasam esses tópicos.

LISTA DE SÍMBOLOS

a	Razão molar oxigênio-combustível (kmol/kmol)
A/F	Razão mássica ar-combustível (kg/kg)
$c_p, \bar{c}_p$	Calor específico à pressão constante (J/kg-K ou J/kmol-K)
$c_v, \bar{c}_v$	Calor específico a volume constante (J/kg-K ou J/kmol-K)
E, e	Energia total (J ou J/kg)
F/A	Razão mássica combustível-ar (kg/kg)
g	Aceleração da gravidade (m/s^2)
$\bar{g}^o$	Função de Gibbs molar para uma espécie química pura (J/kmol)
$\bar{g}_f^o$	Função de Gibbs molar de formação (J/kmol)
$G, \bar{g}$	Função de Gibbs ou energia livre de Gibbs (J ou J/kmol)
ΔG^o	Variação da função de Gibbs molar no estado padrão, Eq. 2.64 (J/kmol)
$h_f^o, \bar{h}_f^o$	Entalpia de formação (J/kg ou J/kmol)
$H, h, \bar{h}$	Entalpia (J ou J/kg ou J/kmol)
$\Delta H_c, \Delta h_c, \Delta \bar{h}_c$	Calor de combustão (poder calorífico) (J ou J/kg ou J/kmol)
$\Delta H_R, \Delta h, \Delta \bar{h}_R$	Entalpia de reação (J ou J/kg ou J/kmol)
K_p	Constante de equilíbrio, Eq. 2.65 (adimensional)
m	Massa (kg)
$\dot{m}$	Vazão mássica (kg/s)
MW	Massa molar (kg/kmol)
N	Número de mols (kmol)
P	Pressão (Pa)
PCI	Poder calorífico inferior (J/kg)
PCS	Poder calorífico superior (J/kg)
Q, q	Calor (J ou J/kg)
$\dot{Q}, \dot{q}$	Taxa de transferência de calor (J/s = W ou W/kg)
R	Constante do gás (J/kg-K)
R_u	Constante universal dos gases (J/kmol-K)
$S, s, \bar{s}$	Entropia (J/K ou J/kg-K ou J/kmol-K)
t	Tempo (s)
T	Temperatura (K)
$U, u, \bar{u}$	Energia interna (J ou J/kg ou J/kmol)
v	Velocidade (m/s)
V, v	Volume (m^3 ou m^3/kg)
W, w	Trabalho (J ou J/kg)
$\dot{W}, \dot{w}$	Taxa de produção de trabalho ou potência (J/s = W ou W/kg)
x	Número de átomos de carbono no combustível
y	Número de átomos de hidrogênio no combustível
Y	Fração mássica (kg/kg)

z	Elevação (m)
Z	Razão entre número de elementos químicos

Símbolos gregos

α	Fração dissociada
κ	Constante de proporcionalidade, Eq. 2.61
ρ	Densidade (kg/m³)
Φ	Razão de equivalência
χ	Fração molar

Subscritos

ad	Adiabático
A	Ar
e	Entrada
vc	Volume de controle
f	Final ou formação
F	Combustível
g	Gás ou gasoso
i	i-ésima espécie química
inic	Inicial
l	Líquido
mis	Mistura
prod	Produto
reag	Reagente
ref	Referência
s	Sensível ou saída
sat	Estado de saturação
esteq	Estequiométrico
T	Avaliado na temperatura T

Sobrescritos

o	Denota a pressão no estado de referência padrão ($P^o = 1$ atm)

REFERÊNCIAS

1. Kee, R. J., Rupley, F. M. e Miller, J. A., "The Chemkin Thermodynamic Data Base," Sandia National Laboratories Report SAND87-8215 B, March 1991.
2. Moran, M. J. e Shapiro, H. N., *Fundamentals of Engineering Thermodynamics,* 5th Ed., Wiley, New York, 2004.
3. Wark, K., Jr., *Thermodynamics,* 6th Ed., McGraw-Hill, New York, 1999.
4. Turns, S. R., *Thermodynamics: Concepts and Applications,* Cambridge University Press, New York, 2006.
5. Gordon, S. e McBride, B. J., "Computer Program for Calculation of Complex Chemical Equilibrium Compositions, Rocket Performance, Incident and Reflected Shocks e Chapman-Jouguet Detonations," NASA SP-273, 1976. See also Glenn Research Center, "Chemical Equilibrium with Applications," http://www.grc.gov/WWW/CEAWeb/ceaHome.htm. Acessado em 27/01/2009.

6. Stull, D. R. e Prophet, H., "JANAF Thermochemical Tables," 2nd Ed., NSRDS-NBS 37, National Bureau of Standards, June 1971. (A quarta edição é disponível no NIST.)
7. Pope, S. B., "Gibbs Function Continuation for the Stable Computation of Chemical Equilibrium," *Combustion and Flame*, 139: 222–226 (2004).
8. Olikara, C. e Borman, G. L., "A Computer Program for Calculating Properties of Equilibrium Combustion Products with Some Applications to I. C. Engines," SAE Paper 750468, 1975.
9. Morley, C., "GASEQ–A Chemical Equilibrium Program for Windows," http://www.gaseq.co.uk/. Acessado em 03/02/2009.
10. Dandy, D. S., "Chemical Equilibrium Calculation," http://navier.engr.colostate.edu/tools/equil.html. Acessado em 03/02/2009.
11. Industrial Heating Equipment Association, *Combustion Technology Manual*, 4th Ed., IHEA, Arlington, VA, 1988.

QUESTÕES DE REVISÃO

1. Faça uma lista de todas as palavras e expressões que aparecem em negrito no Capítulo 2. Certifique-se de que você entende o significado de cada uma.
2. Descreva a dependência que os calores específicos dos gases monoatômicos e poliatômicos exibem com a temperatura. Qual é a causa subjacente desta dependência? Quais são as implicações dessa dependência da temperatura na combustão?
3. Por que a razão de equivalência é frequentemente um parâmetro mais significativo do que a razão ar-combustível (ou combustível-ar) para definir a estequiometria de uma mistura reagente ao comparar diferentes combustíveis?
4. Quais são as três condições que definem o estado de referência padrão?
5. Esboce um gráfico mostrando os comportamentos de H_{reag} e H_{prod} como função da temperatura, levando em consideração que os calores específicos variam com a temperatura.
6. Usando o gráfico preparado na questão 5, ilustre o efeito do preaquecimento dos reagentes na temperatura de chama adiabática à pressão constante.
7. Descreva o efeito da pressão nas frações molares de equilíbrio das espécies químicas envolvidas nas seguintes reações:

$$O_2 \Leftrightarrow 2O$$
$$N_2 + O_2 \Leftrightarrow 2NO$$
$$CO + \tfrac{1}{2}O_2 \Leftrightarrow CO_2$$

Qual é o efeito da temperatura?

8. Prepare uma lista das espécies químicas majoritárias e minoritárias presentes nos produtos de combustão em alta temperatura, ordenando-as da maior para a menor fração molar e fornecendo um valor numérico aproximado para cada fração molar em $\Phi = 0{,}7$ e $\Phi = 1{,}3$. Compare as duas listas.
9. Qual é a importância da reação de deslocamento água-gás?

10. Descreva o efeito do aumento da temperatura na composição de equilíbrio dos produtos de combustão.
11. Descreva o efeito do aumento da pressão na composição de equilíbrio dos produtos de combustão.
12. Por que a recirculação de gases queimados (FGR) reduz a temperatura na zona de chama? O que acontece se o gás queimado recirculado está na temperatura da zona de chama?

PROBLEMAS

2.1 Determine a fração mássica de O_2 e N_2 no ar, supondo que a composição molar é 21% de O_2 e 79% de N_2.

2.2 Uma mistura possui a seguinte composição:

Espécie química	No. de mols
CO	0,095
CO_2	6
H_2O	7
N_2	34
NO	0,005

A. Determine a fração molar de óxido nítrico (NO) na mistura. Expresse essa fração molar também em partes por milhão (ppm).

B. Determine a massa molar da mistura.

C. Determine a fração mássica de cada componente da mistura.

2.3 Considere uma mistura gasosa formada por 5 kmol de H_2 e 3 kmol de O_2. Determine as frações molares de H_2 e O_2, a massa molar da mistura e as frações mássicas de H_2 e O_2.

2.4 Considere uma mistura binária de oxigênio e metano. A fração molar de metano é 0,2. A mistura está a 300 K e 100 kPa. Determine a fração mássica de metano na mistura e a concentração molar de metano em kmol de metano por m^3 de mistura.

2.5 Considere uma mistura de N_2 e Ar na qual a concentração molar de N_2 é três vezes maior do que a de Ar. Determine as frações molares de N_2 e Ar, a massa molar da mistura, as frações mássicas de N_2 e Ar e a concentração molar de N_2 em kmol/m^3 para uma temperatura de 500 K e uma pressão de 250 kPa.

2.6 Determine a entalpia padrão em J/kmol$_{mis}$ de uma mistura de CO_2 e O_2 na qual $\chi_{CO_2} = 0{,}10$ e $\chi_{O_2} = 0{,}90$ na temperatura de 400 K.

2.7 Determine a massa molar de uma mistura estequiométrica ($\Phi = 1{,}0$) de metano e ar.

2.8 Determine a razão mássica ar-combustível estequiométrica para o propano (C_3H_8).

2.9 O propano queima em uma chama pré-misturada com razão mássica ar-combustível de 18:1. Determine a razão de equivalência Φ.

2.10 Para uma razão de equivalência $\Phi = 0,6$, determine a razão mássica ar-combustível associada para o metano, o propano e o decano ($C_{10}H_{22}$).

2.11 Em uma empilhadeira operando com propano como combustível, mede-se 3 % (em volume) de oxigênio, em base seca, nos gases de exaustão. Supondo "combustão completa" sem dissociação, determine a razão mássica ar-combustível da mistura alimentada ao motor.

2.12 Supondo "combustão completa", escreva uma equação de balanço estequiométrico, como a Eq. 2.30, para a combustão com ar de 1 mol de um álcool com fórmula genérica $C_xH_yO_z$. Determine o número de mols de ar requeridos para queimar 1 mol de combustível.

2.13 Usando os resultados do problema 2.12, determine a razão mássica ar-combustível estequiométrica para o metanol (CH_3OH). Compare os seus resultados com a razão mássica estequiométrica para o metano (CH_4). Quais são as implicações sugeridas por essa comparação?

2.14 Considere uma mistura estequiométrica de iso-octano e ar. Calcule a entalpia da mistura na temperatura do estado padrão de referência (298,15 K) e expresse o seu resultado em uma base por kmol de combustível (kJ/kmol$_F$), em uma base por kmol de mistura (kJ/kmol$_{mis}$) e em uma base por massa de mistura (kJ/kg$_{mis}$).

2.15 Repita o problema 2.14 para uma temperatura de 500 K.

2.16 Repita o problema 2.15, mas agora use a razão de equivalência $\Phi = 0,7$. Compare esses resultados com aqueles do problema 2.15.

2.17 Considere um combustível formado por uma mistura equimolar de propano (C_3H_8) e metano (CH_4). Escreva a reação estequiométrica de combustão com ar seco padrão e determine a razão molar ar-combustível estequiométrica. Também determine a razão molar ar-combustível para uma razão de equivalência, Φ, de 0,8.

2.18 Determine a entalpia dos produtos de "combustão ideal", ou seja, na ausência de dissociação, resultando da combustão de uma mistura de iso-octano e ar seco padrão na razão de equivalência de 0,7. Os produtos estão a 1000 K e 1 atm. Expresse o seu resultado nas seguintes bases: por kmol de combustível, por kg de combustível e por kg de mistura. *Dica:* As Eqs. 2.68 e 2.69 talvez sejam úteis para a sua solução, entretanto, você precisa derivar essas equações por sua conta a partir dos balanços atômicos.

2.19 O butano (C_4H_{10}) queima com o ar na razão de equivalência de 0,75. Determine o número de **mols** de ar requeridos por mol de combustível.

2.20 Uma fornalha de fusão de vidro queima eteno (C_2H_4) em oxigênio puro (não é ar). A fornalha opera com uma razão de equivalência de 0,9 e consome 30 kmol/hora de eteno.

A. Determine a potência térmica entrando na fornalha utilizando como dado o PCI do combustível. Expresse o seu resultado em kW e em kcal/hora.

B. Determine a vazão de consumo de O_2 em kmol/hora e kg/s.

2.21 O álcool metílico (metanol, CH_3OH) queima com excesso de ar em uma razão mássica ar-combustível de 8,0. Determine a razão de equivalência, Φ, e a fração molar de CO_2 na mistura de produtos supondo combustão completa, isto é, ausência de dissociação.

2.22 O poder calorífico inferior do *n*-decano gasoso é 44597 kJ/kg em $T = 298$ K. A entalpia de vaporização do *n*-decano é 276,8 kJ/kg de *n*-decano. A entalpia de vaporização da água a 298 K é 2442,2 kJ/kg de água.

    A. Determine o poder calorífico inferior do *n*-decano líquido. Expresse o seu resultado na unidade de kJ/kg de combustível.

    B. Determine o poder calorífico superior do *n*-decano gasoso a 298 K.

2.23 Determine a entalpia de formação em kJ/kmol para o metano, dado o poder calorífico inferior de 50016 kJ/kg a 298 K.

2.24 Determine a entalpia padrão da mistura do problema 2.2 para a temperatura de 1000 K. Expresse o seu resultado na unidade de kJ/kmol de mistura.

2.25 O poder calorífico inferior do metano é 50016 kJ/kg (de metano). Determine o poder calorífico por:

    A. massa (kg) de mistura ar-combustível.

    B. mol de mistura ar-combustível.

    C. volume (m^3) de mistura ar-combustível.

2.26 O valor do poder calorífico superior para o octano líquido (C_8H_{18}) a 298 K é 47893 kJ/kg e o calor de vaporização é 363 kJ/kg. Determine a entalpia de formação a 298 K para o octano gasoso.

2.27 Verifique as informações na Tabela 2.1 nas colunas Δh_R (kJ/kg de combustível), Δh_R (kJ/kg de mistura) e $(O/F)_{esteq}$ para as seguintes misturas:

    A. CH_4–ar

    B. H_2–O_2.

    C. C(s)–ar.

Note que todo o H_2O nos produtos está supostamente no estado líquido.

2.28 Gere as mesmas informações requisitadas no problema 2.27 para uma mistura estequiométrica de C_3H_8 (propano) e ar.

2.29 Considere um combustível líquido. Faça um esquema nas coordenadas h–T ilustrando as seguintes propriedades: $h_l(T)$; $h_v(T)$; calor de vaporização, h_{fg}; calor de formação para o combustível gasoso, h_f^o; entalpia de formação para o combustível líquido, h_f^o; poder calorífico inferior, PCI; e poder calorífico superior, PCS.

2.30 Determine a temperatura de chama adiabática para a combustão à pressão constante de uma mistura estequiométrica de propano e ar supondo reagentes a 298 K, ausência de dissociação dos produtos de combustão e calores específicos constantes e avaliados a 298 K.

2.31 Repita o problema 2.30, porém, usando os calores específicos avaliados a 2000 K. Compare os seus resultados com aqueles obtidos no problema 2.30 e explique as diferenças.

2.32 Repita o problema 2.30, mas agora use as tabelas de propriedades do Apêndice A para avaliar as entalpias sensíveis.

2.33* Repita o problema 2.30, mas elimine as hipóteses não realistas, isto é, permita a dissociação dos produtos e a variação dos calores específicos com a temperatura. Use o programa HPFLAME (Apêndice F), ou outros programas apropriados. Compare os seus resultados com os valores calculados nos problemas 2.30–2.33. Explique as razões das diferenças encontradas.

2.34 Usando os dados disponíveis no Apêndice A, calcule a temperatura de chama adiabática à pressão constante para a mistura de combustíveis do problema 2.17. Suponha combustão completa para CO_2 e H_2O e negligencie qualquer dissociação. Também suponha que o calor específico dos produtos de combustão é constante e avaliado a 1200 K. A caldeira opera a 1 atm e o ar e o combustível entram a 298 K.

2.35 Repita o problema 2.30, mas para uma combustão a volume constante. Também determine a pressão final.

2.36* Use as condições sugeridas no problema 2.33, mas agora calcule a temperatura de chama adiabática a volume constante usando o programa UVFLAME (Apêndice F), ou outro programa apropriado. Também determine a pressão final. Compare os seus resultados com aqueles do problema 2.35 e explique as diferenças observadas.

2.37 Derive uma forma da primeira lei aplicada a um sistema (massa fixa) correspondente à Eq. 2.35, usada para definir o calor de reação. Trate o sistema tendo pressão constante e temperaturas inicial e final constantes.

2.38 Uma fornalha, operando a 1 atm, usa ar preaquecido para melhorar a sua eficiência de consumo de combustível. Determine a temperatura de chama adiabática quando a fornalha opera com uma mistura com razão mássica ar-combustível igual a 18 e preaquecimento do ar a 800 K. O combustível entra a 450 K. Suponha as seguintes propriedades simplificadas:

$T_{ref} = 300$ K,

$MW_F = MW_a = MW_{prod} = 29$ kg/kmol,

$c_{p,F} = 3500$ J/kg-K; $c_{p,a} = c_{p,prod} = 1200$ J/kg-K,

$\bar{h}^o_{f,a} = \bar{h}^o_{f,prod} = 0$,

$\bar{h}^o_{f,F} = 1{,}16 \cdot 10^9$ J/kmol.

2.39 Considere a combustão adiabática à pressão constante de uma mistura estequiométrica ($\Phi = 1$) de ar e combustível para a qual $(A/F)_{esteq} = 15$. Suponha as seguintes propriedades simplificadas para o combustível, o ar e os produtos, com $T_{ref} = 300$ K:

	Combustível	Ar	Produtos
c_p (J/kg-K)	3500	1200	1500
$h^o_{f,300}$ (J/kg)	$2 \cdot 10^7$	0	$-1{,}25 \cdot 10^6$

A. Determine a temperatura de chama adiabática para uma mistura inicialmente a 600 K.

---
*Indica uso requerido ou opcional de um computador.

B. Determine o poder calorífico do combustível a 600 K. Não esqueça de indicar as unidades.

2.40 Considere a combustão de hidrogênio (H_2) com oxigênio (O_2) em um reator de escoamento em regime permanente conforme mostrado no esquema. A perda de calor através das paredes do reator por unidade de massa de mistura ($\dot{Q}/\dot{m}$) é 187 kJ/kg. A razão de equivalência é 0,5, e a pressão, 5 atm.

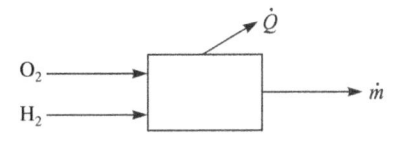

Para o estado de referência a zero Kelvin, as entalpias de formação aproximadas são

$$\bar{h}^o_{f,H_2}(0) = \bar{h}^o_{f,O_2}(0) = 0 \text{ kJ/mol},$$

$$\bar{h}^o_{f,H_2O}(0) = -238.000 \text{ kJ/mol},$$

$$\bar{h}^o_{f,OH}(0) = -38.600 \text{ kJ/mol}.$$

A. Determine a massa molar dos gases produtos de combustão no escoamento de saída, negligenciando a dissociação.

B. Para as mesmas hipóteses da parte A, determine as frações mássicas das espécies químicas no escoamento de saída.

C. Determine a temperatura do escoamento de produtos na saída do reator, novamente negligenciando a dissociação. Além disso, suponha que todas as espécies químicas possuem o mesmo valor de calor específico molar, $\bar{c}_{p,i}$, constante e igual a 40 kJ/kmol-K. O H_2 entra a 300 K, e o O_2, a 800 K.

D. Agora, suponha que ocorrem dissociações, mas que o único produto minoritário formado em equilíbrio é o OH. Escreva as equações necessárias para calcular a temperatura dos produtos na saída do reator. Liste as incógnitas e mostre que o número de incógnitas é igual ao número de equações.

2.41 Verifique se os resultados dados na Tabela 2.2 satisfazem as Eqs. 2.64 e 2.65 para as seguintes condições:

A. $T = 2000$ K, $P = 0,1$ atm.

B. $T = 2500$ K, $P = 100$ atm.

C. $T = 3000$ K, $P = 1$ atm.

2.42 Considere a reação em equilíbrio $O_2 \Leftrightarrow 2O$ em um reator fechado. Suponha que o reator contenha 1 mol de O_2 quando não há dissociação. Calcule as frações molares de O_2 e O em equilíbrio para as seguintes condições:

A. $T = 2500$ K, $P = 1$ atm.

B. $T = 2500$ K, $P = 3$ atm.

2.43 Repita o problema 2.42A, mas adicione 1 mol de um diluente inerte à mistura, por exemplo, argônio. Qual é a influência da presença do diluente? Explique.

2.44 Considere a reação em equilíbrio $CO_2 \Leftrightarrow CO + \frac{1}{2}O_2$. A 10 atm e 3000 K, as frações molares em equilíbrio de uma mistura de CO_2, CO e O_2 são $\chi_{CO_2} = 0{,}6783$, $\chi_{CO} = 0{,}2144$ e $\chi_{O_2} = 0{,}1072$, respectivamente. Determine o valor da constante de equilíbrio K_p nessa situação.

2.45 Considere a reação em equilíbrio $H_2O \Leftrightarrow H_2 + \frac{1}{2}O_2$. A 0,8 atm, as frações molares das espécies químicas envolvidas são $\chi_{H_2O} = 0{,}9$, $\chi_{H_2} = 0{,}03$ e $\chi_{O_2} = 0{,}07$. Determine o valor da constante de equilíbrio K_p nessa situação.

2.46 Considere a reação em equilíbrio $H_2O + CO \Leftrightarrow CO_2 + H_2$ em uma dada temperatura T. Em T, as entalpias de formação de cada espécie química envolvida são as seguintes:

$$\bar{h}^o_{f,H_2O} = -251{.}7000 \text{ kJ/kmol}, \quad \bar{h}^o_{f,CO_2} = -396{.}600 \text{ kJ/kmol},$$

$$\bar{h}^o_{f,CO} = -118{.}700 \text{ kJ/kmol}, \quad \bar{h}^o_{f,H_2} = 0.$$

A. Qual é o efeito da pressão no equilíbrio dessa reação? Explique.

B. Qual é o efeito da temperatura no equilíbrio dessa reação? Explique (você precisará fazer cálculos).

2.47 Calcule a composição de equilíbrio para a reação $H_2 + \frac{1}{2}O_2 \Leftrightarrow H_2O$ quando a razão entre o número de mols de átomos de hidrogênio e de oxigênio é igual à unidade. A temperatura é 2000 K, e a pressão, 1 atm.

2.48* Calcule a composição de equilíbrio para a reação $H_2O \Leftrightarrow H_2 + \frac{1}{2}O_2$ quando a razão entre o número de mols de átomos de hidrogênio e de oxigênio, Z, é variada. Faça $Z = 0{,}5$, 1,0 e 2,0. A temperatura é 2000 K, e a pressão, 1 atm. Mostre os seus resultados graficamente e discuta-os. *Dica:* Use uma planilha eletrônica para facilitar os seus cálculos.

2.49* Calcule a composição de equilíbrio para a reação $H_2O \Leftrightarrow H_2 + \frac{1}{2}O_2$ quando a razão entre o número de mols de átomos de hidrogênio e de oxigênio, Z, é fixada em $Z = 2{,}0$, enquanto a pressão é variada. Faça $P = 0{,}5$, 1,0 e 2,0 atm. A temperatura é 2000 K. Mostre os seus resultados graficamente e discuta-os. *Dica:* use uma planilha eletrônica para facilitar os seus cálculos.

2.50 Reformule o problema 2.47, incluindo as espécies químicas OH, O e H. Identifique o número de equações e o número de incógnitas que passam a existir nesse problema. Eles devem, obviamente, ser iguais. Não é necessário resolver o seu sistema de equações.

2.51* Use o programa STANJAN ou outro programa apropriado para calcular o equilíbrio químico completo para o sistema H–O nas condições e restrições de população atômica do problema 2.47.

2.52* Para as condições dadas a seguir, liste as maiores e as menores frações molares de CO_2, CO, H_2O, H_2, OH, H, O_2, O, N_2, NO e N. Também forneça valores aproximados.

A. Produtos da combustão à pressão constante de uma mistura de propano e ar na condição de temperatura de chama adiabática em $\Phi = 0{,}8$.

B. O mesmo que na parte A, porém, em $\Phi = 1{,}2$.

C. Indique quais espécies químicas podem ser consideradas majoritárias e minoritárias nas partes A e B.

2.53* Considere a combustão adiabática à pressão constante de *n*-decano ($C_{10}H_{22}$) com o ar para os reagentes a 298,15 K. Use o programa HPFLAME (Apêndice F) para calcular T_{ad} e as frações molares para O_2, H_2O, CO_2, N_2, CO, H_2, OH e NO. Faça os seus cálculos para as razões de equivalência de 0,75, 1,00 e 1,25 e, em cada razão de equivalência, para as pressões de 1, 10 e 100 atm. Construa uma tabela mostrando os seus resultados e discuta os efeitos da pressão na T_{ad} e na composição dos produtos.

2.54* Considere os produtos de combustão de uma mistura de decano ($C_{10}H_{22}$) e ar na razão de equivalência de 1,25, pressão de 1 atm e temperatura de 2200 K. Estime a composição da mistura de produtos, negligenciando a dissociação, mas supondo o equilíbrio na reação de deslocamento água-gás. Compare os seus resultados com aqueles previstos pelo programa TPEQUIL.

2.55* Uma caldeira industrial a gás natural opera com excesso de ar de forma que a concentração de O_2 nos gases queimados é 2% (em volume), medida após a remoção da umidade dos produtos de combustão (base de gases secos). A temperatura dos gases queimados é 700 K quando não há preaquecimento do ar de combustão.

A. Determine a razão de equivalência para o sistema supondo que a composição do gás natural possa ser aproximada como metano puro.

B. Determine a eficiência térmica da caldeira supondo que o ar e o combustível entram a 298 K.

C. Considere o preaquecimento do ar de combustão a 433 K (160 °C) após a passagem por um preaquecedor de ar. Novamente, determine a eficiência térmica da caldeira supondo que o ar e o combustível entram no preaquecedor e no queimador, respectivamente, a 298 K.

D. Admitindo a operação dos queimadores em um modo pré-misturado, estime a temperatura máxima na zona de combustão (suponha $P = 1$ atm) com o preaquecimento do ar.

2.56 A razão de equivalência de um processo de combustão é frequentemente determinada pela extração de uma amostra de gases de exaustão e medição da concentração das espécies químicas majoritárias. Em um experimento de combustão queimando iso-octano (C_8H_{18}), um analisador de gases contínuo mede uma fração de CO_2 de 6% (em volume) e uma fração de CO de 1% (em volume). Considere que a amostra de gás não é secada pelo equipamento de medição (ou seja, as frações reportadas estão em base úmida).

A. Estime a razão de equivalência associada com esse processo de combustão. Suponha que o processo é globalmente pobre.

B. Se um analisador contínuo de O_2 também estivesse sendo usado, qual seria a sua leitura?

2.57 Um inventor desenvolveu um processo, à pressão atmosférica, para a manufatura de metanol. O inventor afirma ter encontrado um catalisador que promove a reação entre CO e H_2 produzindo metanol. No entanto, uma fonte barata de CO e H_2 é necessária para a maior economicidade do processo. Assim, o inventor pretende queimar gás natural (modelado como CH_4) com oxigênio, em mistura rica, para produzir uma mistura de CO, CO_2, H_2O e H_2.

A. Se o metano queimar com o oxigênio na razão de equivalência $\Phi = 1,5$ e as reações atingirem o equilíbrio, qual será a composição resultante para os produtos de combustão? Suponha que a temperatura dos produtos é controlada e mantida constante a 1500 K.

B. Qual seria a composição dos produtos em equilíbrio se a temperatura fosse mantida constante a 2500 K?

2.58* Considere a combustão de 1 kmol de propano com o ar a 1 atm. Construa um gráfico usando as coordenadas H–T para mostrar o seguinte:

A. A entalpia dos reagentes, H, em kJ, versus a temperatura (na faixa de 298 a 800 K) para $\Phi = 1,0$.

B. Repita a parte A para $\Phi = 0,75$.

C. Repita a parte A para $\Phi = 1,25$.

D. A entalpia dos produtos, H, para a combustão ideal (sem dissociação) versus a temperatura (na faixa de 298 a 3500 K) para $\Phi = 1,0$.

E. Repita a parte D para $\Phi = 0,75$.

F. Repita a parte D para $\Phi = 1,25$, usando o equilíbrio na reação de deslocamento água-gás como forma de considerar a combustão incompleta.

2.59 Usando o gráfico construído no problema 2.58, estime a temperatura de chama adiabática à pressão constante para as seguintes condições:

A. Reagentes a 298 K, para $\Phi = 0,75$, 1,0 e 1,25.

B. Para $\Phi = 1,0$, com as temperaturas dos reagentes de 298 K, 600 K e 800 K.

C. Discuta os seus resultados das partes A e B.

2.60* Repita o problema 2.58, mas use o programa TPEQUIL (Apêndice F) para calcular as curvas de entalpia dos produtos H versus a temperatura T. Use as mesmas escalas do problema 2.58 no seu gráfico de forma que os resultados possam ser sobrepostos para comparação direta. Discuta as diferenças existentes entre as curvas de entalpia para a combustão ideal (problema 2.58) e essas calculadas na presença de equilíbrio químico. *Dica:* Certifique-se de que a base na qual seus resultados são expressos é por mol de metano. Você terá que converter os resultados do TPEQUIL para essa base.

2.61 Repita as partes A e B do problema 2.59, usando o gráfico gerado no problema 2.60. Compare os seus resultados com aqueles do problema 2.59 e explique.

2.62* Use o programa HPFLAME (Apêndice F) para determinar a temperatura de chama adiabática para as condições dadas nas partes A e B do problema 2.59. Compare os seus resultados com aqueles dos problemas 2.59 e 2.61. Explique.

2.63 Uma fornalha usa ar preaquecido para aumentar a sua eficiência térmica. Determine a temperatura de chama adiabática quando a fornalha está operando em uma razão mássica ar-combustível de 16 com o ar de combustão preaquecido a 600 K. O combustível entra a 300 K. Suponha as seguintes propriedades termodinâmicas simplificadas:

$$T_{ref} = 300 \text{ K},$$

$$MW_F = MW_a = MW_{prod} = 29 \text{ kg/kmol},$$

$$c_{p,F} = c_{p,a} = c_{p,prod} = 1200 \text{ J/kg-K},$$

$$h^o_{f,a} = h^o_{f,prod} = 0,$$

$$h^o_{f,F} = 4 \cdot 10^7 \text{ J/kg}.$$

2.64* Em uma estratégia para reduzir a quantidade de óxidos de nitrogênio (NO_x) formados e emitidos de caldeiras, uma parcela dos gases queimados é recirculada e introduzida junto com a mistura ar-combustível, como mostrado na Fig. 2.20a. O efeito da recirculação de gases é diminuir as temperaturas máximas na zona de chama. Menores temperaturas de chama resultam em menos NO_x sendo formado. Os gases recirculados podem ser resfriados para aumentar a eficácia da recirculação de gases queimados. O seu trabalho é determinar quais combinações de percentual de FGR e T_{FGR} resultam em temperaturas de chama adiabática máxima de (aproximadamente) 1950 K.

O seu projeto será baseado nas seguintes restrições: o combustível entra no queimador a 298 K e 1 atm; o ar entra no queimador a 325 K e 1 atm; a fração mássica de oxigênio (O_2) nos gases de exaustão frios, isto é, não dissociados, é $\chi_{O_2} = 0,02$; a composição dos gases de exaustão pode ser aproximada, em todas as situações, como a composição para "combustão completa", na razão de equivalência determinada pela fração mássica de O_2 nos gases queimados; o percentual de FGR é definido como uma fração percentual da massa de combustível e ar de combustão; o gás natural pode ser tratado como metano puro; e a máxima temperatura dos gases de exaustão é 1200 K.

Apresente os seus resultados na forma de tabelas e gráficos apropriados. Também discuta as implicações práticas da utilização de FGR (custo operacional para movimentação dos gases, investimento em equipamentos, etc.). Como essas considerações afetam a sua escolha das condições de operação do sistema (%FGR, T_{EGR})?

capítulo 3
Introdução à transferência de massa

VISÃO GERAL

Conforme mencionado no Capítulo 1, o entendimento da combustão requer a combinação de conhecimentos da termodinâmica (Capítulo 2), da transferência de calor e massa e da teoria das taxas de reações químicas, ou cinética química (Capítulo 4). Como a maioria dos leitores deste livro provavelmente teve pouca, se é que teve alguma, exposição ao assunto Transferência de Massa, apresentaremos neste capítulo uma breve introdução. Transferência de massa, um tópico fundamental na área de engenharia química, é um assunto complexo, na verdade muito mais do que o sugerido nesta discussão. Ofereceremos aqui apenas um tratamento rudimentar das leis fundamentais e dos princípios de conservação que governam a transferência de massa por difusão, deixando um tratamento mais abrangente para o Capítulo 7 e para outros livros [1-4]. Para uma compreensão física, examinaremos brevemente a difusão de massa do ponto de vista molecular, o que possibilita mostrar a similaridade fundamental entre a difusão de massa e a condução de calor em gases. Por último, ilustraremos a aplicação dos conceitos de transferência de massa à evaporação de um filme de líquido e de uma gota.

RUDIMENTOS DE TRANSFERÊNCIA DE MASSA

Abra um frasco de perfume e coloque-o no centro de uma sala. Usando seu olfato como sensor, a presença de moléculas de perfume na vizinhança do frasco será detectada imediatamente após a sua abertura. Instantes depois, você sentirá o perfume em toda a sala. Os processos pelos quais as moléculas de perfume são transportadas de uma região com alta concentração, próxima ao frasco, para outra região com baixa concentração, longe do frasco, são tratados pela **transferência de massa**. Da mesma forma que na transferência de calor e de quantidade de movimento linear, massa pode ser transportada pela ação combinada dos processos moleculares (por exemplo, colisões moleculares em um gás ideal) com o escoamento da mistura, como ocorre, por exemplo, nos escoamentos turbulentos. Os processos moleculares são relativamente lentos e operam em pequenas escalas espaciais, ao passo que o transporte pelo escoamento depende do campo de velocidade. Por exemplo, em um escoamento turbulento o transporte de massa é influenciado pelas dimensões e energia dos vortices turbulentos. Nosso foco aqui será sobre o transporte molecular, enquanto os Capítulos 11, 12 e 13 tratarão da turbulência e seus efeitos.

Leis de transferência de massa

Lei de Fick da difusão Considere uma mistura gasosa não reativa formada por somente duas espécies químicas: A e B. A **lei de Fick da difusão de massa** descreve a taxa na qual uma espécie química difunde através da outra como resultado do gradiente de concentração. Para o caso da **difusão binária unidimensional**, o fluxo mássico de uma espécie química A pode ser escrito como

$$\dot{m}_A'' \quad = \quad Y_A(\dot{m}_A'' + \dot{m}_B'') \quad - \quad \rho \mathcal{D}_{AB}\frac{dY_A}{dx}, \tag{3.1}$$

| Vazão mássica da espécie química A por unidade de área | Vazão mássica da espécie química A por unidade de área associada com o escoamento | Vazão mássica da espécie química A por unidade de área associada com a difusão molecular |

onde $\dot{m}_A''$ é o fluxo mássico da espécie química A e Y_A é a fração mássica. Neste livro, o **fluxo mássico** é definido como a vazão mássica da espécie química A (kg/s) por unidade de área normal à direção do escoamento (m^2):

$$\dot{m}_A'' = \dot{m}_A/A. \tag{3.2}$$

Portanto, as unidades de $\dot{m}_A''$ são kg/s-m^2. A ideia de um "fluxo" deveria ser familiar para você, pois o "fluxo de calor" é a taxa na qual energia térmica é transportada por unidade de área, isto é, $\dot{Q}'' = \dot{Q}/A$ com unidades de J/s-m^2 ou W/m^2. O **coeficiente de difusão binária**, ou difusividade binária, $\mathcal{D}_{AB}$, é uma propriedade da mistura e tem unidades de m^2/s. Os valores de difusividades binárias, a 1 atm, para alguns pares de espécies químicas de interesse em combustão, são fornecidos no Apêndice D.

A Eq. 3.1 estabelece que a espécie química A é transportada de duas formas: o primeiro termo do lado direito representa o transporte de A devido ao escoamento da mistura), enquanto o segundo termo representa a difusão molecular de A superposta ao escoamento. Na ausência de difusão, obtemos o resultado óbvio que

$$\dot{m}_A'' = Y_A(\dot{m}_A'' + \dot{m}_B'') = Y_A\dot{m}'' \equiv \begin{array}{l}\text{Fluxo mássico da espécie química A} \\ \text{associado ao escoamento da mistura}\end{array} \tag{3.3a}$$

onde $\dot{m}''$ é o fluxo mássico da mistura. O fluxo mássico por difusão molecular,

$$-\rho\mathcal{D}\,(dY_A/dx < 0) \equiv \begin{array}{l}\text{Fluxo mássico da espécie química A} \\ \text{associado à difusão molecular}\end{array} \tag{3.3b}$$

é um componente que se superpõe ao fluxo mássico de A devido ao escoamento. A Eq. 3.3b, ou **lei de Fick da difusão molecular**, estabelece que o **fluxo mássico por difusão de A**, $\dot{m}_{A,dif}''$, é proporcional ao gradiente de fração mássica, e a constante de proporcionalidade é $-\rho\mathcal{D}_{AB}$. Assim, vemos que a espécie química A difunde-se espontaneamente de uma região com alta concentração para uma região com baixa concentração, de maneira análoga ao fluxo de calor na direção da temperatura alta para a temperatura baixa. Observe que o sinal negativo torna o fluxo na direção x positivo quando o gradiente de fração mássica é negativo

($dY_A/dx < 0$). Uma analogia entre a difusão de massa e a difusão de energia térmica (condução de calor) pode ser obtida comparando-se a **lei de Fourier para a condução de calor**,

$$\dot{Q}''_x = -k \frac{dT}{dx}, \qquad (3.4)$$

com a lei de Fick da difusão de massa, Eq. 3.3b. Ambas as expressões indicam um fluxo ($\dot{m}''_{A,dif}$ ou $\dot{Q}''_x$) que é proporcional ao gradiente de uma variável escalar [(dY_A/dx) ou (dT/dx)]. Exploraremos essa analogia quando discutirmos o significado físico das **propriedades de transporte**, $\rho \mathcal{D}$ e k, as constantes de proporcionalidade que aparecem nas Eqs. 3.3b e 3.4, respectivamente.

A Eq. 3.1 é o componente unidimensional de uma expressão mais geral

$$\dot{m}''_A = Y_A(\dot{m}''_A + \dot{m}''_B) - \rho \mathcal{D}_{AB} \nabla Y_A, \qquad (3.5)$$

onde os símbolos em negrito representam quantidades vetoriais. Em muitas situações, a forma molar da Eq. 3.5 é útil:

$$\dot{N}''_A = \chi_A(\dot{N}''_A + \dot{N}''_B) - c\mathcal{D}_{AB} \nabla \chi_A, \qquad (3.6)$$

onde $\dot{N}''_A$ é o **fluxo molar** (kmol/s-m^2) da espécie química A, χ_A é a fração molar e c é a concentração molar da mistura (kmol$_{mis}$/m^3).

Os significados físicos dos fluxos devidos ao escoamento da mistura e devido à difusão de massa se tornam mais claros quando expressamos o fluxo mássico total para a mistura como a soma dos fluxos mássicos das espécies A e B:

$$\underset{\text{Fluxo mássico da mistura}}{\dot{m}''} = \underset{\substack{\text{Fluxo mássico} \\ \text{da espécie} \\ \text{química A}}}{\dot{m}''_A} + \underset{\substack{\text{Fluxo mássico} \\ \text{da espécie} \\ \text{química B}}}{\dot{m}''_B}. \qquad (3.7)$$

O fluxo mássico da mistura no lado esquerdo da Eq. 3.7 é a vazão mássica total da mistura $\dot{m}$ por unidade de área normal à direção do escoamento. Esse é o $\dot{m}$ que você conhece dos seus estudos prévios de termodinâmica e mecânica dos fluidos. Supondo um escoamento unidimensional por conveniência, substituímos as expressões apropriadas para os fluxos mássicos das espécies químicas (Eq. 3.1) na Eq. 3.7, obtendo

$$\dot{m}'' = Y_A \dot{m}'' - \rho \mathcal{D}_{AB} \frac{dY_A}{dx} + Y_B \dot{m}'' - \rho \mathcal{D}_{BA} \frac{dY_B}{dx} \qquad (3.8a)$$

ou

$$\dot{m}'' = (Y_A + Y_B)\dot{m}'' - \rho \mathcal{D}_{AB} \frac{dY_A}{dx} - \rho \mathcal{D}_{BA} \frac{dY_B}{dx}. \qquad (3.8b)$$

Para uma mistura binária, $Y_A + Y_B = 1$ (Eq. 2.10), assim,

$$\underset{\substack{\text{Fluxo mássico por} \\ \text{difusão da espécie} \\ \text{química A}}}{-\rho \mathcal{D}_{AB} \frac{dY_A}{dx}} - \underset{\substack{\text{Fluxo mássico por} \\ \text{difusão da espécie} \\ \text{química B}}}{\rho \mathcal{D}_{BA} \frac{dY_B}{dx}} = 0, \qquad (3.9)$$

isto é, a soma dos fluxos mássicos por difusão de todas as espécies químicas é zero. Geralizando, a conservação da massa global requer que $\Sigma \dot{m}''_{i,\,dif} = 0$.

É importante enfatizar nesse ponto que estamos assumindo uma mistura gasosa binária e que a difusão de massa das espécies químicas é resultado somente dos gradientes de concentração, ou seja, o gradiente de concentração é o único potencial de difusão de massa, sendo denominada de **difusão ordinária**. As misturas de interesse nas aplicações em combustão contêm muitos componentes, não apenas dois. Nossa hipótese de mistura gasosa binária, entretanto, permite entender a física essencial em muitas situações sem as complicações inerentes a uma análise de difusão multicomponente. Além disso, os gradientes de temperatura e pressão também podem produzir difusão de massa, que são os efeitos denominados, respectivamente, de **difusão térmica (Soret)** e de **difusão devido ao gradiente de pressão**. Em muitos sistemas de interesse, esses efeitos em geral são pequenos e, novamente, negligenciá-los permite entender melhor a física essencial do problema.

Base molecular para a difusão A fim de obter um entendimento dos processos moleculares que resultam nas leis macroscópicas de difusão de massa (lei de Fick) e de difusão, ou condução, de calor (lei de Fourier), aplicaremos alguns conceitos da teoria cinética dos gases (por exemplo, [5, 6]). Considere uma camada plana e estacionária de uma mistura gasosa binária formada por moléculas A e B rígidas, não atrativas e com massas molares iguais. Um gradiente de concentração (fração mássica) existe na direção x ao longo da camada. Esse gradiente é suficientemente pequeno para que a distribuição de fração mássica sobre uma distância equivalente a alguns caminhos livres moleculares médios, λ, possa ser considerada linear, conforme ilustrado na Fig. 3.1. Com essas hipóteses, definimos as seguintes propriedades moleculares médias derivadas da teoria cinética [1, 5, 6]:

$$\bar{v} \equiv \begin{array}{c}\text{Velocidade média das moléculas}\\\text{da espécie química A}\end{array} = \left(\frac{8 k_B T}{\pi m_A}\right)^{1/2}, \quad (3.10a)$$

$$Z''_A \equiv \begin{array}{c}\text{Frequência de colisão das moléculas}\\\text{A por unidade de área}\end{array} = \frac{1}{4}\left(\frac{n_A}{V}\right)\bar{v}, \quad (3.10b)$$

$$\lambda \equiv \text{Caminho livre molecular médio} = \frac{1}{\sqrt{2}\pi\left(\frac{n_{tot}}{V}\right)\sigma^2}, \quad (3.10c)$$

$$a \equiv \begin{array}{c}\text{Distância média normal entre}\\\text{os planos onde a última colisão}\\\text{ocorreu e onde ocorrerá a próxima}\end{array} = \frac{2}{3}\lambda, \quad (3.10d)$$

onde k_B é a constante de Boltzmann, m_A é a massa de uma única molécula A, n_A/V é o número de moléculas A por unidade de volume, n_{tot}/V é o número total de moléculas por unidade de volume e σ é o diâmetro molecular de ambas as moléculas A e B.

Supondo, por simplicidade, a inexistência de escoamento, o fluxo líquido de moléculas A ao longo do plano x é a diferença entre o fluxo de moléculas A na direção positiva de x e o fluxo de moléculas A na direção negativa de x:

$$\dot{m}''_A = \dot{m}''_{A,(+)x\text{-dir}} - \dot{m}''_{A,(-)x\text{-dir}}, \quad (3.11)$$

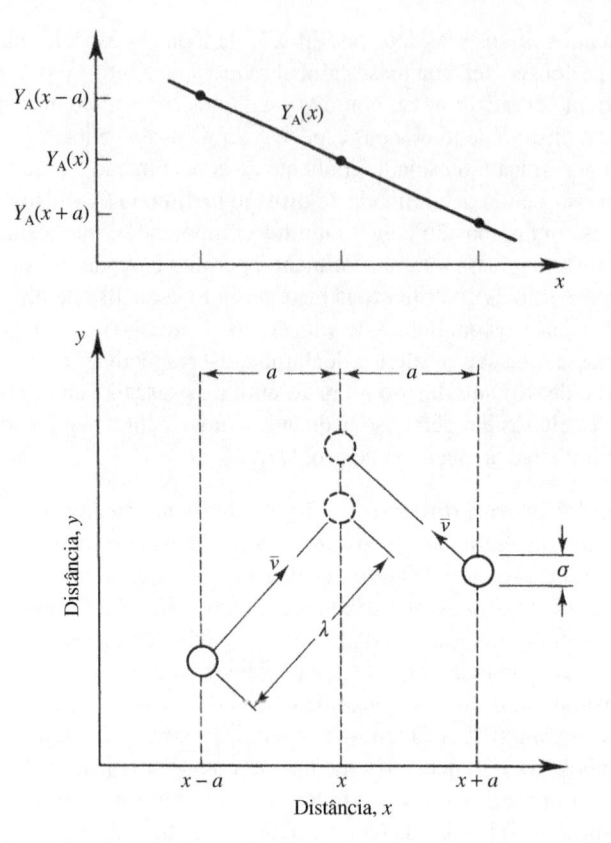

Figura 3.1 Esquema ilustrando a difusão de massa das moléculas da espécie química A de uma região de alta concentração para outra de baixa concentração. A distribuição de fração mássica é mostrada no topo.

o qual, quando expresso em termos da frequência de colisão, torna-se

$$\dot{m}''_A = (Z''_A)_{x-a} m_A - (Z''_A)_{x+a} m_A. \qquad (3.12)$$

$\begin{pmatrix}\text{Fluxo mássico}\\ \text{líquido da espécie}\\ \text{química A}\end{pmatrix}$ $\begin{pmatrix}\text{Número de moléculas}\\ \text{A cruzando o plano}\\ \text{na posição } x \text{ que se}\\ \text{originaram no plano na}\\ \text{posição } x - a, \text{ por unidade}\\ \text{de área e de tempo}\end{pmatrix}$ $\begin{pmatrix}\text{Massa de}\\ \text{uma única}\\ \text{molécula A}\end{pmatrix}$ $\begin{pmatrix}\text{Número de moléculas}\\ \text{A cruzando o plano}\\ \text{na posição } x \text{ que se}\\ \text{originaram no plano na}\\ \text{posição } x + a, \text{ por unidade}\\ \text{de área e de tempo}\end{pmatrix}$ $\begin{pmatrix}\text{Massa de}\\ \text{uma única}\\ \text{molécula A}\end{pmatrix}$

Podemos usar a definição de densidade ($\rho \equiv m_{tot}/V_{tot}$) para relacionar Z''_A (Eq. 3.10b) com a fração mássica das moléculas A:

$$Z''_A m_A = \frac{1}{4}\frac{n_A m_A}{m_{tot}}\rho\bar{v} = \frac{1}{4}Y_A \rho\bar{v}. \qquad (3.13)$$

Substituir a Eq. 3.13 na Eq. 3.12 e tratar a densidade da mistura e a velocidade molecular média como constantes resulta em

$$\dot{m}_A'' = \frac{1}{4}\rho\bar{v}(Y_{A,x-a} - Y_{A,x+a}). \tag{3.14}$$

Com a nossa hipótese de distribuição linear de concentração,

$$\frac{dY_A}{dx} = \frac{Y_{A,x+a} - Y_{A,x-a}}{2a} = \frac{Y_{A,x+a} - Y_{A,x-a}}{4\lambda/3}. \tag{3.15}$$

Resolvendo a Eq. 3.15 para a diferença de concentração e substituindo na Eq. 3.14, obtemos o nosso resultado final:

$$\dot{m}_A'' = -\rho\frac{\bar{v}\lambda}{3}\frac{dY_A}{dx}. \tag{3.16}$$

Comparando a Eq. 3.16 com a Eq. 3.3b, identificamos a difusividade binária $\mathcal{D}_{AB}$ como

$$\mathcal{D}_{AB} = \frac{\bar{v}\lambda}{3}. \tag{3.17}$$

Usando as definições de velocidade molecular média (Eq. 3.10a) e caminho livre molecular médio (Eq. 3.10c), junto com a equação de estado dos gases ideais $PV = nk_BT$, a dependência de $\mathcal{D}_{AB}$ em relação à temperatura e à pressão é facilmente determinada, isto é,

$$\mathcal{D}_{AB} = \frac{2}{3}\left(\frac{k_B^3 T}{\pi^3 m_A}\right)^{1/2}\frac{T}{\sigma^2 P} \tag{3.18a}$$

ou

$$\mathcal{D}_{AB} \propto T^{3/2}P^{-1}. \tag{3.18b}$$

Assim, vemos que a difusividade depende muito da temperatura (elevada ao expoente $\frac{3}{2}$) e varia inversamente com a pressão. O fluxo mássico da espécie química A, entretanto, depende do produto $\rho\mathcal{D}_{AB}$ que, por sua vez, depende da raiz quadrada da temperatura e é independente da pressão:

$$\rho\mathcal{D}_{AB} \propto T^{1/2}P^0 = T^{1/2}. \tag{3.18c}$$

Em muitas análises simplificadas de processos de combustão, essa fraca dependência em relação à temperatura é negligenciada e $\rho\mathcal{D}$ é tratado como uma constante.

Comparação com a condução de calor   A fim de apreciarmos claramente a relação entre as difusões de massa e de energia térmica, aplicaremos a teoria cinética ao transporte de energia. Supomos uma camada plana de um gás homogêneo formado por moléculas rígidas e não atrativas ao longo da qual existe um gradiente de temperatura. Mais uma vez, o gradiente de temperatura é suficientemente pequeno para que possa ser considerado linear ao longo de uma distância equivalente a alguns comprimentos livres moleculares médios, como ilustrado na Fig. 3.2. A velocidade

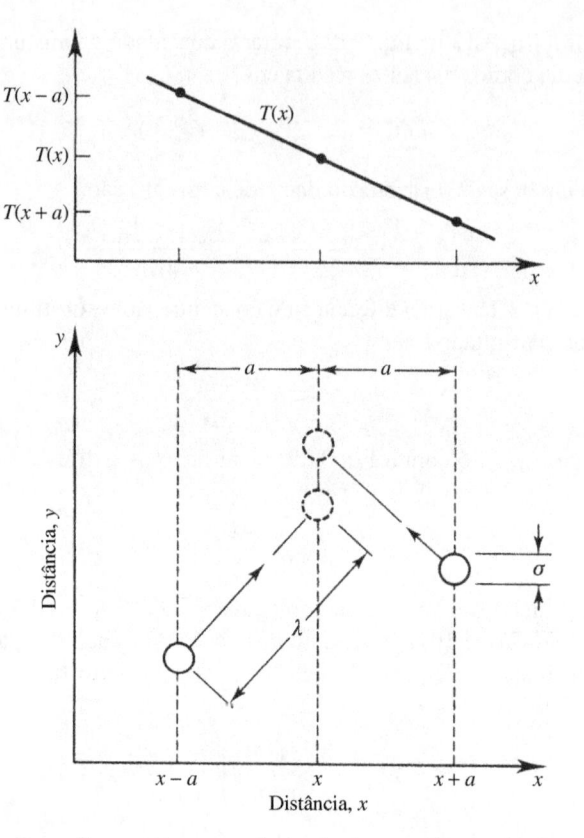

Figura 3.2 Esquema ilustrando a transferência de energia térmica (condução de calor) associada com o movimento molecular em um gás. A distribuição de temperatura é mostrada no topo.

molecular média e o caminho livre molecular médio possuem as mesmas definições dadas nas Eqs. 3.10a e 3.10c, respectivamente; entretanto, a frequência de colisão de interesse agora é baseada na densidade total de moléculas, n_{tot}/V, isto é,

$$Z'' \equiv \frac{\text{Frequência média de colisão}}{\text{por unidade de área}} = \frac{1}{4}\left(\frac{n_{tot}}{V}\right)\bar{v}. \tag{3.19}$$

Em nosso modelo de esfera rígida com ausência de interação à distância, o único modo de armazenamento de energia é o translacional, isto é, energia cinética de translação. Escrevemos um balanço de energia ao longo do plano x (veja a Fig. 3.2) no qual o fluxo líquido de energia na direção x é dado pela diferença entre os fluxos de energia das moléculas movendo-se da posição $x - a$ para a posição x e daquelas movendo-se na direção contrária, da posição $x + a$ para a posição x:

$$\dot{Q}''_x = Z''(ke)_{x-a} - Z''(ke)_{x+a}. \tag{3.20}$$

Como a energia cinética média de uma molécula é dada por [5]

$$ke = \frac{1}{2}m\bar{v}^2 = \frac{3}{2}k_B T, \tag{3.21}$$

o fluxo de energia térmica por difusão pode ser relacionado com a temperatura na forma

$$\dot{Q}''_x = \frac{3}{2} k_B Z'' (T_{x-a} - T_{x+a}). \quad (3.22)$$

A diferença de temperatura na Eq. 3.22 relaciona-se com o gradiente de temperatura (linear) de uma forma similar à usada na Eq. 3.15, isto é,

$$\frac{dT}{dx} = \frac{T_{x+a} - T_{x-a}}{2a}. \quad (3.23)$$

Substituindo a Eq. 3.23 na Eq. 3.22, empregando as definições de Z'' e a, obtemos o nosso resultado final para o fluxo de energia térmica por difusão, ou seja, o fluxo de calor por condução:

$$\dot{Q}''_x = -\frac{1}{2} k_B \left(\frac{n}{V}\right) \bar{v} \lambda \frac{dT}{dx}. \quad (3.24)$$

Comparando com a lei de Fourier para a condução de calor (Eq. 3.4), podemos identificar a condutividade térmica k como

$$k = \frac{1}{2} k_B \left(\frac{n}{V}\right) \bar{v} \lambda. \quad (3.25)$$

Expressa em termos de T, da massa e do diâmetro molecular, a condutividade térmica é

$$k = \left(\frac{k_B^3}{\pi^3 m \sigma^4}\right)^{1/2} T^{1/2}. \quad (3.26)$$

Portanto, a condutividade térmica é proporcional à raiz quadrada da temperatura,

$$k \propto T^{1/2}, \quad (3.27)$$

da mesma forma que ocorre com o produto $\rho \mathcal{D}_{AB}$. Para a maioria dos gases encontrados nas aplicações, a dependência em relação à temperatura é maior.

Conservação da massa das espécies químicas

Nessa seção, empregaremos a expressão para o fluxo mássico das espécies químicas a fim de desenvolver uma equação para o princípio da conservação da massa. Considere o volume de controle unidimensional da Fig. 3.3, uma camada plana com espessura Δx. A espécie química A escoa para dentro e para fora do volume de controle como um resultado combinado do escoamento da mistura e da difusão de massa. No interior do volume de controle, a espécie química A pode ser criada ou destruída pelas reações químicas.

A taxa líquida de variação da massa de A no interior do volume de controle relaciona-se com os fluxos mássicos e com a taxa de reação na forma:

$$\frac{dm_{A,vc}}{dt} = [\dot{m}''_A A]_x - [\dot{m}''_A A]_{x+\Delta x} + \dot{m}'''_A V, \quad (3.28)$$

| Taxa de variação da massa de A no interior do volume de controle | Vazão mássica de A para dentro do volume de controle | Vazão mássica de A para fora do volume de controle | Taxa de produção mássica de A pelas reações químicas |

onde o fluxo mássico da espécie química A $\dot{m}''_A$ é dado pela Eq. 3.1, e $\dot{m}'''_A$ é a taxa de produção mássica da espécie química A por unidade de volume (kg_A/m^3-s). No

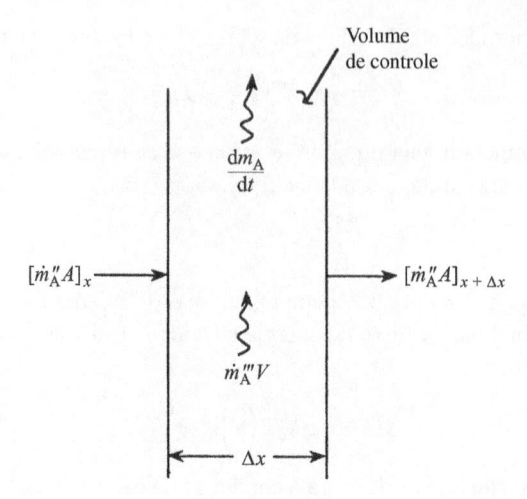

Figura 3.3 Volume de controle para a análise unidimensional da conservação da massa de espécie química A.

Capítulo 5, trataremos especificamente de como determinar $\dot{m}_A'''$. Reconhecendo que a massa de A no interior do volume de controle é $m_{A,vc} = Y_A m_{vc} = Y_A \rho V_{vc}$ e que o volume é $V_{vc} = A\Delta x$, a Eq. 3.28 pode ser reescrita como:

$$A\Delta x \frac{\partial(\rho Y_A)}{\partial t} = A\left[Y_A \dot{m}'' - \rho \mathcal{D}_{AB}\frac{\partial Y_A}{\partial x}\right]_x \\ - A\left[Y_A \dot{m}'' - \rho \mathcal{D}_{AB}\frac{\partial Y_A}{\partial x}\right]_{x+\Delta x} + \dot{m}_A''' A\Delta x. \tag{3.29}$$

Dividindo ambos os lados da equação por $A\Delta x$ e tomando o limite como $\Delta x \to 0$, a Eq. 3.29 torna-se

$$\frac{\partial(\rho Y_A)}{\partial t} = -\frac{\partial}{\partial x}\left[Y_A \dot{m}'' - \rho \mathcal{D}_{AB}\frac{\partial Y_A}{\partial x}\right] + \dot{m}_A''' \tag{3.30}$$

ou, para o caso de escoamento em regime permanente onde $\partial(\rho Y_A)/\partial t = 0$,

$$\dot{m}_A''' - \frac{d}{dx}\left[Y_A \dot{m}'' - \rho \mathcal{D}_{AB}\frac{dY_A}{dx}\right] = 0. \tag{3.31}$$

A Eq. 3.31 é a forma unidimensional, em regime permanente da conservação da massa de uma espécie química em uma mistura binária, admitindo que a difusão das espécies químicas ocorre somente devido ao gradiente de concentração, isto é, somente a difusão ordinária foi considerada. Para a análise de situações tridimensionais, a Eq. 3.31 pode ser generalizada como

$$\underbrace{\dot{m}_A'''}_{\substack{\text{Taxa de produção} \\ \text{mássica líquida de A} \\ \text{pelas reações químicas} \\ \text{por unidade de volume}}} - \underbrace{\nabla \cdot \dot{m}_A''}_{\substack{\text{Vazão líquida de A} \\ \text{para fora do volume de} \\ \text{controle por unidade de} \\ \text{volume}}} = 0. \tag{3.32}$$

No Capítulo 7 empregaremos as Eqs. 3.31 e 3.32 para desenvolver o princípio de conservação da massa para um sistema reativo. O Capítulo 7 abordará mais detalhadamente a transferência de massa, estendendo o desenvolvimento deste capítulo para as misturas multicomponentes e incluindo a difusão térmica.

ALGUMAS APLICAÇÕES DA TRANSFERÊNCIA DE MASSA

O problema de Stefan

Considere um líquido A mantido em um tubo de vidro com o nível fixo em relação à borda do tubo, conforme ilustrado na Fig. 3.4. Uma mistura de gases A e B escoa em direção paralela à superfície de saída do tubo. Se a concentração de A no gás em escoamento no topo é menor que a concentração de A na superfície do líquido, existirá um potencial para transferência de massa e a espécie química A sofrerá difusão da interface entre o líquido e o gás para a saída aberta do cilindro. Se admitirmos que um regime permanente se estabelece (ou seja, o líquido é reposto na mesma taxa que evapora de forma a manter o nível constante, ou a interface recua tão lentamente a ponto de ser considerada estacionária) e, além disso, que B é insolúvel na espécie química A no estado líquido, então não haverá escoamento da espécie química B no tubo, produzindo uma camada estacionária de B na coluna gasosa no interior do tubo de vidro.

Matematicamente, a conservação da massa global para esse sistema pode ser expressa como

$$\dot{m}''(x) = \text{constante} = \dot{m}''_A + \dot{m}''_B. \tag{3.33}$$

Uma vez que $\dot{m}''_B = 0$, então

$$\dot{m}''_A = \dot{m}''(x) = \text{constante}. \tag{3.34}$$

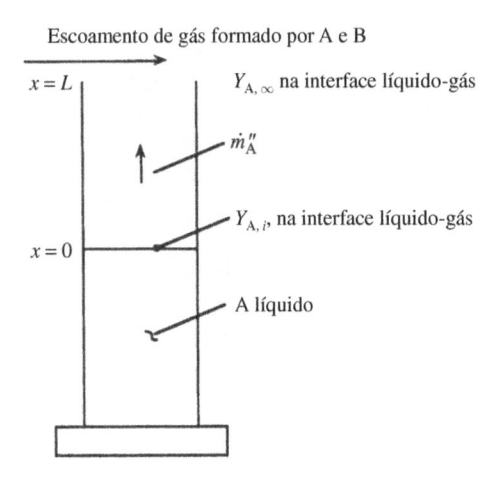

Figura 3.4 Difusão de vapor de A através de uma coluna estagnante de gás B, isto é, o problema de Stefan.

A Eq. 3.1 agora se torna

$$\dot{m}''_A = Y_A \dot{m}''_A - \rho \mathcal{D}_{AB} \frac{dY_A}{dx}. \qquad (3.35)$$

Rearranjando e separando as variáveis, obtemos

$$-\frac{\dot{m}''_A}{\rho \mathcal{D}_{AB}} dx = \frac{dY_A}{1 - Y_A}. \qquad (3.36)$$

Admitindo que o produto $\rho \mathcal{D}_{AB}$ é constante, a Eq. 3.36 pode ser integrada fornecendo

$$-\frac{\dot{m}''_A}{\rho \mathcal{D}_{AB}} x = -\ln[1 - Y_A] + C, \qquad (3.37)$$

onde C é a constante de integração. Com as condições de contorno

$$Y_A(x = 0) = Y_{A,i}, \qquad (3.38)$$

eliminamos C e, invertendo o logaritmo pela exponencial, obtemos a seguinte distribuição de fração mássica:

$$Y_A(x) = 1 - (1 - Y_{A,i}) \exp\left[\frac{\dot{m}''_A x}{\rho \mathcal{D}_{AB}}\right]. \qquad (3.39)$$

O fluxo mássico de A, $\dot{m}''_A$, pode ser encontrado substituindo $Y_A(x = L) = Y_{A,\infty}$ na Eq. 3.39. Assim,

$$\dot{m}''_A = \frac{\rho \mathcal{D}_{AB}}{L} \ln\left[\frac{1 - Y_{A,\infty}}{1 - Y_{A,i}}\right]. \qquad (3.40)$$

Da Eq. 3.40, observamos que o fluxo mássico é diretamente proporcional ao produto da densidade, ρ, e da difusividade mássica, $\mathcal{D}_{AB}$, e inversamente proporcional ao comprimento, L. Difusividades maiores então produzem maiores fluxos mássicos.

Para observar os efeitos das concentrações na interface líquido-gás e no topo do tubo, mantemos a fração mássica de A na corrente livre igual a zero, enquanto variamos a fração mássica de A na interface líquido-gás, $Y_{A,i}$, de zero até a unidade. Fisicamente, isso corresponderia a um experimento no qual nitrogênio seco é escoado em direção paralela à face de saída do tubo e a concentração de A na interface é controlada pela pressão de saturação do líquido a qual, por sua vez, depende da temperatura. A Tabela 3.1 mostra que para valores pequenos de $Y_{A,i}$, o fluxo mássico adimensional é essencialmente proporcional a $Y_{A,i}$. Para $Y_{A,i}$ maior que aproximadamente 0,5, o fluxo mássico passa a variar muito com o valor de $Y_{A,i}$.

Condições de contorno na interface líquido-vapor

No exemplo anterior, tratamos a fração mássica da espécie química A na fase gasosa na interface líquido-gás, $Y_{A,i}$, como um valor conhecido. A menos que essa fração mássica seja medida, o que é pouco provável, algum meio deve ser encontrado para estimar esse valor. Isso pode ser feito supondo que exista equilíbrio entre as fases líquido e vapor da espécie química A na interface. Usando essa hipótese de equilíbrio e

Tabela 3.1 Efeito da fração mássica da interface no fluxo mássico

$Y_{A,i}$	$\dot{m}_A''/(\rho \mathcal{D}_{AB}/L)$
0	0
0,05	0,0513
0,10	0,1054
0,20	0,2231
0,50	0,6931
0,90	2,303
0,999	6,908

a hipótese de gás ideal, a pressão parcial da espécie química A no lado gás da interface líquido-gás deve ser igual à pressão de saturação na temperatura do líquido, isto é,

$$P_{A,i} = P_{sat}(T_{liq,i}). \tag{3.41}$$

A pressão parcial, $P_{A,i}$, pode ser relacionada com a fração molar da espécie química A, $\chi_{A,i} = P_{sat}/P$, e com a fração mássica:

$$Y_{A,i} = \frac{P_{sat}(T_{liq,i})}{P} \frac{MW_A}{MW_{mis,i}}, \tag{3.42}$$

onde a massa molar da mistura também depende de $\chi_{A,i}$, e, portanto, de P_{sat}.

Essa análise transformou o problema de encontrar a fração mássica na interface da espécie química vapor no problema de encontrar a temperatura da interface. Em alguns casos, a temperatura da interface pode ser dada ou conhecida, mas, em geral, a temperatura da interface deve ser encontrada a partir dos balanços de energia para as fases líquida e gasosa e resolvendo esses balanços com as condições de contorno apropriadas, as quais incluem aquelas na interface. A seguir, estabeleceremos a condição de contorno na interface, mas deixaremos os balanços de energia nas fases líquida e gasosa para mais tarde.

Através da interface líquido-gás mantém-se a continuidade de temperatura, isto é,

$$T_{liq,i}(x = 0^-) = T_{vap,i}(x = 0^+) = T(0) \tag{3.43}$$

e a energia é conservada na interface, como ilustrado na Fig. 3.5. Calor é transferido do gás para a superfície do líquido, Q_{g-i}. Uma parte dessa energia aquece o líquido, Q_{i-l}, enquanto a parte remanescente é absorvida pela mudança de fase. Esse balanço de energia é expresso como

$$\dot{Q}_{g-i} - \dot{Q}_{i-l} = \dot{m}(h_{vap} - h_{liq}) = \dot{m}h_{fg} \tag{3.44}$$

ou

$$\dot{Q}_{liq} = \dot{m}h_{fg}. \tag{3.45}$$

A Eq. 3.45 pode ser usada para calcular o calor transferido para a interface se a taxa de evaporação, $\dot{m}$, for conhecida. Inversamente, se $\dot{Q}_{liq}$ é conhecido, a taxa de evaporação pode ser determinada.

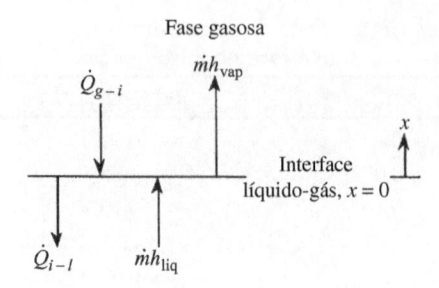

```
                        Fase gasosa
              Q̇_{g-i}    ṁh_vap
                 ↓         ↑                x
                                            ↑
         ─────────────────────── Interface
                                 líquido-gás, x = 0
                 ↓         ↑
              Q̇_{i-l}    ṁh_liq
```

Figura 3.5 Balanço de energia na superfície de um líquido evaporando.

Exemplo 3.1

Benzeno (C_6H_6) líquido a 298 K é mantido em um tubo de vidro com 1 cm de diâmetro com a superfície do líquido em uma posição 10 cm abaixo da boca do tubo, a qual é aberta para a atmosfera. O benzeno possui as seguintes propriedades:

$$T_{ebul} = 353 \text{ K a 1 atm,}$$
$$h_{fg} = 393 \text{ kJ/kg a } T_{ebul},$$
$$MW = 78,108 \text{ kg/kmol,}$$
$$\rho_l = 879 \text{ kg/m}^3,$$
$$\mathcal{D}_{C_6H_6-a} = 0,88 \cdot 10^{-5} \text{ m}^2/\text{s a 298 K.}$$

A. Determine a taxa de evaporação mássica (kg/s) do benzeno.
B. Quanto tempo demora para 1 cm³ de benzeno evaporar?
C. Compare a taxa de evaporação de benzeno com aquela da água. Admita $\mathcal{D}_{H_2O-a} = 2,6 \cdot 10^{-5} \text{ m}^2/\text{s}$.

Solução

A. Encontre $\dot{m}_{C_6H_6}$.

Como a configuração dada representa o problema de Stefan, podemos aplicar a Eq. 3.40:

$$\dot{m}''_{C_6H_6} = \frac{\bar{\rho}\mathcal{D}_{C_6H_6-a}}{L} \ln\left[\frac{1-Y_{C_6H_6,\infty}}{1-Y_{C_6H_6,i}}\right].$$

Nessa equação, $\mathcal{D}$, L e $Y_{C_6H_6,\infty}$ (= 0) são conhecidos. Entretanto, precisamos avaliar a fração mássica de benzeno na interface, $Y_{C_6H_6,i}$, e uma densidade média aproximada, $\bar{\rho}$, antes de procedermos.

Da Eq. 3.42, sabemos que

$$Y_{C_6H_6,i} = \chi_{C_6H_6,i} \frac{MW_{C_6H_6}}{MW_{mis,i}}$$

onde

$$\chi_{C_6H_6,i} = \frac{P_{sat}(T_{liq,i})}{P}.$$

Para determinar P_{sat}/P, integramos a equação de Clausius–Clapeyron, Eq. 2.19,

$$\frac{dP}{P} = \frac{h_{fg}}{R_u/MW_{C_6H_6}} \frac{dT}{T^2},$$

do estado de referência ($P = 1$ atm, $T = T_{ebul} = 353$ K) até o estado a 298 K, isto é,

$$\frac{P_{sat}}{P(=1\,atm)} = \exp\left[-\frac{h_{fg}}{(R_u/MW_{C_6H_6})}\left(\frac{1}{T} - \frac{1}{T_{ebul}}\right)\right].$$

Avaliando essa equação

$$\frac{P_{sat}}{P(=1\,atm)} = \exp\left[\frac{-393.000}{8315/78,108}\left(\frac{1}{298} - \frac{1}{353}\right)\right]$$
$$= \exp(-1,93) = 0,145.$$

Assim, $P_{sat} = 0,145$ atm e $\chi_{C_6H_6} = 0,145$. A massa molar do gás na interface é portanto

$$MW_{mis,i} = 0,145(78,108) + (1-0,145)28,85$$
$$= 35,99 \text{ kg/kmol},$$

onde admitiu-se a composição simplificada para o ar. A fração mássica de benzeno na interface é então

$$Y_{C_6H_6,i} = 0,145\frac{78,108}{35,99} = 0,3147.$$

Para condições isotérmicas e isobáricas, podemos estimar a densidade média do gás no tubo usando a equação de estado para os gases ideais e a massa molar média da mistura na forma:

$$\bar{\rho} = \frac{P}{(R_u/\overline{MW})T},$$

onde

$$\overline{MW} = \frac{1}{2}(MW_{mis,i} + MW_{mis,\infty})$$
$$= \frac{1}{2}(35,99 + 28,85) = 32,42.$$

Assim,

$$\bar{\rho} = \frac{101.325}{\left(\frac{8315}{32,42}\right)298} = 1,326 \text{ kg/m}^3.$$

Podemos avaliar o fluxo mássico de benzeno (Eq. 3.40):

$$\dot{m}''_{C_6H_6} = \frac{1,326(0,88 \cdot 10^{-5})}{0,1}\ln\left[\frac{1-0}{1-0,3147}\right]$$
$$= 1,167 \cdot 10^{-4} \ln(1,459)$$
$$= 1,167 \cdot 10^{-4}(0,378) = 4,409 \cdot 10^{-5} \text{ kg/s-m}^2$$

e

$$\boxed{\dot{m}_{C_6H_6}} = \dot{m}''_{C_6H_6}\frac{\pi D^2}{4} = 4,409 \cdot 10^{-5}\frac{\pi(0,01)^2}{4} = \boxed{3,46 \cdot 10^{-9} \text{ kg/s}}$$

B. Encontre o tempo necessário para evaporar 1 cm³ de benzeno.

Como o nível do líquido é mantido constante, o fluxo de massa é constante durante o tempo para evaporar 1 cm³; assim,

$$t = \frac{m_{evap}}{\dot{m}_{C_6H_6}} = \frac{\rho_{liq} V}{\dot{m}_{C_6H_6}},$$

$$\boxed{t} = \frac{879(kg/m^3) 1 \cdot 10^{-6}(m^3)}{3,46 \cdot 10^{-9}(kg/s)} = \boxed{2,54 \cdot 10^5 \text{ s ou } 70,6 \text{ horas}}$$

C. Encontre $\dot{m}_{C_6H_6}/\dot{m}_{H_2O}$.

Para encontrar $\dot{m}_{H_2O}$, seguimos os passos anteriores. Entretanto, o problema é mais simples, pois podemos consultar as tabelas de vapor (por exemplo, [7]) para obter P_{sat} em 298 K em vez de utilizar a equação de Clausius–Clapeyron como uma aproximação.

Das tabelas de vapor,

$$P_{sat}(298 \text{ K}) = 3,169 \text{ kPa}$$

o que leva a

$$\chi_{H_2O,i} = \frac{3169}{101.325} = 0,03128$$

e

$$MW_{mis,i} = 0,03128(18,016) + (1 - 0,03128)28,85 = 28,51.$$

Assim,

$$Y_{H_2O,i} = \chi_{H_2O,i} \frac{MW_{H_2O}}{MW_{mis,i}} = 0,03128 \frac{18,016}{28,51} = 0,01977.$$

A massa molar e a densidade médias do gás no tubo são

$$\overline{MW} = \frac{1}{2}(28,51 + 28,85) = 28,68$$

$$\overline{\rho} = \frac{101.325}{\left(\frac{8315}{28,68}\right)298} = 1,173 \text{ kg/m}^3,$$

onde admitimos que o ar fora do tubo é seco.

O fluxo de evaporação é

$$\dot{m}''_{H_2O} = \frac{1,173(2,6 \cdot 10^{-5})}{0,1} \ln\left[\frac{1-0}{1-0,01977}\right]$$

$$= 3,050 \cdot 10^{-4} \ln(1,020)$$

$$= 3,050 \cdot 10^{-4}(0,01997) = 6,09 \cdot 10^{-6} \text{ kg/s-m}^2$$

e, assim,

$$\boxed{\frac{\dot{m}_{C_6H_6}}{\dot{m}_{H_2O}}} = \frac{4,409 \cdot 10^{-5}}{6,09 \cdot 10^{-6}} = \boxed{7,2}$$

Comentário

Comparando os detalhes dos cálculos realizados nas partes A e C, vemos que o efeito da maior pressão de saturação do benzeno em relação à da água prevalece sobre o efeito da maior difusividade da água, fazendo o benzeno evaporar sete vezes mais rápido.

Evaporação de gotas

O problema de evaporação de uma gota de líquido em um ambiente quiescente é simplesmente o problema de Stefan aplicado em um problema com simetria esférica. Nosso tratamento da evaporação de gotas ilustra a aplicação dos conceitos de transferência de massa em um problema de interesse prático.

A Fig. 3.6 define o sistema de coordenadas esférico. Na presença de simetria esférica, o raio r é a única coordenada importante. Ela tem origem no centro da gota, e o raio da gota, ou seja, a posição da interface líquido-gás, é identificado por r_s. Longe da superfície da gota ($r \to \infty$), a fração mássica do vapor da substância que forma a gota é $Y_{F,\infty}$.

Fisicamente, o calor transferido do ambiente para a gota fornece a energia térmica necessária para vaporizar o líquido e, então, o vapor formado na superfície sofre difusão para o gás que preenche o ambiente. A perda de massa causa a redução do raio da gota até o momento em que a gota é completamente evaporada ($r_s = 0$). O problema que desejamos resolver é a determinação da vazão mássica de vapor a partir da superfície da gota em qualquer instante de tempo. O conhecimento desta vazão permitirá determinar o valor do raio da gota em função do tempo e, por fim, o tempo de vida da gota.

Para descrever esse processo matematicamente, os seguintes princípios de conservação são necessários:

Gota: conservação da massa e da energia.

Mistura vapor/gás ambiente ($r_s < r < \infty$): conservação da massa total, conservação da massa da substância (espécie química) que forma a gota e conservação da energia.

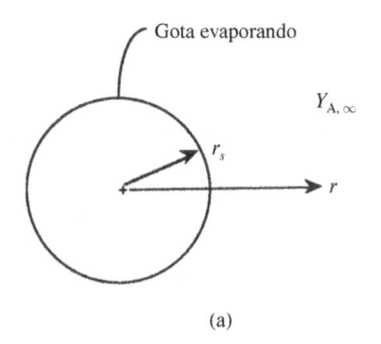

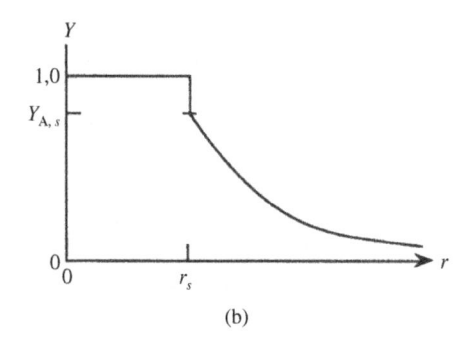

Figura 3.6 Evaporação de uma gota de líquido em um ambiente quiescente.

Assim, para essa descrição, precisamos de pelo menos cinco equações. Essas equações, em geral, possuem a forma de equações diferenciais parciais ou ordinárias, dependendo das simplificações utilizadas.

Hipóteses Para um tratamento simplificado, podemos reduzir o número de incógnitas e, assim, o número de equações necessárias, ao aproveitar as mesmas hipóteses simplificativas utilizadas no problema em coordenadas cartesianas discutido anteriormente:

1. A evaporação se desenvolve em um processo quase-estático. Isso significa que, em qualquer instante de tempo, o processo pode ser descrito como se a difusão ocorresse em regime permanente. Essa hipótese elimina a necessidade de lidar com equações diferenciais parciais.
2. A temperatura da gota é uniforme e supõe-se que essa temperatura seja constante e igual a algum valor inferior à temperatura de saturação do líquido na pressão total do ambiente (a temperatura de ebulição). O cálculo da temperatura da superfície da gota depende da determinação da taxa de transferência de calor do ambiente para a gota, assim como da taxa de absorção de energia térmica pela mudança de fase, como uma função do tempo. Logo, nossa hipótese de que a temperatura da gota é especificada (ou prescrita) elimina a necessidade do uso das equações da conservação da energia para a fase gasosa no ambiente e para a fase líquida na gota. Existem muitos problemas nos quais o aquecimento transiente do líquido não afeta consideravelmente o tempo de vida da gota. Por outro lado, há situações nas quais considerações de transferência de calor são com frequência determinantes da taxa de evaporação da gota.
3. A fração mássica de vapor na superfície da gota é determinada pelo equilíbrio líquido-vapor na temperatura da gota.
4. Também admitimos que todas as propriedades físicas (especificamente, o produto $\rho \mathcal{D}$) são constantes. Embora as propriedades possam variar muito ao longo da fase gasosa, desde a superfície da gota até o ambiente distante, a hipótese de propriedades constantes permite a obtenção de uma solução em forma fechada.

Taxa de evaporação A partir dessas hipóteses, poderemos calcular a taxa mássica de evaporação, $\dot{m}$, e a história do raio da gota, $r_s(t)$, formulando as equações de conservação da massa, nas fases gasosa e líquida, da espécie química que forma a gota. A partir da conservação da massa na fase gasosa, encontraremos a taxa de evaporação, $\dot{m}$, e, conhecendo $\dot{m}(t)$, determinaremos o raio da gota como uma função do tempo.

Da mesma forma que no problema de Stefan em coordenadas cartesianas, a espécie química originalmente no estado líquido é a espécie química transportada, enquanto o gás do ambiente (espécie química B) é estagnante. Assim, nossa análise anterior (Eqs. 3.33–3.35) precisa apenas ser modificada para o novo sistema de coordenadas. A conservação da massa da mistura de gases é expressa como

$$\dot{m}(r) = \text{constante} = 4\pi r^2 \dot{m}'', \qquad (3.46)$$

onde $\dot{m}'' = \dot{m}''_A + \dot{m}''_B = \dot{m}''_A$, pois $\dot{m}_B = 0$. Observe que é a vazão mássica, não o fluxo de massa, que é constante. A conservação da massa da espécie química que forma a gota em fase gasosa (Eq. 3.5) torna-se

$$\dot{m}''_A = Y_A \dot{m}''_A - \rho \mathcal{D}_{AB} \frac{dY_A}{dr}. \qquad (3.47)$$

Substituir a Eq. 3.46 na Eq. 3.47, rearranjando para obter a taxa de evaporação $\dot{m}(=\dot{m}_A)$, resulta em

$$\dot{m} = -4\pi r^2 \frac{\rho \mathcal{D}_{AB}}{1-Y_A} \frac{dY_A}{dr}. \qquad (3.48)$$

Integrar a Eq. 3.48 e aplicar a condição de contorno de que na superfície da gota a fração mássica é $Y_{A,s}$, isto é,

$$Y_A(r=r_s) = Y_{A,s}, \qquad (3.49)$$

resulta em

$$Y_A(r) = 1 - \frac{(1-Y_{A,s})\exp[-\dot{m}/(4\pi\rho\mathcal{D}_{AB}r)]}{\exp[-\dot{m}/(4\pi\rho\mathcal{D}_{AB}r_s)]}. \qquad (3.50)$$

A taxa de evaporação pode ser determinada da Eq. 3.50 fazendo $Y_A = Y_{A,\infty}$ para $r \to \infty$ e resolvendo $\dot{m}$:

$$\dot{m} = 4\pi r_s \rho \mathcal{D}_{AB} \ln\left[\frac{(1-Y_{A,\infty})}{(1-Y_{A,s})}\right]. \qquad (3.51)$$

Esse resultado (Eq. 3.51) é análogo à Eq. 3.40 para o problema transiente.

A fim de visualizar de modo mais conveniente como as frações mássicas de vapor na superfície da gota, $Y_{A,s}$, e longe da superfície, $Y_{A,\infty}$, afetam a taxa de evaporação, o argumento do logaritmo na Eq. 3.51 é usado para definir o **número de transferência** adimensional, B_Y:

$$1 + B_Y \equiv \frac{1-Y_{A,\infty}}{1-Y_{A,s}} \qquad (3.52a)$$

ou

$$B_Y = \frac{Y_{A,s} - Y_{A,\infty}}{1-Y_{A,s}}. \qquad (3.52b)$$

Usando o número de transferência, B_Y, a taxa de evaporação é expressa como

$$\dot{m} = 4\pi r_s \rho \mathcal{D}_{AB} \ln(1+B_Y). \qquad (3.53)$$

A partir desse resultado, observamos que a taxa de evaporação é nula quando o número de transferência é zero e, de maneira correspondente, à medida que o número de transferência aumenta, aumenta também a taxa de evaporação. Isso faz sentido fisicamente, uma vez que a diferença de fações mássicas $Y_{A,s} - Y_{A,\infty}$ aparece na definição de B_Y e, dessa forma, ele pode ser interpretado como um "potencial" para a transferência de massa.

Conservação da massa da gota Obtemos a história do raio (ou diâmetro) da gota escrevendo um balanço de massa que estabelece que a taxa na qual a massa da gota decresce é igual à taxa na qual o líquido é vaporizado, isto é,

$$\frac{dm_d}{dt} = -\dot{m}, \tag{3.54}$$

onde a massa da gota, m_d, é dada por

$$m_d = \rho_l V = \rho_l \pi D^3/6, \tag{3.55}$$

e V e D ($= 2r_s$) são o volume e o diâmetro da gota, respectivamente.

Substituir as Eqs. 3.55 e 3.53 na Eq. 3.54 e realizando a diferenciação, resulta em

$$\frac{dD}{dt} = -\frac{4\rho \mathcal{D}_{AB}}{\rho_l D} \ln(1 + B_Y). \tag{3.56}$$

Na literatura de combustão, entretanto, a Eq. 3.56 é mais comumente expressa em termos de D^2 em vez de D. Essa forma é

$$\frac{dD^2}{dt} = -\frac{8\rho \mathcal{D}_{AB}}{\rho_l} \ln(1 + B_Y). \tag{3.57}$$

A Eq. 3.57 informa que a derivada com o tempo do diâmetro da gota ao quadrado é constante. Então, D^2 varia linearmente com t com uma inclinação $-(8\rho \mathcal{D}_{AB}/\rho_l)\ln(1 + B_Y)$, como ilustrado na Fig. 3.7a. Essa inclinação é denominada de **constante de evaporação K**:

$$K = \frac{8\rho \mathcal{D}_{AB}}{\rho_l} \ln(1 + B_Y). \tag{3.58}$$

Podemos usar a Eq. 3.57 (ou a 3.56) para encontrar o tempo que leva para evaporar completamente uma gota com um dado diâmetro inicial; isto é, o tempo de vida, t_d. Assim,

$$\int_{D_0^2}^{0} dD^2 = -\int_{0}^{t_d} K\, dt, \tag{3.59}$$

o qual resulta em

$$t_d = D_0^2/K. \tag{3.60}$$

Podemos mudar os limites superiores da Eq. 3.59 para elaborar uma relação geral expressando a variação de D com o tempo t:

$$D^2(t) = D_0^2 - Kt. \tag{3.61}$$

A Eq. 3.61 é conhecida como a **lei do D^2** para a evaporação de gotas. Medições mostram que a lei do D^2 é válida após um período transiente inicial, como mostrado na Fig. 3.7b. A lei do D^2 também é usada para descrever a combustão de gotas de combustível.

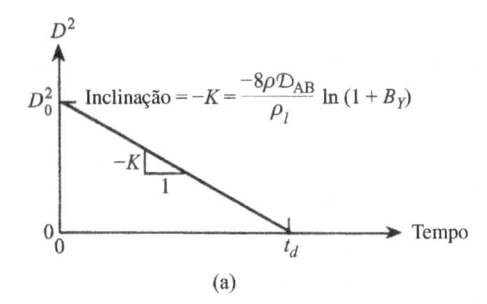

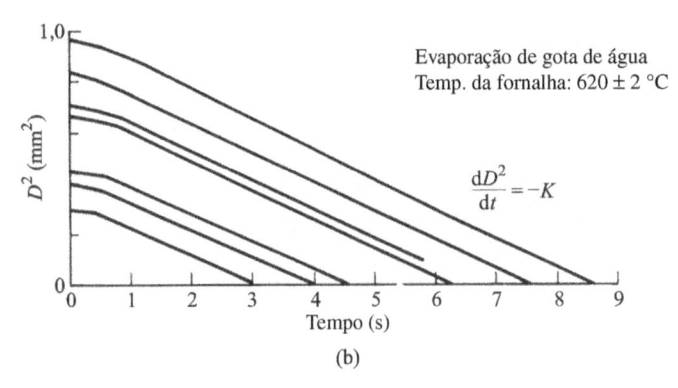

Figura 3.7 A lei do D^2 para a evaporação de gotas. (a) Análise simplificada. (b) Dados experimentais da Ref. [8] para gotas de água sujeitas a $T_\infty = 620°C$.
Reimpresso com permissão do *The Combustion Institute*.

Exemplo 3.2

Na evaporação controlada por transferência de massa de uma gota de combustível, a temperatura da superfície da gota é um parâmetro importante. Estime a vida de uma gota de *n*-dodecano com diâmetro inicial de 100 μm evaporando em nitrogênio seco a 1 atm se a temperatura da gota é 10 K abaixo da temperatura de saturação (ebulição) do dodecano. Repita os cálculos para uma temperatura 20 K abaixo da temperatura de saturação e compare os resultados. Por simplicidade, admita que, em ambos os casos, a densidade média do gás é igual à do nitrogênio na temperatura de 800 K. Use essa mesma temperatura para estimar a difusividade do vapor de combustível no nitrogênio. A densidade do dodecano líquido é 749 kg/m³.

Dado: Gota de *n*-dodecano

$$D = 100 \ \mu m,$$
$$P = 1 \ atm,$$
$$\rho_l = 749 \ kg/m^3,$$
$$T_s = T_{ebul} - 10 \ (ou \ 20),$$
$$\rho = \rho_{N_2} \ a \ \overline{T} = 800 \ K.$$

Encontre: O tempo de vida da gota, t_d.

Solução

Podemos estimar o tempo de vida da gota usando a Eq. 3.60, depois de obter a constante de evaporação, K, da Eq. 3.58. A estimativa das propriedades é uma etapa importante dessa solução.

Propriedades necessárias:

$T_{ebul} = 216,3°C + 273,15 = 489,5$ K (Tabela B.1 do Apêndice)

$h_{fg} = 256$ kJ/kg (Tabela B.1 do Apêndice)

$MW_A = 170,337$ kg/kmol,

$\mathcal{D}_{AB} = 8,1 \cdot 10^{-6}$ m²/s a 399 K (Tabela D.1 do Apêndice)

Iniciamos o problema calculando B_Y, o qual requer o conhecimento da fração mássica de combustível, na fase gasosa, na superfície. Como no Ex. 3.1, integraremos a equação de Clausius–Clapeyron para encontrar a pressão de saturação na temperatura da superfície da gota. Para $T = T_{ebul} - 10 = 479,5$ K,

$$\frac{P_{sat}}{P(=1 \text{ atm})} = \exp\left[\frac{-256.000}{(8315/170,337)}\left(\frac{1}{479,5} - \frac{1}{489,5}\right)\right] = 0,7998$$

assim $P_{sat} = 0,7998$ atm e $\chi_A (=\chi_{dodecano}) = 0,7998$. Utilizamos a Eq. 2.11 para calcular a fração mássica de combustível na superfície:

$$Y_{A,s} = 0,7998 \frac{170,337}{0,7998(170,337) + (1 - 0,7998)28,014} = 0,9605.$$

Agora, avaliaremos o número de transferência B_Y (Eq. 3.52b):

$$B_Y = \frac{Y_{A,s} - Y_{A,\infty}}{1 - Y_{A,s}} = \frac{0,9605 - 0}{1 - 0,9605} = 24,32.$$

Para avaliar a constante de evaporação, precisamos estimar $\rho \mathcal{D}_{AB}$, o qual trataremos como $\bar{\rho}_{N_2} \mathcal{D}_{AB} (\bar{T} = 800$ K$)$. Extrapolando o valor tabulado para a temperatura de 800 K usando a Eq. 3.18b, temos

$$\mathcal{D}_{AB}(\bar{T}) = 8,1 \cdot 10^{-6} \left(\frac{800}{399}\right)^{3/2} = 23,0 \cdot 10^{-6} \text{ m}^2/\text{s},$$

e usando a equação de estado dos gases ideais para avaliar $\bar{\rho}_{N_2}$:

$$\bar{\rho}_{N_2} = \frac{101.325}{(8315/28,014)800} = 0,4267 \text{ kg/m}^3.$$

Assim,

$$K = \frac{8\bar{\rho}\mathcal{D}_{AB}}{\rho_l} \ln(1 + B_Y)$$

$$= \frac{8(0,4267)23,0 \cdot 10^{-6}}{749} \ln(1 + 24,32)$$

$$= 3,39 \cdot 10^{-7} \text{ m}^2/\text{s},$$

e o tempo de vida da gota é

$$t_d = D^2/K = \frac{(100 \cdot 10^{-6})^2}{3,39 \cdot 10^{-7}}$$

$$\boxed{t_d = 0,030 \text{ s}}$$

Após repetir os cálculos para $T = T_{ebul} - 20 = 469,5$ K, podemos comparar os vários resultados na seguinte tabela:

ΔT (K)	T (K)	P_{sat} (atm)	Y_s (adim.)	B_Y (adim.)	K (m²/s)	t_d (s)
10	479,5	0,7998	0,9605	24,32	$3,39 \times 10^{-7}$	0,030
20	469,5	0,6336	0,9132	10,52	$2,56 \times 10^{-7}$	0,039

Dessa tabela, observamos que uma diminuição de aproximadamente 2% na temperatura da superfície acarreta um aumento de 30% no tempo de vida da gota. Esse grande efeito da temperatura manifesta-se no parâmetro B_Y, cujo denominador, $1 - Y_{A,s}$, tem forte sensibilidade à temperatura quando $Y_{A,s}$ aproxima-se da unidade.

Comentários

A evaporação de gotas de combustível em temperaturas elevadas é importante em muitas aplicações, particularmente nas câmaras de combustão de turbinas a gás e motores a combustão interna de ignição por compressão. Nesses sistemas, a evaporação ocorre quando as gotas são injetadas no ambiente formado por ar em alta pressão e temperatura ou em zonas onde a combustão já está ocorrendo. Em motores de ignição por centelha empregando injeção indireta de combustível, as temperaturas no sistema de admissão em geral são muito mais próximas às do ambiente externo e as pressões, em muitas situações de operação, são subatmosféricas. Em diversas aplicações, os efeitos de convecção forçada são importantes na evaporação das gotas.

RESUMO

Neste capítulo, foram apresentados o conceito de difusão de massa e a lei de Fick para a difusão de massa em uma mistura binária. Uma nova propriedade física, a difusividade mássica, constitui-se na constante de proporcionalidade entre o fluxo mássico por difusão e o gradiente de fração mássica de uma espécie química, de forma análoga ao papel desempenhado pela viscosidade cinemática nos problemas de transporte de quantidade de movimento linear, e pela difusividade térmica nos problemas de transferência de calor. Você deve estar familiarizado com a interpretação física da lei de Fick e em como aplicá-la em um problema simples de difusão em uma mistura binária. Como exemplo de um problema simples em uma mistura binária, o problema de Stefan foi desenvolvido no qual você viu como as equações de conservação da massa das espécies químicas e da mistura aplicam-se a uma única espécie química que sofre difusão através de uma camada estacionária de uma segunda espécie química. Com a aplicação das condições de contorno apropriadas, obtivemos a taxa de evaporação do líquido. Uma análise similar foi realizada para o problema com simetria esférica da evaporação de uma gota. Você precisa ter um entendimento físico sobre esse problema, assim como conhecer o procedimento de obtenção das taxas de evaporação e dos tempos de vida de gotas.

LISTA DE SÍMBOLOS

a	Definido na Eq. 3.10d
A	Área (m^2)
B_Y	Número de transferência adimensional, ou número de Spalding, Eq. 3.52
c	Concentração molar ($kmol/m^3$)
D	Diâmetro (m)
$\mathcal{D}_{AB}$	Difusividade binária, ou coeficiente de difusão binária (m^2/s)
h	Entalpia (J/kg)
h_{fg}	Entalpia de vaporização (J/kg)
k	Condutividade térmica (W/m-K)
k_B	Constante de Boltzmann (J/K)
ke	Energia cinética (J)
K	Constante de evaporação, Eq. 3.58 (m^2/s)
L	Comprimento do tubo de Stefan (m)
m	Massa (kg)
$\dot{m}$	Vazão mássica (kg/s)
$\dot{m}''$	Fluxo mássico (kg/s-m^2)
MW	Massa molar (kg/kmol)
n	Número de moléculas
N	Número de mols
$\dot{N}$	Vazão molar (kmol/s)
$\dot{N}''$	Fluxo molar (kmol/s-m^2)
P	Pressão (Pa)
$\dot{Q}$	Taxa de transferência de calor (W)
$\dot{Q}''$	Fluxo de calor (W/m^2)
r	Raio (m)
R_u	Constante universal dos gases (J/kmol-K)
t	Tempo (s)
T	Temperatura (K)
$\bar{v}$	Velocidade molecular média (m/s)
V	Volume (m^3)
x	Coordenada cartesiana (m)
y	Coordenada cartesiana (m)
Y	Fração mássica (kg/kg)
Z''	Frequência de colisão molecular por unidade de área (número/m^2-s)

Símbolos gregos

λ	Caminho livre molecular médio (m)
ρ	Densidade (kg/m^3)
σ	Diâmetro molecular (m)
χ	Fração molar (kmol/kmol)

Subscritos

A	Espécie química A
B	Espécie química B
d	Gota
dif	Difusão
ebul	Temperatura de ebulição
evap	Evaporação
g	Gás
i	Interface
l, liq	Líquido
mis	Mistura
s	Superfície
sat	Saturação
tot	Total
vap	Vapor
vc	Volume de controle
∞	Corrente livre, ou longe da superfície

REFERÊNCIAS

1. Bird, R. B., Stewart, W. E. e Lightfoot, E. N., *Transport Phenomena*, John Wiley & Sons, New York, 1960.
2. Thomas, L. C., *Heat Transfer–Mass Transfer Supplement*, Prentice-Hall, Englewood Cliffs, NJ, 1991.
3. Williams, F. A., *Combustion Theory*, 2nd Ed., Addison-Wesley, Redwood City, CA, 1985.
4. Kuo, K. K., *Principles of Combustion*, 2nd Ed., John Wiley & Sons, Hoboken, NJ, 2005.
5. Pierce, F. J., *Microscopic Thermodynamics*, International, Scranton, PA, 1968.
6. Daniels, F. e Alberty, R. A., *Physical Chemistry*, 4th Ed., John Wiley & Sons, New York, 1975.
7. Irvine, T. F., Jr. e Hartnett, J. P. (eds.), *Steam and Air Tables in SI Units*, Hemisphere, Washington, 1976.
8. Nishiwaki, N., "Kinetics of Liquid Combustion Processes: Evaporation and Ignition Lag of Fuel Droplets," *Fifth Symposium (International) on Combustion*, Reinhold, New York, pp. 148–158, 1955.

QUESTÕES DE REVISÃO

1. Faça uma lista de todas as palavras em negrito no Capítulo 3. Certifique-se de que você entende o significado de todas elas.
2. Admitindo propriedades constantes, reescreva a Eq. 3.4 de forma que a constante de proporcionalidade na lei de Fourier da condução de calor seja a difusividade térmica, $\alpha = k/\rho c_p$, em vez de k. O gradiente (ou derivada espacial) de qual propriedade aparece na equação?

3. Partindo do esquema na Fig. 3.3, derive a equação da conservação da massa das espécies químicas (Eq. 3.30) sem consultar a derivação apresentada no texto.
4. Usando palavras apenas, explique o que acontece fisicamente no problema de Stefan.
5. De que forma(s) o problema de evaporação de gotas é similar ao problema de Stefan?
6. Quando calor não é fornecido ao líquido A (na Fig. 3.4), o que acontece com a sua temperatura? Você seria capaz de escrever um balanço de energia que justificasse a sua resposta?
7. Defina um número de transferência, B_Y, que poderia ser usado com a Eq. 3.40. Além disso, admita que a área transversal do escoamento é A e escreva uma expressão para $\dot{m}$ envolvendo as propriedades do fluido, os parâmetros geométricos e B_Y. Compare o seu resultado com a Eq. 3.53 e discuta.
8. Por que e de que forma a presença da espécie química A na corrente livre (Fig. 3.4) afeta a taxa de evaporação?
9. Como a velocidade média mássica varia com a distância a partir da superfície de uma gota em evaporação em qualquer instante de tempo?
10. Explique o que se entende por escoamento "quase estático".
11. Partindo das Eqs. 3.53 e 3.54, derive a lei do D^2 para uma gota em evaporação.

PROBLEMAS

3.1 Considere uma mistura equimolar de oxigênio (O_2) e nitrogênio (N_2) a 400 K e 1 atm. Calcule a densidade ρ e a concentração molar c da mistura.

3.2 Calcule a fração mássica de O_2 e N_2 na mistura dada no problema 3.1.

3.3 Estime o valor da difusividade binária do n-octano em ar na temperatura de 400 K e na pressão de 3,5 atm utilizando o valor dado no Apêndice D como referência. Compare a razão $\mathcal{D}_{ref}/\mathcal{D}$ ($T = 400$ K, $P = 3,5$ atm) com a razão dos produtos $\rho\mathcal{D}$, isto é, $(\rho\mathcal{D})_{ref}/(\rho\mathcal{D})$ ($T = 400$ K, $P = 3,5$ atm).

3.4 A Eq. 3.18a foi derivada admitindo que tanto as massas como os diâmetros das moléculas A e B são iguais. A Ref. [1] indica que a Eq. 3.18a pode ser generalizada para o caso quando $m_A \neq m_B$ e $\sigma_A \neq \sigma_B$ usando

$$m = \frac{m_A m_B}{(m_A + m_B)/2} \quad e \quad \sigma = \frac{1}{2}(\sigma_A + \sigma_B).$$

Com essa informação, estime a difusividade binária do O_2 em N_2 a 273 K para $\sigma_{O_2} = 3,467$ e $\sigma_{N_2} = 3,798$ Å. Compare a sua estimativa com o valor da literatura de $1,8 \times 10^{-5}$ m^2/s. Você esperaria uma boa concordância? Por que não? *Nota:* Você precisará usar o número de Avogadro $6,022 \times 10^{26}$ moléculas/kmol para calcular a massa de uma molécula.

3.5 Considere n-hexano líquido contido em um cilindro graduado com 50 mm de diâmetro, aberto ao ar ambiente. A distância da interface líquido–gás até o topo do cilindro é 20 cm. A taxa de evaporação do n-hexano em regime permanente é $8,2 \times 10^{-8}$ kg/s e a fração mássica do n-hexano gás interface líquido–gás é 0,482. A difusividade do n-hexano no ar é $8,0 \times 10^{-4}$ m²/s.

A. Determine o fluxo mássico do vapor de n-hexano. Forneça as unidades.

B. Determine o fluxo mássico de n-hexano devido ao escoamento da mistura, isto é, aquela porção do fluxo total de n-hexano associada ao escoamento da mistura, na interface líquido-gás.

C. Determine o fluxo mássico de n-hexano por difusão na interface líquido--gás.

3.6 Considere água evaporando em ar seco a 1 atm a partir de um tubo de ensaio com diâmetro de 25 mm. A distância da interface água-ar até o topo do tubo é $L = 15$ cm. A fração mássica de vapor de água na interface água-ar é 0,0235, e a difusividade binária da água no ar é $2,6 \times 10^{-5}$ m²/s.

A. Determine a taxa mássica de evaporação da água.

B. Determine a fração mássica de água em $x = L/2$.

C. Determine a parcela da vazão mássica de água que é devida ao escoamento da mistura e aquela que é devida à difusão em $x = L/2$.

D. Repita a parte C para $x = 0$ e $x = L$. Represente os seus resultados graficamente. Explique.

3.7 Considere a situação física descrita no problema 3.6, exceto que a fração mássica de água na interface líquido-vapor é desconhecida. Encontre a taxa mássica de evaporação da água quando a interface está a 21°C. Admita equilíbrio na interface, isto é, $P_{H_2O}(x = 0) = P_{sat}(T)$. O ar no ambiente fora do tubo é seco.

3.8 Repita o problema 3.6 quando o ar fora do tubo está a 21°C e possui umidade relativa de 50%. Determine a taxa de transferência de calor requerida para manter a água líquida também a 21°C.

3.9 Considere n-hexano líquido em um cilindro graduado com 50 mm de diâmetro. Ar seco é assoprado transversalmente à boca do cilindro. A distância da interface líquido-ar até a boca do tubo é 20 cm. Admita que a difusividade do n-hexano no ar é $8,8 \times 10^{-6}$ m²/s. O n-hexano líquido está a 25 °C. Estime a taxa de evaporação do n-hexano. (*Dica:* Revise a aplicação da equação de Clausius–Clapeyron no Exemplo 3.1.)

3.10 Calcule a constante da taxa de evaporação para uma gota com diâmetro de 1 mm a 75 °C evaporando em ar quente e seco a 500 K e 1 atm.

3.11 Determine o efeito da fração molar de água no ar ambiente sobre o tempo de vida de gotas de água com diâmetro de 50 μm. As gotas estão evaporando em ar a 1 atm. Admita que a temperatura da gota é 75 °C e que a temperatura média do ar é 200 °C. Use os valores $\chi_{H_2O,\infty} = 0{,}1$, $0{,}2$ e $0{,}3$.

3.12 Considere as duas formas gerais da lei de Fick apresentadas neste capítulo:

$$\dot{m}''_A = Y_A(\dot{m}''_A + \dot{m}''_B) - \rho \mathcal{D}_{AB} \nabla Y_A \qquad (3.5)$$

$$\dot{N}''_A = \chi_A(\dot{N}''_A + \dot{N}''_B) - c\mathcal{D}_{AB} \nabla \chi_A, \qquad (3.6)$$

onde c é a concentração molar ($= \rho/MW_{mis}$).

A primeira expressão (Eq. 3.5) representa o **fluxo mássico** da espécie química A ($kg_A/s\text{-}m^2$) relativo a um sistema de referência fixo no laboratório, enquanto a segunda é uma expressão equivalente para o **fluxo molar** da espécie química A ($kmol_A/s\text{-}m^2$), também relativo a um referencial estacionário fixo no laboratório.

O primeiro termo do lado direito das Eqs. 3.5 e 3.6, respectivamente, é o transporte da espécie química A na **velocidade média mássica**, V (para a Eq. 3.5) e na **velocidade média molar**, V^* (para a Eq. 3.6). Você está acostumado a trabalhar com a velocidade média mássica como a velocidade típica na mecânica dos fluidos. Ambas as velocidades são relativas a um referencial estacionário fixo no laboratório. Relações úteis associadas a essas duas velocidades são as seguintes [1]:

$$\dot{m}''_A + \dot{m}''_B = \rho V \qquad (I)$$

ou

$$\rho Y_A v_A + \rho Y_B v_B = \rho V \qquad (II)$$

e

$$\dot{N}''_A + \dot{N}''_B = cV^* \qquad (III)$$

ou

$$c\chi_A v_A + c\chi_B v_B = cV^*, \qquad (IV)$$

onde v_A e v_B são as velocidades das espécies químicas relativas ao sistema de referência estacionário.

O segundo termo no lado direito das Eqs. 3.5 e 3.6, expressa os fluxos difusivos da espécie química A em relação à velocidade média mássica V (para a Eq. 3.5) e relativo à velocidade média molar V^* (para a Eq. 3.6).

Use essas relações (Eqs. I–IV), e outras que você julgue necessárias, para transformar a forma unidimensional em coordenadas cartesianas da Eq. 3.6 na forma unidimensional em coordenadas cartesianas da Eq. 3.5. *Dica:* Há maneiras fáceis e diretas de fazer isso, mas também alguns caminhos entediantes e um tanto trabalhosos.

3.13 Reencontre o resultado do problema de Stefan (Eq. 3.40), porém, agora usando a forma em **fluxo molar** da lei de Fick (Eq. 3.6) com as condições de contorno expressas em termos de frações molares. Note que a concentração molar $c(= P/R_u T)$ é constante para um gás ideal, ao contrário da densidade ρ, a qual depende da massa molar da mistura. Deixe o seu resultado final em termos das frações molares.

3.14 Use o resultado do problema 3.13 para resolver a parte A do Exemplo 3.1 do texto. Como esse resultado para $\dot{m}_{C_6H_6}$ se compara com o resultado do texto? Qual deles fornece respostas mais acuradas em comparação com os dados da literatura? Por quê?

capítulo 4

Cinética química

VISÃO GERAL

O entendimento dos processos químicos subjacentes é essencial para o estudo da combustão. Em muitos processos de combustão, as taxas das reações químicas determinam a taxa de combustão e, em todos os processos de combustão, a cinética química determina a formação e destruição de poluentes. Além disso, a ignição e a extinção de chamas estão intimamente relacionadas com os processos químicos. O estudo de reações elementares e suas taxas, a **cinética química**, é um campo especializado da físico-química. Nas últimas décadas, houve muito progresso na combustão porque os químicos têm sido capazes de definir os caminhos detalhados que levam dos reagentes aos produtos e medir ou calcular as taxas de reação associadas. A partir desse conhecimento, engenheiros e cientistas da combustão conseguem construir modelos computacionais que simulam sistemas reativos. Embora muitos avanços tenham sido alcançada, o problema de prever os detalhes da combustão em escoamentos complexos, nos quais tanto a mecânica dos fluidos quanto a química são tratados a partir de princípios fundamentais, ainda não está solucionado. Em geral, apenas o problema de mecânica dos fluidos é suficiente para sobrecarregar os maiores computadores e a adição de mecanismos químicos detalhados termina por inviabilizar totalmente a obtenção de soluções.

Nesse capítulo, abordaremos os conceitos básicos de cinética química. O capítulo seguinte delineará os mecanismos mais importantes ou, pelo menos, aqueles mais conhecidos. No Capítulo 6, veremos como os modelos para os processos químicos podem ser acoplados aos modelos termodinâmicos simples de alguns sistemas reativos de interesse para a engenharia de combustão.

REAÇÕES ELEMENTARES *VERSUS* GLOBAIS

A reação global de um mol de combustível com a mols de um oxidante formando b mols de produtos de combustão pode ser expressa pelo **mecanismo de reação global**

$$F + aOx \rightarrow b\,Pr. \tag{4.1}$$

A partir de medições em experimentos, a taxa na qual o combustível é consumido pode ser expressa como

$$\frac{d[X_F]}{dt} = -k_G(T)[X_F]^n[X_{Ox}]^m,\qquad(4.2)$$

onde a notação $[X_i]$ é usada para denotar a concentração molar (kmol/m^3 em unidades no SI ou mol/cm^3 em unidades no sistema CGS) de cada espécie química i na mistura. A Eq. 4.2 estabelece que a taxa de desaparecimento do combustível é proporcional à concentração de cada um dos reagentes elevada a uma potência. A constante de proporcionalidade, k_G, é chamada de **coeficiente de taxa global** e, em geral, não é constante, mas uma forte função da temperatura. O sinal menos indica que a concentração de combustível decresce com o tempo. Os expoentes n e m relacionam-se com a **ordem de reação**. A Eq. 4.2 estabelece que a reção é de ordem n em relação ao combustível, de ordem m em relação ao oxidante e de ordem global ($n+m$). Para reações globais, n e m não são necessariamente inteiros e surgem do ajuste do modelo a medições. Mais tarde, veremos que para as reações elementares, as ordens das reações serão sempre números inteiros. Em geral, uma expressão global na forma da Eq. 4.2 é válida somente em faixas limitadas de temperaturas e pressões, e pode depender dos detalhes do aparato experimental utilizado para definir os parâmetros da taxa. Por exemplo, diferentes expressões para $k_G(T)$ e diferentes valores de n e m devem ser aplicados para cobrir uma ampla faixa de temperaturas.

O uso de reações globais para expressar a cinética química de um determinado problema é frequentemente um procedimento tipo "caixa preta". Embora esse procedimento seja útil para resolver alguns problemas, ele não proporciona uma base para o entendimento do que de fato está acontecendo quimicamente em um sistema. Por exemplo, é ilusório acreditar que a moléculas de oxidante simultaneamente colidem com uma única molécula de combustível para formar b moléculas de produtos, uma vez que isso necessitaria a quebra de várias ligações e a subsequente formação de muitas outras ligações praticamente ao mesmo tempo. Na realidade, diversos processos sequenciais podem ocorrer envolvendo muitas **espécies químicas intermediárias**. Por exemplo, considere a reação global

$$2H_2 + O_2 \rightarrow 2H_2O.\qquad(4.3)$$

Para realizar essa conversão global de hidrogênio e oxigênio para água, as seguintes **reações elementares** são importantes:

$$H_2 + O_2 \rightarrow HO_2 + H,\qquad(4.4)$$

$$H + O_2 \rightarrow OH + O,\qquad(4.5)$$

$$OH + H_2 \rightarrow H_2O + H,\qquad(4.6)$$

$$H + O_2 + M \rightarrow HO_2 + M,\qquad(4.7)$$

entre outras.

Nesse fragmento do mecanismo para a combustão do hidrogênio, observamos da reação 4.4 que quando moléculas de oxigênio e hidrogênio colidem e reagem, elas não produzem água, mas sim, a espécie química intermediária HO_2, o radical hidroperóxido, e um átomo de hidrogênio, H, outro radical. **Radicais**, ou **radicais livres**, são moléculas ou átomos que apresentam um elétron não emparelhado. Para formar HO_2 a partir de H_2 e O_2, somente uma ligação é quebrada e somente uma ligação é formada. Alternativamente, pode-se considerar que H_2 e O_2 reagiriam para formar dois radicais hidroxila (OH). Entretanto, tal reação é improvável porque ela exigiria a quebra de duas ligações e a criação de duas outras ligações. Na verdade, mais provavelmente o átomo de hidrogênio criado na reação 4.4 reage com O_2 formando dois radicais, OH e O (reação 4.5). É a reação subsequente, reação 4.6, do radical hidroxila (OH) com o hidrogênio molecular (H_2), que forma finalmente a água. Analisaremos esse mecanismo completo, no qual mais de 20 reações elementares podem ser consideradas [1,2], no Capítulo 5. O conjunto de reações elementares necessárias para descrever uma reação global é chamado de **mecanismo de cinética química**. Os mecanismos cinéticos podem envolver somente poucas etapas (isto é, reações elementares) ou até muitas centenas. Um campo de pesquisa ativo envolve selecionar o número mínimo de etapas elementares necessárias para descrever uma determinada reação global.

TAXAS DAS REAÇÕES ELEMENTARES

Reações bimoleculares e teoria de colisão

Muitas reações elementares de interesse em combustão são **bimoleculares**, ou seja, duas moléculas colidem e reagem para formar duas moléculas diferentes. Para uma reação bimolecular arbitrária, isso é expresso como

$$A + B \rightarrow C + D. \tag{4.8}$$

As reações 4.4 a 4.6 são exemplos de reações elementares bimoleculares.

A taxa na qual a reação prossegue é diretamente proporcional às concentrações molares (kmol/m³) das duas espécies químicas reagentes, isto é,

$$\frac{d[A]}{dt} = -k_{bi}[A][B]. \tag{4.9}$$

Todas as reações elementares bimoleculares são globalmente de segunda ordem, sendo de primeira ordem com relação a cada um dos reagentes. O coeficiente de taxa, k_{bi}, novamente é uma função da temperatura, mas, ao contrário do coeficiente de taxa global, esse coeficiente está fundamentado em uma base teórica. As unidades no SI para k_{bi} são m³/kmol-s, muito embora grande parte da literatura em química e em combustão ainda empregue unidades no sistema CGS.

A teoria de colisões moleculares ajuda a explicar a forma da Eq. 4.9 e sugere uma dependência do coeficiente de taxa de reação bimolecular em relação à temperatura. Como veremos, a teoria de colisões para reações bimoleculares apresenta inúmeras limitações. Não obstante, além de ser importante por razões históricas, esse procedimento permite visualizar as reações bimoleculares. Na nossa discussão do transporte molecular no Capítulo 3, introduzimos os conceitos de frequência de colisão com paredes, velocidade média molecular e caminho livre médio molecular (Eq. 3.10). Esses mesmos conceitos são importantes na nossa discussão das taxas de colisão moleculares. Para determinar a frequência de colisão de pares de moléculas, começamos com a idealização mais simples, aquela de uma molécula com diâmetro σ, deslocando-se com velocidade constante v e colidindo com moléculas idênticas, porém, estacionárias. A trajetória aleatória da molécula é ilustrada na Fig. 4.1. Se a distância

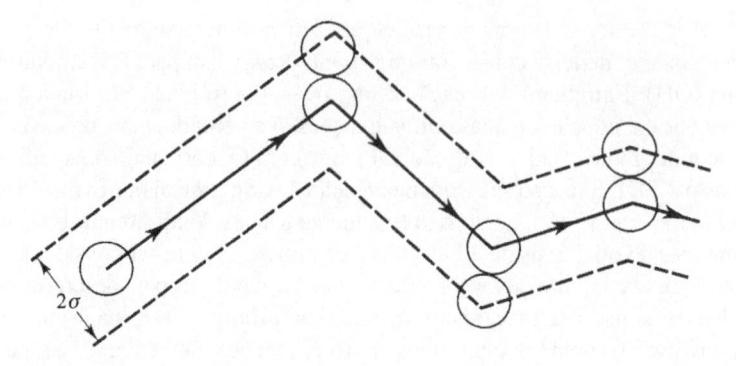

Figura 4.1 Volumes de colisão varridos por uma molécula com diâmetro σ colidindo sucessivamente com moléculas iguais.

percorrida entre colisões, isto é, o caminho livre molecular médio, é longa, então a molécula em movimento, durante o intervalo Δt, varre um volume cilíndrico igual a $v\pi\sigma^2\Delta t$. Esse volume identifica a região no espaço na qual colisões podem ocorrer nesse intervalo Δt. Se as moléculas estacionárias são distribuídas aleatoriamente e têm uma densidade em número n/V, o número de colisões verificadas pela molécula em movimento por unidade de tempo pode ser expresso como

$$Z \equiv \frac{\text{colisões por}}{\text{unidade de tempo}} = (n/V)v\pi\sigma^2. \quad (4.10)$$

Em um gás, todas as moléculas estão em movimento. Se admitirmos que as distribuições de velocidade para todas as moléculas são Maxwellianas, a frequência de colisão entre moléculas idênticas é dada por [2, 3]

$$Z_c = \sqrt{2}(n/V)\pi\sigma^2\bar{v}, \quad (4.11)$$

onde $\bar{v}$ é a velocidade média, cujo valor depende da temperatura (Eq. 3.10a).

A Eq. 4.11 é aplicada a moléculas idênticas. Podemos estender nossa análise para colisões entre moléculas diferentes possuindo diâmetro de esfera rígida de σ_A e σ_B. O diâmetro do volume de colisão (Fig. 4.1) é então $(\sigma_A + \sigma_B) \equiv 2\sigma_{AB}$. Logo, a Eq. 4.11 torna-se

$$Z_c = \sqrt{2}(n_B/V)\pi\sigma_{AB}^2\bar{v}_A, \quad (4.12)$$

a qual expressa a frequência de colisão de uma única molécula A com todas as moléculas B. Estamos interessados, entretanto, na frequência de colisões associadas com todas as moléculas A e B. Assim, o número total de colisões por unidade de volume e tempo é obtido multiplicando-se a frequência de colisão para uma única molécula A (Eq. 4.12) pelo número de moléculas A por unidade de volume, usando as velocidades médias moleculares apropriadas, isto é,

$$Z_{AB}/V = \frac{\text{Número de colisões entre todas as moléculas A e todas as moléculas B}}{\text{Unidade de volume} \times \text{unidade de tempo}} \quad (4.13)$$
$$= (n_A/V)(n_B/V)\pi\sigma_{AB}^2\left(\bar{v}_A^2 + \bar{v}_B^2\right)^{1/2},$$

que pode ser expressa em termos da temperatura como [2, 3]

$$Z_{AB}/V = (n_A/V)(n_B/V)\pi\sigma_{AB}^2 \left(\frac{8k_B T}{\pi\mu}\right)^{1/2}, \qquad (4.14)$$

onde

k_B = constante de Boltzmann = $1{,}381 \times 10^{-23}$ J/K;

$\mu = \dfrac{m_A m_B}{m_A + m_B}$ = massa reduzida, onde m_A e m_B são as massas das espécies químicas A e B, respectivamente, em (kg);

T = temperatura absoluta (K).

Observe que a velocidade média é obtida substituindo-se a massa de uma única molécula na Eq. 3.10a pela massa reduzida μ.

Para relacionar esse resultado com o problema da taxa de reação, escrevemos

$$-\frac{d[A]}{dt} = \begin{bmatrix} \text{No. de colisões de} \\ \text{moléculas A e B} \\ \hline \text{Unidade de volume} \times \\ \text{unidade de tempo} \end{bmatrix} \cdot \begin{bmatrix} \text{Probabilidade} \\ \text{que uma colisão} \\ \text{resulte em reação} \end{bmatrix} \cdot \begin{bmatrix} \text{kmol de A} \\ \hline \text{No. de moléculas de A} \end{bmatrix},$$

(4.15a)

ou

$$-\frac{d[A]}{dt} = (Z_{AB}/V)\mathcal{P}N_{AV}^{-1}, \qquad (4.15b)$$

onde N_{AV} é o número de Avogadro ($6{,}022 \times 10^{26}$ moléculas/kmol). A probabilidade de uma colisão resultar em reação química pode ser expressa como o produto de dois fatores: um fator energético, $\exp[-E_A/R_u T]$, que representa a fração das colisões com energia acima de um certo mínimo necessário para que a reação ocorra, dado por E_A, ou **energia de ativação**; e um fator geométrico, ou **fator estérico**, p, que considera a orientação tridimensional das colisões entre A e B. Por exemplo, na reação de OH e O formando H_2O, intuitivamente espera-se que a reação seja mais provável quando o átomo H atingir o lado do átomo O na hidroxila, em vez do lado do átomo H, pois o produto da reação apresenta ligações na forma H–O–H. Em geral, os fatores estéricos são muito menores que a unidade, mas há exceções. Assim, a Eq. 4.15b torna-se

$$-\frac{d[A]}{dt} = pN_{AV}\sigma_{AB}^2 \left[\frac{8\pi k_B T}{\mu}\right]^{1/2} \exp[-E_A/R_u T][A][B], \qquad (4.16)$$

na qual realizou-se as substituições $n_A/V = [A]N_{AV}$ e $n_B/V = [B]N_{AV}$. Comparando a Eq. 4.9 com a Eq. 4.16, observamos que o coeficiente de taxa bimolecular, baseado na teoria de colisão, é

$$k(T) = pN_{AV}\sigma_{AB}^2 \left[\frac{8\pi k_B T}{\mu}\right]^{1/2} \exp[-E_A/R_u T]. \qquad (4.17)$$

Infelizmente, a teoria de colisão não fornece os meios para determinar os valores da energia de ativação ou do fator estérico. Teorias mais avançadas, as quais postulam a estrutura do estado intermediário entre a quebra de ligações dos reagentes e a formação de ligações nos produtos, isto é, um **complexo ativado**, permitem calcular o valor de k_{bi} a partir de princípios fundamentais. Uma discussão sobre essas teorias está além dos objetivos desse livro e recomenda-se que o leitor interessado consulte as Ref. [2] e [3].

Se a faixa de temperatura de interesse não é muito extensa, o coeficiente de taxa de reação bimolecular pode ser expresso pela forma empírica de **Arrhenius**,

$$k(T) = A \exp(-E_A/R_u T), \tag{4.18}$$

onde A é a constante denominada de **fator pré-exponencial** ou **fator de frequência**. Comparando as Eqs. 4.17 e 4.18, observamos que A não é estritamente constante, mas, baseando-se na teoria de colisão, depende de $T^{1/2}$. Os **gráficos de Arrhenius**, que apresentam os valores de medições na forma $\log k$ versus $1/T$, são usados para extrair os valores de energia de ativação, pois o coeficiente angular das linhas nesses gráficos é $-E_A/R_u$.

Embora a tabulação de valores obtidos de experimentos para a taxa de reação na forma de coeficientes de Arrhenius seja comum, frequentemente são utilizadas funções com três parâmetros na forma:

$$k(T) = AT^b \exp(-E_A/R_u T) \tag{4.19}$$

onde A, b e E_A são os três parâmetros empíricos. A Tabela 4.1 ilustra a utilização da forma com três parâmetros mostrando os valores recomendados por Warnatz [4] para o sistema H_2-O_2.

Tabela 4.1 Coeficientes de taxa recomendados para o sistema H_2-O_2 obtidos da Ref. [4]

Reação	$A\ [(cm^3/mol)^{n-1}/s]^a$	b	E_A (kJ/mol)	Faixa de temperatura (K)
$H + O_2 \to OH + O$	$1,2 \times 10^{17}$	$-0,91$	69,1	300–2500
$OH + O \to O_2 + H$	$1,8 \times 10^{13}$	0	0	300–2500
$O + H_2 \to OH + H$	$1,5 \times 10^{7}$	2,0	31,6	300–2500
$OH + H_2 \to H_2O + H$	$1,5 \times 10^{8}$	1,6	13,8	300–2500
$H + H_2O \to OH + H_2$	$4,6 \times 10^{8}$	1,6	77,7	300–2500
$O + H_2O \to OH + OH$	$1,5 \times 10^{10}$	1,14	72,2	300–2500
$H + H + M \to H_2 + M$				
$M = Ar$ (baixa P)	$6,4 \times 10^{17}$	$-1,0$	0	300–5000
$M = H_2$ (baixa P)	$0,7 \times 10^{16}$	$-0,6$	0	100–5000
$H_2 + M \to H + H + M$				
$M = Ar$ (baixa P)	$2,2 \times 10^{14}$	0	402	2500–8000
$M = H_2$ (baixa P)	$8,8 \times 10^{14}$	0	402	2500–8000
$H + OH + M \to H_2O + M$				
$M = H_2O$ (baixa P)	$1,4 \times 10^{23}$	$-2,0$	0	1000–3000
$H_2O + M \to H + OH + M$				
$M = H_2O$ (baixa P)	$1,6 \times 10^{17}$	0	478	2000–5000
$O + O + M \to O_2 + M$				
$M = Ar$ (baixa P)	$1,0 \times 10^{17}$	$-1,0$	0	300–5000
$O_2 + M \to O + O + M$				
$M = Ar$ (baixa P)	$1,2 \times 10^{14}$	0	451	2000–10000

[a] n é a ordem da reação.

Exemplo 4.1

Determine o fator estérico a partir da teoria de colisão para a reação

$$O + H_2 \rightarrow OH + H$$

a 2000 K, dados os diâmetros de esfera rígida $\sigma_O = 3{,}050$ Å e $\sigma_{H_2} = 2{,}827$ Å e os parâmetros experimentais da Tabela 4.1.

Solução

Equacionar o coeficiente de taxa da teoria de colisão (Eq. 4.17) com o coeficiente com três parâmetros obtido de experimentos (Eq. 4.19) resulta em

$$k(T) = pN_{AV}\sigma_{AB}^2 \left[\frac{8\pi k_B T}{\mu}\right]^{1/2} \exp[-E_A/R_u T] = AT^b \exp[-E_A/R_u T],$$

onde admitimos que a energia de ativação E_A é a mesma para ambas as expressões. Resolvemos o fator estérico, p, tomando cuidado com o tratamento das unidades:

$$p = \frac{AT^b}{N_{AV}\left(\frac{8\pi k_B T}{\mu}\right)^{1/2} \sigma_{AB}^2}.$$

Para resolver essa equação, usamos

$$A = 1{,}5 \cdot 10^7 \text{ cm}^3/\text{mol-s} \quad \text{(Tabela 4.1)},$$
$$b = 2{,}0 \quad \text{(Tabela 4.1)},$$
$$\sigma_{AB} = (\sigma_O + \sigma_{H_2})/2$$
$$= (3{,}050 + 2{,}827)/2 = 2{,}939 \text{ Å}$$
$$= 2{,}939 \cdot 10^{-8} \text{ cm},$$
$$m_O = \frac{16 \text{ g/mol}}{6{,}022 \cdot 10^{23} \text{ moléculas/mol}} = 2{,}66 \cdot 10^{-23} \text{ g},$$
$$m_{H_2} = \frac{2{,}008}{6{,}022 \cdot 10^{23}} = 0{,}332 \cdot 10^{-23} \text{ g},$$
$$\mu = \frac{m_O m_{H_2}}{m_O + m_{H_2}} = \frac{2{,}66(0{,}332)}{2{,}66 + 0{,}332} \cdot 10^{-23} = 2{,}95 \cdot 10^{-24} \text{ g},$$
$$k_B = 1{,}381 \cdot 10^{-23} \text{ J/K} = 1{,}381 \cdot 10^{-16} \text{ g-cm}^2/\text{s}^2\text{-K}.$$

Assim,

$$p = \frac{1{,}5 \cdot 10^7 (2000)^2}{6{,}022 \cdot 10^{23} \left(\frac{8\pi(1{,}381 \cdot 10^{-16})2000}{2{,}95 \cdot 10^{-24}}\right)^{1/2} (2{,}939 \cdot 10^{-8})^2}$$
$$= 0{,}075.$$

Verificando as unidades:

$$p [=] \frac{\text{cm}^3}{\text{mol-s}} \frac{1}{\frac{1}{\text{mol}}\left(\frac{\text{g-cm}^2}{\text{s}^2\text{-K}}\frac{K}{g}\right)^{1/2} \text{cm}^2} = 1$$

$$\boxed{p = 0{,}075 \text{ (adimensional)}}$$

Comentário

O valor de $p = 0{,}075$ é muito menor do que a unidade, como esperado, e isso nos alerta para as deficiências dessa teoria simples. Observe o emprego das unidades no sistema CGS, bem como o uso do número de Avogadro para calcular a massa das espécies químicas em gramas. Note também que todas as unidades para $k(T)$ vêm do fator pré-exponencial A; ou seja, o fator T^b é adimensional por definição.

Outras reações elementares

Como o nome sugere, reações **unimoleculares** envolvem uma única espécie química sofrendo um rearranjo (uma isomerização ou uma decomposição) para formar uma ou duas espécies químicas como produtos, isto é,

$$A \to B \qquad (4.20)$$

ou

$$A \to B + C. \qquad (4.21)$$

As reações unimoleculares incluem as típicas reações de dissociação importantes para a combustão, por exemplo, $O_2 \to O + O$, $H_2 \to H + H$, etc.

As reações unimoleculares são de primeira ordem em altas pressões:

$$\frac{d[A]}{dt} = -k_{uni}[A], \qquad (4.22)$$

enquanto que em baixas pressões, a taxa de reação também depende da concentração de qualquer molécula, M, com a qual a espécie química reagente pode vir a colidir. Nesse caso,

$$\frac{d[A]}{dt} = -k[A][M]. \qquad (4.23)$$

Para explicar esse comportamento interessante, é necessário postular um mecanismo detalhado para a reação unimolecular como uma sequência em três etapas. Porém, como ainda temos que explorar alguns dos conceitos-chave para lidar com esse tipo de situação, encerraremos o tratamento das reações unimoleculares por enquanto.

Reações **trimoleculares** envolvem três espécies químicas como reagentes e correspondem ao reverso da reação unimolecular em baixa pressão. A forma geral de uma reação trimolecular é

$$A + B + M \to C + M. \qquad (4.24)$$

Reações de recombinação, como $H + H + M \to H_2 + M$ e $H + OH + M \to H_2O + M$, são exemplos importantes de reações trimoleculares em combustão. As reações trimoleculares são de terceira ordem e as suas taxas de reação podem ser expressas como

$$\frac{d[A]}{dt} = -k_{tri}[A][B][M], \qquad (4.25)$$

onde, novamente, M pode ser qualquer molécula e é frequentemente denominado como um **terceiro corpo de colisão**. Quando A e B são a mesma espécie química, como em $H + H + M$, um fator dois deve multiplicar o lado direito da Eq. 4.25, pois duas moléculas de A desaparecem para formar C. Em reações de combinação de dois radicais, o terceiro corpo é necessário para absorver a energia liberada na formação da espécie química estável. Durante a colisão, a energia interna da molécula recém--formada é transferida para o terceiro corpo, M, e é particionada entre as formas de energia cinética e potencial disponíveis na molécula M. Sem essa transferência de energia, a molécula recém-formada, contendo um excesso de energia interna, se dissociaria de volta para os seus radicais formadores. Quanto maior o número de modos de absorção de energia interna, maior a eficiência da molécula M como um terceiro corpo de colisão.

TAXAS DE REAÇÃO PARA MECANISMOS EM MÚLTIPLAS ETAPAS

Taxas de produção líquidas

Nas seções anteriores, introduzimos a ideia de uma sequência de reações elementares que levam dos reagentes aos produtos, a qual denominamos de mecanismo de reação. Conhecendo como representar as taxas de reações elementares, podemos agora expressar matematicamente as taxas líquidas de produção ou destruição para quaisquer espécies químicas participando da série de etapas elementares. Por exemplo, vamos retomar o mecanismo de reação para o sistema H_2–O_2, o qual é dado de forma incompleta pelas Eqs. 4.4 a 4.7, e incluir tanto as reações diretas quanto as reações reversas como indicado pelo símbolo $\Leftrightarrow$:

$$H_2 + O_2 \underset{k_{r1}}{\overset{k_{f1}}{\Leftrightarrow}} HO_2 + H, \qquad (R.1)$$

$$H + O_2 \underset{k_{r2}}{\overset{k_{f2}}{\Leftrightarrow}} OH + O, \qquad (R.2)$$

$$OH + H_2 \underset{k_{r3}}{\overset{k_{f3}}{\Leftrightarrow}} H_2O + H, \qquad (R.3)$$

$$H + O_2 + M \underset{k_{r4}}{\overset{k_{f4}}{\Leftrightarrow}} HO_2 + M, \qquad (R.4)$$

$$\vdots$$

onde k_{fi} e k_{ri} são os coeficientes de taxa das reações elementares direta e reversa, respectivamente, para a i-ésima reação. A taxa de produção líquida de O_2, por exemplo, é a soma de todas as taxas elementares individuais de produção de O_2 menos a soma de todas as taxas destruindo O_2, isto é,

$$\frac{d[O_2]}{dt} = k_{r1}[HO_2][H] + k_{r2}[OH][O] \qquad (4.26)$$
$$+ k_{r4}[HO_2][M] + \cdots$$
$$- k_{f1}[H_2][O_2] - k_{f2}[H][O_2]$$
$$- k_{f4}[H][O_2][M] - \cdots$$

e, para os átomos de H,

$$\frac{d[H]}{dt} = k_{f1}[H_2][O_2] + k_{r2}[OH][O] \quad (4.27)$$
$$+ k_{f3}[OH][H_2] + k_{r4}[HO_2][M] + \cdots$$
$$- k_{r1}[HO_2][H] - k_{f2}[H][O_2]$$
$$- k_{r3}[H_2O][H] - k_{f4}[H][O_2][M] - \cdots$$

Podemos escrever expressões similares para cada uma das espécies químicas participando do mecanismo, as quais formam um sistema de equações diferenciais ordinárias de primeira ordem que descreve a evolução do sistema químico partindo de condições iniciais conhecidas, isto é,

$$\frac{d[X_i](t)}{dt} = f_i([X_1](t), [X_2](t), \ldots, [X_n](t)) \quad (4.28a)$$

com

$$[X_i](0) = [X_i]0 . \quad (4.28b)$$

Para um dado problema, esse conjunto de equações (4.28a) acopla-se com os princípios de conservação da massa, quantidade de movimento linear e energia, além das equações de estado e quaisquer relações complementares, para formar um sistema de equações que pode ser integrado numericamente utilizando um computador. Rotinas numéricas, como o DGEAR da biblioteca numérica IMSL [5], integram eficientemente sistemas de equações **rígidas** que surgem nos problemas envolvendo cinética química. Um conjunto de equações é considerado rígido quando uma ou mais incógnitas variam muito rapidamente enquanto outras variam muito lentamente. Esta disparidade em escalas características de tempo é comum em sistemas químicos nos quais as reações radicalares são muito rápidas quando comparadas com as reações envolvendo espécies estáveis. Diversas rotinas de integração numérica têm sido desenvolvidas para sistemas quimicamente reativos [1, 6-8].

Notação compacta

Visto que os mecanismos podem envolver diversas etapas elementares e muitas espécies químicas, uma notação compacta foi desenvolvida para representar tanto o mecanismo, por exemplo, R.1–R.4..., quanto as taxas de produção das espécies químicas, por exemplo, as Eqs. 4.26 e 4.27. Para representar o mecanismo, escrevemos

$$\sum_{j=1}^{N} v'_{ji} X_j \Leftrightarrow \sum_{j=1}^{N} v''_{ji} X_j \quad \text{para} \quad i = 1, 2, \ldots, L, \quad (4.29)$$

onde v'_{ji} e v''_{ji} são os **coeficientes estequiométricos** nos lados da equação correspondentes aos reagentes e aos produtos, respectivamente, para a j-ésima espécie química na i-ésima reação. Por exemplo, considere as quatro reações R.1 a R.4 envolvendo as oito espécies químicas O_2, H_2, H_2O, HO_2, O, H, OH e M. Definindo j e i como segue:

j	Espécie química	i	Reação
1	O_2	1	R.1
2	H_2	2	R.2
3	H_2O	3	R.3
4	HO_2	4	R.4
5	O		
6	H		
7	OH		
8	M		

e usando j como o índice que identifica as colunas e i como o índice que identifica as linhas, escrevemos a matriz de coeficientes estequiométricos como

$$v'_{ji} = \begin{bmatrix} 1 & 1 & 0 & 0 & 0 & 0 & 0 & 0 \\ 1 & 0 & 0 & 0 & 0 & 1 & 0 & 0 \\ 0 & 1 & 0 & 0 & 0 & 0 & 1 & 0 \\ 1 & 0 & 0 & 0 & 0 & 1 & 0 & 1 \end{bmatrix} \qquad (4.30a)$$

e

$$v''_{ji} = \begin{bmatrix} 0 & 0 & 0 & 1 & 0 & 1 & 0 & 0 \\ 0 & 0 & 0 & 0 & 1 & 0 & 1 & 0 \\ 0 & 0 & 1 & 0 & 0 & 1 & 0 & 0 \\ 0 & 0 & 0 & 1 & 0 & 0 & 0 & 1 \end{bmatrix}. \qquad (4.30b)$$

Uma vez que as reações elementares envolvem, quando muito, três espécies químicas reagentes, as matrizes de coeficientes serão sempre esparsas (conterão mais zeros do que elementos diferentes de zero) quando o número de espécies químicas envolvidas no mecanismo é grande.

As três relações a seguir expressam compactamente a taxa de produção líquida de cada espécie química em um mecanismo de múltiplas etapas:

$$\dot{\omega}_j = \sum_{i=1}^{L} v_{ji} q_i \quad \text{para} \quad j = 1, 2, \ldots, N, \qquad (4.31)$$

onde

$$v_{ji} = (v''_{ji} - v'_{ji}) \qquad (4.32)$$

e

$$q_i = k_{fi} \prod_{j=1}^{N} [X_j]^{v'_{ji}} - k_{ri} \prod_{j=1}^{N} [X_j]^{v''_{ji}}. \qquad (4.33)$$

As **taxas de produção**, $\dot{\omega}_j$, correspondem ao lado esquerdo das Eqs. 4.26 e 4.27, por exemplo. Para sistemas nos quais as concentrações das espécies químicas são afetadas somente pelas transformações químicas, $\dot{\omega}_j \equiv d[X_j]/dt$. A Eq. 4.33 define a **variável da taxa de progresso**, q_i, para a i-ésima reação elementar. O símbolo Π é usado para denotar um produto de termos no mesmo sentido que o símbolo Σ é usado para denotar uma soma de termos. Por exemplo, $q_i \, (= q_1)$ para a reação R.1 é expresso

$$\begin{aligned} q_i &= k_{f1}[O_2]^1[H_2]^1[H_2O]^0[HO_2]^0[O]^0[H]^0[OH]^0[M]^0 \\ &\quad - k_{r1}[O_2]^0[H_2]^0[H_2O]^0[HO_2]^1[O]^0[H]^1[OH]^0[M]^0 \\ &= k_{f1}[O_2][H_2] - k_{r1}[HO_2][H]. \end{aligned} \qquad (4.34)$$

Escrevendo expressões similares para $i = 2$, 3 e 4 e somando (Eq. 4.31), considerando se a espécie química j é criada, destruída ou não participa da etapa i (Eq. 4.32), completamos a expressão para $\dot{\omega}_j$. O Capítulo 6 ilustrará como as expressões para as taxas são aplicadas em vários sistemas reativos.

A notação compacta expressa pelas Eqs. 4.29 e 4.31 a 4.34 é particularmente útil na solução de problemas de cinética química utilizando computadores. O *software* CHEMKIN [1], desenvolvido no Sandia (Livermore) National Laboratories (Estados Unidos), é um conjunto de sub-rotinas de propósito geral muito utilizado para essas tarefas.

Relação entre coeficientes de taxa e constantes de equilíbrio

A medição dos coeficientes de taxa para reações elementares é uma tarefa difícil que frequentemente leva a resultados com uma grande incerteza associada. Os coeficientes de taxa conhecidos com maior acurácia podem apresentar uma incerteza equivalente a um fator dois (o valor real se situa entre o valor reportado / 2 e o valor reportado × 2). Alguns valores reportados podem apresentar uma ordem de magnitude de incerteza (um fator 10), ou ainda mais. Por outro lado, as constantes de equilíbrio, as quais são baseadas em cálculos e medições de propriedades termodinâmicas, apresentam grande exatidão para a grande maioria das espécies químicas. Aproveitamos essa vantagem da disponibilidade de propriedades termodinâmicas com pequena incerteza associada para resolver os problemas de cinética química reconhecendo que, no equilíbrio, as taxas de reação diretas e reversas devem ser iguais. Por exemplo, considere as taxas direta e reversa para uma reação bimolecular

$$A + B \underset{k_r}{\overset{k_f}{\Leftrightarrow}} C + D. \qquad (4.35)$$

Para a espécie química A, podemos escrever

$$\frac{d[A]}{dt} = -k_f[A][B] + k_r[C][D]. \qquad (4.36)$$

Para a condição de equilíbrio, A + B = C + D, a taxa de variação com o tempo de [A] deve ser zero, como devem ser zero também as taxas de variação com o tempo de B, C e D. Assim, expressamos o equilíbrio como

$$0 = -k_f[A][B] + k_r[C][D], \qquad (4.37)$$

o qual, após o rearranjo, torna-se

$$\frac{[C][D]}{[A][B]} = \frac{k_f(T)}{k_r(T)}. \qquad (4.38)$$

No Capítulo 2, definimos a constante de equilíbrio para uma reação de equilíbrio genérica em termos das pressões parciais,

$$K_p = \frac{\left(P_C/P^o\right)^c \left(P_D/P^o\right)^d \cdots}{\left(P_A/P^o\right)^a \left(P_B/P^o\right)^b \cdots} \qquad (4.39)$$

onde os expoentes das pressões parciais são os coeficientes estequiométricos, isto é, $v'_i = a, b, \ldots$ e $v''_i = c, d, \ldots$. Como as concentrações molares relacionam-se com as frações molares e pressões parciais da seguinte forma,

$$[X_i] = \chi_i P/R_u T = P_i/R_u T, \qquad (4.40)$$

podemos definir uma constante de equilíbrio baseada em concentrações molares, K_c. A relação entre K_c e K_p é

$$K_p = K_c \, (R_u T/P^o)^{c+d+\cdots-a-b-\cdots} \qquad (4.41a)$$

ou

$$K_p = K_c \left(R_u T/P^o\right)^{\Sigma v'' - \Sigma v'}, \qquad (4.41b)$$

onde

$$K_c = \frac{[C]^c [D]^d \cdots}{[A]^a [B]^b \cdots} = \frac{\prod_{\text{prod}} [X_i]^{v''_i}}{\prod_{\text{reag}} [X_i]^{v'_i}}. \qquad (4.42)$$

Dessa descrição, observamos que a razão entre os coeficientes de taxa das reações direta e reversa são iguais à constante de equilíbrio K_c,

$$\frac{k_f(T)}{k_r(T)} = K_c(T), \qquad (4.43)$$

e, para uma reação bimolecular, $K_c = K_p$. Com a Eq. 4.43, é possível calcular a taxa da reação reversa a partir da taxa de reação direta e da constante de equilíbrio ou, ao contrário, obter a taxa de reação direta a partir da taxa de reação reversa. Ao realizar cálculos cinéticos, deve ser usado o coeficiente de taxa conhecido com menor incerteza em toda a faixa de interesse, e a taxa na direção oposta é calculada a partir da constante de equilíbrio. Em uma faixa extensa de temperatura, diferentes escolhas podem ser feitas. O National Institute of Standards and Technology – NIST dos Estados Unidos (conhecido antigamente como U.S. Bureau of Standards) mantém um banco de dados de cinética química contendo informações sobre mais de 6000 reações [9].

Exemplo 4.2

Na sua revisão de determinações experimentais dos coeficientes de taxa de reação para o sistema N–H–O, Hanson e Salimian [10] recomendaram os seguintes coeficientes de taxa para a reação $NO + O \rightarrow N + O_2$:

$$k_f = 3{,}80 \times 10^9 \, T^{1{,}0} \exp(-20{,}820/T)[=] \, cm^3/mol\text{-}s.$$

Determine o coeficiente de taxa para a reação reversa k_r, isto é, $N + O_2 \rightarrow NO + O$, a 2300 K.

Solução

Os coeficientes de taxa para as reações direta e reversa são relacionados à constante de equilíbrio, K_p, via Eq. 4.43:

$$\frac{k_f(T)}{k_r(T)} = K_c(T) = K_p(T).$$

Assim, para encontrar k_r, precisamos calcular k_f e K_p a 2300 K. Das Eqs. 2.66 e 2.64, podemos avaliar K_p:

$$K_p = \exp\left(\frac{-\Delta G_T^o}{R_u T}\right),$$

onde

$$\Delta G_{2300\,K}^o = \left[\overline{g}_{f,N}^o + \overline{g}_{f,O_2}^o - \overline{g}_{f,NO}^o - \overline{g}_{f,O}^o\right]_{2300\,K}$$

$$= 326{,}331 + 0 - 61{,}243 - 101{,}627 \quad \text{(Tabelas A.8, A.9, A.11, A.12 do Apêndice)}$$

$$= 163{,}461 \, kJ/kmol$$

$$K_p = \exp\left(\frac{-163{,}461}{8{,}315(2300)}\right) = 1{,}94 \cdot 10^{-4} \quad \text{(adimensional)}$$

O coeficiente de taxa para a reação direta a 2300 K é

$$k_f = 3{,}8 \cdot 10^9 (2300) \exp\left(\frac{-20{,}820}{2300}\right)$$

$$= 1{,}024 \cdot 10^9 \, cm^3/mol\text{-}s.$$

Assim,

$$\boxed{k_r} = k_f / K_p = \frac{1{,}024 \cdot 10^9}{1{,}94 \cdot 10^{-4}} = \boxed{5{,}28 \cdot 10^{12} \, cm^3/mol\text{-}s}$$

Comentário

As reações usadas nesse exemplo fazem parte do importante mecanismo de Zeldovich ou mecanismo térmico para a formação de NO: $O + N_2 \Leftrightarrow NO + O$ e $N + O_2 \Leftrightarrow NO + O$. Exploraremos esse mecanismo mais detalhadamente em um exemplo a seguir, bem como no Capítulo 5.

Aproximação de estado estacionário

Em muitos sistemas químicos de interesse para a combustão, espécies químicas intermediárias altamente reativas, por exemplo, os radicais, são formadas. A análise desses sistemas pode, às vezes, ser simplificada pela aplicação da **aproximação de estado estacionário** a esses intermediários reativos ou radicais. Fisicamente, após uma subida abrupta da sua concentração, o radical passa a ser rapidamente destruído no mesmo momento em que é gerado, de modo que as suas taxas de formação e de destruição se tornam iguais [11]. Essa situação tipicamente ocorre quando a reação de formação de espécies químicas intermediárias é lenta, enquanto a reação de destruição dos intermediários é muito rápida. Como resultado, as concentrações do radical são muito pequenas em comparação com aquelas dos reagentes e dos produtos. Um bom exemplo dessa situação ocorre no mecanismo de Zeldovich para a formação do óxido nítrico, em que o intermediário reativo é o átomo de N:

$$O + N_2 \xrightarrow{k_1} NO + N$$

$$N + O_2 \xrightarrow{k_2} NO + O.$$

A primeira reação nesse par é lenta e, portanto, limitadora da taxa, enquanto a segunda é extremamente rápida. Podemos escrever a taxa de produção líquida de átomos N como

$$\frac{d[N]}{dt} = k_1[O][N_2] - k_2[N][O_2]. \quad (4.44)$$

Após um rápido transiente que resulta na acumulação de átomos de N até certa concentração relativamente baixa, os dois termos no lado direito da Eq. 4.44 se tornam iguais e d[N]/dt tende a zero. Com d[N]/d$t \to 0$, conseguimos determinar a concentração de N em regime estacionário:

$$0 = k_1[O][N_2] - k_2[N]_{ee}[O_2] \quad (4.45)$$

ou

$$[N]_{ee} = \frac{k_1[O][N_2]}{k_2[O_2]}. \quad (4.46)$$

Embora a utilização da aproximação de regime estacionário sugira que $[N]_{ee}$ não varia com o tempo, $[N]_{ee}$ pode variar, pois ele rapidamente se reajusta de acordo com a Eq. 4.46. Para determinar a taxa de variação com o tempo, diferenciamos a Eq. 4.46, em vez de aplicar a Eq. 4.44:

$$\frac{d[N]_{ee}}{dt} = \frac{d}{dt}\left[\frac{k_1[O][N_2]}{k_2[O_2]}\right]. \quad (4.47)$$

Na próxima seção, aplicaremos a aproximação de regime estacionário para o mecanismo das reações unimoleculares.

O mecanismo das reações unimoleculares

Na seção anterior, evitamos discutir o efeito da pressão nas reações unimoleculares até que tivéssemos um entendimento do conceito de mecanismo em múltiplas etapas. Para explicar a dependência em relação à pressão, precisamos invocar um mecanismo em três etapas:

$$A + M \xrightarrow{k_e} A^* + M, \quad (4.48a)$$

$$A^* + M \xrightarrow{k_{de}} A + M, \qquad (4.48b)$$

$$A^* \xrightarrow{k_{uni}} \text{produtos}. \qquad (4.48c)$$

Na primeira etapa, Eq. 4.48a, a molécula A colide com o terceiro corpo, M. Como resultado da colisão, parte da energia cinética de translação de M é transferida para a molécula A, ocasionando um aumento da energia interna nos modos de vibração e de rotação de A. A molécula A com elevada energia interna é denominada molécula A *energizada*, A^*. Após a energização da molécula A, duas coisas podem acontecer: A^* colide com outra molécula convertendo parte da sua energia interna de volta para energia cinética de translação em um processo inverso ao da energização (Eq. 4.48b), ou a molécula A^* se fragmenta em duas partes em um processo realmente unimolecular (Eq. 4.48c). Para observar o efeito da pressão, empregamos a expressão que descreve a taxa na qual os produtos são formados:

$$\frac{d[\text{produtos}]}{dt} = k_{uni}[A^*]. \qquad (4.49)$$

Para avaliar $[A^*]$, utilizamos a aproximação de estado estacionário discutida anteriormente. A produção líquida de A^* é expressa como

$$\frac{d[A^*]}{dt} = k_e[A][M] - k_{de}[A^*][M] - k_{uni}[A^*]. \qquad (4.50)$$

Se admitirmos que $d[A^*]/dt = 0$, seguindo algum transiente inicial rápido durante o qual $[A^*]$ atinge um estado estacionário, então podemos resolver $[A^*]$:

$$[A^*] = \frac{k_e[A][M]}{k_{de}[M] + k_{uni}}. \qquad (4.51)$$

Substituindo a Eq. 4.51 na Eq. 4.49, temos

$$\frac{d[\text{produtos}]}{dt} = \frac{k_{uni}k_e[A][M]}{k_{de}[M] + k_{uni}} = \frac{k_e[A][M]}{(k_{de}/k_{uni})[M] + 1}. \qquad (4.52)$$

Para a reação global,

$$A \xrightarrow{k_{ap}} \text{produtos}, \qquad (4.53)$$

escrevemos

$$-\frac{d[A]}{dt} = \frac{d[\text{produtos}]}{dt} = k_{ap}[A], \qquad (4.54)$$

onde k_{ap} é definido como o coeficiente de taxa unimolecular aparente. Equacionando as Eqs. 4.52 e 4.54, encontramos o coeficiente de taxa aparente na forma

$$k_{ap} = \frac{k_e[M]}{(k_{de}/k_{uni})[M] + 1}. \qquad (4.55)$$

Analisando a Eq. 4.55, podemos explicar a interessante dependência em relação à pressão nas reações unimoleculares. Quando a pressão é aumentada, $[M]$ ($kmol/m^3$) aumenta. Em pressões suficientemente altas, o termo $k_{de}[M]/k_{uni}$ torna-se muito maior que a unidade, e os valores de $[M]$ no numerador e no denominador da Eq. 4.55 cancelam-se. Assim,

$$k_{ap}(P \to \infty) = k_{uni} k_e / k_{de}. \quad (4.56)$$

Em pressões suficientemente baixas, k_{de} [M]/k_{uni} é muito menor que a unidade e pode ser negligenciado. Então,

$$k_{ap}(P \to 0) = k_e[\text{M}], \quad (4.57)$$

e a dependência da taxa de reação em relação a [M] torna-se aparente. Assim, vemos que o mecanismo em três etapas fornece uma explicação lógica para os limites em altas e baixas pressões para as reações unimoleculares. Procedimentos para obter os coeficientes de taxa para pressões entre esses dois limites são discutidos por Gardiner e Troe [12].

Reações em cadeia e de ramificação da cadeia

Reações em cadeia envolvem a produção de espécies químicas radicais que subsequentemente reagem produzindo outro radical. Esse radical, por sua vez, reage produzindo ainda outro radical. Essa sequência de eventos, ou reação em cadeia, continua até que uma reação envolvendo a formação de moléculas estáveis a partir de dois radicais quebre a cadeia. Reações em cadeia ocorrem em muitos processos químicos de importância em combustão, como veremos no Capítulo 5.

Na sequência, ilustraremos algumas das principais características das reações em cadeia por meio de um mecanismo em cadeia hipotético representado globalmente como:

$$A_2 + B_2 \to 2AB$$

A **reação iniciadora da cadeia** é

$$A_2 + M \xrightarrow{k_1} A + A + M \quad (C.1)$$

e as **reações propagadoras da cadeia** envolvendo os radicais livres A e B são

$$A + B_2 \xrightarrow{k_2} AB + B \quad (C.2)$$

$$B + A_2 \xrightarrow{k_3} AB + A. \quad (C.3)$$

A **reação finalizadora da cadeia** é

$$A + B + M \xrightarrow{k_4} AB + M. \quad (C.4)$$

Nos instantes iniciais da reação, a concentração do produto AB é pequena, assim como as concentrações dos radicais A e B durante o curso da reação. Logo, nesse estágio inicial, podemos negligenciar as reações reversas para determinar as taxas de reação das espécies químicas estáveis:

$$\frac{d[A_2]}{dt} = -k_1[A_2][M] - k_3[A_2][B], \quad (4.58)$$

$$\frac{d[B_2]}{dt} = -k_2[B_2][A], \quad (4.59)$$

$$\frac{d[AB]}{dt} = k_2[A][B_2] + k_3[B][A_2] + k_4[A][B][M]. \quad (4.60)$$

Para os radicais A e B, a aproximação de estado estacionário é invocada. Assim,

$$2k_1[A_2][M] - k_2[A][B_2] + k_3[B][A_2] - k_4[A][B][M] = 0 \quad (4.61)$$

e

$$k_2[A][B_2] - k_3[B][A_2] - k_4[A][B][M] = 0 \quad (4.62)$$

Resolver as Eqs. 4.61 e 4.62 simultaneamente para [A] fornece

$$[A] = \frac{k_1}{2k_2} \frac{[A_2][M]}{[B_2]} \left\{ 1 + \left[1 + \frac{4k_2 k_3}{k_1 k_4} \frac{[B_2]}{[M]^2} \right]^{1/2} \right\}. \quad (4.63)$$

Uma expressão similarmente complicada resulta para [B]. Conhecendo os valores em estado estacionário para [A] e [B], as taxas de reação iniciais $d[A_2]/dt$, $d[B_2]/dt$ e $d[AB]/dt$ podem ser determinadas para algumas concentrações iniciais de $[A_2]$ e $[B_2]$. Dessas três taxas de reação, $d[B_2]/dt$ é a mais simples e é expressa como

$$\frac{d[B_2]}{dt} = -\frac{k_1}{2}[A_2][M] \left\{ 1 + \left[1 + \frac{4k_2 k_3}{k_1 k_4} \frac{[B_2]}{[M]^2} \right]^{1/2} \right\}. \quad (4.64)$$

As Eqs. 4.63 e 4.64 podem ser simplificadas ainda mais ao reconhecer que o termo entre colchetes $4k_2k_3[B_2]/(k_1k_4[M]^2) \gg 1$. Essa desigualdade se aplica porque os coeficientes de taxa para as reações radicalares, k_2 e k_3, devem ser muito maiores do que k_1 e k_4 para que a aproximação de estado estacionário se aplique. Se admitirmos que a raiz quadrada de $4k_2k_3[B_2]/(k_1k_4[M]^2)$ também é muito maior do que a unidade, conseguiremos escrever expressões aproximadas para [A] e $d[B_2]/dt$ que podem ser facilmente analisadas:

$$[A] \approx \frac{[A_2]}{[B_2]^{1/2}} \left(\frac{k_1 k_3}{k_2 k_4} \right)^{1/2} \quad (4.65)$$

e

$$\frac{d[B_2]}{dt} \approx -[A_2][B_2]^{1/2} \left(\frac{k_1 k_2 k_3}{k_4} \right)^{1/2}. \quad (4.66)$$

A partir da Eq. 4.65, observamos que a concentração de radical varia com a raiz quadrada da razão entre o coeficiente de taxa k_1 da etapa iniciadora (C.1) e o coeficiente de taxa k_4 da etapa finalizadora trimolecular (C.4). Quanto maior a taxa da etapa iniciadora, maior a concentração de radicais e, inversamente, quanto maior a taxa da etapa finalizadora, menor a concentração de radical. A resposta da taxa de destruição de $[B_2]$ com k_1 e k_4 segue as mesmas considerações.

Observamos que aumentar os coeficientes k_2 e k_3 das etapas propagadoras da cadeia (C.2 e C.3) resulta no aumento da taxa de desaparecimento de $[B_2]$. Esse efeito é proporcional ao coeficiente de taxa da etapa de propagação, isto é, $k_{prop} \equiv (k_2 k_3)^{1/2}$. Os coeficientes de taxa das etapas propagadoras provavelmente apresentam um pequeno efeito sobre a concentração de radicais. Visto que k_2 e k_3 aparecem como uma razão na Eq. 4.65 e possuem magnitudes semelhantes, sua influência na concentração de radicais é pequena.

Esses simples argumentos de magnitude perdem a validade em pressões suficientemente altas, quando a hipótese de que 4 $k_2k_3[B_2]/(k_1k_4[M]^2) \gg 1$ deixa de ser válida. Lembre-se de que a concentração molar (kmol/m^3) é diretamente proporcional à pressão quando as frações molares e a temperatura estão fixas.

As **reações de ramificação da cadeia** envolvem a formação de dois radicais em uma reação que consome apenas um. A reação O + H$_2$O → OH + OH é um exemplo de uma reação de ramificação da cadeia. A existência de uma etapa de ramificação em um mecanismo em cadeia pode ter um efeito explosivo, literalmente. Por exemplo, o interessante comportamento explosivo apresentado pelas misturas de H$_2$ e O$_2$ (Capítulo 5) resulta das etapas de ramificação da cadeia.

Em um sistema que apresenta ramificação da cadeia, é possível que a concentração de um radical cresça em uma proporção geométrica, causando uma rápida formação de produtos. Nesse caso, ao contrário do exemplo hipotético anterior, a taxa da etapa iniciadora deixa de ser limitadora da taxa de reação global. Na presença de ramificação, as taxas das reações radicalares passam a limitar a taxa de reação global. As reações de ramificação são responsáveis pelo caráter autopropagante de uma chama e um ingrediente essencial na química da combustão.

Exemplo 4.3

Conforme já mencionado, um famoso mecanismo em cadeia é o mecanismo de Zeldovich, ou mecanismo térmico, para a formação do óxido nítrico a partir de nitrogênio atmosférico:

$$N_2 + O \xrightarrow{k_{1f}} NO + N$$

$$N + O_2 \xrightarrow{k_{2f}} NO + O.$$

Devido à segunda reação ser muito mais rápida do que a primeira, a aproximação de estado estacionário pode ser usada para avaliar a concentração de N. Além disso, em sistemas em alta temperatura, a reação de formação do NO é tipicamente muito mais lenta do que as outras reações envolvendo O$_2$ e O. Assim, é possível admitir que O$_2$ e O estão em equilíbrio:

$$O_2 \xrightarrow{K_p} 2O.$$

Construa um mecanismo global

$$N_2 + O_2 \xrightarrow{k_G} 2NO$$

representado como

$$\frac{d[NO]}{dt} = k_G[N_2]^m[O_2]^n,$$

isto é, determine k_G, m e n usando os coeficientes de taxa elementares, etc., a partir do mecanismo detalhado.

Solução

A partir das reações elementares, escrevemos

$$\frac{d[NO]}{dt} = k_{1f}[N_2][O] + k_{2f}[N][O_2]$$

$$\frac{d[N]}{dt} = k_{1f}[N_2][O] - k_{2f}[N][O_2],$$

onde admitimos que as taxas das reações reversas são negligenciáveis.

Usando a aproximação de estado estacionário, $d[N]/dt = 0$; assim,

$$[N]_{ee} = \frac{k_{1f}[N_2][O]}{k_{2f}[O_2]}.$$

Substituindo $[N]_{ee}$ nessa expressão para $d[NO]/dt$, obtemos

$$\frac{d[NO]}{dt} = k_{1f}[N_2][O] + k_{2f}[O_2]\left(\frac{k_{1f}[N_2][O]}{k_{2f}[O_2]}\right)$$

$$= 2k_{1f}[N_2][O].$$

Agora eliminamos $[O]$ usando a aproximação de equilíbrio,

$$K_p = \frac{P_O^2}{P_{O_2}P^o} = \frac{[O]^2(R_uT)^2}{[O_2](R_uT)P^o} = \frac{[O]^2}{[O_2]}\frac{R_uT}{P^o}$$

ou

$$[O] = \left[[O_2]\frac{K_p P^o}{R_u T}\right]^{1/2}.$$

Logo,

$$\frac{d[NO]}{dt} = 2k_{1f}\left(\frac{K_p P^o}{R_u T}\right)^{1/2}[N_2][O_2]^{1/2}.$$

Dessa descrição, identificamos os parâmetros globais:

$$\boxed{k_G \equiv 2k_{1f}\left(\frac{K_p P^o}{R_u T}\right)^{1/2}}$$

$$\boxed{\begin{array}{l} m = 1 \\ n = 1/2 \end{array}}$$

Comentário

Em muitos casos onde as reações globais são invocadas, a cinética detalhada não é conhecida. Esse exemplo mostra que parâmetros globais podem ser interpretados ou estimados a partir do conhecimento da química detalhada, o que permite testar ou verificar os mecanismos elementares a partir de medições globais. Observe também que os mecanismos globais desenvolvidos somente se aplicam à taxa de formação inicial de NO. Isso ocorre porque ignoramos as reações reversas, as quais tornam-se importantes à medida que a concentração de NO cresce.

Exemplo 4.4

Considere que, após a passagem de uma onda de choque, o ar atmosférico a 3 atm é aquecido a 2500 K. Utilize os resultados do Exemplo 4.3 para determinar:

A. A taxa de formação inicial de óxido nítrico em ppm/s.

B. A quantidade total de óxido nítrico formado (em ppm) até o tempo de 0,25 ms.

O coeficiente de taxa, k_{1f}, é [10]:

$$k_{1f} = 1,82 \cdot 10^{14} \exp[-38,370/T(K)]$$

$$[=] \text{ cm}^3/\text{mol-s}.$$

Solução

A. Encontre $d\chi_{NO}/dt$. Podemos avaliar $d[NO]/dt$ a partir de

$$\frac{d[NO]}{dt} = 2k_{1f} \left(\frac{K_p P^o}{R_u T} \right)^{1/2} [N_2][O_2]^{1/2},$$

onde admitimos que

$$\chi_{N_2} \cong \chi_{N_2, i} = 0,79$$

$$\chi_{O_2, e} \cong \chi_{O_2, i} = 0,21$$

pois χ_{NO} e χ_O são ambos provavelmente muito pequenos e, então, podem ser negligenciados quando estimamos os valores de χ_{N_2} e $\chi_{O_2, e}$.

Podemos converter as frações molares para concentrações molares (Eq. 4.40):

$$[N_2] = \chi_{N_2} \frac{P}{R_u T} = 0,79 \frac{3(101.325)}{8315(2500)}$$

$$= 1,155 \cdot 10^{-2} \text{ kmol/m}^3$$

$$[O_2] = \chi_{O_2} \frac{P}{R_u T} = 0,21 \frac{3(101.325)}{8315(2500)}$$

$$= 3,071 \cdot 10^{-3} \text{ kmol/m}^3$$

e avaliamos o coeficiente de taxa,

$$k_{1f} = 1,82 \cdot 10^{14} \exp[-38.370/2500]$$

$$= 3,93 \cdot 10^7 \text{ cm}^3/\text{mol-s}$$

$$= 3,93 \cdot 10^4 \text{ m}^3/\text{kmol-s}.$$

Para encontrar a constante de equilíbrio, utilizamos as Eqs. 2.64 e 2.66:

$$\Delta G_T^o = \left[(2) \bar{g}_{f,O}^o - (1)\bar{g}_{f,O_2}^o \right]_{2500 \text{ K}}$$

$$= 2(88.203) - (1)0 = 176.406 \text{ kJ/kmol} \quad \text{(Tabelas A.11 e A.12 do Apêndice)},$$

$$K_p = \frac{P_O^2}{P_{O_2} P^o} = \exp\left(\frac{-\Delta G_T^o}{R_u T} \right),$$

$$K_p P^o = \exp\left(\frac{-176.406}{8,315(2500)} \right) 1 \text{ atm} = 2,063 \cdot 10^{-4} \text{ atm} = 20,90 \text{ Pa}.$$

Podemos avaliar numericamente $d[NO]/dt$:

$$\frac{d[NO]}{dt} = 2(3,93 \cdot 10^4) \left(\frac{20,90}{8315(2500)} \right)^{1/2} 1,155 \cdot 10^{-2} (3,071 \cdot 10^{-3})^{1/2}$$

$$= 0,0505 \text{ kmol/m}^3\text{-s}$$

ou, em termos de partes por milhão,

$$\frac{d\chi_{NO}}{dt} = \frac{R_u T}{P} \frac{d[NO]}{dt}$$

$$= \frac{8315(2500)}{3(101.325)} 0,0505 = 3,45 \text{ (kmol/kmol)/s}$$

$$\boxed{\frac{d\chi_{NO}}{dt} = 3,45 \cdot 10^6 \text{ ppm/s}}$$

O leitor deve verificar que as unidades estejam corretas nesses cálculos de d[NO]/dt e dχ_{NO}/dt.

B. Encontre $\chi_{NO}(t = 0,25$ ms). Se admitirmos que as concentrações de N_2 e O_2 não mudam com o tempo e que as reações reversas não são importantes além dos primeiros 0,25 ms, podemos integrar d[NO]/dt ou χ_{NO}/dt diretamente, isto é,

$$\int_0^{[NO](t)} d[NO] = \int_0^t k_G [N_2][O_2]^{1/2} dt$$

assim

$$[NO](t) = k_G [N_2][O_2]^{1/2} t$$
$$= 0,0505(0,25 \cdot 10^{-3}) = 1,263 \cdot 10^{-5} \text{ kmol/m}^3$$

ou

$$\chi_{NO} = [NO] \frac{R_u T}{P}$$

$$= 1,263 \cdot 10^{-5} \left(\frac{8315(2500)}{3(101.325)} \right) = 8,64 \cdot 10^{-4} \text{ kmol/kmol}$$

$$\boxed{\chi_{NO} = 864 \text{ ppm}}$$

Comentário

Poderíamos substituir os valores determinados para NO nas equações dos coeficientes de taxa das reações reversas (do Exemplo 4.3) para ver a importância relativa dessas reações reversas no mecanismo de Zeldovich, a fim de verificar se a hipótese adotada na parte B era de fato válida.

O próximo capítulo delineará vários mecanismos cinéticos que têm importância em combustão e mostrará a utilidade da aplicação dos conceitos teóricos apresentados neste capítulo.

Escalas de tempo químicas características

Na análise de processos de combustão, é possível inferir informações cruciais acerca do comportamento do sistema a partir do conhecimento das escalas de tempo químicas características do processo. Mais precisamente, a relação entre as escalas de tempo químicas e as escalas convectivas ou de mistura é uma importante informação de análise. Nessa seção, desenvolveremos expressões que permitirão estimar as escalas de tempo químicas características das reações elementares.

Reações unimoleculares. Considere a reação unimolecular representada pela Eq. 4.53 e a sua respectiva expressão da taxa de reação, Eq. 4.54. Essa equação de taxa de reação pode ser integrada, admitindo temperatura constante, fornecendo a seguinte expressão para a variação temporal de [A]:

$$[A](t) = [A]_0 \exp(-k_{ap}t) \tag{4.67}$$

onde $[A]_0$ é a concentração inicial da espécie química A.

Da mesma forma que definimos um tempo característico, ou constante de tempo, para um circuito elétrico resistivo-capacitivo, estabelecemos um tempo característico químico, τ_{quim}, como o tempo necessário para que a concentração de A decresça do seu valor inicial até um valor igual a $1/e$ vezes o valor inicial ($e = 2{,}718$ é o número de Neper), isto é,

$$\frac{[A](\tau_{quim})}{[A]_0} = 1/e. \tag{4.68}$$

Assim, combinando as Eqs. 4.67 e 4.68,

$$1/e = \exp(-k_{ap}\tau_{quim}) \tag{4.69}$$

ou

$$\tau_{quim} = 1/k_{ap}. \tag{4.70}$$

A Eq. 4.70 mostra que para estimar a escala de tempo característica de reações unimoleculares é necessário apenas conhecer o coeficiente de taxa aparente, k_{ap}.

Reações bimoleculares. Considere agora a reação bimolecular

$$A + B \rightarrow C + D \tag{4.8}$$

e sua expressão de taxa

$$\frac{d[A]}{dt} = -k_{bi}[A][B]. \tag{4.9}$$

Para essa reação simples ocorrendo na ausência de outras reações, as concentrações de A e B estão relacionadas pela estequiometria. Da Eq. 4.8 vemos que para cada mol de A destruído, um mol de B também é destruído. Assim, qualquer variação em [A] é acompanhada por uma variação correspondente em [B]:

$$x \equiv [A]_0 - [A] = [B]_0 - [B]. \tag{4.71}$$

A concentração de B é então relacionada com a concentração de A simplesmente por

$$[B] = [A] + [B]_0 - [A]_0. \tag{4.72}$$

Substituindo a Eq. 4.71 na Eq. 4.9 e então integrando, obtemos:

$$\frac{[A](t)}{[B](t)} = \frac{[A]_0}{[B]_0} \exp[([A]_0 - [B]_0)k_{bi}t]. \tag{4.73}$$

Substituindo a Eq. 4.72 nessa equação e fazendo $[A]/[A]_0 = 1/e$ quando $t = \tau_{quim}$, a fim de determinar a escala de tempo química característica, temos

$$\tau_{quim} = \frac{\ln[e + (1-e)([A]_0/[B]_0)]}{([B]_0 - [A]_0)k_{bi}}, \qquad (4.74)$$

onde $e = 2{,}718$.

Frequentemente, um dos reagentes está presente em abundância muito maior do que o outro. Para a situação na qual $[B]_0 \gg [A]_0$, a Eq. 4.74 simplifica-se para

$$\tau_{quim} = \frac{1}{[B]_0 k_{bi}}. \qquad (4.75)$$

A partir das Eqs. 4.74 e 4.75, vemos que o tempo característico das reações bimoleculares depende somente das concentrações iniciais de reagentes e do valor do coeficiente de taxa.

Reações trimoleculares. Tratamos as reações trimoleculares de uma forma simples,

$$A + B + M \rightarrow C + M, \qquad (4.24)$$

pois, para um sistema à temperatura constante, a concentração do terceiro corpo de colisão [M] é constante, e a expressão para a taxa de reação, Eq. 4.25, torna-se matematicamente idêntica à expressão para a taxa bimolecular, na qual $k_{tri}[M]$ assume a mesma função que k_{bi}:

$$\frac{d[A]}{dt} = (-k_{tri}[M])[A][B]. \qquad (4.76)$$

O tempo característico para a reação trimolecular é então expresso como

$$\tau_{quim} = \frac{\ln[e + (1-e)([A]_0/[B]_0)]}{([B]_0 - [A]_0)k_{tri}[M]}, \qquad (4.77)$$

e, quando $[B]_0 \gg [A]_0$,

$$\tau_{quim} = \frac{1}{[B]_0[M]k_{tri}}. \qquad (4.78)$$

O exemplo a seguir ilustra a aplicação desses conceitos em algumas reações de interesse em combustão.

Exemplo 4.5

Considere as seguintes reações de combustão:

Reação	Coeficiente de taxa
i. $CH_4 + OH \rightarrow CH_3 + H_2O$	$k(cm^3/mol\text{-}s) = 1{,}00 \cdot 10^8 \, T(K)^{1,6} \exp[-1570/T(K)]$
ii. $CO + OH \rightarrow CO_2 + H$	$k(cm^3/mol\text{-}s) = 4{,}76 \cdot 10^7 \, T(K)^{1,23} \exp[-35{,}2/T(K)]$
iii. $CH + N_2 \rightarrow HCN + N$	$k(cm^3/mol\text{-}s) = 2{,}86 \cdot 10^8 \, T(K)^{1,1} \exp[-10.267/T(K)]$
iv. $H + OH + M \rightarrow H_2O + M$	$k(cm^6/mol^2\text{-}s) = 2{,}20 \cdot 10^{22} \, T(K)^{-2,0}$

A reação i é uma importante etapa na oxidação do CH_4, e a reação ii é a etapa-chave para a oxidação do CO. A reação iii é a etapa limitadora da taxa no mecanismo de NO imediato e a reação iv é uma típica reação de recombinação de radicais. A importância dessas e de outras reações será discutida mais detalhadamente no Capítulo 5.

Estime os tempos químicos característicos associados com o reagente menos abundante em cada uma dessas reações para as duas condições a seguir:

Condição I (temperatura baixa)

$T = 1344,3$ K
$P = 1$ atm
$\chi_{CH_4} = 2,012 \cdot 10^{-4}$
$\chi_{N_2} = 0,7125$
$\chi_{CO} = 4,083 \cdot 10^{-3}$
$\chi_{OH} = 1,818 \cdot 10^{-4}$
$\chi_{H} = 1,418 \cdot 10^{-4}$
$\chi_{CH} = 2,082 \cdot 10^{-9}$
$\chi_{H_2O} = 0,1864$

Condição II (temperatura alta)

$T = 2199,2$ K
$P = 1$ atm
$\chi_{CH_4} = 3,773 \cdot 10^{-6}$
$\chi_{N_2} = 0,7077$
$\chi_{CO} = 1,106 \cdot 10^{-2}$
$\chi_{OH} = 3,678 \cdot 10^{-3}$
$\chi_{H} = 6,634 \cdot 10^{-4}$
$\chi_{CH} = 9,148 \cdot 10^{-9}$
$\chi_{H_2O} = 0,1815$

Suponha que cada uma das quatro reações está desacoplada de todas as outras e que a concentração do terceiro corpo de colisão corresponde à soma das concentrações de N_2 e H_2O.

Solução

Para determinar os tempos característicos associados com cada uma dessas reações, utilizamos a Eq. 4.74 (ou a Eq. 4.75) para as reações bimoleculares i, ii e iii e a Eq. 4.77 (ou a Eq. 4.78) para a reação trimolecular iv. Para a reação i na condição I, tratamos o OH como a espécie química A, porque a sua fração molar é menor que a de CH_4. Convertendo de fração molar para concentração molar, temos

$$[OH] = \chi_{OH} \frac{P}{R_u T}$$

$$= 1\,818 \cdot 10^{-4} \frac{101.325}{8315(1344\,3)}$$

$$= 1,648 \cdot 10^{-6} \text{ kmol/m}^3 \text{ ou } 1,648 \cdot 10^{-9} \text{ mol/cm}^3$$

e

$$[CH_4] = \chi_{CH_4} \frac{P}{R_u T}$$

$$= 2,012 \cdot 10^{-4} \frac{101.325}{8315(1344,3)}$$

$$= 1,824 \cdot 10^{-6} \text{ kmol/m}^3 \text{ ou } 1,824 \cdot 10^{-9} \text{ mol/cm}^3.$$

Avaliando o coeficiente de taxa, dado em unidade CGS, obtemos

$$k_1 = 1,00 \cdot 10^8 (1344,3)^{1,6} \exp[-1507/1344,3]$$

$$= 3,15 \cdot 10^{12} \text{ cm}^3/\text{mol-s}.$$

Como $[CH_4]$ e $[OH]$ apresentam a mesma ordem de magnitude, utilizamos a Eq. 4.74 para avaliar τ_{quim}:

$$\tau_{OH} = \frac{\ln[2,718 - 1,718([OH]/[CH_4])]}{([CH_4]-[OH])k_i}$$

$$= \frac{\ln[2,718 - 1,718(1,648 \cdot 10^{-9}/1,824 \cdot 10^{-9})]}{(1,824 \cdot 10^{-9} - 1,648 \cdot 10^{-9})3,15 \cdot 10^{12}} = \frac{0,1534}{554,4}$$

$$\boxed{\tau_{OH} = 2,8 \cdot 10^{-4} \text{ s ou } 0,28 \text{ ms}}$$

Todos os tempos característicos para os reagentes menos abundantes das reações i–iii são computados de maneira semelhante e os resultados estão resumidos na tabela a seguir. Para a reação trimolecular iv na condição I,

$$[M] = \left(\chi_{N_2} + \chi_{H_2O}\right)\frac{P}{R_u T}$$

$$= (0,7125 + 0,1864)\frac{101.325}{8315(1344,3)}$$

$$= 8,148 \cdot 10^{-3} \text{ kmol/m}^3 \text{ ou } 8,148 \cdot 10^{-6} \text{ mol/cm}^3$$

e, da Eq. 4.77,

$$\tau_H = \frac{\ln[2,718 - 1,718([H]/[OH])]}{([OH] - [H])[M]k_{iv}}.$$

Calculando [H], [OH] e k_{iv} e substituindo nessa expressão, obtemos

$$\tau_H = \frac{\ln[2,718 - 1,718(1,285 \cdot 10^{-9})/(1,648 \cdot 10^{-9})]}{(1,648 \cdot 10^{-9} - 1,285 \cdot 10^{-9})8,149 \cdot 10^{-6}(1,217 \cdot 10^{16})}$$

$$\boxed{\tau_H = 8,9 \cdot 10^{-3} \text{ s ou } 8,9 \text{ ms}}$$

Um cálculo similar é realizado para a condição II e os resultados são mostrados na seguinte tabela:

Condição	Reação	Espécie química A	$k_i(T)$	τ_A(ms)
I	i	OH	$3,15 \times 10^{12}$	0,28
I	ii	OH	$3,27 \times 10^{11}$	0,084
I	iii	CH	$3,81 \times 10^{8}$	0,41
I	iv	H	$1,22 \times 10^{16}$	8,9
II	i	CH_4	$1,09 \times 10^{13}$	0,0045
II	ii	OH	$6,05 \times 10^{11}$	0,031
II	iii	CH	$1,27 \times 10^{10}$	0,020
II	iv	H	$4,55 \times 10^{15}$	2,3

Comentário

Observamos vários aspectos nesses resultados. Inicialmente, o aumento de temperatura de 1344 K para 2199 K diminui o tempo químico característico para todas as espécies químicas, mas não de modo significativo para as reações i e iii, CH_4 + OH e CH + N_2, respectivamente. Para a reação CH_4 + OH, o fator determinante do tempo característico é o decréscimo da concentração de CH_4, enquanto para a reação CH + N_2, a redução do tempo característico é determinada pelo aumento do coeficiente de taxa. Uma segunda observação é que os tempos característicos em ambas as condições variam muito entre as diversas reações. É particularmente interessante notar que tempos característicos muito longos estão associados com a reação de recombinação H + OH + M → H_2O + M, em comparação com aqueles das reações bimoleculares. O fato de reações de recombinação serem relativamente lentas desempenha um papel fundamental no uso de hipóteses de equilíbrio parcial para simplificar mecanismos cinéticos, conforme será apresentado na próxima seção. O último comentário é que a relação simplificada, Eq. 4.75, poderia ter sido utilizada com boa acurácia para a reação iii em ambas as condições de baixa e alta temperatura, assim como para a reação i na condição de alta temperatura, pois em todas essas situações um dos reagentes era muito mais abundante que o outro.

Equilíbrio parcial

Muitos processos de combustão envolvem simultaneamente reações rápidas e lentas, de modo que as reações rápidas ocorrem com alta velocidade nas duas direções, direta e reversa. Essas reações rápidas em geral são etapas propagadoras ou de ramificação, enquanto as reações lentas são reações de recombinação trimoleculares. Tratar as reações rápidas como se elas estivessem em equilíbrio simplifica a cinética química porque elimina a necessidade de resolver uma equação de taxa para o radical envolvido. Esse tratamento é denominado de **aproximação de equilíbrio parcial**. Ilustraremos essas ideias usando o seguinte mecanismo hipotético:

$$A + B_2 \rightarrow AB + B, \quad (P.1f)$$

$$AB + B \rightarrow A + B_2, \quad (P.1r)$$

$$B + A_2 \rightarrow AB + A, \quad (P.2f)$$

$$AB + A \rightarrow B + A_2, \quad (P.2r)$$

$$AB + A_2 \rightarrow A_2B + A, \quad (P.3f)$$

$$A_2B + A \rightarrow AB + A_2, \quad (P.3r)$$

$$A + AB + M \rightarrow A_2B + M. \quad (P.4f)$$

Nesse mecanismo, as espécies reativas intermediárias são A, B e AB, e as espécies químicas estáveis são A_2, B_2 e A_2B. Observe que as reações bimoleculares são agrupadas como pares de reação, direta e reversa (por exemplo, P.1f e P.1r). Supõe-se que as taxas de reação de cada reação para os três pares de reações bimoleculares sejam muito maiores que a taxa da reação de recombinação P.4f. Os pares de reações bimoleculares comportando-se dessa forma são chamados de reações de **embaralhamento**, pois as espécies químicas radicais envolvidas distribuem-se entre as reações, ora como reagentes, ora como produtos, sendo que, em cada par de reações, cada radical desloca (ou substitui) outro das diferentes moléculas estáveis. Além disso, admitimos que as taxas direta e reversa em cada par são iguais, isto é,

$$k_{P.1f}[A][B_2] = k_{P.1r}[AB][B], \quad (4.79a)$$

$$k_{P.2f}[B][A_2] = k_{P.2r}[AB][A], \quad (4.79b)$$

e

$$k_{P.3f}[AB][A_2] = k_{P.3r}[A_2B][A], \quad (4.79c)$$

ou

$$\frac{[AB][B]}{[A][B_2]} = K_{p,1}, \quad (4.80a)$$

$$\frac{[AB][A]}{[B][A_2]} = K_{p,2}, \quad (4.80b)$$

e

$$\frac{[A_2B][A]}{[AB][A_2]} = K_{p,3}. \quad (4.80c)$$

A solução simultânea das Eqs. 4.80a, b e c permite que as concentrações dos radicais A, B e AB sejam expressas em termos das concentrações das espécies estáveis A_2, B_2 e A_2B, eliminando a necessidade de resolver equações de taxas para esses radicais, isto é,

$$[A] = K_{p,3}(K_{p,1}K_{p,2}[B_2])^{1/2}\frac{[A_2]^{3/2}}{[A_2B]}, \quad (4.81a)$$

$$[B] = K_{p,3}K_{p,1}\frac{[A_2][B_2]}{[A_2B]}, \quad (4.81b)$$

e

$$[AB] = (K_{p,1}K_{p,2}[A_2][B_2])^{1/2}. \quad (4.81c)$$

Conhecendo as concentrações de radicais das Eqs. 4.81a, b e c podemos calcular a taxa de formação de produto da reação P.4f:

$$\frac{d[A_2B]}{dt} = k_{P.4f}[A][AB][M]. \quad (4.82)$$

Obviamente, para integrar a Eq. 4.82, $[A_2]$ e $[B_2]$ devem ser conhecidos ou calculados a partir da integração de equações similares.

Note que o resultado final de invocar a hipótese de equilíbrio parcial ou a aproximação de estado estacionário é a mesma: a concentração de um radical passa a ser determinada por uma equação algébrica, em vez de resultar da integração de uma equação diferencial ordinária. Porém, lembre que, fisicamente, as duas aproximações são bastante diferentes: enquanto a aproximação de equilíbrio parcial força uma reação, ou conjunto de reações, a permanecer em equilíbrio, a aproximação de estado estacionário força a taxa de produção líquida de uma ou mais espécies químicas a permanecer nula.

Há muitos exemplos na literatura de combustão onde a aproximação de equilíbrio parcial é utilizada para simplificar um problema. Dois casos particularmente interessantes são o cálculo das concentrações de monóxido de carbono no período de expansão em um motor a combustão interna [13, 14] e o cálculo das emissões de óxido nítrico em chamas em jato turbulentas [15, 16]. Em ambos os problemas, as lentas reações de recombinação elevam as concentrações de radicais a valores maiores que os seus respectivos valores de equilíbrio.

MECANISMOS REDUZIDOS

Os mecanismos detalhados de interesse em combustão envolvem muitas reações elementares entre várias espécies químicas. Por exemplo, o mecanismo de oxidação do metano que será apresentado no Capítulo 5 considera 325 etapas elementares entre 53 espécies químicas. Em modelos computacionais de sistemas complexos, como os motores a combustão interna de ignição por centelha, a solução simultânea de equações de conservação transientes e tridimensionais para os campos de velocidade, pressão, temperatura e as concentrações de inúmeras espécies químicas torna-se uma tarefa formidável. Muitos dias de tempo computacional podem ser necessários para resolver uma única simulação. A fim de reduzir o esforço computacional nessas simulações, pesquisadores e profissionais frequentemente empregam **mecanismos reduzidos de cinética química**. Esses mecanismos são projetados para capturar os principais aspectos do processo de combustão em análise, sem envolver detalhes desnecessários inerentes à generalidade dos mecanismos complexos.

As técnicas de redução de mecanismos envolvem a eliminação, tanto de espécies químicas, quanto de reações elementares relativamente não importantes, usando análises de sensibilidade [18], ou outros meios, a fim de gerar um mecanismo esquelético. O mecanismo esquelético (que se assemelha ao mecanismo detalhado porque consiste somente em etapas elementares, embora com um número bem reduzido) pode ser reduzido ainda mais utilizando a aproximação de estado estacionário para alguns radicais selecionados e a aproximação de equilíbrio parcial para um conjunto ou conjuntos de reações elementares [23]. Essas duas aproximações foram discutidas nas seções anteriores. O resultado é um conjunto de reações globais envolvendo um número menor de espécies químicas. Os critérios para a eliminação de espécies e reações químicas em geral estão relacionados às aplicações específicas. Por exemplo, um mecanismo reduzido pode fornecer resultados acurados na previsão de atraso de ignição, enquanto outros mecanismos reduzidos para o mesmo combustível são baseados em previsões acuradas da velocidade de propagação de chamas pré-misturadas.

Muitas ferramentas para a redução de mecanismos têm sido desenvolvidas. As Refs. [18-26] fornecem um ponto de partida para a literatura nessa área. Retomamos os mecanismos reduzidos na nossa discussão de alguns mecanismos químicos de importância para a combustão no Capítulo 5.

CATÁLISE E REAÇÕES HETEROGÊNEAS

Nossa discussão de cinética química enfocou até agora as reações que ocorrem em fase gasosa. Como todas as espécies químicas, reagentes e produtos, estão na mesma fase (gasosa), tais reações são denominadas de reações **homogêneas**. Agora, introduziremos o tópico reações **heterogêneas**, no qual consideraremos sistemas em que as substâncias participantes da reação não existem em uma única fase. Tais sistemas heterogêneos compreendem várias combinações de fases gasosas, líquidas e sólidas. Sistemas gás-sólido de interesse em combustão incluem a combustão do carbono fixo (*char*) do carvão mineral; a conversão catalítica de gases de exaustão de motores a combustão interna; a combustão catalítica de gás natural, uma tecnologia avançada com aplicação em turbinas a gás [27], e outras.

Reações em uma superfície sólida

A física das reações heterogêneas difere muito daquela das reações homogêneas em fase gasosa. Nessas últimas, moléculas reagentes colidem e reagem, rearranjando ligações entre átomos e formando produtos. Para que a reação aconteça, a colisão deve ocorrer com energia suficiente e em uma orientação favorável para as moléculas dos reagentes, conforme discutimos no início desse capítulo. Embora essa descrição seja demasiadamente simplificada, a física básica das reações homogêneas é simples. Já as reações heterogêneas requerem que consideremos os processos adicionais de adsorção de moléculas da fase gasosa para a superfície sólida e o processo reverso de dessorção. Há dois tipos de processos de adsorção: adsorção física e adsorção química. Na **adsorção física**, as moléculas dos gases são retidas na superfície sólida por forças de van der Waals, enquanto na **adsorção química**, as ligações químicas prendem as moléculas dos gases na superfície. Em muitos sistemas, há um espectro de forças de ligação entre esses dois extremos. A adsorção física é reversível, assim, o equilíbrio é rapidamente atingido entre as moléculas em fase gasosa e aquelas adsorvidas na superfície. Já a adsorção química é frequentemente irreversível. Nesses casos, a molécula adsorvida é fortemente ligada ao sólido e impedida de retornar à fase gasosa. Esse atributo da adsorção química é importante na nossa discussão de reações heterogêneas e catálise no sentido de que a molécula adsorvida quimicamente ainda é capaz de reagir com moléculas adsorvidas em locais adjacentes para formar um produto que, por sua vez, pode retornar à fase gasosa. No processo de adsorção, as moléculas adsorvem em locais específicos na superfície sólida. Por exemplo, alguns desses locais podem ser as bordas de um cristal, enquanto outros podem estar sobre as faces do cristal. Locais específicos promotores de reação química são conhecidos como **sítios ativos**. O entendimento da natureza dos locais ativos típicos para a oxidação da matriz de carbono fixo do carvão e da fuligem é uma área de pesquisa em franca atividade.

A fim de ilustrar essas ideias, consideraremos a oxidação de CO para CO_2 sobre uma superfície de platina. A Fig. 4.2 mostra a adsorção química de uma molécula de oxigênio em dois locais disponíveis. Representamos essa reação como

$$O_2 + 2Pt(s) \rightarrow 2O(s), \qquad (HR.1)$$

onde a notação (s) é usada para representar um sítio de platina disponível, isto é, Pt(s), e também um átomo de oxigênio adsorvido, isto é, O(s). Usando a mesma notação para as moléculas adsorvidas de CO e CO_2, escrevemos as etapas remanescentes para a oxidação do CO:

$$CO + Pt(s) \rightarrow CO(s) \qquad (HR.2)$$

$$CO(s) + O(s) \rightarrow CO_2(s) + Pt(s) \qquad (HR.3)$$

$$CO_2(s) \rightarrow CO_2 + Pt(s) \qquad (HR.4)$$

Na Eq. HR.2, uma molécula de CO em fase gasosa é adsorvida em um sítio disponível de platina. A etapa HR.3 representa a reação de uma molécula adsorvida de CO com um átomo adsorvido de O produzindo uma molécula adsorvida de CO_2. Para essa reação ocorrer, as espécies químicas reagentes adsorvidas devem estar próximas para permitir o rearranjo das ligações químicas. A última etapa, HR.4, representa a dessorção da molécula de CO_2 para a fase gasosa e a consequente disponibilização de um sítio de platina. O efeito líquido dessas quatro etapas é

$$O_2 + 2CO \rightarrow 2CO_2, \qquad (HR.5)$$

onde multiplicamos as reações HR.2–HR.4 por dois e somamos as reações resultantes com HR.1.

Observamos que, da Eq. HR.5, a platina não é consumida, ainda assim, a presença dela é fundamental para que a reação ocorra (Eqs. HR.1–HR.4). Esse resultado ilustra a definição tradicional de catalisador [28]. Um **catalisador** é uma substância

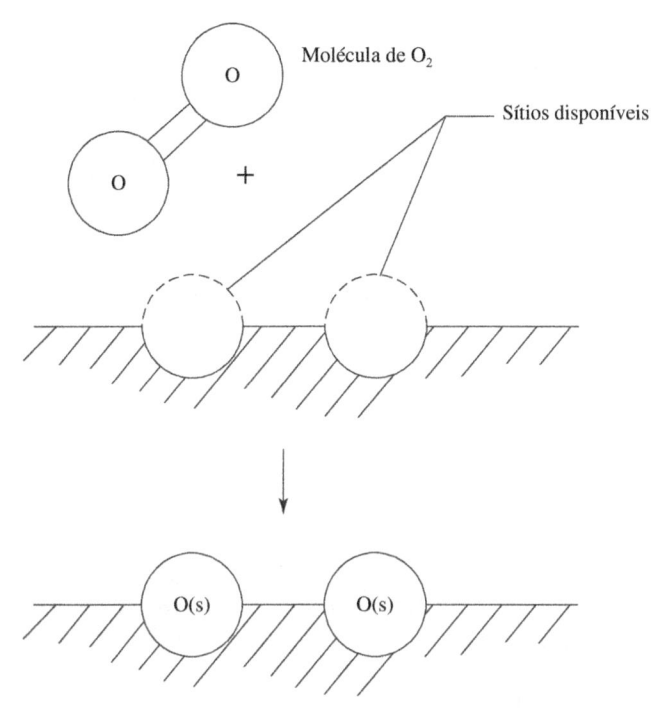

Figura 4.2 Uma molécula de oxigênio é adsorvida na superfície de um sólido, ocupando dois sítios disponíveis. Isso resulta na disponibilidade de dois átomos de oxigênio para reagir heterogeneamente. Por exemplo, na oxidação catalítica de CO sobre platina, um átomo de O adsorvido reage com uma molécula de CO adsorvida para formar CO_2 e liberar um sítio de platina, isto é, $O(s) + CO(s) \rightarrow CO_2(s) + Pt(s)$.

que aumenta a velocidade de uma reação química sem que ela mesma sofra transformação. Para o nosso exemplo da oxidação do CO, vemos que o caminho expresso pelas Eqs. HR.1–HR.5 oferece uma rota alternativa para a oxidação homogênea do CO em fase gasosa, a qual discutiremos em detalhes no Capítulo 5. Na aplicação no tratamento pós-combustão das emissões automotivas, o uso de catalisadores de metais nobres (Pt, Pd e Rh) permite a oxidação do CO nas temperaturas típicas da exaustão dos automóveis, temperaturas essas que são muito baixas para permitir qualquer oxidação de CO em fase gasosa.

Também notamos que a presença do catalisador não altera a composição da mistura em equilíbrio. De fato, um catalisador pode ser usado para levar um sistema lentamente reativo de um estado de não equilíbrio para o seu estado final de equilíbrio.

Mecanismos detalhados

Seguindo o nosso tratamento da química homogênea (veja as Eqs. 4.29–4.34), os mecanismos detalhados para a química heterogênea também podem ser expressos em uma forma compacta. Para definir um conjunto de reações análogo àquele expresso pela Eq. 4.29, observamos que os sítios ativos (disponíveis) são tratados como uma espécie química. Além disso, as espécies químicas que existem tanto em fase gasosa quanto adsorvidas na superfície do sólido são tratadas como espécies químicas diferentes. Por exemplo, o mecanismo simples expresso pelas Eqs. HR.1-HR.5 envolve sete espécies químicas: O_2, $O(s)$, $Pt(s)$, CO, $CO(s)$, CO_2 e $CO_2(s)$.

Em sistemas heterogêneos, a taxa de produção da espécie química j associada com as reações superficiais é denotada $\dot{s}_j$ e tem unidades de $kmol/m^2$-s. Assim, para um mecanismo heterogêneo em múltiplas etapas envolvendo N espécies químicas e L etapas de reação

$$\dot{s}_j = \sum_{i=1}^{L} \nu_{ji} \dot{q}_i^s \quad \text{para} \quad j = 1, 2, \ldots N \tag{4.83}$$

onde

$$\nu_{ji} = (\nu_{ji}'' - \nu_{ji}') \tag{4.84}$$

e

$$\dot{q}_i^s = k_{fi} \prod_{j=1}^{N} [X_j]^{\nu_{ji}'} - k_{ri} \prod_{j=1}^{N} [X_j]^{\nu_{ji}''}. \tag{4.85}$$

Enfatizamos que as Eqs. 4.83–4.85 aplicam-se somente conjunto de reações que forma o mecanismo para o sistema heterogêneo. Observe que ao aplicar a variável de progresso de reação $\dot{q}_i^s$ no sistema heterogêneo, as unidades associadas com as concentrações das espécies químicas $[X_j]$ dependem se a espécie química existe em fase gasosa, por exemplo, CO, ou associada com a superfície, por exemplo, $CO(s)$. Considere o mecanismo heterogêneo simples expresso pelas Eqs. HR.1–HR4. Para esse mecanismo, a taxa de produção líquida do CO seria simplesmente

$$\dot{s}_{CO} = -k_1 [CO][Pt(s)]. \tag{4.86}$$

Aqui, as unidades associadas são $\dot{s}_{CO}$ $[=]$ $kmol/m^2$-s, $[CO]$ $[=]$ $kmol/m^3$ e $[Pt(s)]$ $[=]$ $kmol/m^2$. As unidades associadas com a constante da taxa k_1 são $m^3/kmol$ nesse caso. Em geral, as unidades do coeficiente de taxa dependem da reação específica.

A Fig. 4.3 ilustra um sistema no qual tanto a química homogênea como a heterogênea são importantes. Aqui, a mistura gasosa é contida em um reservatório de volume constante. Uma das paredes do reservatório é cataliticamente ativa e tem uma área A. O interesse está na oxidação do CO contido no reservatório. Admitimos que

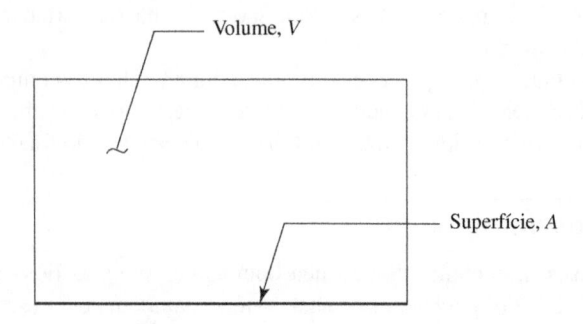

Figura 4.3 Reações em fase gasosa ocorrem de maneira uniforme ao longo de todo o volume V simultaneamente com reações heterogêneas acontecendo na superfície cataliticamente ativa A.

a mistura gasosa é homogênea, conforme ocorreria caso a mistura fosse continuamente agitada pela hélice de um ventilador. Além disso, admitimos que as reações superficiais ocorrem uniformemente sobre a área A. Com essas hipóteses, podemos expressar a taxa de produção mássica líquida de CO a partir das reações químicas como a combinação das taxas das reações em fase gasosa e na superfície conforme:

$$(\dot{m}_{CO})_{quim} = \dot{\omega}_{CO} MW_{CO} V + \dot{s}_{CO} MW_{CO} A, \quad (4.87)$$

onde MW_{CO} é a massa molar de CO, $\dot{\omega}_{CO}$ é a taxa de produção molar de CO por unidade de volume (kmol/m^3) definida pela Eq. 4.31 e $\dot{s}_{CO}$ é a taxa de produção molar de CO por unidade de área da superfície catalítica (kmol/m^2) definida pela Eq. 4.83. Obviamente, se o CO está sendo oxidado, a taxa de produção líquida deveria resultar negativa.

RESUMO

Neste capítulo, exploramos muitos conceitos essenciais para o entendimento da química da combustão. Você precisa saber distinguir entre reações e mecanismos globais e elementares e reconhecer os tipos de reações elementares, isto é, unimoleculares, bimoleculares e trimoleculares. Você também deve entender a relação entre a teoria de colisão molecular e as taxas de reação, particularmente o significado físico do fator estérico, do fator pré-exponencial e da energia de ativação, componentes da constante de taxa que têm suas origens na teoria de colisão. Também desenvolvemos o conceito de taxa de produção líquida de espécies químicas e os procedimentos para formular as equações apropriadas a partir do conhecimento do mecanismo detalhado. Uma notação compacta foi apresentada para facilitar os cálculos usando computadores. Você deve entender os mecanismos de reação em cadeia e os conceitos de iniciação, propagação e finalização da cadeia. A aproximação de estado estacionário para espécies químicas altamente reativas, como átomos e outros radicais, foi introduzida e usada para simplificar os mecanismos de reação em cadeia. A aproximação de equilíbrio parcial também foi discutida. Introduzimos o conceito de mecanismo reduzido no qual um mecanismo detalhado é reduzido pela eliminação de espécies químicas e reações menos importantes e então simplificado usando as hipóteses de estado estacionário e equilíbrio parcial. O mecanismo de Zeldovich para a formação do óxido nítrico foi usado nos exemplos para ilustrar a maioria dos conceitos. O capítulo foi finalizado com uma discussão das características e dos mecanismos detalhados para a cinética química dos sistemas heterogêneos. A oxidação do CO na presença de uma superfície de platina serviu para exemplificar os conceitos apresentados.

LISTA DE SÍMBOLOS

A	Fator pré-exponencial (várias unidades)
b	Expoente da temperatura
E_A	Energia de ativação (J/kmol)
k	Coeficiente de taxa (várias unidades)
k_B	Constante de Boltzmann, $1,381 \times 10^{-23}$ (J/K)
K_c	Constante de equilíbrio expressa em concentrações (unidades de concentração)

K_p	Constante de equilíbrio expressa em pressões parciais (unidades de pressão)
m	Massa (kg) ou ordem da reação
M	Terceiro corpo de colisão
MW	Massa molar (kg/kmol)
n	Ordem da reação
n/V	Concentração molecular (moléculas/m^3 ou 1/m^3)
N_{AV}	Número de Avogadro, $6,022 \times 10^{26}$ (moléculas/kmol)
p	Fator estérico
P	Pressão
$\mathcal{P}$	Probabilidade
q	Variável de taxa de progresso, Eq. 4.33
R_u	Constante universal dos gases (J/kmol-K)
$\dot{s}$	Taxa de produção líquida de espécies químicas para reações superficiais (kmol/m^2-s)
t	Tempo (s)
T	Temperatura (K)
v	Velocidade (m/s)
$\bar{v}$	Velocidade média Maxwelliana (m/s)
V	Volume (m^3)
X_j	Fórmula química para a espécie química j, Eq. 4.29
Z_c	Frequência de colisão (1/s)

Símbolos gregos

Δt	Intervalo de tempo (s)
μ	Massa reduzida (kg)
ν'	Coeficiente estequiométrico para reagentes
ν''	Coeficiente estequiométrico para produtos
ν_{ji}	$\nu''_{ji} - \nu'_{ji}$, Eq. 4.32
χ	Fração molar
$\dot{\omega}$	Taxa de produção molar líquida de espécies químicas por unidade de volume (kmol/m^3-s)

Subscritos

ap	Aparente
bi	Bimolecular
de	Desenergizado
e	Energizado
f	Direta
F	Combustível
G	Global ou total
i	i-ésima espécie química
Ox	Oxidante
Pr	Produtos
r	Reversa
ee	Estado estacionário
tri	Trimolecular

| uni | Unimolecular |
| 0 | Inicial |

Outras notações

| [X] | Concentração molar da espécie química X (kmol/m^3) |
| Π | Produtório |

REFERÊNCIAS

1. Kee, R. J., Rupley, F. M. e Miller, J. A., "Chemkin-II: A Fortran Chemical Kinetics Package for the Analysis of Gas-Phase Chemical Kinetics," Sandia National Laboratories Report SAND89-8009, March 1991.
2. Gardiner, W. C., Jr., *Rates and Mechanisms of Chemical Reactions,* Benjamin, Menlo Park, CA, 1972.
3. Benson, S. W., *The Foundations of Chemical Kinetics,* McGraw-Hill, New York, 1960.
4. Warnatz, J., "Rate Coefficients in the C/H/O System," Chapter 5 in *Combustion Chemistry* (W. C. Gardiner, Jr., ed.), Springer-Verlag, New York, pp. 197–360, 1984.
5. IMSL, Inc., "DGEAR," IMSL Library, Houston, TX.
6. Hindmarsh, A. C., "ODEPACK, A Systematic Collection of ODE Solvers," *Scientific Computing–Applications of Mathematics and Computing to the Physical Sciences* (R. S. Stapleman, ed.), North-Holland, Amsterdam, p. 55, 1983.
7. Bittker, D. A. e Soullin, V. J., "GCKP-84-General Chemical Kinetics Code for Gas Flow and Batch Processing Including Heat Transfer," NASA TP-2320, 1984.
8. Pratt, D. T. e Radhakrishnan, K., "CREK-ID: A Computer Code for Transient, Gas-Phase Combustion Kinetics," NASA Technical Memorandum TM-83806, 1984.
9. National Institute of Standards and Technology, *NIST Chemical Kinetics Database,* NIST, Gaithersburg, MD, published annually.
10. Hanson, R. K. e Saliman, S., "Survey of Rate Constants in the N/H/O System," Chapter 6 in *Combustion Chemistry* (W. C. Gardiner, Jr., ed.), Springer-Verlag, New York, pp. 361–421, 1984.
11. Williams, F. A., *Combustion Theory,* 2nd Ed., Addison-Wesley, Redwood City, CA, p. 565, 1985.
12. Gardiner, W. C., Jr. e Troe, J., "Rate Coefficients of Thermal Dissociation, Isomerization, and Recombination Reactions," Chapter 4 in *Combustion Chemistry* (W. C. Gardiner, Jr., ed.), Springer-Verlag, New York, pp. 173–196, 1984.
13. Keck, J. C. e Gillespie, D., "Rate-Controlled Partial-Equilibrium Method for Treating Reactive Gas Mixtures," *Combustion and Flame,* 17: 237–241 (1971).
14. Delichatsios, M. M., "The Kinetics of CO Emissions from an Internal Combustion Engine," S.M. Thesis, Massachusetts Institute of Technology, Cambridge, MA, June 1972.
15. Chen, C.-S., Chang, K.-C. e Chen, J.-Y., "Application of a Robust β-pdf Treatment to Analysis of Thermal NO Formation in Nonpremixed Hydrogen–Air Flame," *Combustion and Flame,* 98: 375–390 (1994).
16. Janicka, J. e Kollmann, W., "A Two-Variables Formalism for the Treatment of Chemical Reactions in Turbulent H_2–Air Diffusion Flames," *Seventeenth Symposium (International) on Combustion,* The Combustion Institute, Pittsburgh, PA, p. 421, 1979.

17. Svehla, R. A., "Estimated Viscosities and Thermal Conductivities of Gases at High Temperature," NASA Technical Report R-132, 1962.
18. Tomlin, A. S., Pilling, M. J., Turanyi, T., Merkin, J. H. e Brindley, J., "Mechanism Reduction for the Oscillatory Oxidation of Hydrogen: Sensitivity and Quasi-Steady State Analyses," *Combustion and Flame,* 91: 107–130 (1992).
19. Peters, N. and Rogg, B. (eds.), *Reduced Kinetic Mechanisms for Applications in Combustion Systems,* Lecture Notes in Physics, m 15, Springer-Verlag, Berlin, 1993.
20. Sung, C. J., Law, C. K. e Chen, J.-Y., "Augmented Reduced Mechanisms for NO Emission in Methane Oxidation," *Combustion and Flame,* 125: 906–919 (2001).
21. Montgomery, C. J., Cremer, M. A., Chen, J.-Y., Westbrook, C. K. e Maurice, L. Q., "Reduced Chemical Kinetic Mechanisms for Hydrocarbon Fuels," *Journal of Propulsion and Power,* 18: 192–198 (2002).
22. Bhattacharjee, B., Schwer, D. A., Barton, P. I. e Green, W. H., Jr., "Optimally-Reduced Kinetic Models: Reaction Elimination in Large-Scale Kinetic Mechanisms," *Combustion and Flame,* 135: 191–208 (2003).
23. Lu, T. e Law, C. K., "A Directed Relation Graph Method for Mechanism Reduction," *Proceedings of the Combustion Institute,* 30: 1333–1341 (2005).
24. Brad, R. B., Tomlin, A. S., Fairweather, M. e Griffiths, J. F., "The Application of Chemical Reduction Methods to a Combustion System Exhibiting Complex Dynamics," *Proceedings of the Combustion Institute,* 31: 455–463 (2007).
25. Lu, T. e Law, C. K., "Towards Accommodating Realistic Fuel Chemistry in Large-Scale Computation," *Progress in Combustion Science and Technology,* 35: 192–215 (2009).
26. Law, C. K., *Combustion Physics,* Cambridge University Press, New York, 2006.
27. Dalla Betta, R. A., "Catalytic Combustion Gas Turbine Systems: The Preferred Technology for Low Emissions Electric Power Production and Co-generation," *Catalysis Today,* 35: 129–135 (1997).
28. Brown, T. L., Lemay, H. E., Bursten, B. E., Murphy, C. J. e Woodward, P. M., *Chemistry: The Central Science,* 11th Ed., Prentice Hall, Upper Saddle River, NJ, 2008.

EXERCÍCIOS

4.1 Faça uma lista de todas as palavras marcadas em negrito ao longo do Capítulo 4 e discuta o seu significado.

4.2 Várias espécies químicas e suas fórmulas estruturais são fornecidas a seguir. Usando esquemas de moléculas em colisão, mostre que a reação $2H_2 + O_2 \rightarrow 2H_2O$ é altamente improvável, com base em colisões simples e nas estruturas dadas.

$$H_2 : H-H$$
$$O_2 : O=O$$
$$H_2O : H\overset{O}{\diagdown}H$$

4.3 Considere a reação $H_2 + O_2 \rightarrow HO_2 + H$. Mostre que ela é provavelmente uma reação elementar. Use um esquema, como no problema 4.2. A estrutura do radical hidroperóxido é H–O–O.

4.4 Considere a reação $CH_4 + O_2 \rightarrow CH_3 + HO_2$. Embora a molécula de CH_4 possa colidir com uma molécula de O_2, uma reação química pode não necessariamente ocorrer. Liste dois fatores importantes que determinam quando uma colisão resulta em reação química.

4.5 Considere a reação global para a oxidação de propano:

$$C_3H_8 + 5O_2 \rightarrow 3CO_2 + 4H_2O.$$

O seguinte mecanismo global foi proposto para essa reação:

Taxa de reação = $8{,}6 \times 10^{11} \exp(-30/R_u T)[C_3H_8]^{0{,}1}[O_2]^{1{,}65}$,

no qual os parâmetros possuem unidades no sistema CGS (cm, s, mol, kcal, K).

A. Identifique a ordem da reação com relação ao propano.

B. Identifique a ordem da reação com relação ao O_2.

C. Qual é a ordem global da reação?

D. Identifique a energia de ativação para a reação.

4.6 Em um mecanismo global de uma etapa para a combustão do butano, a reação é de ordem 0,15 em relação ao butano e 1,6 em relação ao oxigênio. O coeficiente da taxa pode ser expresso em uma forma de Arrhenius com fator pré-exponencial de $4{,}16 \times 10^9$ [(kmol/m^3)$^{-0{,}75}$/s] e energia de ativação de 125000 kJ/kmol. Escreva uma expressão para a taxa de destruição do butano, $d[C_4H_{10}]/dt$.

4.7 Usando os resultados do problema 4.6, determine a taxa de oxidação do butano por unidade de volume, em kg/s-m^3, para uma mistura de combustível e ar com razão de equivalência de 0,9, temperatura de 1200 K e pressão de 1 atm.

4.8 Classifique as seguintes reações como globais ou elementares. Para aquelas identificadas como elementares, classifique-as a seguir como unimoleculares, bimoleculares ou trimoleculares. Explique suas escolhas.

A. $CO + OH \rightarrow CO_2 + H$.

B. $2CO + O_2 \rightarrow 2CO_2$.

C. $H_2 + O_2 \rightarrow H + H + O_2$.

D. $HOCO \rightarrow H + CO_2$.

E. $CH_4 + 2O_2 \rightarrow CO_2 + 2H_2O$.

F. $OH + H + M \rightarrow H_2O + M$.

4.9 Os seguintes diâmetros de colisão de esfera rígida, σ, foram obtidos de Svehla [17]:

Molécula	σ (Å)
H	2,708
H_2	2,827
OH	3,147
H_2O	2,641
O	3,050
O_2	3,467

Usando esses dados com a Eq. 4.17 e a Tabela 4.1, determine a expressão dependente da temperatura para os fatores estéricos das reações a seguir. Calcule o valor dos fatores estéricos para 2500 K. Seja cuidadoso com as unidades e lembre que a massa reduzida pode ser expressa em g ou kg.

$$H + O_2 \rightarrow OH + O$$
$$OH + O \rightarrow O_2 + H.$$

4.10 Na combustão do metano, o seguinte par de reações é importante:

$$CH_4 + M \underset{k_r}{\overset{k_f}{\Leftrightarrow}} CH_3 + H + M,$$

onde o coeficiente de taxa da reação reversa é dado por

$$k_r \, (m^6/kmol^2\text{-s}) = 2{,}82 \times 10^5 T \exp[-9835/T].$$

A 1500 K, a constante de equilíbrio K_p tem o valor de 0,003691 baseada em uma pressão de referência de 1 atm (101325 Pa). Derive uma expressão algébrica para o coeficiente de taxa da reação direta k_f. Calcule o valor desse coeficiente na temperatura de 1500 K, acompanhado da unidade correspondente.

4.11* Represente graficamente o coeficiente de taxa da reação $O + N_2 \rightarrow NO + N$ como função da temperatura na faixa 1500 K < T < 2500 K. O coeficiente de taxa é dado como [10] $k(T) = 1{,}82 \times 10^{14} \exp[-38370/T(K)]$ em unidades de $cm^3/mol\text{-s}$. Que conclusões você tira do seu gráfico?

4.12 Considere o seguinte mecanismo para a produção de ozônio a partir do aquecimento do oxigênio:

$$O_3 \underset{k_{1r}}{\overset{k_{1f}}{\Leftrightarrow}} O_2 + O \qquad (R.1)$$

$$O + O_3 \underset{k_{2r}}{\overset{k_{2f}}{\Leftrightarrow}} 2O_2 \qquad (R.2)$$

A. Escreva as matrizes de coeficientes estequiométricos ν'_{ji} e ν''_{ji}. Use a convenção de que a espécie química 1 é o O_3, a 2 é o O_2 e a 3 é o O.

B. Partindo da notação compacta definida pelas Eqs. 4.31–4.33, expresse as taxas de produção, $\dot{\omega}_j$, para as três espécies químicas envolvidas nesse mecanismo. Retenha todos os termos, isto é, mantenha até os termos com expoentes zero.

---

* Indica a necessidade do uso de computador.

4.13 Gere as matrizes de coeficientes v'_{ji} e v''_{ji} para o mecanismo de reação do sistema H_2–O_2 (H.1–H.20) dado no Capítulo 5. Considere tanto as reações diretas quanto as reversas. Não tente incluir a destruição de radicais nas paredes (Eq. H.21).

4.14 Considere o seguinte mecanismo detalhado no qual tanto as reações diretas quanto as reversas são importantes:

$$CO + O_2 \overset{1}{\Leftrightarrow} CO_2 + O,$$

$$O + H_2O \overset{2}{\Leftrightarrow} OH + OH,$$

$$CO + OH \overset{3}{\Leftrightarrow} CO_2 + H,$$

$$H + O_2 \overset{4}{\Leftrightarrow} OH + O.$$

Quantas equações de taxa são necessárias para determinar a evolução química de um sistema descrito por esse mecanismo? Escreva a equação para a taxa de reação do radical hidroxila, $d[OH]/dt$.

4.15 Considere a produção do produto estável HBr, a partir de H_2 e Br_2. O seguinte mecanismo de reação detalhado se aplica:

$$M + Br_2 \rightarrow Br + Br + M, \qquad (R.1)$$

$$M + Br + Br \rightarrow Br_2 + M, \qquad (R.2)$$

$$Br + H_2 \rightarrow HBr + H, \qquad (R.3)$$

$$H + HBr \rightarrow Br + H_2. \qquad (R.4)$$

A. Para cada reação, identifique o tipo de reação elementar, por exemplo, unimolecular, etc., e indique o seu papel no mecanismo em cadeia, por exemplo, iniciadora da cadeia, etc.

B. Escreva uma expressão completa para a taxa de reação da espécie química Br, $d[Br]/dt$.

C. Escreva uma expressão que pode ser usada para determinar a concentração em estado estacionário do hidrogênio atômico, [H].

4.16 Considere o seguinte mecanismo em cadeia para a formação de óxido nítrico em alta temperatura, ou seja, o mecanismo de Zeldovich:

$$O + N_2 \xrightarrow{k_{1f}} NO + N \quad \text{Reação 1}$$

$$N + O_2 \xrightarrow{k_{2f}} NO + O \quad \text{Reação 2}$$

A. Escreva expressões para $d[NO]/dt$ e $d[N]/dt$.

B. Admitindo que o nitrogênio atômico exista em estado estacionário e que as concentrações de O, O_2 e N_2 estejam nos seus valores de equilíbrio para cada temperatura e composição, simplifique sua expressão obtida anteriormente para $d[NO]/dt$ para o caso em que as reações reversas sejam negligenciáveis. (*Resposta:* $d[NO]/dt = 2k_{1f}[O]_{eq}[N_2]_{eq}$.)

C. Escreva a expressão para a concentração de N em estado estacionário usada na parte B.

D. Para as condições dadas a seguir e usando as hipóteses da parte B, quanto tempo decorrerá até que 50 ppm (fração molar × 10^6) de NO sejam formados?

$T = 2100$ K,

$\rho = 0{,}167$ kg/m^3,

$MW = 28{,}778$ kg/kmol,

$\chi_{O,eq} = 7{,}6 \cdot 10^{-5}$ (fração molar),

$\chi_{O_2,eq} = 3{,}025 \cdot 10^{-3}$ (fração molar),

$\chi_{N_2,eq} = 0{,}726$ (fração molar),

$k_{1f} = 1{,}82 \cdot 10^{14} \exp[-38.370/T(\text{K})]$ com unidades de cm^3/mol-s.

E. Calcule os valores do coeficiente da taxa da reação reversa para a primeira reação, isto é, O + N_2 ← NO + N, para uma temperatura de 2100 K.

F. A partir dos seus cálculos na parte D, a hipótese de que as reações reversas sejam negligenciáveis se aplica? Estime o erro incorrido no uso dessa hipótese.

G. Para as condições da parte D, determine os valores numéricos para [N] e χ_N. (*Nota:* $k_{2f} = 1{,}8 \times 10^{10}\, T \exp(-4680/T)$ com unidades de cm^3/mol-s.)

4.17 Quando a seguinte reação é adicionada ao mecanismo de duas reações do problema 4.16, o mecanismo de formação de NO é chamado de mecanismo de Zeldovich estendido:

$$\text{N} + \text{OH} \xrightarrow{k_{3f}} \text{NO} + \text{H}.$$

Usando a hipótese de concentrações de equilíbrio para O, O_2, N_2, H e OH aplicada a esse mecanismo em três etapas, encontre expressões para:

A. A concentração de regime permanente do nitrogênio atômico N, negligenciando as reações reversas.

B. A taxa de formação de NO, d[NO]/dt, novamente negligenciando as reações reversas.

4.18 Considere as seguintes reações de oxidação do CO:

$$\text{CO} + \text{OH} \xrightarrow{k_1} \text{CO}_2 + \text{H}$$

$$\text{CO} + \text{O}_2 \xrightarrow{k_2} \text{CO}_2 + \text{O},$$

onde k_1 (cm^3/mol-s) = $1{,}17 \times 10^7\, T\,(\text{K})^{1,35} \exp[+3000/R_u T\,(\text{K})]$, k_2 (cm^3/mol-s) = $2{,}50 \times 10^{12} \exp[-200000/R_u T\,(\text{K})]$, e $R_u = 8{,}315$ J/mol-K. Calcule e compare os tempos característicos associados com essas duas reações para $T = 2000$ K e $P = 1$ atm. A fração molar de CO é 0,011 e as frações molares de OH e O_2 são $3{,}68 \times 10^{-3}$ e $6{,}43 \times 10^{-3}$, respectivamente.

4.19* Considere a produção de óxido nítrico via mecanismo de Zeldovich. Para a combustão de metano e ar em uma razão de equivalência de 0,9 a 1 atm, realizando cálculos usando o mecanismo cinético, as seguintes quantidades de NO são obtidas após 10 ms:

$T(K)$	χ_{NO}(ppm)
1600	0,0015
1800	0,150
2000	6,58
2200	139
2400	1823

Use o programa TPEQUIL para calcular as frações de NO de **equilíbrio**. Construa uma tabela mostrando os valores de equilíbrio e a razão entre as concentrações de NO calculadas considerando a cinética química (valores apresentados) e aquelas obtidas em equilíbrio. Também calcule o tempo característico de formação do NO, definido como o tempo requerido para atingir o valor de equilíbrio usando a taxa inicial de formação de NO. Por exemplo, a 1600 K, a taxa inicial de formação de NO é 0,0015 ppm / 0,010 s = 0,15 ppm/s. Discuta o efeito da temperatura nos seus resultados. Interprete o efeito de temperatura observado.

4.20 Na combustão de hidrogênio, as seguintes reações envolvendo radicais são rápidas em ambas as direções, direta e reversa:

$$H + O_2 \underset{k_{1r}}{\overset{k_{1f}}{\Leftrightarrow}} OH + O, \quad (R.1)$$

$$O + H_2 \underset{k_{2r}}{\overset{k_{2f}}{\Leftrightarrow}} OH + H, \quad (R.2)$$

$$OH + H_2 \underset{k_{3r}}{\overset{k_{3f}}{\Leftrightarrow}} H_2O + H. \quad (R.3)$$

Use a hipótese de equilíbrio parcial para derivar expressões algébricas para as concentrações molares das três espécies químicas radicais, O, H e OH, em termos dos coeficientes de taxa e das concentrações molares dos reagentes e produtos, H_2, O_2 e H_2O.

capítulo 5
Alguns mecanismos químicos importantes

VISÃO GERAL

Neste capítulo apresentaremos, ou delinearemos, as etapas elementares envolvidas em alguns mecanismos de cinética química de grande importância em combustão e na geração de poluentes atmosféricos por sistemas de combustão. Para discussões detalhadas desses mecanismos, o leitor deve consultar a literatura original, as revisões e a bibliografia mais avançada que enfatiza a cinética química [1, 2]. Nosso propósito é simplesmente ilustrar os sistemas reais, os quais são normalmente complexos, e mostrar que os fundamentos discutidos no Capítulo 4 são de fato cruciais para entender o comportamento de tais sistemas.

É importante apontar que os mecanismos detalhados são produtos em evolução derivados dos pensamentos e experimentos dos químicos e, como tal, podem mudar com o tempo à medida que novas percepções são adquiridas. Nesse contexto, quando discutimos um mecanismo particular, não estamos nos referindo *ao* mecanismo no mesmo sentido em que nos referimos *à* primeira lei da Termodinâmica, ou qualquer outro princípio fundamental solidamente estabelecido.

O SISTEMA H_2–O_2

O sistema hidrogênio-oxigênio é importante por si só, por exemplo, em aplicações como a propulsão de foguetes. Esse sistema também é importante como um dos subsistemas na oxidação de monóxido de carbono na presença de água. Revisões detalhadas da cinética de H_2–O_2 são encontradas nas Refs. [3]-[5]. Baseando-se em Glassman [1], a seguir delinearemos a cinética de oxidação do hidrogênio.

As etapas iniciadoras são:

$$H_2 + M \rightarrow H + H + M \text{ (temperaturas muito altas)} \qquad (H.1)$$

$$H_2 + O_2 \rightarrow HO_2 + H \text{ (outras temperaturas)} \qquad (H.2)$$

As etapas da reação em cadeia que envolvem os radicais O, H e OH são:

$$H + O_2 \rightarrow O + OH, \tag{H.3}$$

$$O + H_2 \rightarrow H + OH, \tag{H.4}$$

$$H_2 + OH \rightarrow H_2O + H, \tag{H.5}$$

$$O + H_2O \rightarrow OH + OH. \tag{H.6}$$

As etapas finalizadoras envolvendo os radicais O, H e OH são as reações de recombinação termoleculares:

$$H + H + M \rightarrow H_2 + M, \tag{H.7}$$

$$O + O + M \rightarrow O_2 + M, \tag{H.8}$$

$$H + O + M \rightarrow OH + M, \tag{H.9}$$

$$H + OH + M \rightarrow H_2O + M. \tag{H.10}$$

Para completar o mecanismo, precisamos incluir as reações envolvendo HO_2, o radical hidroperóxido, e H_2O_2, o peróxido de hidrogênio. Quando

$$H + O_2 + M \rightarrow HO_2 + M \tag{H.11}$$

torna-se ativo, então as seguintes reações, assim como a reação reversa de H.2, entram em operação:

$$HO_2 + H \rightarrow OH + OH, \tag{H.12}$$

$$HO_2 + H \rightarrow H_2O + O, \tag{H.13}$$

$$HO_2 + O \rightarrow O_2 + OH, \tag{H.14}$$

e

$$HO_2 + HO_2 \rightarrow H_2O_2 + O_2, \tag{H.15}$$

$$HO_2 + H_2 \rightarrow H_2O_2 + H, \tag{H.16}$$

com

$$H_2O_2 + OH \rightarrow H_2O + HO_2, \tag{H.17}$$

$$H_2O_2 + H \rightarrow H_2O + OH, \tag{H.18}$$

$$H_2O_2 + H \rightarrow HO_2 + H_2 \tag{H.19}$$

$$H_2O_2 + M \rightarrow OH + OH + M. \tag{H.20}$$

Dependendo da temperatura, da pressão e do grau de avanço da reação, as reações reversas de todas essas reações listadas podem ser importantes. Portanto, na modelagem do sistema H_2–O_2, até 40 reações elementares são consideradas, envolvendo oito espécies químicas: H_2, O_2, H_2O, OH, O, H, HO_2 e H_2O_2.

O sistema H_2–O_2 apresenta características de explosão interessantes (Fig. 5.1) que são explicadas usando esse mecanismo. A Fig.5.1 mostra que há três regiões dis-

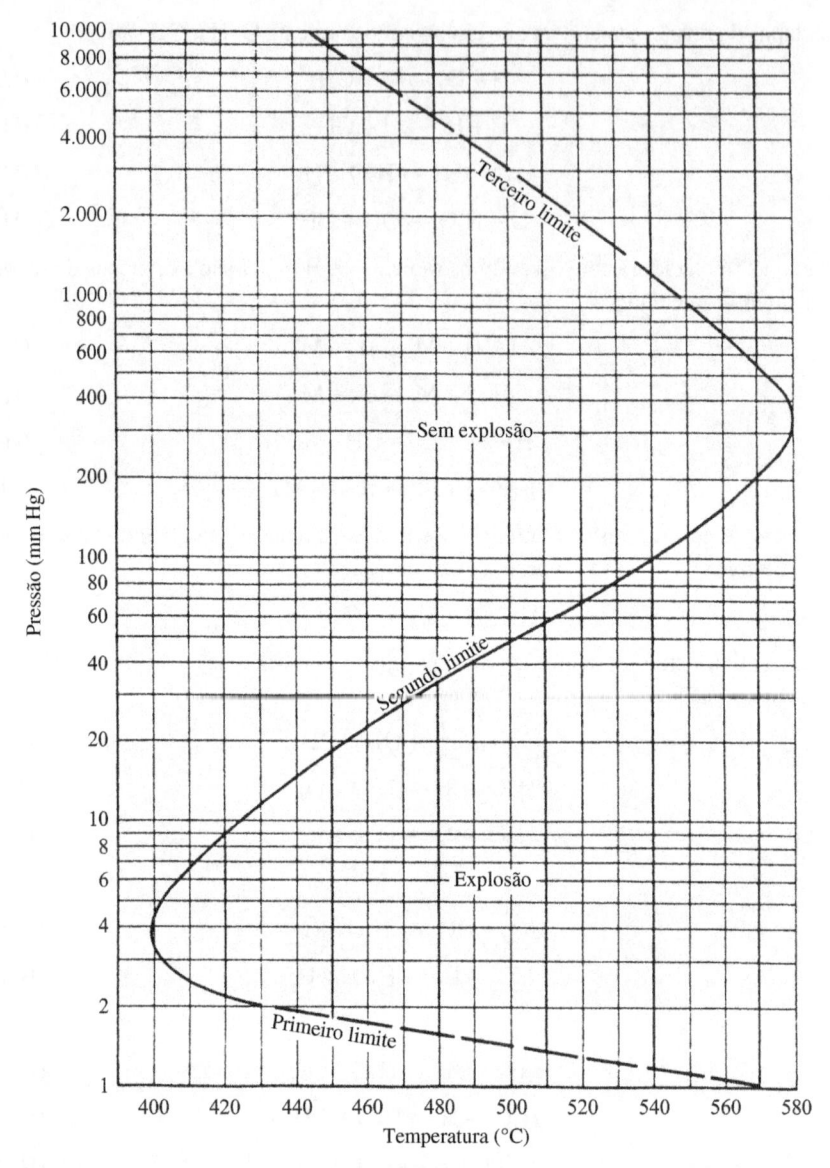

Figura 5.1 Limites de explosão para misturas estequiométricas de hidrogênio e oxigênio em um reator esférico.
FONTE: Obtido da Ref. [2]. Reimpresso sob permissão da editora Academic Press.

tintas nas coordenadas temperatura-pressão para as quais uma mistura estequiométrica de H_2 e O_2 não explodirá. As temperaturas e pressões (absolutas) correspondem aos valores iniciais de carregamento do reator esférico que contém os reagentes. Para explorar o comportamento de explosão, vamos seguir uma linha vertical, digamos, em 500 °C, partindo da menor pressão mostrada (1 mm Hg) e seguindo para cima até atingir pressões correspondentes a muitas atmosferas. Até aproximadamente 1,5 mm

Hg, não há explosão. Essa ausência de explosão resulta do fato de os radicais livres produzidos pela etapa iniciadora (H.2) e pela sequência de propagação/ramificação (H.3-H.6) serem destruídos pelas reações nas paredes do reator. Essas reações de parede quebram a continuidade da cadeia de reações, impedindo a acumulação de radicais que levariam à explosão. As reações na parede do reator não são incluídas no mecanismo de maneita explícita, pois elas não são estritamente reações em fase gasosa (são reações heterogêneas). Representamos simbolicamente uma reação de primeira ordem de destruição de radicais na parede como

$$\text{Radical} \xrightarrow{k_{\text{parede}}} \text{produtos adsorvidos,} \tag{H.21}$$

onde k_{parede} depende do transporte por difusão de espécies químicas e da cinética química na superfície, assim como da própria natureza da superfície. As reações heterogêneas são discutidas no Capítulo 4.

Quando a pressão é regulada para um valor ligeiramente acima de 1,5 mm Hg, a mistura explode. Isso é um resultado direto da predominância da sequência em cadeia representada pelas etapas H.3-H.6 sobre a destruição de radicais na parede. Lembre-se, da nossa análise de um mecanismo em cadeia genérico, de que o aumento da pressão resulta em um aumento linear da concentração de radicais livres enquanto a taxa de reação aumenta geometricamente.

Continuando a jornada na direção de pressões mais altas ainda na isoterma de 500°C, permanecemos em um regime de explosão até aproximadamente 50 mm Hg. Nesse ponto, a mistura deixa de ser explosiva. A razão para esse comportamento pode ser explicada pela competição por átomos de H entre a reação de ramificação, H.3, e a reação H.11, que é efetivamente uma etapa finalizadora em baixa temperatura [1, 2]. A reação H.11 é uma etapa finalizadora porque o radical hidroperóxido, HO_2, é relativamente não reativo nessas condições e, então, pode sofrer difusão para a parede onde ele é destruído (H.21).

No terceiro limite, em aproximadamente 3000 mm Hg, cruzamos novamente para um regime explosivo. Nessas condições, a reação H.16 acrescenta uma etapa de ramificação que dispara a cadeia de reação do H_2O_2 [1, 2].

A partir dessa breve discussão dos limites de explosão do sistema H_2–O_2, torna--se claro o quanto o entendimento do mecanismo *detalhado* de cinética química é útil para explicar observações experimentais e essencial para desenvolver modelos preditivos de fenômenos de combustão nos quais os efeitos químicos são limitadores.

OXIDAÇÃO DO MONÓXIDO DE CARBONO

Embora a oxidação do monóxido de carbono tenha importância por si só, ela é fundamental na oxidação de hidrocarbonetos. A combustão de hidrocarbonetos pode ser caracterizada simplisticamente como um processo em duas etapas globais: a primeira etapa envolve a quebra do combustível para monóxido de carbono, enquanto a segunda etapa é a oxidação final do monóxido de carbono para dióxido de carbono.

Sabe-se que a oxidação de CO é um processo relativamente lento, a menos que espécies químicas contendo hidrogênio estejam presentes. Até mesmo pequenas quantidades de H_2O ou H_2 podem ter um grande efeito na taxa de oxidação. Isso ocorre porque a etapa de oxidação de CO envolvendo o radical hidroxila, OH, é muito mais rápida do que as etapas envolvendo O_2 e O.

Admitindo que a água é a principal espécie química portadora de hidrogênio, as quatro etapas a seguir descrevem a oxidação de CO [1]:

$$CO + O_2 \rightarrow CO_2 + O, \qquad (CO.1)$$

$$O + H_2O \rightarrow OH + OH, \qquad (CO.2)$$

$$CO + OH \rightarrow CO_2 + H, \qquad (CO.3)$$

$$H + O_2 \rightarrow OH + O. \qquad (CO.4)$$

A etapa CO.1 é lenta e não contribui significativamente para a formação de CO_2, mas atua como iniciadora da reação em cadeia. A etapa de oxidação de CO propriamente dita, CO.3, também é uma etapa de propagação, produzindo H que reage com O_2 para formar OH e O (reação CO.4). Esses radicais, por sua vez, alimentam a etapa de oxidação (CO.3) e a primeira etapa de ramificação (CO.2). A etapa $CO + OH \rightarrow CO_2 + H$ (CO.3) é a principal reação no esquema de reação em cadeia.

Se o hidrogênio é o catalisador, em vez da água, as seguintes etapas estão envolvidas [1]:

$$O + H_2 \rightarrow OH + H. \qquad (CO.5)$$

$$OH + H_2 \rightarrow H_2O + H. \qquad (CO.6)$$

Com a presença de hidrogênio, todo o mecanismo cinético do sistema H_2–O_2 (H.1--H.21) precisa ser incluído para descrever a oxidação do CO. Glassman [1] indica que, com a presença de HO_2, outra rota para a oxidação de CO se abre,

$$CO + HO_2 \rightarrow CO_2 + OH, \qquad (CO.7)$$

mesmo que essa reação não seja tão importante quanto o ataque do OH no CO (isto é, reação CO.3). Um mecanismo abrangente para a oxidação de CO/H_2 é apresentado na Ref. [5].

OXIDAÇÃO DE HIDROCARBONETOS

Esquema geral para alcanos

Alcanos, ou **parafinas**, são hidrocarbonetos saturados, de cadeia linear ou ramificada, apresentando apenas ligações simples entre os átomos de carbono, com a fórmula molecular geral C_nH_{2n+2}. Nesta seção, discutimos brevemente as rotas genéricas de oxidação de alcanos superiores, ou seja, parafinas com $n > 2$. A oxidação de metano (e etano) exibe características específicas que serão discutidas na próxima seção.

Nossa discussão de alcanos superiores é diferente das seções anteriores, uma vez que não haverá tentativa de listar e explorar as muitas reações elementares envolvidas. Em vez disso, apresentaremos uma visão geral do processo de oxidação, indicando as etapas principais, e então discutiremos os modelos globais com mais de uma etapa que têm sido aplicados com algum sucesso. Revisões de mecanismos detalhados de alcanos e outros hidrocarbonetos são encontradas nas Refs. [6] e [7].

A oxidação de alcanos pode ser caracterizada por três processos sequenciais [1], dados a seguir, e ilustrada pelas distribuições de temperatura e frações molares de espécies químicas mostradas na Fig. 5.2:

I. A molécula de combustível é atacada por radicais O e H e quebra-se, formando principalmente alcenos (olefinas) e hidrogênio. O hidrogênio sofre oxidação e forma água, restrito pela quantidade de oxigênio disponível.

II. Os alcenos sofrem oxidação em seguida para formar CO e H_2. Essencialmente, todo o H_2 é convertido para água.

III. O CO oxida via reação CO.3, $CO + OH \rightarrow CO_2 + H$. Essa etapa libera aproximadamente toda a energia térmica associada ao processo de combustão.

Agora, seguindo Glassman [1], detalharemos esses três processos, desmembrando-os nas etapas 1 a 8, e ilustraremos a sua aplicação usando o exemplo da oxidação de propano (C_3H_8).

Etapa 1. Uma ligação carbono-carbono (C–C) na molécula de combustível é quebrada. As ligações C–C são preferencialmente quebradas em relação às ligações hidrogênio-carbono (H–C) por serem mais frágeis.

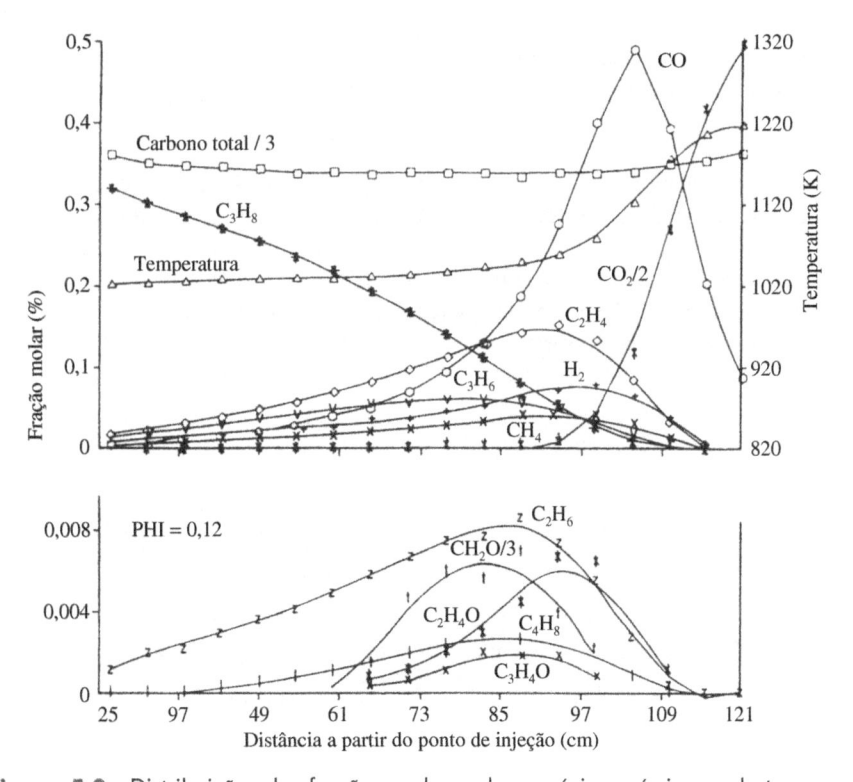

Figura 5.2 Distribuições das frações molares das espécies químicas e da temperatura em função da distância (tempo) para a oxidação de propano em um reator de escoamento uniforme.
FONTE: Obtido da Ref. [8]. Reimpresso sob permissão da editora Gordon & Breach Science Publishers.

$$Exemplo: C_3H_8 + M \rightarrow C_2H_5 + CH_3 + M. \qquad (P.1)$$

Etapa 2. Os dois radicais de hidrocarboneto resultantes são quebrados, criando alcenos (hidrocarbonetos com duplas ligações) de cadeias menores e átomos de hidrogênio. A remoção de um átomo H de um hidrocarboneto é denominada **abstração de átomo H**. No exemplo para esta etapa, etileno e metileno são produzidos.

$$Exemplo: C_2H_5 + M \rightarrow C_2H_4 + H + M \qquad (P.2a)$$

$$CH_3 + M \rightarrow CH_2 + H + M. \qquad (P.2b)$$

Etapa 3. A geração de átomos H na etapa 2 inicia o desenvolvimento de uma população de radicais livres.

$$Exemplo: H + O_2 \rightarrow O + OH. \qquad (P.3)$$

Etapa 4. Com o estabelecimento da população de radicais livres, surgem novas rotas de ataque às moléculas de combustíveis.

$$Exemplo: C_3H_8 + OH \rightarrow C_3H_7 + H_2O, \qquad (P.4a)$$

$$C_3H_8 + H \rightarrow C_3H_7 + H_2, \qquad (P.4b)$$

$$C_3H_8 + O \rightarrow C_3H_7 + OH. \qquad (P.4c)$$

Etapa 5. Da mesma forma que na etapa 2, os radicais de hidrocarbonetos são degradados em alcenos de cadeia menor e átomos H via abstração de H,

$$Exemplo: C_3H_7 + M \rightarrow C_3H_6 + H + M, \qquad (P.5)$$

seguindo a **regra de cisão beta** (cisão na posição beta) [1]. Essa regra estabelece que a ligação C–C ou C–H a ser quebrada não será a ligação imediatamente mais próxima, mas aquela que está distante uma ligação do local do radical, isto é, da posição do elétron desemparelhado. O elétron desemparelhado no local do radical reforça as ligações próximas em detrimento daquelas distantes uma ligação. Para o radical C_3H_7 criado na etapa 4, duas rotas são possíveis:

$$Exemplo: C_3H_7 + M \begin{array}{c} \nearrow C_3H_6 + H + M \\ \searrow C_2H_4 + CH_3 + M. \end{array} \qquad (P.6)$$

A aplicação da regra de cisão β para a quebra do radical C_3H_7 (P.6) é ilustrada na Fig. 5.3.

Etapa 6. A oxidação das olefinas geradas nas etapas 2 e 5 é iniciada pelo ataque de átomos de O, os quais produzem radicais formil (HCO) e formaldeído (H_2CO).

$$Exemplo: C_3H_6 + O \rightarrow C_2H_5 + HCO \qquad (P.7a)$$

$$C_3H_6 + O \rightarrow C_2H_4 + H_2CO. \qquad (P.7b)$$

Etapa 7a. Os radicais metil (CH_3) oxidam-se.

Etapa 7b. O formaldeído (H_2CO) oxida-se.

Etapa 7c. O metileno (CH_2) oxida-se.

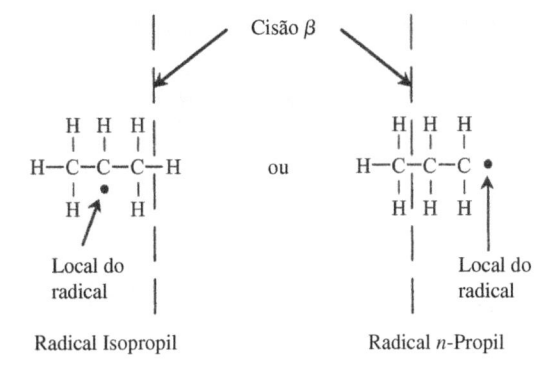

```
              Cisão β
      H H H           H  H H
      | | |           |  | |
    H-C-C-C-H    ou   H-C-C-C •
      | • |           |  | |
      H ↑ H           H  H H
      |               |
   Local do        Local do
   radical         radical

  Radical Isopropil    Radical n-Propil
```

Figura 5.3 A regra de cisão beta aplicada à quebra de ligações no C_3H_7 onde a posição do elétron desemparelhado (local do radical) ocorre em três locais diferentes. Observe a existência de uma ligação C–C entre a posição do elétron desemparelhado e o local da ligação que é quebrada (a posição beta).

Os detalhes das etapas 7a-7c são encontrados na Ref. [1]. Cada uma dessas etapas produz monóxido de carbono, cuja oxidação constitui-se na etapa final (etapa 8).

Etapa 8. O monóxido de carbono oxida-se de acordo com o mecanismo de oxidação de CO na presença de água definido pelas reações CO.1–CO.7.

Como pode ser observado a partir dessa descrição, o mecanismo de oxidação de alcanos superiores é certamente bastante complexo. Os detalhes desses mecanismos ainda são tópicos de pesquisas [6, 7].

Mecanismos globais e quase-globais

A natureza sequencial dos processos I–III descritos acima levou a modelos globais empíricos que capturam o comportamento geral da oxidação como uma sequência de etapas globais ou quase-globais. Westbrook e Dryer [9] apresentam e avaliam mecanismos cinéticos globais de uma etapa, duas etapas e múltiplas etapas para uma grande variedade de hidrocarbonetos. Modelos globais, por definição, não capturam os detalhes da oxidação dos hidrocarbonetos, mas podem ser úteis como aproximações de engenharia quando as suas limitações são devidamente consideradas. A seguinte expressão em uma etapa [9] é sugerida para uso em aproximações de engenharia para a reação global

$$C_xH_y + (x+y/4)O_2 \xrightarrow{k_G} xCO_2 + (y/2)H_2O \tag{5.1}$$

$$\frac{d[C_xH_y]}{dt} = -A\exp(-E_a/R_uT)[C_xH_y]^m[O_2]^n \tag{5.2}$$

$$[=] \text{mol/cm}^3\text{-s},$$

onde os parâmetros A, E_a/R_u, m e n, mostrados na Tabela 5.1, foram escolhidos de forma a proporcionar o menor desvio entre valores medidos e previstos de velocidade de chama e limites de inflamabilidade (veja o Capítulo 8). Observe o tratamento para as unidades de A na nota de rodapé da tabela.

Tabela 5.1 Parâmetros da cinética global de uma etapa relacionada à Eq. 5.2 (Adaptado da Ref. [9])

Combustível	Fator pré-exponencial, A[a]	Temperatura de ativação, E_a/R_u (K)	Fator, m	Fator, n
CH_4	$1,3 \times 10^8$	24 358[b]	−0,3	1,3
CH_4	$8,3 \times 10^5$	15 098[c]	−0,3	1,3
C_2H_6	$1,1 \times 10^{12}$	15 098	0,1	1,65
C_3H_8	$8,6 \times 10^{11}$	15 098	0,1	1,65
C_4H_{10}	$7,4 \times 10^{11}$	15 098	0,15	1,6
C_5H_{12}	$6,4 \times 10^{11}$	15 098	0,25	1,5
C_6H_{14}	$5,7 \times 10^{11}$	15 098	0,25	1,5
C_7H_{16}	$5,1 \times 10^{11}$	15 098	0,25	1,5
C_8H_{18}	$4,6 \times 10^{11}$	15 098	0,25	1,5
C_8H_{18}	$7,2 \times 10^{12}$	20 131[d]	0,25	1,5
C_9H_{20}	$4,2 \times 10^{11}$	15 098	0,25	1,5
$C_{10}H_{22}$	$3,8 \times 10^{11}$	15 098	0,25	1,5
CH_3OH	$3,2 \times 10^{12}$	15 098	0,25	1,5
C_2H_5OH	$1,5 \times 10^{12}$	15 098	0,15	1,6
C_6H_6	$2,0 \times 10^{11}$	15 098	−0,1	1,85
C_7H_8	$1,6 \times 10^{11}$	15 098	−0,1	1,85
C_2H_4	$2,0 \times 10^{12}$	15 098	0,1	1,65
C_3H_6	$4,2 \times 10^{11}$	15 098	−0,1	1,85
C_2H_2	$6,5 \times 10^{12}$	15 098	0,5	1,25

[a] As unidades de A estão de acordo com as concentrações na Eq. 5.2 expressas em unidades mol/cm^3, isto é, $A[=] (mol/cm^3)^{1-m-n}/s$.
[b] $E_a = 48,4$ kcal/mol.
[c] $E_a = 30$ kcal/mol.
[d] $E_a = 40$ kcal/mol.

Um exemplo de mecanismo quase-global em múltiplas etapas é o de Hautman et al. [8], que modela a oxidação de propano usando um mecanismo de quatro etapas:

$$C_nH_{2n+2} \rightarrow (n/2)C_2H_4 + H_2, \quad (HC.1)$$

$$C_2H_4 + O_2 \rightarrow 2CO + 2H_2, \quad (HC.2)$$

$$CO + \tfrac{1}{2}O_2 \rightarrow CO_2, \quad (HC.3)$$

$$H_2 + \tfrac{1}{2}O_2 \rightarrow H_2O, \quad (HC.4)$$

onde as taxas de reação (em mol/cm^3-s) são expressas como

$$\frac{d[C_nH_{2n+2}]}{dt} = -10^x \exp(-E_A/R_uT)[C_nH_{2n+2}]^a[O_2]^b[C_2H_4]^c, \quad (5.3)$$

Tabela 5.2 Constantes cinéticas[a] para o mecanismo global de múltiplas etapas para a oxidação de C_nH_{2n+2} [8]

	Propano ($n = 3$)			
Eq. de taxa	5.3	5.4	5.5	5.6
x	17,32	14,7	14,6	13,52
$[E_A/R_u]$ (K)	24 962	25 164	20 131	20 634
a	0,50	0,90	1,0	0,85
b	1,07	1,18	0,25	1,42
c	0,40	−0,37	0,50	−0,56

[a]Condições iniciais: T (K): 960–1145; $[C_3H_8]_i$ (mol/cm^3): $1 \times 10^{-8} - 1 \times 10^{-7}$; $[O_2]_i$ (mol/cm^3): $1 \times 10^{-7} - 5 \times 10^{-6}$; Φ: 0,03–2,0.

$$\frac{d[C_2H_4]}{dt} = -10^x \exp(-E_A/R_uT)[C_2H_4]^a[O_2]^b[C_nH_{2n+2}]^c, \qquad (5.4)$$

$$\frac{d[CO]}{dt} = -10^x \exp(-E_A/R_uT)[CO]^a[O_2]^b[H_2O]^c 7{,}93 \exp(-2{,}48\Phi), \qquad (5.5)$$

$$\frac{d[H_2]}{dt} = -10^x \exp(-E_A/R_uT)[H_2]^a[O_2]^b[C_2H_4]^c, \qquad (5.6)$$

onde Φ é a razão de equivalência. Os expoentes x, a, b e c para cada reação são dados na Tabela 5.2.

Perceba que, nesse mecanismo, admite-se que o eteno (C_2H_4) é o hidrocarboneto intermediário e que, nas equações das taxas, C_3H_8 e C_2H_4 inibem a oxidação de C_2H_4 e H_2, respectivamente, uma vez que as concentrações de C_3H_8 e C_2H_4 aparecem com expoentes negativos. Note também que as equações das taxas não são construídas diretamente a partir das etapas globais, pois as Eqs. 5.3 a 5.6 envolvem o produto de três espécies químicas, não apenas duas, como sugerem as etapas globais representadas pelas reações HC.1 a HC.4. Outros procedimentos para modelar de forma simplificada a oxidação de hidrocarbonetos são discutidos na Ref. [10].

Combustíveis reais e seus substitutos de pesquisa

Muitos combustíveis líquidos e gasosos utilizados nas aplicações industriais, de geração de energia elétrica e de transporte, como gasolina e óleo diesel, são de fato misturas contendo diversos hidrocarbonetos. Um procedimento para modelar a combustão desses combustíveis é considerar uma única espécie química como representativa da mistura, ou empregar uma mistura de um pequeno número de espécies químicas que reproduzam muitas das características mais importantes do combustível que se deseja modelar. Mecanismos cinéticos têm sido desenvolvidos para a combustão de hidrocarbonetos com elevada massa molar, representativos da composição dos combustíveis usados nas aplicações, assim como das misturas destes hidrocarbonetos, usados como substitutos de pesquisa dos combustíveis de interesse. A Tabela 5.3 apresenta diversos estudos que abordam esse problema de modelagem de cinética química.

Tabela 5.3 Estudos de cinética química de combustão enfocando combustíveis reais

Combustível	Mistura substituta[1]	Referência	Comentário
Gás natural	Metano (CH_4) Etano (C_2H_6) Propano (C_3H_8)	Dagaut [11]	–
Querosene de aviação (Jet A-1)	n-Decano ($C_{10}H_{22}$)	Dagaut [11]	Combustível modelo com um constituinte
Querosene de aviação (Jet A-1)	74% n-Decano ($C_{10}H_{22}$) 15% n-Propilbenzeno 11% n-Propilciclohexano	Dagaut [11]	207 espécies químicas e 1592 reações
Óleo diesel	36,5% n-Hexadecano ($C_{16}H_{24}$) 24,5% Iso-octano (C_8H_{18}) 20,4% n-Propilciclohexano 18,2% n-Propilbenzeno	Dagaut [11]	298 espécies químicas e 2352 reações
Querosene de aviação (JP-8)	10% Iso-octano 20% Metilciclohexano (C_7H_{14}) 15% m-Xileno (C_8H_{10}) 30% n-Dodecano (C_7H_{14}) 5% Tetralin (C_7H_{14}) 20% Tetradecano ($C_{14}H_{30}$)	Cooke et al. [12] Violi et al. [13] Ranzi et al. [14] Ranzi et al. [15] Ranzi et al. [16]	221 espécies químicas e 5032 reações
Gasolina	Iso-octano (puro) (C_8H_{18}) Iso-octano (C_8H_{18}) – n-Heptano (C_7H_{16})	Curran et al. [17] Curran et al. [18]	Combustível modelo com um constituinte e substitutos com dois constituintes; 860–990 espécies químicas e 3600–4060 reações
Gasolina	63–69% (liq. vol.) Iso-octano (C_8H_{18}) 14–20% (liq. vol.) Tolueno (C_7H_8) 17% (liq. vol.) n-Heptano (C_7H_{16}) e 62% (liq. vol.) Iso-octano (C_8H_{18}) 20% (liq. vol.) Etanol (C_2H_5OH) 18% (liq. vol.) n-Heptano (C_7H_{16}) e 45% (liq. vol.) Tolueno (C_7H_8) 25% (liq. vol.) Iso-octano (C_8H_{18}) 20% (liq. vol.) n-Heptano (C_7H_{16}) 10% (liq. vol.) Di-isobutileno (C_8H_{16})	Andrae et al. [19] Andrae [20]	O número de octanas das misturas reproduz gasolina europeia padrão
Biodiesel	Metil decanoato ($C_{10}H_{22}O_2$, isto é, $CH_3(CH_2)_8COOCH_3$)	Herbinet et al. [21]	3012 espécies químicas e 8820 reações

[1]Composições dadas em percentual molar a menos que indicado diferente.

COMBUSTÃO DO METANO

Mecanismo detalhado

Por causa da sua estrutura molecular tetraédrica com altas energias de ligação C–H, o metano exibe algumas características de combustão singulares. Por exemplo, ele tem uma temperatura de ignição elevada, baixa velocidade de chama e baixa reatividade na cinética do nevoeiro fotoquímico em comparação com outros hidrocarbonetos.

A cinética química do metano é provavelmente a mais estudada e, portanto, a mais bem entendida. Kaufman [22], em uma revisão da cinética de combustão, indicou que, no período entre 1970 e 1982, o mecanismo de combustão do metano evoluiu de menos de 15 etapas elementares com 12 espécies químicas para 75 etapas elementares, mais as suas 75 reações reversas, com 25 espécies químicas. Mais recentemente, diversos grupos de pesquisa colaboraram na criação de um mecanismo cinético otimizado para o metano. Esse mecanismo, denominado GRI Mech, é baseado nas técnicas de otimização de Frenklach et al. [24]. O GRI Mech [23] está disponível na Internet e é continuamente atualizado. A Versão 3.0, mostrada na Tabela 5.4, considera 325 reações elementares entre 53 espécies químicas. Muitas dessas etapas foram vistas anteriormente como parte dos mecanismos para a oxidação do H_2 e do CO.

Para entender esse sistema complexo, apresentaremos análises de caminhos de reação para a combustão tanto em alta quanto em baixa temperatura, de CH_4 com ar em um reator perfeitamente misturado [25] usando o GRI Mech 2.11. Uma discussão detalhada do reator perfeitamente misturado é apresentada no Capítulo 6. Entretanto, para os nossos propósitos neste capítulo, precisamos reconhecer apenas que as reações ocorrem em um ambiente homogêneo e isotérmico. A escolha de um reator perfeitamente misturado elimina a necessidade de considerar as distribuições espaciais das concentrações das espécies químicas que seriam encontradas em uma chama, por exemplo.

Tabela 5.4 Mecanismo detalhado para a combustão do metano (GRI Mech 3.0) [23]

No.	Reação	Coeficiente de taxa direta[a]		
		A	b	E
C–H–O Reações				
1	$O + O + M \to O_2 + M$	1,20E + 17	–1,0	0,0
2	$O + H + M \to OH + M$	5,00E + 17	–1,0	0,0
3	$O + H_2 \to H + OH$	3,87E + 04	2,7	6260
4	$O + HO_2 \to OH + O_2$	2,00E + 13	0,0	0,0
5	$O + H_2O_2 \to OH + HO_2$	9,63E + 06	2,0	4000
6	$O + CH \to H + CO$	5,70E + 13	0,0	0,0
7	$O + CH_2 \to H + HCO$	8,00E + 13	0,0	0,0
8[b]	$O + CH_2(S) \to H_2 + CO$	1,50E + 13	0,0	0,0
9[b]	$O + CH_2(S) \to H + HCO$	1,50E + 13	0,0	0,0
10	$O + CH_3 \to H + CH_2O$	5,06E + 13	0,0	0,0
11	$O + CH_4 \to OH + CH_3$	1,02E + 09	1,5	8600
12	$O + CO + M \to CO_2 + M$	1,8E + 10	0,0	2385
13	$O + HCO \to OH + CO$	3,00E + 13	0,0	0,0
14	$O + HCO \to H + CO_2$	3,00E + 13	0,0	0,0
15	$O + CH_2O \to OH + HCO$	3,90E + 13	0,0	3540
16	$O + CH_2OH \to OH + CH_2O$	1,00E + 13	0,0	0,0

[a] O coeficiente de taxa direta é $k = AT^b \exp(-E/RT)$. R é a constante universal dos gases, T é a temperatura em K. As unidades de A envolvem mol/cm^3 e s, e aquelas de E, cal/mol.
[b] $CH_2(S)$ designa o estado singleto do CH_2.

(continua)

Tabela 5.4 Mecanismo detalhado para a combustão do metano (GRI Mech 3.0) [23] (continuação)

No.	Reação	Coeficiente de taxa direta[a]		
		A	b	E
17	$O + CH_3O \rightarrow OH + CH_2O$	1,00E+13	0,0	0,0
18	$O + CH_3OH \rightarrow OH + CH_2OH$	3,88E+05	2,5	3100
19	$O + CH_3OH \rightarrow OH + CH_3O$	1,30E+05	2,5	5000
20	$O + C_2H \rightarrow CH + CO$	5,00E+13	0,0	0,0
21	$O + C_2H_2 \rightarrow H + HCCO$	1,35E+07	2,0	1900
22	$O + C_2H_2 \rightarrow OH + C_2H$	4,60E+19	−1,4	28950
23	$O + C_2H_2 \rightarrow CO + CH_2$	9,64E+06	2,0	1900
24	$O + C_2H_3 \rightarrow H + CH_2CO$	3,00E+13	0,0	0,0
25	$O + C_2H_4 \rightarrow CH_3 + HCO$	1,25E+07	1,83	220
26	$O + C_2H_5 \rightarrow CH_3 + CH_2O$	2,24E+13	0,0	0,0
27	$O + C_2H_6 \rightarrow OH + C_2H_5$	8,98E+07	1,9	5690
28	$O + HCCO \rightarrow H + CO + CO$	1,00E+14	0,0	0,0
29	$O + CH_2CO \rightarrow OH + HCCO$	1,00E+13	0,0	8000
30	$O + CH_2CO \rightarrow CH_2 + CO_2$	1,75E+12	0,0	1350
31	$O_2 + CO \rightarrow O + CO_2$	2,50E+12	0,0	47800
32	$O_2 + CH_2O \rightarrow HO_2 + HCO$	1,00E+14	0,0	40000
33	$H + O_2 + M \rightarrow HO_2 + M$	2,80E+18	−0,9	0,0
34	$H + O_2 + O_2 \rightarrow HO_2 + O_2$	2,08E+19	−1,2	0,0
35	$H + O_2 + H_2O \rightarrow HO_2 + H_2O$	1,13E+19	−0,8	0,0
36	$H + O_2 + N_2 \rightarrow HO_2 + N_2$	2,60E+19	−1,2	0,0
37	$H + O_2 + Ar \rightarrow HO_2 + Ar$	7,00E+17	−0,8	0,0
38	$H + O_2 \rightarrow O + OH$	2,65E+16	−0,7	17041
39	$H + H + M \rightarrow H_2 + M$	1,00E+18	−1,0	0,0
40	$H + H + H_2 \rightarrow H_2 + H_2$	9,00E+16	−0,6	0,0
41	$H + H + H_2O \rightarrow H_2 + H_2O$	6,00E+19	−1,2	0,0
42	$H + H + CO_2 \rightarrow H_2 + CO_2$	5,50E+20	−2,0	0,0
43	$H + OH + M \rightarrow H_2O + M$	2,20E+22	−2,0	0,0
44	$H + HO_2 \rightarrow O + H_2O$	3,97E+12	0,0	671
45	$H + HO_2 \rightarrow O_2 + H_2$	4,48E+13	0,0	1068
46	$H + HO_2 \rightarrow OH + OH$	8,4E+13	0,0	635
47	$H + H_2O_2 \rightarrow HO_2 + H_2$	1,21E+07	2,0	5200
48	$H + H_2O_2 \rightarrow OH + H_2O$	1,00E+13	0,0	3600
49	$H + CH \rightarrow C + H_2$	1,65E+14	0,0	0,0
50	$H + CH_2 (+M) \rightarrow CH_3 (+M)$	dependente da pressão		
51[b]	$H + CH_2(S) \rightarrow CH + H_2$	3,00E+13	0,0	0,0
52	$H + CH_3 (+M) \rightarrow CH_4 (+M)$	dependente da pressão		
53	$H + CH_4 \rightarrow CH_3 + H_2$	6,60E+08	1,6	10840
54	$H + HCO (+M) \rightarrow CH_2O (+M)$	dependente da pressão		
55	$H + HCO \rightarrow H_2 + CO$	7,34E+13	0,0	0,0
56	$H + CH_2O (+M) \rightarrow CH_2OH (+M)$	dependente da pressão		
57	$H + CH_2O (+M) \rightarrow CH_3O (+M)$	dependente da pressão		

58	$H + CH_2O \rightarrow HCO + H_2$	5,74E+07	1,9	2742
59	$H + CH_2OH (+M) \rightarrow CH_3OH (+M)$	dependente da pressão		
60	$H + CH_2OH \rightarrow H_2 + CH_2O$	2,00E+13	0,0	0,0
61	$H + CH_2OH \rightarrow OH + CH_3$	1,65E+11	0,7	−284
62[b]	$H + CH_2OH \rightarrow CH_2(S) + H_2O$	3,28E+13	−0,1	610
63	$H + CH_3O (+M) \rightarrow CH_3OH (+M)$	dependente da pressão		
64[b]	$H + CH_2OH \rightarrow CH_2(S) + H_2O$	4,15E+07	1,6	1924
65	$H + CH_3O \rightarrow H_2 + CH_2O$	2,00E+13	0,0	0,0
66	$H + CH_3O \rightarrow OH + CH_3$	1,50E+12	0,5	−110
67[b]	$H + CH_3O \rightarrow CH_2(S) + H_2O$	2,62E+14	−0,2	1070
68	$H + CH_3OH \rightarrow CH_2OH + H_2$	1,70E+07	2,1	4870
69	$H + CH_3OH \rightarrow CH_3O + H_2$	4,20E+06	2,1	4870
70	$H + C_2H (+M) \rightarrow C_2H_2 (+M)$	dependente da pressão		
71	$H + C_2H_2 (+M) \rightarrow C_2H_3 (+M)$	dependente da pressão		
72	$H + C_2H_3 (+M) \rightarrow C_2H_4 (+M)$	dependente da pressão		
73	$H + C_2H_3 \rightarrow H_2 + C_2H_2$	3,00E+13	0,0	0,0
74	$H + C_2H_4 (+M) \rightarrow C_2H_5 (+M)$	dependente da pressão		
75	$H + C_2H_4 \rightarrow C_2H_3 + H_2$	1,32E+06	2,5	12240
76	$H + C_2H_5 (+M) \rightarrow C_2H_6 (+M)$	dependente da pressão		
77	$H + C_2H_5 \rightarrow C_2H_4 + H_2$	2,00E+12	0,0	0,0
78	$H + C_2H_6 \rightarrow C_2H_5 + H_2$	1,15E+08	1,9	7530
79[b]	$H + HCCO \rightarrow CH_2(S) + CO$	1,00E+14	0,0	0,0
80	$H + CH_2CO \rightarrow HCCO + H_2$	5,00E+13	0,0	8000
81	$H + CH_2CO \rightarrow CH_3 + CO$	1,13E+13	0,0	3428
82	$H + HCCOH \rightarrow H + CH_2CO$	1,00E+13	0,0	0,0
83	$H_2 + CO (+M) \rightarrow CH_2O (+M)$	dependente da pressão		
84	$OH + H_2 \rightarrow H + H_2O$	2,16E+08	1,5	3430
85	$OH + OH (+M) \rightarrow H_2O_2 (+M)$	dependente da pressão		
86	$OH + OH \rightarrow O + H_2O$	3,57E+04	2,4	−2110
87	$OH + HO_2 \rightarrow O_2 + H_2O$	1,45E+13	0,0	−500
88	$OH + H_2O_2 \rightarrow HO_2 + H_2O$	2,00E+12	0,0	427
89	$OH + H_2O_2 \rightarrow HO_2 + H_2O$	1,70E+18	0,0	29410
90	$OH + C \rightarrow H + CO$	5,00E+13	0,0	0,0
91	$OH + CH \rightarrow H + HCO$	3,00E+13	0,0	0,0
92	$OH + CH_2 \rightarrow H + CH_2O$	2,00E+13	0,0	0,0
93	$OH + CH_2 \rightarrow CH + H_2O$	1,13E+07	2,0	3000
94[b]	$OH + CH_2(S) \rightarrow H + CH_2O$	3,00E+13	0,0	0,0
95	$OH + CH_3 (+M) \rightarrow CH_3OH (+M)$	dependente da pressão		
96	$OH + CH_3 \rightarrow CH_2 + H_2O$	5,60E+07	1,6	5420
97[b]	$OH + CH_3 \rightarrow CH_2(S) + H_2O$	6,44E+17	−1,3	1417
98	$OH + CH_4 \rightarrow CH_3 + H_2O$	1,00E+08	1,6	3120
99	$OH + CO \rightarrow H + CO_2$	4,76E+07	1,2	70
100	$OH + HCO \rightarrow H_2O + CO$	5,00E+13	0,0	0,0
101	$OH + CH_2O \rightarrow HCO + H_2O$	3,43E+09	1,2	−447
102	$OH + CH_2OH \rightarrow H_2O + CH_2O$	5,00E+12	0,0	0,0

(continua)

Tabela 5.4 Mecanismo detalhado para a combustão do metano (GRI Mech 3.0) [23] (continuação)

No.	Reação	Coeficiente de taxa direta[a]		
		A	b	E
103	$OH + CH_3O \rightarrow H_2O + CH_2O$	5,00E+12	0,0	0,0
104	$OH + CH_3OH \rightarrow CH_2OH + H_2O$	1,44E+06	2,0	−840
105	$OH + CH_3OH \rightarrow CH_3O + H_2O$	6,30E+06	2,0	1500
106	$OH + C_2H \rightarrow H + HCCO$	2,00E+13	0,0	0,0
107	$OH + C_2H_2 \rightarrow H + CH_2CO$	2,18E−04	4,5	−1000
108	$OH + C_2H_2 \rightarrow H + HCCOH$	5,04E+05	2,3	13500
109	$OH + C_2H_2 \rightarrow C_2H + H_2O$	3,37E+07	2,0	14000
110	$OH + C_2H_2 \rightarrow CH_3 + CO$	4,83E−04	4,0	−2000
111	$OH + C_2H_3 \rightarrow H_2O + C_2H_2$	5,00E+12	0,0	0,0
112	$OH + C_2H_4 \rightarrow C_2H_3 + H_2O$	3,60E+06	2,0	2500
113	$OH + C_2H_6 \rightarrow C_2H_5 + H_2O$	3,54E+06	2,1	870
114	$OH + CH_2CO \rightarrow HCCO + H_2O$	7,50E+12	0,0	2000
115	$HO_2 + HO_2 \rightarrow O_2 + H_2O_2$	1,30E+11	0,0	−1630
116	$HO_2 + HO_2 \rightarrow O_2 + H_2O_2$	4,20E+14	0,0	12000
117	$HO_2 + CH_2 \rightarrow OH + CH_2O$	2,00E+13	0,0	0,0
118	$HO_2 + CH_3 \rightarrow O_2 + CH_4$	1,00E+12	0,0	0,0
119	$HO_2 + CH_3 \rightarrow OH + CH_3O$	3,78E+13	0,0	0,0
120	$HO_2 + CO \rightarrow OH + CO_2$	1,50E+14	0,0	23600
121	$HO_2 + CH_2O \rightarrow HCO + H_2O_2$	5,60E+06	2,0	12000
122	$C + O_2 \rightarrow O + CO$	5,80E+13	0,0	576
123	$C + CH_2 \rightarrow H + C_2H$	5,00E+13	0,0	0,0
124	$C + CH_3 \rightarrow H + C_2H_2$	5,00E+13	0,0	0,0
125	$CH + O_2 \rightarrow O + HCO$	6,71E+13	0,0	0,0
126	$CH + H_2 \rightarrow H + CH_2$	1,08E+14	0,0	3110
127	$CH + H_2O \rightarrow H + CH_2O$	5,71E+12	0,0	−755
128	$CH + CH_2 \rightarrow H + C_2H_2$	4,00E+13	0,0	0,0
129	$CH + CH_3 \rightarrow H + C_2H_3$	3,00E+13	0,0	0,0
130	$CH + CH_4 \rightarrow H + C_2H_4$	6,00E+13	0,0	0,0
131	$CH + CO\,(+M) \rightarrow HCCO\,(+M)$	dependente da pressão		
132	$CH + CO_2 \rightarrow HCO + CO$	1,90E+14	0,0	15792
133	$CH + CH_2O \rightarrow H + CH_2CO$	9,46E+13	0,0	−515
134	$CH + HCCO \rightarrow CO + C_2H_2$	5,00E+13	0,0	0,0
135	$CH_2 + O_2 \rightarrow OH + HCO$	5,00E+12	0,0	1500
136	$CH_2 + H_2 \rightarrow H + CH_3$	5,00E+05	2,0	7230
137	$CH_2 + CH_2 \rightarrow H_2 + C_2H_2$	1,60E+15	0,0	11944
138	$CH_2 + CH_3 \rightarrow H + C_2H_4$	4,00E+13	0,0	0,0
139	$CH_2 + CH_4 \rightarrow CH_3 + CH_3$	2,46E+06	2,0	8270
140	$CH_2 + CO\,(+M) \rightarrow CH_2CO\,(+M)$	dependente da pressão		
141	$CH_2 + HCCO \rightarrow C_2H_3 + CO$	3,00E+13	0,0	0,0
142[b]	$CH_2(S) + N_2 \rightarrow CH_2 + N_2$	1,50E+13	0,0	600

#	Reação	A	b	E
143[b]	$CH_2(S) + Ar \to CH_2 + Ar$	9,00E+12	0,0	600
144[b]	$CH_2(S) + O_2 \to H + OH + CO$	2,80E+13	0,0	0,0
145[b]	$CH_2(S) + O_2 \to CO + H_2O$	1,20E+13	0,0	0,0
146[b]	$CH_2(S) + H_2 \to CH_3 + H$	7,00E+13	0,0	0,0
147[b]	$CH_2(S) + H_2O\ (+M) \to CH_3OH\ (+M)$	dependente da pressão		
148[b]	$CH_2(S) + H_2O \to CH_2 + H_2O$	3,00E+13	0,0	0,0
149[b]	$CH_2(S) + CH_3 \to H + C_2H_4$	1,20E+13	0,0	−570
150[b]	$CH_2(S) + CH_4 \to CH_3 + CH_3$	1,60E+13	0,0	−570
151[b]	$CH_2(S) + CO \to CH_2 + CO$	9,00E+12	0,0	0,0
152[b]	$CH_2(S) + CO_2 \to CH_2 + CO_2$	7,00E+12	0,0	0,0
153[b]	$CH_2(S) + CO_2 \to CO + CH_2O$	1,40E+13	0,0	0,0
154[b]	$CH_2(S) + C_2H_6 \to CH_3 + C_2H_5$	4,00E+13	0,0	−550
155	$CH_3 + O_2 \to O + CH_3O$	3,56E+13	0,0	30480
156	$CH_3 + O_2 \to OH + CH_2O$	2,31E+12	0,0	20315
157	$CH_3 + H_2O_2 \to HO_2 + CH_4$	2,45E+04	2,47	5180
158	$CH_3 + CH_3\ (+M) \to C_2H_6\ (+M)$	dependente da pressão		
159	$CH_3 + CH_3 \to H + C_2H_5$	6,48E+12	0,1	10600
160	$CH_3 + HCO \to CH_4 + CO$	2,65E+13	0,0	0,0
161	$CH_3 + CH_2O \to HCO + CH_4$	3,32E+03	2,8	5860
162	$CH_3 + CH_3OH \to CH_2OH + CH_4$	3,00E+07	1,5	9940
163	$CH_3 + CH_3OH \to CH_3O + CH_4$	1,00E+07	1,5	9940
164	$CH_3 + C_2H_4 \to C_2H_3 + CH_4$	2,27E+05	2,0	9200
165	$CH_3 + C_2H_6 \to C_2H_5 + CH_4$	6,14E+06	1,7	10450
166	$HCO + H_2O \to H + CO + H_2O$	1,55E+18	−1,0	17000
167	$HCO + M \to H + CO + M$	1,87E+17	−1,0	17000
168	$HCO + O_2 \to HO_2 + CO$	1,35E+13	0,0	400
169	$CH_2OH + O_2 \to HO_2 + CH_2O$	1,80E+13	0,0	900
170	$CH_3O + O_2 \to HO_2 + CH_2O$	4,28E−13	7,6	−3530
171	$C_2H + O_2 \to HCO + CO$	1,00E+13	0,0	−755
172	$C_2H + H_2 \to H + C_2H_2$	5,68E+10	0,9	1993
173	$C_2H_3 + O_2 \to HCO + CH_2O$	4,58E+16	−1,4	1015
174	$C_2H_4\ (+M) \to H_2 + C_2H_2\ (+M)$	dependente da pressão		
175	$C_2H_5 + O_2 \to HO_2 + C_2H_4$	8,40E+11	0,0	3875
176	$HCCO + O_2 \to OH + CO + CO$	3,20E+12	0,0	854
177	$HCCO + HCCO \to CO + CO + C_2H_2$	1,00E+13	0,0	0,0

Reações contendo N

#	Reação	A	b	E
178	$N + NO \to N_2 + O$	2,70E+13	0,0	355
179	$N + O_2 \to NO + O$	9,00E+09	1,0	6500
180	$N + OH \to NO + H$	3,36E+13	0,0	385
181	$N_2O + O \to N_2 + O_2$	1,40E+12	0,0	10810

(continua)

Tabela 5.4 Mecanismo detalhado para a combustão do metano (GRI Mech 3.0) [23] (continuação)

No.	Reação	Coeficiente de taxa direta[a]		
		A	b	E
182	$N_2O + O \rightarrow NO + NO$	2,90E+13	0,0	23150
183	$N_2O + H \rightarrow N_2 + OH$	3,87E+14	0,0	18880
184	$N_2O + OH \rightarrow N_2 + HO_2$	2,00E+12	0,0	21060
185	$N_2O (+M) \rightarrow N_2 + O (+M)$	dependente da pressão		
186	$HO_2 + NO \rightarrow NO_2 + OH$	2,11E+12	0,0	−480
187	$NO + O + M \rightarrow NO_2 + M$	1,06E+20	−1,4	0,0
188	$NO_2 + O \rightarrow NO + O_2$	3,90E+12	0,0	−240
189	$NO_2 + H \rightarrow NO + OH$	1,32E+14	0,0	360
190	$NH + O \rightarrow NO + H$	4,00E+13	0,0	0,0
191	$NH + H \rightarrow N + H_2$	3,20E+13	0,0	330
192	$NH + OH \rightarrow HNO + H$	2,00E+13	0,0	0,0
193	$NH + OH \rightarrow N + H_2O$	2,00E+09	1,2	0,0
194	$NH + O_2 \rightarrow HNO + O$	4,61E+05	2,0	6500
195	$NH + O_2 \rightarrow NO + OH$	1,28E+06	1,5	100
196	$NH + N \rightarrow N_2 + H$	1,50E+13	0,0	0,0
197	$NH + H_2O \rightarrow HNO + H_2$	2,00E+13	0,0	13850
198	$NH + NO \rightarrow N_2 + OH$	2,16E+13	−0,2	0,0
199	$NH + NO \rightarrow N_2O + H$	3,65E+14	−0,5	0,0
200	$NH_2 + O \rightarrow OH + NH$	3,00E+12	0,0	0,0
201	$NH_2 + O \rightarrow H + HNO$	3,9E+13	0,0	0,0
202	$NH_2 + H \rightarrow NH + H_2$	4,00E+13	0,0	3650
203	$NH_2 + OH \rightarrow NH + H_2O$	9,00E+07	1,5	−460
204	$NNH \rightarrow N_2 + H$	3,30E+08	0,0	0,0
205	$NNH + M \rightarrow N_2 + H + M$	1,30E+14	−0,1	4980
206	$NNH + O_2 \rightarrow HO_2 + N_2$	5,00E+12	0,0	0,0
207	$NNH + O \rightarrow OH + N_2$	2,50E+13	0,0	0,0
208	$NNH + O \rightarrow NH + NO$	7,00E+13	0,0	0,0
209	$NNH + H \rightarrow H_2 + N_2$	5,00E+13	0,0	0,0
210	$NNH + OH \rightarrow H_2O + N_2$	2,00E+13	0,0	0,0
211	$NNH + CH_3 \rightarrow CH_4 + N_2$	2,50E+13	0,0	0,0
212	$H + NO + M \rightarrow HNO + M$	4,48E+19	−1,3	740
213	$HNO + O \rightarrow NO + OH$	2,50E+13	0,0	0,0
214	$HNO + H \rightarrow H_2 + NO$	9,00E+11	0,7	660
215	$HNO + OH \rightarrow NO + H_2O$	1,30E+07	1,9	−950
216	$HNO + O_2 \rightarrow HO_2 + NO$	1,00E+13	0,0	13000
217	$CN + O \rightarrow CO + N$	7,70E+13	0,0	0,0
218	$CN + OH \rightarrow NCO + H$	4,00E+13	0,0	0,0
219	$CN + H_2O \rightarrow HCN + OH$	8,00E+12	0,0	7460

220	$CN + O_2 \rightarrow NCO + O$	6,14E+12	0,0	−440
221	$CN + H_2 \rightarrow HCN + H$	2,95E+05	2,5	2240
222	$NCO + O \rightarrow NO + CO$	2,35E+13	0,0	0,0
223	$NCO + H \rightarrow NH + CO$	5,40E+13	0,0	0,0
224	$NCO + OH \rightarrow NO + H + CO$	2,50E+12	0,0	0,0
225	$NCO + N \rightarrow N_2 + CO$	2,00E+13	0,0	0,0
226	$NCO + O_2 \rightarrow NO + CO_2$	2,00E+12	0,0	20000
227	$NCO + M \rightarrow N + CO + M$	3,10E+14	0,0	54050
228	$NCO + NO \rightarrow N_2O + CO$	1,90E+17	−1,5	740
229	$NCO + NO \rightarrow N_2 + CO_2$	3,80E+18	−2,0	800
230	$HCN + M \rightarrow H + CN + M$	1,04E+29	−3,3	126600
231	$HCN + O \rightarrow NCO + H$	2,03E+04	2,6	4980
232	$HCN + O \rightarrow NH + CO$	5,07E+03	2,6	4980
233	$HCN + O \rightarrow CN + OH$	3,91E+09	1,6	26600
234	$HCN + OH \rightarrow HOCN + H$	1,10E+06	2,0	13370
235	$HCN + OH \rightarrow HNCO + H$	4,40E+03	2,3	6400
236	$HCN + OH \rightarrow NH_2 + CO$	1,60E+02	2,6	9000
237	$H + HCN + M \rightarrow H_2CN + M$	dependente da pressão		
238	$H_2CN + N \rightarrow N_2 + CH_2$	6,00E+13	0,0	400
239	$C + N_2 \rightarrow CN + N$	6,30E+13	0,0	46020
240	$CH + N_2 \rightarrow HCN + N$	3,12E+09	0,9	20130
241	$CH + N_2 (+M) \rightarrow HCNN (+M)$	dependente da pressão		
242	$CH_2 + N_2 \rightarrow HCN + NH$	1,00E+13	0,0	74000
243[b]	$CH_2(S) + N_2 \rightarrow NH + HCN$	1,00E+11	0,0	65000
244	$C + NO \rightarrow CN + O$	1,90E+13	0,0	0,0
245	$C + NO \rightarrow CO + N$	2,90E+13	0,0	0,0
246	$CH + NO \rightarrow HCN + O$	4,10E+13	0,0	0,0
247	$CH + NO \rightarrow H + NCO$	1,62E+13	0,0	0,0
248	$CH + NO \rightarrow N + HCO$	2,46E+13	0,0	0,0
249	$CH_2 + NO \rightarrow H + HNCO$	3,10E+17	−1,4	1270
250	$CH_2 + NO \rightarrow OH + HCN$	2,90E+14	−0,7	760
251	$CH_2 + NO \rightarrow H + HCNO$	3,80E+13	−0,4	580
252[b]	$CH_2(S) + NO \rightarrow H + HNCO$	3,10E+17	−1,4	1270
253[b]	$CH_2(S) + NO \rightarrow OH + HCN$	2,90E+14	−0,7	760
254[b]	$CH_2(S) + NO \rightarrow H + HCNO$	3,80E+13	−0,4	580
255	$CH_3 + NO \rightarrow HCN + H_2O$	9,60E+13	0,0	28800
256	$CH_3 + NO \rightarrow H_2CN + OH$	1,00E+12	0,0	21750
257	$HCNN + O \rightarrow CO + H + N_2$	2,20E+13	0,0	0,0
258	$HCNN + O \rightarrow HCN + NO$	2,00E+12	0,0	0,0
259	$HCNN + O_2 \rightarrow O + HCO + N_2$	1,20E+13	0,0	0,0
260	$HCNN + OH \rightarrow H + HCO + N_2$	1,20E+13	0,0	0,0
261	$HCNN + H \rightarrow CH_2 + N_2$	1,00E+14	0,0	0,0
262	$HNCO + O \rightarrow NH + CO_2$	9,80E+07	1,4	8500

(*continua*)

Tabela 5.4 Mecanismo detalhado para a combustão do metano (GRI Mech 3.0) [23] (continuação)

No.	Reação	Coeficiente de taxa direta[a]		
		A	b	E
263	$HNCO + O \rightarrow HNO + CO$	1,50E+08	1,6	44000
264	$HNCO + O \rightarrow NCO + OH$	2,20E+06	2,1	11400
265	$HNCO + H \rightarrow NH_2 + CO$	2,25E+07	1,7	3800
266	$HNCO + H \rightarrow H_2 + NCO$	1,05E+05	2,5	13300
267	$HNCO + OH \rightarrow NCO + H_2O$	3,30E+07	1,5	3600
268	$HNCO + OH \rightarrow NH_2 + CO_2$	3,30E+06	1,5	3600
269	$HNCO + M \rightarrow NH + CO + M$	1,18E+16	0,0	84720
270	$HCNO + H \rightarrow H + HNCO$	2,10E+15	−0,7	2850
271	$HCNO + H \rightarrow OH + HCN$	2,70E+11	0,2	2120
272	$HCNO + H \rightarrow NH_2 + CO$	1,70E+14	−0,8	2890
273	$HOCN + H \rightarrow H + HNCO$	2,00E+07	2,0	2000
274	$HCCO + NO \rightarrow HCNO + CO$	9,00E+12	0,0	0,0
275	$CH_3 + N \rightarrow H_2CN + H$	6,10E+14	−0,3	290
276	$CH_3 + N \rightarrow HCN + H_2$	3,70E+12	0,1	−90
277	$NH_3 + H \rightarrow NH_2 + H_2$	5,40E+05	2,4	9915
278	$NH_3 + OH \rightarrow NH_2 + H_2O$	5,00E+07	1,6	955
279	$NH_3 + O \rightarrow NH_2 + OH$	9,40E+06	1,9	6460

Reações adicionadas na atualização da versão 2.11 para a versão 3.0

No.	Reação	A	b	E
280	$NH + CO_2 \rightarrow HNO + CO$	1,00E+13	0,0	14350
281	$CN + NO_2 \rightarrow NCO + NO$	6,16E+15	−0,8	345
282	$NCO + NO_2 \rightarrow N_2O + CO_2$	3,25E+12	0,0	−705
283	$N + CO_2 \rightarrow NO + CO$	3,00E+12	0,0	11300
284	$O + CH_3 \rightarrow H + H_2 + CO$	3,37E+13	0,0	0,0
285	$O + C_2H_4 \rightarrow CH_2CHO$	6,70E+06	1,8	220
286	$O + C_2H_5 \rightarrow H + CH_3CHO$	1,10E+14	0,0	0,0
287	$OH + HO_2 \rightarrow O_2 + H_2O$	5,00E+15	0,0	17330
288	$OH + CH_3 \rightarrow H_2 + CH_2O$	8,00E+09	0,5	−1755
289	$CH + H_2 + M \rightarrow CH_3 + M$	dependente da pressão		
290	$CH_2 + O_2 \rightarrow H + H + CO_2$	5,80E+12	0,0	1500
291	$CH_2 + O_2 \rightarrow O + CH_2O$	2,40E+12	0,0	1500
292	$CH_2 + CH_2 \rightarrow H + H + C_2H_2$	2,00E+14	0,0	10989
293[b]	$CH_2(S) + H_2O \rightarrow H_2 + CH_2O$	6,82E+10	0,2	−935
294	$C_2H_3 + O_2 \rightarrow O + CH_2CHO$	3,03E+11	0,3	11
295	$C_2H_3 + O_2 \rightarrow HO_2 + C_2H_2$	1,34E+06	1,6	−384
296	$O + CH_3CHO \rightarrow OH + CH_2CHO$	2,92E+12	0,0	1808
297	$O + CH_3CHO \rightarrow OH + CH_3 + CO$	2,92E+12	0,0	1808
298	$O_2 + CH_3CHO \rightarrow HO_2 + CH_3 + CO$	3,01E+13	0,0	39150
299	$H + CH_3CHO \rightarrow CH_2CHO + H_2$	2,05E+09	1,2	2405
300	$H + CH_3CHO \rightarrow CH_3 + H_2 + CO$	2,05E+09	1,2	2405

301	$OH + CH_3CHO \rightarrow CH_3 + H_2O + CO$	2,34E + 10	0,7	−1113
302	$HO_2 + CH_3CHO \rightarrow CH_3 + H_2O_2 + CO$	3,01E + 12	0,0	11923
303	$CH_3 + CH_3CHO \rightarrow CH_3 + CH_4 + CO$	2,72E + 06	1,8	5920
304	$H + CH_2CO + M \rightarrow CH_2CHO + M$	dependente da pressão		
305	$O + CH_2CHO \rightarrow H + CH_2 + CO_2$	1,50E + 14	0,0	0,0
306	$O_2 + CH_2CHO \rightarrow OH + CO + CH_2O$	1,81E + 10	0,0	0,0
307	$O_2 + CH_2CHO \rightarrow OH + HCO + HCO$	2,35E + 10	0,0	0,0
308	$H + CH_2CHO \rightarrow CH_3 + HCO$	2,20E + 13	0,0	0,0
309	$H + CH_2CHO \rightarrow CH_2CO + H_2$	1,10E + 13	0,0	0,0
310	$OH + CH_2CHO \rightarrow H_2O + CH_2CO$	1,20E + 13	0,0	0,0
311	$OH + CH_2CHO \rightarrow HCO + CH_2OH$	3,01E + 13	0,0	0,0
312	$CH_3 + C_2H_5 + M \rightarrow C_3H_8 + M$	dependente da pressão		
313	$O + C_3H_8 \rightarrow OH + C_3H_7$	1,93E + 05	2,7	3716
314	$H + C_3H_8 \rightarrow C_3H_7 + H_2$	1,32E + 06	2,5	6756
315	$OH + C_3H_8 \rightarrow C_3H_7 + H_2O$	3,16E + 07	1,8	934
316	$C_3H_7 + H_2O_2 \rightarrow HO_2 + C_3H_8$	3,78E + 02	2,7	1500
317	$CH_3 + C_3H_8 \rightarrow C_3H_7 + CH_4$	9,03E − 01	3,6	7154
318	$CH_3 + C_2H_4 + M \rightarrow C_3H_7 + M$	dependente da pressão		
319	$O + C_3H_7 \rightarrow C_2H_5 + CH_2O$	9,64E + 13	0,0	0,0
320	$H + C_3H_7 + M \rightarrow C_3H_8 + M$	dependente da pressão		
321	$H + C_3H_7 \rightarrow CH_3 + C_2H_5$	4,06E + 06	2,2	890
322	$OH + C_3H_7 \rightarrow C_2H_5 + CH_2OH$	2,41E + 13	0,0	0,0
323	$HO_2 + C_3H_7 \rightarrow O_2 + C_3H_8$	2,55E + 10	0,3	−943
324	$HO_2 + C_3H_7 \rightarrow OH + C_2H_5 + CH_2O$	2,41E + 13	0,0	0,0
325	$CH_3 + C_3H_7 \rightarrow C_2H_5 + C_2H_5$	1,93E + 13	−0,3	0,0

Análise de caminhos de reações em alta temperatura

Os principais caminhos para a conversão do metano para dióxido de carbono em alta temperatura (2200 K) são ilustrados na Fig. 5.4. Cada seta representa uma reação elementar, ou conjunto de reações, com a principal espécie química reagente identificada na base da seta e o principal produto na sua ponta. Espécies químicas reagentes adicionais são identificadas ao lado da seta, com a indicação da respectiva reação química da Tabela 5.4. A espessura da seta fornece uma indicação visual da importância relativa de um determinado caminho de reação, enquanto os números colocados entre parênteses quantificam a taxa de destruição do reagente na unidade de mol/cm^3.

Da Fig. 5.4, observamos um progresso linear do CH_4 para o CO_2, ao mesmo tempo em que existem muitos laços laterais originando-se no radical metil (CH_3). O progresso linear, ou espinha dorsal, inicia-se com o ataque da molécula de CH_4 pelos radicais OH, O e H, produzindo o radical metil; o radical metil, então, combina-se com oxigênio atômico, formando formaldeído (CH_2O); o formaldeído, por sua vez, é atacado pelos radicais OH, H e O, produzindo o radical formil (HCO); o radical formil é convertido para CO por um conjunto de três reações e, finalmente, o CO é convertido para CO_2, principalmente pela reação com OH, conforme discutido anteriormente. A representação das moléculas usando diagramas de estrutura molecular (estruturas de Lewis, fórmulas estruturais de traços ou modelos moleculares) mostra como essa

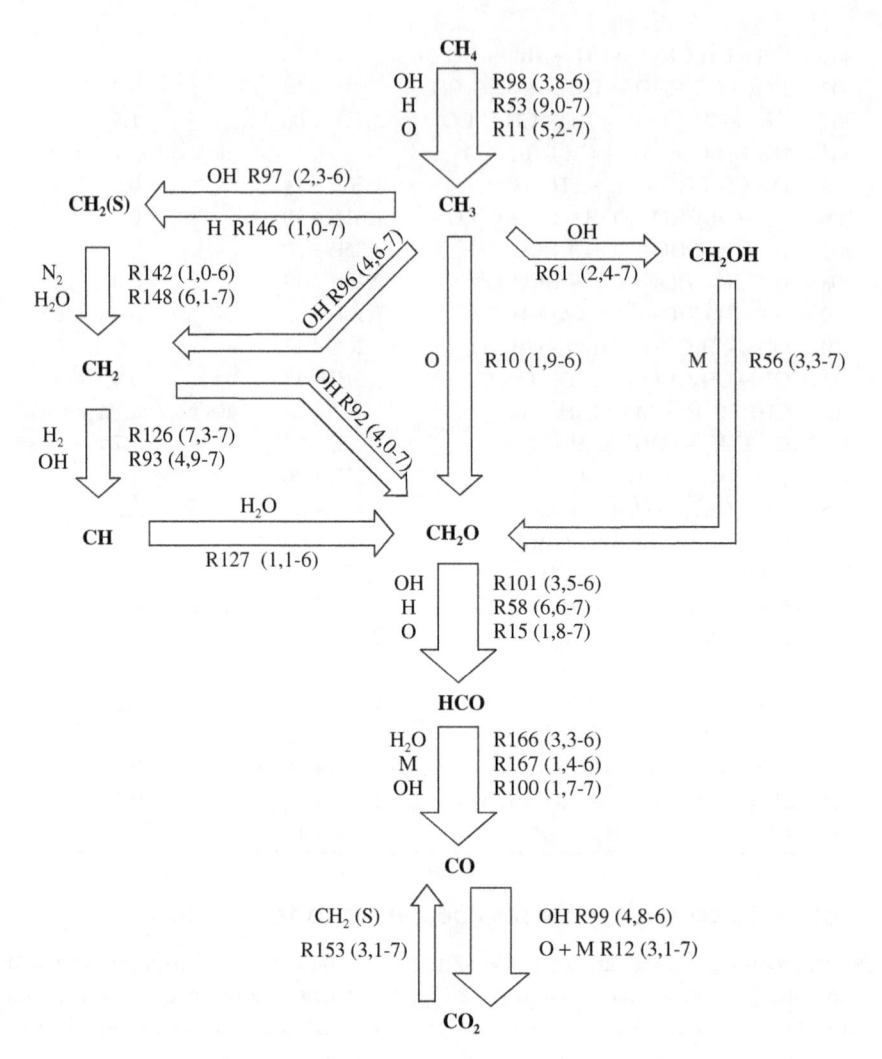

Figura 5.4 Diagrama de caminho de reação em alta temperatura ($T > 1500$ K) para a combustão de metano em um reator perfeitamente misturado a $T = 2200$ K e $P = 1$ atm para um tempo de residência de 0,1 s. Os números que identificam as reações referem-se à Tabela 5.4 e as taxas de reação (em mol/cm^3-s) são mostradas entre parênteses. Por exemplo, 2,6–7 significa $2,6 \times 10^{-7}$ mol/cm^3-s. Os resultados foram gerados com o mecanismo GRI Mech 2.11.

sequência de reações elementares explica, em parte e de modo didático, a oxidação do metano. A representação desses diagramas é deixada como um exercício para o leitor.

Além do caminho direto do radical metil para o formaldeído ($CH_3 + O \rightarrow CH_2O + H$), radicais também reagem para formar radicais CH_2 em duas configurações eletrônicas possíveis. O estado eletrônico singleto do CH_2 é designado $CH_2(S)$ e não deveria ser confundido com a notação similar utilizada para identificar espécies químicas no estado sólido. Existe também um laço lateral por meio do qual o CH_3 é primeiramente convertido para CH_2OH, o qual, por sua vez, é convertido para CH_2O.

Outros caminhos menos importantes completam o mecanismo. Esses caminhos com taxas de reação menores que 1×10^{-7} mol/cm^3-s não são mostrados na Fig. 5.4.

Análise dos caminhos de reação em baixa temperatura

Em baixas temperaturas (digamos < 1500 K), os caminhos que não eram importantes em altas temperaturas agora se tornam relevantes. A Fig. 5.5 ilustra o cenário para

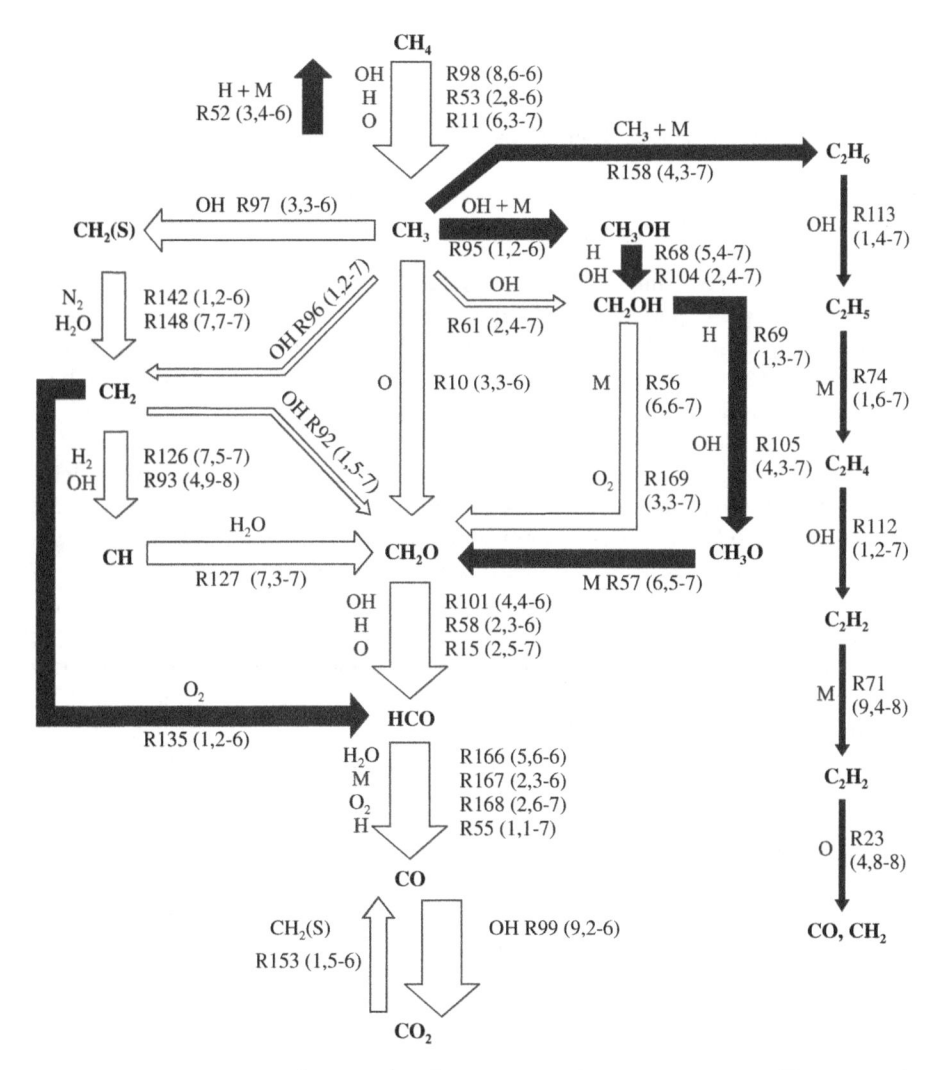

Figura 5.5 Diagrama de caminho de reação em baixa temperatura ($T < 1500$ K) para a combustão de metano em um reator perfeitamente misturado a $T = 1345$ K e $P = 1$ atm para um tempo de residência de 0,1 s. Os números que identificam as reações referem-se à Tabela 5.4, e as taxas de reação (em mol/cm^3-s) são mostradas entre parênteses. Por exemplo, 2,6–7 significa $2,6 \times 10^{-7}$ mol/cm^3-s. Os resultados foram gerados com o mecanismo GRI Mech 2.11.

1345 K. As setas em negrito mostram os novos caminhos que agora complementam os caminhos prevalentes em alta temperatura. Diversas caraterísticas interessantes aparecem: inicialmente, há uma forte recombinação de CH_3 de volta para CH_4; em segundo lugar, uma rota alternativa do CH_3 para CH_2O aparece por meio da produção intermediária de metanol (CH_3OH) e, curiosamente, os radicais CH_3 se combinam para formar etano (C_2H_6), um hidrocarboneto maior que o metano que era o reagente original. O C_2H_6 é finalmente convertido para CO (e CH_2) por meio de C_2H_4 (eteno ou etileno) e C_2H_2 (etino ou acetileno). O aparecimento de hidrocarbonetos maiores do que o hidrocarboneto reagente inicial é uma característica comum dos processos de oxidação em baixa temperatura.

Por causa da importância da oxidação do metano para as aplicações, há muitos esforços para a formulação de mecanismos reduzidos (simplificados). Abordaremos esse tópico após a discussão sobre a cinética dos óxidos de nitrogênio.

FORMAÇÃO DOS ÓXIDOS DE NITROGÊNIO

O óxido nítrico (NO), introduzido no Capítulo 1 e discutido mais detidamente no Capítulo 4, é uma importante espécie química minoritária em combustão por causa da sua contribuição à poluição atmosférica. A cinética química do nitrogênio envolvida na combustão do metano com o ar é apresentada na segunda metade da Tabela 5.4. Na combustão de combustíveis que não contêm nitrogênio na sua composição elementar, o óxido nítrico é formado por meio de quatro mecanismos químicos, ou rotas, que envolvem o nitrogênio do ar: O **térmico** (ou **mecanismo de Zeldovich**), o **Fenimore** (ou **mecanismo imediato**), o **mecanismo intermediado por N_2O** e o **mecanismo NNH**. O mecanismo térmico domina a formação de NO na combustão em alta temperatura em uma faixa de razões de equivalência um tanto ampla, enquanto o mecanismo de Fenimore é particularmente importante na combustão rica. O mecanismo intermediado por N_2O parece ter um importante papel na produção de NO em processos de combustão muito pobres em temperaturas baixas. O mecanismo NNH é o mais novo ator integrado às rotas conhecidas de formação de NO. Vários estudos mostram as contribuições relativas dos três primeiros mecanismos em chamas pré-misturadas [26] e não pré-misturadas [27, 28] e as contribuições das quatro rotas para a combustão pobre em reatores com mistura por jatos [29]. Para obter mais informações sobre a cinética química envolvida na formação e no controle de óxidos de nitrogênio em processos de combustão, além das fornecidas nessa seção, o leitor deve consultar as revisões de Dagaut et al. [30], Dean e Bozzelli [31] e Miller e Bowman [32].

O **mecanismo térmico**, ou **de Zeldovich**, consiste em duas reações em cadeia:

$$O + N_2 \Leftrightarrow NO + N \qquad (N.1)$$

$$N + O_2 \Leftrightarrow NO + O, \qquad (N.2)$$

as quais podem ser estendidas ao incluir a reação

$$N + OH \Leftrightarrow NO + H. \qquad (N.3)$$

Os coeficientes das taxas das reações N.1 a N.3 são [33]

$k_{N.1f} = 1,8 \cdot 10^{11} \exp[-38.370/T(K)]$ [=] m³/kmol-s,

$k_{N.1r} = 3,8 \cdot 10^{10} \exp[-425/T(K)]$ [=] m³/kmol-s,

$k_{N.2f} = 1,8 \cdot 10^{7} T \exp[-4680/T(K)]$ [=] m³/kmol-s,

$k_{N.2r} = 3,8 \cdot 10^{6} T \exp[-20.820/T(K)]$ [=] m³/kmol-s,

$k_{N.3f} = 7,1 \cdot 10^{10} \exp[-450/T(K)]$ [=] m³/kmol-s,

$k_{N.3r} = 1,7 \cdot 10^{11} \exp[-24.560/T(K)]$ [=] m³/kmol-s.

Esse sistema com três reações é conhecido como **mecanismo de Zeldovich estendido**. Em geral, esse mecanismo é acoplado à cinética química de combustão do combustível por meio das espécies químicas O_2, O e OH. Entretanto, em processos nos quais a combustão do combustível é completada antes que a formação de NO se torne significativa, os dois processos podem ser desacoplados. Neste caso, se as escalas de tempo características relevantes forem suficientemente longas, pode-se supor que as concentrações de N_2, O_2, O e OH estejam nos seus valores de equilíbrio e que os átomos de N se encontrem em um estado estacionário. Essas hipóteses simplificam o problema de cálculo da formação de NO. Se fizermos a hipótese adicional de que as concentrações de NO são muito menores que os seus valores de equilíbrio, as reações reversas podem ser negligenciadas, o que leva à seguinte expressão relativamente simples para a taxa de formação de NO:

$$\frac{d[NO]}{dt} = 2k_{N.1f}[O]_{eq}[N_2]_{eq}. \qquad (5.7)$$

No Capítulo 4 (Exemplo 4.3) mostramos que a Eq. 5.7 é obtida quando invocamos essas hipóteses. Dentro da região de chama propriamente dita e em processos pós-chama caracterizados por pequenas escalas de tempo, as hipóteses de equilíbrio químico não se aplicam. Concentrações de átomos O, muitas ordens de magnitude acima das de equilíbrio, aumentam consideravelmente as taxas de formação de NO. Essa contribuição de **superequilíbrio de átomos O** (e OH) para as taxas de produção de NO é algumas vezes classificada como parte do mecanismo de NO imediato. Entretanto, por razões históricas, nos referiremos a NO imediato somente quando relacionado ao mecanismo de Fenimore.

A energia de ativação para a etapa (N.1) é relativamente grande (319050 kJ/kmol). Logo, essa reação tem uma forte dependência em relação à temperatura (veja o problema 4.11). Como regra, o mecanismo térmico em geral não tem importância para temperaturas abaixo de 1800 K. Em comparação com as escalas de tempo características dos processos de oxidação de combustíveis, o NO é formado um tanto lentamente pelo mecanismo térmico. Assim, geralmente considera-se que o NO térmico é formado na região de pós-chama.

O **mecanismo intermediado por N_2O** é importante em condições pobres em combustível ($\Phi < 0,8$) em baixa temperatura. As três etapas desse mecanismo são:

$$O + N_2 + M \Leftrightarrow N_2O + M, \qquad (N.4)$$

$$H + N_2O \Leftrightarrow NO + NH, \qquad (N.5)$$

$$O + N_2O \Leftrightarrow NO + NO. \qquad (N.6)$$

Esse mecanismo torna-se importante nas estratégias de controle de emissão de NO que envolvem combustão pré-misturada pobre, que são usadas pelos fabricantes de turbinas a gás [34].

O **mecanismo de Fenimore** está intimamente ligado à química da combustão de hidrocarbonetos. Fenimore [35] descobriu que algum NO era rapidamente produzido na zona de chama de chamas laminares pré-misturadas muito antes de haver tempo disponível para a formação de NO pelo mecanismo térmico, e deu a esse NO formado rapidamente a designação de **NO imediato**. O esquema geral do mecanismo de Fenimore consiste na reação dos radicais de hidrocarbonetos com o nitrogênio molecular formando aminas ou compostos com o grupo ciano (–C≡N). As aminas e os compostos com o grupo ciano são então convertidos para compostos intermediários que finalmente formam NO. Ignorando as etapas iniciadoras que formam os radicais CH, o mecanismo de Fenimore pode ser escrito como

$$CH + N_2 \Leftrightarrow HCN + N \tag{N.7}$$

$$C + N_2 \Leftrightarrow CN + N, \tag{N.8}$$

onde (N.7) é a rota principal e a sequência que limita a taxa de formação de NO. Para razões de equivalência menores que aproximadamente 1,2, a conversão de cianeto de hidrogênio, HCN, para formar NO prossegue de acordo com a seguinte sequência em cadeia:

$$HCN + O \Leftrightarrow NCO + H, \tag{N.9}$$

$$NCO + H \Leftrightarrow NH + CO, \tag{N.10}$$

$$NH + H \Leftrightarrow N + H_2 \tag{N.11}$$

$$N + OH \Leftrightarrow NO + H. \tag{N.3}$$

Para razões de equivalência mais ricas que 1,2, outras rotas se abrem e a cinética química torna-se muito mais complexa. Miller e Bowman [32] apontam que esse esquema deixa de ser válido e que o NO é reciclado para HCN, inibindo a produção de NO. Além disso, a reação de Zeldovich que acopla com o mecanismo imediato na realidade destrói (em vez de formar) NO, isto é, $N + NO \rightarrow N_2 + O$. A Fig. 5.6 ilustra esquematicamente o processo envolvido; o leitor deve consultar as Refs. [32] e [36] para obter mais detalhes.

O **mecanismo NNH** para a formação de NO é um caminho recentemente descoberto [31, 37-39]. As duas etapas principais neste mecanismo são

$$N_2 + H \rightarrow NNH \tag{N.12}$$

e

$$NNH + O \rightarrow NO + NH. \tag{N.13}$$

Essa rota se mostra particularmente importante na combustão de hidrogênio [40] e para hidrocarbonetos com grande valor da razão entre átomos de carbono e de hidrogênio [29].

Alguns combustíveis possuem nitrogênio na sua estrutura molecular. O NO formado a partir desse nitrogênio é frequentemente denominado **nitrogênio do combustível**, sendo considerado outro caminho de formação de NO, além daqueles já

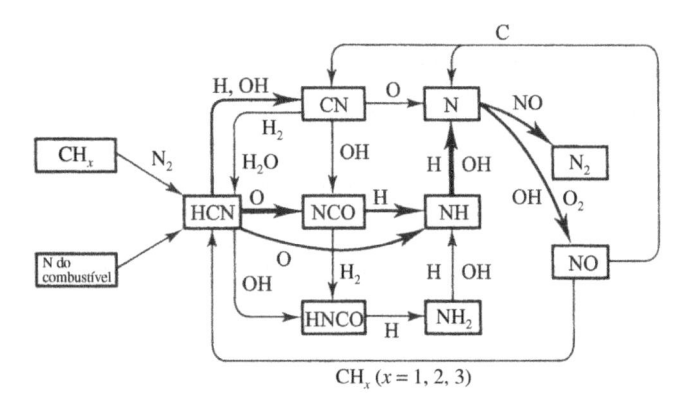

Figura 5.6 Produção de NO associada com o mecanismo imediato de Fenimore.
FONTE: Reimpresso a partir da Ref. [36] com permissão do The Combustion Institute.

discutidos. O carvão pode conter nitrogênio quimicamente ligado em valores até 2% em massa. Na combustão de combustíveis com nitrogênio ligado quimicamente, o nitrogênio do combustível é rapidamente convertido para cianeto de hidrogênio, HCN, ou para amônia, NH_3. As etapas seguintes prosseguem de acordo com o mecanismo de NO imediato, conforme discutido anteriormente e delineado na Fig. 5.6.

Na atmosfera, o óxido nítrico por fim oxida-se para formar **dióxido de nitrogênio**, NO_2, o qual é importante na produção de chuva ácida e de nevoeiro fotoquímico (ou névoa seca). Muitos processos de combustão, entretanto, emitem significativas frações dos seus valores totais de óxidos de nitrogênio ($NO_x = NO + NO_2$) na forma de NO_2. As etapas elementares responsáveis pela formação de NO_2 antes da exaustão dos produtos de combustão para a atmosfera são as seguintes:

$$NO + HO_2 \Leftrightarrow NO_2 + OH \quad \text{(formação)} \tag{N.14}$$

$$NO_2 + H \Leftrightarrow NO + OH \quad \text{(destruição)} \tag{N.15}$$

$$NO_2 + O \Leftrightarrow NO + O_2 \quad \text{(destruição)} \tag{N.16}$$

onde o radical HO_2 é formado pela reação termolecular

$$H + O_2 + M \Leftrightarrow HO_2 + M. \tag{N.17}$$

Os radicais HO_2 são formados em regiões de relativa baixa temperatura. Por isso, a formação de NO_2 ocorre quando as moléculas de NO das regiões de temperatura alta sofrem difusão ou são advectadas pelo escoamento para dentro das regiões ricas em HO_2. As reações de destruição do NO_2, (N.15) e (N.16), são ativas em altas temperaturas, impedindo a formação de NO_2 em regiões de altas temperaturas.

COMBUSTÃO DE METANO E FORMAÇÃO DE ÓXIDOS DE NITROGÊNIO – UM MECANISMO REDUZIDO

Diversos mecanismos reduzidos para a oxidação de metano têm sido desenvolvidos. Veja, por exemplo, as Refs. [41–43]. Aqui, apresentamos o mecanismo de Sung et al. [43] baseado em uma redução do GRI Mech 3.0 (Tabela 5.4). Esse mecanismo redu-

Tabela 5.5 Espécies químicas mantidas no mecanismo reduzido para a oxidação do metano e formação de NO_x de Sung et al. [43]

Espécies químicas contendo C–H–O: 15	
CH_3	H_2
CH_4	H
CO	O_2
CO_2	OH
CH_2O	H_2O
C_2H_2	HO_2
C_2H_4	H_2O_2
C_2H_6	
Espécies químicas contendo N: 6	
N_2	NO
HCN	NO_2
NH_3	N_2O

zido também inclui a cinética química do nitrogênio, possibilitando previsões de NO, NO_2 e N_2O. O mecanismo inclui 21 espécies químicas (veja a Tabela 5.5) interagindo em 17 etapas (veja a Tabela 5.6). O sucesso do mecanismo reduzido é avaliado pela

Tabela 5.6 Etapas do mecanismo reduzido para a oxidação do metano e formação de NO_x de Sung et al. [43]

Etapas de CH_4 até CO_2 e H_2O:	
$CH_4 + H \leftrightarrow CH_3 + H_2O$	(MR.1)
$CH_3 + OH \leftrightarrow CH_2O + H_2$	(MR.2)
$CH_2O \leftrightarrow CO + H_2$	(MR.3)
$C_2H_6 \leftrightarrow C_2H_4 + H_2$	(MR.4)
$C_2H_4 + OH \leftrightarrow CH_3 + CO + H_2$	(MR.5)
$C_2H_2 + O_2 \leftrightarrow 2CO + H_2$	(MR.6)
$CO + OH + H \leftrightarrow CO_2 + H_2$	(MR.7)
$H + OH \leftrightarrow H_2O$	(MR.8)
$2H_2 + O_2 \leftrightarrow 2H + 2OH$	(MR.9)
$2H \leftrightarrow H_2$	(MR.10)
$HO_2 + H \leftrightarrow H_2 + O_2$	(MR.11)
$H_2O_2 + H \leftrightarrow H_2 + HO_2$	(MR.12)
Formação do NO via mecanismos térmico, imediato e intermediado por N_2O:	
$N_2 + O_2 \leftrightarrow 2NO$	(MR.13)
$HCN + H + O_2 \leftrightarrow H_2 + CO + NO$	(MR.14)
Conversão do NH_3 para NH_2:	
$NH_3 + 3H + H_2O \leftrightarrow 4H_2 + NO$	(MR.15)
Formação de NO_2 e N_2O:	
$HO_2 + NO \leftrightarrow HO + NO_2$	(MR.16)
$H_2 + O_2 + N_2 \leftrightarrow H + OH + N_2O$	(MR.17)

sua capacidade de reproduzir acuradamente os resultados previstos pelo mecanismo detalhado para um conjunto de condições de interesse, que se constituem nos requisitos de desempenho. Na criação do seu mecanismo, Sung et al. [43] utilizaram as seguintes condições: concentração de espécies químicas obtidas em reatores perfeitamente misturados (veja o Capítulo 6); a evolução da autoignição (veja o Capítulo 6); a velocidade de propagação e a estrutura detalhada de chamas pré-misturadas, laminares, unidimensionais (veja o Capítulo 8) e as propriedades de chamas não pré--misturadas em jatos opostos (veja o Capítulo 9). Em praticamente todas as situações, o mecanismo reduzido reproduziu com excelente concordância os resultados previstos pelo mecanismo detalhado.

A implementação do mecanismo reduzido, embora direta, não é trivial. Sugerimos que o leitor consulte o artigo de Sung et al. [43] para conhecer os detalhes.

RESUMO

Neste capítulo, delineamos os mecanismos cinéticos para cinco sistemas químicos de importância para a combustão: oxidação do H_2, oxidação do CO, oxidação de alcanos superiores, oxidação do CH_4 e formação de óxidos de nitrogênio (NO e NO_2). No sistema H_2–O_2, descobrimos como as alterações nos caminhos de reação com a temperatura e a pressão resultam em vários regimes de comportamentos explosivos e não explosivos. A ideia de reações heterogêneas, ou na parede, foi introduzida para explicar a destruição de radicais em baixas pressões nas quais os caminhos livres moleculares são longos. Também vimos a importância da água, ou de outras moléculas portadoras de átomos H, na oxidação do CO. Na ausência de traços dessas espécies químicas, a oxidação do CO é bastante lenta. A reação CO + OH $\rightarrow$ CO_2 + H foi apontada como uma etapa-chave na oxidação do CO. A oxidação de alcanos superiores (C_nH_{2n+2} com $n > 2$) foi caracterizada como um processo em três etapas globais: primeiro, a molécula do combustível é atacada pelos radicais, produzindo intermediários (alcenos e H_2); em segundo lugar, os intermediários oxidam-se para CO e H_2O; e, em terceiro lugar, o CO e qualquer H_2 remanescente são oxidados para CO_2 e H_2O, respectivamente. Mecanismos globais e quase-globais foram apresentados para uso em aproximações de engenharia. Mostramos que o metano é sem igual entre os hidrocarbonetos porque ele é significativamente menos reativo. O mecanismo para a oxidação do metano é talvez o mais bem elaborado entre todos os hidrocarbonetos, e um exemplo foi apresentado que consiste em 325 etapas intermediárias entre 53 espécies químicas. Os caminhos de reação para a oxidação de metano em um reator perfeitamente misturado em altas e baixas temperaturas foram delineados. Este capítulo introduziu várias rotas de formação do NO: a rota térmica, ou mecanismo de Zeldovich estendido, incluindo as contribuições do O (e do OH) em superequilíbrio; o mecanismo imediato de Fenimore; o mecanismo intermediado pelo N_2O; o mecanismo NNH; e, finalmente, as rotas provenientes do nitrogênio do combustível. O conceito de redução de mecanismo de cinética química também foi apresentado. Embora inúmeras reações tenham sido discutidas neste capítulo, o leitor deve ser capaz de depreender algumas das principais características de cada sistema sem se sentir atolado em uma miríade de reações elementares. Além disso, este capítulo deve conscientizá-lo sobre a importância da química na combustão.

REFERÊNCIAS

1. Glassman, I., *Combustion*, 2nd Ed., Academic Press, Orlando, FL, 1987.
2. Lewis, B. e von Elbe, G., *Combustion, Flames and Explosions of Gases*, 3rd Ed., Academic Press, Orlando, FL, 1987.
3. Gardiner, W. C., Jr. e Olson, D. B., "Chemical Kinetics of High Temperature Combustion," *Annual Review of Physical Chemistry*, 31: 377–399 (1980).
4. Westbrook, C. K. e Dryer, F. L., "Chemical Kinetic Modeling of Hydrocarbon Combustion," *Progress in Energy and Combustion Science*, 10: 1–57 (1984).
5. Davis, S. G., Joshi, A. V., Wang, H. e Egolfopoulos, F., "An Optimized Kinetic Model of H_2/CO Combustion," *Proceedings of the Combustion Institute*, 30: 1283–1292 (2005).
6. Simmie, J. M., "Detailed Chemical Kinetic Models for Combustion of Hydrocarbon Fuels," *Progress in Energy and Combustion Science*, 29: 599–634 (2003).
7. Battin-Leclerc, F., "Detailed Chemical Kinetic Models for the Low-Temperature Combustion of Hydrocarbons with Application to Gasoline and Diesel Fuel Surrogates," *Progress in Energy and Combustion Science*, 34: 440–498 (2008).
8. Hautman, D. J., Dryer, F. L., Schug, K. P. e Glassman, I., "A Multiple-Step Overall Kinetic Mechanism for the Oxidation of Hydrocarbons," *Combustion Science and Technology*, 25: 219–235 (1981).
9. Westbrook, C. K. e Dryer, F. L., "Simplified Reaction Mechanisms for the Oxidation of Hydrocarbon Fuels in Flames," *Combustion Science and Technology*, 27. 31–43 (1981).
10. Card, J. M. e Williams, F. A., "Asymptotic Analysis with Reduced Chemistry for the Burning of *n*-Heptane Droplets," *Combustion and Flame*, 91: 187–199 (1992).
11. Dagaut, P., "On the Kinetics of Hydrocarbons Oxidation from Natural Gas to Kerosene and Diesel Fuel," *Physical Chemistry and Chemical Physics*, 4: 2079–2094 (2002).
12. Cooke, J. A., et al., "Computational and Experimental Study of JP-8, a Surrogate and Its Components in Counterflow Diffusion Flames," *Proceedings of the Combustion Institute*, 30: 439–446 (2005).
13. Violi, A., et al., "Experimental Formulation and Kinetic Model for JP-8 Surrogate Mixtures," *Combustion Science and Technology*, 174: 399–417 (2002).
14. Ranzi, E., Dente, M., Goldaniga, A., Bozzano, G. e Faravelli, T., "Lumping Procedures in Detailed Kinetic Modeling of Gasification, Pyrolysis, Partial Oxidation and Combustion of Hydrocarbon Mixtures," *Progress in Energy and Combustion Science*, 27: 99–139 (2001).
15. Ranzi, E., et al., "A Wide-Range Modeling Study of Iso-Octane Oxidation," *Combustion and Flame*, 108: 24–42 (1997).
16. Ranzi, E., Gaffuri, P., Faravelli, T. e Dagaut, P., "A Wide-Range Modeling Study of *n*-Heptane Oxidation," *Combustion and Flame*, 103: 91–106 (1995).
17. Curran, H. J., Gaffuri, P., Pitz, W. J. e Westbrook, C. K., "A Comprehensive Modeling Study of Iso-Octane Oxidation," *Combustion and Flame*, 129: 253–280 (2002).
18. Curran, H. J., Pitz, W. J., Westbrook, C. K., Callahan, C. V. e Dryer, F. L., "Oxidation of Automotive Primary Reference Fuels at Elevated Pressures," *Twenty-Seventh Symposium (International) on Combustion*, The Combustion Institute, Pittsburgh, PA, pp. 379–387, 1998.
19. Andrae, J. C. G., Björnbom, P., Cracknell, R. F. e Kalghatgi, G. T., "Autoignition of Toluene Reference Fuels at High Pressures Modeled with Detailed Chemical Kinetics," *Combustion and Flame*, 149: 2–24 (2007).

20. Andrae, J. C. G., "Development of a Detailed Chemical Kinetic Model for Gasoline Surrogate Fuels," *Fuel,* 87: 2013–2022 (2008).
21. Herbinet, O., Pitz, W. J. e Westbrook, C. K., "Detailed Chemical Kinetic Oxidation Mechanism for a Biodiesel Surrogate," *Combustion and Flame,* 154: 507–528 (2008).
22. Kaufman, F., "Chemical Kinetics and Combustion: Intricate Paths and Simple Steps," *Nineteenth Symposium (International) on Combustion,* The Combustion Institute, Pittsburgh, PA, pp. 1–10, 1982.
23. Smith, G. P., Golden, D. M., Frenklach, M., Moriarity, N. M., Eiteneer, B., Goldenberg, M., Bowman, C. T., Hanson, R. K., Song, S., Gardiner, W. C., Jr., Lissianski, V. V. e Qin, Z., *GRI-Mech Home Page,* http://www.me.berkeley.edu/gri_mech/.
24. Frenklach, M., Wang, H. e Rabinowitz, M. J., "Optimization and Analysis of Large Chemical Kinetic Mechanisms Using the Solution Mapping Method–Combustion of Methane," *Progress in Energy and Combustion Science,* 18: 47–73 (1992).
25. Glarborg, P., Kee, R. J., Grcar, J. F. e Miller, J. A., "PSR: A Fortran Program for Modeling Well-Stirred Reactors," Sandia National Laboratories Report SAND86-8209, 1986.
26. Drake, M. C. e Blint, R. J., "Calculations of NO_x Formation Pathways in Propagating Laminar, High Pressure Premixed CH_4/Air Flames," *Combustion Science and Technology,* 75: 261–285 (1991).
27. Drake, M. C. e Blint, R. J., "Relative Importance of Nitric Oxide Formation Mechanisms in Laminar Opposed-Flow Diffusion Flames," *Combustion and Flame,* 83: 185–203 (1991).
28. Nishioka, M., Nakagawa, S., Ishikawa, Y. e Takeno, T., "NO Emission Characteristics of Methane-Air Double Flame," *Combustion and Flame,* 98: 127–138 (1994).
29. Rutar, T., Lee, J. C. Y., Dagaut, P., Malte, P. C. e Byrne, A. A., "NO_x Formation Pathways in Lean-Premixed-Prevapourized Combustion of Fuels with Carbon-to-Hydrogen Ratios between 0.25 and 0.88," *Proceedings of the Institution of Mechanical Engineers, Part A: Journal of Power and Energy,* 221: 387–398 (2007).
30. Dagaut, P., Glarborg, P. e Alzueta, M. U., "The Oxidation of Hydrogen Cyanide and Related Chemistry," *Progress in Energy and Combustion Science,* 34: 1–46 (2008).
31. Dean, A. e Bozzelli, J., "Combustion Chemistry of Nitrogen," in *Gas-phase Combustion Chemistry* (Gardiner, W. C., Jr., ed.), Springer, New York, pp. 125–341, 2000.
32. Miller, J. A. e Bowman, C. T., "Mechanism and Modeling of Nitrogen Chemistry in Combustion," *Progress in Energy and Combustion Science,* 15: 287–338 (1989).
33. Hanson, R. K. e Salimian, S., "Survey of Rate Constants in the N/H/O System," Chapter 6 in *Combustion Chemistry* (W. C. Gardiner, Jr., ed.), Springer-Verlag, New York, pp. 361–421, 1984.
34. Correa, S. M., "A Review of NO_x Formation under Gas-Turbine Combustion Conditions," *Combustion Science and Technology,* 87: 329–362 (1992).
35. Fenimore, C. P., "Formation of Nitric Oxide in Premixed Hydrocarbon Flames," *Thirteenth Symposium (International) on Combustion,* The Combustion Institute, Pittsburgh, PA, pp. 373–380, 1970.
36. Bowman, C. T., "Control of Combustion-Generated Nitrogen Oxide Emissions: Technology Driven by Regulations," *Twenty-Fourth Symposium (International) on Combustion,* The Combustion Institute, Pittsburgh, PA, pp. 859–878, 1992.
37. Bozzelli, J. W. e Dean, A. M., "O + NNH: A Possible New Route for NO_x Formation in Flames," *International Journal of Chemical Kinetics,* 27: 1097–1109 (1995).

38. Harrington, J. E., et al., "Evidence for a New NO Production Mechanism in Flames," *Twenty-Sixth Symposium (International) on Combustion,* The Combustion Institute, Pittsburgh, PA, pp. 2133–2138, 1996.

39. Hayhurst, A. N. e Hutchinson, E. M., "Evidence for a New Way of Producing NO via NNH in Fuel-Rich Flames at Atmospheric Pressure," *Combustion and Flame,* 114: 274–279 (1998).

40. Konnov, A. A., Colson, G. e De Ruyck, J., "The New Route Forming NO via NNH," *Combustion and Flame,* 121: 548–550 (2000).

41. Peters, N. e Kee, R. J., "The Computation of Stretched Laminar Methane-Air Diffusion Flames Using a Reduced Four-Step Mechanism," *Combustion and Flame,* 68: 17–29 (1987).

42. Smooke, M. D. (ed.), *Reduced Kinetic Mechanisms and Asymptotic Approximations for Methane-Air Flames,* Lecture Notes in Physics, 384, Springer-Verlag, New York, 1991.

43. Sung, C. J., Law, C. K. e Chen, J.-Y., "Augmented Reduced Mechanism for NO Emission in Methane Oxidation, *Combustion and Flame,* 125: 906–919 (2001).

44. Lide, D. R., (ed.), *Handbook of Chemistry and Physics,* 77th Ed., CRC Press, Boca Raton, 1996.

QUESTÕES E PROBLEMAS

5.1 Identifique e discuta os processos envolvidos no sistema H_2–O_2 que resultam:

  A. no primeiro limite de explosão (veja Fig. 5.1);

  B. no segundo limite de explosão;

  C. no terceiro limite de explosão.

5.2 Qual é a diferença entre reações homogêneas e heterogêneas? Dê exemplos de ambas.

5.3 Por que a água, ou outras espécies químicas portadoras de H, são importantes para a rápida oxidação do CO?

5.4 Identifique a principal etapa elementar na qual CO é convertido em CO_2.

5.5 A oxidação de alcanos superiores pode ser tratada como uma sequência de três etapas globais. Quais são essas etapas e as suas características-chave?

5.6 Mostre como a regra da cisão beta seria aplicada na quebra de ligações C–C nos seguintes radicais de hidrocarbonetos. A linha indica a ligação C–H, e o ponto, a posição do elétron desemparelhado.

  A. radical *n*-butil – C_4H_9.

$$\bullet C - C - C - C -$$

  B. radical *sec*-butil – C_4H_9

$$- C - \underset{\bullet}{C} - C - C -$$

5.7 A oxidação do C_3H_8 foi dividida em oito etapas semidetalhadas (P.1 até P.7, mais outras etapas). Seguindo o exemplo do C_3H_8, mostre quais são as primeiras cinco etapas da oxidação do butano, C_4H_{10}.

5.8 Usando o mecanismo global de uma etapa para a combustão de hidrocarbonetos com o ar apresentado nas Eqs. 5.1 e 5.2, compare as taxas de conversão mássicas do carbono do combustível para CO_2 com $\Phi = 1$, $P = 1$ atm e $T = 1600$ K para os seguintes combustíveis:

A. CH_4 – metano.

B. C_3H_8 – propano.

C. C_8H_{18} – octano.

Dica: No cálculo da concentração de O_2, lembre-se da presença do nitrogênio do ar, diluindo os seus reagentes. Também seja cuidadoso com o tratamento das unidades indicadas na nota de rodapé da Tabela 5.1.

5.9 Quais características da molécula de metano contribuem para a sua baixa reatividade? Utilize os dados do *CRC Handbook of Chemistry and Physics* [44] (ou outro manual de referência) para embasar seus argumentos.

5.10 A produção de óxido nítrico na combustão com ar de combustíveis que não possuem nitrogênio na sua composição ocorre por meio de vários mecanismos. Liste e discuta esses mecanismos.

5.11 Muitos experimentos mostram que o óxido nítrico é formado muito rapidamente na zona de chama e mais vagarosamente na região pós-chama. Quais fatores contribuem para essa formação rápida de NO na zona de chama?

5.12 Identifique o radical-chave na conversão de NO para NO_2 em sistemas de combustão. Por que o NO_2 não aparece nas regiões de alta temperatura na chama?

5.13 Considere a produção de óxido nítrico (NO) nos seguintes sistemas de combustão usando o mecanismo de Zeldovich dado na Eq. 5.7. (Veja também o Capítulo 4, Exemplos 4.3 e 4.4.). Em cada caso, admita que o ambiente é bem misturado; O, O_2 e N_2 estão nas suas composições de equilíbrio (dadas); os átomos de N estão em regime estacionário; a temperatura é fixa (dada) e as reações reversas são negligenciáveis. Calcule a concentração de NO em partes por milhão (ppm) e a razão entre o valor da concentração de NO prevista pela cinética química e aquela fornecida pelo equilíbrio químico. Comente sobre a validade de negligenciar as reações reversas. Os seus resultados fazem sentido?

A. Considere a operação de uma turbina a gás de uma central de geração termelétrica, operando sem a presença de medidas de controle de emissões. A zona primária da câmara de combustão dessa turbina a gás queima com razão de equivalência de 1,0. O tempo de residência médio dos produtos de combustão nas condições a seguir é de 7 ms.

n-Decano/ar, $\chi_{O,eq} = 7{,}93 \cdot 10^{-5}$,

$T = 2300$ K, $\chi_{O_2,eq} = 3{,}62 \cdot 10^{-3}$,

$P = 14$ atm, $\chi_{N_2,eq} = 0{,}7295$,

$MW = 28{,}47$, $\chi_{NO,eq} = 2{,}09 \cdot 10^{-3}$.

B. O tempo de residência médio na zona primária de combustão de uma fornalha queimando gás natural (modelado como metano) e ar é 200 ms para as condições a seguir.

$$\Phi = 1{,}0, \qquad \chi_{O,eq} = 1{,}99 \cdot 10^{-4},$$
$$T = 2216 \text{ K}, \qquad \chi_{O_2,eq} = 4{,}46 \cdot 10^{-3},$$
$$P = 1 \text{ atm}, \qquad \chi_{N_2,eq} = 0{,}7088,$$
$$MW = 27{,}44, \qquad \chi_{NO,eq} = 1{,}91 \cdot 10^{-3}.$$

C. Ar é adicionado aos produtos de combustão da zona primária da câmara de combustão da parte A para formar a zona secundária de combustão. Quanto NO adicional é formado na zona secundária, admitindo uma variação abrupta para as condições dadas a seguir? O tempo de residência médio dos gases na zona secundária é 10 ms. Utilize o NO formado na parte A como condição inicial para o seu cálculo.

$$\Phi = 0{,}55, \qquad \chi_{O_2,eq} = 0{,}0890,$$
$$P = 14 \text{ atm}, \qquad \chi_{O,eq} = 2{,}77 \cdot 10^{-5},$$
$$T = 1848 \text{ K}, \qquad \chi_{N_2,eq} = 0{,}7570,$$
$$MW = 28{,}73, \qquad \chi_{NO,eq} = 3{,}32 \cdot 10^{-3}.$$

D. Quanto NO adicional é formado na zona secundária de combustão da fornalha da parte B? O tempo de residência médio nessa zona secundária é de 0,5 s. Novamente, admita mistura instantânea.

$$\Phi = 0{,}8958, \qquad \chi_{O,eq} = 9{,}149 \cdot 10^{-5},$$
$$T = 2000 \text{ K}, \qquad \chi_{O_2,eq} = 0{,}0190,$$
$$P = 1 \text{ atm}, \qquad \chi_{N_2,eq} = 0{,}720,$$
$$MW = 27{,}72, \qquad \chi_{NO,eq} = 2{,}34 \cdot 10^{-3}.$$

5.14 Determine o fator de conversão de unidades requerido para expressar o fator pré-exponencial da Tabela 5.1 em unidades no sistema internacional de unidades (isto é, kmol, m e s). Realize a conversão para a primeira e última linhas da tabela.

5.15 Um experimentalista não consegue estabilizar uma chama pré-misturada de monóxido de carbono usando como oxidante um ar sintético formado por O_2 (21%) e N_2 (79%) com alta pureza. Quando ar do laboratório é usado como oxidante, entretanto, ele não encontra problemas em manter a chama estável. Explique por que o monóxido de carbono queima com o ar do laboratório, mas não com o ar sintético engarrafado. Como os resultados do problema 4.18 se relacionam com este problema?

5.16 Desenhe diagramas de estrutura molecular ilustrando a transformação da molécula de CH_4 por meio dos inúmeros intermediários até a oxidação final para o produto CO_2. Siga a espinha dorsal linear da rota de oxidação em alta temperatura ilustrada na Fig. 5.4.

5.17 Um pesquisador mede quantidades traço de etano e metanol em um experimento envolvendo a extinção de chamas de metano e ar em uma parede fria. Na tentativa de explicar a presença de etano e metanol, um colega argumenta que deve ter havido contaminação das amostras, enquanto o pesquisador mantém que não houve contaminação. A posição do pesquisador é sustentável? Explique.

5.18* Metano é queimado com ar em um reator de volume constante, adiabático. A razão de equivalência é 0,9 e a temperatura e pressão iniciais, antes da combustão, são 298 K e 1 atm, respectivamente. Considere a formação de óxido nítrico pelo mecanismo térmico (N.1 e N.2) nos gases pós-combustão.

    A. Derive uma expressão para a taxa de produção de NO, $d[NO]/dt$. Não negligencie as reações reversas. Admita que [N] está em regime permanente e que [O], [O_2] e [N_2] estão nos seus valores de equilíbrio e não são afetados pela concentração de NO.

    B. Determine a distribuição da fração molar de NO como função do tempo. Utilize uma integração numérica para obter essa distribuição. Utilize o programa UVFLAME para obter as concentrações iniciais (T, P, [O], [O_2] e [N_2]).

    C. Represente graficamente a distribuição de χ_{NO} em função do tempo. Indique no mesmo gráfico a fração molar de equilíbrio calculada pelo programa UVFLAME. Discuta.

    D. A partir de que instante de tempo as reações reversas se tornam importantes? Discuta.

---

* Indica a necessidade de uso de um computador.

capítulo

6 Acoplamento de análises térmicas e químicas de sistemas reativos

VISÃO GERAL

No Capítulo 2, revisamos a termodinâmica dos sistemas reativos, considerando somente os estados iniciais e finais. Por exemplo, o conceito de temperatura de chama adiabática foi derivado com base somente no conhecimento do estado inicial dos reagentes e da composição final dos produtos, conforme determinada pelo equilíbrio. Calcular a temperatura de chama adiabática não requer qualquer conhecimento da taxa de reação química. Neste capítulo, acoplaremos o conhecimento sobre cinética química adquirido no Capítulo 4 com os princípios fundamentais de conservação (por exemplo, conservação da massa e da energia) para vários arquétipos de sistemas termodinâmicos. Esse acoplamento permitirá descrever a evolução transiente detalhada do sistema, desde o estado inicial dos reagentes, até o estado final dos produtos, os quais podem ou não estar em equilíbrio químico. Em outras palavras, conseguiremos calcular a temperatura e as concentrações das espécies químicas como função do tempo à medida que o sistema procede dos reagentes para os produtos.

Nossas análises neste capítulo serão simples, sem o complicador da difusão de massa. Os sistemas escolhidos para estudo neste capítulo, mostrados na Fig. 6.1, baseiam-se em hipóteses fortes sobre o grau de mistura existente. Três dos quatro sistemas são considerados perfeitamente misturados, apresentando composição espacialmente uniforme. Para o quarto sistema, o reator de escoamento uniforme, ignora-se totalmente a mistura e a difusão na direção axial, enquanto se admite mistura perfeita na direção radial, de forma que o plano normal à direção do escoamento apresenta composição espacialmente uniforme. Embora os conceitos desenvolvidos aqui possam ser usados como blocos na construção de modelos para escoamentos mais complexos, eles são pedagogicamente úteis para o desenvolvimento de um entendimento básico da relação entre termodinâmica, cinética química e mecânica dos fluidos. No próximo capítulo, ampliaremos nossas análises simples ao incluir os efeitos de difusão.

Capítulo 6 – Acoplamento de análises térmicas e químicas de sistemas reativos **183**

(a)
Reator de massa fixa e pressão constante

$T = T(t)$
$[X_i] = [X_i](t)$
$V = V(t)$

Perfeitamente misturado
Reação homogênea uniforme

(b)
Reator de massa fixa e volume constante

$T = T(t)$
$[X_i] = [X_i](t)$
$P = P(t)$

Perfeitamente misturado
Reação homogênea uniforme

(c)
Reator perfeitamente misturado

T = constante
$[X_i]$ = constante
P = constante

Regime permanente com vazão constante
Perfeitamente misturado

(d)
Reator de escoamento uniforme

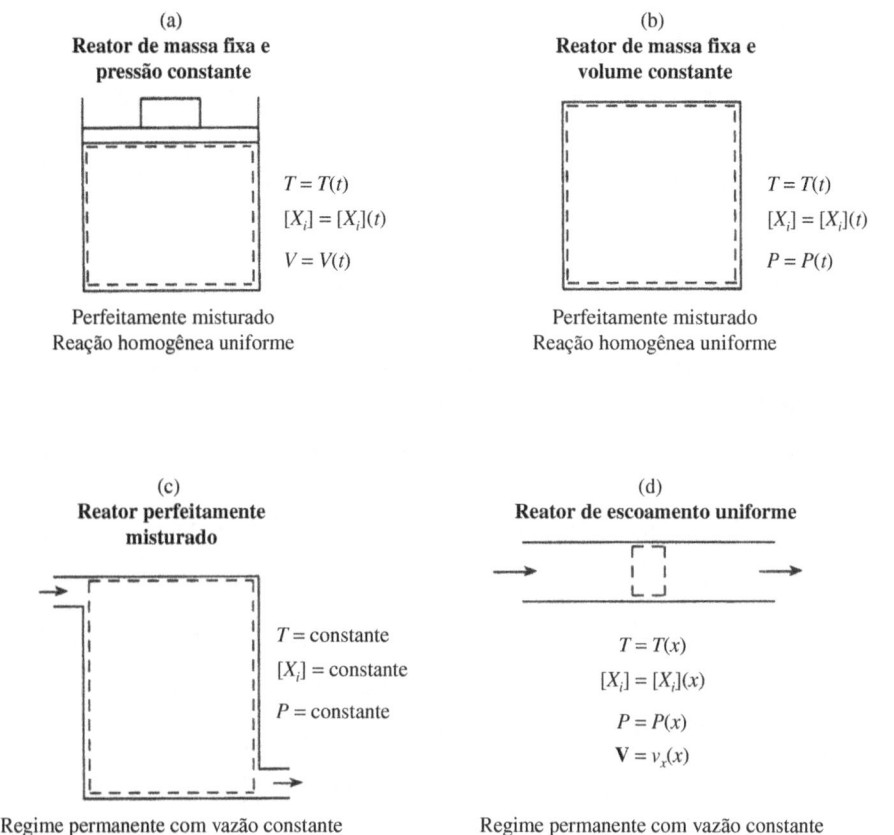

$T = T(x)$
$[X_i] = [X_i](x)$
$P = P(x)$
$\mathbf{V} = v_x(x)$

Regime permanente com vazão constante
Sem mistura axial

Figura 6.1 Sistemas quimicamente reagentes idealizados: (a) reator de massa fixa e pressão constante, (b) reator de massa fixa e volume constante, (c) reator perfeitamente misturado e (d) reator de escoamento uniforme.

REATOR COM MASSA FIXA E PRESSÃO CONSTANTE

Aplicação dos princípios de conservação

Considere os reagentes contidos no interior de um cilindro munido com um pistão de massa constante que pode deslizar sem atrito (Fig. 6.1a). Os reagentes sofrem reação em todos os pontos no volume de gás a uma mesma taxa. Dessa forma, não há gradientes de temperatura e composição na mistura e uma única temperatura e conjunto de concentrações de espécies químicas são suficientes para descrever a evolução temporal do sistema. Para reações de combustão exotérmicas, tanto a temperatura quanto o volume crescerão com o tempo e poderá haver transferência de calor através das paredes do cilindro.

A seguir, desenvolveremos um sistema de equações diferenciais ordinárias de primeira ordem cuja solução descreverá a evolução da temperatura e das concentrações das espécies químicas. Essas equações e as correspondentes condições iniciais descrevem um **problema de valor inicial**. Partindo da formulação diferencial da conservação da energia aplicada a um sistema, escrevemos

$$\dot{Q} - \dot{W} = m\frac{du}{dt}. \tag{6.1}$$

Aplicando a definição de entalpia, $h \equiv u + Pv$, e diferenciando, obtemos

$$\frac{du}{dt} = \frac{dh}{dt} - P\frac{dv}{dt}. \tag{6.2}$$

Admitindo que a única forma de trabalho existente é P-dv realizado pelo pistão,

$$\frac{\dot{W}}{m} = P\frac{dv}{dt}. \tag{6.3}$$

Substituindo as Eqs. 6.2 e 6.3 na Eq. 6.1, o termo $P\,dv/dt$ é cancelado, fornecendo

$$\frac{\dot{Q}}{m} = \frac{dh}{dt}. \tag{6.4}$$

Expressamos a entalpia do sistema em termos da composição química como

$$h = \frac{H}{m} = \frac{\sum_{i=1}^{N} N_i \bar{h}_i}{m}, \tag{6.5}$$

onde N_i e $\bar{h}_i$ são o número de mols e a entalpia molar da espécie química i, respectivamente. Diferenciando a Eq. 6.5, temos

$$\frac{dh}{dt} = \frac{1}{m}\left[\sum_i \left(\bar{h}_i \frac{dN_i}{dt}\right) + \sum_i \left(N_i \frac{d\bar{h}_i}{dt}\right)\right]. \tag{6.6}$$

Admitindo comportamento de gás ideal, isto é, $\bar{h}_i = \bar{h}_i(T$ somente$)$,

$$\frac{d\bar{h}_i}{dt} = \frac{\partial \bar{h}_i}{\partial T}\frac{dT}{dt} = \bar{c}_{p,i}\frac{dT}{dt}, \tag{6.7}$$

onde $\bar{c}_{p,i}$ é o calor específico molar à pressão constante da espécie química i. A Eq. 6.7 fornece a ligação desejada com a temperatura; a definição de concentração molar $[X_i]$ e as expressões da lei de ação de massas, $\dot{\omega}_i = \ldots$, proporcionam a ligação necessária com a composição, N_i, e com a dinâmica, dN_i/dt, do sistema. Essas expressões são

$$N_i = V[X_i] \tag{6.8}$$

$$\frac{dN_i}{dt} \equiv V\dot{\omega}_i, \tag{6.9}$$

onde os valores de $\dot{\omega}_i$ são calculados a partir de um mecanismo químico detalhado, conforme discutido no Capítulo 4 (veja as Eqs. 4.31 a 4.33).

Substituindo as Eqs. 6.7–6.9 na Eq. 6.6, o nosso princípio de conservação da energia (Eq. 6.4) torna-se, após a reorganização,

$$\frac{dT}{dt} = \frac{(\dot{Q}/V) - \sum_i(\bar{h}_i\dot{\omega}_i)}{\sum_i([X_i]\bar{c}_{p,i})}, \tag{6.10}$$

Capítulo 6 – Acoplamento de análises térmicas e químicas de sistemas reativos

onde usamos a seguinte equação de estado calórica para calcular as entalpias:

$$\overline{h}_i = \overline{h}^o_{f,i} + \int_{T_{\text{ref}}}^{T} \overline{c}_{p,i} \, dT. \tag{6.11}$$

Para obter o volume, aplicamos a conservação da massa e a definição de $[X_i]$ na Eq. 6.8:

$$V = \frac{m}{\sum_i ([X_i] MW_i)}. \tag{6.12}$$

As concentrações molares das espécies químicas, $[X_i]$, modificam-se com o tempo como resultado dos efeitos combinados de reação química e variação de volume, isto é,

$$\frac{d[X_i]}{dt} = \frac{d(N_i/V)}{dt} = \frac{1}{V}\frac{dN_i}{dt} - N_i \frac{1}{V^2}\frac{dV}{dt} \tag{6.13a}$$

ou

$$\frac{d[X_i]}{dt} = \dot{\omega}_i - [X_i]\frac{1}{V}\frac{dV}{dt}, \tag{6.13b}$$

onde o primeiro termo do lado direito é o termo de produção por reação química e o segundo termo contabiliza o efeito da variação de volume.

A equação de estado dos gases ideais pode ser utilizada para eliminar o termo dV/dt. Diferenciando

$$PV = \sum_i N_i R_u T \tag{6.14a}$$

mantendo a pressão constante e rearranjando, obtemos

$$\frac{1}{V}\frac{dV}{dt} = \frac{1}{\sum_i N_i} \sum_i \frac{dN_i}{dt} + \frac{1}{T}\frac{dT}{dt}. \tag{6.14b}$$

Agora, substituindo a Eq. 6.9 na Eq. 6.14b e, depois, substituindo o resultado na Eq. 6.13b, obtemos, após a organização dos termos da equação, nossa expressão final para a taxa de variação das concentrações molares das espécies químicas:

$$\frac{d[X_i]}{dt} = \dot{\omega}_i - [X_i]\left[\frac{\sum \dot{\omega}_i}{\sum_j [X_j]} + \frac{1}{T}\frac{dT}{dt}\right]. \tag{6.15}$$

Resumo do modelo para o reator

Suscintamente, nosso problema é encontrar a solução para

$$\frac{dT}{dt} = f([X_i], T) \tag{6.16a}$$

$$\frac{d[X_i]}{dt} = f([X_i], T) \qquad i = 1, 2, \dots, N \tag{6.16b}$$

com condições iniciais

$$T(t = 0) = T_0 \quad (6.17a)$$

e

$$[X_i](t = 0) = [X_i]_0. \quad (6.17b)$$

As expressões funcionais para as Eqs. 6.16a e 6.16b são obtidas da Eq. 6.10 e 6.15, respectivamente. As entalpias são calculadas usando a Eq. 6.11, e o volume é obtido da Eq. 6.12.

Para obter a solução desse sistema, uma rotina de integração capaz de tratar equações diferenciais rígidas (*stiff*) deveria ser utilizada, conforme discutido no Capítulo 4.

REATOR COM MASSA FIXA E VOLUME CONSTANTE

Aplicação dos princípios de conservação

A aplicação da equação da conservação da energia para o reator de volume constante é semelhante à aplicação para o de pressão constante, sendo a maior diferença a ausência de trabalho no primeiro. Partindo da Eq. 6.1, com $\dot{W} = 0$, a primeira lei da Termodinâmica assume a seguinte forma:

$$\frac{du}{dt} = \frac{\dot{Q}}{m}. \quad (6.18)$$

Reconhecendo que a energia interna específica, u, agora assume o mesmo papel matemático da entalpia específica, h, na nossa análise anterior, expressões equivalentes às Eqs. 6.5–6.7 são desenvolvidas e substituídas na Eq. 6.18. Isso resulta, após a reorganização da equação, em

$$\frac{dT}{dt} = \frac{(\dot{Q}/V) - \sum_i (\bar{u}_i \dot{\omega}_i)}{\sum_i ([X_i]\bar{c}_{v,i})}. \quad (6.19)$$

Reconhecendo que, para gases ideais, $\bar{u}_i = \bar{h}_i - R_u T$ e $\bar{c}_{v,i} = \bar{c}_{p,i} - R_u$, podemos expressar a Eq. 6.19 usando entalpias e calores específicos à pressão constante como:

$$\frac{dT}{dt} = \frac{(\dot{Q}/V) + R_u T \sum_i \dot{\omega}_i - \sum_i (\bar{h}_i \dot{\omega}_i)}{\sum_i [[X_i](\bar{c}_{p,i} - R_u)]}. \quad (6.20)$$

Em problemas envolvendo combustão a volume constante, a taxa de crescimento da pressão é de interesse. Para calcular dP/dt, diferenciamos a equação de estado de gás ideal mantendo o volume constante, isto é,

$$PV = \sum_i N_i R_u T \quad (6.21)$$

e

$$V\frac{dP}{dt} = R_u T \frac{d\sum_i N_i}{dt} + R_u \sum_i N_i \frac{dT}{dt}. \quad (6.22)$$

Aplicando as definições de $[X_i]$ e $\dot{\omega}_i$ (veja Eqs. 6.8 e 6.9), as Eqs. 6.21 e 6.22 tornam-se

$$P = \sum_i [X_i] R_u T \qquad (6.23)$$

e

$$\frac{dP}{dt} = R_u T \sum_i \dot{\omega}_i + R_u \sum_i [X_i] \frac{dT}{dt}, \qquad (6.24)$$

o que completa a nossa análise simplificada da combustão homogênea a volume constante.

Resumo do modelo para o reator

A Eq. 6.20 pode ser integrada simultaneamente com a expressão para a taxa de reação química a fim de determinar $T(t)$ e $[X_i](t)$, isto é,

$$\frac{dT}{dt} = f([X_i], T) \qquad (6.25a)$$

$$\frac{d[X_i]}{dt} = \dot{\omega}_i = f([X_i], T) \quad i = 1, 2, \ldots, N \qquad (6.25b)$$

com condições iniciais

$$T(t=0) = T_0 \qquad (6.26a)$$

e

$$[X_i](t=0) = [X_i]_0. \qquad (6.26b)$$

As entalpias requeridas são calculadas usando a Eq. 6.11, e a pressão é obtida da Eq. 6.23. Novamente, uma rotina de integração capaz de tratar equações diferenciais rígidas (*stiff*) deveria ser utilizada.

Exemplo 6.1

Em motores de ignição por centelha, a detonação (uma forma de ignição anormal) ocorre quando a mistura reagente ar-combustível à frente da chama reage homogeneamente, isto é, sofre uma autoignição. A taxa de crescimento da pressão é um parâmetro-chave para determinar a intensidade da detonação e avaliar a probabilidade de dano mecânico no sistema pistão-biela-manivela. Distribuições transientes de pressão para combustão normal e anormal em um motor de ignição de centelha são ilustradas na Fig. 6.2. Observe o rápido aumento da pressão no caso de uma detonação severa. A Fig. 6.3 mostra fotografias obtidas com o método Schlieren (que detecta gradientes de índice de refração) de chamas propagando em combustão normal e anormal na presença de detonação.

Desenvolva um modelo simplificado para a autoignição a volume constante em um motor a combustão interna e determine a distribuição transiente de temperatura, concentração de combustível e de produtos de combustão. Também determine dP/dt como função do tempo. Admita condições iniciais correspondendo à compressão da mistura ar-combustível de 300 K e 1 atm até o ponto morto superior para uma razão de compressão de 10:1. O volume inicial antes da compressão é $3,68 \times 10^{-4}$ m^3, o que corresponde a um motor com diâmetro de cilindro e curso de 75 mm. Use etano como combustível.

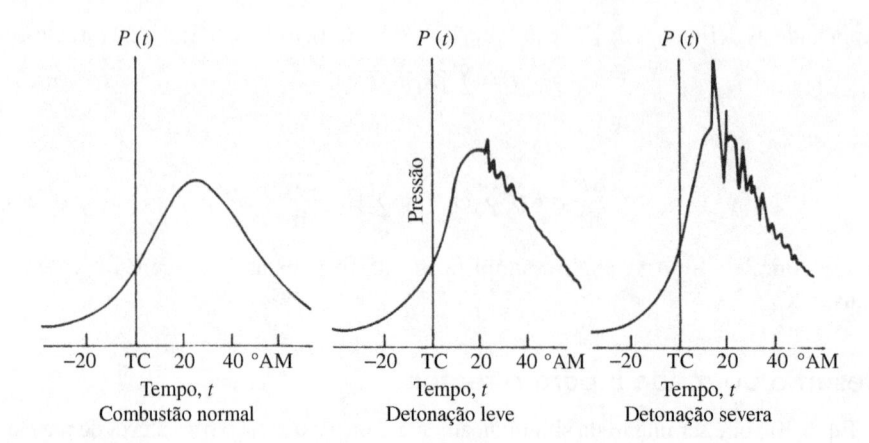

Figura 6.2 Medições da pressão no interior do cilindro de um motor a combustão interna de ignição por centelha em função do tempo para combustão normal, combustão anormal com a presença de detonação leve e combustão anormal com a presença de detonação severa. O intervalo de ângulo do eixo de manivelas (°AM) de 40° corresponde a 1,67 ms.
FONTE: Adaptado das Refs. [1] e [17] com permissão de McGraw-Hill, Inc.

Solução

Faremos algumas hipóteses gerais e arrojadas sobre a termodinâmica e a cinética química de forma a manter a complexidade computacional perto de um mínimo necessário. Nossa solução, no entanto, ainda reterá o forte acoplamento entre a termoquímica e a cinética química. Nossas hipóteses são as seguintes:

i. Mecanismo de cinética química global de uma etapa usando os parâmetros cinéticos para o etano C_2H_6 (Tabela 5.1).

ii. O combustível, o ar e os produtos possuem massas molares iguais, isto é, $MW_F = MW_{Ox} = MW_{Pr} = 29$.

iii. Os calores específicos do combustível, do ar e dos produtos são constantes e iguais, ou seja, $c_{p,F} = c_{p,Ox} = c_{p,Pr} = 1200$ J/kg-K.

iv. As entalpias de formação do ar e dos produtos são iguais a zero e a entalpia de formação do combustível é 4×10^7 J/kg.

v. Admitimos que a razão de massas de ar e combustível é 16,0 e restringimos a combustão a condições estequiométricas ou pobres.

A utilização de cinética global não é facilmente justificável em problemas como a detonação em motores de combustão interna nos quais a química detalhada é importante [3]. Nossa única justificativa é que estamos apenas tentando ilustrar princípios gerais, reconhecendo que as respostas obtidas talvez não sejam acuradas nos detalhes. As hipóteses ii a iv resultam em valores que são estimativas razoáveis da temperatura de chama adiabática, mesmo tornando trivial o problema de obtenção das propriedades termodinâmicas [4].

Com essas hipóteses, agora podemos formular o nosso modelo. Da Eq. 5.2 e Tabela 5.1, a taxa de reação do combustível (etano) é

$$\frac{d[F]}{dt} = -6,19 \cdot 10^9 \exp\left(\frac{-15.098}{T}\right)[F]^{0,1}[O_2]^{1,65} \quad \text{(I)}$$

$[=]$ kmol/m^3-s,

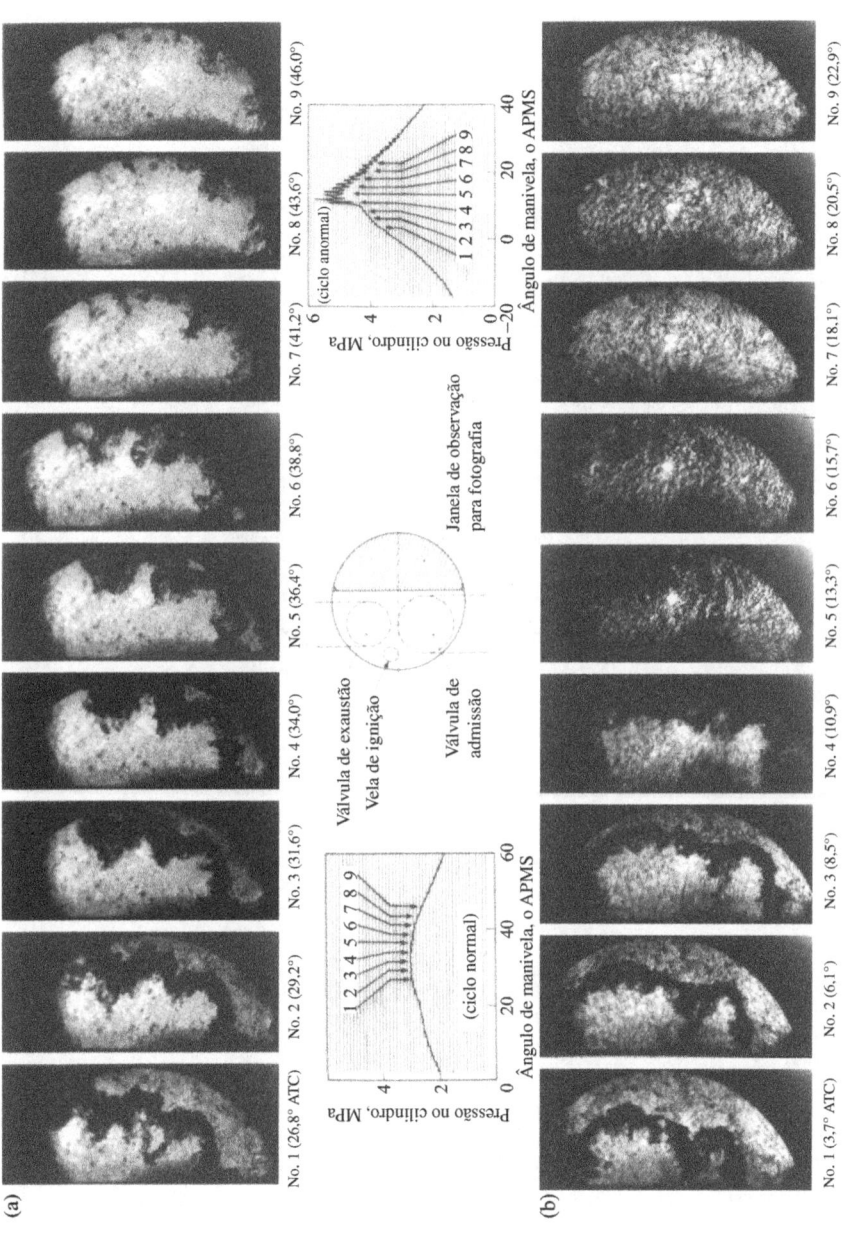

Capítulo 6 – Acoplamento de análises térmicas e químicas de sistemas reativos **189**

Figura 6.3 Fotografias Schlieren obtidas de filmagem em alta velocidade de (a) combustão normal e (b) combustão anormal com a presença de detonação. Os gráficos de pressão versus tempo correspondentes às condições das fotografias também são mostrados.
FONTE: Adaptado das Refs. [2] e [17] com permissão de McGraw-Hill, Inc.

onde, admitindo 21% de O_2 no ar,

$$[O_2] = 0{,}21[Ox].$$

Observe a conversão de unidades do sistema mol-cm^3 para o sistema kmol-m^3 para o fator pré-exponencial $[1{,}1 \times 10^{12} \times (1000)^{1-0{,}1-1{,}65} = 6{,}19 \times 10^9]$.

Podemos relacionar as taxas de reação do oxidante e dos produtos de combustão com aquela para o combustível por meio da estequiometria (hipóteses ii e v):

$$\frac{d[Ox]}{dt} = (A/F)_s \frac{MW_F}{MW_{Ox}} \frac{d[F]}{dt} = 16 \frac{d[F]}{dt} \tag{II}$$

e

$$\frac{d[Pr]}{dt} = -[(A/F)_s + 1] \frac{MW_F}{MW_{Pr}} \frac{d[F]}{dt} = -17 \frac{d[F]}{dt}. \tag{III}$$

Completamos nosso modelo aplicando a Eq. 6.20:

$$\frac{dT}{dt} = \frac{(\dot{Q}/V) + R_u T \sum \dot{\omega}_i - \sum(\bar{h}_i \dot{\omega}_i)}{\sum [[X_i](\bar{c}_{p,i} - R_u)]}.$$

Esta equação, observando que

$$\dot{Q}/V = 0 \quad \text{(adiabático)},$$

$$\sum \dot{\omega}_i = 0 \quad \text{(hipóteses ii e v)},$$

$$\sum \bar{h}_i \dot{\omega}_i = \dot{\omega}_F \bar{h}^o_{f,F} \quad \text{(hipóteses ii a v)},$$

e

$$\sum [X_i](\bar{c}_{p,i} - R_u) = (\bar{c}_p - R_u) \sum [X_i] = (\bar{c}_p - R_u) \sum \chi_i \frac{P}{R_u T} = (\bar{c}_p - R_u) \frac{P}{R_u T},$$

simplifica-se para

$$\frac{dT}{dt} = \frac{-\dot{\omega}_F \bar{h}^o_{f,F}}{(\bar{c}_p - R_u) P/(R_u T)}. \tag{IV}$$

Embora nosso modelo básico esteja completo, podemos adicionar relações auxiliares para a pressão e derivada da pressão. Das Eqs. 6.23 e 6.24,

$$P = R_u T([F] + [Ox] + [Pr]),$$

ou

$$P = P_0 \frac{T}{T_0}$$

e

$$\frac{dP}{dt} = \frac{P}{T} \frac{dT}{dt} = \frac{P_0}{T_0} \frac{dT}{dt}.$$

Antes de integrar nosso sistema de equações diferenciais ordinárias de primeira ordem (Eqs. I a IV), precisamos determinar as condições iniciais para cada uma das incógnitas: $[F]$, $[Ox]$, $[Pr]$ e T. Admitindo compressão isentrópica do ponto morto inferior ao ponto morto superior e uma razão de calores específicos de 1,4, a temperatura e pressão iniciais podem ser encontradas:

$$T_0 = T_{\text{TDC}} = T_{\text{BDC}} \left(\frac{V_{\text{BDC}}}{V_{\text{TDC}}}\right)^{\gamma-1} = 300 \left(\frac{10}{1}\right)^{1{,}4-1} = 753 \text{ K}$$

e
$$P_0 = P_{TDC} = P_{BDC}\left(\frac{V_{BDC}}{V_{TDC}}\right)^\gamma = (1)\left(\frac{10}{1}\right)^{1,4} = 25,12 \text{ atm.}$$

As concentrações iniciais são encontradas empregando a estequiometria dada. As frações molares de oxidante e combustível são

$$\chi_{Ox,0} = \frac{(A/F)_s/\Phi}{[(A/F)_s/\Phi]+1},$$

$$\chi_{Pr,0} = 0,$$

$$\chi_{F,0} = 1 - \chi_{Ox,0}.$$

As concentrações molares, $[X_i] = \chi_i P/(R_u T)$, são

$$[Ox]_0 = \left[\frac{(A/F)_s/\Phi}{[(A/F)_s/\Phi]+1}\right]\frac{P_0}{R_u T_0},$$

$$[F]_0 = \left[1 - \frac{(A/F)_s/\Phi}{[(A/F)_s/\Phi]+1}\right]\frac{P_0}{R_u T_0},$$

$$[Pr]_0 = 0.$$

As equações I a IV foram integradas numericamente e os resultados são mostrados na Fig. 6.4. Nessa figura, vemos que a temperatura aumenta somente cerca de 200 K nos primeiros 3 ms, enquanto, logo a seguir, ela aumenta até atingir a temperatura de chama adiabática (aproximadamente 3300 K) em menos de 0,1 ms. Este rápido aumento de temperatura e concomitante rápido consumo de combustível é característico de uma **explosão térmica**, na qual a liberação de energia e o aumento de temperatura causados pela reação química provocam taxas de reação progressivamente crescentes (um mecanismo típico de *feedback*), devido à dependência $exp[-E_d/R_u T]$ que existe entre a temperatura e a velocidade de reação. Na Fig. 6.4 observamos também o valor elevado da derivada temporal da pressão na explosão térmica, com um valor de pico aproximado de $1,9 \times 10^{13}$ Pa/s.

Comentários

Embora este modelo preveja a combustão explosiva da mistura após um período inicial de combustão lenta, conforme observado em um evento de detonação real, o mecanismo cinético de uma etapa não modela o comportamento real de misturas em autoignição. Na realidade, o **período de indução térmica**, ou **atraso de ignição**, é controlado pela formação de espécies químicas intermediárias que reagem subsequentemente. Lembre-se dos três estágios de oxidação de hidrocarbonetos apresentados no Capítulo 5. Para modelar acuradamente um evento de detonação, mecanismos de cinética química mais detalhados seriam necessários. Esse é um tema atual de pesquisa, na tentativa de elucidar os detalhes da cinética química de "baixa temperatura" típica do período de indução [3].

O controle da detonação em motores a combustão interna sempre foi importante não só pela busca de aumento do desempenho mas também, principalmente ao longo das décadas de 1980 e 1990, pela legislação que obrigou a remover aditivos antidetonação à base de chumbo das formulações de gasolinas automotivas.*

---

* N. do T.: Mais recentemente, a ignição térmica de misturas de gasolinas e derivados de biocombustíveis tem sido estudada com o propósito de desenvolver formulações alternativas de combustíveis que resultem em menor tendência de detonação na combustão em motores a combustão interna de ignição por centelha.

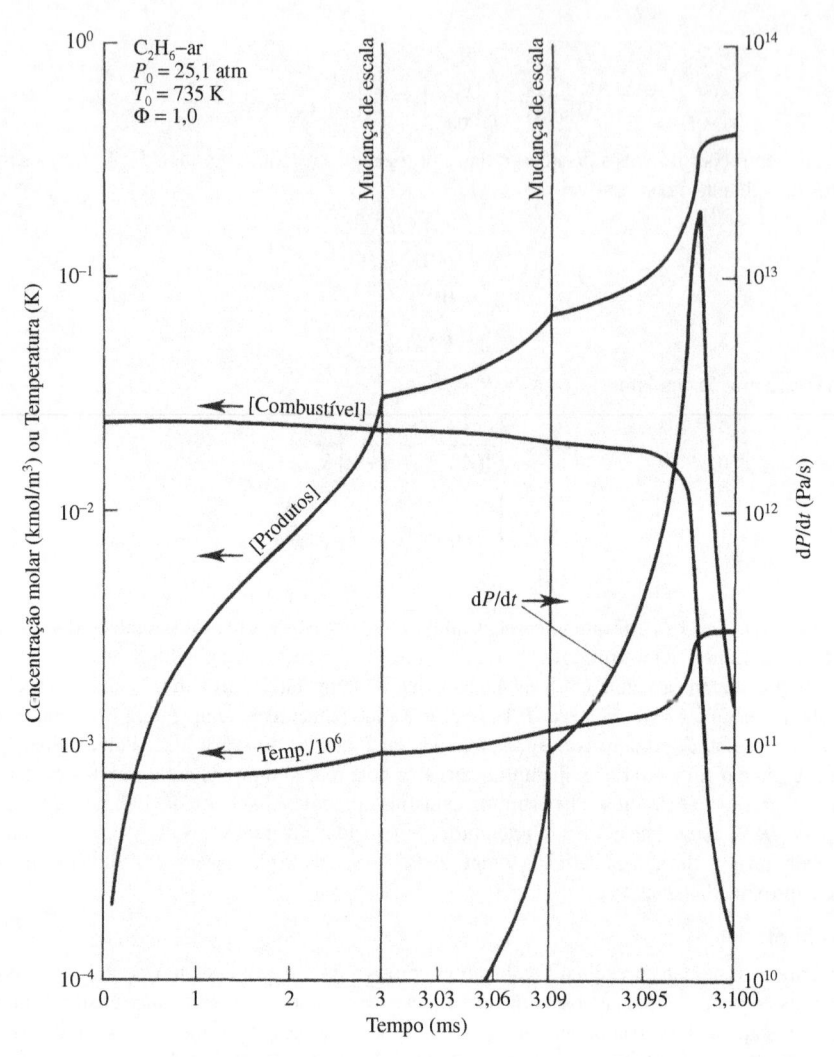

Figura 6.4 Resultados do modelo de reator de volume constante do Exemplo 6.1. São mostrados os gráficos de temperatura, concentrações de combustível e produtos e taxa de aumento da pressão (dP/dt). Observe a expansão na escala do eixo do tempo utilizada em 3 ms e novamente em 3,09 ms para permitir a melhor visualização do período de ignição térmica.

REATOR PERFEITAMENTE MISTURADO

O reator bem misturado, ou perfeitamente misturado, é um reator ideal no qual a mistura perfeita entre reagentes e produtos é atingida no interior do reator, conforme mostrado na Fig. 6.5. Reatores experimentais utilizando jatos de alimentação em alta velocidade aproximam esse comportamento ideal e tem sido utilizados para estudar muitos aspectos da combustão, como estabilização de chama [5] e formação de NO_x [6–8] (Fig. 6.6). Os reatores perfeitamente misturados têm sido usados também para

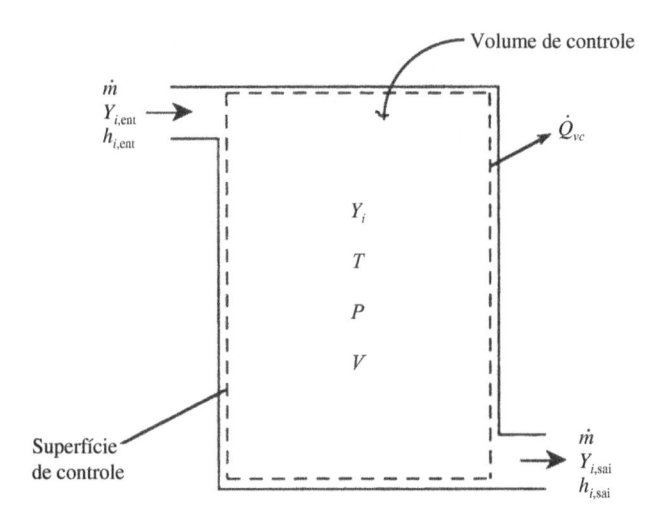

Capítulo 6 – Acoplamento de análises térmicas e químicas de sistemas reativos   **193**

Figura 6.5 Esquema do reator perfeitamente misturado.

Figura 6.6 Reator de Longwell com um dos hemisférios removidos. A mistura de combustível e ar entra através de pequenos orifícios na parede da esfera oca central e os produtos deixam o reator através de orifícios maiores na parede do refratário. A escala mostrada está em polegadas (1 pol = 25,4 mm).
FONTE: Da Ref. [5]. Reimpresso com permissão, © The American Chemical Society.

obter parâmetros de cinética química [9]. O reator perfeitamente misturado algumas vezes é denominado de reator de Longwell em reconhecimento ao trabalho pioneiro de Longwell e Weiss [5]. Chomiak [10] cita que Zeldovich [11] descreveu a operação de um reator perfeitamente misturado aproximadamente uma década antes.

Aplicação dos princípios de conservação

Para desenvolver a modelagem dos reatores perfeitamente misturados, revisaremos o princípio da conservação da massa das espécies químicas. No Capítulo 3, desenvolvemos uma equação para a conservação da massa das espécies químicas para um volume de controle diferencial. Agora, escreveremos a equação para a conservação da massa para uma espécie química arbitrária i, para um volume de controle integral (veja a Fig. 6.5), na forma

$$\frac{dm_{i,vc}}{dt} = \dot{m}_i''' V + \dot{m}_{i,\text{ent}} - \dot{m}_{i,\text{sai}}. \quad (6.27)$$

| Taxa de acumulação de massa de i no volume de controle | Taxa de produção mássica de i no volume de controle | Vazão mássica de i entrando no volume de controle | Vazão mássica de i saindo do volume de controle |

O aspecto que distingue a Eq. 6.27 da equação da continuidade é a presença do termo de geração $\dot{m}_i''' V$. Esse termo aparece porque as reações químicas transformam espécies químicas em outras. Então, um termo de geração positivo indica que ocorre a formação da espécie química, enquanto um termo de geração negativo indica que a espécie química está sendo destruída durante a reação. Na literatura de combustão, frequentemente refere-se a esse termo de geração como uma **fonte**, ou um **sumidouro**. Quando a forma apropriada da Eq. 6.27 é escrita para cada espécie química no reator ($i = 1, 2, \ldots, N$), a soma dessas equações resulta na forma familiar da equação da continuidade,

$$\frac{dm_{vc}}{dt} = \dot{m}_{\text{ent}} - \dot{m}_{\text{sai}}. \quad (6.28)$$

A taxa de produção mássica de uma espécie química, $\dot{m}_i'''$, é facilmente relacionada com a taxa de produção líquida, $\dot{\omega}_i$, desenvolvida no Capítulo 4:

$$\dot{m}_i''' = \dot{\omega}_i MW_i. \quad (6.29)$$

Ignorando qualquer fluxo de massa por difusão, a vazão mássica de uma espécie química é simplesmente o produto da vazão mássica total e da fração mássica da espécie química, isto é,

$$\dot{m}_i = \dot{m} Y_i. \quad (6.30)$$

Quando aplicamos a Eq. 6.27 ao reator perfeitamente misturado, admitindo operação em regime permanente, o termo transiente no lado esquerdo desaparece. Usando essa hipótese e substituindo as Eqs. 6.29 e 6.30, a Eq. 6.27 torna-se

$$\dot{\omega}_i MW_i V + \dot{m}(Y_{i,\text{ent}} - Y_{i,\text{sai}}) = 0 \quad \text{para} \quad i = 1, 2, \ldots, N \text{ espécies químicas}$$

Além disso, podemos identificar as frações mássicas na saída, $Y_{i,\text{sai}}$, como iguais às frações mássicas no interior do reator, pois, como a composição da mistura no interior do reator é uniforme, a composição do escoamento de saída do volume de controle deve ser a mesma que existe no seu interior. A partir dessa constatação, as taxas de produção de espécies químicas tornam-se

$$\dot{\omega}_i = f([X_i]_{vc}, T) = f([X_i]_{sai}, T), \qquad (6.32)$$

onde as frações mássicas e concentrações molares são relacionadas por

$$Y_i = \frac{[X_i]MW_i}{\sum_{j=1}^{N}[X_j]MW_j}. \qquad (6.33)$$

A Eq. 6.31, quando escrita para cada espécie química, fornece N equações para $N+1$ incógnitas, supondo que se conheça $\dot{m}$ e V. O balanço de energia fornece a equação adicional necessária para o fechamento do sistema.

A equação da conservação da energia em regime permanente (Eq. 2.28) aplicada ao reator perfeitamente misturado é

$$\dot{Q} = \dot{m}(h_{sai} - h_{ent}), \qquad (6.34)$$

na qual ignoramos as variações nas energias cinética e potencial. Reescrevendo a Eq. 6.34 em termos das espécies químicas individuais, obtemos

$$\dot{Q} = \dot{m}\left(\sum_{i=1}^{N} Y_{i,sai} h_i(T) - \sum_{i=1}^{N} Y_{i,ent} h_i(T_{ent})\right), \qquad (6.35)$$

onde

$$h_i(T) = h_{f,i}^o + \int_{T_{ref}}^{T} c_{p,i}\, dT. \qquad (6.36)$$

Calcular a temperatura, T, e as frações mássicas das espécies químicas, $Y_{i,\,sai}$, é bastante similar a resolver um problema de equilíbrio químico para uma mistura reagente, como mostrado no Capítulo 2, porém, agora, a composição dos produtos é controlada pela cinética química, e não pelo equilíbrio químico.

É comum na discussão de reatores perfeitamente misturados definir um **tempo de residência médio** para os gases no reator:

$$t_R = \rho V / \dot{m} \qquad (6.37)$$

onde a densidade da mistura é calculada a partir da equação de estado dos gases ideais,

$$\rho = PMW_{mis}/R_u T. \qquad (6.38)$$

A massa molar da mistura é calculada diretamente a partir do conhecimento da composição da mistura. O Apêndice 6A fornece relações entre a massa molar da mistura MW_{mis} e as variáveis de composição Y_i, χ_i e $[X_i]$.

Resumo do modelo para o reator

Uma vez que se admite que o reator perfeitamente misturado opera em regime permanente, não há dependência em relação ao tempo no modelo matemático. As equações descrevendo o reator formam um sistema de equações algébricas não lineares acopladas, em vez de um sistema de equações diferenciais ordinárias, como foi obtido para os dois reatores estudados anteriormente. Assim, o termo $\dot{\omega}_i$ aparecendo na Eq. 6.31

depende somente de Y_i (ou $[X_i]$) e da temperatura, não do tempo. Para resolver esse sistema de $N+1$ equações, formado pelas Eqs. 6.31 e 6.35, é possível empregar o método de Newton generalizado (Apêndice E). Dependendo do mecanismo de cinética química utilizado, pode ser difícil obter a convergência do método de Newton, sendo necessárias técnicas numéricas mais sofisticadas [12].

Exemplo 6.2

Desenvolva um modelo simplificado para um reator perfeitamente misturado usando o mesmo mecanismo de cinética química e termodinâmica simplificados do Exemplo 6.1 (valores de c_p e MW constantes e iguais, mecanismo cinético global de uma etapa). Utilize o modelo para determinar as características de extinção de um reator esférico com 80 mm de diâmetro no qual escoa uma mistura de etano (C_2H_6) e ar, pré-misturada, entrando a 298 K. Faça um gráfico mostrando o comportamento da razão de equivalência na extinção em função da vazão mássica para $\Phi \leq 1$. Admita que o reator é adiabático.

Solução

Observando que as concentrações molares relacionam-se com as frações mássicas por

$$[X_i] = \frac{PMW_{mis}}{R_u T} \frac{Y_i}{MW_i},$$

nossa taxa de reação do mecanismo global, $\dot{\omega}_F$, pode ser expressa como

$$\dot{\omega}_F = \frac{d[F]}{dt} = -k_G \left(\frac{PMW_{mis}}{R_u T} \right)^{m+n} \left(\frac{Y_F}{MW_F} \right)^m \left(\frac{0{,}233 Y_{Ox}}{MW_{Ox}} \right)^n,$$

onde $m = 0{,}1$ e $n = 1{,}65$. O fator 0,233 é a fração mássica de O_2 no oxidante (ar) e a massa molar da mistura é dada por

$$MW_{mis} = \left[\frac{Y_F}{MW_F} + \frac{Y_{Ox}}{MW_{Ox}} + \frac{Y_{Pr}}{MW_{Pr}} \right]^{-1}.$$

A constante cinética da taxa de reação global é, como no exemplo 6.1,

$$k_G = 6{,}19 \cdot 10^9 \exp\left(\frac{-15{,}098}{T} \right).$$

Agora escrevemos a equação de conservação da massa de combustível aplicando a Eq. 6.31 para obter

$$f_1 \equiv \dot{m}(Y_{F,\,ent} - Y_F) - k_G MW_F V \left(\frac{P}{R_u T} \right)^{1{,}75} \frac{\left(\frac{Y_F}{MW_F} \right)^{0{,}1} \left(\frac{0{,}233 Y_{Ox}}{MW_{Ox}} \right)^{1{,}65}}{\left[\frac{Y_F}{MW_F} + \frac{Y_{Ox}}{MW_{Ox}} + \frac{Y_{Pr}}{MW_{Pr}} \right]^{1{,}75}} = 0.$$

Essa equação é simplificada ainda mais quando aplicamos a hipótese de massas molares iguais para todas as espécies químicas e usamos a restrição $\sum Y_i = 1$:

$$f_1 \equiv \dot{m}(Y_{F,\,ent} - Y_F) - k_G MW\, V \left(\frac{P}{R_u T} \right)^{1{,}75} \frac{Y_F^{0{,}1} (0{,}233 Y_{Ox})^{1{,}65}}{1} = 0. \tag{I}$$

Para o oxidante (ar),

$$f_2 \equiv \dot{m}(Y_{Ox,\,ent} - Y_{Ox}) - (A/F)_s k_G MW\, V \left(\frac{P}{R_u T} \right)^{1{,}75} \frac{Y_F^{0{,}1} (0{,}233 Y_{Ox})^{1{,}65}}{1} = 0. \tag{II}$$

Para a fração mássica de produto, escrevemos

$$f_3 \equiv 1 - Y_F - Y_{Ox} - Y_{Pr} = 0. \tag{III}$$

Nossa equação final do modelo resulta da aplicação da Eq. 6.35:

$$f_4 \equiv Y_F \left[h^o_{f,F} + c_{p,F}(T - T_{ref}) \right]$$
$$+ Y_{Ox} \left[h^o_{f,Ox} + c_{p,Ox}(T - T_{ref}) \right]$$
$$+ Y_{Pr} \left[h^o_{f,Pr} + c_{p,Pr}(T - T_{ref}) \right]$$
$$- Y_{F,ent} \left[h^o_{f,F} + c_{p,F}(T_{ent} - T_{ref}) \right]$$
$$- Y_{Ox,ent} \left[h^o_{f,Ox} + c_{p,Ox}(T_{ent} - T_{ref}) \right] = 0,$$

a qual também é simplificada ainda mais quando utilizamos as hipóteses de que os calores específicos de todas as espécies químicas são iguais e que $h^o_{f,Ox} = h^o_{f,Pr} = 0$, para obter

$$f_4 \equiv (Y_F - Y_{F,ent})h^o_{f,F} + c_p(T - T_{ent}) = 0. \tag{IV}$$

As Eqs. I a IV constituem-se no nosso modelo de reator e envolvem as quatro incógnitas Y_F, Y_{Ox}, Y_{Pr} e T e o parâmetro $\dot{m}$. Para determinar as características de extinção do reator, resolvemos o sistema de equações algébricas não lineares (I–IV) para valores suficientemente baixos de $\dot{m}$ que permitam a ocorrência de combustão em uma dada razão de equivalência. Então, aumentamos $\dot{m}$ até que não seja possível obter uma solução, ou que a solução retorne valores iguais aos iniciais. A Fig. 6.7 ilustra o resultado desse procedimento para $\Phi = 1$. O método de Newton generalizado (Apêndice E) foi usado para resolver o sistema de equações.

Na Fig. 6.7, vemos o decaimento da conversão do combustível e o decrescimento da temperatura à medida que a vazão aumenta até atingir a condição de extinção ($\dot{m} > 0{,}193$ kg/s). A razão entre a temperatura na extinção e a temperatura de chama adiabática é dada por 1738 K/2381 K = 0,73, um valor em concordância com os resultados da Ref. [5].

Repetir o cálculo para diferentes razões de equivalência gera as características de extinção mostradas na Fig. 6.8. Observe que o reator é mais facilmente extinguido quando a mistura reagente se torna mais pobre. A forma da curva de extinção na Fig. 6.8 é similar àquelas determinadas em reatores experimentais e câmaras de combustão de turbinas a gás.

Comentários

Os modelos e experimentos com reatores perfeitamente misturados foram utilizados na década de 1950 a fim de fornecer parâmetros para o desenvolvimento de sistemas de combustão de alta intensidade para turbinas a gás e *ramjets*. Este é um bom exemplo de como o modelo de reator pode ser aplicado no problema de extinção. A condição de extinção, com certa margem de segurança, determina a condição de máxima potência de câmaras de combustão com escoamento em regime permanente. Embora o modelo de reator perfeitamente misturado capture algumas das características de extinção, outros modelos também foram propostos para explicar a estabilização de chama.

Exemplo 6.3

Use o mecanismo de cinética química detalhado mostrado a seguir para a combustão de H_2 a fim de verificar o comportamento de um reator perfeitamente misturado e adiabático operando a 1 atm. Os reagentes formam uma mistura de H_2 e ar a 298 K, com razão de equivalência $\Phi = 1$, e o volume do reator é 67,4 cm^3. Varie o tempo de residência entre limites que correspondem a valores altos (equilíbrio) e valores baixos (extinção). Apresente a solução graficamente mostrando curvas para T e para as frações molares de H_2O, H_2, OH, O_2, O e NO em função do tempo de residência.

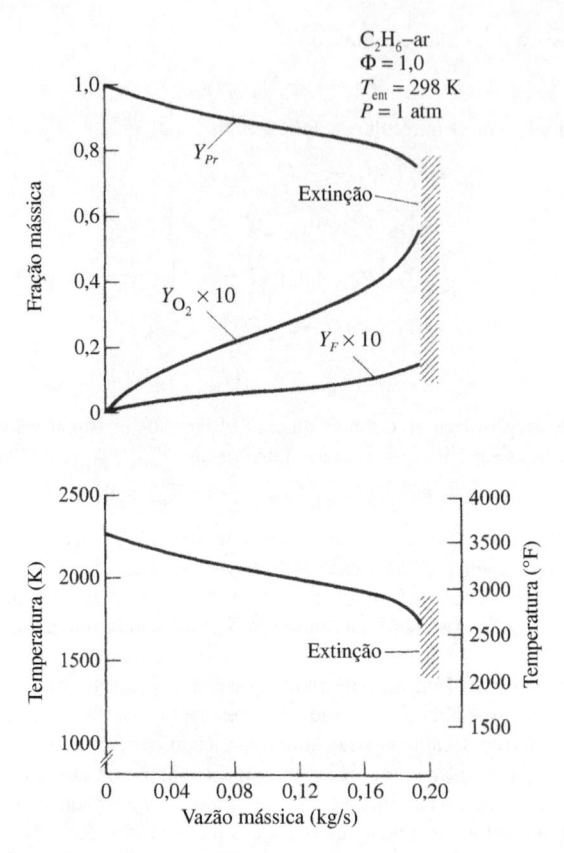

Figura 6.7 Efeito da vazão mássica nas condições no interior de um modelo de reator perfeitamente misturado. Para vazões mássicas maiores que 0,193 kg/s, a combustão não pode ser mantida no interior do reator, isto é, ocorre extinção por excesso de vazão.

Mecanismo H–O–N

		Constante cinética para a reação direta[a]		
No.	Reação	A	b	E_a
1[b]	$H + O_2 + M \leftrightarrow HO_2 + M$	$3,61 \times 10^{17}$	$-0,72$	0
2	$H + H + M \leftrightarrow H_2 + M$	$1,0 \times 10^{18}$	$-1,0$	0
3	$H + H + H_2 \leftrightarrow H_2 + H_2$	$9,2 \times 10^{16}$	$-0,6$	0
4	$H + H + H_2O \leftrightarrow H_2 + H_2O$	$6,0 \times 10^{19}$	$-1,25$	0
5[c]	$H + OH + M \leftrightarrow H_2O + M$	$1,6 \times 10^{22}$	$-2,0$	0
6[c]	$H + O + M \leftrightarrow OH + M$	$6,2 \times 10^{16}$	$-0,6$	0
7	$O + O + M \leftrightarrow O_2 + M$	$1,89 \times 10^{13}$	0	-1788
8	$H_2O_2 + M \leftrightarrow OH + OH + M$	$1,3 \times 10^{17}$	0	45500
9	$H_2 + O_2 \leftrightarrow OH + OH$	$1,7 \times 10^{13}$	0	47780
10	$OH + H_2 \leftrightarrow H_2O + H$	$1,17 \times 10^9$	1,3	3626

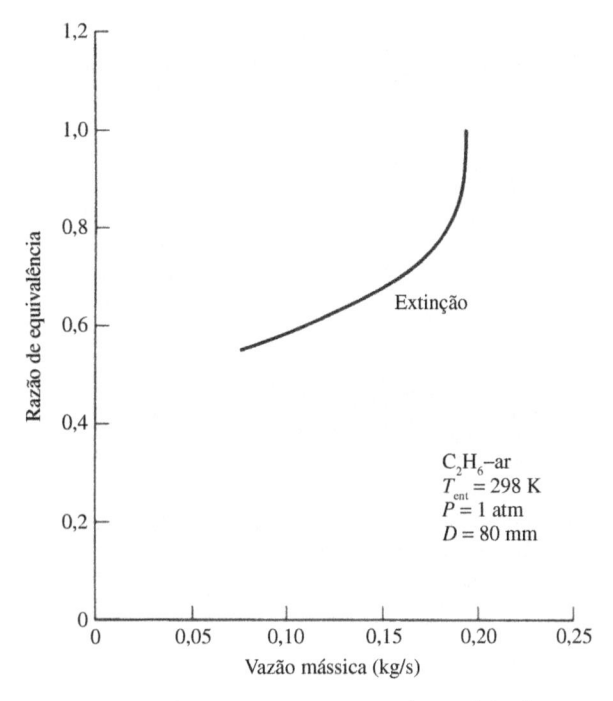

Capítulo 6 – Acoplamento de análises térmicas e químicas de sistemas reativos

Figura 6.8 Características de extinção previstas pelo modelo de reator perfeitamente misturado.

11	$O + OH \leftrightarrow O_2 + H$	$3{,}61 \times 10^{14}$	$-0{,}5$	0
12	$O + H_2 \leftrightarrow OH + H$	$5{,}06 \times 10^4$	2,67	6290
13	$OH + HO_2 \leftrightarrow H_2O + O_2$	$7{,}5 \times 10^{12}$	0	0
14	$H + HO_2 \leftrightarrow OH + OH$	$1{,}4 \times 10^{14}$	0	1073
15	$O + HO_2 \leftrightarrow O_2 + OH$	$1{,}4 \times 10^{13}$	0	1073
16	$OH + OH \leftrightarrow O + H_2O$	$6{,}0 \times 10^8$	1,3	0
17	$H + HO_2 \leftrightarrow H_2 + O_2$	$1{,}25 \times 10^{13}$	0	0
18	$HO_2 + HO_2 \leftrightarrow H_2O_2 + O_2$	$2{,}0 \times 10^{12}$	0	0
19	$H_2O_2 + H \leftrightarrow HO_2 + H_2$	$1{,}6 \times 10^{12}$	0	3800
20	$H_2O_2 + OH \leftrightarrow H_2O + HO_2$	$1{,}0 \times 10^{13}$	0	1800
21	$O + N_2 \leftrightarrow NO + N$	$1{,}4 \times 10^{14}$	0	75800
22	$N + O_2 \leftrightarrow NO + O$	$6{,}40 \times 10^9$	1,0	6280
23	$OH + N \leftrightarrow NO + H$	$4{,}0 \times 10^{13}$	0	0

[a] A constante cinética para a reação direta é expressa na forma $k_f = AT^b \exp(-E_a/R_u T)$, onde A é expresso em unidades no sistema CGS (cm, s, K, mol), b é adimensional, T é expresso em Kelvin e E_a é expresso em cal/mol.
[b] Quando H_2O e H_2 agem como terceiro corpo de colisão M, a constante cinética é multiplicada por 18,6 e 2,86, respectivamente.
[c] Quando H_2O age como um terceiro corpo de colisão M, a constante cinética é multiplicada por 5.

Solução

Embora usaremos o *software* **CHEMKIN** para resolver este problema, é instrutivo fazer um roteiro das etapas necessárias para obter a solução, como se estivéssemos escrevendo nossa própria rotina de solução. Examinando o mecanismo químico, observamos que há 11 espécies químicas envolvidas: H_2, H, O_2, O, OH, HO_2, H_2O_2, H_2O, N_2, N e NO.

Logo, precisaremos escrever 11 equações na forma da Eq. 6.31 (ou 10 equações nessa forma se invocarmos a restrição $\sum Y_{i,sai} = 1$). Os valores de $Y_{i,ent}$ são diretamente calculados a partir da razão de equivalência fornecida, admitindo que as únicas espécies químicas que entram no reator são H_2, O_2 e N_2. Para $\Phi = 1$, $a = 0,5$ na reação de combustão, $H_2 + a(O_2 + 3,76N_2) \rightarrow H_2O + 3,76aN_2$, assim,

$$\chi_{H_2,ent} = 1/3,38 = 0,2959,$$

$$\chi_{O_2,ent} = 0,5/3,38 = 0,1479,$$

$$\chi_{N_2,ent} = 1,88/3,38 = 0,5562,$$

$$\chi_{H,ent} = \chi_{O_2,ent} = \chi_{OH,ent} = \ldots = 0.$$

Usando essas frações molares, a massa molar da mistura, $\sum \chi_i MW_i$, é calculada como $MW_{mis} = 20,91$. As correspondentes frações mássicas, $\chi_i MW_i / MW_{mis}$, são

$$Y_{H_2,ent} = 0,0285,$$

$$Y_{O_2,ent} = 0,2263,$$

$$Y_{N_2,ent} = 0,7451,$$

$$Y_{H,ent} = Y_{O,ent} = Y_{OH,ent} = \ldots = 0.$$

Escolhendo a equação para a conservação dos átomos de O para ilustrar uma das equações do sistema (Eq. 6.31), escrevemos

$$\dot{\omega}_O MW_O V - \frac{PMW_{mis}V}{R_u T t_R} Y_{O,sai} = 0,$$

onde as Eqs. 6.37 e 6.38 foram combinadas para eliminar $\dot{m}$, e

$$\dot{\omega}_O = -k_{6f}[H][O](P/(R_uT) + 4[H_2O])$$
$$+ k_{6r}[OH](P/(R_uT) + 4[H_2O])$$
$$- 2k_{7f}[O]^2 P/(R_uT) + 2k_{7r}[O_2]P/(R_uT)$$
$$- k_{11f}[O][OH] + k_{11r}[O_2][H] - k_{12f}[O][H_2]$$
$$+ k_{12r}[OH][H] - k_{15f}[O][HO_2]$$
$$+ k_{15r}[O_2][OH] + k_{16f}[OH]^2 - k_{16r}[O][H_2O]$$
$$- k_{21f}[O][N_2] + k_{21r}[NO][N]$$
$$+ k_{22f}[N][O_2] - k_{22r}[NO][O].$$

Nessa expressão, [M] foi substituído por $P/(R_uT)$ e observe também como a eficiência aumentada de terceiro corpo para o H_2O na reação 6 foi tratada. Note que os valores de $[X_i]$ nessa equação referem-se aos valores na saída do reator. Como tanto $Y_{O,sai}$ e [O] aparecem na expressão para a conservação dos átomos de O, a Eq. 6.33 é necessária para expressar o primeiro em termos do segundo. Essa aplicação é bastante simples e deixada para o leitor. A Eq. 6.33 também seria empregada para cada uma das 11 espécies químicas. A equação da conservação da energia, Eq. 6.35, proporciona a equação final para o fechamento do sistema de equações com 23 incógnitas (11 valores de $[X_i]$, 11 valores de $Y_{i,\,sai}$ e T_{ad}):

$$Y_{H_2,\,ent}h_{H_2}(298) + Y_{O_2,\,ent}h_{O_2}(298) + Y_{N_2,\,ent}h_{N_2}(298)$$
$$= Y_{H_2}h_{H_2}(T_{ad}) + Y_H h_H(T_{ad}) + Y_{O_2}h_{O_2}(T_{ad})$$
$$+ Y_{OH}h_{OH}(T_{ad}) + \cdots + Y_{NO}h_{NO}(T_{ad}).$$

Um banco de dados de propriedades termodinâmicas é necessário para relacionar os valores de h_i e T_{ad}.

Essa estratégia de solução encontra-se programada no *software* PSR [12] escrito em linguagem FORTRAN. Esse código numérico, junto com as demais sub-rotinas da biblioteca do CHEMKIN [16], foi usado para gerar os resultados do nosso problema. As variáveis de entrada do código incluem o mecanismo de cinética química, as concentrações das espécies químicas que compõem o escoamento de reagentes, a temperatura de entrada, a pressão e o volume do reator. O tempo de residência também é fornecido como variável de entrada. Após alguns testes, observou-se que um tempo de residência de 1 s fornece essencialmente condições de equilíbrio na saída do reator, enquanto a extinção ocorre próximo a $t_R = 1,7 \times 10^{-5}$ s. As Figs. 6.9 e 6.10 apresentam valores de fração molar e temperatura de saída em função dos valores de tempo de residência entre esses dois limites. Como esperado, a temperatura adiabática e a concentração de H_2O nos produtos decrescem à medida que o tempo de residência se torna menor; inversamente, as concentrações de H_2 e O_2 aumentam. O comportamento dos radicais O e OH é mais complicado, com máximos que ocorrem entre os dois limites de tempo de residência. A concentração de NO decresce rapidamente à medida que o tempo de residência fica abaixo de 10^{-2} s.

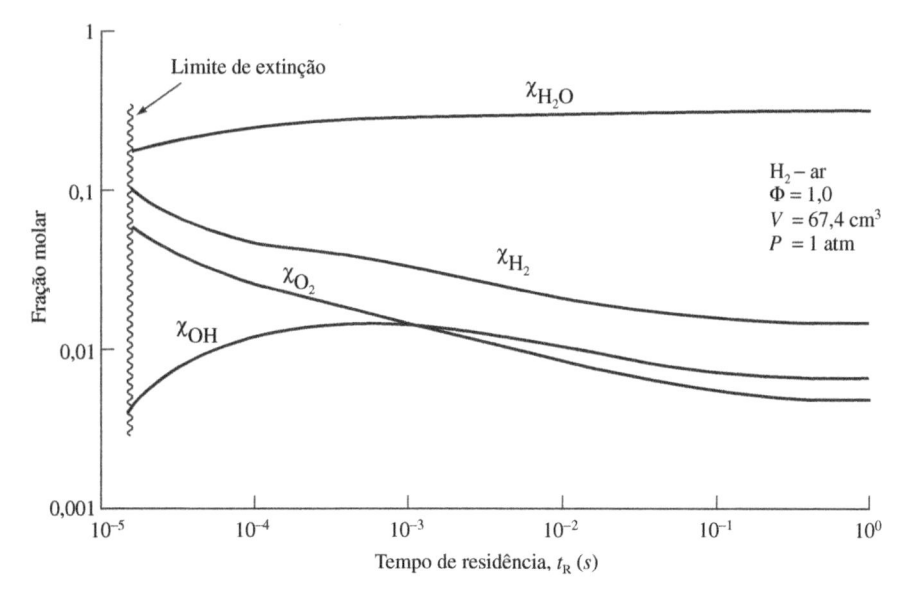

Figura 6.9 Frações molares previstas de H_2O, H_2, O_2 e OH para um reator perfeitamente misturado operando em condições entre a de extinção ($t_R \cong 1,75 \times 10^{-5}$ s) e próximo ao equilíbrio ($t_R = 1$s).

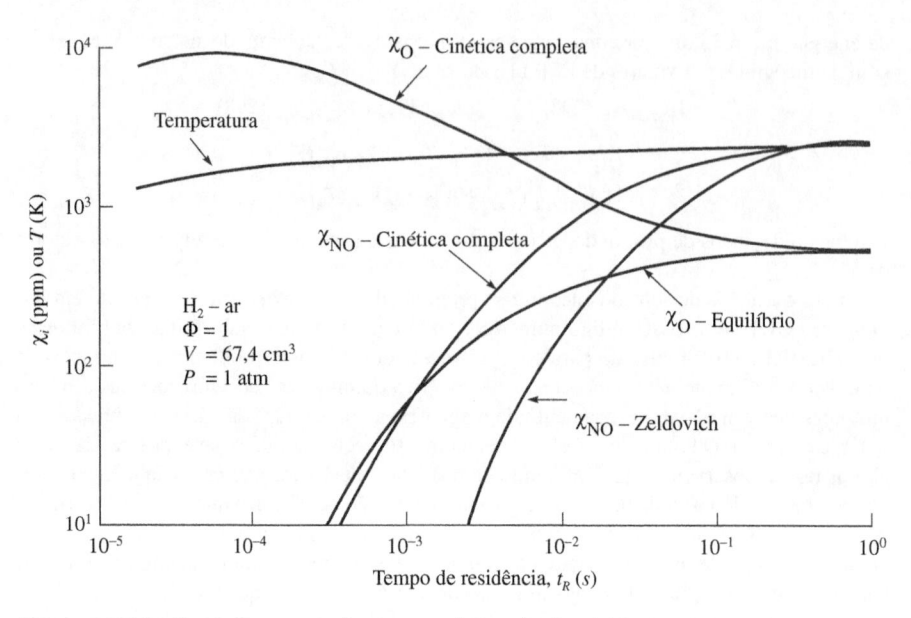

Figura 6.10 Temperaturas e frações molares de O e NO previstas para um reator perfeitamente misturado operando em condições entre a de extinção ($t_R \cong 1{,}75 \times 10^{-5}$ s) e próximo ao equilíbrio ($t_R = 1$ s). Também são mostradas as concentrações da espécie química O calculadas usando equilíbrio químico nas temperaturas previstas pelo modelo cinético e as concentrações de NO obtidas a partir dessas concentrações de equilíbrio de O.

Comentários

Esse exemplo fornece uma ilustração concreta de como uma química um tanto complexa se combina com um processo termodinamicamente simples. Uma análise similar foi utilizada para gerar os caminhos de reação para a combustão de CH_4 mostrados no Capítulo 5.

Exemplo 6.4

Explore o efeito da presença de átomos de O em concentração longe do equilíbrio na formação de NO no reator perfeitamente misturado do Exemplo 6.3. Para isso, admita que O, O_2 e N_2 estão nas suas concentrações de equilíbrio nas temperaturas previstas pelo modelo com cinética química completa. Use as seguintes temperaturas e os tempos de residência do Exemplo 6.3: $T_{ad} = 2378$ K para $t_R = 1$ s, $T_{ad} = 2366{,}3$ K para $t_R = 0{,}1$ s e $T_{ad} = 2298{,}5$ K para $t_R = 0{,}01$ s. Também admita que os átomos de N estão em regime permanente e que a formação de NO é controlada pelo mecanismo de reação em cadeia de duas etapas de Zeldovich (Capítulo 5, Eqs. N.1 e N.2):

$$N_2 + O \underset{k_{1r}}{\overset{k_{1f}}{\rightleftharpoons}} NO + N$$

$$N + O_2 \underset{k_{2r}}{\overset{k_{2f}}{\rightleftharpoons}} NO + O.$$

Capítulo 6 – Acoplamento de análises térmicas e químicas de sistemas reativos

Solução

Inicialmente, formulamos o modelo simplificado para o reator. Como a temperatura e os valores de equilíbrio para χ_O, χ_{O_2} e χ_{N_2} serão entradas do modelo, precisamos somente escrever a equação de conservação da massa de NO (Eq. 6.31):

$$\dot{\omega}_{NO} MW_{NO} V - \dot{m} Y_{NO} = 0,$$

onde Y_{NO} é a fração mássica de NO dentro do reator. Rearranjando essa equação e convertendo a fração mássica Y_{NO} para uma base molar (Eq. 6A.3), obtemos

$$\dot{\omega}_{NO} - \frac{\dot{m}}{\rho V}[NO] = 0,$$

ou, simplesmente,

$$\dot{\omega}_{NO} - [NO]/t_R = 0. \tag{I}$$

Precisamos agora somente aplicar o mecanismo de Zeldovich para expressar $\dot{\omega}_{NO}$ na Eq. I em termos das variáveis conhecidas (T, $[O_2]_e$, $[O]_e$) e da incógnita [NO]. O resultado é uma complicada equação transcendental contendo [NO] como a única incógnita. Assim,

$$\dot{\omega}_{NO} = k_{1f}[O]_e[N_2]_e - k_{2r}[NO][O]_e + [N]_{rp}(k_{2f}[O_2]_e - k_{1r}[NO]). \tag{II}$$

Aplicando a aproximação de regime permanente para os átomos de N, obtemos

$$[N]_{rp} = \frac{k_{1f}[O]_e[N_2]_e + k_{2r}[NO][O]_e}{k_{1r}[NO] + k_{2f}[O_2]_e}. \tag{III}$$

Substituir esse resultado para $[N]_{rp}$ na nossa expressão para $\dot{\omega}_{NO}$ resulta em

$$\dot{\omega}_{NO} = k_{1f}[O]_e[N_2]_e(Z+1) + k_{2r}[NO][O]_e(Z-1), \tag{IV}$$

onde

$$Z = \frac{k_{2f}[O_2]_e - k_{1r}[NO]}{k_{1r}[NO] + k_{2f}[O_2]_e}.$$

Antes de resolver a Eq. I para [NO], os valores de $[O_2]_e$, $[O]_e$ e $[N_2]_e$ são necessários. Como diversas equações de equilíbrio estão envolvidas, encontrar esses valores não é um esforço trivial. Entretanto, facilitamos este trabalho quando usamos o código numérico TPEQUIL (Apêndice F). Esse código está organizado para tratar combustíveis com fórmula química genérica $C_xH_yO_z$ e foi escrito de uma forma que nem x, nem y podem ser iguais a zero, ou seja, não parece ser possível tratar H_2 puro. Entretanto, ainda podemos utilizar este código, bastando fixar x igual à unidade e y igual a um número suficientemente grande, digamos, 10^6. A pequena quantidade de carbono resultante será suficiente para evitar divisões por zero sem causar algum erro significativo no cálculo das concentrações de produtos. As concentrações de CO e CO_2 são menores que 1 ppm para todos os resultados gerados neste exemplo. A tabela a seguir mostra as frações molares de equilíbrio de O, O_2 e N_2 calculadas usando o TPEQUIL:

t_R (s)	T_{ad} (K)	$\chi_{O,e}$	$\chi_{O_2,e}$	$\chi_{N_2,e}$
1,0	2378	$5,28 \times 10^{-4}$	$4,78 \times 10^{-3}$	0,6445
0,1	2366,3	$4,86 \times 10^{-4}$	$4,60 \times 10^{-3}$	0,6449
0,01	2298,5	$2,95 \times 10^{-4}$	$3,65 \times 10^{-3}$	0,6468

A Eq. I foi resolvida usando um algoritmo de Newton–Raphson, isto é, $[NO]^{novo} = [NO]^{velho} - f([NO]^{velho})/f'([NO]^{velho})$, onde $f([NO])$ (= 0) representa a Eq. I, que foi implementada em uma planilha eletrônica. Dentro da planilha, as frações molares de entrada foram convertidas em concentrações molares, por exemplo, $[O]_e = \chi_{O,e}P/(R_uT)$, e os coeficientes cinéticos foram avaliados utilizando as seguintes expressões do Capítulo 5:

$$k_{1f} = 1,8 \cdot 10^{11} \exp[-38.370/T(K)],$$

$$k_{1r} = 3,8 \cdot 10^{10} \exp[-425/T(K)],$$

$$k_{2f} = 1,8 \cdot 10^{7} T(K) \exp[-4680/T(K)],$$

$$k_{2r} = 3,8 \cdot 10^{6} T(K) \exp[-20.820/T(K)].$$

Os resultados dessa solução iterativa para os três tempos de residência são mostrados a seguir, junto com os resultados da química completa gerados no Exemplo 6.3, para comparação. Esses resultados também são mostrados graficamente na Fig. 6.10.

	Hipótese de equilíbrio para O		Química completa	
t_R (s)	$\chi_{O,e}$ (ppm)	χ_{NO} (ppm)	χ_O (ppm)	χ_{NO} (ppm)
1,0	528	2473	549	2459
0,1	486	1403	665	2044
0,01	295	162	1419	744

Comentários

A Fig. 6.10 mostra o desvio considerável que há entre as concentrações de O controladas por cinética química e os valores obtidos da hipótese de equilíbrio químico quando o tempo de residência é menor que 1 s. Isso ocorre quando o tempo de residência é insuficiente para completar as reações de recombinação, formando espécies químicas estáveis a partir dos radicais. Em consequência, a concentração de O maior que a de equilíbrio, prevista pela cinética completa, resulta em maior formação de NO. Por exemplo, em $t_R = 0,01$ s, a concentração de NO prevista pela cinética completa é aproximadamente cinco vezes maior que aquela obtida com a hipótese de equilíbrio químico.

REATOR DE ESCOAMENTO UNIFORME

Hipóteses

Um reator de escoamento uniforme representa um reator ideal que possui os seguintes atributos:

1. Escoamento em regime permanente.

2. Ausência de mistura na direção axial. Isso implica que a difusão molecular e/ou turbulenta na direção do escoamento é negligenciável.

3. Propriedades uniformes na direção normal ao escoamento, isto é, o escoamento é unidimensional. Isso significa que, em qualquer seção transversal, valores únicos de velocidade, temperatura, composição, etc., caracterizam completamente o escoamento.

Capítulo 6 – Acoplamento de análises térmicas e químicas de sistemas reativos

4. Ausência de efeitos viscosos. Essa hipótese de escoamento invíscido permite o uso da equação de Euler para relacionar a pressão e a velocidade.
5. Comportamento de gás ideal. Essa hipótese permite estabelecer uma equação de estado simples para relacionar T, P, ρ, Y_i e h.

Aplicação dos princípios de conservação

Nosso objetivo aqui é derivar o sistema de equações diferenciais ordinárias (ODE) de primeira ordem cuja solução descreve as propriedades do escoamento através do reator, incluindo composição, como função da distância x. A geometria e o sistema de coordenadas são mostrados esquematicamente no topo da Fig. 6.11. A Tabela 6.1 apresenta uma visão geral da análise, listando os principais princípios físicos e químicos que formam o sistema de $6 + 2N$ equações e um número correspondente de incógnitas e funções. O número de incógnitas é facilmente reduzido para N quando se observa que as taxas de produção das espécies químicas, $\dot{\omega}_i$, podem ser expressas em termos das frações mássicas (veja o Apêndice 6A), evitando a necessidade de envolver explicitamente a taxa de produção $\dot{\omega}_i$. Ao reter as taxas de produção explicitamente, no entanto, somos lembrados da importância das reações químicas na nossa análise. Embora não apareçam na Tabela 6.1, os seguintes parâmetros são tratados como valores conhecidos, ou funções, necessários para a obtenção da solução: $\dot{m}$, $K_i(T)$ $A(x)$ e $\dot{Q}''(x)$. A função $A(x)$ descreve a área da seção transversal do reator ao longo de x. Assim, nosso reator pode representar um bocal convergente ou divergente, ou qualquer geometria unidimensional, e não apenas um tubo com seção transversal uniforme como sugerido pelo esquema na parte superior da Fig. 6.11. A função que descreve o fluxo de calor para fora do reator, $\dot{Q}''(x)$, embora evidencie que o fluxo de calor através da parede do reator é conhecido, também indica que este pode ser calculado a partir de uma distribuição de temperatura fornecida para a parede do reator.

Tabela 6.1 Visão geral das relações e variáveis para um reator de escoamento uniforme com N espécies químicas

Origem das equações	Número de equações	Variáveis ou derivadas envolvidas
Princípios de conservação: massa, quantidade de movimento linear na direção x, energia, massa das espécies químicas	$3 + N$	$\dfrac{d\rho}{dx}, \dfrac{dv_x}{dx}, \dfrac{dP}{dx}, \dfrac{dh}{dx}, \dfrac{dY_i}{dx}\,(i=1,2,\ldots,N),\, \dot{\omega}_i\,(i=1,2,\ldots,N)$
Leis de ação de massas	N	$\dot{\omega}_i\,(i=1,2,\ldots,N)$
Equação de estado	1	$\dfrac{d\rho}{dx}, \dfrac{dP}{dx}, \dfrac{dT}{dx}, \dfrac{dMW_{mis}}{dx}$
Equação de estado calórica	1	$\dfrac{dh}{dx}, \dfrac{dT}{dx}, \dfrac{dY_i}{dx}\,(i=1,2,\ldots,N)$
Definição da massa molar da mistura	1	$\dfrac{dMW_{mis}}{dx}, \dfrac{dY_i}{dx}\,(i=1,2,\ldots,N)$

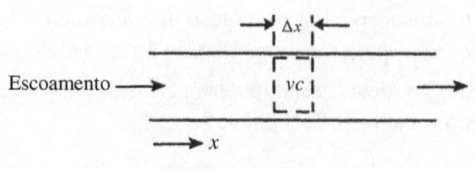

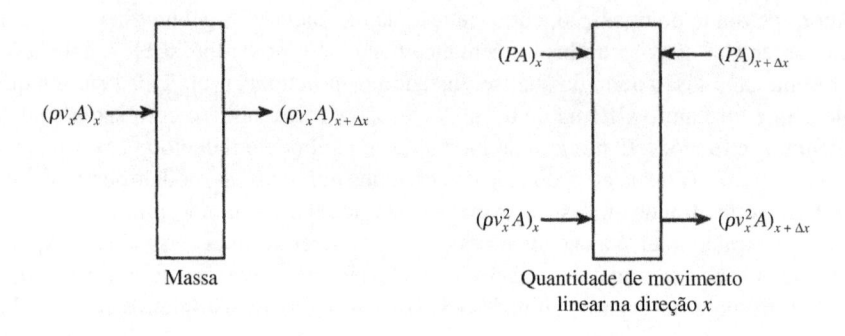

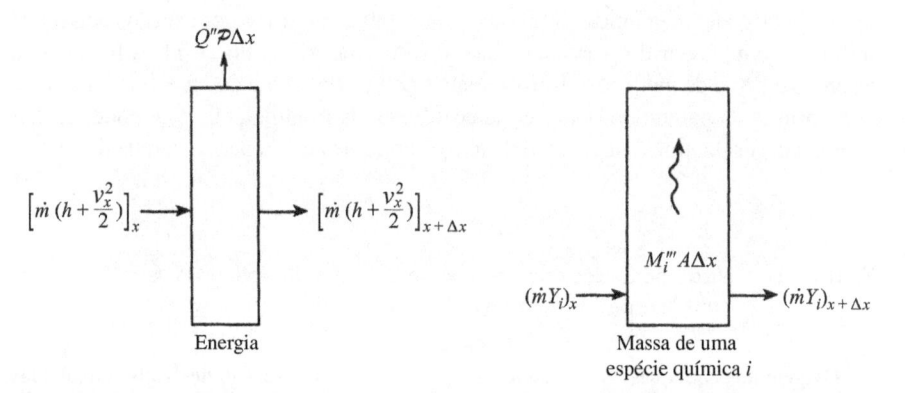

Figura 6.11 Volumes de controle mostrando os fluxos de massa, quantidade de movimento linear na direção x, energia e massa das espécies químicas para um reator de escoamento uniforme.

Com referência aos fluxos e volumes de controle ilustrados na Fig. 6.11, facilmente derivamos as seguintes equações de conservação:

Conservação da massa

$$\frac{d(\rho v_x A)}{dx} = 0. \qquad (6.39)$$

Capítulo 6 – Acoplamento de análises térmicas e químicas de sistemas reativos

Conservação da quantidade de movimento linear na direção x

$$\frac{dP}{dx} + \rho v_x \frac{dv_x}{dx} = 0. \tag{6.40}$$

Conservação da energia

$$\frac{d(h + v_x^2/2)}{dx} + \frac{\dot{Q}''\mathcal{P}}{\dot{m}} = 0. \tag{6.41}$$

Conservação da massa das espécies químicas

$$\frac{dY_i}{dx} - \frac{\dot{\omega}_i MW_i}{\rho v_x} = 0. \tag{6.42}$$

Os símbolos v_x e $\mathcal{P}$ representam a velocidade axial e o perímetro local da seção transversal do reator, respectivamente. Todas as outras variáveis já foram definidas. A derivação dessas equações é deixada como um exercício para o leitor (veja o problema 6.1).

A fim de obter formas das equações de conservação nas quais as incógnitas de interesse estão isoladas, as Eqs. 6.39 e 6.41 podem ser expandidas e rearranjadas para fornecer o seguinte:

$$\frac{1}{\rho}\frac{d\rho}{dx} + \frac{1}{v_x}\frac{dv_x}{dx} + \frac{1}{A}\frac{dA}{dx} = 0 \tag{6.43}$$

$$\frac{dh}{dx} + v_x \frac{dv_x}{dx} + \frac{\dot{Q}''\mathcal{P}}{\dot{m}} = 0. \tag{6.44}$$

Os termos $\dot{\omega}_i$ aparecendo na Eq. 6.42 podem ser expressos usando a Eq. 4.31, com as concentrações molares $[X_i]$ transformadas em frações mássicas Y_i.

A relação funcional que descreve a equação de estado calórica para um gás ideal,

$$h = h(T, Y_i), \tag{6.45}$$

é explorada usando a regra da cadeia para relacionar dh/dx e dT/dx, fornecendo

$$\frac{dh}{dx} = c_p \frac{dT}{dx} + \sum_{i=1}^{N} h_i \frac{dY_i}{dx}. \tag{6.46}$$

Para completar nossa descrição matemática do reator de escoamento uniforme, diferenciamos a equação de estado de gás ideal,

$$P = \rho R_u T / MW_{\text{mis}}, \tag{6.47}$$

para obter

$$\frac{1}{P}\frac{dP}{dx} = \frac{1}{\rho}\frac{d\rho}{dx} + \frac{1}{T}\frac{dT}{dx} - \frac{1}{MW_{\text{mis}}}\frac{dMW_{\text{mis}}}{dx}, \tag{6.48}$$

onde a derivada da massa molar da mistura é obtida diretamente da sua definição em termos das frações mássicas, isto é,

$$MW_{\text{mis}} = \left[\sum_{i=1}^{N} Y_i / MW_i\right]^{-1} \tag{6.49}$$

e

$$\frac{dMW_{mis}}{dx} = -MW_{mis}^2 \sum_{i=1}^{N} \frac{1}{MW_i} \frac{dY_i}{dx}. \quad (6.50)$$

As Eqs. 6.40, 6.42, 6.43, 6.44, 6.46, 6.48 e 6.49 contêm uma combinação linear das derivadas $d\rho/dx$, dv_x/dx, dP/dx, dh/dx, dY_i/dx ($i = 1, 2, \ldots, N$), dT/dx e dMW_{mis}/dx. O número de equações pode ser reduzido ao eliminar algumas das derivadas por substituição. Uma escolha lógica é reter as derivadas dT/dx, $d\rho/dx$ e dY_i/dx ($i = 1, 2, \ldots, N$). Com essa escolha, as seguintes equações formam o sistema de ODEs que precisa ser integrado a partir de condições iniciais apropriadas:

$$\frac{d\rho}{dx} = \frac{\left(1 - \frac{R_u}{c_p MW_{mis}}\right)\rho^2 v_x^2 \left(\frac{1}{A}\frac{dA}{dx}\right) + \frac{\rho R_u}{v_x c_p MW_{mis}} \sum_{i=1}^{N} MW_i \dot{\omega}_i \left(h_i - \frac{MW_{mis}}{MW_i} c_p T\right)}{P\left(1 + \frac{v_x^2}{c_p T}\right) - \rho v_x^2}, \quad (6.51)$$

$$\frac{dT}{dx} = \frac{v_x^2}{\rho c_p}\frac{d\rho}{dx} + \frac{v_x^2}{c_p}\left(\frac{1}{A}\frac{dA}{dx}\right) - \frac{1}{v_x \rho c_p} \sum_{i=1}^{N} h_i \dot{\omega}_i MW_i, \quad (6.52)$$

$$\frac{dY_i}{dx} = \frac{\dot{\omega}_i MW_i}{\rho v_x} \quad (6.53)$$

Observe que nas Eqs. 6.41 e 6.52, $\dot{Q}''$ foi considerado zero por simplicidade, ou seja, admitiu-se escoamento adiabático.

Um tempo de residência, t_R, também pode ser definido, resultando na inclusão de uma equação adicional no sistema:

$$\frac{dt_R}{dx} = \frac{1}{v_x}. \quad (6.54)$$

As condições iniciais necessárias para resolver as Eqs. 6.51–6.54 são

$$T(0) = T_0, \quad (6.55a)$$

$$\rho(0) = \rho_0, \quad (6.55b)$$

$$Y_i(0) = Y_{i0} \quad i = 1, 2, \ldots, N, \quad (6.55c)$$

$$t_R(0) = 0. \quad (6.55d)$$

Em resumo, observamos que a descrição matemática do reator de escoamento uniforme é similar aos modelos para os reatores de pressão constante e de volume constante pois os três modelos resultam em um sistema de equações diferenciais ordinárias acopladas. No entanto, as variáveis para o reator de escoamento uniforme são expressas como funções da coordenada espacial e não do tempo.

APLICAÇÕES NA MODELAGEM DE SISTEMAS DE COMBUSTÃO

Diferentes combinações de reatores perfeitamente misturados e reatores de escoamento uniforme são frequentemente utilizadas para aproximar o comportamento de sistemas de combustão mais complexos. Uma ilustração simples deste procedimento está na Fig. 6.12. Neste exemplo, a câmara de combustão de uma turbina a gás é modelada como dois reatores perfeitamente misturados e um reator de escoamento uniforme arranjados em série, admitindo alguma recirculação de produtos de combustão no primeiro reator, o qual representa a zona primária. As zonas secundária e de diluição são modeladas pelo segundo reator perfeitamente misturado e pelo reator de escoamento uniforme, respectivamente. Para modelar acuradamente um equipamento de combustão, muitos reatores podem ser necessários, conectados de forma a refletir uma escolha judiciosa da relação entre os escoamentos que alimentam os vários reatores. O sucesso desse procedimento depende muito da habilidade de um projetista experiente. A modelagem por reatores é frequentemente utilizada para complementar modelos numéricos por diferenças finitas ou por elementos finitos de turbinas a gás, fornalhas, caldeiras, etc.

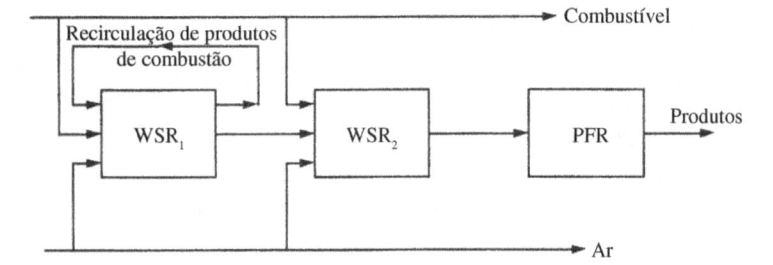

Figura 6.12 Modelo conceitual para uma câmara de combustão de uma turbina a gás modelada usando uma combinação de reatores perfeitamente misturados e de escoamento uniforme.
FONTE: da Ref.[13].

RESUMO

Neste capítulo, quatro reatores ideais foram explorados: os reatores de pressão constante; os de volume constante; os perfeitamente misturados; e os de escoamento uniforme. Uma descrição de cada um desses sistemas foi desenvolvida partindo dos princípios de conservação e acoplando um mecanismo de cinética química. Você precisa estar familiarizado com esses princípios e ser capaz de aplicá-los aos reatores ideais. Um exemplo numérico de um reator a volume constante foi desenvolvido empregando três espécies químicas (combustível, oxidante e produtos) com um mecanismo de cinética química global de uma etapa e uma descrição termoquímica simplificada. Com o modelo, algumas características das explosões térmicas foram elucidadas e então relacionadas com a autoignição ("detonação") em motores a combustão interna de ignição por centelha. O segundo exemplo foi um modelo numérico igualmente simplificado de um reator perfeitamente misturado, utilizado para demonstrar o conceito de extinção por excesso de vazão e elucidar a dependência entre a razão de equivalência e a vazão mássica de extinção. Com um firme entendimento desses modelos simples, você deve estar suficientemente preparado para entender as análises mais complexas e rigorosas dos sistemas de combustão. Além disso, esses modelos simples são frequentemente úteis como uma primeira aproximação para a análise de muitos equipamentos de combustão.

LISTA DE SÍMBOLOS

A	Área (m²)
A/F	Razão mássica ar-combustível (kg/kg)
$c_p, \bar{c}_p$	Calor específico à pressão constante (J/kg-K ou J/kmol-K)
$c_v, \bar{c}_v$	Calor específico a volume constante (J/kg-K ou J/kmol-K)
$h_f^o, \bar{h}_f^o$	Entalpia de formação (J/kg ou J/kmol)
$h, \bar{h}, H$	Entalpia (J/kmol ou J/kg ou J)
k	Constante de taxa de reação (várias unidades)
m	Massa (kg) ou ordem aparente da reação com relação ao combustível
$\dot{m}$	Vazão mássica (kg/s)
$\dot{m}'''$	Taxa de produção mássica por unidade de volume (kg/s-m³)
MW	Massa molar (kg/kmol)
n	Ordem aparente da reação com relação ao oxigênio
N	Número de mols
P	Pressão (Pa)
$\mathcal{P}$	Perímetro (m)
$\dot{Q}$	Taxa de transferência de calor (W)
$\dot{Q}''$	Fluxo de calor (W/m²)
R_u	Constante universal dos gases (J/kmol-K)
t	Tempo (s)
T	Temperatura (K)
$u, \bar{u}, U$	Energia interna (J/kmol ou J/kg ou J)
v	Velocidade (m/s)
v	Volume específico (m³/kg)
V	Volume (m³)
$\mathbf{V}$	Vetor velocidade (m/s)
$\dot{W}$	Potência (W)
x	Distância (m)
Y	Fração mássica (kg/kg)

Símbolos gregos

γ	Razão de calores específicos, c_p/c_v
ρ	Densidade (kg/m³)
Φ	Razão de equivalência
χ	Fração molar (kmol/kmol)
$\dot{\omega}$	Taxa de produção da espécie química (kmol/s-m³)

Subscritos

ad	Adiabático
e	Equilíbrio
ent	Condição de entrada
f	Direta

F	Combustível
G	Global
i	espécie química i
mis	Mistura
Ox	Oxidante
PMI	Ponto morto inferior
PMS	Ponto morto superior
Pr	Produto
r	Reversa
ref	Estado de referência
rp	Regime permanente
R	Residência
s	Estequiométrico
sai	Condição de saída
vc	Volume de controle
x	Direção x
0	Inicial

Outros

$[X]$	Concentração molar da espécie química X (kmol/m^3)

REFERÊNCIAS

1. Douaud, A. e Eyzat, P., "DIGITAP–An On-Line Acquisition and Processing System for Instantaneous Engine Data–Applications," SAE Paper 770218, 1977.

2. Nakajima, Y., et al., "Analysis of Combustion Patterns Effective in Improving Anti-Knock Performance of a Spark-Ignition Engine," *Japan Society of Automotive Engineers Review*, 13: 9–17 (1984).

3. Litzinger, T. A., "A Review of Experimental Studies of Knock Chemistry in Engines," *Progress in Energy and Combustion Science*, 16: 155–167 (1990).

4. Spalding, D. B., *Combustion and Mass Transfer*, Pergamon, New York, 1979.

5. Longwell, J. P. e Weiss, M. A., "High Temperature Reaction Rates in Hydrocarbon Combustion," *Industrial & Engineering Chemistry*, 47: 1634–1643 (1955).

6. Glarborg, P., Miller, J. A. e Kee, R. J., "Kinetic Modeling and Sensitivity Analysis of Nitrogen Oxide Formation in Well-Stirred Reactors," *Combustion and Flame*, 65: 177–202 (1986).

7. Duterque, J., Avezard, N. e Borghi, R., "Further Results on Nitrogen Oxides Production in Combustion Zones," *Combustion Science and Technology*, 25: 85–95 (1981).

8. Malte, P. C., Schmidt, S. C. e Pratt, D. T., "Hydroxyl Radical and Atomic Oxygen Concentrations in High-Intensity Turbulent Combustion," *Sixteenth Symposium (International) on Combustion*, The Combustion Institute, Pittsburgh, PA, p. 145, 1977.

9. Bradley, D., Chin, S. B. e Hankinson, G., "Aerodynamic and Flame Structure within a Jet--Stirred Reactor," *Sixteenth Symposium (International) on Combustion*, The Combustion Institute, Pittsburgh, PA, p. 1571, 1977.

10. Chomiak, J., *Combustion: A Study in Theory, Fact and Application*, Gordon & Breach, New York, p. 334, 1990.

11. Zeldovich, Y. B. e Voyevodzkii, V. V., *Thermal Explosion and Flame Propagation in Gases,* Izd. MMI, Moscow, 1947.
12. Glarborg, P., Kee, R. J., Grcar, J. F. e Miller, J. A., "PSR: A Fortran Program for Modeling Well-Stirred Reactors," Sandia National Laboratories Report SAND86-8209, 1986.
13. Swithenbank, J., Poll, I., Vincent, M. W. e Wright, D. D., "Combustion Design Fundamentals," *Fourteenth Symposium (International) on Combustion,* The Combustion Institute, Pittsburgh, PA, p. 627, 1973.
14. Dryer, F. L. e Glassman, I., "High-Temperature Oxidation of CO and H_2," *Fourteenth Symposium (International) on Combustion,* The Combustion Institute, Pittsburgh, PA, p. 987, 1972.
15. Westbrook, C. K. e Dryer, F. L., "Simplified Reaction Mechanisms for the Oxidation of Hydrocarbon Fuels in Flames," *Combustion Science and Technology,* 27: 31–43 (1981).
16. Kee, R. J., Rupley, F. M. e Miller, J. A., "Chemkin-II: A Fortran Chemical Kinetics Package for the Analysis of Gas-Phase Chemical Kinetics," Sandia National Laboratories Report SAND89-8009, March 1991.
17. Heywood, J. B., *Internal Combustion Engine Fundamentals,* McGraw-Hill, New York, 1988.
18. Incropera, F. P. e DeWitt, D. P., *Fundamentals of Heat and Mass Transfer,* 3rd Ed., John Wiley & Sons, New York, p. 496, 1990.

PROBLEMAS E PROJETOS

6.1 Derive as equações de conservação básicas na forma diferencial para o reator de escoamento uniforme (Eqs. 6.39–6.42) usando a Fig. 6.11 como guia. *Dica:* Esta derivação é bastante simples e não requer muita manipulação.

6.2 Mostre que

$$\frac{d(\rho v_x A)}{dx} = 0 = \frac{1}{\rho}\frac{d\rho}{dx} + \cdots, \text{etc.} \qquad \text{(veja a Eq. 6.43)}.$$

6.3 Mostre que

$$\frac{d}{dx}\left(P = \rho \frac{R_u T}{MW_{mis}}\right) \Rightarrow \frac{1}{P}\frac{dP}{dx} = \frac{1}{\rho}\frac{d\rho}{dx} + \cdots, \text{etc.} \qquad \text{(veja a Eq. 6.48)}.$$

6.4 Mostre que

$$\frac{dMW_{mis}}{dx} = -MW_{mis}^2 \sum_i (dY_i/dx) MW_i^{-1}.$$

6.5* A. Use o *software* MATHEMATICA ou outro manipulador simbólico de equações para conferir as Eqs. 6.51–6.53.

B. Reescreva as Eqs. 6.51–6.53, porém mantendo o fluxo de calor, $\dot{Q}''(x)$ (ou seja, não admita que ele é igual a zero).

6.6 Na literatura sobre reatores perfeitamente misturados, um parâmetro de carregamento do reator é encontrado com frequência. Este parâmetro reúne os

---

* Indica a necessidade de uso de computador.

efeitos de pressão, vazão mássica e volume do reator. Você consegue identificar (criar) um parâmetro desse tipo para o modelo de reator desenvolvido no Exemplo 6.2? *Dica*: O parâmetro é expresso como $P^a \dot{m}^b V^c$. Encontre os expoentes a, b e c.

6.7 Considere um reator perfeitamente misturado não adiabático e admita um modelo cinético simples, isto é, combustível, oxidante e uma única espécie química como produto. Os reagentes, formados por combustível ($Y_F = 0,2$) e oxidante ($Y_{Ox} = 0,8$) a 298 K, escoam a 0,5 kg/s para dentro do reator com volume 0,003 m³. O reator opera a 1 atm e apresenta perda de calor de 2000 W. Admita as seguintes propriedades termodinâmicas: $c_p = 1100$ J/kg-K (todas as espécies), $MW = 29$ kg/kmol (todas as espécies), $h^o_{f,F} = -2000$ kJ/kg, $h^o_{f,Ox} = 0$ e $h^o_{f,Pr} = -4000$ kJ/kg. As frações mássicas de combustível e oxidante na saída do reator são 0,001 e 0,003, respectivamente. Determine a temperatura e o tempo de residência no reator.

6.8 Considere a combustão de um combustível e um oxidante em um reator de escoamento uniforme adiabático com área de seção transversal uniforme. Admita que a reação ocorre em uma única etapa com os seguintes coeficientes estequiométricos (mássicos): $1 \text{ kg}_F + \nu \text{ kg}_{Ox} \rightarrow (1 + \nu) \text{ kg}_{Pr}$ e $\dot{\omega}_F = -A \exp(-E_a/R_u T)[F][Ox]$. Admita também as propriedades termodinâmicas simplificadas: $MW_F = MW_{Ox} = MW_{Pr}$, $c_{p,F} = c_{p,Ox} = c_{p,Pr} = $ constante, $h^o_{f,Ox} = h^o_{f,Pr} = 0$ e $h^o_{f,F} = \Delta h_c$.

Desenvolva uma relação para a conservação da energia na qual a temperatura, T, é a variável dependente. Expresse todas as variáveis de concentração, ou os parâmetros que dependam da concentração, em termos da fração mássica, Y_i. As únicas incógnitas que deverão aparecer no seu resultado final são T, Y_i e a velocidade axial, v_x, todas funções da coordenada espacial x. Por simplicidade, negligencie variações de energia cinética e admita que a pressão é essencialmente constante. *Dica*: A conservação da massa das espécies químicas poderá ser útil.

6.9* Desenvolva um código computacional para a solução das equações para o reator de volume constante desenvolvido no Exemplo 6.1. Confira se ele reproduz os resultados mostrados na Fig. 6.4 e então use o modelo para explorar os efeitos de P_0, T_0 e Φ no tempo necessário para a combustão e na máxima taxa de aumento de pressão. Discuta os seus resultados. *Dica:* Você precisará decrescer o intervalo de tempo entre impressões sucessivas de resultados quando a taxa de combustão tornar-se elevada.

6.10* Desenvolva um modelo de reator de pressão constante usando os mesmos modelos químicos e termodinâmicos do Exemplo 6.1. Usando um volume inicial de 0,008 m³, explore os efeitos de P e T_0 na duração da combustão. Use $\Phi = 1$ e admita que o reator é adiabático.

6.11* Desenvolva um modelo de reator de escoamento uniforme usando os mesmos modelos químicos e termodinâmicos do Exemplo 6.1. Admita que o reator é adiabático. Use o modelo para:

A. determinar a vazão mássica para a qual 99% do combustível é convertido no comprimento de reator de 10 cm para $T_{ent} = 1000$ K, $P_{ent} = 0,2$ atm e $\Phi = 0,2$. O tubo tem área transversal circular com diâmetro de 3 cm;

B. explorar os efeitos de P_{ent}, T_{ent} e Φ no comprimento de reator necessário para atingir 99% de conversão de combustível usando a vazão determinada no item A.

6.12* Desenvolva um modelo para a combustão de monóxido de carbono com ar úmido em um reator de volume constante adiabático. Admita que o seguinte mecanismo global de Dryer e Glassman [14] se aplica:

$$CO + \tfrac{1}{2}O_2 \underset{k_r}{\overset{k_f}{\Leftrightarrow}} CO_2,$$

onde as taxas de reação direta e reversa são expressas como

$$\frac{d[CO]}{dt} = -k_f[CO][H_2O]^{0,5}[O_2]^{0,25}$$

$$\frac{d[CO_2]}{dt} = -k_r[CO_2],$$

onde

$$k_f = 2,24 \cdot 10^{12}\left[\left(\frac{kmol}{m^3}\right)^{-0,75}\frac{1}{s}\right]\exp\left[\frac{-1,674 \cdot 10^8 (J/kmol)}{R_u T(K)}\right]$$

$$k_r = 5,0 \cdot 10^8 \left(\frac{1}{s}\right)\exp\left[\frac{-1,674 \cdot 10^8 (J/kmol)}{R_u T(K)}\right].$$

No seu modelo, admita que os calores específicos são constantes, porém não iguais, e avaliados a 2000 K.

A. Escreva todas as equações necessárias para o seu modelo, expressando-as em termos das concentrações molares de CO, CO_2, H_2O, O_2 e N_2; dos valores individuais de $\bar{c}_p$, $\bar{c}_{p,CO}$, $\bar{c}_{p,CO_2}$, etc.; e das entalpias de formação. Observe que o H_2O age como um catalisador e, portanto, a sua fração mássica é preservada.

B. Utilize o seu modelo para determinar o efeito da fração molar inicial de H_2O, variada entre 0,1 e 3,0%, na combustão. Utilize a máxima taxa de aumento de pressão e a duração da combustão para caracterizar o seu processo. Use as seguintes condições iniciais: $T_0 = 1000$ K, $P = 1$ atm e $\Phi = 0,25$.

6.13* Incorpore a cinética global de oxidação de CO dada no Problema 6.12 em um modelo de reator perfeitamente misturado. Admita que os calores específicos são constantes, porém não iguais, e avaliados a 2000 K.

A. Escreva todas as equações necessárias para o seu modelo, expressando-as em termos das concentrações molares de CO, CO_2, H_2O, O_2 e N_2; dos valores individuais de $\bar{c}_p$, $\bar{c}_{p,CO}$, $\bar{c}_{p,CO_2}$, etc.; e das entalpias de formação.

B. Utilize o seu modelo para determinar o efeito da fração molar inicial de H_2O, variada entre 0,1 e 3,0%, na vazão mássica limite de extinção. Os reagentes formam uma mistura estequiométrica de CO em ar úmido a 298 K. O reator opera em pressão atmosférica.

6.14* Incorpore o mecanismo cinético de Zeldovich para a formação de NO no modelo de reator perfeitamente misturado apresentado no Exemplo 6.2. Admita que a cinética de formação de NO encontra-se *desacoplada* do processo de combustão principal, isto é, a energia térmica gerada ou absorvida pelas reações do mecanismo de NO, assim como as pequenas quantidades de massa associadas, podem ser negligenciadas. Admita concentrações de equilíbrio para a espécie química O.

A. Escreva todas as equações requeridas pelo seu modelo.

B. Determine a fração mássica de NO como uma função de Φ (variado entre 0,8 e 1,1) para $\dot{m} = 0,1$ kg/s, $T_{ent} = 298$ K e $P = 1$ atm. A constante de equilíbrio para

$$\tfrac{1}{2}O_2 \overset{K_p}{\Leftrightarrow} O$$

é dada por

$$K_p = 3030 \exp(-30.790/T)$$

6.15* Desenvolva um modelo para uma câmara de combustão de uma turbina a gás como dois reatores perfeitamente misturados arranjados em série, onde o primeiro reator representa a zona primária, e o segundo reator, a zona secundária. Admita que o combustível é decano. Utilize o seguinte mecanismo de duas etapas para a oxidação de hidrocarbonetos [15]:

$$C_xH_y + \left(\frac{x}{2} + \frac{y}{4}\right)O_2 \overset{k_F}{\rightarrow} xCO + \frac{y}{2}H_2O$$

$$CO + \tfrac{1}{2}O_2 \underset{k_{CO,r}}{\overset{k_{CO,f}}{\Leftrightarrow}} CO_2.$$

A expressão para a etapa de oxidação de CO está no Exemplo 6.12 e a expressão para a etapa de conversão de decano para CO é dada por

$$\frac{d[C_{10}H_{22}]}{dt} = -k_F[C_{10}H_{22}]^{0,25}[O_2]^{1,5},$$

onde

$$k_F = 2,64 \cdot 10^9 \exp\left[\frac{-15.098}{T}\right] \quad \text{(unidades SI)}.$$

A. Escreva todas as equações governantes tratando as razões de equivalência, Φ_1 e Φ_2, das duas zonas como parâmetros conhecidos. Admita que os calores específicos são constantes, porém não iguais.

B. Escreva um programa computacional para a solução das equações do modelo desenvolvido no item A. Realize um exercício de projeto de câmara de combustão usando restrições de projeto fornecidas pelo seu instrutor.

6.16* Use as sub-rotinas do código computacional CHEMKIN [16] para modelar a combustão de H_2 e ar, com formação de NO térmico e incluindo controle cinético para a espécie química O, para os seguintes sistemas ideais:

A. um reator de volume constante;

B. um reator de escoamento uniforme;

C. utilize os seus modelos rodando exemplos a partir de condições iniciais fornecidas pelo seu instrutor.

6.17* Considere uma fornalha formada por um único tubo, como mostrado no esquema a seguir. Uma mistura de gás natural (modelado como metano puro) e ar a $\Phi = 0,9$ é queimada em um queimador com alto turbilhonamento na entrada da fornalha, e o calor é transferido dos produtos de combustão para as paredes com temperatura uniforme e constante $T_w = 600$ K. Admita que o NO produzido pelo queimador é negligenciável quando comparado com aquele produzido na região de pós-queima na fornalha. A vazão de gás natural é 0,0147 kg/s. Admitindo que os produtos de combustão entram na fornalha a 2350 K e saem a 1700 K, levando em consideração as seguintes restrições, responda:

A. Para uma fornalha com diâmetro de 0,30 m, qual é o seu comprimento?

B. Qual é a fração molar de óxido nítrico (NO) na saída?

C. Para a mesma vazão mássica de combustível e estequiometria, é possível alterar a quantidade de NO emitida alterando apenas o diâmetro (D) da fornalha? (Observe que o comprimento, L, da fornalha terá que ser alterado de forma a manter a mesma temperatura de saída de 1700 K). Que valores de D e L resultarão no menor NO se a velocidade média do escoamento na fornalha for restrita a variar por uma razão de dois em relação ao valor de projeto original (duas vezes maior ou duas vezes menor)? Represente, no mesmo gráfico, os valores de χ_{NO} em função do comprimento da fornalha para cada caso.

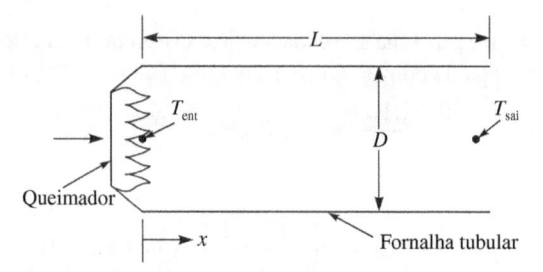

Restrições e hipóteses adicionais são:

1. A pressão é constante e igual a 1 atm.

2. O escoamento no interior da fornalha é plenamente desenvolvido, tanto dinâmica quanto termicamente.

3. Use a equação de Dittus–Boelter [18] $Nu_D = 0,023\, Re_D^{0,8}\, Pr^{0,3}$ para a sua análise de transferência de calor, para a qual as propriedades termofísicas são avaliadas em $(T_{ent} + T_{sai})/2$. Use as propriedades do ar seco para facilitar as suas estimativas.

4. Admita que é uma cinética simples de Zeldovich se aplica para o NO. Não negligencie as reações reversas. Use aproximações de regime permanente

para a espécie química N e admita que O_2 e O estão em equilíbrio químico. Além disso, admita que a fração molar de O_2 é constante e igual a 0,02, mesmo sabendo que ela varia levemente com a temperatura. Use a constante de equilíbrio $K_p = 3{,}6 \times 10^3 \exp[-31090/T\,(K)]$ para o equilíbrio químico expresso por $\tfrac{1}{2}O_2 \Leftrightarrow O$.

APÊNDICE 6A
ALGUMAS RELAÇÕES ÚTEIS ENTRE FRAÇÕES MÁSSICAS, FRAÇÕES MOLARES, CONCENTRAÇÕES MOLARES E MASSA MOLAR DA MISTURA

Fração molar / fração mássica:

$$\chi_i = Y_i MW_{mis}/MW_i \tag{6A.1}$$

$$Y_i = \chi_i MW_i/MW_{mis}. \tag{6A.2}$$

Fração mássica / concentração molar:

$$[X_i] = PMW_{mis}Y_i/(R_u TMW_i) = Y_i \rho/MW_i \tag{6A.3}$$

$$Y_i = \frac{[X_i]MW_i}{\sum_j [X_j]MW_j}. \tag{6A.4}$$

Fração molar / concentração molar:

$$[X_i] = \chi_i P/R_u T = \chi_i \rho/MW_{mis} \tag{6A.5}$$

$$\chi_i = [X_i]/\sum_j [X_j]. \tag{6A.6}$$

Concentração mássica:

$$\rho_i = \rho Y_i = [X_i]MW_i \tag{6A.7}$$

MW_{mis} definida em termos de frações mássicas:

$$MW_{mis} = \frac{1}{\sum_i Y_i/MW_i}. \tag{6A.8}$$

MW_{mis} definida em termos de frações molares:

$$MW_{mis} = \sum_i \chi_i MW_i. \tag{6A.9}$$

MW_{mis} definida em termos de concentrações molares:

$$MW_{mis} = \frac{\sum_i [X_i]MW_i}{\sum_i [X_i]}. \tag{6A.10}$$

capítulo

7 Equações de conservação simplificadas para escoamentos reativos[1]

VISÃO GERAL

Um dos objetivos deste livro é apresentar, da forma mais simples possível, os conceitos essenciais da física e da química da combustão. Quando alguém considera os detalhes das misturas multicomponentes reagindo quimicamente, uma situação complexa surge, tanto física quanto matematicamente, a qual pode de alguma forma ser intimidadora para um novato na área. O objetivo principal deste capítulo é apresentar as equações governantes simplificadas para expressar as conservações da massa, da massa das espécies químicas, da quantidade de movimento linear e da energia para escoamentos reativos. Particularmente, desejamos tratar as três situações a seguir:

1. Escoamento em regime permanente para uma geometria *cartesiana* unidimensional (coordenada x apenas).
2. Escoamento em regime permanente para uma geometria *esférica* unidimensional (coordenada r somente).
3. Escoamento em regime permanente para uma geometria *axissimétrica* bidimensional (coordenadas r e x).

A partir da primeira, desenvolveremos uma análise para as chamas laminares pré-misturadas (Capítulo 8) e, da terceira, análises de chamas em jatos laminares (Capítulo 9). Esses sistemas e as respectivas coordenadas são ilustrados na Fig. 7.1.

Nosso procedimento consiste em primeiro desenvolver formas simples das equações de conservação, em geral enfocando sistemas cartesianos unidimensionais, para ilustrar a física essencial por trás de cada princípio de conservação. Então, apresentaremos relações mais gerais a partir das quais as equações de conservação são obtidas para as geometrias radiais e axissimétricas de interesse. Embora seja possível capturar muito da física nessas análises simples, é importante alertar que certos fenômenos importantes e interessantes serão excluídos com este procedimento. Por exemplo, pesquisas recentes [1] mostram que diferenças nas taxas de difusão de massa induzida por gradiente de temperatura entre as várias espécies químicas em chamas pré-misturadas

---

[1] É possível pular este capítulo sem qualquer perda de continuidade. Recomenda-se que este capítulo seja usado como referência ao tratar as relações de conservação fundamentais nos capítulos subsequentes.

Capítulo 7 – Equações de conservação simplificadas para escoamentos reativos **219**

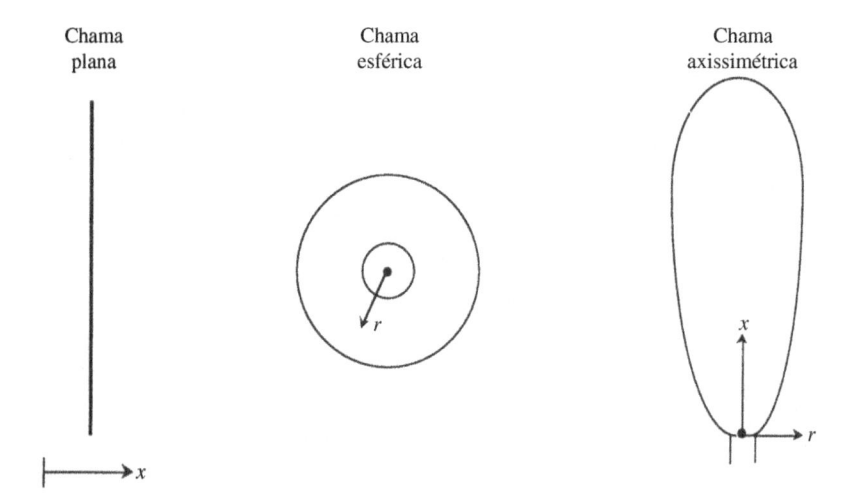

Figura 7.1 Sistema de coordenadas para chamas planas, chamas com simetria esférica (chamas em gotas) e chamas axissimétricas (chamas em jatos circulares).

têm um profundo efeito na propagação de chamas turbulentas. Portanto, para aqueles desejando um tratamento mais completo, a difusão multicomponente, incluindo a difusão térmica, também é tratada neste capítulo. Além disso, estendemos o desenvolvimento da equação da conservação da energia para uma forma que pode ser usada como ponto de partida para modelos numéricos detalhados de chamas.

O uso de "escalares conservados" para simplificar e analisar certos problemas de combustão é comum na literatura. Para introduzir este conceito, discutimos e desenvolvemos equações para os escalares conservados fração de mistura e entalpia de mistura.

CONSERVAÇÃO DA MASSA DA MISTURA (CONTINUIDADE)

Considere o volume de controle unidimensional mostrado na Fig. 7.2, uma camada plana com espessura Δx. Uma vazão mássica entra na posição x e outra sai em $x + \Delta x$, sendo que a diferença entre as vazões mássicas dos escoamentos que entram e saem é igual à variação da massa acumulada no interior do volume de controle, ou seja,

$$\frac{dm_{vc}}{dt} = [\dot{m}]_x - [\dot{m}]_{x+\Delta x}. \qquad (7.1)$$

Taxa de aumento da massa no interior do volume de controle · Vazão mássica entrando no volume de controle · Vazão mássica saindo do volume de controle

Reconhecendo que a massa dentro do volume de controle é $m_{vc} = rV_{vc}$, onde o volume $V_{vc} = A\Delta x$, e que a vazão mássica é $\dot{m} = \rho v_x A$, reescrevemos a Eq. 7.1 como

$$\frac{d(\rho A \Delta x)}{dt} = [\rho v_x A]_x - [\rho v_x A]_{x+\Delta x}. \qquad (7.2)$$

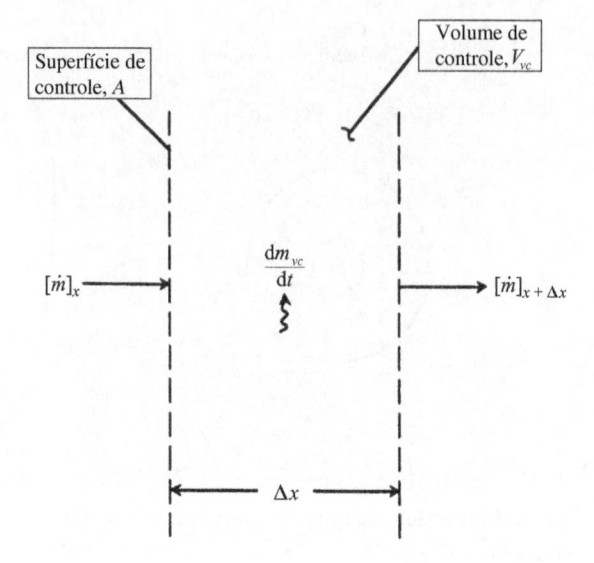

Figura 7.2 Volume de controle para a análise da conservação da massa unidimensional.

Dividindo ambos os lados por $A\Delta x$ e tomando o limite quando $\Delta x \to 0$, a Eq. 7.2 torna-se

$$\frac{\partial \rho}{\partial t} = -\frac{\partial(\rho v_x)}{\partial x}. \tag{7.3}$$

No caso de escoamento em regime permanente, onde $\partial \rho / \partial t = 0$,

$$\boxed{\frac{d(\rho v_x)}{dx} = 0} \tag{7.4a}$$

ou

$$\boxed{\rho v_x = \text{constante}} \tag{7.4b}$$

Em sistemas de combustão, a densidade varia muito com a posição no escoamento. Assim, vemos da Eq. 7.4 que a velocidade também deve variar com a posição tal que o produto ρv_x, o fluxo de massa $\dot{m}''$, permaneça constante. Na sua forma mais geral, a conservação da massa associada com um ponto no escoamento pode ser expressa como

$$\underset{\substack{\text{Taxa de aumento} \\ \text{da massa por} \\ \text{unidade de volume}}}{\frac{\partial \rho}{\partial t}} + \underset{\substack{\text{Vazão mássica} \\ \text{líquida saindo por} \\ \text{unidade de volume}}}{\nabla \cdot (\rho \mathbf{V})} = 0. \tag{7.5}$$

Admitindo regime permanente e aplicando as operações vetoriais apropriadas para o sistema de coordenadas de interesse (por exemplo, veja a Ref. [2] para uma compilação dos resultados obtidos para diferentes sistemas de coordenadas), obtemos no sistema de coordenadas esféricas,

$$\frac{1}{r^2}\frac{\partial}{\partial r}\left(r^2\rho v_r\right) + \frac{1}{r\,\text{sen}\,\theta}\frac{\partial}{\partial \theta}(\rho v_\theta\,\text{sen}\,\theta) + \frac{1}{r\,\text{sen}\,\theta}\frac{\partial(\rho v_\phi)}{\partial \phi} = 0,$$

o que, para a situação 1-D com simetria esférica, onde $v_\theta = v_\phi = 0$ e $\partial(\ )/\partial\theta = \partial(\ )/\partial\phi = 0$, simplifica-se para

$$\boxed{\frac{1}{r^2}\frac{d}{dr}\left(r^2\rho v_r\right) = 0} \tag{7.6a}$$

ou

$$\boxed{r^2\rho v_r = \text{constante}} \tag{7.6b}$$

A Eq. 7.6b é equivalente a escrever $\dot{m}$ = constante = $\rho v_r A(r)$ onde $A(r) = 4\pi r^2$.

Para o nosso sistema axissimétrico com escoamento em regime permanente, a forma geral da equação da continuidade (Eq. 7.5) fornece

$$\boxed{\frac{1}{r}\frac{\partial}{\partial r}(r\rho v_r) + \frac{\partial}{\partial x}(\rho v_x) = 0} \tag{7.7}$$

o que resulta ao fixar $v_\theta = 0$ na formulação geral em coordenadas cilíndricas. Observe agora que, pela primeira vez, dois componentes da velocidade, v_r e v_x, aparecem, em vez de apenas um componente como na análise anterior.

CONSERVAÇÃO DA MASSA DAS ESPÉCIES QUÍMICAS (CONTINUIDADE PARA AS ESPÉCIES QUÍMICAS)

No Capítulo 3, derivamos a equação da conservação da massa das espécies químicas na sua forma unidimensional com as hipóteses que as espécies químicas difundem-se somente em resposta a gradientes de concentração e que a mistura é formada somente por duas espécies químicas, isto é, uma mistura binária. Não repetiremos aquele desenvolvimento aqui, mas reescreveremos nosso resultado final (Eq. 3.31), o qual para o regime permanente pode ser escrito como

$$\frac{d}{dx}\left[\dot{m}''Y_A - \rho \mathcal{D}_{AB}\frac{dY_A}{dx}\right] = \dot{m}'''_A$$

ou

$$\frac{d}{dx}(\dot{m}''Y_A) - \frac{d}{dx}\left(\rho\mathcal{D}_{AB}\frac{dY_A}{dx}\right) = \dot{m}'''_A \tag{7.8}$$

| Vazão mássica líquida da espécie química A por convecção (advectada pelo escoamento da mistura) por unidade de volume (kg/s-m³) | Vazão mássica líquida da espécie química A por difusão molecular por unidade de volume (kg/s-m³) | Taxa de produção mássica da espécie química A por reação química por unidade de volume (kg/s-m³) |

onde $\dot{m}''$ é o fluxo de massa ρv_x e $\dot{m}_A'''$ é a taxa de produção líquida da espécie química A por unidade de volume associada com reações químicas. Uma forma mais geral da equação unidimensional da continuidade para as espécies químicas pode ser expressa como

$$\boxed{\frac{d\dot{m}_i''}{dx} = \dot{m}_i''' \quad i = 1, 2, \ldots, N,} \qquad (7.9)$$

onde o subscrito i representa a i-ésima espécie química. Nessa relação, nenhuma restrição, como admitir difusão binária governada pela Lei de Fick, foi imposta para descrever o fluxo de espécies químicas $\dot{m}_i''$.

A forma vetorial geral da conservação da massa da i-ésima espécie química é expressa como

$$\underbrace{\frac{\partial(\rho Y_i)}{\partial t}}_{\substack{\text{Taxa de aumento da} \\ \text{massa da espécie} \\ \text{química } i \text{ por} \\ \text{unidade de volume}}} + \underbrace{\nabla \cdot \dot{m}_i''}_{\substack{\text{Vazão mássica líquida da} \\ \text{espécie química } i \text{ saindo} \\ \text{por difusão molecular e} \\ \text{advectada por escoamento} \\ \text{da mistura por unidade} \\ \text{de volume}}} = \underbrace{\dot{m}_i'''}_{\substack{\text{Taxa de produção} \\ \text{mássica da} \\ \text{espécie química} \\ i \text{ por unidade de} \\ \text{volume}}} \quad \text{para } i = 1, \quad (7.10)$$

Neste ponto, vale a pena uma pequena digressão para explorar um pouco mais o fluxo de massa das espécies químicas. O fluxo de massa de i, $\dot{m}_i''$, é definido pela velocidade média mássica de i, $\mathbf{v}_i$, da seguinte forma:

$$\dot{m}_i'' \equiv \rho Y_i \mathbf{v}_i, \qquad (7.11)$$

onde a **velocidade da espécie química** $\mathbf{v}_i$ é, em geral, uma expressão bastante complicada que leva em consideração a difusão de massa associada com gradientes de concentração (a **difusão ordinária**), assim como outros mecanismos (ver a próxima seção). A soma dos fluxos de massa de todas as espécies químicas é o fluxo de massa da mistura, ou seja,

$$\sum \dot{m}_i'' = \sum \rho Y_i \mathbf{v}_i = \dot{m}''. \qquad (7.12)$$

Assim, sendo $\dot{m}'' \equiv \rho \mathbf{V}$, vemos que a velocidade média mássica $\mathbf{V}$ é dada por

$$\mathbf{V} = \sum Y_i \mathbf{v}_i. \qquad (7.13)$$

Esta é a velocidade do fluido com a qual você está familiarizado e nos referimos a ela como a **velocidade média mássica da mistura**. A diferença entre a velocidade da espécie química e a velocidade da mistura é definida como a **velocidade de difusão**, $\mathbf{v}_{i,\text{dif}} \equiv \mathbf{v}_i - \mathbf{V}$, isto é, a velocidade de uma dada espécie química em relação à velocidade da mistura. O fluxo máximo por difusão pode ser expresso em termos da velocidade de difusão como:

$$\dot{m}_{i,\text{dif}}'' \equiv \rho Y_i (\mathbf{v}_i - \mathbf{V}) = \rho Y_i \mathbf{v}_{i,\text{dif}}. \qquad (7.14)$$

Conforme discutido no Capítulo 3, o fluxo de massa total de uma espécie química é a soma do fluxo de massa da mistura com a contribuição da difusão de massa, isto é,

$$\dot{m}_i'' = \dot{m}'' Y_i + \dot{m}_{i,\text{dif}}'' \qquad (7.15a)$$

ou, em termos das velocidades,

$$\rho Y_i \mathbf{v}_i = \rho Y_i \mathbf{V} + \rho Y_i \mathbf{v}_{i,\text{dif}}. \qquad (7.15b)$$

Dependendo da direção dos gradientes de concentração, o fluxo por difusão, ou velocidade, pode ser direcionado contra ou a favor do escoamento da mistura. Por exemplo, um alto gradiente de concentração de uma espécie química a favor do escoamento cria um fluxo difusivo contra o escoamento. Usando essas definições (Eqs. 7.11 e 7.14), nossa equação de conservação de uma espécie química qualquer (Eq. 7.10) pode ser reescrita em termos das velocidades de difusão, $\mathbf{v}_{i,\text{dif}}$, e frações de massa, Y_i:

$$\frac{\partial(\rho Y_i)}{\partial t} + \nabla \cdot [\rho Y_i (\mathbf{V} + \mathbf{v}_{i,\text{dif}})] = \dot{m}_i''' \quad \text{para} \quad i = 1, 2, \ldots, N. \qquad (7.16)$$

Esta forma aparece frequentemente na literatura e é a formulação utilizada nos vários códigos computacionais para combustão desenvolvidos no Sandia National Laboratories (por exemplo, Refs. [3] e [4]). Concluímos a nossa digressão aqui e retornamos ao desenvolvimento da equação simplificada de conservação da massa das espécies químicas para os sistemas de coordenadas esférico e axissimétrico.

Para o caso de difusão ordinária apenas (sem difusão térmica ou devido ao gradiente de pressão) em uma mistura binária, a forma geral da lei de Fick dada a seguir pode ser usada para calcular o fluxo de massa das espécies químicas, $\dot{m}_i''$, que aparece na equação de conservação da massa das espécies químicas (Eq. 7.10):

$$\dot{m}_A'' = \dot{m}'' Y_A - \rho \mathcal{D}_{AB} \nabla Y_A. \qquad (7.17)$$

Para o sistema de coordenadas esférico com escoamento em regime permanente, a Eq. 7.10 torna-se

$$\frac{1}{r^2} \frac{d}{dr}\left(r^2 \dot{m}_i''\right) = \dot{m}_i''' \quad i = 1, 2, \ldots, N \qquad (7.18)$$

ou, com a hipótese de difusão binária, Eq. 7.17,

$$\boxed{\frac{1}{r^2} \frac{d}{dr}\left[r^2 \left(\rho v_r Y_A - \rho \mathcal{D}_{AB} \frac{dY_A}{dr}\right)\right] = \dot{m}_A'''} \qquad (7.19)$$

A interpretação física dessa relação é a mesma conforme mostrado anteriormente (Eq. 7.8), exceto que o fluxo de massa da espécie química A está na direção radial, em vez de na direção x.

Para a geometria axissimétrica (coordenadas r e x), a equação de conservação das espécies químicas correspondente para uma mistura binária é

$$\frac{1}{r}\frac{\partial}{\partial r}(r\rho v_r Y_A) + \frac{1}{r}\frac{\partial}{\partial x}(r\rho v_x Y_A)$$

Vazão mássica líquida da espécie química A por convecção na direção radial (advectada pelo escoamento da mistura) por unidade de volume (kg/s-m³)

Vazão mássica líquida da espécie química A por convecção na direção axial (advectada pelo escoamento da mistura) por unidade de volume (kg/s-m³)

$$-\frac{1}{r}\frac{\partial}{\partial r}\left[r\rho \mathcal{D}_{AB}\frac{\partial Y_A}{\partial r}\right] = \dot{m}'''_A$$

Vazão mássica líquida da espécie química A por difusão molecular na direção radial por unidade de volume (kg/s-m³)

Taxa de produção mássica líquida da espécie química A por reação química por unidade de volume (kg$_A$/s-m³)

(7.20)

Nessa equação, admitimos que a difusão axial é negligenciável quando comparada com a difusão radial e com as convecções (advecções) axial e radial.

DIFUSÃO MULTICOMPONENTE

Ao modelar e entender os *detalhes* de muitos sistemas de combustão, particularmente a estrutura de chamas laminares pré-misturadas e não pré-misturadas, o problema não pode ser reduzido a uma simples representação envolvendo uma mistura binária. Nesses casos, a formulação das leis de transporte de massa de espécies químicas deve considerar que há inúmeras espécies químicas presentes e que as propriedades das espécies químicas individualmente podem ser muito diferentes. Por exemplo, esperamos que moléculas de combustível difundam muito mais lentamente do que átomos leves de H. Além disso, grandes gradientes de temperatura, tipicamente encontrados em chamas, produzem um segundo potencial para difusão de massa junto com aquele gerado pelos gradientes de concentração. Esta difusão de massa causada por gradiente de temperatura, chamada de **difusão térmica** ou **efeito de Soret**, resulta na difusão de moléculas leves das regiões de baixa temperatura para as regiões de alta temperatura e de moléculas pesadas das regiões de alta para as de baixa temperatura.

Começaremos a nossa discussão de difusão multicomponente apresentando algumas das relações mais gerais usadas para expressar fluxos difusivos ou velocidades de difusão de espécies químicas individuais. Essas relações são então simplificadas nas formas mais adequadas para as aplicações em combustão. Com hipóteses ainda mais restritivas, obteremos expressões aproximadas relativamente simples que são por vezes usadas para modelar a difusão multicomponente em chamas.

Formulações gerais

O problema geral da difusão de espécies químicas em misturas multicomponentes envolve quatro mecanismos distintos de difusão de massa: **difusão ordinária**, resultando de gradientes de concentração; **difusão térmica (ou de Soret)**, resultando de

Capítulo 7 – Equações de conservação simplificadas para escoamentos reativos

gradientes de temperatura; **difusão por pressão**, resultando de gradientes de pressão; e **difusão por campo de força de corpo**, resultando de forças por unidade de massa diferentes entre as espécies químicas. Os fluxos de massa associados a cada um destes mecanismos são aditivos, assim,

$$\dot{m}''_{i,\text{dif}} = \dot{m}''_{i,\text{dif},\chi} + \dot{m}''_{i,\text{dif},T} + \dot{m}''_{i,\text{dif},P} + \dot{m}''_{i,\text{dif},f}, \quad (7.21a)$$

onde os subscritos χ, T, P e f referem-se, respectivamente, à difusão ordinária, térmica, por pressão e por campo de força de corpo. Do mesmo modo, as velocidades de difusão são adicionadas vetorialmente:

$$\mathbf{v}_{i,\text{dif}} = \mathbf{v}_{i,\text{dif},\chi} + \mathbf{v}_{i,\text{dif},T} + \mathbf{v}_{i,\text{dif},P} + \mathbf{v}_{i,\text{dif},f}. \quad (7.21b)$$

Em sistemas de combustão típicos, os gradientes de pressão não são suficientes para induzir difusão por pressão, assim, podemos negligenciar este efeito. A difusão por campo de força resulta principalmente da interação de espécies químicas carregadas eletricamente (íons) com campos elétricos. Embora íons existam em pequenas concentrações em chamas, em geral a difusão por campo de força não é significativa. No desenvolvimento a seguir, manteremos somente as contribuições ordinária e térmica ao fluxo de massa por difusão. Para um tratamento completo de todos os aspectos de difusão, o leitor deve consultar as Refs. [2] e [5–7].

Com as hipóteses de comportamento de gás ideal, as expressões mais gerais para a difusão ordinária simplificam-se em [2]:

$$\dot{m}''_{i,\text{dif},\chi} = \frac{P}{R_u T} \frac{MW_i}{MW_{\text{mis}}} \sum_{j=1}^{N} MW_j \, D_{ij} \nabla \chi_j \quad i = 1, 2, \ldots, N, \quad (7.22)$$

onde MW_{mis} é a massa molar da mistura e os D_{ij}s são os **coeficientes de difusão multicomponente comuns**. É importante observar que a difusividade multicomponente, D_{ij}, não é idêntica à difusividade binária, $\mathcal{D}_{ij}$, para o mesmo par de espécies químicas (discutiremos o D_{ij} mais adiante). A expressão correspondente à Eq. 7.22 para a velocidade de difusão da espécie química i é dada por

$$\mathbf{v}_{i,\text{dif},\chi} = \frac{1}{\chi_i MW_{\text{mis}}} \sum_{j=1}^{N} MW_j D_{ij} \nabla \chi_j \quad i = 1, 2, \ldots, N. \quad (7.23)$$

A **equação de Stefan–Maxwell**, uma alternativa à Eq. 7.23, elimina a necessidade de determinar os D_{ij}s dependentes de concentração por meio de um acoplamento das velocidades de difusão [2]:

$$\nabla \chi_i = \sum_{j=1}^{N} \left[\frac{\chi_i \chi_j}{\mathcal{D}_{ij}} (\mathbf{v}_{j,\text{dif},\chi} - \mathbf{v}_{i,\text{dif},\chi}) \right] \quad i = 1, 2, \ldots, N. \quad (7.24)$$

Na Eq. 7.23, todos os gradientes de fração molar de espécies químicas aparecem em cada uma das N equações ($i = 1, 2, \ldots, N$), enquanto somente a i-ésima velocidade de difusão aparece. Ao contrário, todas as velocidades de difusão aparecem em cada uma das N equações representadas pela Eq. 7.24, enquanto somente o i-ésimo gradiente de fração molar aparece em cada uma.

A **velocidade de difusão térmica** para a i-ésima espécie química é expressa como [2]

$$\mathbf{v}_{i,\,\text{dif},\,T} = -\frac{D_i^T}{\rho Y_i}\frac{1}{T}\nabla T, \qquad (7.25)$$

onde D_i^T é o **coeficiente de difusão térmica**. Este coeficiente pode ser positivo ou negativo, indicando difusão na direção de regiões mais frias ou mais quentes, respectivamente. Para uma discussão interessante sobre a difusão térmica, o leitor deve consultar a Ref. [8].

Cálculo dos coeficientes de difusão multicomponentes

As seguintes expressões de certa forma complexas, para os coeficientes de difusão multicomponente D_{ij} para a difusão ordinária, foram obtidas da teoria cinética dos gases [7, 9]:

$$D_{ij} = \chi_i \frac{MW_{\text{mis}}}{MW_j}(F_{ij} - F_{ii}), \qquad (7.26)$$

onde F_{ij} e F_{ii} são os componentes da matriz $[F_{ij}]$. A matriz $[F_{ij}]$ é a inversa de $[L_{ij}]$, ou seja,

$$[F_{ij}] = [L_{ij}]^{-1}. \qquad (7.27)$$

Os componentes de $[L_{ij}]$ são determinados de

$$[L_{ij}] = \sum_{k=1}^{K} \frac{\chi_k}{MW_i \mathcal{D}_{ik}}[MW_j \chi_j(1-\delta_{ik}) - MW_i \chi_i(\delta_{ij}-\delta_{jk})], \qquad (7.28)$$

onde δ_{mn} é a função delta de Kronecker, que admite o valor unitário para $m = n$ e é zero em contrário. O somatório de $k = 1$ até K se estende para todas as espécies químicas. Os coeficientes de difusão multicomponente têm as seguintes propriedades [2]:

$$D_{ii} = 0 \qquad (7.29a)$$

$$\sum_{i=1}^{N}(MW_i MW_h D_{ih} - MW_i MW_k D_{ik}) = 0. \qquad (7.29b)$$

Observamos que esses coeficientes de difusão multicomponente dependem, de uma forma complexa, de toda a composição da mistura (pela presença na equação das frações molares χ_i) e dos coeficientes de difusão binária, $\mathcal{D}_{ij}$, para todos os pares i e j. Observe que, geralmente, apenas para uma mistura binária os D_{ij}s são iguais aos $\mathcal{D}_{ij}$s. Valores numéricos para os $\mathcal{D}_{ij}$s podem ser estimados usando os métodos apresentados no Apêndice D, enquanto programas computacionais [10] estão disponíveis, como parte da biblioteca CHEMKIN, para a determinação de D_{ij} e das outras propriedades de transporte da mistura.

Exemplo 7.1
Determine os valores numéricos para todos os coeficientes de difusão D_{ij} para uma mistura de H_2, O_2 e N_2 nas seguintes condições: $\chi_{H_2} = 0{,}15$, $\chi_{O_2} = 0{,}20$ e $P = 1$ atm.

Solução
A determinação dos D_{ij}s requer a aplicação direta da Eq. 7.26. Isso é simples, em princípio, mas resulta em uma quantidade de cálculos considerável. Inicialmente, escrevemos os nove componentes da matriz L_{ij} (Eq. 7.28), designando i (e j) = 1, 2 e 3 para representar H_2, O_2 e N_2, respectivamente:

$$[L_{ij}] = \begin{bmatrix} L_{11} & L_{12} & L_{13} \\ L_{21} & L_{22} & L_{23} \\ L_{31} & L_{32} & L_{33} \end{bmatrix},$$

onde, usando o fato de que $\mathcal{D}_{ij} = \mathcal{D}_{ji}$ (veja o Capítulo 3),

$L_{11} = L_{22} = L_{33} = 0$,
$L_{12} = \chi_2(MW_2\chi_2 + MW_1\chi_1)/(MW_1\mathcal{D}_{12}) + \chi_3(MW_2\chi_2)/(MW_1\mathcal{D}_{13})$,
$L_{13} = \chi_2(MW_3\chi_3)/(MW_1\mathcal{D}_{12}) + \chi_3(MW_3\chi_3 + MW_1\chi_1)/(MW_1\mathcal{D}_{13})$,
$L_{21} = \chi_1(MW_1\chi_1 + MW_2\chi_2)/(MW_2\mathcal{D}_{21}) + \chi_3(MW_1\chi_1)/(MW_2\mathcal{D}_{23})$,
$L_{23} = \chi_1(MW_3\chi_3)/(MW_2\mathcal{D}_{21}) + \chi_3(MW_3\chi_3 + MW_2\chi_2)/(MW_2\mathcal{D}_{23})$,
$L_{31} = \chi_1(MW_1\chi_1 + MW_3\chi_3)/(MW_3\mathcal{D}_{31}) + \chi_2(MW_1\chi_1)/(MW_3\mathcal{D}_{32})$,
$L_{32} = \chi_1(MW_2\chi_2)/(MW_3\mathcal{D}_{31}) + \chi_2(MW_2\chi_2 + MW_3\chi_3)/(MW_3\mathcal{D}_{32})$.

Para obter os valores numéricos desses L_{ij}s, precisamos calcular os coeficientes de difusão binários, $\mathcal{D}_{12}$, $\mathcal{D}_{13}$ e $\mathcal{D}_{23}$, usando os métodos descritos no Apêndice D. Os valores dos parâmetros característicos de comprimento σ_i e energia ε_i de Lennard–Jones da Tabela D.2 do Apêndice são listados a seguir:

i	Espécie	χ_i	MW_i	$\sigma_i(\text{Å})$	ε_i/k_B (K)
1	H_2	0,15	2,016	2,827	59,17
2	O_2	0,20	32,000	3,467	106,7
3	N_2	0,65	28,014	3,798	71,4

Calcular $\mathcal{D}_{H_2-O_2}$ da Eq. D.2 do Apêndice requer que encontremos a integral de colisão Ω_D para H_2 e O_2, o que, por sua vez, requer que determinemos $\varepsilon_{H_2-O_2}/k_B$ e T^*:

$$\varepsilon_{H_2-O_2}/k_B = \left[(\varepsilon_{H_2}/k_B)(\varepsilon_{O_2}/k_B)\right]^{1/2} = (59{,}7 \cdot 106{,}7)^{1/2} = 79{,}8 \text{ K}$$

$$T^* = k_B T/\varepsilon_{H_2-O_2} = 600/79{,}8 = 7{,}519.$$

A integral de colisão Ω_D (Eq. D.3 do Apêndice) é

$$\Omega_D = \frac{1{,}06036}{(7{,}519)^{0{,}15610}} + \frac{0{,}19300}{\exp(0{,}47635 \cdot 7{,}519)}$$

$$+ \frac{1{,}03587}{\exp(1{,}52996 \cdot 7{,}519)} + \frac{1{,}76474}{\exp(3{,}89411 \cdot 7{,}519)} = 0{,}7793.$$

Outros parâmetros requeridos são

$$\sigma_{H_2-O_2} = \frac{\sigma_{H_2} + \sigma_{O_2}}{2} = \frac{2{,}827 + 3{,}467}{2} = 3{,}147 \text{ Å}$$

$$MW_{H_2-O_2} = 2\left[\left(1/MW_{H_2}\right) + \left(1/M_{O_2}\right)\right]^{-1} = 2[(1/2{,}016) + (1/32{,}00)]^{-1} = 3{,}793.$$

Assim,

$$\mathcal{D}_{H_2-O_2} = \frac{0{,}0266 T^{3/2}}{P\, MW_{H_2-O_2}^{1/2}\, \sigma_{H_2-O_2}^2\, \Omega_D}$$

$$= \frac{0{,}0266\,(600)^{3/2}}{101{,}325\,(3{,}793)^{1/2}\,(3{,}147)^2\,0{,}7793}$$

$$= 2{,}5668 \cdot 10^{-4}\, \text{m}^2/\text{s}$$

ou $2{,}5668\, \text{cm}^2/\text{s}$.

Os coeficientes de difusão binários $\mathcal{D}_{H_2-N_2}$ e $\mathcal{D}_{O_2-N_2}$ são avaliados de forma similar (uma planilha eletrônica pode auxiliar neste processo):

$$\mathcal{D}_{H_2-N_2} = 2{,}4095\, \text{cm}^2/\text{s} \quad \text{e} \quad \mathcal{D}_{O_2-N_2} = 0{,}6753\, \text{cm}^2/\text{s}.$$

Calculamos os elementos L_{12} da matriz $[L]$:

$$L_{12} = \chi_2(MW_2\chi_2 + MW_1\chi_1)/(MW_1\mathcal{D}_{12}) + \chi_3(MW_2\chi_2)/(MW_1\mathcal{D}_{13})$$
$$= 0{,}20\,(32{,}000 \cdot 0{,}20 + 2{,}016 \cdot 0{,}15)/(2{,}016 \cdot 2{,}5668)$$
$$+ 0{,}65\,(32{,}000 \cdot 0{,}20)/(2{,}016 \cdot 2{,}4095) = 1{,}1154.$$

Os outros elementos são calculados de forma similar

$$[L] = \begin{bmatrix} 0 & 1{,}1154 & 3{,}1808 \\ 0{,}0213 & 0 & 0{,}7735 \\ 0{,}0443 & 0{,}2744 & 0 \end{bmatrix}.$$

A matriz inversa de $[L]$ é obtida com o auxílio de um programa de inversão de matrizes:

$$[L_{ij}]^{-1} = [F_{ij}] = \begin{bmatrix} -3{,}7319 & 15{,}3469 & 15{,}1707 \\ 0{,}6030 & -2{,}4796 & 1{,}1933 \\ 0{,}1029 & 0{,}8695 & -0{,}4184 \end{bmatrix}.$$

Com esse resultado, podemos finalmente calcular os coeficientes de difusão multicomponentes D_{ij} da Eq. 7.26, notando que a massa molar da mistura MW_{mis} é 24,9115[= 0,15(2,016) + 0,20(32,000) + 0,65(28,014)]. Por exemplo,

$$D_{12} = D_{H_2-O_2} = \chi_1 \frac{MW_{mis}}{MW_2}(F_{12} - F_{11})$$

$$= 0{,}15 \frac{24{,}9115}{32{,}000}(15{,}3469 + 3{,}7319)$$

$$= 2{,}228\, \text{cm}^2/\text{s}.$$

Do mesmo modo, avaliamos os outros coeficientes D_{ij} para completar a matriz:

$$[D_{ij}] = \begin{bmatrix} 0 & 2{,}228 & 2{,}521 \\ 7{,}618 & 0 & 0{,}653 \\ 4{,}188 & 0{,}652 & 0 \end{bmatrix} [=]\, \text{cm}^2/\text{s}.$$

Capítulo 7 – Equações de conservação simplificadas para escoamentos reativos **229**

Comentários

Neste exemplo, lidamos com apenas três espécies químicas e, com um pouco de álgebra, poderíamos ter obtido expressões analíticas para cada um dos D_{ij}. Por exemplo,

$$D_{12} = \mathcal{D}_{12}\left[1 + \chi_3 \frac{(MW_3/MW_2)\mathcal{D}_{13} - \mathcal{D}_{12}}{\chi_1 \mathcal{D}_{23} + \chi_2 \mathcal{D}_{13} + \chi_3 \mathcal{D}_{12}}\right].$$

Para a maioria dos problemas em combustão, muitas espécies químicas estão envolvidas e todos os aspectos desse procedimento são executados utilizando um computador. Veja, por exemplo, a Ref. [10].

Para obter uma apreciação melhor das diferenças entre os coeficientes de difusão multicomponente D_{ij} e os coeficientes de difusão binários $\mathcal{D}_{ij}$, podemos comparar esses resultados com a matriz $\mathcal{D}_{ij}$ completa:

$$[\mathcal{D}_{ij}] = \begin{bmatrix} 4{,}587 & 2{,}567 & 2{,}410 \\ 2{,}567 & 0{,}689 & 0{,}675 \\ 2{,}410 & 0{,}675 & 0{,}661 \end{bmatrix} [=] \text{cm}^2/\text{s}.$$

Observamos, inicialmente, que os $\mathcal{D}_{ii}$ são todos diferentes de zero, em contraste com os D_{ij}. Ainda, vemos que a matriz $[\mathcal{D}_{ij}]$ é simétrica, enquanto todos os valores dos D_{ij} diferentes de zero são diferentes.

O cálculo dos coeficientes de difusão térmica não é tão direto quanto o dos coeficientes de difusão ordinária. Para a difusão térmica, seis matrizes com maior complexidade do que essa matriz $[L_{ij}]$ estão envolvidas. A biblioteca CHEMKIN [10], referenciada anteriormente, também calcula os coeficientes de difusão térmica, junto com as demais propriedades de transporte multicomponentes, ou seja, a condutividade térmica e a viscosidade dinâmica.

Procedimento simplificado

Um método aproximado comumente utilizado para tratar a difusão de massa em misturas multicomponentes consiste em reescrever as equações para o fluxo de difusão ou para a velocidade de difusão (Eqs. 7.22 e 7.23) em formas análogas à de Fick para misturas binárias para todas as espécies químicas, com exceção de uma delas, ou seja,

$$\dot{m}''_{i,\,\text{dif},\,\chi} = -\rho \mathcal{D}_{im} \nabla Y_i \quad i = 1, 2, \ldots, N-1 \qquad (7.30)$$

e

$$\mathbf{v}_{i,\,\text{dif},\,\chi} = -\frac{\mathcal{D}_{im}}{Y_i} \nabla Y_i \quad i = 1, 2, \ldots, N-1, \qquad (7.31)$$

onde $\mathcal{D}_{im}$ é o **coeficiente de difusão binária efetiva** para a espécie química i na mistura m, conforme definido a seguir. Como a conservação da massa da mistura não é garantida com o uso das Eqs. 7.30 e 7.31 para todas as N espécies químicas, usamos o fato de que a soma de todos os fluxos de difusão deve ser zero para obter a velocidade de difusão da N-ésima espécie química:

$$\sum_{i=1}^{N} \rho Y_i \mathbf{v}_{i,\,\text{dif},\,\chi} = 0 \qquad (7.32)$$

ou

$$v_{N,\text{dif},\chi} = -\frac{1}{Y_N}\sum_{i=1}^{N-1} Y_i v_{i,\text{dif},\chi}. \quad (7.33)$$

Kee et al. [10] sugerem que a Eq. 7.33 seja aplicada para a espécie química presente em excesso, a qual em muitos sistemas de combustão é o N_2. Este método resulta em simplificação porque as difusidades binárias efetivas $\mathcal{D}_{im}$ são calculadas facilmente. A seguinte expressão para $\mathcal{D}_{im}$ [5], embora rigorosamente válida somente para o caso especial quando todas as espécies químicas têm as mesmas velocidades [2], pode ser empregada:

$$\mathcal{D}_{im} = \frac{1-\chi_i}{\sum_{j\neq i}^{N}(\chi_j/\mathcal{D}_{ij})} \quad \text{para} \quad i=1,2,\ldots,N-1. \quad (7.34)$$

Uma simplificação particularmente útil é obtida quando todas as espécies químicas, exceto uma, a N-ésima, estão presentes como traços. Para este caso especial, então,

$$\mathcal{D}_{im} = \mathcal{D}_{iN}. \quad (7.35)$$

Vemos que precisamos calcular somente $N-1$ difusidades binárias para determinar as velocidades de todas as espécies químicas.

Exemplo 7.2

Considere a mistura de H_2, O_2 e N_2 apresentada no Exemplo 7.1.

A. Calcule os coeficientes de difusão binários efetivos para cada uma das três espécies químicas.

B. Escreva expressões para as velocidades de difusão para cada uma das espécies químicas usando os coeficientes de difusão binários efetivos. Admita uma geometria 1-D plana. Compare essa representação com a formulação exata usando os coeficientes de difusão multicomponentes.

Solução

Para determinar os três $\mathcal{D}_{im}$, aplicamos a Eq. 7.34 usando a mesma convenção do Exemplo 7.1 para designar as espécies químicas. As difusividades binárias requeridas, $\mathcal{D}_{H_2-O_2}$, $\mathcal{D}_{H_2-N_2}$ e $\mathcal{D}_{O_2-N_2}$, têm os mesmos valores determinados anteriormente. Assim,

$$\mathcal{D}_{H_2-m} = \frac{1-\chi_{H_2}}{\dfrac{\chi_{O_2}}{\mathcal{D}_{H_2-O_2}}+\dfrac{\chi_{N_2}}{\mathcal{D}_{H_2-N_2}}} = \frac{1-0{,}15}{\dfrac{0{,}20}{2{,}567}+\dfrac{0{,}65}{2{,}410}} = 2{,}445\ \text{cm}^2/\text{s},$$

$$\mathcal{D}_{O_2-m} = \frac{1-\chi_{O_2}}{\dfrac{\chi_{H_2}}{\mathcal{D}_{O_2-H_2}}+\dfrac{\chi_{N_2}}{\mathcal{D}_{O_2-N_2}}} = \frac{1-0{,}20}{\dfrac{0{,}15}{2{,}567}+\dfrac{0{,}65}{0{,}675}} = 0{,}783\ \text{cm}^2/\text{s},$$

$$\mathcal{D}_{N_2-m} = \frac{1-\chi_{N_2}}{\dfrac{\chi_{H_2}}{\mathcal{D}_{N_2-H_2}}+\dfrac{\chi_{O_2}}{\mathcal{D}_{N_2-O_2}}} = \frac{1-0{,}65}{\dfrac{0{,}15}{2{,}410}+\dfrac{0{,}20}{0{,}675}} = 0{,}976\ \text{cm}^2/\text{s}.$$

Com uma fração molar de 0,65, N_2 é a espécie química em excesso. Assim, aplicaremos a Eq. 7.31 para H_2 e O_2, e a Eq. 7.33 para N_2 a fim de obter expressões para as velocidades de difusão das espécies químicas:

Capítulo 7 – Equações de conservação simplificadas para escoamentos reativos

$$v_{H_2,\text{dif}} = -\frac{\mathcal{D}_{H_2-m}}{Y_{H_2}}\frac{dY_{H_2}}{dx},$$

$$v_{O_2,\text{dif}} = -\frac{\mathcal{D}_{O_2-m}}{Y_{O_2}}\frac{dY_{O_2}}{dx},$$

$$v_{N_2,\text{dif}} = -\frac{\mathcal{D}_{H_2-m}}{Y_{N_2}}\frac{dY_{H_2}}{dx} + \frac{\mathcal{D}_{O_2-m}}{Y_{N_2}}\frac{dY_{O_2}}{dx}.$$

Para comparar com esses resultados, as expressões multicomponentes exatas para as velocidades de difusão são obtidas aplicando a Eq. 7.23 para cada uma das espécies químicas:

$$v_{H_2,\text{dif}} = \frac{1}{\chi_{H_2} MW_{\text{mis}}}\left[MW_{O_2}D_{H_2-O_2}\frac{d\chi_{O_2}}{dx} + MW_{N_2}D_{H_2-N_2}\frac{d\chi_{N_2}}{dx} \right],$$

$$v_{O_2,\text{dif}} = \frac{1}{\chi_{O_2} MW_{\text{mis}}}\left[MW_{H_2}D_{O_2-H_2}\frac{d\chi_{H_2}}{dx} + MW_{N_2}D_{O_2-N_2}\frac{d\chi_{N_2}}{dx} \right],$$

$$v_{N_2,\text{dif}} = \frac{1}{\chi_{N_2} MW_{\text{mis}}}\left[MW_{H_2}D_{N_2-H_2}\frac{d\chi_{H_2}}{dx} + MW_{O_2}D_{N_2-O_2}\frac{d\chi_{O_2}}{dx} \right].$$

Comentário

Observe a simplicidade computacional do método da difusividade binária efetiva: (1) o cálculo dos $\mathcal{D}_{im}$ é relativamente trivial quando comparado com o dos D_{ij} e (2) todas as velocidades de difusão, exceto uma, são expressas como termos diretos contendo somente o gradiente da espécie química correspondente. Em contrapartida, cada velocidade de difusão na formulação exata multicomponente é expressa por $N - 1$ termos, cada um contendo o gradiente de uma espécie química diferente.

CONSERVAÇÃO DA QUANTIDADE DE MOVIMENTO LINEAR

Forma unidimensional

A formulação da conservação da quantidade de movimento linear para os sistemas cartesiano e esférico unidimensionais é extremamente simples porque negligenciamos as forças viscosa e gravitacional. A Fig. 7.3 ilustra que as únicas forças atuando no volume de controle plano são aquelas devidas à pressão. Além disso, como resultado da geometria 1D, há um único escoamento de quantidade de movimento linear entrando e outro saindo do volume de controle. Para o regime permanente, o princípio de conservação da quantidade de movimento linear estabelece que a soma de todas as forças agindo em uma dada direção em um volume de controle é igual ao escoamento líquido de quantidade de movimento linear para fora do volume de controle na mesma direção, ou seja,

$$\sum \mathbf{F} = \dot{m}\mathbf{v}_{\text{sai}} - \dot{m}\mathbf{v}_{\text{ent}}. \tag{7.36}$$

Para o sistema 1-D mostrado na Fig. 7.3, a Eq. 7.36 é escrita como

$$[PA]_x - [PA]_{x+\Delta x} = \dot{m}([v_x]_{x+\Delta x} - [v_x]_x). \tag{7.37}$$

Volume de controle, V_{vc}

Superfície de controle, A

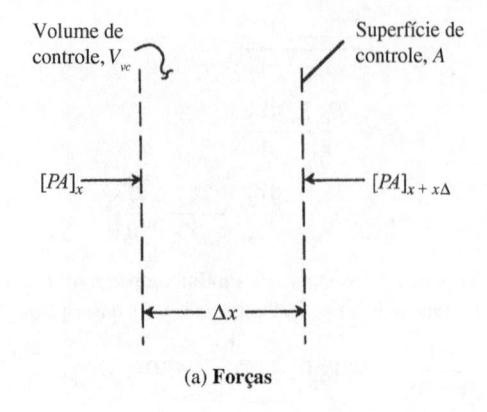

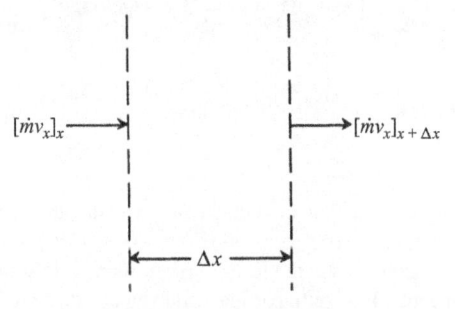

$[PA]_x \longrightarrow \qquad \longleftarrow [PA]_{x+\Delta x}$

$\longleftarrow \Delta x \longrightarrow$

(a) **Forças**

$[\dot{m}v_x]_x \longrightarrow \qquad \longrightarrow [\dot{m}v_x]_{x+\Delta x}$

$\longleftarrow \Delta x \longrightarrow$

(b) **Escoamentos de quantidade de movimento linear**

Figura 7.3 Volume de controle para a análise da conservação da quantidade de movimento linear unidimensional, negligenciando os efeitos de viscosidade.

Dividindo ambos os lados dessa equação por Δx, reconhecendo que A e $\dot{m}$ são constantes, e tomando o limite quando $\Delta x \to 0$, recuperamos a seguinte equação diferencial ordinária:

$$-\frac{dP}{dx} = \dot{m}'' \frac{dv_x}{dx}. \tag{7.38a}$$

Expressando os fluxos de massa em termos da velocidade ($\dot{m}'' = \rho v_x$), a Eq. 7.38a torna-se

$$-\frac{dP}{dx} = \rho v_x \frac{dv_x}{dx}. \tag{7.38b}$$

Essa é a forma 1-D da equação de Euler com a qual você já deve estar familiarizado. Para um escoamento com simetria esférica, encontra-se um resultado similar no qual r e v_r substituem x e v_x, respectivamente.

Para as chamas laminares pré-misturadas 1-D (Capítulo 8) e a combustão de gotas, admitiremos que a variação da energia cinética pela chama é pequena; ou seja,

$$\frac{d(v_x^2/2)}{dx} = v_x \frac{dv_x}{dx} \approx 0.$$

Assim, a equação da conservação da quantidade de movimento linear simplifica-se para o resultado trivial que

$$\frac{dP}{dx} = 0, \qquad (7.39)$$

o que implica que a pressão é constante ao longo do campo de escoamento. O mesmo resultado é obtido para o sistema de coordenadas esféricas.

Formas bidimensionais

Em vez de avançarmos para o problema axissimétrico, inicialmente ilustraremos os elementos essenciais da conservação da quantidade de movimento linear para um escoamento viscoso bidimensional em coordenadas cartesianas (x,y). Trabalhar no sistema cartesiano permite visualizar e reunir os vários termos da conservação da quantidade de movimento linear de um modo mais direto do que seria possível em um sistema cilíndrico. Seguindo esse desenvolvimento, apresentaremos formulações axissimétricas análogas e simplificaremos essas equações para um escoamento de camada limite na forma de um jato.

A Fig. 7.4 ilustra as várias forças atuando na direção x em um volume de controle com largura Δx, altura Δy e profundidade unitária em um escoamento em regime permanente bidimensional. Atuando em uma direção normal às faces x estão as tensões viscosas normais τ_{xx} e a pressão P, cada uma multiplicada pela área sobre a qual ela atua, $\Delta y(1)$. Agindo sobre as faces y, mas gerando uma força na direção x, estão as tensões viscosas cisalhantes τ_{yx}, também multiplicadas pela área na qual elas atuam, $\Delta x(1)$. Agindo no centro de massa do volume de controle está a força de corpo associada com a gravidade, $m_{vc} g_x (= \rho \Delta x \Delta y(1) g_x)$. Os vários escoamentos de quantidade de movimento linear na direção x associados com o mesmo volume de controle são mostrados na Fig. 7.5. Cada um desses termos corresponde ao produto da vazão mássica através da face do volume de controle de interesse e do componente x da velocidade naquela face. Aplicando o princípio de conservação da quantidade de movimento linear, o qual

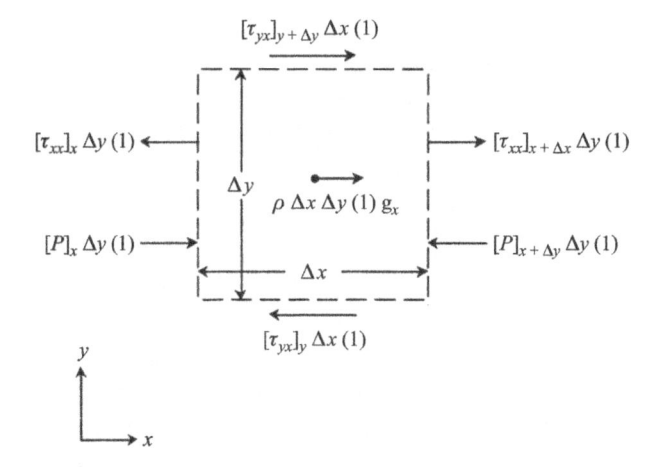

Figura 7.4 Forças na direção x atuando nas faces x e y de um volume de controle bidimensional com profundidade unitária (perpendicular à página).

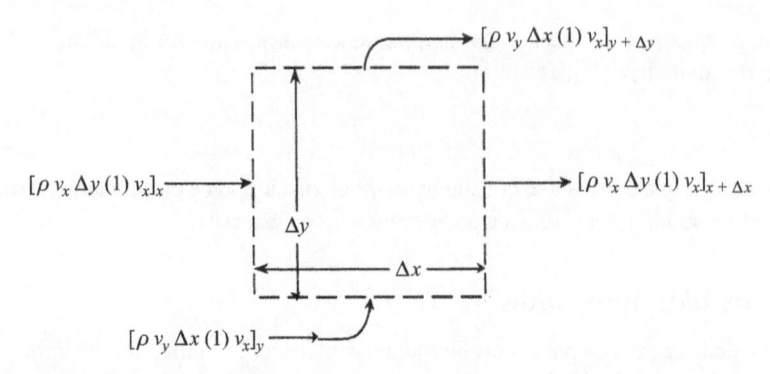

Figura 7.5 Escoamento de quantidade de movimento linear através das faces x e y de um volume de controle bidimensional com profundidade unitária (perpendicular à página).

estabelece que a soma das forças na direção x deve ser igual ao escoamento líquido de quantidade de movimento linear para fora do volume de controle, escrevemos

$$([\tau_{xx}]_{x+\Delta x} - [\tau_{xx}]_x)\Delta y(1) + ([\tau_{yx}]_{y+\Delta y} - [\tau_{yx}]_y)\Delta x(1)$$
$$+ ([P]_x - [P]_{x+\Delta x})\Delta y(1) + \rho\,\Delta x\,\Delta y(1)g_x$$
$$= ([\rho v_x v_x]_{x+\Delta x} - [\rho v_x v_x]_x)\,\Delta y(1)$$
$$+ ([\rho v_y v_x]_{y+\Delta y} - [\rho v_y v_x]_y)\Delta x(1). \tag{7.40}$$

Dividindo cada termo dessa equação por $\Delta x\,\Delta y$, tomando os limites quando $\Delta x \to 0$ e $\Delta y \to 0$, e reconhecendo as definições das várias derivadas parciais, a Eq. 7.40 torna-se

$$\frac{\partial(\rho v_x v_x)}{\partial x} + \frac{\partial(\rho v_y v_x)}{\partial y} = \frac{\partial \tau_{xx}}{\partial x} + \frac{\partial \tau_{yx}}{\partial y} - \frac{\partial P}{\partial x} + \rho g_x, \tag{7.41}$$

onde os termos relacionados aos escoamentos de quantidade de movimento linear foram reunidos no lado esquerdo, e as forças, no lado direito da equação.

Um procedimento similar fornece o componente y da equação da conservação da quantidade de movimento linear para escoamento em regime permanente:

$$\frac{\partial(\rho v_x v_y)}{\partial x} + \frac{\partial(\rho v_y v_y)}{\partial y} = \frac{\partial \tau_{xy}}{\partial x} + \frac{\partial \tau_{yy}}{\partial y} - \frac{\partial P}{\partial y} + \rho g_y. \tag{7.42}$$

As equações correspondentes para os componentes axial e radial da equação da conservação da quantidade de movimento linear para um escoamento axissimétrico, expressas em coordenadas cilíndricas, são

Componente axial (x)

$$\frac{\partial}{\partial x}(r\rho v_x v_x) + \frac{\partial}{\partial r}(r\rho v_x v_r) = \frac{\partial}{\partial r}(r\tau_{rx}) + r\frac{\partial \tau_{xx}}{\partial x} - r\frac{\partial P}{\partial x} + \rho g_x r \tag{7.43}$$

Componente radial (r)

$$\frac{\partial}{\partial x}(r\rho v_r v_x) + \frac{\partial}{\partial r}(r\rho v_r v_r) = \frac{\partial}{\partial r}(r\tau_{rr}) + r\frac{\partial \tau_{rx}}{\partial x} - r\frac{\partial P}{\partial r}. \tag{7.44}$$

A fim de preservar a simetria na presença de campo gravitacional, admitimos que o vetor gravidade está alinhado com a direção x.

Para um fluido newtoniano, as tensões viscosas aparecendo nessas equações são dadas por

$$\tau_{xx} = \mu \left[2\frac{\partial v_x}{\partial x} - \frac{2}{3}(\nabla \cdot \mathbf{V}) \right], \quad (7.45a)$$

$$\tau_{rr} = \mu \left[2\frac{\partial v_r}{\partial r} - \frac{2}{3}(\nabla \cdot \mathbf{V}) \right], \quad (7.45b)$$

$$\tau_{rx} = \mu \left[2\frac{\partial v_x}{\partial r} + \frac{\partial v_r}{\partial x} \right], \quad (7.45c)$$

onde μ é a viscosidade dinâmica do fluido e

$$(\nabla \cdot \mathbf{V}) = \frac{1}{r}\frac{\partial}{\partial r}(rv_r) + \frac{\partial v_x}{\partial x}.$$

Nosso propósito ao desenvolver as equações da conservação da quantidade de movimento linear para escoamentos axissimétricos é aplicá-las para chamas em jato nos capítulos seguintes. Os jatos apresentam características muito similares às camadas limites que se desenvolvem próximo às superfícies sólidas. Em primeiro lugar, a largura do jato em geral é pequena quando comparada com o seu comprimento no mesmo sentido em que uma camada limite é fina quando comparada com o seu comprimento. Em segundo lugar, as velocidades mudam muito mais rapidamente na direção transversal ao escoamento do que na direção axial, isto é, $\partial(\ )/\partial r \gg \partial(\ )/\partial x$. E, por último, as velocidades axiais são muito maiores que as velocidades transversais, isto é, $v_x \gg v_r$. Com essas propriedades de um escoamento em jato (camada limite), o componente axial da equação da quantidade de movimento linear (Eq. 7.43) pode ser simplificado usando argumentos de dimensionalidade (ordem de magnitude). Especificamente, o componente axial, $r(\partial \tau_{xx}/\partial x)$ é negligenciado, pois

$$\frac{\partial}{\partial r}(r\tau_{rx}) \gg r\frac{\partial \tau_{xx}}{\partial x},$$

e τ_{rx} simplifica-se para

$$\tau_{rx} = \mu \frac{\partial v_x}{\partial r},$$

porque

$$\frac{\partial v_x}{\partial r} \gg \frac{\partial v_r}{\partial x}.$$

Com essas simplificações, a equação da quantidade de movimento axial torna-se

$$\frac{\partial}{\partial x}(r\rho v_x v_x) + \frac{\partial}{\partial r}(r\rho v_x v_r) = \frac{\partial}{\partial r}\left(r\mu \frac{\partial v_x}{\partial r}\right) - r\frac{\partial P}{\partial x} + \rho g_x r. \quad (7.46)$$

A partir de uma análise de ordem de magnitude da equação na direção radial, concluímos que $\partial P/\partial r$ é muito pequeno (veja, por exemplo, Schlichting [11]). Isso implica que a pressão dentro do jato em qualquer localização axial é essencialmente a mesma que a pressão do ambiente fora do jato na mesma posição axial. Com esse conhecimento, podemos relacionar $\partial P/\partial x$ aparecendo no componente axial da equação da quantidade de movimento linear com o gradiente de pressão hidrostático no fluido ambiente; além disso, os componentes de velocidade v_x e v_r podem ser determinados simultaneamente resolvendo as equações da continuidade da mistura (Eq. 7.7) e para o componente axial da quantidade de movimento linear (Eq. 7.46), sem a necessidade de incluir a equação para o componente radial da quantidade de movimento linear.

Nos desenvolvimentos a seguir (Capítulo 9), admitiremos que o jato é orientado verticalmente para cima com a gravidade orientada para baixo, resultando em um efeito de flutuação positivo, ou, em outros casos, negligenciaremos o efeito da gravidade. Para a primeira situação, então, reconheceremos, conforme mencionado, que

$$\frac{\partial P}{\partial x} \approx \frac{\partial P_\infty}{\partial x} = -\rho_\infty g \qquad (7.47)$$

onde $g(=-g_x)$ é o módulo da aceleração da gravidade (9,81 m/s^2), e P_∞ e ρ_∞ são a pressão e a densidade do fluido ambiente, respectivamente. Combinando a Eq. 7.47 com a Eq. 7.46 resulta na nossa forma final da equação para a quantidade de movimento linear axial:

$$\underbrace{\frac{1}{r}\frac{\partial}{\partial x}(r\rho v_x v_x)}_{\substack{\text{Quantidade de movimento linear} \\ \text{axial líquida advectada pelo} \\ \text{escoamento da mistura na direção} \\ \text{axial por unidade de volume}}} + \underbrace{\frac{1}{r}\frac{\partial}{\partial r}(r\rho v_x v_r)}_{\substack{\text{Quantidade de movimento linear} \\ \text{axial líquida advectada pelo} \\ \text{escoamento da mistura na direção} \\ \text{radial por unidade de volume}}}$$

$$= \underbrace{\frac{1}{r}\frac{\partial}{\partial r}\left(r\mu \frac{\partial v_x}{\partial r}\right)}_{\substack{\text{Força viscosa resultante} \\ \text{na direção axial por} \\ \text{unidade de volume}}} + \underbrace{(\rho_\infty - \rho)g}_{\substack{\text{Força de flutuação (empuxo)} \\ \text{resultante na direção axial} \\ \text{por unidade de volume}}} \qquad (7.48)$$

Observe que essa relação permite densidade variável, uma característica inerente aos escoamentos em combustão, e viscosidade variável (dependente da temperatura).

CONSERVAÇÃO DA ENERGIA

Forma unidimensional geral

Começando com o sistema de referência cartesiano unidimensional, consideramos o volume de controle mostrado na Fig. 7.6, onde os vários escoamentos de energia para dentro e para fora de uma camada plana com comprimento Δx são mostrados. De acordo com a Eq. 2.28, a primeira lei da termodinâmica pode ser expressa como:

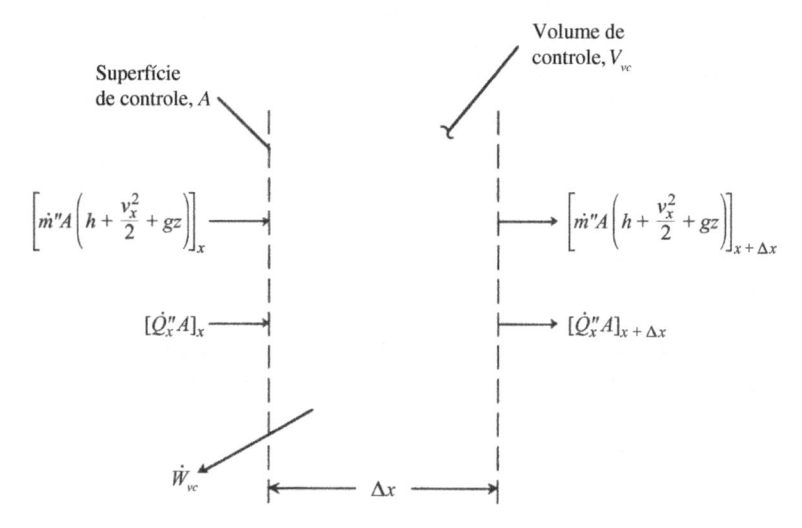

Capítulo 7 – Equações de conservação simplificadas para escoamentos reativos **237**

Figura 7.6 Volume de controle para a análise unidimensional e em regime permanente da conservação da energia.

$$(\dot{Q}''_x - \dot{Q}''_{x+\Delta x})A - \dot{W}_{vc} = \dot{m}''A\left[\left(h + \frac{v_x^2}{2} + gz\right)_{x+\Delta x} - \left(h + \frac{v_x^2}{2} + gz\right)_x\right]. \quad (7.49)$$

Já admitimos a existência de regime permanente. Assim, não há um termo representando a acumulação de energia dentro do volume de controle. Admitimos que nenhum trabalho é executado pelo volume de controle e que não existe variação de energia cinética entre os escoamentos de entrada e de saída. Com essas hipóteses, dividindo pela área A e rearranjando, a Eq. 7.49 torna-se

$$-(\dot{Q}''_{x+\Delta x} - \dot{Q}''_x) = \dot{m}''\left[\left(h + \frac{v_x^2}{2}\right)_{x+\Delta x} - \left(h + \frac{v_x^2}{2}\right)_x\right]. \quad (7.50)$$

Dividindo ambos os lados da Eq. 7.50 por Δx, tomando o limite quando $\Delta x \to 0$ e reconhecendo a definição de uma derivada, obtemos a seguinte equação diferencial:

$$-\frac{d\dot{Q}''_x}{dx} = \dot{m}''\left(\frac{dh}{dx} + v_x \frac{dv_x}{dx}\right). \quad (7.51)$$

Quando tratamos de um sistema no qual não há difusão de espécies químicas, simplesmente substituímos o fluxo de calor $\dot{Q}''$ pela Lei de Fourier para a condução de calor. Entretanto, no nosso sistema, no qual se admite a existência de espécies químicas em difusão, o fluxo de calor consiste na condução e em um fluxo adicional de entalpia resultante da difusão de massa. Admitindo que não há radiação, a forma geral do vetor fluxo de calor é dada por

$$\underbrace{\dot{\mathbf{Q}}''}_{\text{Vetor fluxo de calor}} = \underbrace{-k\nabla T}_{\substack{\text{Contribuição da}\\ \text{condução de calor}}} + \underbrace{\sum \dot{\mathbf{m}}''_{i,\text{dif}} h_i}_{\substack{\text{Contribuição da difusão}\\ \text{molecular de massa}}}, \quad (7.52a)$$

onde $\dot{m}''_{i,\text{dif}}$ é o fluxo por difusão da i-ésima espécie química, o qual foi introduzido na nossa discussão da conservação da massa das espécies químicas. Para uma camada plana unidimensional, o fluxo de calor é

$$\dot{Q}''_x = -k\frac{dT}{dx} + \sum \rho Y_i (v_{ix} - v_x) h_i, \tag{7.52b}$$

onde relacionamos o fluxo por difusão com a velocidade de difusão (Eq. 7.14). Neste ponto, reunimos toda a física que desejamos considerar, expressa pelas Eqs. 7.51 e 7.52b. O desenvolvimento que se segue é principalmente uma manipulação matemática que visa a relacionar os conceitos e as definições explorados na discussão da equação da conservação da massa das espécies químicas.

Antes de substituir $\dot{Q}''_x$ na expressão geral para a conservação da energia, reescreveremos a Eq. 7.52b em termos dos fluxos de massa de mistura e de espécie química, isto é,

$$\dot{Q}''_x = -k\frac{dT}{dx} + \sum \rho v_{ix} Y_i h_i - \rho v_x \sum Y_i h_i = -k\frac{dT}{dx} + \sum \dot{m}''_i h_i - \dot{m}'' h, \tag{7.53}$$

onde reconhecemos que $\dot{m}''_i = \rho v_{ix} Y_i$, $\rho v_x = \dot{m}''$ e $\sum Y_i h_i = h$. Agora, substituindo a Eq. 7.53 na Eq. 7.51, cancelando os termos $\dot{m}'' dh/dx$ que aparecem em ambos os lados e rearranjando, obtemos

$$\frac{d}{dx}\left(\sum h_i \dot{m}''_i\right) + \frac{d}{dx}\left(-k\frac{dT}{dx}\right) + \dot{m}'' v_x \frac{dv_x}{dx} = 0. \tag{7.54}$$

Agora, expandiremos o primeiro termo da Eq. 7.54; ou seja,

$$\frac{d}{dx}\left(\sum h_i \dot{m}''_i\right) = \sum \dot{m}''_i \frac{dh_i}{dx} + \sum h_i \frac{d\dot{m}''_i}{dx}.$$

O termo $d\dot{m}''_i/dx$, que aparece agora, é conectado com aquele da equação da conservação da massa das espécies químicas (Eq. 7.9),

$$\frac{d\dot{m}''_i}{dx} = \dot{m}'''_i.$$

Com a substituição desse termo, a conservação da energia (Eq. 7.54) relaciona-se às taxas de produção de espécies químicas associadas com as reações químicas. A nossa forma unidimensional final da equação da conservação da energia é

$$\boxed{\sum \dot{m}''_i \frac{dh_i}{dx} + \frac{d}{dx}\left(-k\frac{dT}{dx}\right) + \dot{m}'' v_x \frac{dv_x}{dx} = -\sum h_i \dot{m}'''_i} \tag{7.55}$$

A Eq. 7.55 é frequentemente o ponto de partida para simplificações adicionais e, como tal, é aplicável para sistemas tanto binários como multicomponentes. Também é importante observar que, até este momento, nenhuma hipótese foi adiantada com relação às propriedades termofísicas (k, ρ, c_p, $\mathcal{D}$). Admitimos, porém, que não há radiação, dissipação viscosa e variações de energia potencial (veja a Tabela 7.1).

Tabela 7.1 Hipóteses utilizadas para o desenvolvimento da equação da energia

Equações	Hipóteses básicas / efeitos negligenciados	Propriedades	Leis de transporte de massa	Geometria
Eq. 7.55	i. Regime permanente ii. Ausência de gravidade iii. Ausência de trabalho de eixo e dissipação viscosa iv. Ausência de transferência de calor por radiação	Variáveis, propriedades dependentes da temperatura	Difusão devido ao gradiente de concentração somente	Área constante, camada plana (1-D cartesiana)
Eq. 7.62	i-iv acima + Difusividade térmica (α) igual à difusividade mássica ($\mathcal{D}$), ou seja, número de Lewis (Le) unitário.	Como acima	Como acima + Difusividade binária (ou efetiva) modelada com a lei de Fick	Como acima
Eq. 7.63	Como acima + Variações de energia cinética são negligenciáveis, o que implica que a pressão é constante	Como acima	Como acima	Como acima
Eq. 7.65	Como acima	Como acima	Como acima	Unidimensional, simetria esférica
Eq. 7.66	Como acima + Difusão na direção axial é negligenciável	Como acima	Como acima	Bidimensional, axissimétrica
Eq. 7.67	Como na Eq. 7.55 + Variações em energia cinética são negligenciáveis	Como acima	Difusão multicomponente	Como na Eq. 7.55

Formas de Shvab–Zeldovich

A **equação da energia de Shvab–Zeldovich**, assim denominada em reconhecimento aos pesquisadores que a desenvolveram originalmente, é útil porque os fluxos de massa de espécies químicas e de entalpia no lado esquerdo da Eq. 7.55 desaparecem e são substituídos por termos apresentando apenas a temperatura como variável dependente. Uma hipótese-chave no desenvolvimento da equação de Shvab–Zeldovich é que o **número de Lewis** ($Le = k/\rho c_p \mathcal{D}$) é unitário. A **hipótese de Le unitário** é frequentemente invocada na análise de problemas de combustão e a grande simplificação que ela permite será enfatizada aqui. Outra hipótese-chave para o desenvolvimento é que a lei de Fick é válida como modelo para descrever os fluxos de difusão de massa das espécies químicas.

Começaremos analisando o fluxo de calor para um escoamento reativo definido na Eq. 7.52a:

$$\dot{Q}''_x = -k \frac{dT}{dx} + \sum \dot{m}''_{i,\,\text{dif}} h_i. \tag{7.56}$$

Usando a definição dos fluxos de massa das espécies químicas (Eq. 7.15a) e a lei de Fick (Eq. 3.1 ou 7.17), a Eq. 7.56 torna-se

$$\dot{Q}_x'' = -k\frac{dT}{dx} - \sum \rho \mathcal{D} \frac{dY_i}{dx} h_i \qquad (7.57a)$$

ou, admitindo que um único valor de difusividade mássica é suficiente para caracterizar a mistura,

$$\dot{Q}_x'' = -k\frac{dT}{dx} - \rho \mathcal{D} \sum h_i \frac{dY_i}{dx}. \qquad (7.57b)$$

Aplicando a definição de derivada de um produto de duas funções,

$$\frac{d\sum h_i Y_i}{dx} = \sum h_i \frac{dY_i}{dx} + \sum Y_i \frac{dh_i}{dx},$$

o fluxo de calor é agora expresso como

$$\dot{Q}_x'' = -k\frac{dT}{dx} - \rho \mathcal{D} \frac{d\sum h_i Y_i}{dx} + \rho \mathcal{D} \sum Y_i \frac{dh_i}{dx}. \qquad (7.57c)$$

Usamos a definição de $h \equiv \sum h_i Y_i$ para simplificar o segundo termo no lado direito. O terceiro termo pode ser expresso em relação a c_p e T ao reconhecer que

$$\sum Y_i \frac{dh_i}{dx} = \sum Y_i c_{p,i} \frac{dT}{dx} = c_p \frac{dT}{dx}.$$

Os três termos que constituem o fluxo de calor tornam-se

$$\dot{Q}_x'' = -k\frac{dT}{dx} - \rho \mathcal{D} \frac{dh}{dx} + \rho \mathcal{D} c_p \frac{dT}{dx}. \qquad (7.57d)$$

Usar a definição de difusividade térmica, $\alpha \equiv k/\rho c_p$, para expressar a condutividade térmica aparecendo na equação anterior, resulta em

$$\dot{Q}_x'' = \underbrace{-\rho \alpha c_p \frac{dT}{dx}}_{\substack{\text{Fluxo de} \\ \text{entalpia sensível} \\ \text{por condução}}} - \underbrace{\rho \mathcal{D} \frac{dh}{dx}}_{\substack{\text{Fluxo de entalpia} \\ \text{padrão por difusão} \\ \text{molecular da} \\ \text{espécie química}}} + \underbrace{\rho \mathcal{D} c_p \frac{dT}{dx}}_{\substack{\text{Fluxo de entalpia} \\ \text{sensível por} \\ \text{difusão molecular} \\ \text{da espécie química}}}, \qquad (7.58)$$

onde a interpretação física de cada termo é indicada. Em geral, os três termos contribuem para o fluxo de calor total. Entretanto, para o caso especial no qual $\alpha = \mathcal{D}$, verificamos que o fluxo de entalpia sensível devido à condução cancela-se com o fluxo de entalpia sensível devido à difusão de massa de espécies químicas. Como o número de Lewis é definido como a razão entre α e $\mathcal{D}$,

$$Le \equiv \frac{\alpha}{\mathcal{D}} = 1 \qquad (7.59)$$

para esse caso especial. Para muitas espécies químicas de interesse em combustão, os números de Lewis são da ordem da unidade, proporcionando assim alguma justificação física para igualar α e $\mathcal{D}$. Com essa hipótese, o fluxo de calor torna-se simplesmente

$$\dot{Q}_x'' = -\rho \mathcal{D} \frac{dh}{dx}. \qquad (7.60)$$

Capítulo 7 – Equações de conservação simplificadas para escoamentos reativos

Agora, usamos essa expressão na equação da conservação da energia (Eq. 7.51), obtendo

$$\frac{d}{dx}\left(\rho \mathcal{D}\frac{dh}{dx}\right) = \dot{m}''\frac{dh}{dx} + \dot{m}''v_x\frac{dv_x}{dx}. \quad (7.61)$$

Empregando a definição de entalpia padrão,

$$h = \sum Y_i h^o_{f,i} + \int_{T_{\text{ref}}}^{T} c_p\, dT,$$

a Eq. 7.61 torna-se

$$\frac{d}{dx}\left[\rho\mathcal{D}\sum h^o_{f,i}\frac{dY_i}{dx} + \rho\mathcal{D}\frac{d\int c_p\, dT}{dx}\right] = \dot{m}''\sum h^o_{f,i}\frac{dY_i}{dx} + \dot{m}''\frac{d\int c_p\, dT}{dx} + \dot{m}''v_x\frac{dv_x}{dx}.$$

Rearranjando essa equação, obtemos

$$\dot{m}''\frac{d\int c_p\, dT}{dx} - \frac{d}{dx}\left[\rho\mathcal{D}\frac{d\int c_p\, dT}{dx}\right] + \dot{m}''v_x\frac{dv_x}{dx} = -\frac{d}{dx}\left[\sum h^o_{f,i}\left(\dot{m}''Y_i - \rho\mathcal{D}\frac{dY_i}{dx}\right)\right].$$

O lado direito dessa equação é simplificado utilizando a Lei de Fick e a conservação da massa das espécies químicas (Eq. 7.9):

$$-\frac{d}{dx}\left[\sum h^o_{f,i}\left(\dot{m}''Y_i - \rho\mathcal{D}\frac{dY_i}{dx}\right)\right] = -\frac{d}{dx}\left[\sum h^o_{f,i}\dot{m}''_i\right] = -\sum h^o_{f,i}\dot{m}'''_i.$$

Agora, organizamos o nosso resultado final na forma:

$$\dot{m}''\frac{d\int c_p\, dT}{dx} - \frac{d}{dx}\left[\rho\mathcal{D}\frac{d\int c_p\, dT}{dx}\right] + \dot{m}''v_x\frac{dv_x}{dx} = -\sum h^o_{f,i}\dot{m}'''_i. \quad (7.62)$$

Até o momento, mantivemos o termo de variação de energia cinética por completude. Entretanto, este termo é pequeno e geralmente negligenciado em muitos dos desenvolvimentos da equação da energia de Shvab-Zeldovich. Eliminando esse termo, obtemos o resultado a seguir, o qual tem a interpretação física de que a soma das taxas de convecção (advecção) e difusão de entalpia sensível (energia térmica) é igual à taxa na qual a energia química é convertida em energia sensível por reação química:

$$\boxed{\dot{m}''\frac{d\int c_p\, dT}{dx} + \frac{d}{dx}\left[-\rho\mathcal{D}\frac{d\int c_p\, dT}{dx}\right] = -\sum h^o_{f,i}\dot{m}'''_i} \quad (7.63)$$

Taxa de transporte de entalpia sensível por convecção (advecção) por unidade de volume (W/m³)	Taxa de transporte de entalpia sensível por difusão por unidade de volume (W/m³)	Taxa de produção de entalpia sensível por reação química por unidade de volume (W/m³)

A forma geral da equação da energia de Shvab–Zeldovich é

$$\nabla\cdot\left[\dot{m}''\int c_p\, dT - \rho\mathcal{D}\nabla\left(\int c_p\, dT\right)\right] = -\sum h^o_{f,i}\dot{m}'''_i. \quad (7.64)$$

Podemos aplicar as definições das operações vetoriais para obter a equação da energia de Shvab–Zeldovich para as geometrias esférica e axissimétrica. A forma 1-D em coordenadas esféricas é

$$\frac{1}{r^2}\frac{d}{dr}\left[r^2\left(\rho v_r \int c_p\, dT - \rho\mathcal{D}\frac{d\int c_p\, dT}{dr}\right)\right] = -\sum h^o_{f,i}\dot{m}'''_i \quad (7.65)$$

e a forma axissimétrica é

$$\underbrace{\frac{1}{r}\frac{\partial}{\partial x}\left(r\rho v_x \int c_p\, dT\right)}_{\substack{\text{Taxa de transporte líquida}\\\text{de entalpia sensível por}\\\text{convecção (advecção) na}\\\text{direção axial por unidade}\\\text{de volume (W/m}^3\text{)}}} + \underbrace{\frac{1}{r}\frac{\partial}{\partial r}\left(r\rho v_r \int c_p\, dT\right)}_{\substack{\text{Taxa de transporte líquida}\\\text{de entalpia sensível por}\\\text{convecção (advecção) na}\\\text{direção radial por unidade}\\\text{de volume (W/m}^3\text{)}}} - \underbrace{\frac{1}{r}\frac{\partial}{\partial r}\left(r\rho\mathcal{D}\frac{\partial\int c_p\, dT}{\partial r}\right)}_{\substack{\text{Taxa de transporte}\\\text{líquida de entalpia}\\\text{sensível por difusão}\\\text{radial por unidade}\\\text{de volume (W/m}^3\text{)}}} = \underbrace{-\sum h^o_{f,i}\dot{m}'''_i}_{\substack{\text{Taxa de produção}\\\text{de entalpia sensível}\\\text{por reação química}\\\text{por unidade de}\\\text{volume (W/m}^3\text{)}}}$$

(7.66)

Formas úteis para o cálculo de chamas

Nos modelos numéricos para chamas laminares, em regime permanente, pré-misturadas [3] e não pré-misturadas [4], é conveniente que a velocidade de difusão das espécies químicas $v_{i,\text{dif}}$ ($= v_{i,\text{dif},\chi} + v_{i,\text{dif},T}$) apareça na equação da energia. Para o problema 1-D, podemos partir da Eq. 7.55, negligenciar o termo de variação de energia cinética e obter o seguinte:

$$\dot{m}''c_p\frac{dT}{dx} + \frac{d}{dx}\left(-k\frac{dT}{dx}\right) + \sum_{i=1}^{N}\rho Y_i v_{i,\text{dif}}\, c_{p,i}\frac{dT}{dx} = -\sum_{i=1}^{N} h_i \dot{m}'''_i, \quad (7.67)$$

onde $c_p \equiv \sum Y_i c_{p,i}$ e N é o número de espécies químicas consideradas.

Chegar a esse resultado requer a aplicação da equação de estado calórica de gás ideal (Eq. 6.11), a conservação da massa das espécies químicas em regime permanente da Eq. 7.16, a definição das propriedades da mistura em termos dos seus componentes (Eq. 2.15) e a regra da derivada dos produtos. Com essas dicas, a derivação da Eq. 7.67 é deixada como exercício para o leitor.

Observe que, em todas as formas da equação da energia dadas anteriormente, não fizemos a hipótese de que as propriedades sejam constantes. Entretanto, em muitas análises simplificadas de sistemas de combustão, como as usadas nos capítulos seguintes, será útil tratar c_p e o produto $\rho\mathcal{D}$ como constantes. A Tabela 7.1 resume as hipóteses que empregamos no desenvolvimento das várias formas da equação da conservação da energia.

O CONCEITO DE ESCALAR CONSERVADO

O conceito de **escalar conservado** simplifica a solução de problemas de escoamento reativo (isto é, a determinação de campos de velocidade, concentração de espécies químicas e temperatura), particularmente daqueles relacionados às chamas não

Capítulo 7 – Equações de conservação simplificadas para escoamentos reativos

pré-misturadas. Uma definição relativamente tautológica de um escalar conservado é qualquer propriedade escalar que é conservada ao longo do escoamento. Por exemplo, quando não há fontes (ou sumidouros) de energia térmica, como absorção ou emissão de radiação ou dissipação viscosa, a entalpia padrão é conservada ao longo de todo o escoamento. Neste caso, a entalpia padrão se qualificaria como um escalar conservado. As frações mássicas dos elementos químicos também são escalares conservados, pois elementos não são nem criados, nem destruídos por reação química. Há muitos escalares conservados que podem ser definidos [12]. Entretanto, no desenvolvimento mostrado aqui, escolhemos abordar somente dois: a fração de mistura, definida a seguir, e a entalpia padrão, já mencionada.

Definição de fração de mistura

Se restringirmos o nosso escoamento para uma única entrada de combustível puro e uma única entrada de oxidante puro, os quais reagem para formar um único produto, podemos definir a **fração de mistura**, f, um escalar conservado, como

$$f \equiv \frac{\text{Massa de material com origem no escoamento de combustível}}{\text{Massa de mistura}}. \quad (7.68)$$

Como a Eq. 7.68 aplica-se a um volume de controle infinitesimalmente pequeno, f é somente um tipo especial de fração mássica, formada como uma combinação das frações mássicas de combustível, oxidante e produto, conforme mostrado a seguir. Por exemplo, f é unitário no escoamento de combustível e zero no escoamento de oxidante; já no interior do escoamento, f possui valores que variam entre 1 e 0.

Para o nosso sistema com três "espécies químicas", definimos f em termos das frações mássicas de combustível, oxidante e produto em qualquer ponto do escoamento quando

$$1 \text{ kg combustível} + \nu \text{ kg oxidante} \rightarrow (\nu + 1) \text{ kg produto}. \quad (7.69)$$

Ou seja,

$$\underbrace{f}_{\substack{\text{Fração mássica de}\\ \text{material com origem}\\ \text{no escoamento de}\\ \text{combustível}}} = \underbrace{(1)}_{\left(\frac{\text{kg de material}}{\text{kg de}}\atop{\text{combustível}}\right)} \underbrace{Y_F}_{\left(\frac{\text{kg de}}{\text{kg de}}\atop{\text{mistura}}\right)}$$

$$+ \underbrace{\left(\frac{1}{\nu+1}\right)}_{\left(\frac{\text{kg de material}}{\text{kg de}}\atop{\text{produtos}}\right)} \underbrace{Y_{Pr}}_{\left(\frac{\text{kg de}}{\text{kg de}}\atop{\text{mistura}}\right)} + \underbrace{(0)}_{\left(\frac{\text{kg de material}}{\text{kg de}}\atop{\text{oxidante}}\right)} \underbrace{Y_{Ox}}_{\left(\frac{\text{kg de}}{\text{kg de}}\atop{\text{mistura}}\right)}, \quad (7.70)$$

onde "material combustível" é o material originado no escoamento de combustível. Para um hidrocarboneto, o material combustível é o carbono e o hidrogênio. A Eq. 7.70 é escrita de modo mais simples como

$$\boxed{f = Y_F + \left(\frac{1}{\nu+1}\right) Y_{Pr}} \quad (7.71)$$

Esse escalar conservado é útil quando lidamos com chamas não pré-misturadas onde os escoamentos de combustível e oxidante estão inicialmente separados. Para chamas pré-misturadas, a fração de mistura é uniforme ao longo de todo o escoamento quando todas as espécies químicas apresentam as mesmas difusividades mássicas, assim, a equação de conservação de f não fornece informações adicionais.

Conservação da fração de mistura

A importância do escalar conservado, f, é que ele pode ser usado para gerar uma equação de conservação das espécies químicas que não apresenta um termo de reação química, ou seja, a equação não possui "termo-fonte". Desenvolvemos esta ideia usando a equação da conservação das espécies químicas na forma 1-D em coordenadas cartesianas como exemplo. Escrevendo a Eq. 7.8 para as espécies químicas combustível e produto, temos

$$\dot{m}'' \frac{dY_F}{dx} - \frac{d}{dx}\left(\rho \mathcal{D} \frac{dY_F}{dx}\right) = \dot{m}'''_F \qquad (7.72)$$

e

$$\dot{m}'' \frac{dY_{Pr}}{dx} - \frac{d}{dx}\left(\rho \mathcal{D} \frac{dY_{Pr}}{dx}\right) = \dot{m}'''_{Pr}. \qquad (7.73)$$

Dividir a Eq. 7.73 por $(\nu + 1)$ resulta em

$$\dot{m}'' \frac{d(Y_{Pr}/(\nu+1))}{dx} - \frac{d}{dx}[\rho \mathcal{D} d(Y_{Pr}/(\nu+1))] = \frac{1}{\nu+1}\dot{m}'''_{Pr}. \qquad (7.74)$$

A conservação da massa (Eq. 7.69) também implica que

$$\dot{m}'''_{Pr}/(\nu+1) = -\dot{m}'''_F, \qquad (7.75)$$

onde o sinal menos reflete que o combustível é consumido e os produtos são gerados. Substituindo a Eq. 7.75 na Eq. 7.74 e somando a equação resultante à Eq. 7.72, temos

$$\dot{m}'' \frac{d(Y_F + Y_{Pr}/(\nu+1))}{dx} - \frac{d}{dx}\left[\rho \mathcal{D} \frac{d}{dx}(Y_F + Y_{Pr}/(\nu+1))\right] = 0. \qquad (7.76)$$

Observamos que a Eq. 7.76 não tem termo-fonte, isto é, o lado direito da equação é zero, e a variável que aparece nas derivadas é o nosso escalar conservado, a fração de mistura, f. Reconhecendo isso, a Eq. 7.76 é reescrita como

$$\boxed{\dot{m}'' \frac{df}{dx} - \frac{d}{dx}\left(\rho \mathcal{D} \frac{df}{dx}\right) = 0} \qquad (7.77)$$

Manipulações similares podem ser aplicadas nas formas 1-D em coordenadas esféricas e 2-D axissimétrica. Para o sistema de coordenadas esférico, obtemos

$$\boxed{\frac{d}{dr}\left[r^2\left(\rho v_r f - \rho \mathcal{D} \frac{df}{dr}\right)\right] = 0} \qquad (7.78)$$

Capítulo 7 – Equações de conservação simplificadas para escoamentos reativos

e, para a geometria axissimétrica, obtemos

$$\boxed{\frac{\partial}{\partial x}(r\rho v_x f) + \frac{\partial}{\partial r}(r\rho v_r f) - \frac{\partial}{\partial r}\left(r\rho \mathcal{D}\frac{\partial f}{\partial r}\right) = 0} \qquad (7.79)$$

Exemplo 7.3

Considere uma chama de etano (C_2H_6)-ar, não pré-misturada, na qual as frações molares das seguintes espécies químicas são medidas usando várias técnicas: C_2H_6, CO, CO_2, H_2, H_2O, N_2, O_2 e OH. Admitimos que as frações molares de todas as outras espécies químicas são negligenciáveis. Defina a fração de mistura f expressa em termos das frações molares das espécies químicas medidas.

Solução

Nosso procedimento consistirá em primeiro expressar f das frações mássicas das espécies conhecidas explorando a definição de f (Eq. 7.68), e então expressar as frações mássicas em termos das frações molares (Eq. 2.11). Assim,

$$f \equiv \frac{\text{massa de material com origem no escoamento de combustível}}{\text{massa de mistura}}$$

$$= \frac{[m_C + m_H]_{\text{mis}}}{m_{\text{mis}}},$$

pois o escoamento de combustível consiste somente em carbono e hidrogênio, e admitimos que não há carbono ou hidrogênio no escoamento de oxidante, ou seja, o ar é formado somente por N_2 e O_2.

Nos produtos da chama, o carbono está presente no combustível não queimado, CO e CO_2; e o hidrogênio está presente no combustível não queimado, H_2, H_2O e OH. Somar as frações de massa de carbono e hidrogênio associadas com cada espécie química fornece

$$f = Y_{C_2H_6}\frac{2MW_C}{MW_{C_2H_6}} + Y_{CO}\frac{MW_C}{MW_{CO}} + Y_{CO_2}\frac{MW_C}{MW_{CO_2}}$$

$$+ Y_{C_2H_6}\frac{3MW_{H_2}}{MW_{C_2H_6}} + Y_{H_2} + Y_{H_2O}\frac{MW_{H_2}}{MW_{H_2O}} + Y_{OH}\frac{0{,}5MW_{H_2}}{MW_{OH}}$$

onde os fatores de ponderação das massas molares são as frações dos elementos (C ou H_2) em cada uma das espécies químicas. Substituir as frações de massa, $Y_i = \chi_i MW_i/MW_{\text{mis}}$, resulta em

$$f = \chi_{C_2H_6}\frac{MW_{C_2H_6}}{MW_{\text{mis}}}\frac{2MW_C}{MW_{C_2H_6}} + \chi_{CO}\frac{MW_{CO}}{MW_{\text{mis}}}\frac{MW_C}{MW_{CO}} + \cdots$$

$$= \frac{\left(2\chi_{C_2H_6} + \chi_{CO} + \chi_{CO_2}\right)MW_C + \left(3\chi_{C_2H_6} + \chi_{H_2} + \chi_{H_2O} + \tfrac{1}{2}\chi_{OH}\right)MW_{H_2}}{MW_{\text{mis}}},$$

onde

$$MW_{\text{mis}} = \sum \chi_i MW_i$$

$$= \chi_{C_2H_6}MW_{C_2H_6} + \chi_{CO}MW_{CO} + \chi_{CO_2}MW_{CO_2}$$

$$+ \chi_{H_2}MW_{H_2} + \chi_{H_2O}MW_{H_2O} + \chi_{N_2}MW_{N_2}$$

$$+ \chi_{O_2}MW_{O_2} + \chi_{OH}MW_{OH}.$$

Comentário

Vemos que, embora a fração de mistura seja simples em conceito, determinações experimentais de f tavez requeiram a medição de muitas espécies. Valores aproximados, obviamente, podem ser obtidos ao negligenciar as espécies químicas minoritárias cujas concentrações são difíceis de medir.

Exemplo 7.4

Para o experimento discutido no Exemplo 7.3, determine um valor numérico para a fração de mistura em um ponto na chama onde as frações molares medidas são as seguintes:

$$\chi_{CO} = 949 \text{ ppm}, \quad \chi_{H_2O} = 0,1488,$$
$$\chi_{CO_2} = 0,0989, \quad \chi_{O_2} = 0,0185,$$
$$\chi_{H_2} = 315 \text{ ppm}, \quad \chi_{OH} = 1350 \text{ ppm}.$$

Admita que N_2 completa a mistura. Também determine a razão de equivalência para a mistura usando a fração de mistura calculada.

Solução

O cálculo da fração de mistura é uma aplicação direta dos resultados obtidos no Exemplo 7.3. Começaremos calculando a fração molar de N_2:

$$\chi_{N_2} = 1 - \sum \chi_i$$
$$= 1 - 0,0989 - 0,1488 - 0,0185 - (949 + 315 + 1350)1 \cdot 10^{-6}$$
$$= 0,7312.$$

A massa molar da mistura pode agora ser calculada por:

$$MW_{mis} = \sum \chi_i MW_i$$
$$= 28,16 \text{ kg}_{mis}/\text{kmol}_{mis}.$$

Substituir os valores numéricos na expressão para f do Exemplo 7.3 resulta em

$$f = \frac{(949 \cdot 10^{-6} + 0,0989)12,011 + (315 \cdot 10^{-6} + 0,1488 + (0,5)1350 \cdot 10^{-6})2,016}{28,16}$$

$$\boxed{f = 0,0533}$$

Para calcular a razão de equivalência, inicialmente reconhecemos que, pela sua definição, a fração de mistura é relacionada com a razão combustível-ar, (F/A), por

$$(F/A) = f/(1-f),$$

e que

$$\Phi = (F/A)/(F/A)_{esteq}.$$

Para um hidrocarboneto arbitrário C_xH_y, a razão combustível-ar estequiométrica é calculada a partir da Eq. 2.32,

$$(F/A)_{esteq} = \left[4,76 \, (x + y/4) \frac{MW_{ar}}{MW_{C_xH_y}} \right]^{-1}$$
$$= \left[4,76 \, (2 + 6/4) \frac{28,85}{30,07} \right]^{-1}$$
$$= 0,0626.$$

Assim,

$$\Phi = \frac{f/(1-f)}{(F/A)_{esteq}} = \frac{0{,}0533/(1-0{,}0533)}{0{,}0626}$$

$$\boxed{\Phi = 0{,}90}$$

Comentário

Neste exemplo verificamos como a fração de mistura relaciona-se com as medidas de estequiometria definidas anteriormente. Você deve ser capaz de desenvolver relações entre essas várias medidas, f, (A/F), (F/A) e Φ, a partir das suas definições fundamentais.

Exemplo 7.5

Considere uma chama em jato não pré-misturada (veja a Fig 9.6) na qual o combustível é C_3H_8 e o oxidante é uma mistura estequiométrica de O_2 e CO_2. As espécies químicas dentro da chama são C_3H_8, CO, CO_2, O_2, H_2, H_2O e OH. Determine o valor numérico da fração de mistura estequiométrica f_{esteq} para este sistema. Também escreva uma expressão para a fração de mistura local, f, em qualquer posição dentro da chama em termos das frações de massa das espécies químicas, Y_i. Admita que os coeficientes de difusão binários são todos iguais, ou seja, não há diferença entre as difusões das várias espécies químicas.

Solução

Para determinar a fração de mistura estequiométrica, precisamos somente calcular a fração de massa do combustível $Y_{C_3H_8}$ na mistura reagente na proporção estequiométrica:

$$C_3H_8 + a(O_2 + CO_2) \to bCO_2 + cH_2O.$$

A partir da conservação de átomos de H, C e O, obtemos

H: $8 = 2c$,
C: $3 + a = b$
O: $2a + 2a = 2b + c$

o que fornece

$a = 5, b = 8, c = 4.$

Assim,

$$f_{esteq} = Y_F = \frac{MW_{C_3H_8}}{MW_{C_3H_8} + 5(MW_{O_2} + MW_{CO_2})}$$

$$= \frac{44{,}096}{44{,}096 + 5(32{,}000 + 44{,}011)}$$

$$\boxed{f_{esteq} = 0{,}1040}$$

A determinação da fração de mistura local requer que levemos em consideração que nem todos os átomos de carbono na chama se originam do combustível, pois o oxidante contém CO_2. Observamos, entretanto, que a única fonte de H elementar dentro da chama é C_3H_8. Assim, determinamos a fração de mistura local sabendo que ela deve ser proporcional à fração de massa local do elemento H. Mais explicitamente,

$$f = \left(\frac{\text{massa de combustível}}{\text{massa de H}}\right)\left(\frac{\text{massa de H}}{\text{massa de mistura}}\right) = \frac{44{,}096}{8(1{,}008)} Y_H = 5{,}468 Y_H.$$

onde Y_H é dado pela seguinte soma ponderada das frações mássicas das espécies químicas contendo hidrogênio:

$$Y_H = \frac{8(1,008)}{44,096} Y_{C_3H_8} + Y_{H_2} + \frac{2,016}{18,016} Y_{H_2O} + \frac{1,008}{17,008} Y_{OH}$$

$$= 0,1829 Y_{C_3H_8} + Y_{H_2} + 0,1119 Y_{H_2O} + 0,0593 Y_{OH}.$$

Assim, o nosso resultado final é expresso como

$$\boxed{f = Y_{C_3H_8} + 5,468 Y_{H_2} + 0,6119 Y_{H_2O} + 0,3243 Y_{OH}}$$

Comentário

Observe que, embora o carbono no combustível possa ter sido convertido para CO e CO_2, não precisamos considerar este fato. Note também que se as espécies químicas contendo H sofressem difusão com difusividades mássicas diferentes, a razão H:combustível-C não seria a mesma em todos os pontos dentro da chama, tornando nosso resultado final apenas aproximado, em vez de exato. Embora a presença de carbono sólido (na forma de particulados) não tenha sido considerada neste problema, a maioria das chamas não pré-misturadas de hidrocarbonetos com ar conterão particulados, o que pode complicar tanto a medição das concentrações das espécies químicas, quanto a determinação da fração de mistura.

Equação da energia de escalar conservado

Quando sujeita a todas as hipóteses que dão suporte à equação da energia de Shvab–Zeldovich (Eqs. 7.63–7.66), a entalpia da mistura, h, também é um escalar conservado:

$$h \equiv \sum Y_i h_{f,i}^o + \int_{T_{ref}}^{T} c_p \, dT. \tag{7.80}$$

Este aspecto é verificado na equação da energia expressa pela Eq. 7.61 quando admitimos que o termo de energia cinética $\dot{m}'' v_x dv_x / dx$ é negligenciável. Para as nossas três geometrias de interesse – 1-D cartesiana, 1-D esférica e 2-D axissimétrica – as formas de escalar conservado da equação da energia são expressas, respectivamente, como

$$\boxed{\dot{m}'' \frac{dh}{dx} - \frac{d}{dx}\left(\rho \mathcal{D} \frac{dh}{dx}\right) = 0} \tag{7.81}$$

$$\boxed{\frac{d}{dr}\left[r^2 \left(\rho v_r h - \rho \mathcal{D} \frac{dh}{dr}\right)\right] = 0} \tag{7.82}$$

e

$$\boxed{\frac{\partial}{\partial x}(r\rho v_x h) + \frac{\partial}{\partial r}(r\rho v_r h) - \frac{\partial}{\partial r}\left(r\rho \mathcal{D} \frac{\partial h}{\partial r}\right) = 0} \tag{7.83}$$

As derivações das Eqs. 7.82 e 7.83 são deixadas como exercícios para o leitor.

Capítulo 7 – Equações de conservação simplificadas para escoamentos reativos **249**

Tabela 7.2 Resumo das equações de conservação para escoamentos reativos

Quantidade conservada	Formas gerais	1-D plana	1-D esférica	1-D axissimétrica
Massa	Eq. 7.5	Eq. 7.4	Eq. 7.6	Eq. 7.7
Massa das espécies químicas	Eq. 7.10	Eqs. 7.8 e 7.9	Eq. 7.19	Eq. 7.20
Quantidade de movimento linear	N/A	Eqs. 7.38 e 7.39	Veja discussão da Eq. 7.39	Eq. 7.48
Energia	Eq. 7.64 (Forma de Schvab-Zeldovich)	Eqs. 7.55 e 7.63 (Forma de Schvab-Zeldovich)	Eq. 7.65 (Forma de Schvab-Zeldovich)	Eq. 7.66 (Forma de Schvab-Zeldovich)
Fração de mistura[a]		Eq. 7.77	Eq. 7.78	Eq. 7.79
Entalpia[a]		Eq. 7.81	Eq. 7.82	Eq. 7.83

[a]Essas são somente formas alternativas em termos de escalar conservado para a massa das espécies químicas e conservação de energia, respectivamente, e não princípios de conservação separados.

RESUMO

Neste capítulo, as formas gerais das equações de conservação da massa, das espécies químicas, da quantidade de movimento linear e da energia foram apresentadas junto com uma breve interpretação. Você deve ser capaz de reconhecer essas equações e depreender o significado físico de cada termo. Equações simplificadas foram desenvolvidas para as três geometrias e resumidas na Tabela 7.2 para facilidade de consulta. Essas equações serão o ponto de partida para os desenvolvimentos subsequentes neste livro. O conceito de escalar conservado também foi introduzido neste capítulo. Equações de conservação para a fração de mistura e entalpia de mistura, dois escalares conservados, foram apresentadas e também são citadas na Tabela 7.2.

LISTA DE SÍMBOLOS

A	Área (m^2)
c_p	Calor específico à pressão constante (J/kg-K)
D_{ij}	Coeficiente de difusão multicomponente ou difusividade multicomponente (m^2/s)
D_j^T	Coeficiente de difusão térmica (kg/m-s)
$\mathcal{D}_{ij}$	Coeficiente de difusão binária ou difusividade binária (m^2/s)
f	Fração de mistura, Eq. 7.68
F	Força (N)
F_{ij}	Matriz de coeficientes definida pela Eq. 7.27
g	Aceleração da gravidade (m/s^2)
h	Entalpia (J/kg)
h_f^o	Entalpia de formação (J/kg)
k	Condutividade térmica (W/m-K)
k_B	Constante de Boltzmann, $1{,}381 \cdot 10^{-23}$ (J/K)
L_{ij}	Componentes da matriz definida pela Eq. 7.28

Le	Número de Lewis, Eq. 7.59
m	Massa (kg)
$\dot{m}$	Vazão mássica (kg/s)
$\dot{m}''$	Fluxo de massa (kg/s-m^2)
$\dot{m}'''$	Taxa de produção mássica por unidade de volume (kg/s-m^3)
MW	Massa molar (kg/kmol)
P	Pressão (Pa)
$\dot{Q}''$	Vetor fluxo de calor, Eq. 7.52 (W/m^2)
r	Coordenada radial (m)
R_u	Constante universal dos gases (J/kmol-K)
t	Tempo (s)
T	Temperatura (K)
$\mathbf{v}_i$	Velocidade da espécie química i, Eq. 7.12 (m/s)
v_r, v_θ, v_x	Componentes da velocidade em coordenadas cilíndricas (m/s)
v_r, v_θ, v	Componentes da velocidade em coordenadas esféricas (m/s)
v_x, v_y, v_z	Componentes da velocidade em coordenadas cartesianas (m/s)
V	Volume (m^3)
$\mathbf{V}$	Vetor velocidade (m/s)
x	Coordenada axial cilíndrica ou cartesiana (m)
y	Coordenada cartesiana (m)
Y	Fração de massa (kg/kg)
z	Coordenada cartesiana (m)

Símbolos gregos

α	Difusividade térmica (m^2/s)
δ_{ij}	Função delta de Kronecker
ε_i	Energia de Lennard–Jones característica
θ	Ângulo polar no sistema de coordenadas esféricas (rad)
μ	Viscosidade dinâmica (N-s/m^2)
ν	Viscosidade cinemática, μ/r (m^2/s), ou razão oxidante/combustível estequiométrica (kg/kg)
ρ	Densidade (kg/m^3)
τ	Tensão viscosa (N/m^2)
ϕ	Ângulo azimutal no sistema de coordenadas esféricas (rad)
χ	Fração molar (kmol/kmol)

Subscritos

A	Espécie química A
B	Espécie química B
vc	Volume de controle
dif	Difusão
f	Forçada
F	Combustível
i	Espécie química i
m, mis	Mistura
Ox	Oxidante
P	Pressão

Pr	Produtos
ref	Estado de referência
esteq	Estequiométrico
T	Térmico
χ	Ordinária
∞	Condição no ambiente

REFERÊNCIAS

1. Tseng, L.-K., Ismail, M. A. e Faeth, G. M., "Laminar Burning Velocities and Markstein Numbers of Hydrocarbon/Air Flames," *Combustion and Flame*, 95: 410–426 (1993).
2. Bird, R. B., Stewart, W. E. e Lightfoot, E. N., *Transport Phenomena*, John Wiley & Sons, New York, 1960.
3. Kee, R. J., Grcar, J. F., Smooke, M. D. e Miller, J. A., "A Fortran Program for Modeling Steady Laminar One-Dimensional Premixed Flames," Sandia National Laboratories Report SAND85-8240, 1991.
4. Lutz, A. E., Kee, R. J., Grcar, J. F. e Rupley, F. M., "OPPDIF: A Fortran Program for Computing Opposed-Flow Diffusion Flames," Sandia National Laboratories Report SAND96-8243, 1997.
5. Williams, F. A., *Combustion Theory*, 2nd Ed., Addison-Wesley, Redwood City, CA, 1985.
6. Kuo, K. K., *Principles of Combustion*, 2nd Ed., John Wiley & Sons, Hoboken, NJ, 2005.
7. Hirschfelder, J. O., Curtis, C. F. e Bird, R. B., *Molecular Theory of Gases and Liquids*, John Wiley & Sons, New York, 1954.
8. Grew, K. E. e Ibbs, T. L., *Thermal Diffusion in Gases*, Cambridge University Press, Cambridge, 1952.
9. Dixon-Lewis, G., "Flame Structure and Flame Reaction Kinetics, II. Transport Phenomena in Multicomponent Systems," *Proceedings of the Royal Society of London, Series A*, 307: 111–135 (1968).
10. Kee, R. J., Dixon-Lewis, G., Warnatz, J., Coltrin, M. E. e Miller, J. A., "A Fortran Computer Code Package for the Evaluation of Gas-Phase Multicomponent Transport Properties," Sandia National Laboratories Report SAND86-8246, 1990.
11. Schlichting, H., *Boundary-Layer Theory*, 6th Ed., McGraw-Hill, New York, 1968.
12. Bilger, R. W., "Turbulent Flows with Nonpremixed Reactants," in *Turbulent Reacting Flows* (P. A. Libby e F. A. Williams, eds.), Springer-Verlag, New York, 1980.

QUESTÕES DE REVISÃO

1. Quais são os três tipos de difusão de massa? Qual (ou quais) negligenciamos?
2. Discuta como o vetor fluxo de calor, $\dot{Q}''$, em uma mistura multicomponente com difusão de massa difere daquele usado em uma mistura de gases monocomponente.
3. Defina o número de Lewis, *Le*, e discuta o seu significado físico. Qual é o papel da hipótese do número de Lewis unitário na simplificação da equação de conservação da energia?

4. Consideramos três velocidades médias mássicas na nossa discussão da conservação da massa das espécies químicas: a velocidade da mistura, a velocidade de cada espécie química e a velocidade de difusão de cada espécie química. Defina e discuta o significado físico de cada uma. Como essas várias velocidades se relacionam?

5. O que significa dizer que uma equação de conservação não possui "termo-fonte"? Forneça exemplos de equações governantes que contêm termos-fonte e outras que não contêm.

6. Discuta o que se entende por um escalar conservado.

7. Defina a fração de mistura.

PROBLEMAS

7.1 Com o auxílio da equação da continuidade para a mistura (Eq. 7.7), transforme o lado esquerdo da equação da quantidade de movimento linear axial, Eq. 7.48, em uma forma expressa com a derivada material, sendo o operador da derivada material expresso como

$$\frac{D(\ )}{Dt} \equiv \frac{\partial(\ )}{\partial t} + v_r \frac{\partial(\ )}{\partial r} + \frac{v_\theta}{r} \frac{\partial(\ )}{\partial \theta} + v_x \frac{\partial(\ )}{\partial x}.$$

7.2 A Eq. 7.55 expressa a equação da conservação da energia em coordenadas cartesianas para um escoamento reagente unidimensional em que nenhuma hipótese é feita com relação à forma da lei constitutiva para a difusão de massa (ou seja, a lei de Fick não é utilizada) ou sobre a relação entre as propriedades de transporte (ou seja, $Le = 1$ não foi admitido). Partindo dessa equação, aplicando a lei de Fick com coeficiente de difusão binário efetivo e admitindo $Le = 1$, derive a equação da energia de Shvab–Zeldovich (Eq. 7.63).

7.3 Derive a equação de escalar conservado para a entalpia em coordenadas esféricas para um escoamento 1-D (Eq. 7.82) partindo da Eq. 7.65.

7.4 Derive a equação de escalar conservado para a entalpia em coordenadas axissimétricas para um escoamento 1-D (Eq. 7.83) partindo da Eq. 7.66.

7.5 Considere a combustão de propano com o ar fornecendo como produtos CO, CO_2, H_2O, H_2, O_2 e N_2. Defina a fração de mistura em termos das frações molares, χ_i, das várias espécies químicas presentes na mistura de produtos.

7.6* As chamadas "relações de estado" são frequentemente utilizadas na análise de chamas não pré-misturadas. Essas relações de estado associam as várias propriedades da mistura com a fração de mistura, ou outros escalares conservados apropriados. Construa relações de estado para a temperatura de chama adiabática T_{ad} e a densidade da mistura ρ para a combustão ideal (sem dissociação) de propano com o ar a 1 atm. Faça gráficos de T_{ad} e ρ como função da fração de mistura f para a faixa de valores $0 \leq f \leq 0{,}12$.

7.7 Técnicas de diagnóstico a laser são usadas para medir a concentração das espécies químicas majoritárias N_2, O_2, H_2 e H_2O (espalhamento Raman espontâneo) e das espécies químicas minoritárias OH e NO (fluorescência induzida a laser) em chamas de jato turbulento de hidrogênio queimando em ar. Em alguns casos, o hidrogênio é diluído com hélio. Uma fração de mistura é definida na forma:

$$f = \frac{\left(MW_{H_2} + \alpha MW_{He}\right)([H_2O]+[H_2]) + (MW_H + \frac{\alpha}{2} MW_{He})[OH]}{A+B}$$

onde

$$A = MW_{N_2}[N_2] + MW_{O_2}[O_2] + \left(MW_{H_2O} + \alpha MW_{He}\right)[H_2O]$$

e

$$B = \left(MW_{H_2} + \alpha MW_{He}\right)[H_2] + (MW_{OH} + \frac{\alpha}{2} MW_{He})[OH],$$

onde as concentrações $[X_i]$ são expressas em kmol/m^3 e α é a razão molar entre hélio e hidrogênio no escoamento de combustível. Aqui, admitimos que todas as espécies químicas apresentam as mesmas taxas de difusão e que a concentração de NO é negligenciável.

Mostre que essa fração de mistura representa a razão entre a massa de material combustível e a massa de mistura definida pela Eq. 7.68.

7.8 Partindo da Eq. 7.51, derive a forma expandida da equação da conservação da energia expressa pela Eq. 7.67. Negligencie as variações na energia cinética.

7.9 Considere o fluxo de calor para um escoamento reativo unidimensional:

$$\dot{Q}''_x = \dot{Q}''_{cond} + \dot{Q}''_{dif \text{ espécies químicas}}$$

Expresse o lado direito da equação para o fluxo de calor em termos da temperatura e dos fluxos de massa apropriados. Com este resultado, mostre que $\dot{Q}''_x$ pode ser simplificado para

$$\dot{Q}''_x = \rho \mathcal{D} c_p (1 - Le)\, dT/dx - \rho \mathcal{D}\, dh/dx$$

quando sujeito à hipótese de que uma única difusividade binária, $\mathcal{D}$, caracteriza a mistura.

7.10 Considere uma chama não pré-misturada em jato na qual o combustível é vapor de metanol (CH_3OH) e o oxidante é ar. As espécies dentro da chama são CH_3OH, CO, CO_2, O_2, H_2, H_2O, N_2 e OH.

  A. Determine o valor da fração de mistura **estequiométrica**.

  B. Escreva uma expressão para a fração de mistura, f, em termos das frações de massa das espécies químicas na chama, Y_i. Admita que todos os pares de coeficientes de difusão binários são iguais, isto é, não existe difusão diferencial.

7.11* Considere o problema de Stefan (Fig. 3.4) no qual n-hexano líquido ($n\text{-}C_6H_{14}$) evapora através de uma mistura de produtos de combustão. Os produtos podem ser tratados como os produtos da combustão completa (nenhuma disso-

---

* Indica uso requerido ou opcional de um computador.

ciação) de C_6H_{14} com ar padrão simplificado (21% O_2/79% N_2) na razão de equivalência 0,30. A temperatura é fixada em 32°C e a pressão é 1 atm. O comprimento do tubo é 20 cm e $Y_{C_6H_{14}}(L) = 0$.

A. Determine a taxa de evaporação por unidade de área de hexano, $\dot{m}''_{C_6H_{14}}$, admitindo uma difusividade binária efetiva $\mathcal{D}_{im} \approx \mathcal{D}_{C_6H_{14}-N_2}$. Use a solução para o fluxo no problema de Stefan em unidades de massa (não molares). Avalie a densidade como no Exemplo 3.1.

B. Determine $\dot{m}''_{C_6H_{14}}$ usando uma difusividade binária efetiva que considera as cinco espécies químicas presentes. Use frações molares médias, ou seja, $\chi_i = 0,5(\chi_i(0) + \chi_i(L))$, para calcular o valor de $\mathcal{D}_{im}$. Novamente, use a solução para o fluxo em unidades mássicas (não molares). Compare o seu resultado com os resultados da parte A.

7.12 Considere uma mistura contendo números iguais de mols de He, O_2 e CH_4. Determine os coeficientes de difusão multicomponentes associados com essa mistura a 500 K e 1 atm.

Chamas laminares pré-misturadas

capítulo 8

VISÃO GERAL

Nos capítulos anteriores, introduzimos os conceitos de transferência de massa (Capítulo 3) e de cinética química (Capítulos 4 e 5) e os relacionamos com os conceitos familiares de termodinâmica e transferência de calor nos Capítulos 6 e 7. O entendimento das chamas pré-misturadas requer que utilizemos todos esses conceitos. Nosso desenvolvimento no Capítulo 7 das equações de conservação para o escoamento reativo unidimensional será o ponto de partida da análise das chamas laminares.

As chamas laminares pré-misturadas, frequentemente existindo com as chamas não pré-misturadas, têm várias aplicações em processos e equipamentos residenciais, comerciais e industriais. Os exemplos incluem os fogões e fornos a gás, aquecedores e queimadores do tipo bico de Bunsen (um queimador de mesa avançado para fogões a gás é ilustrado na Fig. 8.1). Chamas de gás natural, pré-misturadas e laminares também são frequentemente utilizadas na manufatura de produtos de vidro. Conforme sugerido por esses exemplos, as chamas laminares pré-misturadas já são importantes por si só, mas principalmente, o entendimento das chamas laminares é um pré-requisito para o estudo das chamas turbulentas. Os mesmos processos físicos estão ativos, tanto nos escoamentos laminares quanto nos escoamentos turbulentos, e muitas teorias de chamas turbulentas são construídas sobre uma estrutura básica de chama laminar. Neste capítulo, descreveremos qualitativamente as características essenciais das chamas laminares pré-misturadas e desenvolveremos análises simplificadas dessas chamas que permitirão ver quais fatores afetam a velocidade e a espessura da chama. Uma análise detalhada utilizando métodos situados no estado da arte ilustrará o potencial do uso de simulações numéricas para entender a estrutura das chamas. Também examinaremos dados experimentais que evidenciam como a razão de equivalência, a temperatura, a pressão e o tipo de combustível afetam a velocidade e a espessura da chama. A velocidade da chama é enfatizada por ser a propriedade que determina a forma da chama e importantes características de estabilidade, como a extinção por escoamento e o retorno de chama. Este capítulo conclui com uma discussão dos limites de inflamabilidade e fenômenos de extinção.

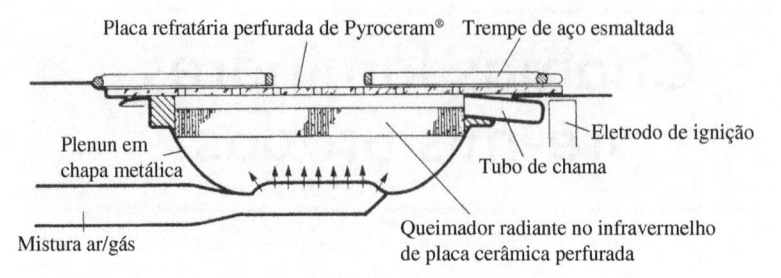

Figura 8.1 Queimador de mesa avançado para fogões a gás.
FONTE: Cortesia do *Gas Research Institute* (EUA).

DESCRIÇÃO FÍSICA

Definição

Antes de continuar, é útil definir o que entendemos por chama. **Chama** é uma propagação autossustentada, em velocidades subsônicas, de uma zona de combustão localizada. Existem muitas palavras-chave nesta definição. Inicialmente, requeremos que a chama seja um fenômeno localizado, ou seja, que a chama ocupe apenas uma pequena parcela da mistura reagente em cada instante de tempo. Isso contrasta com os vários reatores homogêneos que estudamos no Capítulo 6, nos quais se admitia que as reações químicas ocorriam uniformemente ao longo de todo o volume do reator. A segunda palavra-chave é subsônica. Uma onda de combustão que se desloca a velocidades subsônicas é denominada **deflagração**. Também é possível que ondas de combustão desloquem-se a velocidades supersônicas. Uma onda deste tipo é chamada de **detonação**. Os mecanismos fundamentais de propagação em deflagrações e detonações são diferentes, logo, estes são fenômenos distintos.

Características principais

A distribuição de temperatura ao longo de uma chama talvez seja a característica mais importante. A Fig. 8.2 ilustra uma distribuição de temperatura típica, superposta a outras características essenciais da chama.

Para entender esta figura, precisamos estabelecer uma referência para o nosso sistema de coordenadas. Uma chama pode se deslocar livremente, como ocorre quando uma chama é iniciada em um tubo contendo uma mistura reativa. O sistema de coordenadas apropriado estaria fixo sobre a onda de combustão se propagando. Um observador se deslocando com a chama observaria a mistura de reagentes se aproximando na **velocidade de chama**, S_L. Isso é equivalente a uma chama estabilizada em um queimador. Neste caso, a chama encontra-se estacionária em relação a um sistema de referência fixo no laboratório e, novamente, a mistura de reagentes entraria na chama com uma velocidade igual à velocidade de propagação da chama, S_L. Em ambos os exemplos, admitimos que a chama é unidimensional e que a mistura não queimada entra na chama em uma direção normal à superfície da chama. Como a chama gera produtos quentes, a densidade da mistura de produtos é menor

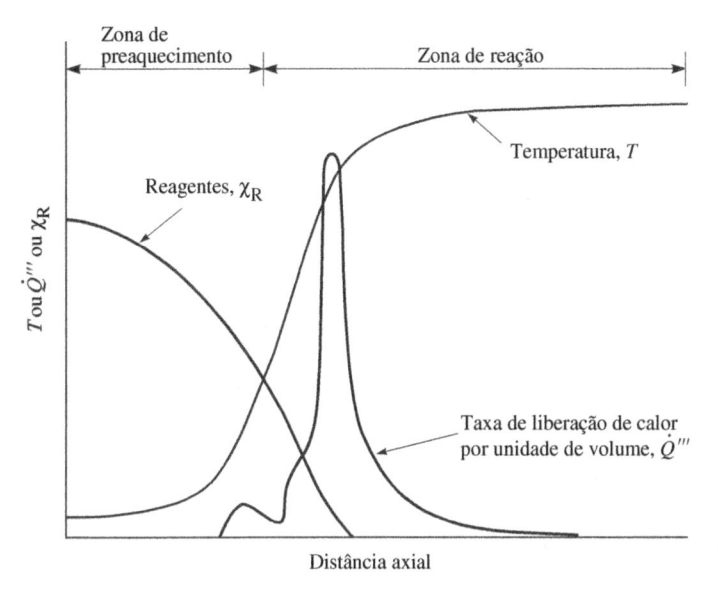

Figura 8.2 Estrutura de chama laminar. Distribuições de temperatura e taxa de geração de calor com base nos experimentos de Friedman e Burke [1].

que a densidade da mistura de reagentes. A conservação da massa requer que a velocidade dos gases queimados seja maior que a velocidade dos gases não queimados:

$$\rho_u S_L A \equiv \rho_u v_u A = \rho_b v_b A, \tag{8.1}$$

onde os subscritos u e b referem-se aos gases não queimados e queimados, respectivamente. Para uma chama típica de hidrocarboneto-ar na pressão atmosférica, a razão entre as densidades é aproximadamente sete. Assim, há uma aceleração considerável do escoamento através da chama.

Dividimos a chama em duas regiões: a **zona de preaquecimento**, na qual pouco calor é liberado, e a **zona de reação**, na qual a maior parte da energia química é liberada. Em pressão atmosférica, a espessura da chama é um tanto fina, da ordem de um milímetro. Subdividimos a zona de reação em uma região muito fina, caracterizada por reações químicas rápidas, e uma região muito mais espessa, caracterizada pela ocorrência de reações químicas mais lentas. A destruição das moléculas de combustível, acompanhada pela geração de muitas espécies químicas intermediárias, ocorre na zona de reações rápidas. Esta zona é caracterizada pela ocorrência de reações bimoleculares. Em pressão atmosférica, a zona de reações rápidas é bastante fina, com espessura menor que um milímetro. Por esta região ser fina, os gradientes de temperatura e de concentração são muito elevados. Esses gradientes são os potenciais dos fluxos difusivos que tornam a chama autossustentável: a difusão de calor e de radicais para a região de preaquecimento. Na zona de reação secundária, a química é dominada por reações trimoleculares de recombinação de radicais, as quais são muito mais lentas que as típicas reações bimoleculares, e pela reação de finalização da oxidação do CO, via $CO + OH \rightarrow CO_2 + H$. Esta região de reação secundária pode estender-se por muitos milímetros para uma chama atmosférica. Mais adiante neste capítulo, apresentaremos uma descrição mais detalhada da estrutura de uma chama, ilustrando essas ideias. Informações adicionais são encontradas em Fristrom [2].

As chamas de hidrocarbonetos também são caracterizadas pela sua emissão de radiação visível. Ao queimar com excesso de ar, a zona de reações rápidas aparece azul, cor que resulta da emissão espontânea de radiação pelos radicais CH excitados na região de alta temperatura. Quando a quantidade de ar é reduzida para valores menores que os estequiométricos, a região adquire uma cor esverdeada, agora como resultado da emissão de radiação por radicais C_2 excitados. Em ambas as chamas, os radicais OH também contribuem para a radiação visível, e em menor grau, a luminescência química da reação $CO + O \rightarrow CO_2 + h\nu$ [3] também contribui. Se a chama é tornada ainda mais rica, haverá a formação de fuligem, com a consequente emissão de radiação em todo o espectro de radiação de corpo negro. Embora a radiação emitida pela fuligem tenha uma intensidade máxima na região do infravermelho (lembra-se da Lei de Wien?), a sensibilidade espectral do olho humano resulta em uma maior percepção de uma cor entre amarelo brilhante (quase branca) e alaranjado fosco, dependendo da temperatura da chama. As referências [4] e [5] fornecem mais informações sobre a radiação emitida por chamas.

Chamas típicas de laboratório

As chamas de bico de Bunsen são um exemplo interessante de chamas laminares pré-misturadas, com as quais muitos alunos têm alguma familiaridade, e que podem ser facilmente utilizadas em demonstrações em sala de aula. A Fig. 8.3a ilustra esquematicamente um bico de Bunsen e a chama que ele produz. Um jato de combustível na base induz um escoamento de ar através de uma fenda com área variável. O ar e o combustível misturam-se à medida que escoam na direção da saída do tubo. A

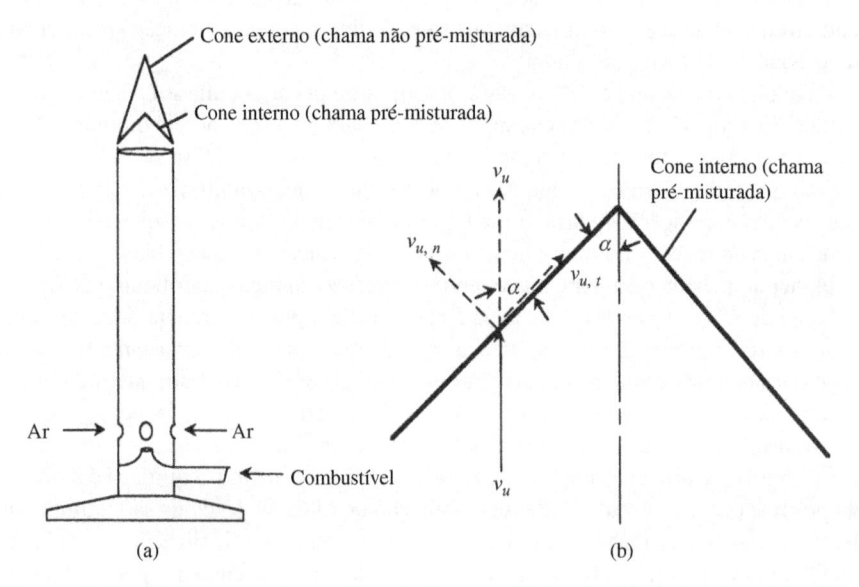

Figura 8.3 (a) Esquema de um bico de Bunsen. (b) A velocidade de chama laminar é igual ao componente normal da velocidade dos gases não queimados, $v_{u,n}$.

chama típica de bico de Bunsen é uma chama dupla: uma chama pré-misturada rica se estabiliza no interior do envelope de uma chama não pré-misturada. A chama não pré-misturada secundária resulta quando o monóxido de carbono e o hidrogênio que deixam a chama pré-misturada rica encontram o ar ambiente. A forma da chama é determinada pelos efeitos combinados da distribuição de temperatura e da perda de calor para a parede do tubo. Para que a chama permaneça estacionária, a velocidade de chama deve equilibrar a componente normal da velocidade da mistura não queimada em cada posição sobre a superfície da chama, como ilustrado pelo diagrama vetorial na Fig. 8.3b. Assim,

$$S_L = v_u \operatorname{sen} \alpha, \qquad (8.2)$$

onde S_L é a velocidade de chama laminar, v_u é a velocidade axial na superfície da chama e α é o ângulo que a superfície da chama forma com a linha de centro do queimador. Esse princípio resulta no formato essencialmente cônico da chama.

As chamas planas unidimensionais são frequentemente estudadas em laboratório e utilizadas em alguns queimadores para aquecimento radiante (Fig. 8.4). A Fig. 8.5 ilustra uma chama plana de laboratório. No queimador adiabático, a chama é estabilizada sobre um feixe de pequenos tubos através dos quais a mistura ar-combustível escoa em regime laminar [6]. Em uma estreita faixa de condições, uma chama estável é produzida. O queimador não adiabático emprega uma face resfriada à água que permite extrair calor da chama, o que, por sua vez, diminui a velocidade da chama, permitindo que chamas sejam estabilizadas em uma grande faixa de condições de escoamento [7].

Exemplo 8.1

Uma chama laminar pré-misturada é estabilizada em um escoamento reativo unidimensional no qual a velocidade vertical da mistura não queimada, v_u, varia linearmente com a coordenada horizontal, x, conforme mostrado na metade inferior da Fig. 8.6. Determine a forma da chama e a distribuição do ângulo local entre a superfície da chama e a vertical, α. Admita que a velocidade de chama é independente da posição e vale 0,4 m/s, um valor aproximado para a chama estequiométrica de metano e ar.

Solução

Na Fig. 8.7 vemos que o ângulo local, α, o qual a superfície da chama forma com um plano vertical, é (Eq. 8.2)

$$\alpha = \operatorname{sen}^{-1}(S_L/v_u),$$

onde, da Fig. 8.6,

$$v_u(\text{mm/s}) = 800 + \frac{1200 - 800}{20} x \,(\text{mm}).$$

Assim,

$$\alpha = \operatorname{sen}^{-1}\left(\frac{400}{800 + 20x \,(\text{mm})}\right),$$

que resulta em valores variando de $30°$ em $x = 0$ até $19,5°$ em $x = 20$ mm, conforme mostrado no topo da Fig. 8.6.

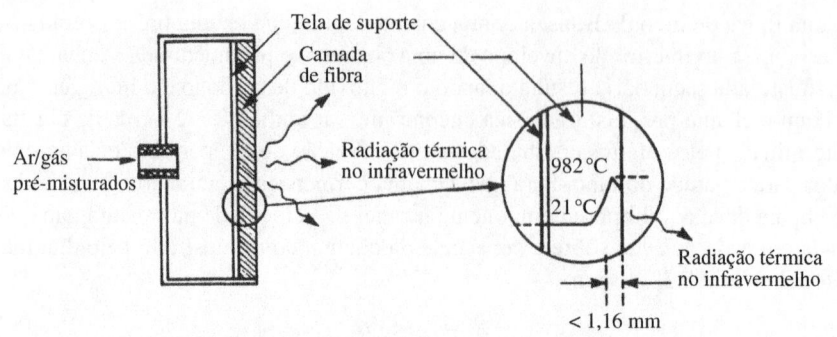

Queimador poroso radiante de fibra (cerâmica ou metálica)

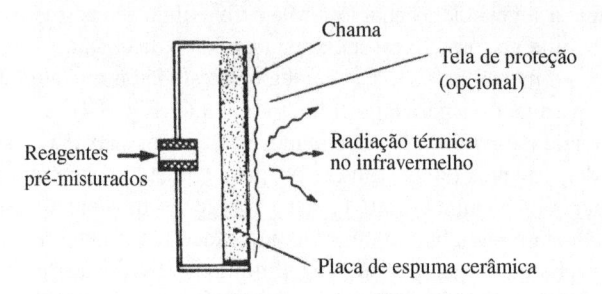

- Tela de suporte
- Camada de fibra
- Ar/gás pré-misturados
- Radiação térmica no infravermelho
- 982 °C
- 21 °C
- < 1,16 mm

Queimador poroso radiante de espuma cerâmica

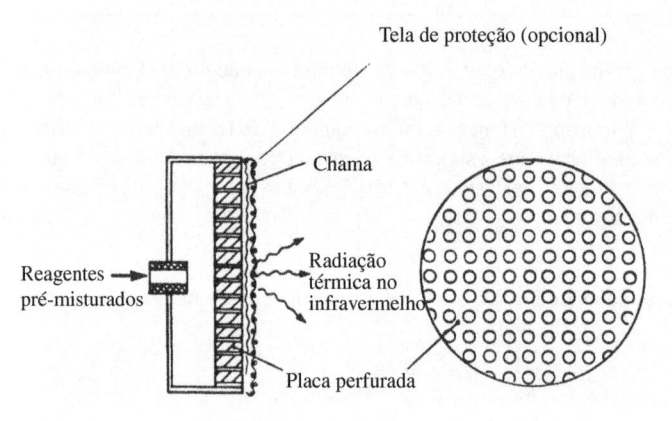

- Chama
- Tela de proteção (opcional)
- Reagentes pré-misturados
- Radiação térmica no infravermelho
- Placa de espuma cerâmica

Queimador poroso radiante de placa perfurada

- Tela de proteção (opcional)
- Chama
- Reagentes pré-misturados
- Radiação térmica no infravermelho
- Placa perfurada

Figura 8.4 Queimadores radiantes a gás proporcionam fluxo de calor uniforme e alta eficiência.

FONTE: Impresso com permissão do Center for Advanced Materials, *Newsletter*, (1), 1990, Penn State University.

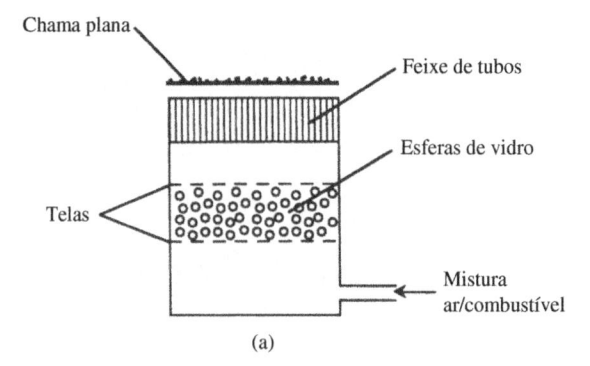

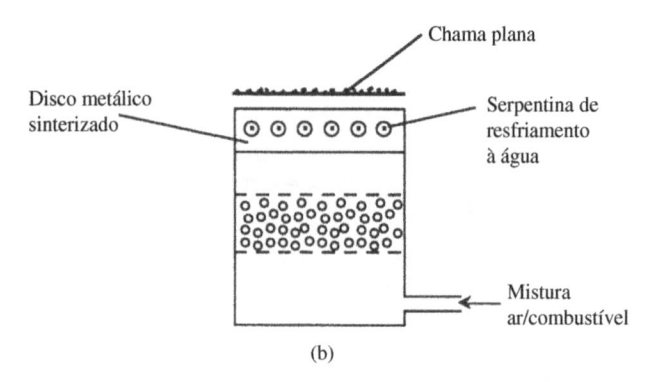

Figura 8.5
(a) Queimador de chama plana adiabática. (b) Queimador de chama plana não adiabática.

Para calcular a posição da chama, inicialmente obtemos uma expressão para a inclinação local da superfície da chama (dz/dx) no plano x–z, e então integramos esta expressão em relação a x para encontrar $z(x)$. Na Fig. 8.7 vemos que

$$\frac{dz}{dx} = \text{tg}\,\beta = \left(\frac{v_u^2(x) - S_L^2}{S_L^2}\right)^{1/2},$$

o que, usando $v_u \equiv A + Bx$, torna-se

$$\frac{dz}{dx} = \left[\left(\frac{A}{S_L} + \frac{Bx}{S_L}\right)^2 - 1\right]^{1/2}.$$

Integrando essa expressão com $A/S_L = 2$ e $B/S_L = 0{,}05$, obtemos

$$z(x) = \int_0^x \left(\frac{dz}{dx}\right) dx$$

$$= (x^2 + 80x + 1200)^{1/2}\left(\frac{x}{40} + 1\right)$$

$$- 10\ln[(x^2 + 80x + 1200)^{1/2} + (x + 40)]$$

$$- 20\sqrt{3} + 10\ln(20\sqrt{3} + 40).$$

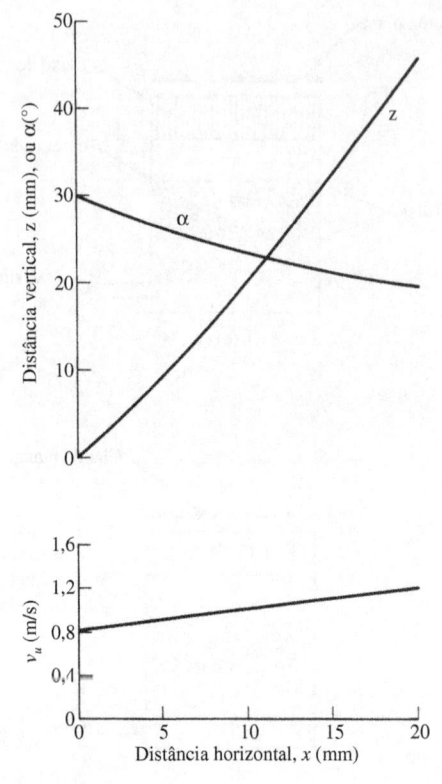

Figura 8.6 Velocidade do escoamento, posição da chama e ângulo medido entre a tangente à chama e a vertical, para o Exemplo 8.1.

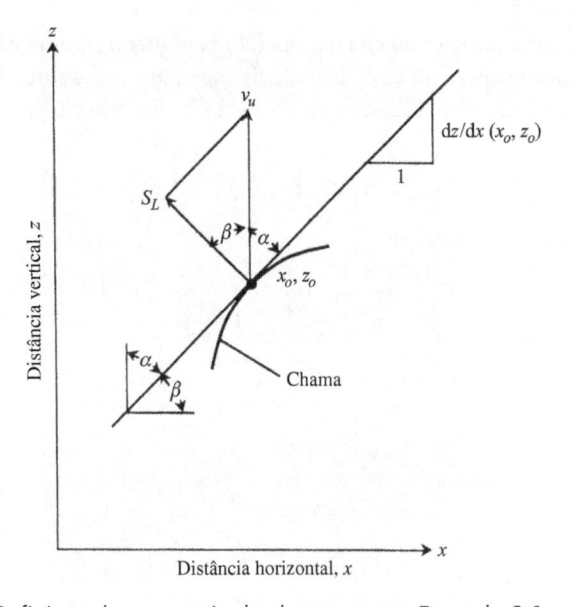

Figura 8.7 Definição da geometria da chama para o Exemplo 8.1.

A posição da chama $z(x)$ é mostrada na metade superior da Fig. 8.6. Verificamos que a superfície da chama é um tanto inclinada. (Observe que a escala horizontal é duas vezes mais ampliada que a escala vertical.)

Comentário

A partir deste exemplo, observamos como a forma da chama está relacionada com o campo de velocidade do escoamento do gás não queimado.

Na próxima seção, desenvolveremos uma base teórica que permitirá prever, quantitativamente, o efeito de vários parâmetros, como pressão, temperatura e tipo de combustível, na velocidade de chama laminar.

ANÁLISE SIMPLIFICADA

Inúmeros pesquisadores ao longo de muitas décadas desenvolveram diversas análises de chamas laminares. Por exemplo, Kuo [8] cita mais de uma dezena de artigos significativos tratando de teorias de chamas laminares publicados entre 1940 e 1980. Muitos dos procedimentos admitiram que, ou a condução de calor, ou a difusão de massa, era dominante, enquanto outras teorias detalhadas incluíram os dois fenômenos simultaneamente, supondo que ambos eram importantes. A descrição mais antiga de uma chama laminar é a de Mallard e Le Chatelier [9], publicada em 1883. Aqui, apresentaremos o procedimento de Spalding [10], o qual expõe os elementos físicos essenciais do problema sem um grande investimento matemático. A análise relaciona princípios de transmissão de calor, transporte de massa, cinética química e termodinâmica para entender os fatores que controlam a velocidade e a espessura da chama. A análise simplificada apresentada a seguir baseia-se nas equações de conservação unidimensionais desenvolvidas no capítulo anterior, simplificadas pela aplicação de hipóteses acerca do comportamento da termodinâmica e das propriedades de transporte. O nosso objetivo é encontrar uma expressão simples para a previsão da velocidade de chama laminar.

Hipóteses

1. Escoamento unidimensional, com área constante e em regime permanente.
2. Energias cinética e potencial, dissipação viscosa e radiação térmica são negligenciadas.
3. A pequena variação de pressão através da chama é negligenciada, assim, a pressão é constante.
4. As difusões de calor e de massa são modeladas pelas leis de Fourier e Fick, respectivamente. Admite-se difusão binária.
5. O **número de Lewis, Le,** o qual expressa a razão entre as difusividades térmica e mássica, isto é,

$$Le \equiv \frac{\alpha}{\mathcal{D}} = \frac{k}{\rho c_p \mathcal{D}}, \qquad (8.3)$$

é unitário. Isso implica que $k/c_p = \rho \mathcal{D}$, o que simplifica consideravelmente a equação de conservação da energia.

6. O calor específico da mistura não depende nem da temperatura, nem da composição da mistura. Isso equivale a admitir que todas as espécies químicas apresentam calores específicos iguais e constantes.
7. Combustível e oxidante formam produtos por meio de um mecanismo cinético químico formado por uma única reação exotérmica.
8. O oxidante está presente em composição estequiométrica ou em excesso, assim, o combustível é completamente consumido pela chama.

Princípios de conservação

Para entender a propagação de uma chama, aplicamos as equações de conservação da massa da mistura, da massa das espécies químicas e da energia ao volume de controle ilustrado na Fig. 8.8. Usando as relações do Capítulo 7, estes princípios de conservação são expressos da seguinte forma:

Conservação da massa

$$\frac{d(\rho v_x)}{dx} = 0 \tag{7.4a}$$

ou

$$\dot{m}'' = \rho v_x = \text{constante.} \tag{7.4b}$$

Conservação da massa das espécies químicas

$$\frac{d\dot{m}_i''}{dx} = \dot{m}_i''' \tag{7.9}$$

ou, com a aplicação da Lei de Fick,

$$\frac{d\left[\dot{m}''Y_i - \rho \mathcal{D} \dfrac{dY_i}{dx}\right]}{dx} = \dot{m}_i''', \tag{7.8}$$

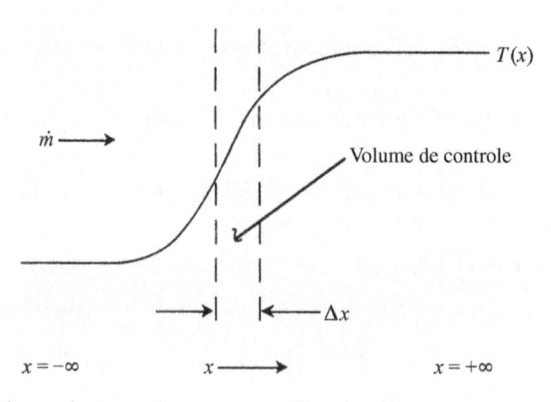

Figura 8.8 Volume de controle para a análise da chama.

onde $\dot{m}_i'''$ é a taxa de produção da espécie química i por unidade de volume (kg/s-m³).

A Eq. 7.8 pode ser escrita para cada uma das três espécies químicas, nas quais as taxas de produção de oxidante e produtos estão relacionadas com a taxa de produção de combustível. Obviamente, as taxas de produção de combustível, $\dot{m}_F'''$, e oxidante, $\dot{m}_{Ox}'''$, são negativas, pois estas espécies químicas são consumidas, não produzidas. Para a nossa simples reação, a estequiometria global é

$$1 \text{ kg combustível} + \nu \text{ kg oxidante} \to (\nu + 1) \text{ kg produtos.} \tag{8.4}$$

Assim,

$$\dot{m}_F''' = \frac{1}{\nu}\dot{m}_{Ox}''' = -\frac{1}{\nu+1}\dot{m}_{Pr}'''. \tag{8.5}$$

A Eq. 7.8 torna-se para cada espécie química:

Combustível

$$\dot{m}''\frac{dY_F}{dx} - \frac{d\left(\rho\mathcal{D}\frac{dY_F}{dx}\right)}{dx} = \dot{m}_F''', \tag{8.6a}$$

Oxidante

$$\dot{m}''\frac{dY_{Ox}}{dx} - \frac{d\left(\rho\mathcal{D}\frac{dY_{Ox}}{dx}\right)}{dx} = \nu\dot{m}_F''', \tag{8.6b}$$

Produtos

$$\dot{m}''\frac{dY_{Pr}}{dx} - \frac{d\left(\rho\mathcal{D}\frac{dY_{Pr}}{dx}\right)}{dx} = -(\nu+1)\dot{m}_F'''. \tag{8.6c}$$

Nesta análise, as relações de conservação da massa das espécies químicas são usadas somente para simplificar a equação da conservação da energia. Como resultado das hipóteses de mistura binária, difusão de massa modelada pela Lei de Fick e número de Lewis unitário, não haverá necessidade de resolver as equações de conservação da massa das espécies químicas.

Conservação da energia As hipóteses que adotamos para nossa análise são consistentes com aquelas embutidas na forma de Shvab–Zeldovich da equação de conservação da energia (Eq. 7.63),

$$\dot{m}''c_p\frac{dT}{dx} - \frac{d}{dx}\left[(\rho\mathcal{D}c_p)\frac{dT}{dx}\right] = -\sum h_{f,i}^o \dot{m}_i'''. \tag{8.7a}$$

Com a estequiometria global expressa pelas Eqs. 8.4 e 8.5, o lado direito dessa equação torna-se

$$-\sum h_{f,i}^o \dot{m}_i''' = -\left[h_{f,F}^o \dot{m}_F''' + h_{f,Ox}^o \nu\dot{m}_F''' - h_{f,Pr}^o (\nu+1)\dot{m}_F'''\right]$$

ou

$$-\sum h_{f,i}^o \dot{m}_i''' = -\dot{m}_F'''\Delta h_c,$$

onde Δh_c é o calor de combustão do combustível, $\Delta h_c \equiv h^o_{f,F} + vh^o_{f,Ox} - (v+1)h^o_{f,Pr}$, baseado na estequiometria da reação. Por causa da aproximação do número de Lewis unitário, também podemos substituir $\rho \mathcal{D} c_p$ por k. Com estas duas substituições, a Eq. 8.7a torna-se

$$\dot{m}'' \frac{dT}{dx} - \frac{1}{c_p} \frac{d\left(k \frac{dT}{dx}\right)}{dx} = -\frac{\dot{m}'''_F \Delta h_c}{c_p}. \tag{8.7b}$$

Lembre-se de que o nosso objetivo é encontrar uma expressão que permita prever a velocidade de chama laminar, a qual se relaciona com o fluxo de massa, $\dot{m}''$, aparecendo na Eq. 8.7b por

$$\dot{m}'' = \rho_u S_L. \tag{8.8}$$

Para atingir este objetivo, novamente seguiremos o procedimento de Spalding [10].

Solução

Para encontrar a taxa de queima em unidades mássicas, admitiremos uma distribuição de temperatura que satisfaça as condições de contorno dadas a seguir e então integraremos a Eq. 8.7b usando a distribuição de temperatura presumida. As condições de contorno longe da chama na entrada do escoamento são

$$T(x \to -\infty) = T_u, \tag{8.9a}$$

$$\frac{dT}{dx}(\to -\infty) = 0, \tag{8.9b}$$

e longe da chama na saída do escoamento,

$$T(x \to +\infty) = T_b, \tag{8.9c}$$

$$\frac{dT}{dx}(x \to +\infty) = 0. \tag{8.9d}$$

Por simplicidade, admitiremos uma distribuição de temperatura que varia linearmente de T_u até T_b ao longo da pequena distância, δ, conforme mostrado na Fig. 8.9. Definiremos δ como a espessura da chama. Observe que, matematicamente, temos uma equação diferencial ordinária de segunda ordem (a Eq. 8.7b) contendo dois parâmetros desconhecidos. Estes parâmetros, $\dot{m}''$ e δ, denominados na literatura de combustão de **autovalores**, devem ser determinados como parte da solução do problema. É exatamente a especificação de *quatro* condições de contorno, em vez de somente *duas*, o expediente que permite determinar os autovalores. (É interessante notar a similaridade entre a presente análise e a análise integral de von Karman para a camada-limite laminar sobre uma placa plana que você deve ter estudado em mecânica dos fluidos. No problema de mecânica dos fluidos, estimativas razoáveis da espessura da camada-limite e da tensão de cisalhamento na superfície são obtidas a partir de uma distribuição de velocidade presumida.)

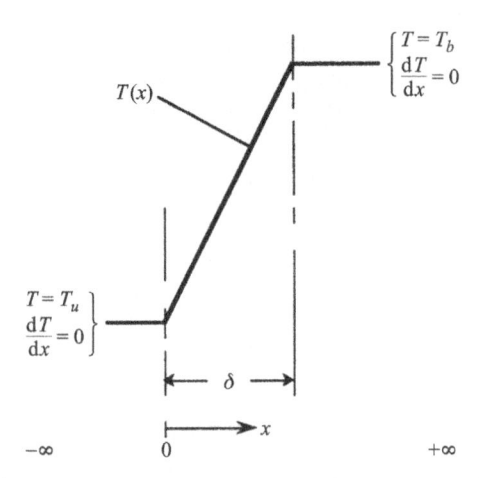

Figura 8.9 Distribuição de temperatura presumida para a análise da chama laminar pré-misturada.

Integrando a Eq. 8.7b ao longo de x, notando que as contribuições das descontinuidades em dT/dx em $x = 0$ e $x = \delta$ se cancelam e utilizando as condições de contorno em $-\infty$ e $+\infty$, obtemos

$$\dot{m}''[T]_{T=T_u}^{T=T_b} - \frac{k}{c_p}\left[\frac{dT}{dx}\right]_{dT/dx=0}^{dT/dx=0} = \frac{-\Delta h_c}{c_p}\int_{-\infty}^{\infty}\dot{m}_F''' \, dx \qquad (8.10)$$

o que, aplicando os limites, resulta em

$$\dot{m}''(T_b - T_u) = -\frac{\Delta h_c}{c_p}\int_{-\infty}^{\infty}\dot{m}_F''' \, dx. \qquad (8.11)$$

Podemos mudar os limites de integração da taxa de reação no termo do lado direito da Eq. 8.11 de coordenadas espaciais para temperaturas, pois $\dot{m}_F'''$ é somente diferente de zero na região com espessura δ cuja temperatura varia linearmente entre T_u e T_b, ou seja,

$$\frac{dT}{dx} = \frac{T_b - T_u}{\delta} \quad \text{ou} \quad dx = \frac{\delta}{T_b - T_u}dT. \qquad (8.12)$$

Com a mudança de variáveis,

$$\dot{m}''(T_b - T_u) = -\frac{\Delta h_c}{c_p}\frac{\delta}{(T_b - T_u)}\int_{T_u}^{T_b}\dot{m}_F''' \, dT, \qquad (8.13)$$

e reconhecendo a definição de taxa de reação média,

$$\overline{\dot{m}}_F''' \equiv \frac{1}{(T_b - T_u)}\int_{T_u}^{T_b}\dot{m}_F''' \, dT, \qquad (8.14)$$

obtemos simplesmente que

$$\dot{m}''(T_b - T_u) = -\frac{\Delta h_c}{c_p}\delta\overline{\dot{m}}_F'''. \qquad (8.15)$$

Este resultado, Eq. 8.15, é uma única equação algébrica envolvendo as duas variáveis desconhecidas $\dot{m}''$ e δ. Assim, precisamos encontrar outra equação para completar a solução, o que pode ser feito seguindo o mesmo procedimento anterior, mas agora integrando de $x = -\infty$ até $x = \delta/2$. Como a região de reação se insere na região de alta temperatura, é razoável admitir que $\dot{m}_F'''$ é zero no intervalo $-\infty < x \leq \delta/2$. Notando que em $x = \delta/2$,

$$T = \frac{T_b + T_u}{2} \tag{8.16}$$

e

$$\frac{dT}{dx} = \frac{T_b - T_u}{\delta}, \tag{8.12}$$

obtemos da Eq. 8.10, com os limites modificados,

$$\dot{m}''\delta/2 - k/c_p = 0. \tag{8.17}$$

Resolver as Eqs. 8.15 e 8.17 simultaneamente fornece

$$\dot{m}'' = \left[2\frac{k}{c_p^2} \frac{(-\Delta h_c)}{(T_b - T_u)} \bar{\dot{m}}_F''' \right]^{1/2} \tag{8.18}$$

e

$$\delta = 2k/(c_p \dot{m}''). \tag{8.19}$$

Aplicando as definições de velocidade de chama, $S_L \equiv \dot{m}''/\rho_u$, e difusividade térmica, $\alpha \equiv k/\rho_u c_p$, e reconhecendo que $\Delta h_c = (\nu + 1)c_p(T_b - T_u)$, obtemos os resultados finais:

$$S_L = \left[-2\alpha(\nu+1)\frac{\bar{\dot{m}}_F'''}{\rho_u} \right]^{1/2} \tag{8.20}$$

$$\delta = \left[\frac{-2\rho_u \alpha}{(\nu+1)\bar{\dot{m}}_F'''} \right]^{1/2} \tag{8.21a}$$

ou, em termos de S_L,

$$\delta = 2\alpha/S_L. \tag{8.21b}$$

Agora usamos as Eqs. 8.20 e 8.21 para analisar teoricamente como S_L e δ são afetados pelas propriedades da mistura ar-combustível. Isso é feito na próxima seção, onde também são realizadas comparações com observações experimentais.

Exemplo 8.2

Estime a velocidade de chama laminar de uma mistura estequiométrica de propano e ar usando o resultado obtido da teoria simplificada (Eq. 8.20). Use o mecanismo cinético global de uma etapa (Eq. 5.2, Tabela 5.1) para estimar a taxa de reação média.

Solução

Para encontrar a velocidade de chama laminar, devemos resolver a Eq. 8.20,

$$S_L = \left[-2\alpha(\nu+1)\frac{\bar{\dot{m}}_F'''}{\rho_u} \right]^{1/2}.$$

A essência deste problema é como obter $\bar{\dot{m}}_F'''$ e α. Como na teoria simplificada admitimos que a reação química ocorria apenas na segunda metade da espessura de chama ($\delta/2 < x < \delta$), adotaremos uma temperatura média na qual calcularemos a taxa de reação média como

$$\bar{T} = \tfrac{1}{2}\left(\tfrac{1}{2}(T_b + T_u) + T_b\right)$$
$$= 1770 \text{ K},$$

na qual adotamos $T_b = T_{ad} = 2260$ K (Capítulo 2) e $T_u = 300$ K. Admitindo que ambos, combustível e oxidante, são completamente consumidos pela reação química, as concentrações médias utilizadas na equação da cinética química global são

$$\bar{Y}_F = \tfrac{1}{2}(Y_{F,u} + 0)$$
$$= 0{,}06015/2 = 0{,}0301$$

e

$$\bar{Y}_{O_2} = \tfrac{1}{2}[0{,}2331(1 - Y_{F,u}) + 0]$$
$$= 0{,}1095,$$

onde o A/F de uma mistura estequiométrica de propano e ar é 15,625 ($= \nu$) e a fração mássica de O_2 no ar é 0,233.

A taxa de reação, dada por

$$\dot{\omega}_F \equiv \frac{d[C_3H_8]}{dt} = -k_G[C_3H_8]^{0,1}[O_2]^{1,65},$$

utilizando

$$k_G = 4{,}836 \cdot 10^9 \exp\left(\frac{-15{,}098}{T}\right)[=]\left(\frac{\text{kmol}}{\text{m}^3}\right)^{-0,75}\frac{1}{\text{s}},$$

pode ser transformada em

$$\bar{\dot{\omega}}_F = -k_G(\bar{T})\bar{\rho}^{1,75}\left(\frac{\bar{Y}_F}{MW_F}\right)^{0,1}\left(\frac{\bar{Y}_{O_2}}{MW_{O_2}}\right)^{1,65},$$

onde agora aplicamos os valores médios judiciosamente selecionados. Resolver a equação (tomando o cuidado de realizar as conversões de unidades adequadas ao utilizar os dados da Tabela 5.1 – veja a nota de rodapé *a* dessa tabela e o Problema 5.14) fornece

$$k_G = 4{,}836 \cdot 10^9 \exp\left(\frac{-15{,}098}{1770}\right) = 9{,}55 \cdot 10^5 \left(\frac{\text{kmol}}{\text{m}^3}\right)^{-0,75}\frac{1}{\text{s}},$$

$$\bar{\rho} = \frac{P}{(R_u/MW)\bar{T}} = \frac{101{,}325}{(8315/29)1770} = 0{,}1997 \text{ kg/m}^3,$$

$$\bar{\dot{\omega}}_F = -9{,}55 \cdot 10^5 (0{,}1997)^{1,75}\left(\frac{0{,}0301}{44}\right)^{0,1}\left(\frac{0{,}1095}{32}\right)^{1,65}$$
$$= -2{,}439 \text{ kmol/s-m}^3.$$

Então, da Eq. 6.29,

$$\bar{\dot{m}}_F''' = \bar{\dot{\omega}}_F MW_F = -2{,}439(44)$$
$$= -107{,}3 \text{ kg/s-m}^3.$$

A difusividade térmica utilizada na Eq. 8.20 é definida como

$$\alpha = \frac{k(\bar{T})}{\rho_u c_p(\bar{T})}.$$

A temperatura média apropriada, entretanto, agora é uma média sobre toda a espessura da chama ($0 \leq x \leq \delta$), pois a condução de calor ocorre em todo este intervalo, não apenas na metade do intervalo onde admitimos que ocorre a reação química. Assim,

$$\bar{T} = \tfrac{1}{2}(T_b + T_u)$$
$$= 1280 \text{ K}$$

e

$$\alpha = \frac{0{,}0809}{1{,}16(1186)} = 5{,}89 \cdot 10^{-5} \text{ m}^2/\text{s},$$

onde as propriedades do ar foram utilizadas para avaliar k, c_p e ρ.

Agora substituímos os valores numéricos na Eq. 8.20, obtendo:

$$S_L = \left[\frac{-2(5{,}89 \cdot 10^{-5})(15{,}625+1)(-107{,}3)}{1{,}16} \right]^{1/2}$$

$$\boxed{S_L = 0{,}425 \text{ m/s ou } 42{,}5 \text{ cm/s}}$$

Comentário

Das correlações que ainda serão discutidas [11], o valor medido de S_L para essa mistura é 38,9 cm/s, o que, considerando a natureza rudimentar da análise teórica realizada, apresenta uma ótima concordância com o valor calculado de 42,5 cm/s. Obviamente, teorias rigorosas empregando mecanismos cinéticos detalhados obtêm previsões muito mais acuradas. Observamos que, com as hipóteses embutidas na nossa análise, as concentrações de combustível e oxidante podem ser relacionadas linearmente com a temperatura e $\bar{\dot{m}}_F'''$ pode ser avaliado de modo exato ao integrar a taxa de reação global de uma etapa, em vez de usar valores estimados de concentração e temperatura médios como feito no exemplo. Também lembramos que os valores numéricos para o fator pré-exponencial da Tabela 5.1 foram primeiro convertidos para unidades no SI antes de serem empregados.

ANÁLISE DETALHADA[1]

Simulações numéricas de chamas laminares empregando cinética química detalhada e modelos de propriedades de transporte da mistura tornaram-se ferramentas-padrão para os cientistas e engenheiros da combustão. Muitas simulações são baseadas no pacote CHEMKIN de programas e sub-rotinas escritas em Fortran, incluindo aquelas úteis para os nossos propósitos descritas nas Refs. [12–16].

Equações governantes

As equações básicas de conservação descrevendo chamas unidimensionais em regime permanente foram desenvolvidas no Capítulo 7 e são repetidas aqui:

---

[1] O desenvolvimento matemático desta seção pode ser omitido sem perda de continuidade, permitindo que o leitor siga para a subseção que discute a estrutura da chama após ler o curto parágrafo introdutório.

Conservação da massa

$$\frac{d\dot{m}''}{dx} = 0 \qquad (7.4a)$$

Conservação da massa das espécies químicas Simplificando as equações para escoamento unidimensional e substituindo $\dot{\omega}_i MW_i$ por $\dot{m}_i'''$, a Eq. 7.16 torna-se

$$\dot{m}''\frac{dY_i}{dx} + \frac{d}{dx}(\rho Y_i v_{i,\text{dif}}) = \dot{\omega}_i MW_i \quad \text{para} \quad i = 1, 2, \ldots, N \text{ espécies}, \qquad (8.22)$$

onde as taxas de produção de espécies químicas $\dot{\omega}_i$ são definidas pelas Eqs. 4.31–4.33.

Conservação da energia Novamente, substituindo $\dot{m}_i'''$ por $\dot{\omega}_i MW_i$, a Eq. 7.67 torna-se

$$\dot{m}''c_p \frac{dT}{dx} + \frac{d}{dx}\left(-k\frac{dT}{dx}\right) + \sum_{i=1}^{N} \rho Y_i v_{i,\text{dif}} c_{p,i} \frac{dT}{dx} = -\sum_{i=1}^{N} h_i \dot{\omega}_i MW_i. \qquad (8.23)$$

Observe que a conservação da quantidade de movimento linear não é explicitamente requerida, pois admitimos que a pressão é constante, como na nossa análise simplificada da chama. Além dessas equações de conservação, as relações e os dados auxiliares a seguir são necessários:

- Equação de estado de gás ideal (Eq. 2.2).
- Relações constitutivas para as velocidades de difusão (Eqs. 7.23 e 7.25 ou Eq. 7.31).
- Propriedades dependentes da temperatura para as espécies químicas: $h_i(T)$, $c_{p,i}(T)$, $k_i(T)$ e $\mathcal{D}_{ij}(T)$.
- Relações para as propriedades da mistura para calcular MW_{mis}, k, D_{ij} e D_i^T a partir das propriedades individuais das espécies químicas e frações molares (mássicas) (por exemplo, os D_{ij}s podem ser obtidos da Eq. 7.26).
- Um mecanismo cinético detalhado para obter $\dot{\omega}_i$s (por exemplo, o mecanismo da Tabela 5.3).
- Relações para a conversão entre χ_is, Y_is e $[X_i]$s (Eqs. 6A.1–6A.10).

Condições de contorno

As equações de conservação (Eqs. 7.4, 8.22 e 8.23) descrevem um **problema de valores de contorno**, isto é, dadas informações sobre as funções desconhecidas (T, Y_i) em posições distantes da chama na direção da entrada do escoamento e na direção da saída do escoamento (estas duas posições formam duas fronteiras que envolvem a chama), o problema para ser resolvido consiste em determinar as funções $T(x)$ e $Y_i(x)$ entre estas duas fronteiras. Assim, para completar a descrição matemática da chama, precisamos especificar as condições de contorno apropriadas para as equações de conservação da massa das espécies químicas e da energia. Em nossa análise, admitimos que a chama propaga-se livremente com velocidade constante sobre uma mistura inicialmente estacionária. Assim, fixamos o nosso sistema de referência sobre a chama, de forma a obter equações em regime permanente.

A Eq. 8.23 é claramente uma equação de segunda ordem em T e, assim, requer duas condições de contorno:

$$T(x \to -\infty) = T_u \qquad (8.24a)$$

$$\frac{dT}{dx}(x \to +\infty) = 0. \qquad (8.24b)$$

Obviamente, em uma solução numérica, o domínio $-\infty < x < \infty$ é consideravelmente truncado pelas condições de contorno posicionadas a apenas alguns centímetros da chama.

A forma de Y_i e de $v_{i,\,dif}$ nas derivadas indica que a equação da conservação da massa das espécies químicas (Eq. 8.22) é de primeira ordem em ambos Y_i e $v_{i,\,dif}$. Observamos, entretanto, que as relações constitutivas definindo $v_{i,\,dif}$ (por exemplo, Eqs. 7.23 e 7.31) relaciona $v_{i,\,dif}$ com um gradiente de concentração, dx_i/dx ou dY_i/dx. Assim, alternativamente considera-se que a Eq. 8.22 é de segunda ordem em Y_i. As condições de contorno apropriadas são que os valores de Y_i são conhecidos em posições suficientemente distantes da chama na direção da entrada do escoamento e que os gradientes de fração de massa tendem assintoticamente para zero em posições distantes da chama na direção de saída do escoamento:

$$Y_i(x \to -\infty) = Y_{i,\,o} \qquad (8.25a)$$

$$\frac{dY_i}{dx}(x \to +\infty) = 0. \qquad (8.25b)$$

Conforme discutimos anteriormente na nossa análise simplificada da chama pré-misturada, o fluxo de massa $\dot{m}''$ não é conhecido *a priori*, mas é um autovalor do problema – o seu valor faz parte da solução. Para determinar o valor de $\dot{m}''$ simultaneamente com as funções $T(x)$ e $Y_i(x)$, a conservação da massa da mistura, Eq. 7.4, deve ser satisfeita junto com as equações de conservação da massa das espécies químicas e da energia. Esta equação adicional de primeira ordem requer a especificação de mais uma condição de contorno. No programa da Sandia [16], isso é obtido para uma chama propagando-se livremente ao determinar a temperatura em uma posição específica, isto é, fixa-se o sistema de coordenadas sobre a chama e este se move com ela:[2]

$$T(x_1) = T_1. \qquad (8.26)$$

Com isso, o nosso modelo de uma chama unidimensional propagando-se livremente está completo. Uma discussão sobre as técnicas numéricas usadas para resolver estas equações é encontrada na Ref. [16].

Antes de olharmos para uma aplicação desta análise na simulação de uma dada chama, devemos lembrar que também podemos escrever este problema em regime transiente, cuja solução em regime permanente é o *desideratum*. Nesta formulação, os termos transientes, $\partial \rho/\partial t$, $\partial(\rho Y_i)/\partial t$ e $c_p \partial(\rho T)/\partial t$, são adicionados às equações de conservação da massa (Eq. 7.4), da massa das espécies químicas (Eq. 8.22) e da energia (Eq. 8.23), respectivamente. Para informações adicionais sobre este procedimento, o leitor deve consultar a Ref. [17].

---

[2] O código do Sandia também permite modelar chamas ancoradas no queimador. Para este e outros detalhes, o leitor deve consultar a Ref. [16].

Estrutura de uma chama CH_4–Ar

Usaremos agora a análise anterior para entender a estrutura detalhada de uma chama pré-misturada. A Fig. 8.10 apresenta as distribuições de temperatura e de frações molares de algumas espécies químicas através de uma chama de CH_4–ar, estequiométrica, a 1 atm, simulada usando o pacote de sub-rotinas CHEMKIN [14-16] com o mecanismo detalhado de cinética química GRI-Mech 2.11 que descreve a combustão de metano em alta temperatura [18]. O primeiro painel na Fig. 8.10 apresenta as principais espécies químicas contendo carbono, CH_4, CO e CO_2. Observamos o desaparecimento do combustível, o aparecimento da espécie química intermediária CO e o aparecimento da forma completamente oxidada do CO, o CO_2. A concentração de CO atinge o seu pico em aproximadamente a mesma localização onde a concentração de CH_4 decresce a zero, enquanto a concentração de CO_2, inicialmente menor que a concentração de CO, cresce à medida que o CO é oxidado. A Fig. 8.11 proporciona algumas ideias adicionais relacionadas com a sequência $CH_4 \rightarrow CO \rightarrow CO_2$ por meio das taxas de produção (destruição) destas espécies. Vemos que o pico da taxa de destruição de combustível coincide com o pico da taxa de produção de CO e que a taxa de produção de CO_2 é menor que a taxa de produção de CO nessa região. A partir do ponto onde não existe mais qualquer CH_4 para produzir CO, a taxa líquida de produção de CO torna-se negativa, isto é, CO passa a ser destruído.

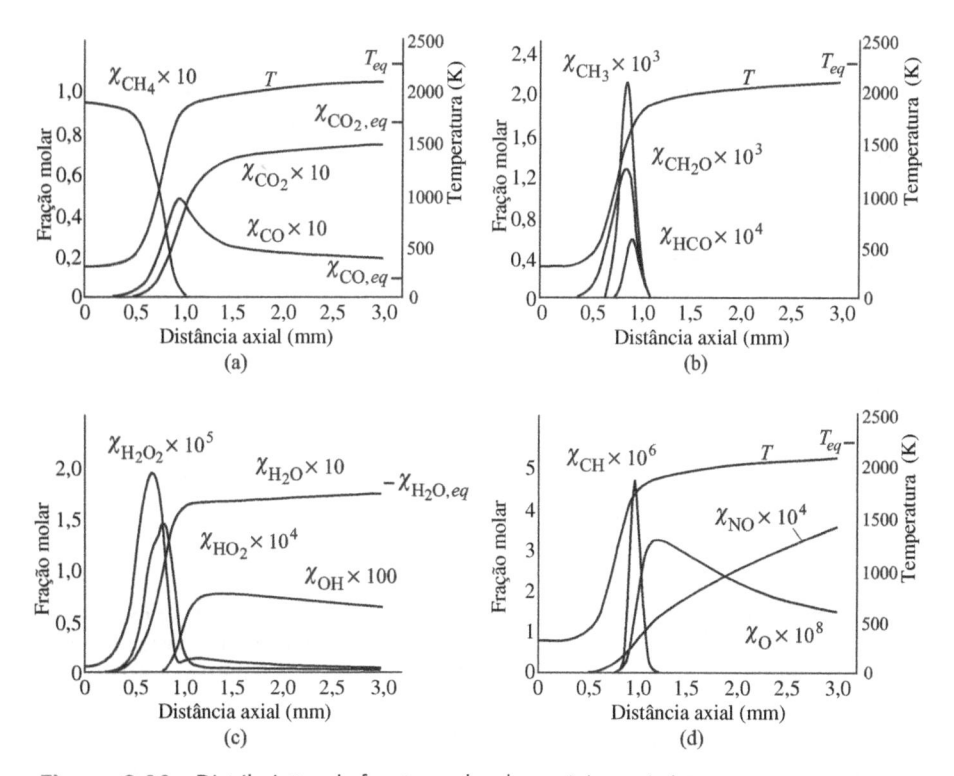

Figura 8.10 Distribuições de fração molar de espécies químicas e temperatura para uma chama pré-misturada de CH_4-ar, estequiométrica, laminar. (a) T, χ_{CH_4}, χ_{CO} e χ_{CO_2}; (b) T, χ_{CH_3}, χ_{CH_2O} e χ_{HCO}; (c) χ_{H_2O}, χ_{OH}, $\chi_{H_2O_2}$ e χ_{HO_2}; (d) T, χ_{CH}, χ_O e χ_{NO}.

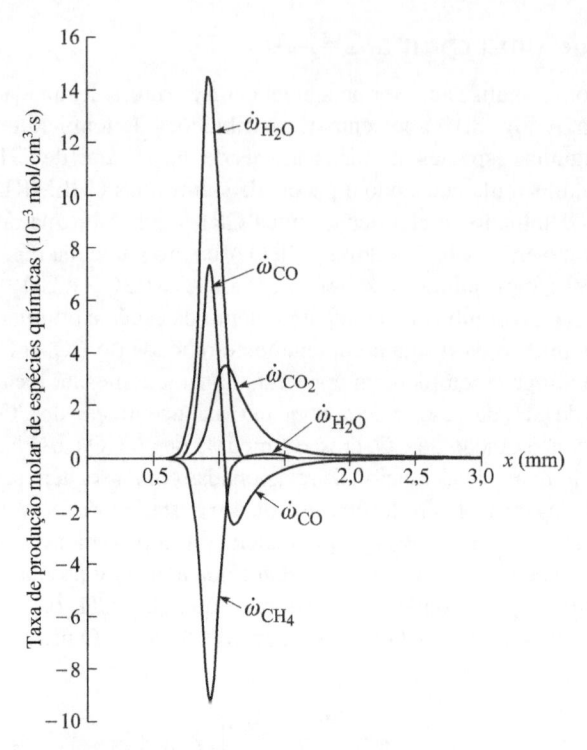

Figura 8.11 Distribuições das taxas de produção de espécies químicas por unidade de volume para uma chama pré-misturada de CH_4-ar, estequiométrica e laminar. Corresponde às mesmas condições da Fig. 8.10.

A taxa máxima de destruição de CO ocorre após o pico da taxa de produção de CO_2. Observe que a maior parte da atividade química ocorre dentro de um intervalo que se estende desde a posição 0,5 mm até 1,5 mm. A Fig. 8.10b mostra também que as espécies intermediárias contendo carbono (CH_3, CH_2O e HCO) são produzidas e destruídas dentro de um pequeno intervalo (0,4 a 1,1 mm), como no caso do radical CH (Fig. 8.10d). Os intermediários portadores de H (HO_2 e H_2O_2) possuem distribuições mais amplas do que as dos intermediários contendo carbono, e os picos das suas concentrações aparecem relativamente antes na chama (Fig. 8.10c). Observe também que o H_2O atinge cerca de 80% da sua fração molar de equilíbrio bem antes do que o CO_2, isto é, aproximadamente a 0,9 mm *versus* 2 mm.

Enquanto o combustível é completamente destruído em cerca de 1 mm e a maior parte do aumento de temperatura (73%) ocorre neste mesmo intervalo, as transformações na direção do equilíbrio são relativamente mais lentas a partir deste ponto. De fato, vemos que o equilíbrio ainda não foi atingido mesmo na posição 3 mm. Esta lenta progressão na direção do equilíbrio é principalmente uma consequência da predominância de colisões termoleculares de recombinação nesta região, como mencionado no início deste capítulo. Mostrar as frações molares como função da distância, em vez do tempo, exagera um pouco a lenta progressão na direção do equilíbrio, como consequência do esticamento causado pela relação entre a distância e o tempo ($dx = v_x dt$) originada pela equação da conservação da massa (ρv_x = constante).

Por exemplo, para um dado intervalo de tempo, uma partícula de fluido em uma região quente, na qual a magnitude da velocidade é alta, desloca-se por uma distância muito maior do que uma partícula de fluido posicionada em uma região fria e com baixa velocidade.

A Fig. 8.10d apresenta a produção de óxido nítrico. Verificamos um aumento um tanto abrupto da fração molar de NO nas posições onde o radical CH está presente, o que é acompanhado por um aumento contínuo, quase linear, da fração molar de NO. Nesta região mais distante, a formação de NO é dominada pelo mecanismo de Zeldovich (veja o Capítulo 5). Obviamente, a curva de fração molar de NO deve atingir um patamar em algum ponto na direção de saída do escoamento à medida que as reações reversas se tornam importantes, aproximando o equilíbrio assintoticamente. Entenderemos melhor a distribuição de fração molar de NO observando a curva de taxa de produção de NO, $\dot{\omega}_{NO}$, ao longo da chama (Fig. 8.12). Da Fig. 8.12, fica evidente que o surgimento de NO no início da chama (entre 0,5 e 0,8 mm na Fig. 8.10d) resulta de difusão de massa somente, pois a taxa de produção de NO é praticamente nula nesta região. É interessante observar que a primeira atividade química relacionada com o NO é um processo de destruição (entre 0,8 e 0,9 mm). A produção de NO atinge um máximo na posição axial correspondente à região entre os picos de concentração de CH e O. Possivelmente, ambos os mecanismos, Fenimore e Zeldovich, são importantes nesta região. Além da posição correspondente ao pico da concentração de O, em $x = 1,2$ mm (Fig. 8.10d), a taxa de produção de NO cai rapidamente no início e, logo a seguir, de maneira mais lenta (Fig. 8.12). Como a temperatura continua a aumentar nesta região, o declínio da taxa de produção líquida de NO deve ser uma consequência do decaimento da concentração de O e também do aumento da importância das reações reversas.

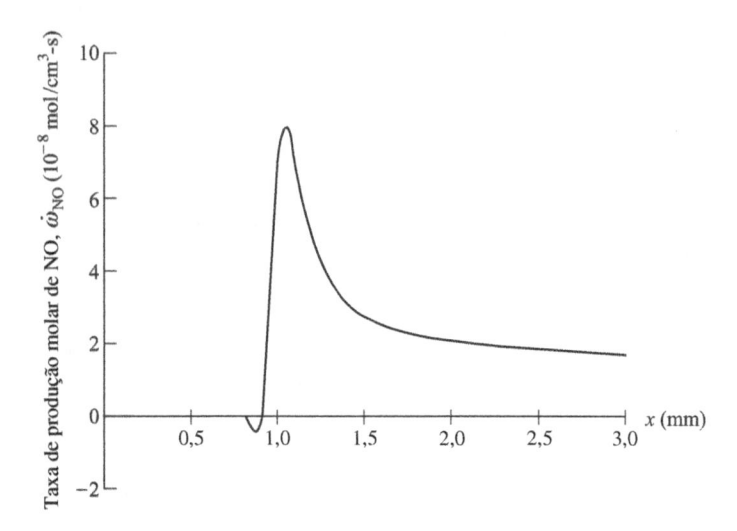

Figura 8.12 Distribuição da taxa de produção molar calculada de óxido nítrico, $\dot{\omega}_{NO}$, para uma chama pré-misturada de CH_4-ar, estequiométrica, laminar. Corresponde às mesmas condições da Fig. 8.10 e 8.11.

FATORES QUE INFLUENCIAM A VELOCIDADE E ESPESSURA DE CHAMA

Temperatura

O efeito da temperatura em S_L e δ pode ser intuído a partir da análise das Eqs. 8.20 e 8.21, ao reunir nas equações a influência da temperatura nas variáveis envolvidas. Por simplicidade, usaremos T_b para estimar $\bar{m}_F'''$. Os efeitos da pressão também são incluídos e as equações, expressas como magnitudes, tornam-se

$$\alpha \propto T_u \bar{T}^{0,75} P^{-1} \qquad (8.27)$$

$$\bar{m}_F'''/\rho_u \propto T_u T_b^{-n} P^{n-1} \exp(-E_A/R_u T_b), \qquad (8.28)$$

onde o expoente n é a ordem da taxa de reação global e $\bar{T} \equiv 0,5(T_b + T_u)$. Combinando essas magnitudes, temos

$$S_L \propto \bar{T}^{0,375} T_u T_b^{-n/2} \exp(-E_A/2R_u T_b) P^{(n-2)/2} \qquad (8.29)$$

e

$$\delta \propto \bar{T}^{0,375} T_b^{n/2} \exp(+E_A/2R_u T_b) P^{-n/2}. \qquad (8.30)$$

Vemos que a velocidade de chama laminar sofre uma forte influência da temperatura, pois a ordem das reações globais para hidrocarbonetos é aproximadamente 2 e as energias de ativação aparente são cerca de $1,67 \times 10^8$ J/kmol (40 kcal/mol) (ver Tabela 5.1). Por exemplo, a Eq. 8.29 prevê que a velocidade de chama cresce por um fator 3,64 quando a temperatura da mistura reagente é aumentada de 300 K para 600 K. Aumentar a temperatura dos gases não queimados também aumentará a temperatura dos gases queimados aproximadamente no mesmo valor, se negligenciarmos a dissociação e a dependência dos calores específicos em relação à temperatura. A Tabela 8.1 mostra a comparação entre velocidades e espessuras de chama para o caso mencionado (caso B) e para o caso de usarmos uma temperatura de reagentes fixa e variarmos apenas a temperatura dos produtos (caso C); o caso A é a condição de referência. O caso C mostra, por meio da redução da temperatura máxima, o efeito da transferência de calor ou da mudança da razão de equivalência na velocidade e espessura de chama para misturas mais pobres ou mais ricas. Neste caso, vemos que a velocidade de chama diminui, enquanto a espessura aumenta significativamente.

Tabela 8.1 Estimativa do efeito das temperaturas dos gases não queimados e gases queimados na velocidade e espessura de chama laminar usando as Eqs. 8.29 e 8.30

Caso	A	B	C
T_u (K)	300	600	300
T_b (K)	2000	2300	1700
$S_L/S_{L,A}$	1	3,64	0,46
d/d_A	1	0,65	1,95

Podemos comparar as nossas estimativas simples da influência da temperatura na velocidade de chama usando como referência a correlação empírica obtida por Andrews e Bradley [19] para uma chama estequiométrica de metano e ar,

$$S_L \text{ (cm/s)} = 10 + 3{,}71 \cdot 10^{-4}[T_u(K)]^2 \qquad (8.31)$$

cujo comportamento é mostrado na Fig. 8.13, junto com as medições obtidas em diferentes experimentos. Usando a Eq. 8.31, um aumento de T_u de 300 K para 600 K resulta em um aumento de S_L por um fator de 3,3, o qual compara-se muito bem com a nossa estimativa de 3,64 (Tabela 8.1).

Correlações úteis para estimar o efeito da temperatura dos reagentes na velocidade de chama laminar foram desenvolvidas por Metghalchi e Keck [11] e são mostradas na próxima seção.

Pressão

A Eq. 8.30 mostra que $S_L \propto P^{(n-2)/2}$. Se, novamente, admitirmos uma reação global de ordem 2, a velocidade de chama seria independente da pressão. Medições em experimentos geralmente mostram uma dependência negativa da velocidade em relação à pressão. Andrews e Bradley [19] constataram que

$$S_L \text{ (cm/s)} = 43[P \text{ (atm)}]^{-0,5} \qquad (8.32)$$

se ajusta aos seus dados para $P > 5$ atm para chamas de metano e ar (Fig. 8.14). Law [20] apresenta um resumo de valores de velocidade de chama para uma faixa de pressões (até 5 atm) para os seguintes combustíveis: H_2, CH_4, C_2H_2, C_2H_4, C_2H_6 e C_3H_8. O trabalho já citado de Metghalchi e Keck [11] também fornece correlações para a relação entre pressão e velocidade de chama para alguns combustíveis.

Razão de equivalência

Exceto para misturas muito ricas, o principal efeito da razão de equivalência na velocidade de chama para combustíveis similares é resultado de como este parâmetro afeta a temperatura da chama. Assim, espera-se que a velocidade de chama seja máxima para misturas levemente ricas e decresça em ambos os lados (veja Fig. 2.13). De fato, a Fig 8.15 mostra este comportamento para o metano. A espessura de chama apresenta um comportamento oposto, tendo um mínimo próximo à estequiometria (Fig. 8.16). Observe que muitas definições diferentes para δ são usadas nas medições em laboratório, assim, deve-se ter um cuidado especial ao comparar valores oriundos de diferentes trabalhos.

Tipo de combustível

Uma compilação extensa, embora relativamente ultrapassada, de valores medidos de velocidade de chama está disponível na Ref. [21], cujos valores reportados são mostrados na Fig. 8.17 para alcanos (ligações simples), alcenos (ligações duplas) e alcinos (ligações triplas) de C_2 a C_6. Também são mostrados os valores para CH_4 e H_2. A velocidade de chama para o propano é usada como referência. A grosso modo, os hidrocarbonetos de C_3 a C_6 seguem o comportamento esperado da temperatura de

$(S_u - 10) - 0{,}000371 T_u^2$

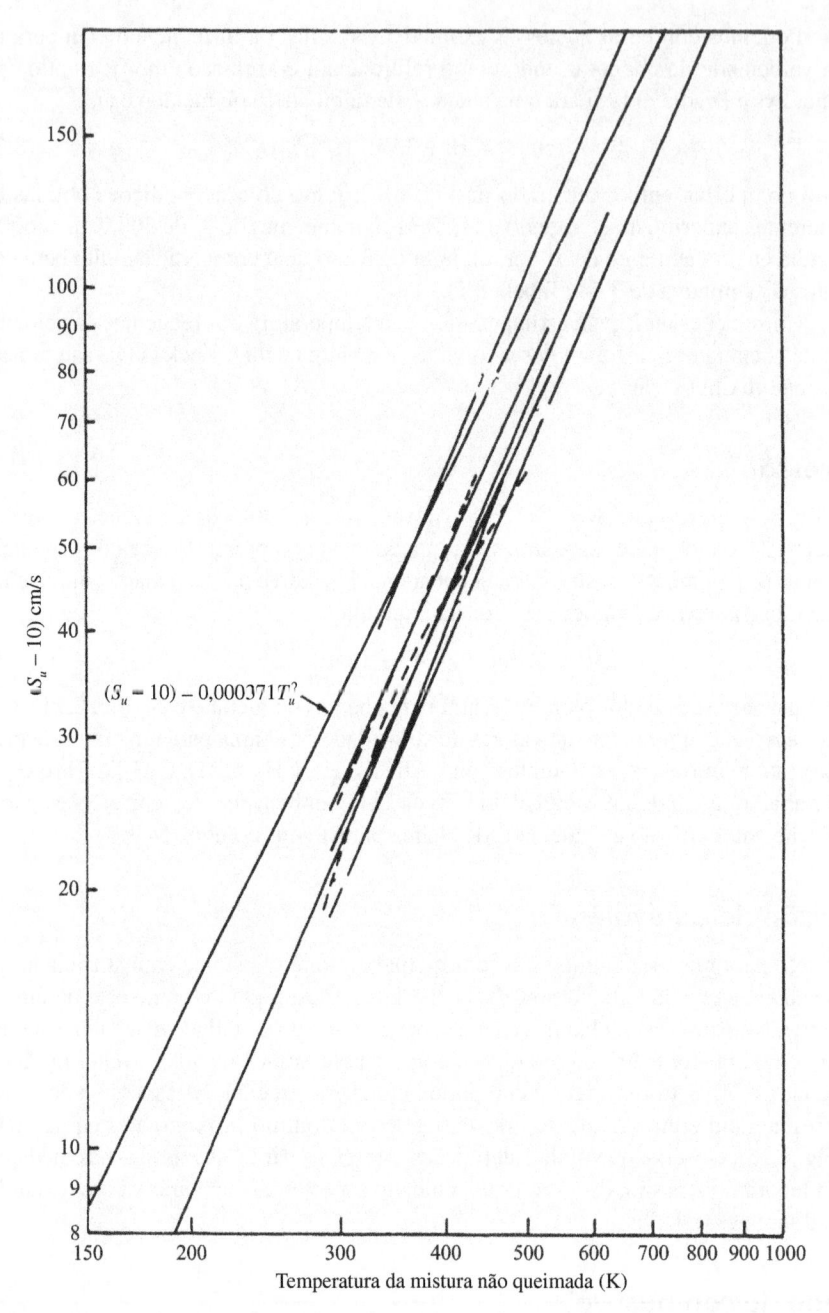

Figura 8.13 Efeito da temperatura dos gases não queimados na velocidade de chama laminar de misturas de metano e ar, estequiométricas, a 1 atm. As várias linhas representam os valores medidos por vários pesquisadores.

FONTE: Impresso com permissão, Elsevier Science, Inc., da Ref. [19], © 1972, The Combustion Institute.

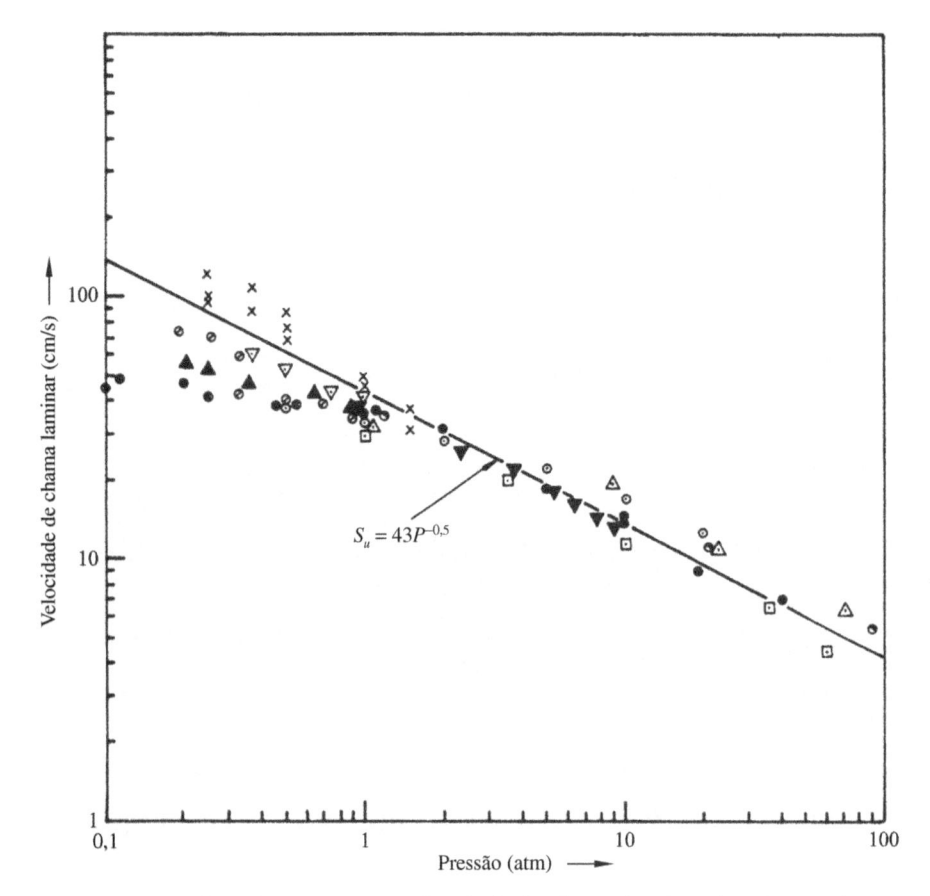

Figura 8.14 Efeito da pressão na velocidade de chama laminar de misturas de metano e ar, estequiométricas, para T_u de 16 a 27 °C.
FONTE: Impresso sob permissão, Elsevier Science, Inc., da Ref. [19], © 1972, The Combustion Institute.

(No gráfico: $S_u = 43P^{-0,5}$)

chama. Etileno (C_2H_4) e acetileno (C_2H_2) apresentam velocidades maiores do que as do grupo C_3–C_6, enquanto o metano aparece logo abaixo. A máxima velocidade de chama do hidrogênio é muitas vezes maior que a do propano. Vários fatores contribuem para os valores elevados de velocidade de chama para H_2: (1) a difusividade térmica do gás H_2 é muito maior do que aquela dos hidrocarbonetos; (2) a difusividade mássica do gás H_2 também é muito maior do que a dos hidrocarbonetos e (3) a cinética de oxidação do H_2 é mais rápida, pois a etapa relativamente lenta na qual CO → CO_2 (um importante fator na combustão de hidrocarbonetos) não está presente. Law [20] apresenta uma compilação de velocidades de chama para vários combustíveis puros e misturas, os quais são considerados os valores mais acurados medidos até o presente. A Tabela 8.2 apresenta um subconjunto destes resultados.

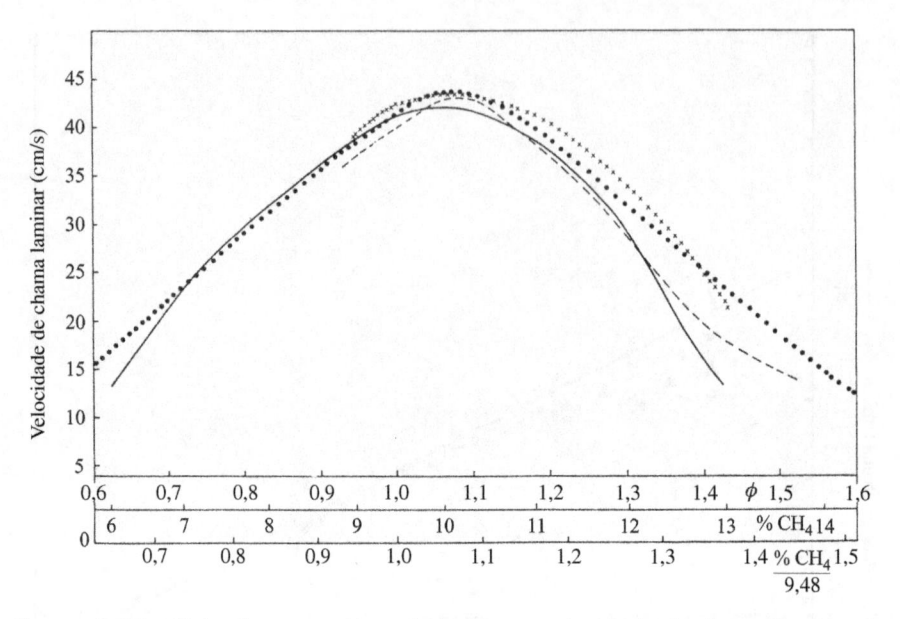

Figura 8.15 Efeito da razão de equivalência na velocidade de chama laminar de misturas de metano e ar, estequiométricas, a 1 atm.
FONTE. Impresso com permissão, Elsevier Science, Inc., da Ref. [19], © 1972, The Combustion Institute.

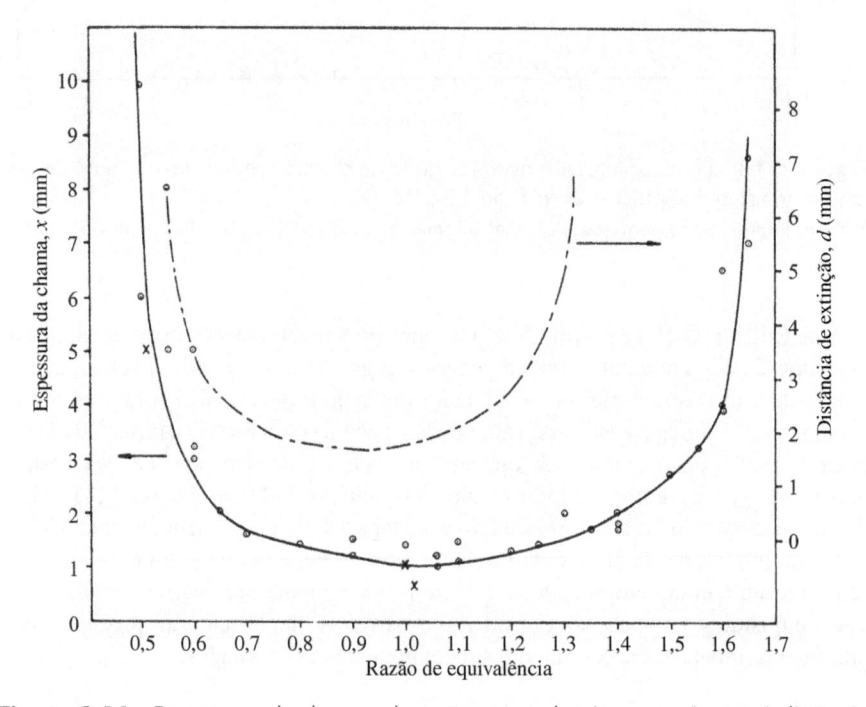

Figura 8.16 Espessuras de chamas de metano e ar, laminares, a 1 atm. A distância de extinção também é mostrada.
FONTE: Impresso com permissão, Elsevier Science, Inc., da Ref. [19], © 1972, The Combustion Institute.

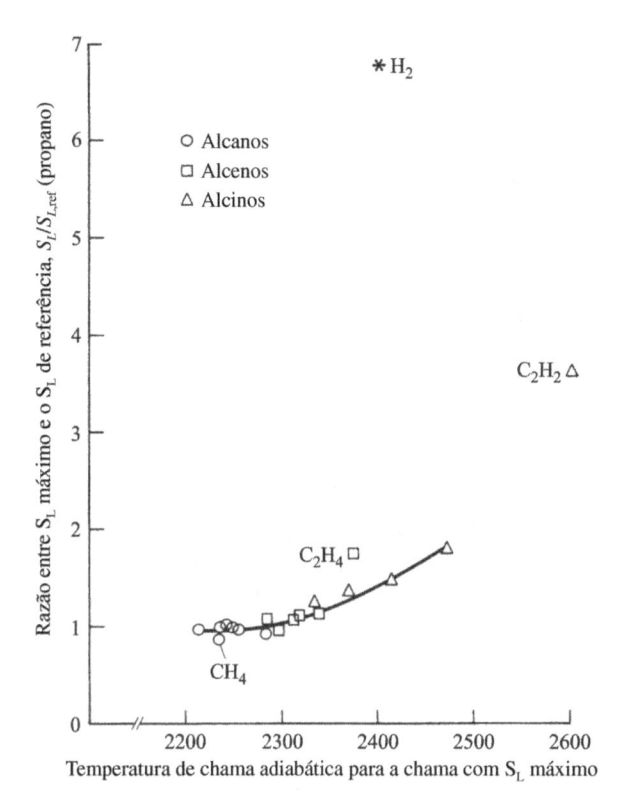

Figura 8.17 Velocidades de chama relativas para hidrocarbonetos de C_1 a C_6. A velocidade de chama de referência foi obtida pelo método do tubo de chama laminar para propano e ar [21].

Tabela 8.2 Velocidades de chama laminar para vários combustíveis queimando em ar a $\Phi = 1,0$ e 1 atm (T_u = temperatura do ambiente) da Ref. [20]

Combustível	Fórmula	Velocidade de chama laminar, S_L (cm/s)
Metano	CH_4	40
Acetileno	C_2H_2	136
Etileno	C_2H_4	67
Etano	C_2H_6	43
Propano	C_3H_8	44
Hidrogênio	H_2	210

CORRELAÇÕES PARA A VELOCIDADE DE CHAMA PARA ALGUNS COMBUSTÍVEIS

Metghalchi e Keck [11] determinaram experimentalmente valores de velocidade de chama laminar para diferentes misturas de combustível-ar em uma faixa de temperaturas e pressões típicas das condições em câmaras de combustão de motores a combustão interna e turbinas a gás. Várias formas para as correlações foram experimentadas [11], incluindo uma similar à Eq. 8.29. A forma que resultou no melhor comportamento foi

$$S_L = S_{L,\text{ref}} \left(\frac{T_u}{T_{u,\text{ref}}} \right)^\gamma \left(\frac{P}{P_{\text{ref}}} \right)^\beta (1 - 2{,}1 Y_{\text{dil}}), \tag{8.33}$$

válida para $T_u \gtrsim 350$ K. O subscrito *ref* indica as condições de referência definidas por

$$T_{u,\text{ref}} = 298 \text{ K},$$
$$P_{\text{ref}} = 1 \text{ atm},$$

e

$$S_{L,\text{ref}} = B_M + B_2 (\Phi - \Phi_M)^2$$

onde as constantes B_M, B_2 e Φ_M dependem do tipo de combustível e são dadas na Tabela 8.3. Os expoentes da temperatura e pressão, γ e β, são funções da razão de equivalência nas formas

$$\gamma = 2{,}18 - 0{,}8(\Phi - 1)$$

e

$$\beta = -0{,}16 + 0{,}22(\Phi - 1).$$

O termo Y_{dil} é a fração mássica de espécies químicas diluentes presentes na mistura ar–combustível, especificamente incluído na Eq. 8.33 para permitir a avaliação do efeito da recirculação de produtos de combustão. A recirculação de gases de exaustão é uma técnica típica utilizada para controlar a formação de óxidos de nitrogênio em muitos sistemas de combustão. Em motores a combustão interna, é comum ocorrer essa mistura de produtos residuais de combustão com os gases admitidos como resultado da existência de um volume morto, e a fração recirculada pode ser aumentada com o uso de válvulas de recirculação de produtos de combustão.

Exemplo 8.3

Compare as velocidades de chama laminar para misturas de gasolina e ar com $\Phi = 0{,}8$ para os três casos a seguir:

i. Nas condições de referência a $T = 298$ K e $P = 1$ atm.
ii. Em condições típicas de motores a combustão interna de ignição por centelha em operação com válvula borboleta completamente aberta: $T = 685$ K e $P = 18{,}38$ atm.

Tabela 8.3 Valores para B_M, B_2 e Φ_M usados com a Eq. 8.33 [11]

Combustível	Φ_M	B_M (cm/s)	B_2 (cm/s)
Metanol	1,11	36,92	−140,51
Propano	1,08	34,22	−138,65
Iso-octano	1,13	26,32	−84,72
RMFD-303	1,13	27,58	−78,34

iii. Nessas mesmas codições, porém com a presença de 15% (em massa) de gases de exaustão recirculados.

Solução

Usaremos a correlação de Metghalchi e Keck, Eq. 8.33, para RMFD-303. Este combustível de pesquisa (também conhecido como indoleno*) apresenta uma composição controlada que aproxima as propriedades de gasolinas típicas. A velocidade de chama a 298 K e 1 atm é dada por

$$S_{L,\text{ref}} = B_M + B_2(\Phi - \Phi_M)^2$$

onde, da Tabela 8.3,

$$B_M = 27{,}58 \text{ cm/s},$$
$$B_2 = -78{,}38 \text{ cm/s},$$
$$\phi_M = 1{,}13.$$

Assim,

$$S_{L,\text{ref}} = 27{,}58 - 78{,}34(0{,}8 - 1{,}13)^2,$$

$$\boxed{S_{L,\text{ref}} = 19{,}05 \text{ cm/s}}$$

Para calcular a velocidade de chama em temperaturas e pressões diferentes das condições de referência, usamos (Eq. 8.33)

$$S_L(T_u, P) = S_{L,\text{ref}} \left(\frac{T_u}{T_{u,\text{ref}}}\right)^\gamma \left(\frac{P}{P_{\text{ref}}}\right)^\beta$$

onde

$$\gamma = 2{,}18 - 0{,}8(\Phi - 1)$$
$$= 2{,}34$$
$$\beta = -0{,}16 + 0{,}22(\Phi - 1)$$
$$= -0{,}204.$$

Assim,

$$S_L(685 \text{ K}, 18{,}38 \text{ atm}) = 19{,}05 \left(\frac{685}{298}\right)^{2{,}34} \left(\frac{18{,}38}{1}\right)^{-0{,}204}$$
$$= 19{,}05(7{,}012)(0{,}552)$$

$$\boxed{S_L = 73{,}8 \text{ cm/s}}$$

Com a diluição por gases recirculados, a velocidade de chama é reduzida pelo fator $(1 - 2{,}1\, Y_{\text{dil}})$:

$$S_L(685 \text{ K}, 18{,}38 \text{ atm}, 15\% \text{ EGR}) = 73{,}8[1 - 2{,}1(0{,}15)]$$

$$\boxed{S_L = 50{,}6 \text{ cm/s}}$$

Comentário

Vemos que a velocidade de chama é muito maior nas condições do motor do que nas condições de referência, com o efeito da temperatura sendo dominante. De fato, a velocidade de chama

---

* N. de T.: Fórmula química: $C_{18}H_{25}NO$; nome: 8-(1H-indol-1-yl)-2,6-dimethyl-7-Octen-2-ol; número do registro CAS: 68527-79-7.

é um importante fator que determina a velocidade de chama turbulenta, a qual controla a taxa de combustão em motores em combustão interna de ignição por centelha. Os resultados deste exemplo também mostram que a diluição diminui a velocidade de chama, o que pode resultar em um efeito que deteriora o desempenho do motor quando um excesso de gás queimado é recirculado. Note que utilizamos um valor de T_u menor que o mínimo recomendado como limite de acurácia da Eq. 8.33, dessa forma subestimando o valor real de S_L a 298 K.

EXTINÇÃO, INFLAMABILIDADE E IGNIÇÃO

Até aqui, consideramos somente a propagação de chamas laminares pré-misturadas em regime permanente. Agora abordaremos fenômenos essencialmente transientes: a extinção e ignição de chamas. Embora estes processos sejam transientes, limitaremos nossa atenção somente aos comportamentos nos limites, ou seja, nas condições que levam a chama à extinção, ou à ignição, e ignoraremos a variação com o tempo de detalhes dos processos de extinção e ignição.

Há muitas formas nas quais uma chama pode ser extinta. Por exemplo, as chamas sofrerão extinção durante propagação em fendas estreitas. Este fenômeno forma o princípio de operação de muitos mecanismos de contenção de chama usados atualmente e foi posto em prática por Sir Humphry Davy na sua invenção da lâmpada de segurança para mineiros em 1815. Outra técnica para provocar a extinção de chamas pré-misturadas é a adição de diluentes, como a água, os quais possuem principalmente um efeito térmico, ou de supressantes químicos, como os halogênios, os quais alteram a cinética química. Assoprar a chama para afastá-la dos reagentes também é um método efetivo de extinção de chama, o qual é facilmente demonstrado usando um bico de Bunsen queimando uma chama fraca. Uma aplicação prática da extinção por assopramento é a extinção de incêndios em poços de petróleo usando explosivos, embora, neste caso, as chamas possam apresentar um forte caráter não pré-misturado.

A seguir, discutiremos três conceitos: distância de extinção, limites de inflamabilidade e energia mínima de ignição. Em todos esses casos, admitiremos que a perda de calor da chama controla os fenômenos estudados. Para análises e discussões mais detalhadas, o leitor deve consultar a literatura [8, 22–32].

Extinção por uma parede fria

Conforme mencionado, as chamas sofrem extinção quando entram em uma fenda suficientemente estreita. Se a largura da fenda não for muito pequena, a chama se propagará através dela. O máximo diâmetro de um tubo circular no qual a chama sofre extinção ao penetrar no seu interior é denominado de **distância de extinção**. Experimentalmente, as distâncias de extinção são determinadas ao observar, para um dado diâmetro de tubo, se uma chama laminar estabilizada na saída do tubo penetra no seu interior e queima em direção à entrada (apresenta um **retorno** de chama ou *flashback*) quando o escoamento de gás reagente é subitamente desligado. As distâncias de extinção também são determinadas usando fendas retangulares com grande razão de aspecto. Neste caso, a distância de extinção é a distância entre os dois lados da fenda, isto é, a largura da fenda. As distâncias baseadas em diâmetros de tubos são relativamente maiores (de 20 a 50%) do que as distâncias baseadas em larguras de fendas [21].

Critérios de ignição e extinção Williams [22] fornece duas regras que controlam a ignição e o seu oposto, a extinção de chamas. O segundo critério é aplicável à extinção causada por uma parede fria.

Critério I – A ignição somente ocorrerá se uma quantidade suficiente de energia for adicionada ao gás para aquecer uma lâmina, com espessura aproximadamente igual à espessura de uma chama laminar propagando em regime permanente, até a temperatura de chama adiabática.

Critério II – A taxa de liberação de energia devido às reações químicas no interior da lâmina de gás deve ser aproximadamente igual à taxa de transferência de calor por condução a partir da lâmina.

Na seção seguinte usaremos este critério para desenvolver uma análise simplificada da extinção de chamas.

Análise simplificada da extinção Considere uma chama que acaba de entrar no interior de uma fenda formada entre duas placas planas paralelas, como mostrado na Fig. 8.18. Aplicando o segundo critério de Williams e seguindo o procedimento sugerido por Friedman [28], escrevemos um balanço de energia igualando a taxa de geração de energia pelas reações químicas com a taxa de transferência de calor por condução da chama para as paredes, ou seja,

$$\dot{Q}'''V = \dot{Q}_{cond, tot}, \qquad (8.34)$$

onde a taxa de geração de energia por unidade de volume $\dot{Q}'''$ relaciona-se com $\bar{m}_F'''$, definida anteriormente, como

$$\dot{Q}''' = -\bar{m}_F''' \Delta h_c. \qquad (8.35)$$

Antes de prosseguir, é importante observar que admitimos que a espessura da camada de gás analisada (Fig. 8.18) é igual a δ, a espessura da chama laminar expressa na Eq. 8.21. Nosso objetivo agora é determinar a distância d, a distância de extinção, a qual satisfaz o critério de extinção expresso pela Eq. 8.34.

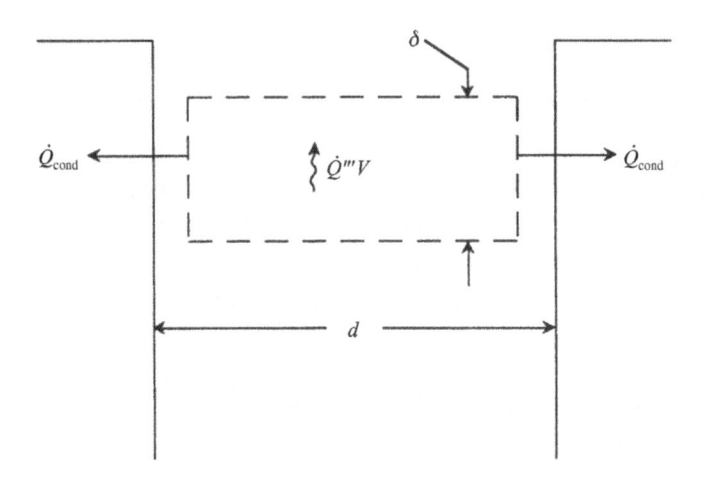

Figura 8.18 Esquema da extinção de chama por perda de calor entre duas paredes paralelas.

A taxa de transferência de calor a partir da chama para a parede pode ser expressa pela Lei de Fourier como

$$\dot{Q}_{cond} = -kA\frac{dT}{dx}\bigg|_{\text{no gás próximo à parede}}, \qquad (8.36)$$

onde tanto a condutividade, k, quanto o gradiente de temperatura são avaliados no gás próximo à parede. A área A é facilmente expressa como $2\delta L$, onde L é o comprimento da fenda (perpendicular à página) e o fator 2 refere-se ao fato de a chama estar em contato com ambas as paredes opostas. O gradiente de temperatura dT/dx, entretanto, é muito mais difícil de estimar. Um limite inferior que parece razoável para a magnitude de dT/dx é $(T_b - T_w)/(d/2)$, onde admitimos uma variação linear entre a temperatura T_b no plano central da chama e a temperatura T_w na parede. Como dT/dx é provavelmente muito maior que essa estimativa, introduzimos uma constante arbitrária b, definida por

$$\left|\frac{dT}{dx}\right| \equiv \frac{T_b - T_w}{d/b}, \qquad (8.37)$$

onde b é um número geralmente muito maior que 2. Utilizando as Eqs. 8.35–8.37, o critério de extinção (Eq. 8.34) torna-se

$$\left(-\bar{m}_F''' \Delta h_c\right)(\delta d L) = k(2\delta L)\frac{T_b - T_w}{d/b} \qquad (8.38a)$$

ou

$$d^2 = \frac{2kb(T_b - T_w)}{-\bar{m}_F''' \Delta h_c}. \qquad (8.38b)$$

Admitindo que $T_w = T_u$ e usando a relação desenvolvida há pouco entre $\bar{m}_F'''$ e S_L (Eq. 8.20) e $\Delta h_c = (\nu + 1)c_p(T_b - T_u)$, a Eq. 8.38b torna-se

$$d = 2\sqrt{b}\alpha/S_L \qquad (8.39a)$$

ou, em termos de δ,

$$d = \sqrt{b}\delta. \qquad (8.39b)$$

A Eq. 8.39b reproduz os resultados experimentais mostrados na Fig. 8.16 para o metano, os quais indicam que as distâncias de extinção são maiores que a espessura da chama δ. A Tabela 8.4 mostra as distâncias de extinção para uma ampla variedade de combustíveis. Devemos lembrar também que as influências da pressão e da temperatura na distância de extinção podem ser estimadas usando a Eq. 8.30.

Exemplo 8.4

Considere o projeto de um queimador de chama plana, adiabático e com escoamento laminar consistindo em um arranjo regular de tubos com paredes finas, como ilustrado no esquema a seguir. A mistura ar-combustível escoa tanto nos tubos quanto nos espaços entre os tubos. Deseja-se operar o queimador com uma mistura estequiométrica de metano-ar entrando no queimador a 300 K e 5 atm.

A. Determine a vazão mássica de mistura por unidade de área na condição de projeto.

Tabela 8.4 Limites de inflamabilidade, distâncias de extinção e energias de ignição mínimas para vários combustíveis[a]

Combustível	Limites de inflamabilidade			Distância de extinção		Energia de ignição mínima	
	Φ_{min} (limite pobre ou inferior)	Φ_{max} (limite rico ou superior)	Razão mássica ar-combustível mássica	Para $\Phi=1$ (mm)	Mínimo absoluto (mm)	Para $\Phi=1$ (10^{-5} J)	Mínimo absoluto (10^{-5} J)
Acetileno, C_2H_2	$0,19^b$	∞^b	13,3	2,3	–	3	–
Monóxido de carbono, CO	0,34	6,76	2,46	–	–	–	–
n-Decano, $C_{10}H_{22}$	0,36	3,92	15,0	$2,1^c$	–	–	–
Etano, C_2H_6	0,50	2,72	16,0	2,3	1,8	42	24
Etileno, C_2H_4	0,41	>6,1	14,8	1,3	–	9,6	–
Hidrogênio, H_2	$0,14^b$	$2,54^b$	34,5	0,64	0,61	2,0	1,8
Metano, CH_4	0,46	1,64	17,2	2,5	2,0	33	29
Metanol, CH_3OH	0,48	4,08	6,46	1,8	1,5	21,5	14
n-Octano, C_8H_{18}	0,51	4,25	15,1	–	–	–	–
Propano, C_3H_8	0,51	2,83	15,6	2,0	1,8	30,5	26

[a] FONTE: Dados da Ref. [21] a menos que especificado em contrário.
[b] Zabetakis (U.S. Bureau of Mines, Bulletin 627, 1965).
[c] Chomiak [25].

B. Estime o máximo diâmetro de tubo que permitiria a operação do queimador livre da possibilidade de retorno de chama.

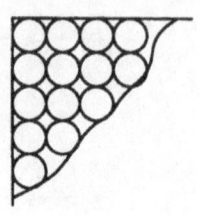

Disposição dos tubos do queimador

Solução

A. Para estabilizar uma chama plana, a velocidade média do escoamento deve ser igual à velocidade de chama laminar na temperatura e pressão de projeto. Da Fig. 8.14,

$$S_L(300 \text{ K}, 5 \text{ atm}) = 43/\sqrt{P(\text{atm})}$$
$$= 43/\sqrt{5} = 19,2 \text{ cm/s}.$$

O fluxo de massa, $\dot{m}''$, é

$$\dot{m}'' = \dot{m}/A = \rho_u S_L.$$

Podemos aproximar a densidade da mistura admitindo comportamento de gás ideal, para o qual

$$MW_{mis} = \chi_{CH_4} MW_{CH_4} + (1 - \chi_{CH_4}) MW_{ar}$$
$$= 0,095(16,04) + 0,905(28,85)$$
$$= 27,6 \text{ kg/kmol}$$

e

$$\rho_u = \frac{P}{(R_u/MW_{mis})T_u} = \frac{5(101.325)}{(8315/27,6)(300)}$$
$$= 5,61 \text{ kg/m}^3.$$

Assim, o fluxo de massa é

$$\dot{m}'' = \rho_u S_L = 5,61(0,192)$$
$$\boxed{\dot{m}'' = 1,08 \text{ kg/s-m}^2}.$$

B. Admitimos que caso o diâmetro dos tubos seja menor que a distância de extinção, incluindo um fator de segurança, o queimador operará livre do risco de retorno de chama. Assim, precisamos estimar o valor da distância de extinção para as condições de projeto. Na Fig. 8.16 vemos que a distância de extinção para uma fenda a 1 atm é aproximadamente 1,7 mm. Como as distâncias de extinção são cerca de 20 a 50% maiores para tubos, usaremos este valor diretamente, admitindo que esta proporção será o nosso fator de segurança. Precisamos agora corrigir este valor para a condição de pressão de 5 atm. Da Eq. 8.39a, vemos que

$$d \propto \alpha/S_L,$$

e, da Eq. 8.27,

$$\alpha \propto T^{1,75}/P.$$

Combinando os efeitos de pressão em α e S_L, temos

$$d_2 = d_1 \frac{\alpha_2}{\alpha_1} \frac{S_{L,1}}{S_{L,2}} = d_1 \frac{P_1}{P_2} \frac{S_{L,1}}{S_{L,2}}$$

$$d(5\,\text{atm}) = 1,7\,\text{mm} \frac{1\,\text{atm}}{5\,\text{atm}} \frac{43\,\text{cm/s}}{19,2\,\text{cm/s}},$$

assim,

$$\boxed{d_{\text{projeto}} \leq 0,76\,\text{mm}}$$

Precisamos verificar se as condições de escoamento laminar continuam existindo nos tubos, ou seja, se $Re_d < 2300$. Usando a viscosidade do ar como representativa da viscosidade da mistura reagente,

$$Re_d = \frac{\rho_u d_{\text{projeto}} S_L}{\mu}$$

$$= \frac{5,61(0,00076)(0,192)}{15,89 \cdot 10^{-6}}$$

$$= 51,5.$$

Este valor é significativamente menor que o valor do número de Reynolds na transição de escoamento laminar para turbulento. Assim, as estimativas utilizadas são válidas para este projeto.

Comentário

O projeto final deveria ser baseado no pior cenário, para o qual a distância de extinção assumiria o menor valor. Na Fig. 8.16 vemos que esta distância de extinção mínima, que ocorre em $\Phi = 0,8$, tem um valor próximo ao usado anteriormente.

Limites de inflamabilidade

Os experimentos mostram que uma chama se propagará somente dentro de uma faixa de razões de equivalência entre os chamados limites de inflamabilidade. O **limite inferior** corresponde à mistura mais pobre ($\Phi < 1$) que ainda permitirá a propagação de uma chama laminar, enquanto o **limite superior** corresponde à mistura mais rica ($\Phi > 1$). Os limites de inflamabilidade são frequentemente fornecidos como porcentagens em volume de combustível na mistura reagente ou como porcentagens da quantidade estequiométrica de combustível, ou seja, $\Phi \times 100\%$.

A Tabela 8.4 mostra os limites de inflamabilidade para diversas misturas combustível-ar na pressão atmosférica obtidas por experimentos utilizando o "método do tubo". Neste método, verificamos se uma chama iniciada na extremidade inferior do tubo (com aproximadamente 50 mm de diâmetro e 1,2 m de comprimento) propaga-se para cima ao longo do comprimento do tubo. Uma mistura que suporta a propagação da chama é identificada como inflamável. Ao variar a razão estequiométrica da mistura, obtemos os limites superior e inferior. O efeito da pressão no limite inferior de inflamabilidade é relativamente pequeno. A Fig. 8.19 ilustra este comportamento por meio de medições obtidas com misturas de metano e ar em um reator fechado [33].

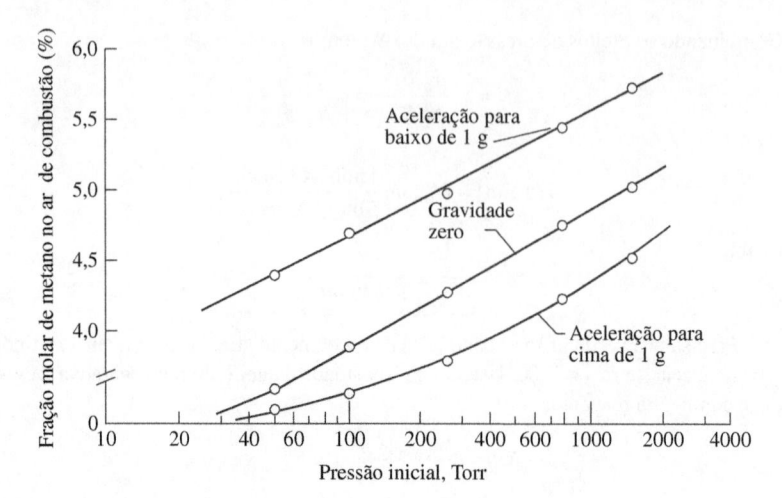

Figura 8.19 Limites de inflamabilidade inferiores (pobres) para misturas de metano e ar em diferentes pressões. Observe que a fração molar de metano de 5% corresponde a uma razão de equivalência de 0,476. Os experimentos foram conduzidos em gravidade normal e em gravidade zero. Adaptado da Ref. [33]. Impresso com permissão de Elsevier.

Embora os limites de inflamabilidade possam ser identificados como propriedades físico-químicas da mistura ar-combustível, os limites de inflamabilidade medidos experimentalmente são afetados pela perda de calor do sistema, assim, são dependentes de características específicas do aparato experimental utilizado [31].

Mesmo quando as perdas de calor por condução são mínimas, as perdas por radiação podem induzir a ocorrência de extinção. A Fig. 8.20 ilustra a distribuição de tem-

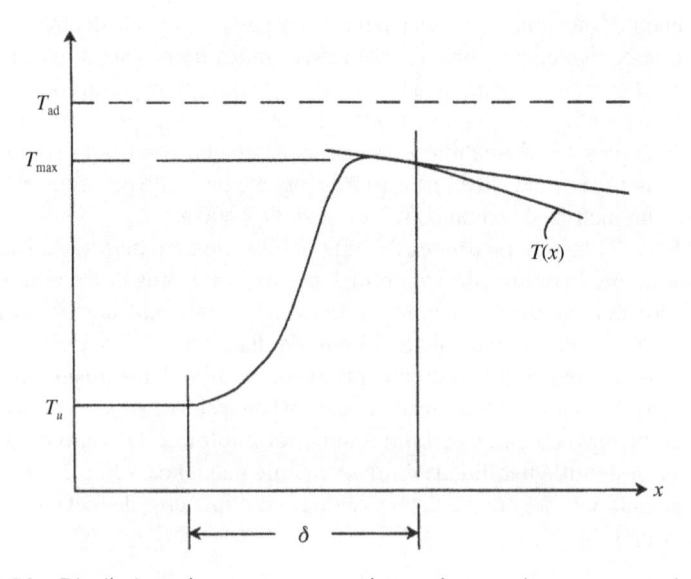

Figura 8.20 Distribuição de temperatura ao longo de uma chama com perda de calor.

peratura axial instantânea ao longo da linha de centro de um tubo no qual uma chama se propaga. Por causa da radiação emitida para as regiões mais frias, os gases quentes resfriam-se. Essa taxa de resfriamento cria um gradiente de temperatura negativo na parte quente da região de chama, permitindo que calor seja removido da chama por condução. Quando uma quantidade de calor suficientemente alta é removida, não satisfazendo o critério de Williams, a chama sofre extinção. Williams [22] fornece uma análise teórica da situação descrita na Fig. 8.20, a qual está além dos propósitos deste livro.

Exemplo 8.5

Um cilindro cheio de propano de um fogão de acampamento vaza o seu conteúdo de 0,464 kg em uma sala com dimensões 3,66 m × 4,27 m × 2,44 m a 20 °C e 1 atm. Após um longo tempo, o gás e o ar da sala estão perfeitamente misturados. Essa mistura é inflamável?

Solução

Na Tabela 8.4 vemos que as misturas de propano e ar são inflamáveis para $0,51 < \Phi < 2,83$. Nosso problema, portanto, consiste em determinar a razão de equivalência da mistura na sala. Determinarmos a pressão parcial de propano admitindo comportamento de gás ideal:

$$P_F = \frac{m_F(R_u/MW_F)T}{V_{sala}}$$

$$= \frac{0,464(8315/44,094)(20+273)}{3,66(4,27)(2,44)}$$

$$= 672,3 \text{ Pa}.$$

A fração molar de propano é

$$\chi_F = \frac{P_F}{P} = \frac{672,3}{101.325} = 0,00664$$

e

$$\chi_{ar} = 1 - \chi_F = 0,99336.$$

A razão ar-combustível da mistura na sala é

$$(A/F) = \frac{\chi_{ar}MW_{ar}}{\chi_F MW_F} = \frac{0,99336(28,85)}{0,00664(44,094)}$$

$$= 97,88.$$

Da definição de Φ e do valor de $(A/F)_{esteq}$ da Tabela 8.4, temos

$$\Phi = \frac{15,6}{97,88} = 0,159.$$

Como $\Phi = 0,159$ é menor que o limite inferior de inflamabilidade ($\Phi_{min} = 0,51$), a mistura na sala não é capaz de suportar uma chama propagando-se livremente.

Comentário

Embora nossa estimativa tenha mostrado que a condição perfeitamente misturada na sala não é inflamável, é plenamente possível que, durante o vazamento de propano, uma mistura inflamável tenha se formado em algum lugar na sala. O propano é mais pesado que o ar e tenderia a acumular-se perto do chão da sala até que fosse completamente misturado por difusão molecular e escoamento. Em ambientes empregando gases inflamáveis, sensores de gases devem ser instalados tanto em posições elevadas quanto próximos ao chão, a fim de detectar vazamentos de combustíveis mais leves e mais pesados que o ar, respectivamente.

Ignição

Nesta seção, limitaremos nossa discussão à ignição por descarga elétrica e, particularmente, enfocaremos o conceito de **energia de ignição mínima**. A ignição por centelha talvez seja a forma mais empregada de ignição em sistemas de combustão, por exemplo, em motores a combustão interna e turbinas a gás com ignição por centelha e vários tipos de queimadores industriais, comerciais e residenciais. A ignição por centelha é uma forma altamente confiável que dispensa a existência prévia de uma chama, como requerido na ignição por chama-piloto. A seguir, uma análise simplificada é apresentada na qual são determinados os efeitos da pressão, temperatura e razão de equivalência na mínima energia requerida para a ignição. Medições também são mostradas e comparadas com as estimativas obtidas da teoria simplificada.

Análise simplificada da ignição Considere o segundo critério de Williams aplicado agora a um volume esférico de gás reagente, o qual representa o núcleo de uma chama criado por uma faísca pontual. Usando este critério, definimos um raio crítico do volume de gás reagente de forma que a chama não se propagará a partir deste núcleo se o seu raio for menor que este raio crítico. A segunda etapa da análise consiste em admitir que a energia de ignição mínima que deve ser fornecida pela faísca é a energia requerida para aquecer o volume de gás crítico do seu estado inicial até a temperatura da chama.

Para determinar o raio crítico, R_{crit}, equacionamos a energia liberada pela reação química à taxa de transmissão de calor para o gás frio por condução, conforme mostrado na Fig. 8.21, ou seja,

$$\dot{Q}'''V = \dot{Q}_{cond} \qquad (8.40)$$

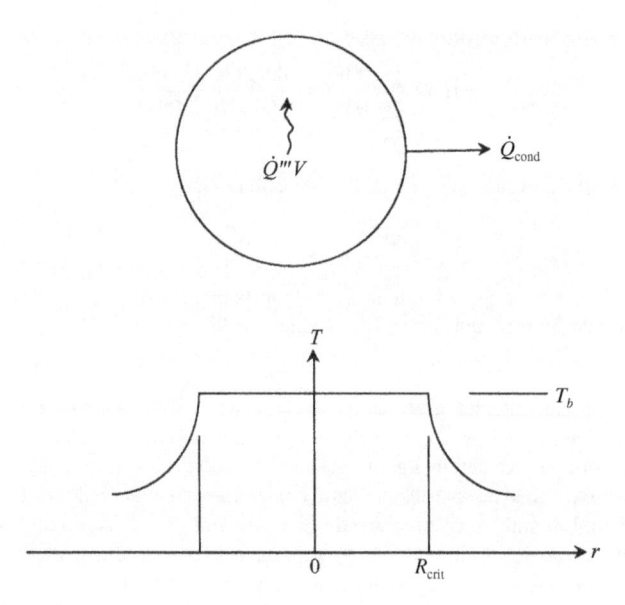

Figura 8.21 Volume crítico de gás para a ignição por centelha.

ou

$$-\bar{m}_F''' \Delta h_c 4\pi R_{crit}^3/3 = -k 4\pi R_{crit}^2 \left.\frac{dT}{dr}\right|_{R_{crit}}, \qquad (8.41)$$

onde a Eq. 8.35 foi substituída por $\dot{Q}'''$, a Lei de Fourier foi usada e o volume e a área superficial da esfera foram escritos em termos do raio crítico, R_{crit}.

O gradiente de temperatura no gás frio no contorno da esfera, $(dT/dr)_{crit}$, pode ser determinado pela distribuição de temperatura no gás além da esfera ($R_{crit} \le r \le \infty$) com as condições de contorno $T(R_{crit}) = T_b$ e $T(\infty) = T_u$. (O valor $Nu = 2$, onde Nu é o número de Nusselt baseado no diâmetro da esfera, resulta desta análise.) Isso gera

$$\left.\frac{dT}{dr}\right|_{R_{crit}} = -\frac{(T_b - T_u)}{R_{crit}}. \qquad (8.42)$$

Substituir a Eq. 8.42 na Eq. 8.41 fornece

$$R_{crit}^2 = \frac{3k(T_b - T_u)}{-\bar{m}_F''' \Delta h_c}. \qquad (8.43)$$

O raio crítico pode ser relacionado à velocidade de chama, S_L, e à espessura da chama, δ, ao explicitar $\bar{m}_F'''$ na Eq. 8.20 e substituir o resultado na Eq. 8.43. Esta substituição, reconhecendo que $\Delta h_c = (\nu + 1)c_p(T_b - T_u)$, resulta em

$$R_{crit} = \sqrt{6}\frac{\alpha}{S_L}, \qquad (8.44a)$$

onde $\alpha = k/\rho_u c_p$ com k e c_p avaliados em alguma temperatura média apropriada. O raio crítico também pode ser expresso em termos de δ (Eq. 8.21b) por

$$R_{crit} = (\sqrt{6}/2)\delta. \qquad (8.44b)$$

Dado o caráter rudimentar da nossa análise, a constante $\sqrt{6}/2$ não pode ser entendida como um valor exato: ela apenas expressa uma relação entre magnitudes. Assim, da Eq. 8.44b, vemos que o raio crítico é aproximadamente igual (ou, quando muito, algumas vezes maior que) à espessura de chama laminar. Já a distância de extinção, d, expressa pela Eq. 8.39b, pode ser muitas vezes maior que a espessura de chama laminar.

Conhecendo o raio crítico, podemos agora determinar a energia de ignição mínima, E_{ign}, o que é feito simplesmente ao admitir que a energia adicionada pela faísca aquece um volume crítico até a temperatura de chama adiabática, ou seja,

$$E_{ign} = m_{crit} c_p (T_b - T_u), \qquad (8.45)$$

onde a massa da esfera crítica, m_{crit}, é $\rho_b 4\pi R_{crit}^3/3$, ou

$$E_{ign} = 61{,}6 \rho_b c_p (T_b - T_u)(\alpha/S_L)^3. \qquad (8.46)$$

Eliminando ρ_b com a equação de estado dos gases ideais, nosso resultado final torna-se:

$$E_{ign} = 61{,}6 P \left(\frac{c_p}{R_b}\right)\left(\frac{T_b - T_u}{T_b}\right)\left(\frac{\alpha}{S_L}\right)^3, \qquad (8.47)$$

onde $R_b = R_u/MW_b$.

Efeitos da pressão, temperatura e razão de equivalência O efeito da pressão na energia de ignição mínima resulta da influência direta evidenciada na Eq. 8.47 e da influência indireta decorrente do efeito no valor da difusividade térmica, α, e na velocidade de chama, S_L. Usar as Eqs. 8.27 e 8.29 ($n \approx 2$), com a Eq. 8.47, indica que os vários efeitos da pressão, quando combinados, resultam em

$$E_{ign} \propto P^{-2}, \qquad (8.48)$$

o que apresenta uma concordância excelente com as medições. A Fig. 8.22 mostra valores medidos de energia de ignição mínimas como função da pressão [29], comparados com a função de potência sugerida pela Eq. 8.48 ajustada para reproduzir o valor no ponto no centro da faixa medida.

Em geral, aumentar a temperatura inicial da mistura reagente resulta em diminuição da energia de ignição, como mostrado na Tabela 8.5. Determinar a influência de T na energia de ignição por meio da análise simplificada desenvolvida nesta seção é deixado como um exercício para o leitor.

Em razões de equivalência suficientemente pobres, a energia mínima requerida para a ignição da mistura aumenta. Este efeito é ilustrado na Fig. 8.23 [34]. Próximo ao limite de inflamabilidade inferior, a energia de ignição mínima aumenta mais do que uma ordem de magnitude do seu valor próximo à estequiometria. Este comportamento é consistente com a Eq. 8.47, a qual mostra uma forte dependência do inverso da velocidade de chama laminar, ou seja, S_L^{-3}. Conforme mostrado na Fig. 8.15, a velocidade de chama laminar decresce à medida que o limite de inflamabilidade é aproximado.

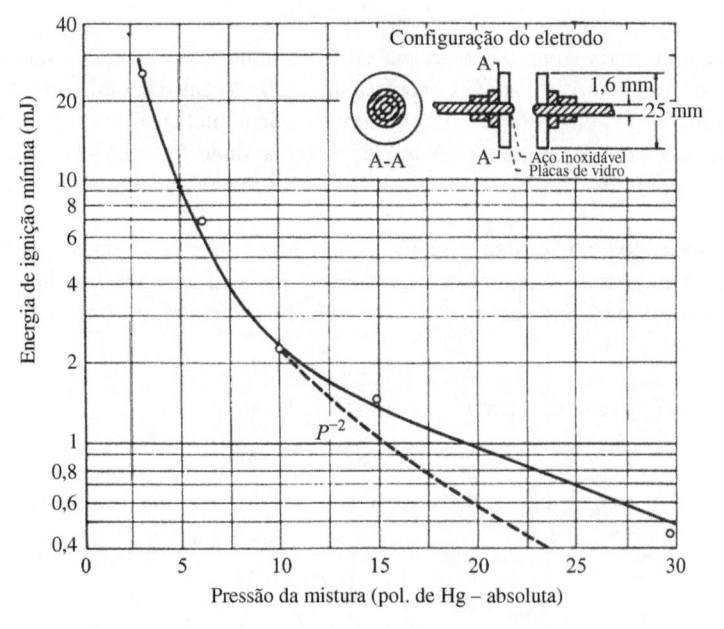

Figura 8.22 Efeito da pressão na energia mínima de ignição por centelha.
FONTE: Da Ref. [29]. Impresso com permissão do *American Institute of Physics*.

Tabela 8.5 Influência da temperatura na energia de ignição por centelha [30]

Combustível	Temperatura inicial (K)	E_{ign} (mJ)[a]
n-Heptano	298	14,5
	373	6,7
	444	3,2
Iso-octano	298	27,0
	373	11,0
	444	4,8
n-Pentano	243	45,0
	253	14,5
	298	7,8
	373	4,2
	444	2,3
Propano	233	11,7
	243	9,7
	253	8,4
	298	5,5
	331	4,2
	356	3,6
	373	3,5
	477	1,4

[a] $P = 1$ atm.

ESTABILIZAÇÃO DE CHAMA

Um importante critério de projeto para os queimadores a gás é evitar a possibilidade de **retorno** e de **descolamento** de chama. O retorno de chama ocorre quando a chama entra e se propaga ao longo do tubo ou orifício do queimador sem que haja a sua extinção. O descolamento de chama ocorre quando a chama perde o seu contato direto com a borda do queimador ou orifício e queima de forma estabilizada a certa distância do orifício do queimador. O retorno de chama não é apenas um inconveniente, mas também representa um risco de segurança. Nos equipamentos domésticos a gás, a propagação da chama através do orifício pode causar a ignição da mistura reagente contida no interior da câmara de mistura que antecede imediatamente os orifícios, o que pode resultar em um acidente. Já a propagação de uma chama ao longo de um "tubo de ignição" desde a chama-piloto até o queimador principal é usada para a ignição de queimadores. Nos queimadores, o descolamento de chama é indesejável por várias razões [35]. Primeiro, ele contribui para o escape de combustível não queimado, ou combustão incompleta, promovendo emissões de hidrocarbonetos não queimados e de CO. Além disso, a ignição da chama é mais difícil quando ela está em uma condição acima do limite de descolamento. Um controle acurado da posição de uma chama descolada é difícil de obter, assim, talvez ocorram condições indesejáveis de transferência de calor a partir da chama. As chamas descoladas também podem produzir ruído.

Tanto o retorno quanto o descolamento de chama estão relacionados com o ajuste local entre a velocidade de chama e a velocidade do escoamento. Esse ajuste de

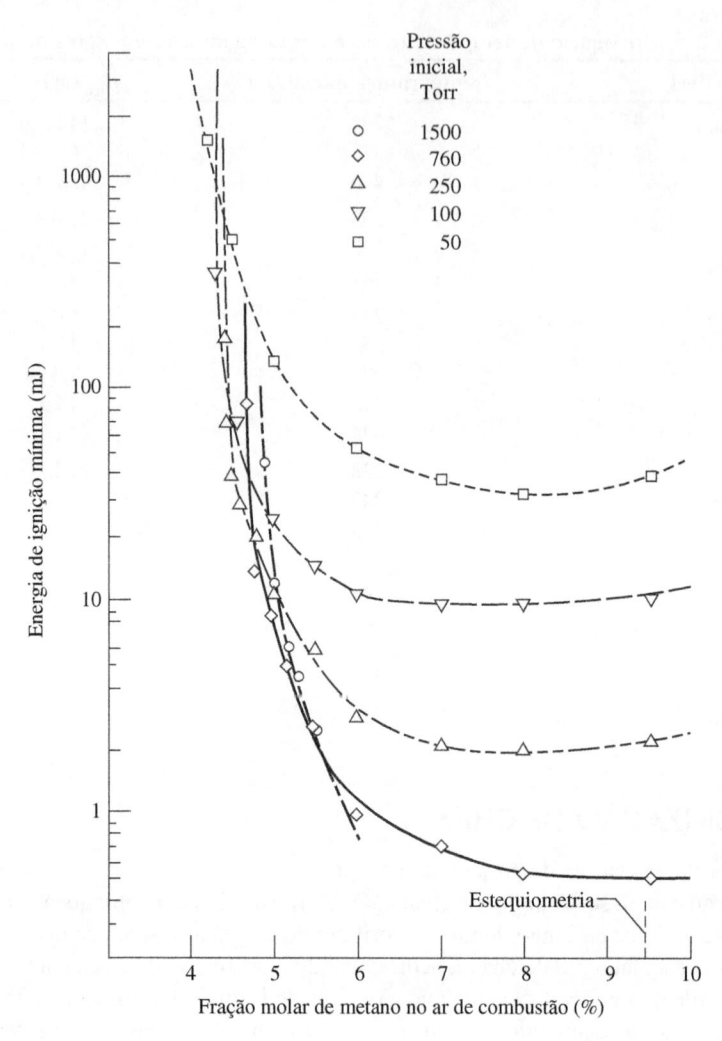

Figura 8.23 As energias mínimas de ignição aumentam significativamente quando o limite mínimo de inflamabilidade é aproximado. Obtido da Ref. [34]. Impresso com permissão da Elsevier.

velocidades é ilustrado esquematicamente pelo diagrama de vetores da Fig. 8.24. O retorno de chama em geral é um evento transiente, ocorrendo quando a vazão de mistura reagente é reduzida ou interrompida. Quando a velocidade de chama laminar excede a velocidade do escoamento localmente, a chama se propaga na direção de entrada do orifício ou tubo (Fig. 8.24a). Quando o escoamento de mistura reagente é interrompido, as chamas retornarão através de qualquer orifício, tubo ou fenda cujo diâmetro ou largura sejam maiores que a distância de extinção. Assim, esperamos que os parâmetros que controlam o retorno de chama sejam os mesmos que controlam a extinção por perda de calor, ou seja, tipo de combustível, razão de equivalência, velocidade do escoamento e geometria do queimador.

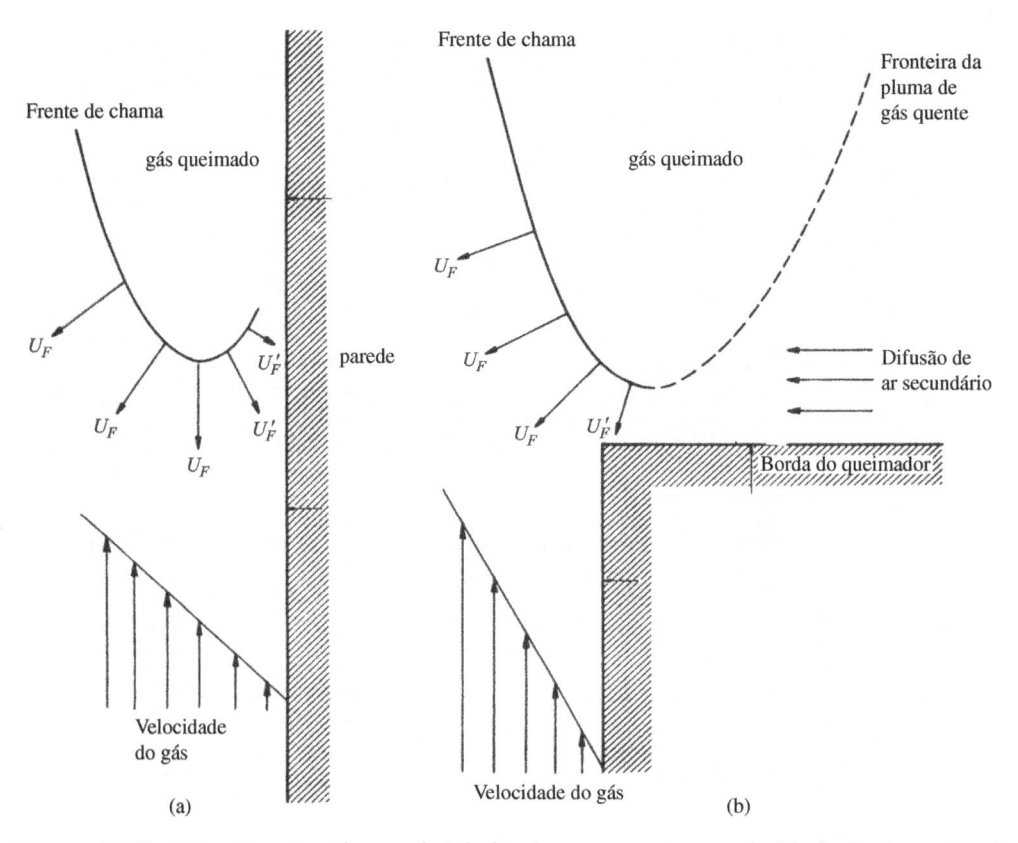

Figura 8.24 Vetores mostrando as velocidades do escoamento e a velocidade de chama local para as condições de (a) retorno de chama e (b) suspensão de chama.
FONTE: Impresso com permissão de Ref. [36]. © 1955, *American Chemical Society*.

A Fig. 8.25 ilustra o limite de retorno de chama no diagrama de estabilidade de um queimador com geometria fixa (formado por uma linha de orifícios com 2,7 mm de diâmetro separados por 6,35 mm) para dois combustíveis: gás natural (Fig. 8.25a) e gás manufaturado que contém hidrogênio (Fig. 8.25b). Fixando o combustível e o orifício, a abscissa é proporcional à velocidade de saída do escoamento reagente no orifício. A operação à esquerda da linha que demarca o limite de retorno de chama resulta em retorno de chama, enquanto uma operação sem retorno de chama ocorre na região à direita, na qual as velocidades do escoamento de reagente são mais altas. Observamos que para ambos os combustíveis, condições levemente ricas proporcionam menor tolerância ao retorno de chama, o que era esperado, pois maiores velocidades de chama laminar ocorrem para misturas levemente ricas (veja a Fig. 8.15). Também observamos na Fig. 8.25 que a estabilidade ao retorno de chama para o gás natural, o qual é formado principalmente por metano, é muito maior que a estabilidade para o gás manufaturado. Isso é uma consequência da maior velocidade de chama laminar associada com a presença de hidrogênio no gás manufaturado. (Como referência, observamos na Tabela 8.2 que a velocidade de chama para o H_2 puro é mais de cinco vezes maior que a do CH_4 puro.)

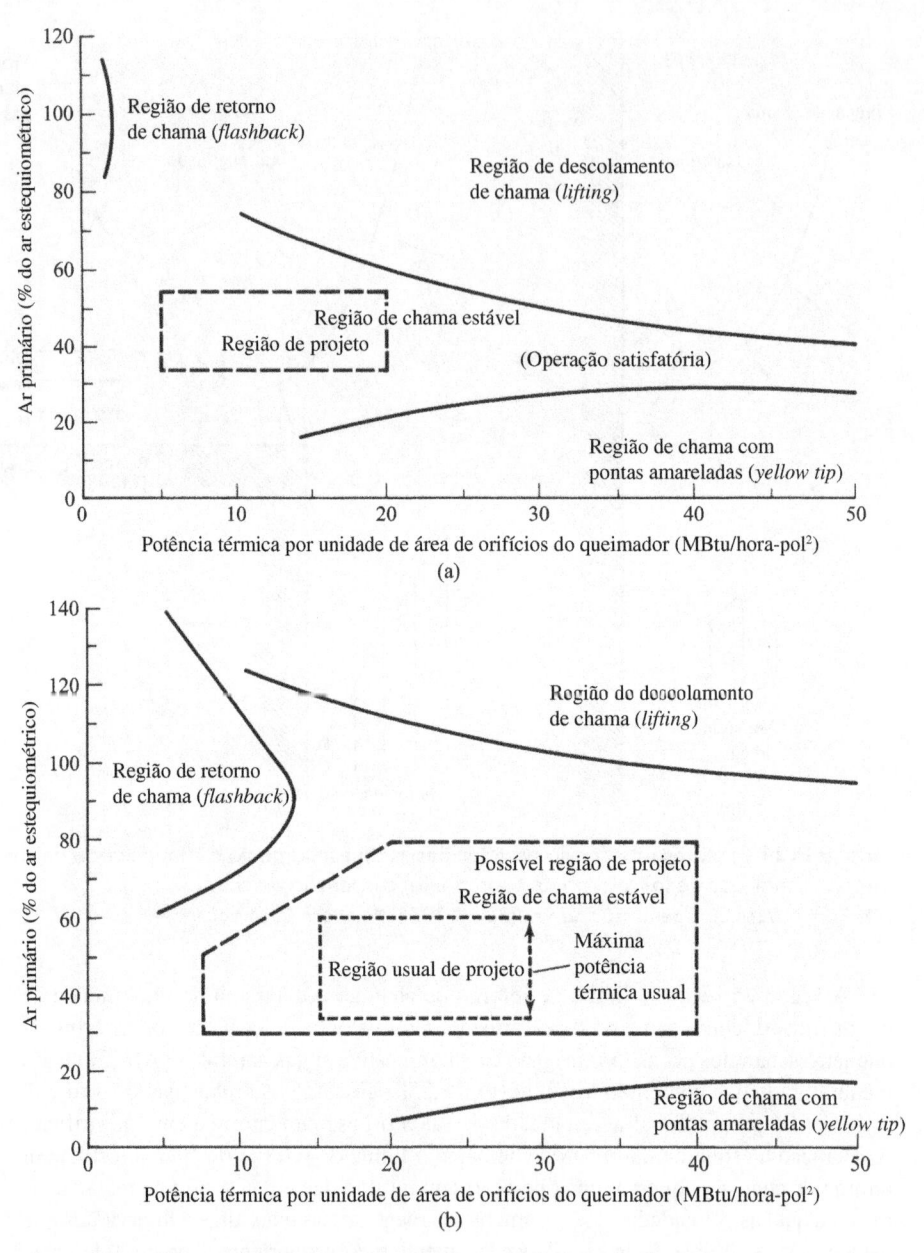

Figura 8.25 Diagramas de estabilidade para retorno de chama, deslocamento de chama e pontas amarelas para (a) gás natural e (b) gás manufaturado para um queimador com uma única linha de orifícios com 2,7 mm de diâmetro e espaçamento de 6,35 mm. Pontas amarelas indicam a formação de fuligem na chama.
FONTE: Da Ref. [35]. Impresso com permissão de Industrial Press.

O descolamento da chama depende das propriedades locais do escoamento próximas às bordas do orifício do queimador. Considere uma chama estabilizada em um tubo circular. Em velocidades baixas, a borda da chama toca o perímetro da borda do queimador e, nesta condição, diz-se que ela está **colada ao queimador**. Quando a velocidade é aumentada, o ângulo do cone da chama decresce de acordo com a condição $\alpha = \text{sen}^{-1}(S_L/v_u)$, Eq. 8.2, e a borda da chama é deslocada uma pequena distância da borda do orifício. Com o aumento adicional da velocidade do escoamento, uma velocidade crítica é atingida na qual a borda da chama salta para uma posição afastada da borda do orifício. Quando a chama salta para essa posição, diz-se que ela está descolada. Aumentar a velocidade além do valor-limite no qual a chama torna-se descolada resulta em um aumento da distância entre a borda da chama e a borda do queimador até que a chama é assoprada completamente para longe do queimador e apaga, o que, obviamente, é uma situação indesejável.

O descolamento e o assopramento são explicados pelos efeitos contrários de redução de perda de calor e radicais para a borda do orifício e aumento da diluição com o ar ambiente, os quais ocorrem quando a velocidade do escoamento é aumentada. Considere uma chama que é estabilizada em contato com a borda do orifício do queimador. A velocidade local do escoamento na posição de estabilização da chama é pequena, como resultado da camada-limite desenvolvida no interior do tubo. Lembre-se de que dentro do tubo, a velocidade do escoamento na parede é zero. Por causa da proximidade da chama com a parede fria, calor e espécies químicas sofrem difusão na direção da parede, fazendo a velocidade de chama laminar na posição de estabilização também ser pequena. Como as velocidades locais da chama e do escoamento são iguais e relativamente baixas, a borda da chama se estabiliza perto do orifício do queimador. Quando a velocidade do escoamento aumenta, o ponto de ancoramento da chama move-se na direção de saída do escoamento, porém S_L aumenta, pois a perda de calor e radicais diminui, visto que a chama não está mais tão próxima da borda do orifício. O aumento da velocidade de chama resulta em um pequeno ajuste da posição da chama na direção da entrada do escoamento e, assim, a chama permanece colada. Com um aumento ainda maior de velocidade do escoamento, outro efeito torna-se importante: a diluição da mistura reagente com o ar ambiente, como resultado de difusão de massa. Como a diluição tende a compensar o efeito de menor perda de calor, a chama é descolada, como mostrado na Fig. 8.24b. Com o aumento progressivo de velocidade do escoamento, é atingida uma condição em que não há mais uma posição no campo de escoamento na qual a velocidade de chama local equilibra-se com a velocidade local do escoamento e a chama é assoprada completamente do tubo, apagando-se.

A Fig. 8.25 apresenta o efeito da estequiometria (porcentagem de ar primário) e da velocidade do escoamento (vazão de gás por unidade de área do orifício) no limite de descolamento da chama. Observamos que há maior facilidade de descolamento da chama de gás natural do que da chama de gás manufaturado. Novamente, a maior velocidade de chama do gás manufaturado, devido à maior presença de hidrogênio, explica a maior estabilidade da chama para este combustível. Para obter informações mais detalhadas sobre a estabilidade de chamas, o leitor deve consultar as Refs. [3] e [21].

RESUMO

Neste capítulo, consideramos as propriedades de chamas laminares: sua velocidade de propagação e espessura, distâncias de extinção, limites de inflamabilidade e energias de ignição mínima. Teorias simplificadas procuraram evidenciar a física e a química por trás destas propriedades das chamas. Usamos os resultados das uma destas análises para explorar os efeitos da pressão e temperatura na velocidade e espessura das chamas, concluindo que $S_L \propto (\alpha \bar{\dot{m}}_F''' / \rho_u)^{1/2}$, e constatando que S_L aumenta rapidamente com a temperatura e apresenta uma leve dependência em relação ao inverso da pressão. Vimos que as velocidades de chama laminar máximas para os hidrocarbonetos ocorrem para as misturas levemente ricas, um comportamento semelhante ao das temperaturas de chama adiabática. Correlações para a velocidade de chama laminar para vários combustíveis foram apresentadas. Essas correlações são úteis para estimar as propriedades das chamas em vários equipamentos, como os motores a combustão interna, e você deve estar familiarizado com o uso delas. Critérios simples de extinção e ignição de chama foram empregados para desenvolver modelos simples para estes fenômenos. Nossas análises mostraram que a distância de extinção é diretamente proporcional à difusividade térmica e inversamente proporcional à velocidade de chama. Definimos limites superior e inferior de inflamabilidade e apresentamos dados para vários combustíveis. Em uma análise do processo de ignição, as ideias de raio crítico e energia mínima requerida para produzir uma chama que se propague de forma autossustentável foram desenvolvidas. Vimos que a energia de ignição mínima exibe uma forte dependência em relação ao inverso da pressão, a qual tem implicações consideráveis para motores a combustão, pois uma ignição confiável deve ser garantida em uma grande faixa de pressões. O capítulo encerra com uma discussão sobre a estabilização de chamas laminares, ou seja, os seus comportamentos de retorno e de descolamento, os quais são tópicos fundamentais para os equipamentos de combustão.

LISTA DE SÍMBOLOS

A	Área (m^2)
b	Parâmetro adimensional definido na Eq. 8.37
B_M, B_2	Parâmetros definidos na Tabela 8.3
c_p	Calor específico à pressão constante (J/kg-K)
d	Distância de extinção (m)
D_{ij}	Coeficiente de difusão multicomponente ou difusividade multicomponente (m^2/s)
D_i^T	Coeficiente de difusão térmica (kg/m-s)
$\mathcal{D}_{ij}$	Coeficiente de difusão binário ou difusividade (m^2/s)
E_A	Energia de ativação (J/kmol)
E_{ign}	Energia de ignição mínima (J)
h	Entalpia (J/kg)
k	Condutividade térmica (W/m-K)
L	Largura da fenda (m)
Le	Número de Lewis, $\alpha/\mathcal{D}$

m	Massa (kg)
$\dot{m}$	Vazão mássica (kg/s)
$\dot{m}''$	Fluxo de massa (kg/s-m^2)
$\dot{m}'''$	Taxa de produção mássica por unidade de volume (kg/s-m^3)
MW	Massa molar (kg/kmol)
Nu	Número de Nusselt
P	Pressão (Pa)
$\dot{Q}$	Taxa de transferência de calor (W)
$\dot{Q}'''$	Taxa de geração de energia por unidade de volume (W/m^3)
r	Coordenada radial (m)
R	Raio (m) ou constante universal dos gases para a mistura (J/kg-K)
R_u	Constante universal dos gases (J/kmol-K)
Re_d	Número de Reynolds
S_L	Velocidade de chama laminar (m/s)
T	Temperatura (K)
v	Velocidade (m/s)
x	Distância (m)
Y	Fração mássica (kg/kg)

Símbolos gregos

α	Ângulo (rad) ou difusividade térmica (m^2/s)
β	Expoente da pressão, Eq. 8.33
γ	Expoente da temperatura, Eq. 8.33
δ	Espessura de chama laminar (m)
Δh_c	Calor de combustão (J/kg)
ν	Razão mássica de combustível e oxidante (kg/kg)
ρ	Densidade (kg/m^3)
Φ	Razão de equivalência
Φ_M	Parâmetro definido na Tabela 8.3
$\dot{\omega}$	Taxa de produção de espécies químicas (kmol/m^3-s)

Subscritos

ad	Adiabático
b	Gás queimado
cond	Condução
crit	Crítico
dil	Diluente
F	Combustível
i	Espécie química i
max	Máximo
mis	Mistura
Ox	Oxidante
Pr	Produto
ref	Estado de referência
u	Gás não queimado

Outros símbolos

( ) Média sobre a região de reação
[X] Concentração molar da espécie química X (kmol/m^3)

REFERÊNCIAS

1. Friedman, R. e Burke, E., "Measurement of Temperature Distribution in a Low-Pressure Flat Flame," *Journal of Chemical Physics*, 22: 824–830 (1954).

2. Fristrom, R. M., *Flame Structure and Processes*, Oxford University Press, New York, 1995.

3. Lewis, B. e Von Elbe, G., *Combustion, Flames and Explosions of Gases*, 3rd Ed., Academic Press, Orlando, FL, 1987.

4. Gordon, A. G., *The Spectroscopy of Flames*, 2nd Ed., Halsted Press, New York, 1974.

5. Gordon, A. G. e Wolfhard, H. G., *Flames: Their Structure, Radiation and Temperature*, 4th Ed., Halsted Press, New York, 1979.

6. Powling, J., "A New Burner Method for the Determination of Low Burning Velocities and Limits of Inflammability," *Fuel*, 28: 25–28 (1949).

7. Botha, J. P. e Spalding, D. B., "The Laminar Flame Speed of Propane–Air Mixtures with Heat Extraction from the Flame," *Proceedings of the Royal Society of London Series A*, 225: 71–96 (1954).

8. Kuo, K. K., *Principles of Combustion*, 2nd Ed., John Wiley & Sons, Hoboken, NJ, 2005.

9. Mallard, E. e Le Chatelier, H. L., *Annals of Mines*, 4: 379–568 (1883).

10. Spalding, D. B., *Combustion and Mass Transfer*, Pergamon, New York, 1979.

11. Metghalchi, M. e Keck, J. C., "Burning Velocities of Mixtures of Air with Methanol, Isooctane e Indolene at High Pressures and Temperatures," *Combustion and Flame*, 48: 191–210 (1982).

12. Kee, R. J. e Miller, J. A., "A Structured Approach to the Computational Modeling of Chemical Kinetics and Molecular Transport in Flowing Systems," Sandia National Laboratories Report SAND86-8841, February 1991.

13. Kee, R. J., Rupley, F. M. e Miller, J. A., "Chemkin-II: A Fortran Chemical Kinetics Package for the Analysis of Gas-Phase Chemical Kinetics," Sandia National Laboratories Report SAND89-8009/UC-401, March 1991.

14. Kee, R. J., Dixon-Lewis, G., Warnatz, J., Coltrin, M. E. e Miller, J. A., "A Fortran Computer Code Package for the Evaluation of Gas-Phase Multicomponent Transport Properties," Sandia National Laboratories Report SAND86-8246/UC-401, December 1990.

15. Kee, R. J., Rupley, F. M. e Miller, J. A., "The Chemkin Thermodynamic Data Base," Sandia National Laboratories Report SAND87-8215B/UC-4, March 1991 (supersedes SAND87-8215).

16. Kee, R. J., Grcar, J. F., Smooke, M. D. e Miller, J. A., "A Fortran Program for Modeling Steady Laminar One-Dimensional Premixed Flames," Sandia National Laboratories Report SAND85-8240/UC-401, March 1991.

17. Warnatz, J., Maas, U. e Dibble, R. W., *Combustion,* Springer-Verlag, Berlin, 1996.
18. Bowman, C. T., Hanson, R. K., Davidson, D. F., Gardiner, W. C., Jr., Lissianski, V., Smith, G. P., Golden, D. M., Frenklach, M., Wang, H. e Goldenberg, M., *GRI-Mech 2.11 Home Page,* access via http://www.me.berkeley.edu/gri_mech/, 1995.
19. Andrews, G. E. e Bradley, D., "The Burning Velocity of Methane–Air Mixtures," *Combustion and Flame,* 19: 275–288 (1972).
20. Law, C. K., "A Compilation of Experimental Data on Laminar Burning Velocities," in *Reduced Kinetic Mechanisms for Applications in Combustion Systems* (N. Peters e B. Rogg, eds.), Springer-Verlag, New York, pp. 15–26, 1993.
21. Barnett, H. C. e Hibbard, R. R. (eds.), "Basic Considerations in the Combustion of Hydrocarbon Fuels with Air," NACA Report 1300, 1959.
22. Williams, F. A., *Combustion Theory,* 2nd Ed., Addison-Wesley, Redwood City, CA, 1985.
23. Glassman, I., *Combustion,* 3rd Ed., Academic Press, San Diego, CA, 1996.
24. Strehlow, R. A., *Fundamentals of Combustion,* Krieger, Huntington, NY, 1979.
25. Chomiak, J., *Combustion: A Study in Theory, Fact and Application,* Gordon & Breach, New York, 1990.
26. Frendi, A. e Sibulkin, M., "Dependence of Minimum Ignition Energy on Ignition Parameters," *Combustion Science and Technology,* 73: 395–413 (1990).
27. Lovachev, L. A., et al., "Flammability Limits: An Invited Review," *Combustion and Flame,* 20: 259–289 (1973).
28. Friedman, R., "The Quenching of Laminar Oxyhydrogen Flames by Solid Surfaces," *Third Symposium on Combustion and Flame and Explosion Phenomena,* Williams & Wilkins, Baltimore, p. 110, 1949.
29. Blanc, M. V., Guest, P. G., von Elbe, G. e Lewis, B., "Ignition of Explosive Gas Mixture by Electric Sparks. I. Minimum Ignition Energies and Quenching Distances of Mixtures of Methane, Oxygen, and Inert Gases," *Journal of Chemical Physics,* 15(11): 798–802 (1947).
30. Fenn, J. B., "Lean Flammability Limit and Minimum Spark Ignition Energy," *Industrial & Engineering Chemistry,* 43(12): 2865–2868 (1951).
31. Law, C. K. e Egolfopoulos, F. N., "A Unified Chain-Thermal Theory of Fundamental Flammability Limits," *Twenty-Fourth Symposium (International) on Combustion,* The Combustion Institute, Pittsburgh, PA, p. 137, 1992.
32. Andrews, G. E. e Bradley, D., "Limits of Flammability and Natural Convection for Methane–Air Mixtures," *Fourteenth Symposium (International) on Combustion,* The Combustion Institute, Pittsburgh, PA, p. 1119, 1973.
33. Ronney, P. D. e Wachman, H. Y., "Effect of Gravity on Laminar Premixed Gas Combustion I: Flammability Limits and Burning Velocities," *Combustion and Flame,* 62: 107–119 (1985).
34. Ronney, P. D., "Effect of Gravity on Laminar Premixed Gas Combustion II: Ignition and Extinction Phenomena," *Combustion and Flame,* 62: 121–133 (1985).
35. Weber, E. J. e Vandaveer, F. E., "Gas Burner Design," *Gas Engineers Handbook,* Industrial Press, New York, pp. 12/193–12/210, 1965.

36. Dugger, G. L., "Flame Stability of Preheated Propane–Air Mixtures," *Industrial & Engineering Chemistry,* 47(1): 109–114, 1955.
37. Wu, C. K. e Law, C. K., "On the Determination of Laminar Flame Speeds from Stretched Flames," *Twentieth Symposium (International) on Combustion,* The Combustion Institute, Pittsburgh, PA, p. 1941, 1984.

QUESTÕES DE REVISÃO

1. Prepare uma lista das palavras em negrito no Capítulo 8 e discuta o significado de cada uma.
2. Faça a distinção entre deflagração e detonação.
3. Discuta a estrutura e a aparência de uma chama de bico de Bunsen na qual a mistura reagente é rica.
4. Qual é o significado físico do Número de Lewis? Qual é o papel que a hipótese de $Le = 1$ tem na análise da propagação de chamas laminares?
5. No contexto da teoria de chama laminar, o que é um autovalor? Discuta.
6. Discuta as origens dos efeitos da pressão e da temperatura na velocidade de chama laminar. *Dica:* Use como referência o mecanismo global de oxidação de hidrocarbonetos do Capítulo 5.
7. Quais são os critérios básicos para ignição e extinção por transferência de calor?

PROBLEMAS

8.1 Considere a propagação na direção da coordenada radial de uma chama laminar esférica em um ambiente infinito de gás não queimado. Admitindo que S_L, T_u e T_b são constantes, determine uma expressão para a velocidade radial da frente de chama para um sistema de coordenadas fixo com a sua origem no centro da esfera. *Dica:* Use a conservação da massa para um volume de controle integral.

8.2 Prove que, usando as relações termodinâmicas simplificadas adotadas na teoria de velocidade de chama do Capítulo 8, $\Delta h_c = (\nu + 1)c_p(T_b - T_u)$.

8.3 Usando a teoria simplificada, estime a velocidade de chama laminar para CH_4 com $\Phi = 1$ e $T_u = 300$ K. Use o mecanismo cinético global de uma etapa dado no Capítulo 5. Compare a sua estimativa com os valores medidos. Também compare o seu resultado para CH_4 com aquele para C_3H_8 do Exemplo 8.2. Observe a necessidade de conversão dos fatores pré-exponenciais para unidades no SI.

8.4 Considere uma chama plana, laminar, adiabática e unidimensional estabilizada em um queimador como o mostrado na Fig. 8.5a. O combustível é propano e a razão de mistura é estequiométrica. Determine a velocidade dos gases queimados para a operação na pressão atmosférica e temperatura dos gases não queimados de 300 K.

8.5 Considere uma chama pré-misturada estabilizada na boca de um tubo circular. Para que a chama tenha forma cônica (ângulo α constante), qual deverá ser a forma da distribuição de velocidade do escoamento na saída do tubo? Explique.

8.6 Uma mistura de propano e ar emerge de um orifício circular com uma velocidade uniforme de 75 cm/s. A velocidade de chama laminar da mistura de propano e ar é 35 cm/s. Uma chama sofre ignição na saída do orifício. Qual é o ângulo desta chama? Que princípio determina o ângulo do cone?

8.7* Derive uma expressão para a forma de uma chama laminar pré-misturada estabilizada na boca de um tubo circular admitindo que a distribuição de velocidade da mistura é parabólica: $v(r) = v_o(1 - r^2/R^2)$, onde v_o é a velocidade na linha de centro e R é o raio do tubo do queimador. Negligencie a região próxima à parede do tubo para a qual S_L é maior do que $v(r)$. Discuta os seus resultados.

8.8 Derive a dependência da velocidade de chama em relação à temperatura e à pressão, como mostrado na Eq. 8.29, começando com a Eq. 8.20 e utilizando a Eq. 8.27 conforme fornecida.

8.9* Usando as correlações de Metghalchi e Keck [11], calcule as velocidades de chama laminar para as misturas estequiométricas com ar em $P = 1$ atm e $T_u = 400$ K dos seguintes combustíveis: propano; iso-octano; e indoleno (RMFD-303), uma gasolina de referência.

8.10* Use a Eq. 8.33 para estimar a velocidade de chama laminar de um elemento de chama laminar (*flamelet*) em um motor a combustão interna de ignição por centelha depois que a faísca ocorre e que uma chama é estabilizada. As condições são as seguintes:

Combustível: indoleno (gasolina) $\Phi = 1{,}0$
$P = 13{,}4$ atm $T = 560$ K

8.11* Repita o problema 8.10 para uma razão de equivalência de $\Phi = 0{,}80$ com todas as outras condições mantidas as mesmas. Compare os seus resultados com aqueles do problema 8.10 e discuta as implicações práticas da sua comparação.

8.12* Use a Eq. 8.33 para calcular a velocidade de chama laminar para a combustão de propano e ar para as seguintes condições:

	Caso 1	Caso 2	Caso 3	Caso 4
P (atm)	1	1	1	10
T_u (K)	350	700	350	350
Φ	0,9	0,9	1,2	0,9

Usando os seus resultados, discuta os efeitos de T_u, P e Φ em S_L.

8.13 Usando uma combinação de correlações e teoria simplificada, estime as espessuras de uma chama de propano–ar para $P = 1$, 10 e 100 atm para $\Phi = 1$

---

* Indica uso requerido ou opcional de um computador.

e T_u = 300 K. Quais são as implicações dos seus resultados para o projeto de carcaças de motores elétricos à prova de explosão?

8.14 Estime valores do parâmetro b usado na teoria de extinção para misturas de metano e ar na faixa de $0,6 \leq \Phi \leq 1,2$. Mostre os seus resultados graficamente e discuta-os.

8.15 Determine o raio crítico para a ignição de uma mistura estequiométrica de propano e ar a 1 atm.

8.16 Quantas vezes mais energia de ignição é necessária para atingir a ignição de uma mistura de combustível e ar no nível do mar a T = 298 K do que a mesma mistura em uma altitude de 6000 m na qual P = 47166 Pa e T = 248 K? Discuta as implicações dos seus resultados para a ignição em alta altitude da câmara de combustão das turbinas a gás dos aviões.

8.17* Use a biblioteca de códigos numéricos CHEMKIN para explorar a estrutura de uma chama de H_2–ar, pré-misturada, laminar e propagando-se livremente para os reagentes a T_u = 298 K, P = 1 atm e Φ = 1,0.

   A. Apresente graficamente a distribuição de temperatura ao longo da distância axial.

   B. Apresente graficamente as distribuições axiais das frações molares de: O, OH, O_2, H, H_2, HO_2, H_2O_2, H_2O e NO. Reúna as espécies químicas e escolha as escalas de forma que seus gráficos comuniquem adequadamente as informações disponíveis.

   C. Apresente gráficos da distribuição axial das taxas molares de produção $\dot{\omega}_i$ para as seguintes espécies químicas: OH, O_2, H_2, H_2O e NO.

   D. Discuta os resultados apresentados nos itens A a C.

8.18* Use a biblioteca de códigos numéricos CHEMKIN para explorar os efeitos de razão de equivalência na velocidade de uma chama de H_2–ar, pré-misturada, laminar e propagando-se livremente. Os reagentes encontram-se a T_u = 298 K e P = 1 atm. Considere a faixa de razões de equivalência de 0,7 a 3,0. Compare os seus resultados com as medições apresentadas na Fig. 8 da Ref. [37].

Chamas laminares não pré-misturadas

capítulo 9

VISÃO GERAL

Neste capítulo, começaremos nosso estudo das chamas laminares não pré-misturadas, enfocando os queimadores de jato de combustível. As chamas em jatos laminares são objeto de muitas pesquisas fundamentais e, mais recentemente, têm sido utilizadas para entender como a fuligem é formada na combustão não pré-misturada (conforme Refs. [1–9]). Um exemplo conhecido de uma chama em jato não pré-misturada é a chama do cone mais externo no bico de Bunsen, a qual foi brevemente mencionada no Capítulo 8. Muitos aparelhos a gás residenciais, como fogões e fornos, empregam queimadores de jato laminar. Nesses queimadores, o escoamento de combustível é em geral parcialmente pré-misturado com o ar, uma condição essencial para evitar a emissão de fuligem. Embora muitas soluções analíticas [10–17] e numéricas [6, 18–22] de chamas em jato laminar estejam disponíveis, o projeto de sistemas de combustão com chamas em jato ainda é baseado na habilidade de projetistas experientes [23, 24]. Entretanto, a preocupação recente quanto à qualidade do ar e às emissões de gases poluentes em ambientes internos (particularmente as emissões de dióxido de nitrogênio, NO_2, e de monóxido de carbono, CO, ambos gases tóxicos) tem levado ao uso de métodos de projeto mais sofisticados.

Uma preocupação inicial no projeto de qualquer sistema que utilize chamas em jato laminar é a geometria da chama, com as chamas curtas sendo frequentemente desejadas. Também de interesse é o efeito do tipo de combustível. Por exemplo, alguns equipamentos são projetados para operar com gás natural, constituído por metano, ou por gás liquefeito de petróleo, constituído por propano e butano. Nas próximas seções, desenvolveremos análises que demonstram quais parâmetros controlam o tamanho e a forma da chama, bem como os fatores que afetam a emissão de fuligem das chamas em jato laminar. Concluiremos o capítulo com a análise e discussão das chamas de escoamentos opostos.

JATO LAMINAR NÃO REATIVO COM DENSIDADE CONSTANTE
Descrição física

Antes de iniciar a discussão das chamas em jato, vamos considerar o caso mais simples de um jato laminar não reativo de um fluido (combustível) escoando a partir de um orifício para um ambiente infinito contendo um fluido quiescente (oxidante). Este caso mais simples permite compreender os processos básicos de escoamento e de difusão que ocorrem nos jatos laminares ainda sem os efeitos complicadores das reações químicas.

A Figura 9.1 ilustra as características essenciais de um jato de combustível emitido a partir de um orifício com raio R para o ar estagnado. Por simplicidade, admitiremos que a distribuição de velocidade é uniforme na saída do orifício. Perto do orifício, há uma região chamada de **núcleo potencial** do jato. No núcleo potencial, os efeitos de atrito viscoso e de difusão ainda não foram sentidos; assim, tanto a velocidade do escoamento quanto a fração mássica de combustível permanecem as mesmas em relação aos valores na saída do orifício e são uniformes nesta região. Esta situação é semelhante ao escoamento na região de desenvolvimento em um tubo, exceto que, em um tubo, a presença da camada-limite requer que o escoamento no núcleo potencial sofra aceleração para que a vazão mássica seja conservada.

Na região entre o núcleo potencial e a borda do jato, a velocidade e a concentração do combustível (fração mássica) diminuem monotonicamente até zero na borda do jato. Além do núcleo potencial ($x > x_c$), os efeitos do atrito viscoso e da difusão de massa estão presentes em toda a extensão do jato.

A quantidade de movimento linear inicial do jato é conservada ao longo de todo o escoamento. À medida que o jato escoa no ambiente externo, uma parte da sua quantidade de movimento linear é transferida para o ar. Assim, sua velocidade diminui,

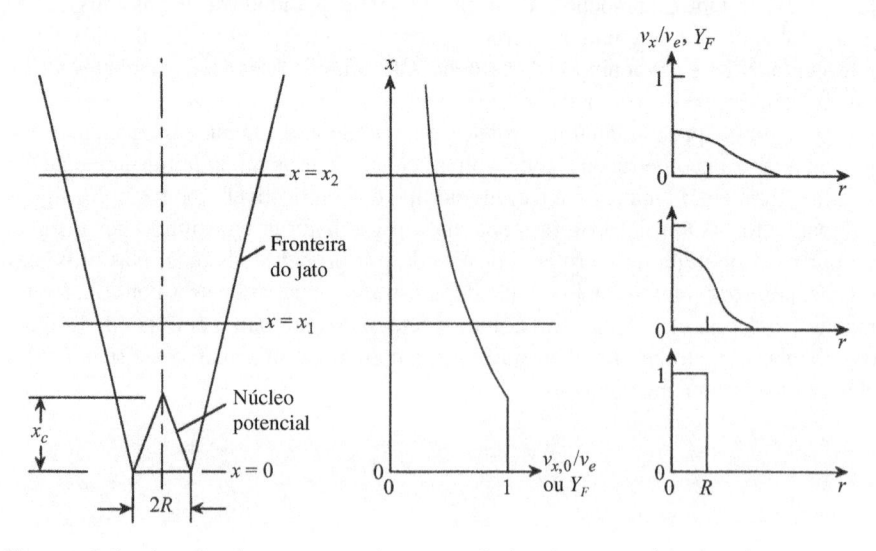

Figura 9.1 Jato laminar não reativo emergindo em um ambiente infinito com ar estacionário.

enquanto quantidades de ar progressivamente maiores são **arrastadas** para o seu interior à medida que ele prossegue ao longo de x. Essa ideia é expressa matematicamente usando a forma integral da conservação da quantidade de movimento linear:

Quantidade de movimento linear axial do jato em qualquer posição x, j = Quantidade de movimento linear axial que deixa o orifício, J_e

ou

$$2\pi \int_0^\infty \rho(r, x) v_x^2(r, x) r \, dr = \rho_e v_e^2 \pi R^2, \quad (9.1)$$

onde ρ_e e v_e são a densidade e a velocidade do combustível na saída do orifício, respectivamente. O gráfico central da Fig. 9.1 ilustra o decaimento da velocidade na linha de centro além do final do núcleo potencial, enquanto o gráfico à direita mostra o decaimento do componente radial da velocidade a partir do seu valor máximo até a borda do jato.

Os processos que controlam o campo de velocidade, isto é, a convecção e a difusão de quantidade de movimento linear, são similares aos processos que controlam o campo de concentração de combustível, isto é, a convecção e a difusão da massa. Então, esperamos que a distribuição da fração mássica de combustível, $Y_F(r, x)$, seja similar à distribuição de velocidade adimensional, $v_x(r, x)/v_e$, como indicado na Figura 9.1. Devido à alta concentração de combustível no centro do jato, moléculas de combustível difundem-se radialmente para fora de acordo com a Lei de Fick. À medida que as partículas de fluido movem-se na direção do escoamento, aumenta o tempo disponível para a ocorrência de difusão de massa entre estas partículas na direção radial. Por isso, a largura da região que contém as moléculas de combustível cresce na direção axial, x, e a concentração de combustível na linha de centro decai. Semelhante à quantidade de movimento linear inicial do jato, a massa de fluido que emerge do orifício é conservada, ou seja,

$$2\pi \int_0^\infty \rho(r, x) v_x(r, x) Y_F(r, x) r \, dr = \rho_e v_e \pi R^2 Y_{F,e}, \quad (9.2)$$

onde $Y_{F,e} = 1$. Nosso problema é a determinação dos campos detalhados de velocidade e de fração mássica de combustível.

Hipóteses simplificativas

A fim de facilitar a análise do jato laminar não reativo, usamos as seguintes hipóteses simplificativas:

1. As massas molares do fluido que forma o jato e do fluido que preenche o ambiente são iguais. Esta hipótese, combinada com o comportamento de gás ideal à temperatura e pressão constantes, resulta em densidade constante ao longo do escoamento.

2. O transporte de espécies químicas por difusão é modelado pela lei de Fick.

3. As difusividades de quantidade de movimento linear e mássica das espécies químicas são constantes e iguais. Desse modo, o **número de Schmidt**, $Sc \equiv \nu/\mathcal{D}$, que expressa a razão entre estas duas propriedades, é unitário.

4. Apenas a difusão radial de quantidade de movimento linear e massa das espécies químicas é importante; a difusão axial é negligenciada. Portanto, a solução obtida é aplicável somente em distâncias longe do orifício, pois, na região próxima às bordas do orifício, a difusão axial torna-se importante.

Princípios de conservação

As equações básicas que expressam a conservação da massa, da quantidade de movimento linear e da massa das espécies químicas quando desenvolvidas empregando essas hipóteses simplificativas também são denominadas de **equações de camada-limite**. Elas são obtidas pela simplificação das equações mais gerais de conservação de quantidade de movimento linear e massa das espécies químicas, conforme discutido no Capítulo 7. As equações (Eqs. 7.7, 7.48 e 7.20), depois de simplificadas com as hipóteses adicionais de densidade, viscosidade e difusividade constantes, resultam em:

Conservação da massa

$$\frac{\partial v_x}{\partial x} + \frac{1}{r}\frac{\partial (v_r r)}{\partial r} = 0. \tag{9.3}$$

Conservação da quantidade de movimento linear axial

$$v_x \frac{\partial v_x}{\partial x} + v_r \frac{\partial v_x}{\partial r} = \nu \frac{1}{r}\frac{\partial}{\partial r}\left(r \frac{\partial v_x}{\partial r}\right). \tag{9.4}$$

Conservação da massa de combustível

$$v_x \frac{\partial Y_F}{\partial x} + v_r \frac{\partial Y_F}{\partial r} = \mathcal{D}\frac{1}{r}\frac{\partial}{\partial r}\left(r \frac{\partial Y_F}{\partial r}\right), \tag{9.5}$$

e, como há somente duas espécies químicas, o combustível e o oxidante, as frações mássicas de ambos devem somar um, ou seja,

$$Y_{Ox} = 1 - Y_F. \tag{9.6}$$

Condições de contorno

Resolver essas equações para as funções desconhecidas, $v_x(r, x)$, $v_r(r, x)$ e $Y_F(r, x)$, requer três condições de contorno para v_x e Y_F (duas como função de x para um dado valor de r, e uma como função de r para um dado valor de x) e uma condição de contorno para v_r (como função de x para um dado valor de r). Estas condições de contorno são:

Ao longo da linha central do jato ($r = 0$),

$$v_r(0, x) = 0, \tag{9.7a}$$

$$\frac{\partial v_x}{\partial r}(0, x) = 0, \tag{9.7b}$$

$$\frac{\partial Y_F}{\partial r}(0, x) = 0, \qquad (9.7c)$$

onde a primeira equação (Eq. 9.7a) implica que não há uma fonte ou sumidouro de fluido ao longo do eixo do jato, enquanto as duas seguintes (Eqs. 9.7b e c) resultam de simetria. Para grandes valores de raio ($r \to \infty$), o fluido está estagnado e nenhum combustível está presente, ou seja,

$$v_x(\infty, x) = 0, \qquad (9.7d)$$

$$Y_F(\infty, x) = 0. \qquad (9.7e)$$

Na saída do jato ($x = 0$), admitimos que a velocidade axial e a fração mássica do combustível são uniformes na saída do orifício ($r \leq R$) e zero em todos os outros valores de raio:

$$\begin{aligned} v_x(r \leq R, \, 0) &= v_e, \\ v_x(r > R, \, 0) &= 0, \end{aligned} \qquad (9.7f)$$

$$\begin{aligned} Y_F(r \leq R, \, 0) &= Y_{F,e} = 1, \\ Y_F(r > R, \, 0) &= 0. \end{aligned} \qquad (9.7g)$$

Solução

O campo de velocidade pode ser obtido ao admitir que os perfis sejam **similares**. A ideia de similaridade é que a forma dos perfis de velocidade seja a mesma em todo o campo de escoamento. Para o presente problema, isso implica que a distribuição radial de $v_x(r, x)$, quando normalizada pela velocidade local da linha central $v_x(0, x)$, seja uma função universal que dependa somente da **variável de similaridade**, r/x. A solução para as velocidades axial e radial é [25]

$$v_x = \frac{3}{8\pi} \frac{J_e}{\mu x} \left[1 + \frac{\xi^2}{4}\right]^{-2}, \qquad (9.8)$$

$$v_r = \left(\frac{3J_e}{16\pi\rho_e}\right)^{1/2} \frac{1}{x} \frac{\xi - \dfrac{\xi^3}{4}}{\left(1 + \dfrac{\xi^2}{4}\right)^2}, \qquad (9.9)$$

onde J_e é a quantidade de movimento inicial,

$$J_e = \rho_e v_e^2 \pi R^2, \qquad (9.10)$$

e ξ contém a variável de similaridade r/x,

$$\xi = \left(\frac{3\rho_e J_e}{16\pi}\right)^{1/2} \frac{1}{\mu} \frac{r}{x}. \qquad (9.11)$$

A distribuição de velocidade axial na forma adimensional é obtida substituindo a Eqn. 9.10 na Eqn. 9.8 e rearranjando o resultado na forma:

$$v_x/v_e = 0{,}375(\rho_e v_e R/\mu)(x/R)^{-1}[1 + \xi^2/4]^{-2}, \qquad (9.12)$$

O decaimento da velocidade adimensional ao longo da linha central é obtido fazendo $r = 0$ ($\xi = 0$):

$$v_{x,0}/v_e = 0{,}375(\rho_e v_e R/\mu)(x/R)^{-1}. \tag{9.13}$$

A Eq. 9.12 mostra que a velocidade diminui inversamente com a distância axial e é diretamente proporcional ao número de Reynolds do jato ($Re_j \equiv \rho_e v_e R/\mu$). Além disso, a Eq. 9.13 lembra-nos de que a solução não é válida próximo ao orifício, pois $v_{x,0}/v_e$ não deveria exceder a unidade. O padrão de decaimento da velocidade da linha central previsto pela Eq. 9.13 é mostrado na Fig. 9.2. Aqui, vemos que a queda é mais abrupta para jatos com valores menores de Re_j. Esse padrão ocorre porque, com a diminuição do número de Reynolds, a quantidade de movimento linear inicial do jato se torna relativamente menos importante quando comparada com a ação do cisalhamento que diminui a velocidade do jato.

Outros parâmetros frequentemente utilizados para caracterizar os jatos são a **taxa de espalhamento** e o **ângulo de espalhamento**, α. Para definir esses parâmetros, necessitamos apresentar o conceito de **meia-largura do jato**, $r_{1/2}$. A meia-largura do jato é a localização ao longo da coordenada radial onde a velocidade axial do jato cai para a metade do seu valor na linha de centro (Fig. 9.3). Uma expressão para $r_{1/2}$ pode ser obtida a partir das Eqs. 9.12 e 9.13 fixando a razão $v_x/v_{x,0} = 1/2$ e isolando $r(= r_{1/2})$. A razão entre a meia-largura do jato e a distância axial x é denominada de taxa de espalhamento do jato, e o ângulo de espalhamento do jato é o ângulo cuja tangente é a taxa de espalhamento. Assim,

$$r_{1/2}/x = 2{,}97\left(\frac{\mu}{\rho v_e R}\right) = 2{,}97 Re_j^{-1} \tag{9.14}$$

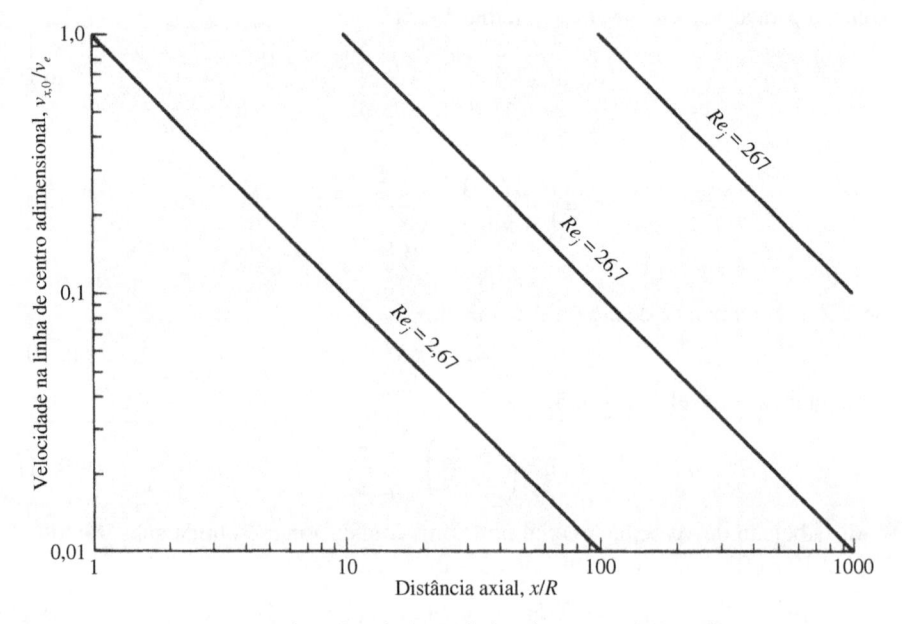

Figura 9.2 Decaimento da velocidade na linha de centro de jatos laminares.

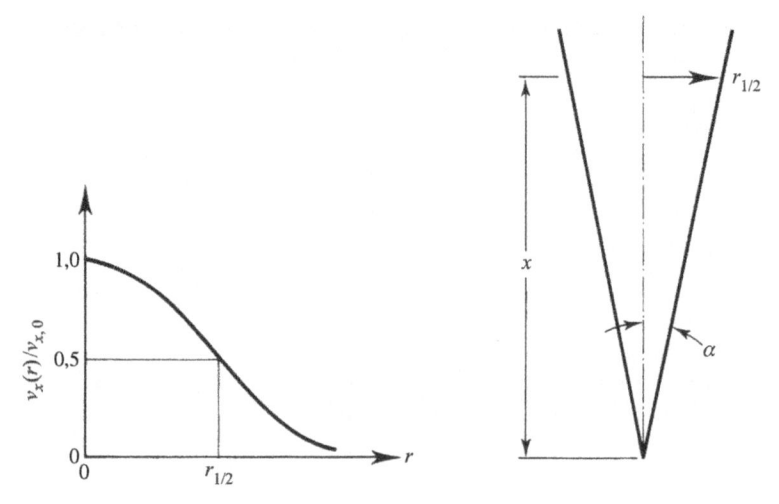

Figura 9.3 Definições da meia largura, $r_{1/2}$, e do ângulo de espalhamento, α, de um jato.

e

$$\alpha \equiv \text{tg}^{-1}(r_{1/2}/x). \tag{9.15}$$

As Eqs. 9.14 e 9.15 revelam que os jatos de alto Re_j são estreitos, enquanto os jatos de baixo Re_j são largos. Este resultado está de acordo com o comportamento de decaimento da velocidade, conforme discutido anteriormente.

Agora, vamos examinar a solução para o campo de concentração. Retornando às equações de conservação de quantidade de movimento linear (Eq. 9.4) e massa das espécies químicas (Eq. 9.5), vemos que a fração mássica do combustível, Y_F, tem o mesmo comportamento matemático que a velocidade axial adimensional, v_x/v_e, quando v e $\mathcal{D}$ são iguais. Como a igualdade de v e $\mathcal{D}$ era uma das hipóteses simplificativas iniciais, $Sc = v/\mathcal{D} = 1$, a forma funcional da solução para Y_F é idêntica àquela para v_x/v_e, ou seja,

$$Y_F = \frac{3}{8\pi} \frac{Q_F}{\mathcal{D}x} [1 + \xi^2/4]^{-2}, \tag{9.16}$$

onde Q_F é a vazão volumétrica de combustível que deixa o orifício ($Q_F = v_e \pi R^2$).

Ao aplicar $Sc = 1 (v = \mathcal{D})$ na Eq. 9.16, identificamos novamente o número de Reynolds do jato como um parâmetro que controla a magnitude do campo de fração mássica, que fica expressa na forma

$$Y_F = 0{,}375 Re_j (x/R)^{-1} [1 + \xi^2/4]^{-2}. \tag{9.17}$$

Para os valores de fração mássica na linha de centro, obtemos

$$Y_{F,0} = 0{,}375 Re_j (x/R)^{-1}. \tag{9.18}$$

Novamente, vemos que essas soluções somente podem ser aplicadas longe do orifício, ou seja, apenas a partir de uma distância adimensional numericamente maior que o valor do número de Reynolds do jato, expressa por

$$(x/R) \gtrsim 0{,}375 \, Re_j. \tag{9.19}$$

Observe que a Fig. 9.2 também representa o decaimento da fração mássica ao longo da linha de centro, pois as Eqs. 9.18 e 9.13 são idênticas.

Exemplo 9.1

Um jato de etileno (C_2H_4) sai de um orifício com 10 mm de diâmetro em ar ambiente estagnado a 300 K e 1 atm. Compare os ângulos de espalhamento e as distâncias axiais nas quais a fração mássica de combustível na linha de centro decai para o valor estequiométrico para velocidades de jato de 10 cm/s e 1 cm/s. A viscosidade dinâmica do etileno a 300 K é $102{,}3 \cdot 10^{-7}$ N-s/m².

Solução

Já que os pesos moleculares do C_2H_4 e do ar são quase os mesmos ($MW = 28{,}05$ kg/kmol e $28{,}85$ kg/kmol, respectivamente), admitiremos que a solução para o jato com densidade constante (Eqs. 9.8–9.15) pode ser aplicada neste problema. Designando o caso com 10 cm/s como caso I e aquele com 1 cm/s como caso II, determinamos os números de Reynolds do jato como

$$Re_{j,I} = \frac{\rho v_{e,I} R}{\mu} = \frac{1{,}14(0{,}10)0{,}005}{102{,}3 \cdot 10^{-7}} = 55{,}7$$

e

$$Re_{j,II} = \frac{\rho v_{e,II} R}{\mu} = \frac{1{,}14(0{,}01)0{,}005}{102{,}3 \cdot 10^{-7}} = 5{,}57,$$

onde a densidade foi estimada a partir da equação de estado dos gases ideais, ou seja,

$$\rho = \frac{P}{(R_u/MW)T} = \frac{101.325}{(8315/28{,}05)300} = 1{,}14 \text{ kg/m}^3.$$

A. O ângulo de espalhamento é determinado combinando as Eqs. 9.14 e 9.15, resultando em

$$\alpha = \text{tg}^{-1}[2{,}97/Re_j]$$

onde

$$\alpha_I = \text{tg}^{-1}[2{,}97/55{,}7]$$

$$\boxed{\alpha_I = 3{,}05°}$$

e

$$\alpha_{II} = \text{tg}^{-1}[2{,}97/5{,}57]$$

$$\boxed{\alpha_{II} = 28{,}1°}$$

Comentário

Dos resultados obtidos, observamos que o jato com menor velocidade é mais aberto e o ângulo de espalhamento é aproximadamente 9 vezes maior do que aquele para o jato com maior velocidade.

B. A fração de massa de combustível na condição estequiométrica é obtida de

$$Y_{F,\text{esteq}} = \frac{m_F}{m_A + m_F} = \frac{1}{(A/F)_{\text{esteq}} + 1},$$

onde

$$(A/F)_{\text{esteq}} = (x + (y/4))4{,}76 \frac{MW_A}{MW_F}$$

$$= (2 + (4/4))4{,}76 \frac{28{,}85}{28{,}05} = 14{,}7.$$

Assim,
$$Y_{F,\text{esteq}} = \frac{1}{14,7+1} = 0,0637.$$

Para encontrar a posição axial na qual a fração de massa de combustível cai para o valor estequiométrico, fazemos $Y_{F,0} = Y_{F,\text{esteq}}$ na Eq. 9.18 e resolvemos x:

$$x = \left(\frac{0,375 Re_j}{Y_{F,\text{esteq}}}\right) R,$$

o que, quando calculado para os dois casos, torna-se

$$\boxed{x_I} = \left(\frac{0,375(55,7)0,005}{0,0637}\right) = \boxed{1,64 \text{ m}}$$

e

$$\boxed{x_{II}} = \left(\frac{0,375(5,57)0,005}{0,0637}\right) = \boxed{0,164 \text{ m}}$$

Comentário

Observamos que a fração mássica de combustível estequiométrica para o jato com menor velocidade é alcançada em 1/10 da distância requerida para o jato com maior velocidade.

Exemplo 9.2

Usando o jato do caso II ($v_e = 1,0$ cm/s, $R = 5$ mm) do Exemplo 9.1 como caso de base, determine o diâmetro de orifício necessário para manter a mesma vazão de combustível se a velocidade de saída é aumentada por um fator de 10, ou seja, para 10 cm/s. Também determine a distância axial onde $Y_{F,0} = Y_{F,\text{esteq}}$ para esta condição e compare com o caso de base.

Solução

A. Podemos relacionar as velocidades de saída do orifício com a vazão volumétrica de combustível por

$$Q = v_{e,1} A_1 = v_{e,2} A_2$$

$$Q = v_{e,1} \pi R_1^2 = v_{e,2} \pi R_2^2.$$

Assim,

$$R_2 = \left(\frac{v_{e,1}}{v_{e,2}}\right)^{1/2} R_1 = \left(\frac{1}{10}\right)^{1/2} 5 \text{ mm}$$

$$\boxed{R_2 = 1,58 \text{ mm}}$$

B. Para a velocidade mais alta aplicada ao jato com menor diâmetro do Exemplo 9.1, o número de Reynolds do jato torna-se

$$Re_j = \frac{\rho v_{e,2} R}{\mu} = \frac{1,14(0,1)0,00158}{102,3 \cdot 10^{-7}} = 17,6,$$

e, da Eq. 9.18,

$$x = \left(\frac{0,375 Re_j}{Y_{F,\text{esteq}}}\right) R = \frac{0,375(17,6)0,00158}{0,0637}$$

$$\boxed{x = 0,164 \text{ m}}$$

Comentário

A distância calculada na parte B é idêntica ao valor obtido para o caso II do Exemplo 9.1. Assim, observamos que a distribuição espacial de fração mássica de combustível, para um determinado combustível (μ/ρ constante), depende somente da vazão volumétrica no orifício.

DESCRIÇÃO FÍSICA DA CHAMA EM JATO

O jato laminar em combustão tem muitos aspectos em comum com nossa discussão anterior do jato isotérmico. Algumas características essenciais da chama em jato são ilustradas na Fig. 9.4. À medida que o combustível escoa ao longo do eixo da chama, ele se difunde radialmente para fora, enquanto o oxidante (p. ex.: ar) difunde-se radialmente para dentro. A superfície da chama é nominalmente definida como a posição onde o combustível e o oxidante encontram-se em proporções estequiométricas, ou seja,

$$\begin{array}{c}\text{Superfície}\\\text{da chama}\end{array} \equiv \begin{array}{l}\text{Superfície formada pelos pontos onde a razão de}\\\text{equivalência, }\Phi\text{, é unitária (isossuperfície }\Phi = 1)\end{array} \quad (9.20)$$

Observe que, embora o combustível e o oxidante sejam consumidos na chama, a razão de equivalência ainda tem importância, pois a composição dos produtos relaciona-se univocamente com Φ. Os produtos formados na superfície da chama difundem-se radialmente tanto para dentro quanto para fora. Para uma chama **sobreventilada**, ou seja, quando o ambiente possui ar suficiente para queimar continuamente o combustível injetado, o comprimento da chama, L_f, é simplesmente determinado pela posição axial onde

$$\Phi(r = 0, x = L_f) = 1. \quad (9.21)$$

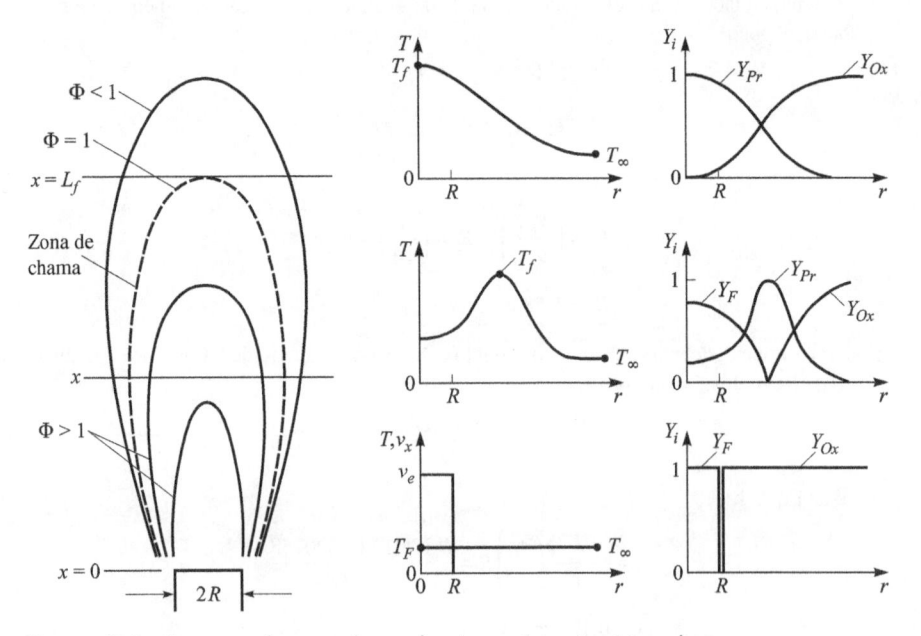

Figura 9.4 Estrutura de uma chama laminar não pré-misturada.

A região onde ocorrem as reações químicas em geral possui uma espessura muito pequena. Como visto na Fig. 9.4, a zona de reação, onde ocorrem as reações químicas em alta temperatura, se estende até a ponta da chama e possui seção transversal normal ao eixo da chama com formato anular. O fato de a zona de reação ser anular é demonstrado por um experimento no qual uma tela metálica é colocada normal ao eixo da chama em um bico de Bunsen queimando de forma não pré-misturada. Na zona de reação, a tela se aquece e se torna incandescente, revelando uma figura plana com aspecto anular.

Nas regiões superiores de uma chama vertical há uma quantidade suficiente de gases quentes de modo a tornar os efeitos de flutuação térmica importantes. A flutuação acelera o escoamento e causa o afinamento da chama, pois a conservação da massa requer a aproximação das linhas de corrente à medida que a velocidade dos gases aumenta. Simultaneamente, a aproximação das linhas de corrente do escoamento eleva o gradiente radial de fração mássica de combustível, dY_F/dr, causando um aumento da difusão. Os efeitos desses dois fenômenos no comprimento da chama em jatos originados em orifícios circulares se cancelam [12, 13]. Assim, as teorias simplificadas que negligenciam a flutuação são capazes de prever os comprimentos de chama com boa aproximação para orifícios tanto circulares, quanto quadrados.

Em chamas de hidrocarbonetos, fuligem é normalmente formada, resultando no típico aspecto alaranjado ou amarelado da chama. Para tempos de residência suficientemente altos, partículas de fuligem são formadas no lado do combustível da zona de reação e sofrem oxidação quando atravessam regiões com excesso de oxidante, por exemplo, a ponta da chama. A Figura 9.5 ilustra a formação e destruição de fuligem em uma chama de jato. Dependendo do tipo de combustível e do tempo de residência na chama, os particulados de fuligem formados podem não ser oxidados completamente durante o seu percurso através das regiões oxidantes e com alta temperatura. Neste caso, "fios" de fuligem podem se tornar visíveis irrompendo através da chama. Essa fuligem que aflora da chama é comumente denominada de **fumaça**. A Figura

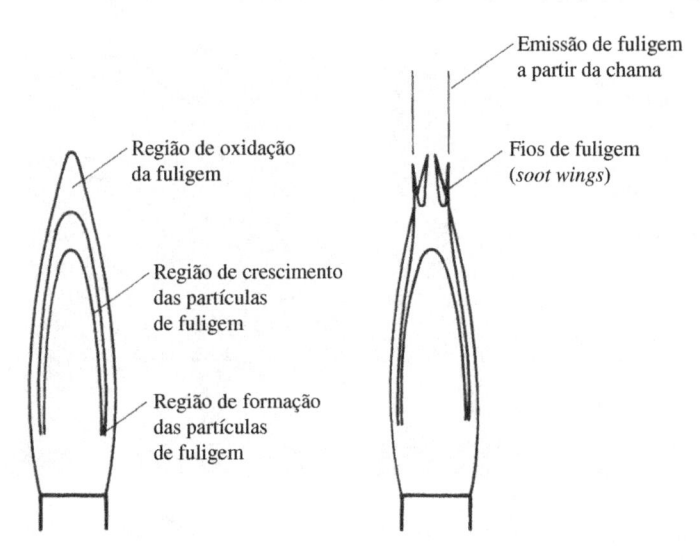

Figura 9.5 Formação e destruição de fuligem em chamas em jato laminar.

9.6 mostra uma fotografia de uma chama de etileno (C_2H_4) na qual um fio de fuligem é visível no lado direito da ponta da chama. Discutiremos a formação e destruição de particulados mais detalhadamente ao final deste capítulo.

A última característica de chamas em jatos não pré-misturados que deve ser ressaltada é a relação entre o comprimento da chama e as condições iniciais. Para orifícios circulares, o comprimento da chama não depende da velocidade ou do diâmetro do orifício, mas da vazão volumétrica, Q_F. Como $Q_F = v_e \pi R^2$, várias combinações de v_e e R podem resultar em um mesmo comprimento. Demonstramos que isso é razoável por meio da nossa análise anterior para o jato laminar não reativo (veja o Exemplo 9.2). Ao ignorar os efeitos da liberação de calor pela reação química, fazen-

Figura 9.6 Chama em jato laminar de etileno. Observe os "fios" de fuligem próximos à ponta da chama.
FONTE: Fotografia cortesia de R. J. Santoro.

do $Y_F = Y_{F,\text{esteq}}$ na Equação 9.16, obtemos uma descrição, mesmo que rudimentar, da posição da chama. O comprimento da chama é obtido fazendo r igual a zero, ou seja,

$$L_f \approx \frac{3}{8\pi} \frac{Q_F}{\mathcal{D} Y_{F,\text{esteq}}}. \tag{9.22}$$

Assim, observamos que o comprimento da chama é realmente proporcional à vazão volumétrica. Além disso, o comprimento da chama é inversamente proporcional à fração mássica de combustível estequiométrica, o que implica que o combustível que requer menos ar para a sua combustão completa produz chamas mais curtas, conforme esperaríamos. Faeth e co-autores [15, 16] empregaram este modelo (Eq. 9.22) e obtiveram resultados razoáveis para chamas não afetadas pela flutuação (em gravidade reduzida) queimando em ar parado, apenas usando um ajuste no comprimento devido a desvios da similaridade nas regiões próximas à saída do jato e um fator de correção global empírico. Lin e Faeth [17] aplicaram este mesmo procedimento para chamas não afetadas pela flutuação queimando em ar em escoamento coaxial. Em uma seção posterior, apresentaremos outras aproximações que podem ser empregadas em estimativas de engenharia do comprimento de chamas.

DESCRIÇÕES TEÓRICAS SIMPLIFICADAS

A primeira descrição teórica para uma chama em jato não misturada foi a de Burke e Schumann [10], publicada em 1928. Embora muitas hipóteses simplificativas tenham sido empregadas, por exemplo, o campo de velocidade é constante e paralelo ao eixo da chama, a teoria deles prevê o comprimento da chama razoavelmente bem para chamas axissimétricas em orifícios circulares. Esta boa concordância levou outros investigadores a refinar a teoria ainda retendo a hipótese de campo de velocidade constante. Em 1977, Roper [12-14] publicou uma nova teoria que retinha a simplicidade essencial da análise de Burke-Schumann, mas relaxou a hipótese de velocidade constante. O procedimento de Roper proporcionava estimativas razoáveis dos comprimentos de chama, tanto para orifícios circulares, quanto para orifícios não circulares. Esses resultados serão apresentados a seguir, devido à utilidade deles em estimativas de engenharia. Antes disso, vamos descrever o problema matematicamente a fim de notar a dificuldade de solução inerente nele e apreciar a pertinência das teorias simplificadas. Começaremos apresentando uma formulação mais generalizada, utilizando as variáveis conhecidas: velocidades, frações mássicas e temperatura. Então, com algumas hipóteses adicionais, desenvolveremos o procedimento baseado em escalar conservado, o qual requer a solução de somente *duas* equações diferenciais parciais. Tratamentos matemáticos mais completos estão disponíveis em textos avançados [27] e referências originais [21].

Hipóteses principais

No mesmo espírito do Capítulo 8, simplificamos consideravelmente as equações de conservação, porém ainda retendo a modelagem essencial da física do problema, ao adotar as seguintes hipóteses:

1. O escoamento é laminar, em regime permanente e axissimétrico, produzido por um jato de combustível emergindo de um orifício circular com raio R, que queima em um ambiente estagnante e infinito de oxidante.
2. Apenas três "espécies químicas" são consideradas: combustível, oxidante e produtos de combustão. No interior da chama, há somente combustível e produtos, enquanto no lado externo da chama, há somente oxidante e produtos.
3. Combustível e oxidante reagem em proporção estequiométrica na zona de reação da chama. Supõe-se que a cinética química é infinitamente rápida, com a zona de reação da chama sendo modelada como uma região extremamente fina. Esta hipótese é comumente denominada de **aproximação de superfície de chama fina**.
4. O transporte molecular de espécies químicas por difusão é modelado pela Lei de Fick.
5. As difusividades térmica e mássica são iguais; assim, o número de Lewis ($Le = \alpha/\mathcal{D}$) é unitário.
6. A transferência de calor por radiação é negligenciada.
7. Somente a difusão radial de quantidade de movimento linear, energia térmica e espécies químicas é importante; a difusão axial é negligenciada.
8. O eixo da chama é orientado verticalmente para cima (na direção contrária ao vetor aceleração da gravidade).

Equações de conservação

Com essas hipóteses, as equações diferenciais que descrevem o comportamento das distribuições de velocidade, temperatura e fração mássica das espécies químicas através do campo de escoamento são obtidas da seguinte maneira:

Conservação da massa   A equação de conservação da massa apropriada para este problema é idêntica à equação da continuidade na forma axissimétrica (Eq. 7.7) desenvolvida no Capítulo 7, pois essas hipóteses não resultam em simplificação adicional:

$$\frac{1}{r}\frac{\partial(r\rho v_r)}{\partial r} + \frac{\partial(\rho v_x)}{\partial x} = 0. \tag{9.23}$$

Conservação da quantidade de movimento linear axial   Analogamente, a forma apropriada para a equação da conservação da quantidade de movimento linear axial (Eq. 7.48) também permanece conforme desenvolvida anteriormente:

$$\frac{1}{r}\frac{\partial}{\partial x}(r\rho v_x v_x) + \frac{1}{r}\frac{\partial}{\partial r}(r\rho v_x v_r) - \frac{1}{r}\frac{\partial}{\partial r}\left(r\mu\frac{\partial v_x}{\partial r}\right) = (\rho_\infty - \rho)g. \tag{9.24}$$

Esta equação é aplicável ao longo de todo o domínio, isto é, tanto na região interna quanto na região externa, sem que haja qualquer descontinuidade na superfície da chama.

Conservação da massa das espécies químicas   Com a hipótese de superfície de chama fina, os termos correspondentes às taxas de produção de espécies químicas ($\dot{m}_i'''$)

na equação da conservação da massa das espécies químicas (Eq. 7.20) tornam-se zero, e todos os fenômenos químicos são incorporados nas condições de contorno. Assim,

$$\frac{1}{r}\frac{\partial}{\partial x}(r\rho v_x Y_i) + \frac{1}{r}\frac{\partial}{\partial r}(r\rho v_r Y_i) - \frac{1}{r}\frac{\partial}{\partial r}\left(r\rho\mathcal{D}\frac{\partial Y_i}{\partial r}\right) = 0, \quad (9.25)$$

na qual i representa o combustível quando a Eq. 9.25 é aplicada do lado de dentro da superfície de chama; i representa o oxidante quando a Eq. 9.25 é aplicada do lado de fora da superfície de chama. Como há três espécies químicas, a fração mássica de produto é obtida de

$$Y_{Pr} = 1 - Y_F - Y_{Ox}. \quad (9.26)$$

Conservação da energia térmica A formulação de Shvab–Zeldovich da equação da conservação da energia térmica (Eq. 7.66) é consistente com todas as hipóteses adotadas e simplificada de forma análoga à equação da conservação da massa das espécies químicas, ou seja, o termo de produção de energia térmica ($\sum h_{f,i}^o \dot{m}_i'''$) torna-se zero em todos os pontos do domínio, exceto na superfície da chama. Assim, a Eq. 7.66 torna-se

$$\frac{\partial}{\partial x}\left(r\rho v_x \int c_p \, dT\right) + \frac{\partial}{\partial r}\left(r\rho v_r \int c_p \, dT\right) - \frac{\partial}{\partial r}\left(r\rho\mathcal{D}\frac{\partial \int c_p dT}{\partial r}\right) = 0, \quad (9.27)$$

que é aplicável tanto do lado de dentro como do lado de fora da superfície da chama, mas com uma descontinuidade na superfície da chama. Assim, a liberação de energia térmica sensível pela reação química deve entrar na formulação do problema como uma condição de contorno, aplicada na própria superfície da chama.

Relações adicionais

A fim de definir completamente o nosso problema, uma equação de estado é necessária para relacionar densidade e temperatura,

$$\rho = \frac{P MW_{\text{mis}}}{R_u T}, \quad (9.28)$$

onde a massa molar da mistura é determinada a partir das frações mássicas das espécies químicas (Eq. 2.12b) por

$$MW_{\text{mis}} = (\sum Y_i / MW_i)^{-1}. \quad (9.29)$$

Antes de prosseguir, vale a pena fazer um resumo das nossas equações para a chama em jato e apontar as dificuldades intrínsecas associadas com a obtenção de uma solução, já que são essas dificuldades que motivam a reformulação do problema em termos de escalares conservados. Temos um total de 5 equações de conservação: conservação da massa, quantidade de movimento linear axial, energia térmica, massa de combustível e massa de oxidante, envolvendo cinco variáveis desconhecidas: $v_r(r, x)$, $v_x(r, x)$, $T(r, x)$, $Y_F(r, x)$ e $Y_{Ox}(r, x)$. A determinação das distribuições das cinco variáveis que simultaneamente satisfazem as cinco equações, submetidas às condições de contorno, define o nosso problema. A solução simultânea de cinco equações diferenciais parciais é, por si só, uma tarefa formidável. O problema se torna ainda mais complicado quando percebemos que algumas das condições de contorno necessárias para a solução das equações de conservação da massa de combustível, oxidante e energia devem ser especificadas na superfície da chama, cuja localização não é conhecida *a priori*. Para eliminar este problema da localização desconhecida da superfície da chama, precisamos reescrever as equações governantes do problema, isto é, empregar escalares conservados, os quais requerem condições de contorno somente ao longo do eixo da chama ($r = 0, x$), longe da chama ($r \to \infty, x$) e no plano de saída do orifício ($r, x = 0$).

Procedimento usando escalar conservado

Fração de mistura Embora sem reduzir significativamente a complexidade do problema, eliminamos o nosso dilema com as condições de contorno ao substituir as duas equações de conservação da massa das espécies químicas por uma única equação para a fração de mistura (Eq. 7.79) desenvolvida no Capítulo 7:

$$\frac{\partial}{\partial x}(r\rho v_x f) + \frac{\partial}{\partial r}(r\rho v_r f) - \frac{\partial}{\partial r}\left(r\rho \mathcal{D}\frac{\partial f}{\partial r}\right) = 0. \quad (9.30)$$

Esta equação não envolve descontinuidades na superfície de chama e não requer hipóteses além daquelas já listadas. Lembre-se de que a fração de mistura, f, é definida como a fração mássica de substância que tem sua origem no sistema do combustível (veja Eqs. 7.68 e 7.70), assim, tem o valor máximo igual à unidade na saída do orifício e um valor igual a zero longe da chama. As condições de contorno apropriadas para f podem ser escritas como

$$\frac{\partial f}{\partial r}(0, x) = 0 \quad \text{(simetria)}, \quad (9.31a)$$

$$f(\infty, x) = 0 \quad \text{(sem combustível no oxidante)}, \quad (9.31b)$$

$$\begin{array}{l} f(r \leq R, \ 0) = 1 \\ f(r > R, \ 0) = 0 \end{array} \quad \text{(Distribuição de velocidade de saída uniforme)}, \quad (9.31c)$$

No momento em que a função $f(r, x)$ torna-se conhecida, a localização da chama é facilmente encontrada porque $f = f_{esteq}$ nesta localização.

Entalpia padronizada Continuamos o nosso desenvolvimento enfocando agora a equação da conservação da energia. Novamente sem hipóteses adicionais, podemos substituir a equação da energia de Shvab–Zeldovich, a qual explicitamente inclui $T(r, x)$, pela forma escrita em termos do escalar conservado, Eq. 7.83, que envolve a entalpia padronizada, $h(r, x)$; assim, a temperatura não aparece mais explicitamente:

$$\frac{\partial}{\partial x}(r\rho v_x h) + \frac{\partial}{\partial r}(r\rho v_r h) - \frac{\partial}{\partial r}\left(r\rho \mathcal{D}\frac{\partial h}{\partial r}\right) = 0. \quad (9.32)$$

Assim como para a fração de mistura, nenhuma descontinuidade aparece em h na superfície da chama e as condições de contorno tornam-se

$$\frac{\partial h}{\partial r}(0, x) = 0, \quad (9.33a)$$

$$h(\infty, x) = h_{Ox}, \qquad (9.33b)$$

$$h(r \leq R, 0) = h_F$$
$$h(r > R, 0) = h_{Ox}. \qquad (9.33c)$$

As equações da continuidade e da conservação da quantidade de movimento linear permanecem conforme mostrado há pouco, isto é, Eqs. 9.23 e 9.24, respectivamente, portanto, não são afetadas pelo nosso desejo de expressar a conservação da massa das espécies químicas e da energia térmica em termos dos escalares conservados. As condições de contorno para a velocidade são as mesmas válidas para o jato não reativo, ou seja,

$$v_r(0, x) = 0, \qquad (9.34a)$$

$$\frac{\partial v_x}{\partial r}(0, x) = 0, \qquad (9.34b)$$

$$v_x(\infty, x) = 0, \qquad (9.34c)$$

$$v_x(r \leq R, 0) = v_e$$
$$v_x(r > R, 0) = 0. \qquad (9.34d)$$

Para que o nosso sistema de equações (Eqs. 9.23, 9.24, 9.30 e 9.32) seja resolvido, precisamos determinar o campo de densidade, $\rho(r, x)$, que aparece nas equações de conservação, usando alguma relação apropriada. Porém, antes de fazer isso, simplificaremos ainda mais as equações ao reescrevê-las em uma forma adimensional.

Equações adimensionais Frequentemente, obtemos informações valiosas sobre o problema quando definimos variáveis adimensionais adequadas e as substituímos nas equações de conservação. Esse procedimento resulta na identificação de parâmetros adimensionais importantes, como o número de Reynolds, com o qual você já está familiarizado. Começaremos usando o raio do orifício R como a escala característica de comprimento, e a velocidade na saída do orifício v_e como a escala característica de velocidade, para definir as seguintes coordenadas espaciais e velocidades adimensionais:

$$x^* \equiv \text{distância axial adimensional} = x/R, \qquad (9.35a)$$

$$r^* \equiv \text{distância radial adimensional} = r/R, \qquad (9.35b)$$

$$v_x^* \equiv \text{velocidade axial adimensional} = v_x/v_e, \qquad (9.35c)$$

$$v_r^* \equiv \text{velocidade radial adimensional} = v_r/v_e. \qquad (9.35d)$$

Como a fração de mistura f já é uma variável adimensional com a propriedade desejada de que $0 \leq f \leq 1$, podemos usá-la diretamente. A entalpia padrão da mistura h, entretanto, não é adimensional. Assim, definimos

$$h^* \equiv \text{entalpia padrão adimensional} = \frac{h - h_{Ox,\infty}}{h_{F,e} - h_{Ox,\infty}}. \qquad (9.35e)$$

Observe que, na saída do orifício, $h = h_{F,e}$, assim, $h^* = 1$. No ambiente, $(r \to \infty)$, $h = h_{Ox,\infty}$ e $h^* = 0$.

A fim de tornar as equações de conservação e relações adicionais completamente adimensionais, também definimos a razão de densidades:

$$\rho^* \equiv \frac{\text{densidade}}{\text{adimensional}} = \frac{\rho}{\rho_e}, \quad (9.35\text{f})$$

onde ρ_e é a densidade do combustível na saída do orifício.

Relacionando cada variável dimensional ou parâmetro com a sua correspondente adimensional e substituindo nas equações de conservação, obtemos as seguintes equações adimensionais:

Continuidade

$$\frac{\partial}{\partial x^*}\left(\rho^* v_x^*\right) + \frac{1}{r^*}\frac{\partial}{\partial r^*}\left(r^* \rho^* v_r^*\right) = 0. \quad (9.36)$$

Quantidade de movimento linear axial

$$\frac{\partial}{\partial x^*}\left(r^* \rho^* v_x^* v_x^*\right) + \frac{\partial}{\partial r^*}\left(r^* \rho^* v_r^* v_x^*\right) - \frac{\partial}{\partial r^*}\left[\left(\frac{\mu}{\rho_e v_e R}\right) r^* \frac{\partial v_x^*}{\partial r^*}\right] = \frac{gR}{v_e^2}\left(\frac{\rho_\infty}{\rho_e} - \rho^*\right) r^*. \quad (9.37)$$

Fração de mistura

$$\frac{\partial}{\partial x^*}\left(r^* \rho^* v_x^* f\right) + \frac{\partial}{\partial r^*}\left(r^* \rho^* v_r^* f\right) - \frac{\partial}{\partial r^*}\left[\left(\frac{\rho \mathcal{D}}{\rho_e v_e R}\right) r^* \frac{\partial f}{\partial r^*}\right] = 0. \quad (9.38)$$

Entalpia adimensional

$$\frac{\partial}{\partial x^*}\left(r^* \rho^* v_x^* h^*\right) + \frac{\partial}{\partial r^*}\left(r^* \rho^* v_r^* h^*\right) - \frac{\partial}{\partial r^*}\left[\left(\frac{\rho \mathcal{D}}{\rho_e v_e R}\right) r^* \frac{\partial h^*}{\partial r^*}\right] = 0. \quad (9.39)$$

As condições de contorno adimensionalizadas tornam-se

$$v_r^*(0, x^*) = 0, \quad (9.40\text{a})$$

$$v_x^*(\infty, x^*) = f(\infty, x^*) = h^*(\infty, x^*) = 0, \quad (9.40\text{b})$$

$$\frac{\partial v_x^*}{\partial r^*}(0, x^*) = \frac{\partial f}{\partial r^*}(0, x^*) = \frac{\partial h^*}{\partial r^*}(0, x^*) = 0, \quad (9.40\text{c})$$

$$\begin{aligned} v_x^*(r^* \leq 1, 0) = f(r^* \leq 1, 0) = h^*(r^* \leq 1, 0) = 1 \\ v_x^*(r^* > 1, 0) = f(r^* > 1, 0) = h^*(r^* > 1, 0) = 0. \end{aligned} \quad (9.40\text{d})$$

Ao inspecionar as equações e condições de contorno adimensionais, percebemos algumas características interessantes. Primeiro, observamos que as equações para a fração de mistura e entalpia adimensionais têm uma forma idêntica, isto é, f e h^* desempenham os mesmos papéis nas suas respectivas equações de conservação. Portanto, não precisamos resolver ambas as Eqs. 9.38 e 9.39, mas apenas uma delas. Por exemplo, se resolvermos $f(r^*, x^*)$, então, simplesmente, $h^*(r^*, x^*) = f(r^*, x^*)$.

Hipóteses adicionais Observamos também que, quando a flutuação térmica é negligenciada, o lado direito da equação de conservação da quantidade de movimento linear axial (Eq. 9.37) torna-se zero e a forma geral desta equação torna-se a mesma das equações para a fração de mistura e para a entalpia adimensional, exceto que μ aparece na primeira no lugar em que $\rho \mathcal{D}$ aparece nas últimas. O nosso problema é simplificado ainda mais se admitirmos que a viscosidade dinâmica μ é igual ao produto $\rho \mathcal{D}$. Como o **número de Schmidt**, Sc, é definido como

$$Sc \equiv \frac{\text{Difusividade de quantidade de movimento linear}}{\text{Difusividade mássica}} = \frac{\nu}{\mathcal{D}} = \frac{\mu}{\rho \mathcal{D}}, \quad (9.41)$$

vemos que, quando $\mu = \rho \mathcal{D}$, o número de Schmidt é unitário ($Sc = 1$). Admitir que as difusividades de quantidade de movimento linear e mássica são iguais ($Sc = 1$) é análogo à nossa hipótese anterior de igualdade entre as difusividades térmica e mássica ($Le = 1$).

Com a hipótese de flutuação térmica negligenciável e $Sc = 1$, a seguinte equação de conservação substitui as equações individuais para a conservação da quantidade de movimento linear axial, fração de mistura (massa das espécies químicas) e entalpia (energia térmica) (Eqs. 9.37–9.39):

$$\frac{\partial}{\partial x^*}\left(r^* \rho^* v_x^* \zeta\right) + \frac{\partial}{\partial r^*}\left(r^* \rho^* v_r^* \zeta\right) - \frac{\partial}{\partial r^*}\left(\frac{1}{Re} r^* \frac{\partial \zeta}{\partial r^*}\right) = 0, \quad (9.42)$$

onde a nossa variável genérica $\zeta = v_x^* = f = h^*$ e $Re = \rho_e v_e R/\mu$. Embora v_x^*, f e h^* satisfaça individualmente a Eq. 9.42, ρ^* e v_x^* são relacionados pela continuidade, enquanto ρ^* e f (ou h^*) são associados por relações de estado, discutidas a seguir.

Relações de estado A solução do problema da chama em jato requer que a densidade $\rho^*(= \rho/\rho_e)$ seja relacionada com a fração de mistura, f, ou qualquer outro dos escalares conservados. Para isso, empregaremos a equação de estado dos gases ideais (Eq. 9.28), o que requer o conhecimento das frações mássicas das espécies químicas e da temperatura. Nosso problema imediato é relacionar os Y_is e T em função da fração de mistura. Conhecendo estas relações principais, elas poderão então ser combinadas para gerar a relação $\rho = \rho(f)$ desejada. Para o nosso sistema simples, o qual consiste em somente produtos e combustível na região interna da superfície da chama e somente produtos e oxidante na região externa da superfície da chama (veja a hipótese 2), nossa tarefa é encontrar as seguintes **relações de estado**:

$$Y_F = Y_F(f), \quad (9.43a)$$

$$Y_{Pr} = Y_{Pr}(f), \quad (9.43b)$$

$$Y_{Ox} = Y_{Ox}(f), \quad (9.43c)$$

$$T = T(f), \quad (9.43d)$$

$$\rho = \rho(f), \quad (9.43e)$$

Partindo da aproximação de superfície de chama fina (hipótese 3), a definição de fração de mistura (Eq. 7.70) pode ser usada para relacionar as frações mássicas das espécies químicas, Y_F, Y_{Ox} e Y_{Pr}, com f na região interna da superfície de chama, na superfície de chama e na região externa da superfície de chama, conforme ilustrado na Fig. 9.7, da seguinte forma:

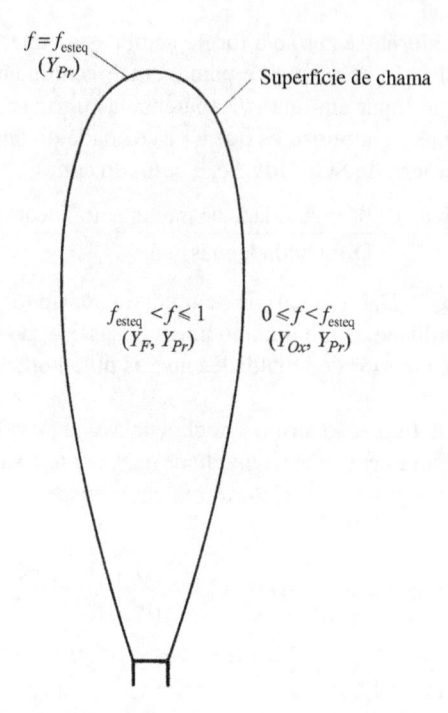

Figura 9.7 Modelo simplificado de chama em jato laminar utilizando a aproximação de superfície de chama, na qual a superfície de chama separa a região interior, contendo apenas combustível e produtos, da região exterior, contendo apenas oxidante e produtos.

Região interna da superfície de chama ($f_{esteq} < f \leq 1$)

$$Y_F = \frac{f - f_{esteq}}{1 - f_{esteq}}, \qquad (9.44a)$$

$$Y_{Ox} = 0, \qquad (9.44b)$$

$$Y_{Pr} = \frac{1 - f}{1 - f_{esteq}}. \qquad (9.44c)$$

Na superfície de chama ($f = f_{esteq}$)

$$Y_F = 0, \qquad (9.45a)$$

$$Y_{Ox} = 0, \qquad (9.45b)$$

$$Y_{Pr} = 1. \qquad (9.45c)$$

Região externa da superfície de chama ($0 \leq f < f_{esteq}$)

$$Y_F = 0, \qquad (9.46a)$$

$$Y_{Ox} = 1 - f/f_{esteq}, \qquad (9.46b)$$

$$Y_{Pr} = f/f_{esteq}, \qquad (9.46c)$$

onde a fração de mistura estequiométrica relaciona-se com o coeficiente estequiométrico (mássico) ν por

$$f_{esteq} = \frac{1}{\nu+1}. \tag{9.47}$$

Observe que nem todas as frações mássicas relacionam-se linearmente com a fração de mistura (Fig. 9.8a).

A determinação da temperatura em função da fração de mistura requer uma equação de estado calórica (veja Eq. 2.4). Da mesma forma que fizemos nos capítulos anteriores, seguimos Spalding [28] e utilizamos as seguintes hipóteses:

1. Os calores específicos à pressão constante das espécies químicas (combustível, oxidante e produtos) são constantes e iguais: $c_{p,F} = c_{p,Ox} = c_{p,Pr} \equiv c_p$.
2. As entalpias de formação do oxidante e dos produtos são zero: $h^o_{f,Ox} = h^o_{f,Pr} = 0$. Isso resulta que a entalpia de formação do combustível é igual ao calor de combustão.

Essas hipóteses são utilizadas somente para possibilitar o desenvolvimento de um exemplo simples de como construir relações de estado e não são de fato essenciais para os modelos baseados em escalares conservados. Com essas hipóteses, nossa equação de estado calórica torna-se simplesmente

$$h = \Sigma Y_i h_i = Y_F \Delta h_c + c_p (T - T_{ref}). \tag{9.48}$$

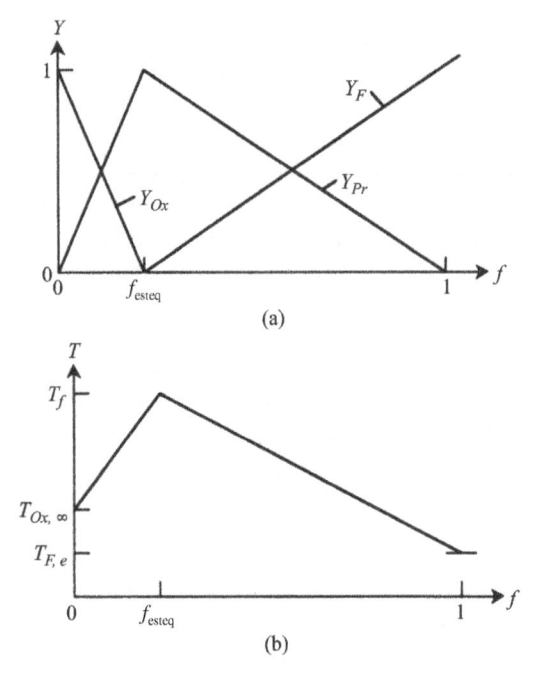

Figura 9.8 (a) Relações de estado simplificadas para as frações mássicas das espécies químicas combustível, oxidante e produtos $Y_F(f)$, $Y_{Ox}(f)$ e $Y_{Pr}(f)$. (b) Relação de estado simplificada para a temperatura da mistura $T(f)$.

Substituindo a Eq. 9.48 na definição da entalpia adimensional h^* (Eq. 9.35e) e lembrando que, por causa da semelhança entre as formas das equações de conservação, $h^* = f$, obtemos

$$h^* = \frac{Y_F \, \Delta h_c + c_p (T - T_{Ox,\infty})}{\Delta h_c + c_p (T_{F,e} - T_{Ox,\infty})} \equiv f, \qquad (9.49)$$

onde as definições $h_{Ox,\infty} \equiv c_p(T_{Ox,\infty} - T_{\text{ref}})$ e $h_{F,e} \equiv \Delta h_c + c_p(T_{F,e} - T_{\text{ref}})$ também foram substituídas. Resolver a Eq. 9.49 para T, reconhecendo que Y_F também é uma função da fração de mistura f, resulta na seguinte relação de estado genérica, $T = T(f)$:

$$T = (f - Y_F) \frac{\Delta h_c}{c_p} + f(T_{F,e} - T_{Ox,\infty}) + T_{Ox,\infty}. \qquad (9.50)$$

Usar a Eq. 9.50 com as expressões apropriadas para Y_F no interior da superfície de chama (Eq. 9.44a), na superfície de chama (Eq. 9.45a) e no exterior da superfície de chama (Eq. 9.46a) resulta em:

No interior da superfície de chama ($f_{\text{esteq}} < f \leq 1$)

$$T = T(f) = f\left[(T_{F,e} - T_{Ox,\infty}) - \frac{f_{\text{esteq}}}{1 - f_{\text{esteq}}} \frac{\Delta h_c}{c_p}\right] + T_{Ox,\infty} + \frac{f_{\text{esteq}}}{(1 - f_{\text{esteq}})c_p} \Delta h_c. \qquad (9.51a)$$

Na superfície de chama ($f = f_{\text{esteq}}$)

$$T \equiv T(f) = f_{\text{esteq}} \left(\frac{\Delta h_c}{c_p} + T_{F,e} - T_{Ox,\infty}\right) + T_{Ox,\infty}. \qquad (9.51b)$$

No exterior da superfície de chama ($0 \leq f < f_{\text{esteq}}$)

$$T = T(f) = f\left(\frac{\Delta h_c}{c_p} + T_{F,e} - T_{Ox,\infty}\right) + T_{Ox,\infty}. \qquad (9.51c)$$

Note que, no nosso modelo termodinâmico simplificado, a temperatura varia linearmente com f nas regiões interna e externa da superfície de chama, estando a temperatura máxima na superfície de chama, conforme ilustrado na Fig. 9.8b. Também é interessante observar que a temperatura da chama dada pela Eq. 9.51b é idêntica à temperatura de chama adiabática à pressão constante calculada a partir da primeira lei da Termodinâmica (Eq. 2.40) para o combustível e o oxidante com temperaturas iniciais $T_{F,e}$ e $T_{Ox,\infty}$, respectivamente. Nossa tarefa está completa agora, pois de posse das relações de estado $Y_F(f)$, $Y_{Ox}(f)$, $Y_{Pr}(f)$ e $T(f)$, a densidade da mistura pode ser determinada como uma função da fração de mistura f usando a equação de estado dos gases ideais (Eq. 9.28). Ao utilizar apenas três espécies químicas (combustível, oxidante e produtos) e simplificar a termodinâmica, é possível formular relações de estado simples e diretas e ilustrar os conceitos básicos envolvidos na criação de um modelo de escalar conservado para chamas não pré-misturadas. Relações de estado mais sofisticadas para misturas complexas são frequentemente obtidas usando equilíbrio, equilíbrio parcial ou medições. No entanto, os conceitos básicos permanecem essencialmente os mesmos apresentados aqui.

A Tabela 9.1 resume os nossos modelos de escalar conservado para chamas laminares em jatos e as seções seguintes discutirão várias soluções para o problema.

Tabela 9.1 Resumo dos modelos de escalar conservado para uma chama não pré-misturada em jato laminar

Hipóteses	Variáveis a serem resolvidas	Equações de conservação requeridas	Relações de estado requeridas[a]
Hipóteses principais somente para as equações de conservação + Termodinâmica simplificada para as relações de estado	$v_r^*(r^*, x^*)$, $v_x^*(r^*, x^*)$, $f(r^*, x^*)$ ou $h^*(r^*, x^*)$	Eq. 9.36, 9.37, 9.38 ou 9.39	Eq. 9.28 e Eqs. 9.44, 9.45, 9.46 e 9.51 (ou equivalente)
Hipóteses principais + Sem flutuação e $Sc = 1$ + Termodinâmica simplificada para as relações de estado	$v_r^*(r^*, x^*)$, $\zeta(r^*, x^*)$, i.e., v_x^* ou f ou h^*	Eqs. 9.36 e 9.42	conforme acima

[a] Relações adicionais são requeridas para a dependência em relação à temperatura das propriedades de transporte μ e/ou $\rho \mathcal{D}$.

Várias soluções

Burke–Schumann Conforme mencionado, a solução mais antiga para o problema da chama em jato laminar foi desenvolvida por Burke e Schumann [10], que analisaram jatos bidimensionais de combustível emergindo em escoamentos concêntricos de oxidante. Tanto para o problema axissimétrico quanto para o problema bidimensional, eles utilizaram a aproximação de superfície de chama fina e admitiram que o campo de velocidade é completamente definido por um valor constante para o componente axial ($v_x = v$, $v_r = 0$). Esta última hipótese elimina a necessidade de resolver a equação da conservação da quantidade de movimento linear axial (Eq. 9.24) e, por definição, negligencia a flutuação térmica. Embora o conceito de escalar conservado não fosse formalmente definido na época do estudo de Burke e Schumann (1928), o tratamento deles da equação da conservação da massa das espécies químicas formula o problema de uma forma equivalente àquela do escalar conservado. Com a hipótese de $v_r = 0$, a equação da conservação da massa (Eq. 9.23) requer que ρv_x seja uma constante. Assim, a equação da conservação da massa das espécies químicas admitindo que a densidade seja variável (Eq. 9.25) torna-se

$$\rho v_x \frac{\partial Y_i}{\partial x} - \frac{1}{r}\frac{\partial}{\partial r}\left(r \rho \mathcal{D} \frac{\partial Y_i}{\partial r}\right) = 0. \qquad (9.52)$$

Como essa equação não possui o termo de produção/destruição de massa de espécie química, a sua solução requer o conhecimento *a priori* da posição da superfície de chama. Burke e Schumann contornaram este problema ao descrever o campo de escoamento com uma única espécie química identificada com o combustível, a qual possui valor unitário no jato de combustível, zero na superfície da chama e $-1/n$, ou $-f_{esteq}/(1 - f_{esteq})$, na região de oxidante puro. Assim, usando essa convenção, concentrações "negativas" de combustível ocorrem no lado externo da superfície de chama. No contexto atual, a fração mássica Y_F deles é definida em termos da fração de mistura como

$$Y_F = \frac{f - f_{esteq}}{1 - f_{esteq}}. \quad (9.53)$$

Ao substituir esta definição na Eq. 9.52 recuperamos a equação já familiar para o escalar conservado (Eq. 9.30). Embora Burke e Schumann tenham admitido propriedades constantes e um valor constante para v_x, podemos recuperar a equação deles por meio de uma hipótese menos restritiva, a de que o produto da densidade e da difusividade seja constante, isto é, $\rho \mathcal{D}$ = constante $\equiv \rho_{ref} \mathcal{D}_{ref}$. No Capítulo 3, vimos que o produto $\rho \mathcal{D}$ varia aproximadamente com $T^{1/2}$. Assim, esta hipótese é claramente uma aproximação utilizada com o intuito de facilitar a solução matemática do modelo. Substituindo $\rho_{ref}\mathcal{D}_{ref}$ no lugar de $\rho \mathcal{D}$ na Eq. 9.52, removendo este produto de dentro da derivada na direção radial e notando que ρv_x = constante $\equiv \rho_{ref} v_{x,\,ref}$, vemos que a densidade ρ_{ref} desaparece, fornecendo o seguinte resultado final:

$$v_{x,\,ref} \frac{\partial Y_F}{\partial x} = \mathcal{D}_{ref} \frac{1}{r} \frac{\partial}{\partial r}\left(r \frac{\partial Y_F}{\partial r} \right), \quad (9.54)$$

onde $v_{x,\,ref}$ e $\mathcal{D}_{ref}$ são valores de referência de velocidade e difusividade, respectivamente, ambos avaliados na mesma temperatura.

A solução para essa equação diferencial, $Y_F(x, r)$, é uma expressão relativamente complicada envolvendo **funções de Bessel**. O comprimento da chama não é dado explicitamente, mas pode ser encontrado resolvendo a seguinte equação transcendental para o comprimento da chama, L_f:

$$\sum_{m=1}^{\infty} \frac{J_1(\lambda_m R)}{\lambda_m [J_0(\lambda_m R_o)]^2} \exp\left(-\frac{\lambda_m^2 \mathcal{D}}{v} L_f \right) - \frac{R_o^2}{2R}\left(1 + \frac{1}{S} \right) + \frac{R}{2} = 0. \quad (9.55)$$

Nessa equação, J_0 e J_1 são as funções de Bessel de ordem zero e de primeira ordem, respectivamente, as quais são descritas em livros de referência de matemática (por exemplo, Ref. [29]). Os valores de λ_m são definidos por todas as raízes positivas da equação $J_1(\lambda_m R_o) = 0$ [29]; R e R_o são os raios do orifício de saída de combustível e do escoamento externo, respectivamente, e S é a razão estequiométrica molar de oxidante (o fluido externo) e combustível (o fluido injetado pelo orifício). Os comprimentos de chama previstos pelo modelo de Burke–Schumann apresentam uma concordância razoável quando comparados com os modelos mais completos para jatos em orifícios circulares, principalmente devido às hipóteses simplificativas cujos efeitos se compensam: o efeito de flutuação causa um afinamento da chama, o qual, por sua vez, aumenta o fluxo por difusão. Burke e Schumann reconheceram esta possibilidade, antecipando-se ao trabalho de Roper [12] que mostrou que isso de fato ocorre. O estudo numérico de Kee e Miller [19] também mostrou esse efeito por meio da simulação de casos com e sem flutuação térmica.

Roper Roper [12] procedeu no espírito do modelo de Burke–Schumann, mas permitiu que a velocidade característica variasse com a distância axial pelo efeito da flutuação térmica de forma a satisfazer a equação da conservação da massa. Além de queimadores de orifícios circulares, Roper analisou queimadores de fendas retangulares e de fendas curvas [12,14]. As soluções analíticas de Roper e aquelas modificadas a partir de medições são apresentadas a seguir.

Solução para densidade constante Quando admitimos que a densidade é constante, as soluções das Eqs. 9.23, 9.24 e 9.30 são idênticas àquelas para o jato não reativo. Neste caso, o comprimento da chama é dado pela Eq. 9.22:

$$L_f \approx \frac{3}{8\pi} \frac{1}{\mathcal{D}} \frac{Q_F}{Y_{F,\text{esteq}}}. \tag{9.56}$$

Solução aproximada para densidade variável Fay [11] resolveu o problema da chama em jato laminar com densidade variável. A flutuação térmica é negligenciada na sua solução, portanto, simplificando a equação para a conservação da quantidade de movimento linear axial. Com relação às propriedades, os números de Schmidt e Lewis são considerados unitários, de forma consistente com as equações; além disso, a viscosidade dinâmica, μ, é vista como diretamente proporcional à temperatura, ou seja,

$$\mu = \mu_{\text{ref}} T/T_{\text{ref}}.$$

A solução de Fay para o comprimento da chama é

$$L_f \approx \frac{3}{8\pi} \frac{1}{Y_{F,\text{esteq}}} \frac{\dot{m}_F}{\mu_{\text{ref}}} \frac{\rho_\infty}{\rho_{\text{ref}}} \frac{1}{I(\rho_\infty/\rho_f)}, \tag{9.57}$$

onde $\dot{m}_F$ é a vazão mássica deixando o orifício, ρ_∞ é a densidade do ambiente longe da chama e $I(\rho_\infty/\rho_f)$ é uma função obtida da integração numérica na solução de Fay. Alguns valores de $I(\rho_\infty/\rho_f)$ e $\rho_\infty/\rho_{\text{ref}}$ são listados na Tabela 9.2 para diferentes valores das razões entre as densidades no ambiente e na chama, ρ_∞/ρ_f.

A Eq 9.57 pode ser reescrita de uma forma similar à solução para a densidade constante, Eq. 9.56, notando que $\dot{m}_F = \rho_F Q_F$ e $\mu_{\text{ref}} = \rho_{\text{ref}} \mathcal{D}(Sc = 1)$:

$$L_f \approx \frac{3}{8\pi} \frac{1}{\mathcal{D}_{\text{ref}}} \frac{Q_F}{Y_{F,\text{esteq}}} \left(\frac{\rho_F \rho_\infty}{\rho_{\text{ref}}^2}\right) \frac{1}{I(\rho_\infty/\rho_f)}. \tag{9.58}$$

Assim, vemos que os comprimentos de chama previstos pelo modelo de densidade variável são maiores que aqueles previstos pelo modelo de densidade constante pelo fator

$$\frac{\rho_F \rho_\infty}{\rho_{\text{ref}}^2} \frac{1}{I(\rho_\infty/\rho_f)}.$$

Para $\rho_\infty/\rho_f = 5$ e $\rho_F = \rho_\infty$ (valores razoáveis para chamas de hidrocarbonetos e ar) o comprimento de chama previsto pelo modelo de densidade variável é aproximada-

Tabela 9.2 Estimativas [a] da integral da quantidade de movimento linear para chamas em jato laminar com densidade variável

ρ_∞/ρ_f	$\rho_\infty/\rho_{\text{ref}}$	$I(\rho_\infty/\rho_f)$
1	1	1
3	2	2,4
5	3	3,7
7	4	5,2
9	5	7,2

[a] Estimadas a partir da Fig. 3 da Ref. [11].

mente 2,4 vezes maior que o previsto pelo modelo de densidade constante. Qualquer que seja a capacidade desses modelos em prever os comprimentos de chama reais, ambos mostram que o comprimento da chama é diretamente proporcional à vazão volumétrica e inversamente proporcional à fração mássica estequiométrica do fluido que escoa no orifício, independentemente do diâmetro do orifício.

Soluções numéricas O uso de computadores e métodos de diferenças finitas possibilita modelar as chamas em jato de forma muito mais detalhada do que os modelos analíticos recém-discutidos. Por exemplo, a aproximação de superfície de chama fina separando **escoamentos inertes quimicamente** no interior e no exterior da superfície de chama pode ser substituída por uma mistura reativa cujas velocidades de reação são controladas por cinética química (veja o Capítulo 4). Kee e Miller [18, 19] modelaram uma chama de H_2–ar usando 16 reações químicas irreversíveis envolvendo 10 espécies químicas. Smooke et al. [22] modelaram uma chama de CH_4–ar usando 79 reações entre 26 espécies químicas e, mais recentemente [6], modelaram uma chama de C_2H_4–ar usando um mecanismo de cinética química com 476 reações e 66 espécies químicas. Seu trabalho mais recente [6] também inclui modelos dinâmicos e químicos de formação de fuligem. Quando os efeitos de transformações químicas não são mais confinados às condições de contorno apenas, a equação de conservação da massa das espécies químicas, Eq. 9.25, deve incluir termos de formação (fontes) e de destruição (sumidouros) de espécies químicas (veja o Capítulo 7). Os modelos numéricos também possibilitam remover a hipótese de difusão binária. A difusão multicomponente é incluída nos modelos numéricos de Heys et al. [21] e Smooke et al. [6, 22]. Do mesmo modo, as propriedades dependentes da temperatura podem ser facilmente incorporadas nos modelos numéricos [6, 18-22]. Nos modelos de Mitchell et al. [20] e Smooke et al. [6, 22] os termos tanto de difusão axial como de difusão radial são mantidos nas equações de conservação, eliminando o uso das aproximações de camada-limite. Heys et al. [21] incorporam a radiação térmica no seu modelo de chama de CH_4–ar e mostram que esta inclusão resulta em temperaturas máximas cerca de 150 K menores do que as obtidas quando as perdas de calor por radiação são negligenciadas. Diferenças de temperatura dessa magnitude influenciam significativamente as velocidades de reações sensíveis à temperatura, como as reações envolvidas no mecanismo de formação de óxido nítrico (veja o Capítulo 5). Smooke et al. [6] incluem a emissão e a absorção de radiação no seu modelo. Davis et al. [26] estudaram a influência da flutuação térmica usando uma formulação em variável conservada para espécies químicas e energia e incluindo o termo de força de gravidade na equação de conservação da quantidade de movimento linear axial. (O termo adimensionalizado de força de corpo aparece no lado direito da Eq. 9.37.) A análise deles mostra que os efeitos da gravidade podem ser simulados ao variar a pressão enquanto as vazões de combustível e ar são mantidas fixas. Especificamente, eles constataram que o termo adimensional de força gravitacional é proporcional ao quadrado da pressão, isto é, $gR/v_e^2 \propto P^2$, quando $\rho_e v_e$ = constante. Os seus resultados numéricos demonstram que a tremulação e a pulsação exibidas pelas chamas em pressões acima da atmosférica resultam do aumento da importância relativa da flutuação térmica à medida que a pressão se eleva.

COMPRIMENTOS DE CHAMAS PARA QUEIMADORES DE ORIFÍCIOS CIRCULARES E DE FENDAS

Correlações de Roper

Roper desenvolveu [12, 14], bem como confrontou com medições [13, 14], expressões para o comprimento de chamas em jatos laminares para várias geometrias de orifícios (circulares, quadrados, fendas retangulares e fendas curvas) e regimes de escoamento (controlados por quantidade de movimento linear, controlados por flutuação térmica e no regime de transição). Os resultados de Roper são resumidos na Tabela 9.3 e descritos a seguir.

Para orifícios circulares e quadrados, as seguintes expressões são usadas para estimativas do comprimento da chama. Estes resultados são aplicáveis independentemente de a flutuação ser importante ou não, para jatos de combustível emergindo em um oxidante estacionário, ou escoando na direção coaxial ao orifício, desde que haja excesso de oxidante, isto é, que a chama seja sobreventilada.

Orifícios circulares

$$L_{f,\text{teo}} = \frac{Q_F (T_\infty / T_F)}{4\pi \mathcal{D}_\infty \ln(1+1/S)} \left(\frac{T_\infty}{T_f}\right)^{0,67}, \quad (9.59)$$

$$L_{f,\text{exp}} = 1330 \frac{Q_F (T_\infty / T_F)}{\ln(1+1/S)}, \quad (9.60)$$

onde S é a razão molar estequiométrica entre oxidante e combustível, $\mathcal{D}_\infty$ é o coeficiente de difusão médio avaliado para o oxidante na temperatura do escoamento de oxidante, T_∞, e T_F e T_f são as temperaturas do escoamento de combustível e da chama, respectivamente. Na Eq. 9.60, todas as variáveis são expressas em unidades SI (m,

Tabela 9.3 Correlações teóricas e empíricas para a estimativa do comprimento de chamas em jato laminar verticais

Geometria de saída do jato		Condições	Equação aplicável[a]
2R	Circular	Controlada por quantidade de movimento linear ou por flutuação	Circular – Eqs. 9.59 e 9.60
b	Quadrada	Controlada por quantidade de movimento linear ou por flutuação	Circular – Eqs. 9.61 e 9.62
h, b	Fenda	Controlada por quantidade de movimento linear	Eqs. 9.63 e 9.64
		Controlada por flutuação	Eqs. 9.65 e 9.66
		Controlada por ambos, quantidade de movimento linear e flutuação	Eq. 9.70

[a] Para as geometrias de orifícios circular e quadrado, as equações indicadas são aplicáveis tanto para oxidante estagnado, quanto para um escoamento coaxial de oxidante. Para a geometria em fenda, as equações são aplicáveis somente para oxidante estagnado.

m³/s, etc.). Observe que o diâmetro do orifício do queimador não aparece explicitamente nessas expressões.

Orifícios quadrados

$$L_{f,\text{teo}} = \frac{Q_F(T_\infty/T_F)}{16\mathcal{D}_\infty \,[\text{inverf}((1+S)^{-0,5})]^2} \left(\frac{T_\infty}{T_f}\right)^{0,67}, \quad (9.61)$$

$$L_{f,\text{exp}} = 1045 \frac{Q_F(T_\infty/T_F)}{[\text{inverf}((1+S)^{-0,5})]^2}, \quad (9.62)$$

onde **inverf** é a **função inversa à função erro**. Os valores da **função erro**, **erf**, são apresentados na Tabela 9.4. Os valores da função inversa à função erro são obtidos da tabela da mesma forma que você lidaria com os valores das funções inversas às funções trigonométricas, isto é, $\omega = $ inverf (erf ω). Novamente, todas as variáveis são expressas em unidades SI.

Queimador de fenda – controlado por quantidade de movimento linear

$$L_{f,\text{teo}} = \frac{b\beta^2 Q_F}{hI\mathcal{D}_\infty Y_{F,\text{esteq}}} \left(\frac{T_\infty}{T_F}\right)^2 \left(\frac{T_f}{T_\infty}\right)^{0,33}, \quad (9.63)$$

Tabela 9.4 Valores da função erro de Gauss[a]

ω	erf ω	ω	erf ω	ω	erf ω
0,00	0,00000	0,36	0,38933	1,04	0,85865
0,02	0,02256	0,38	0,40901	1,08	0,87333
0,04	0,04511	0,40	0,42839	1,12	0,88679
0,06	0,06762	0,44	0,46622	1,16	0,89910
0,08	0,09008	0,48	0,50275	1,20	0,91031
0,10	0,11246	0,52	0,53790	1,30	0,93401
0,12	0,13476	0,56	0,57162	1,40	0,95228
0,14	0,15695	0,60	0,60386	1,50	0,96611
0,16	0,17901	0,64	0,63459	1,60	0,97635
0,18	0,20094	0,68	0,66378	1,70	0,98379
0,20	0,22270	0,72	0,69143	1,80	0,98909
0,22	0,24430	0,76	0,71754	1,90	0,99279
0,24	0,26570	0,80	0,74210	2,00	0,99532
0,26	0,28690	0,84	0,76514	2,20	0,99814
0,28	0,30788	0,88	0,78669	2,40	0,99931
0,30	0,32863	0,92	0,80677	2,60	0,99976
0,32	0,34913	0,96	0,82542	2,80	0,99992
0,34	0,36936	1,00	0,84270	3,00	0,99998

[a] A função erro de Gauss é definida como erf $\omega \equiv \dfrac{2}{\sqrt{\pi}} \int_0^\omega e^{-v^2} dv$.

A função erro complementar é definida como erfc $\omega = 1 - $ erf ω.

$$L_{f,\exp} = 8{,}6 \cdot 10^4 \, \frac{b\beta^2 Q_F}{hIY_{f,\text{esteq}}} \left(\frac{T_\infty}{T_F}\right)^2, \qquad (9.64)$$

onde b é a largura da fenda, h é o comprimento da fenda (em um plano normal ao eixo do jato, conforme a Tabela 9.3) e a função β é dada por

$$\beta = \frac{1}{4\,\text{inverf}[1/(1+S)]},$$

e I é a razão entre a quantidade de movimento linear axial real do jato na saída da fenda e aquela de um escoamento uniforme, isto é,

$$I = \frac{J_{e,\text{real}}}{\dot{m}_F v_e}.$$

Se o escoamento for de fato uniforme, $I = 1$. Para um escoamento laminar plenamente desenvolvido entre duas placas planas paralelas (supondo $h \gg b$), a distribuição parabólica de velocidade fornece $I = 1{,}5$. As equações 9.63 e 9.64 são aplicadas somente se o oxidante estiver estagnado. Para o oxidante em escoamento coaxial, o leitor deve consultar as referências [12] e [13].

Queimador de fenda – controlado por flutuação térmica

$$L_{f,\text{teo}} = \left[\frac{9\beta^4 Q_F^4 T_\infty^4}{8 \mathcal{D}_\infty^2 a h^4 T_F^4}\right]^{1/3} \left[\frac{T_f}{T_\infty}\right]^{2/9} \qquad (9.65)$$

$$L_{f,\exp} = 2 \cdot 10^3 \left[\frac{\beta^4 Q_F^4 T_\infty^4}{a h^4 T_F^4}\right]^{1/3}, \qquad (9.66)$$

onde a é a aceleração média devido à flutuação térmica, calculada de

$$a \cong 0{,}6g \left(\frac{T_f}{T_\infty} - 1\right), \qquad (9.67)$$

onde g é a aceleração da gravidade. Roper et al. [12] usaram a temperatura média da chama, $T_f = 1500$ K, para calcular a aceleração média. Conforme observado nas Eqs. 9.65 e 9.66, o comprimento de chama previsto pelo modelo pouco depende (potência $-\frac{1}{3}$) do valor de a.

Queimador de fenda – regime de transição Para determinar se a chama é controlada por quantidade de movimento linear ou por flutuação térmica, o **número de Froude** da chama, Fr_f, deve ser avaliado. O número de Froude fisicamente representa a razão entre a vazão de quantidade de movimento linear inicial do jato e a força de flutuação térmica experimentada pela chama. Para um jato laminar em um meio estagnado,

$$Fr_f \equiv \frac{(v_e I Y_{F,\text{esteq}})^2}{a L_f}, \qquad (9.68)$$

e o regime de escoamento pode ser estabelecido de acordo com o seguinte critério:

$$Fr_f \gg 1 \quad \text{controlado por quantidade de movimento linear} \qquad (9.69a)$$

$$Fr_f \approx 1 \quad \text{transição (misto)} \tag{9.69b}$$

$$Fr_f \ll 1 \quad \text{controlado por flutuação} \tag{9.69c}$$

Observe que, para verificar o regime de escoamento, um valor de L_f é necessário, cuja estimativa, por sua vez, depende de uma escolha de regime de escoamento. Assim, posteriormente é preciso conferir se o regime correto de escoamento foi utilizado para obter a estimativa de L_f.

Para o regime de transição no qual a quantidade de movimento linear e a flutuação térmica são importantes, Roper [12, 13] recomenda o seguinte tratamento:

$$L_{f,T} = \frac{4}{9} L_{f,M} \left(\frac{L_{f,B}}{L_{f,M}}\right)^3 \left\{\left[1 + 3,38\left(\frac{L_{f,M}}{L_{f,B}}\right)^3\right]^{2/3} - 1\right\}, \tag{9.70}$$

onde os subscritos M, B e T referem-se ao controle por quantidade de movimento linear, flutuação térmica e de transição (misto), respectivamente.

Exemplo 9.3

Em uma instalação de laboratório, deseja-se operar um queimador de chama não pré-misturada contendo um orifício de seção quadrada com uma chama com altura de 50 mm. Determine a vazão volumétrica requerida quando o combustível é propano. Também determine a taxa de liberação de energia da chama ($\dot{m}\Delta h_c$). Que vazão volumétrica seria requerida caso o propano fosse substituído por metano?

Solução

Aplicaremos a correlação de Roper para orifícios com seção quadrada (Eq. 9.62) a fim de determinar a vazão volumétrica:

$$L_f = \frac{1045 Q_F (T_\infty/T_F)}{[\text{inverf}((1+S)^{-0,5})]^2}.$$

Admitindo que $T_\infty = T_F = 300$ K, o único parâmetro que precisa ser obtido antes de calcular Q_F é a razão ar-combustível molar estequiométrica, S. Do Capítulo 2, $S = (x + y/4)\,4,76$. Assim, para o propano (C_3H_8),

$$S = (3 + 8/4)\,4,76 = 23,8 \; \frac{\text{kmol}}{\text{kmol}}.$$

Logo,

$$\text{inverf}[(1 + 23,8)^{-0,5}] = \text{inverf}(0,2008) = 0,18,$$

onde a Tabela 9.4 foi utilizada para obter o valor de inverf(0,2008). Resolvendo a Eq. 9.62 para Q_F, obtemos

$$Q_F = \frac{0,050(0,18)^2}{1045(300/300)} = 1,55 \cdot 10^{-6} \; \text{m}^3/\text{s}$$

ou

$$\boxed{Q_F = 1,55 \; \text{cm}^3/\text{s}}$$

Usando a equação de estado de gás ideal para estimar a densidade do propano ($P = 1$ atm, $T = 300$ K) e o calor de combustão fornecido no Apêndice B, a taxa de liberação de energia pela chama é

$$\dot{m}\Delta h_c = \rho_F Q_F \Delta h_c$$
$$= 1{,}787(1{,}55\cdot 10^{-6})46.357.000$$

$$\boxed{\dot{m}\Delta h_c = 128 \text{ W}}$$

Repetindo o problema para o metano (CH$_4$), utilizamos $S = 9{,}52$, $\rho_F = 0{,}65$ e $\Delta h_c = 50.016.000$ J/kg. Assim,

$$\boxed{Q = 3{,}75 \text{ cm}^3/\text{s}}$$

e

$$\boxed{\dot{m}\Delta h_c = 122 \text{ W}}$$

Comentário

Neste problema observamos que, embora a vazão volumétrica requerida para CH$_4$ seja aproximadamente 2,4 vezes maior do que a calculada para C$_3$H$_8$, ambas as chamas liberam quase a mesma energia térmica.

Nas próximas duas seções, por meio dessas correlações, verificaremos o efeito no comprimento de chama de diversos parâmetros importantes da engenharia de queimadores.

Efeitos de vazão e de geometria

A Fig. 9.9 compara os comprimentos de chama para queimadores com orifícios circulares com aqueles para queimadores de fendas com várias razões de aspecto, h/b, sendo que todos os queimadores possuem a mesma área de seção transversal de saída. Como a área da seção transversal é a mesma, para uma mesma vazão volumétrica de combustível, todos os queimadores apresentam a mesma velocidade média de saída. Na figura observamos uma dependência linear entre o comprimento de chama e a vazão volumétrica para os queimadores de orifício circular e ligeiramente maior que linear para os queimadores de fendas. Para as condições selecionadas na figura, os números de Froude para as chamas são pequenos e, portanto, as chamas são controladas por flutuação térmica. À medida que os queimadores de fenda se tornam mais esbeltos (h/d aumentando), as chamas se tornam mais curtas para a mesma vazão volumétrica.

Fatores que alteram a estequiometria

A razão molar ar-combustível estequiométrica, S, utilizada nessas expressões, é definida em termos do fluido no jato e do fluido no ambiente externo, isto é,

$$S = \left(\frac{\text{número de mols do fluido no ambiente externo}}{\text{número de mols do fluido no jato}}\right)_{\text{esteq}}. \qquad (9.71)$$

Assim, S depende da composição química tanto do fluido deixando o jato, quanto do fluido que preenche o ambiente externo. Por exemplo, os valores de S seriam diferentes para um combustível puro e para um combustível diluído em nitrogênio queimando em ar. Analogamente, a fração molar de oxigênio no ambiente também

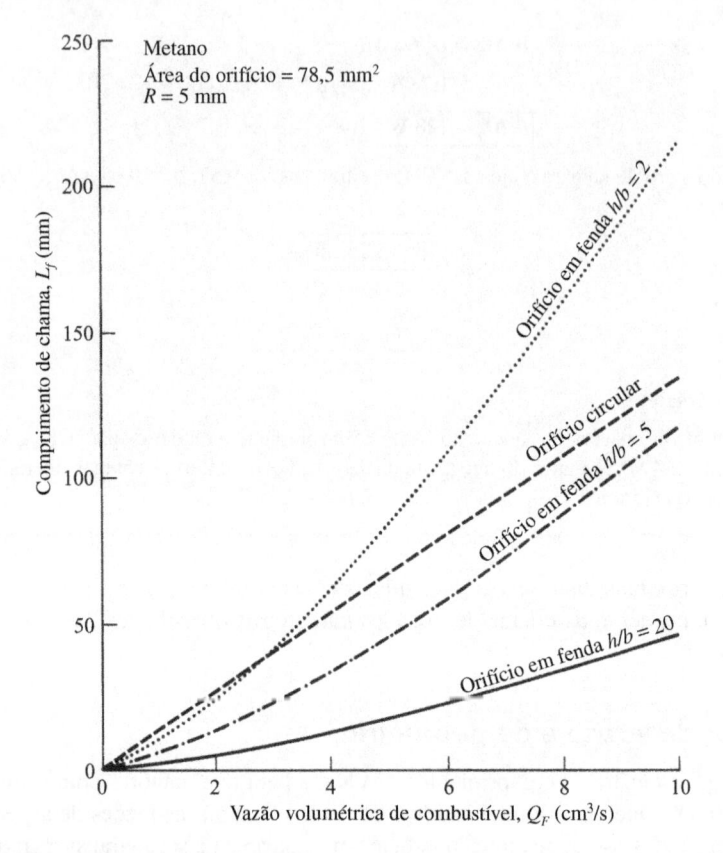

Figura 9.9 Comprimentos de chama previstos para queimadores com orifícios circulares e em fenda tendo a mesma área de saída.

afeta o valor de S. Em várias aplicações, os seguintes parâmetros que afetam S são de interesse.

Tipo de combustível A fração molar ar-combustível estequiométrica para um jato de combustível puro queimando em ar pode ser calculada a partir de um balanço atômico simples (veja o Capítulo 2). Para um hidrocarboneto genérico, C_xH_y, a razão molar ar-combustível estequiométrica é expressa como

$$S = \frac{x + y/4}{\chi_{O_2}}, \qquad (9.72)$$

onde χ_{O_2} é a fração molar de oxigênio no ar.

A Fig. 9.10 apresenta os comprimentos de chama, relativos ao metano, para hidrogênio, monóxido de carbono e os alcanos de C_1 a C_4, calculados usando a expressão para orifícios circulares, Eq. 9.60, admitindo vazões volumétricas iguais. Observe que ao usar esta expressão, supomos que a mesma difusividade mássica se aplica para todas as misturas, o que é apenas aproximadamente correto. Tenha em mente que para o hidrogênio esta simplificação pode realmente não ser adequada.

Na Fig. 9.10, vemos que os comprimentos de chama aumentam à medida que a razão H/C para o hidrocarboneto diminui. Por exemplo, a chama de propano é apro-

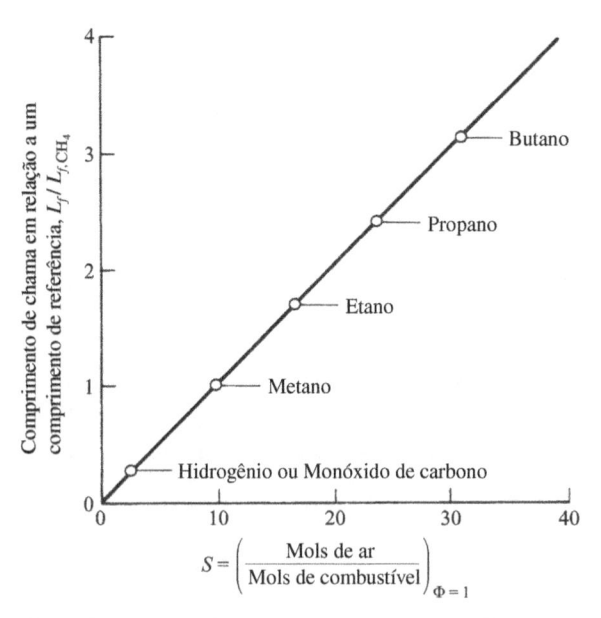

Figura 9.10 Efeito da razão molar estequiométrica ar-combustível no comprimento da chama. Os comprimentos de chama para vários combustíveis são mostrados em relação ao metano.

ximadamente 2,5 vezes mais longa que a chama de metano. Os comprimentos de chama para os hidrocarbonetos maiores, dentro de uma mesma família de hidrocarbonetos, não são muito diferentes, pois a variação da relação H/C ao acrescentar um C na cadeia torna-se menor à medida que o tamanho da cadeia aumenta. Verificamos também na Fig. 9.10 que as chamas de hidrogênio e de monóxido de carbono são muito menores que as chamas de hidrocarbonetos.

Aeração primária As utilidades que queimam gás realizam uma pré-mistura de ar com o combustível antes de este queimar em uma chama de jato. Esta **aeração primária**, a qual corresponde a 40-60% da quantidade de ar estequiométrica, torna a chama mais curta e previne a formação de fuligem, resultando na conhecida chama azul. A quantidade máxima de ar que pode ser pré-misturada é limitada por aspectos de segurança. Caso muito ar seja adicionado, o limite de inflamabilidade no lado rico em combustível é alcançado (a partir de uma composição com combustível puro), indicando que há condições para a formação de uma chama pré-misturada. Dependendo do escoamento e da geometria do queimador, esta chama pode se formar e se propagar na direção contrária ao escoamento, uma condição conhecida como **retorno de chama**. Caso a velocidade do escoamento seja muito elevada para que haja o retorno de chama, uma chama pré-misturada se estabilizará internamente à chama não pré-misturada, como no bico de Bunsen. Os limites de retorno de chama são ilustrados na Fig. 8.25.

A Fig. 9.11 mostra o efeito da aeração primária no comprimento de chamas de metano em queimadores de orifício circular. Observe que na faixa de 40-60% de aeração primária, os comprimentos de chama são reduzidos em aproximadamente

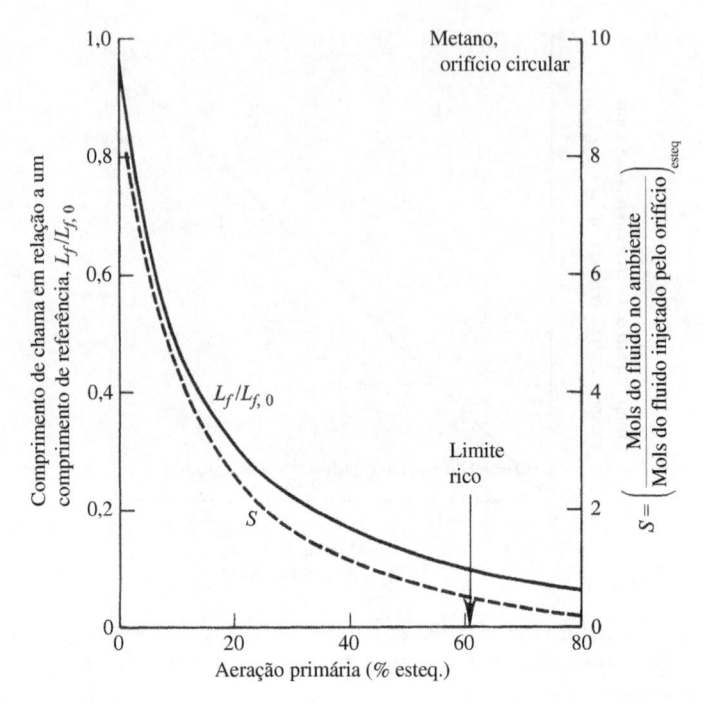

Figura 9.11 Efeito da aeração primária no comprimento de chamas em jato laminar. Para a aeração primária maior que o limite rico, pode ocorrer combustão pré-misturada (e retorno de chama).

85-90% do seu tamanho original sem aeração primária. A razão estequiométrica S, definida pela Eq. 9.71, pode ser avaliada na existência de aeração primária ao tratar o "combustível", isto é, o fluido que escoa pelo orifício, como uma mistura de combustível e ar primário:

$$S = \frac{1 - \psi_{pri}}{\psi_{pri} + (1/S_{puro})}, \quad (9.73)$$

onde ψ_{pri} é a fração da estequiometria satisfeita pelo ar primário, isto é, a aeração primária, e S_{puro} é a razão molar estequiométrica do combustível puro.

Quantidade de oxigênio no oxidante A quantidade de oxigênio no oxidante tem uma forte influência nos comprimentos de chama, como pode ser visto na Fig. 9.12. Pequenas reduções na quantidade de oxigênio abaixo do valor de 21% para o ar atmosférico resultam em chamas muito mais longas. Para um oxidante formado por oxigênio puro, os comprimentos de chamas de metano são aproximadamente 1/4 dos seus valores em ar. Para calcular o efeito da quantidade de O_2 em chamas de hidrocarbonetos, a Eq. 9.72 pode ser utilizada diretamente.

Diluição do combustível com gás inerte A diluição do combustível com um gás inerte também resulta na diminuição do comprimento da chama pelo seu efeito na razão estequiométrica. Para hidrocarbonetos,

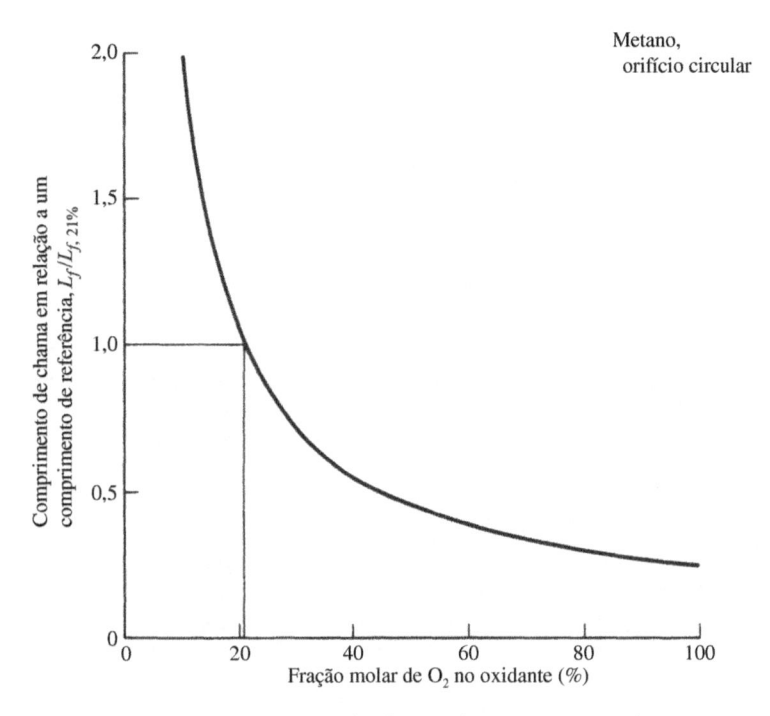

Figura 9.12 Efeito no comprimento de chama da concentração de oxigênio presente no fluido oxidante.

$$S = \frac{x + y/4}{\left(\dfrac{1}{1-\chi_{dil}}\right)\chi_{O_2}},$$

(9.74)

onde χ_{dil} é a fração molar de diluente no escoamento de combustível.

Exemplo 9.4

Projete um queimador de gás natural para um fogão comercial que possui diversos orifícios circulares distribuídos em um círculo. O diâmetro deste círculo deve ser 160 mm. O queimador deve fornecer 2,2 kW ao operar em potência máxima com 40% de ar primário. Para operar de forma estável, a potência de cada orifício não deve exceder 10 W/mm^2, baseado na área da seção transversal do orifício. (Veja na Fig. 8.5 os requisitos de projeto usuais para queimadores de gás natural.) Além disso, o comprimento da chama na potência máxima não deve exceder 20 mm. Determine o número e diâmetro dos orifícios.

Solução

Admitiremos que o combustível pode ser aproximado como metano puro, embora, para um projeto mais acurado, as propriedades do gás natural de interesse devam ser utilizadas. Nossa estratégia será relacionar o número de orifícios, N, e seu diâmetro, D, com o requisito de potência de cada orifício, escolher valores de N e D que satisfaçam este requisito e então verificar se o requisito de comprimento de chama é violado. A partir de características de projeto que satisfaçam ambos os requisitos, verificaremos se o projeto como um todo é razoável.

Etapa 1. Aplicar o requisito do orifício. A área total dos orifícios é

$$A_{tot} = N\pi D^2/4$$

e o requisito é

$$\frac{\dot{m}_F \Delta h_c}{A_{tot}} = \frac{2200 \text{ W}}{A_{tot} \text{ (mm}^2)} = 10 \text{ W/mm}^2;$$

assim,

$$ND^2 = \frac{4(2200)}{10\pi} = 280 \text{ mm}^2.$$

Neste momento, escolhemos (de forma mais ou menos arbitrária) um valor de N (ou D) e calculamos D (ou N) como uma primeira tentativa para o projeto dos orifícios. Escolhendo $N = 36$ resulta em $D = 2{,}79$ mm.

Etapa 2. Determinar as vazões. O projeto da taxa de liberação de energia determina a vazão de combustível:

$$\dot{Q} = 2200 \text{ W} = \dot{m}_F \Delta h_c,$$

$$\dot{m}_F = \frac{2200 \text{ W}}{50.016.000 \text{ J/kg}} = 4{,}4 \cdot 10^{-5} \text{ kg/s}.$$

A aeração primária determina a vazão de ar pré-misturada com o combustível:

$$\dot{m}_{A,pri} = 0{,}40(A/F)_{esteq}\dot{m}_F$$
$$= 0{,}40(17{,}1)4{,}4 \cdot 10^{-5} = 3{,}01 \cdot 10^{-4} \text{ kg/s}.$$

A vazão volumétrica total é

$$Q_{TOT} = (\dot{m}_{A,pri} + \dot{m}_F)/\bar{\rho}.$$

Para determinar $\bar{\rho}$, aplicamos a equação de estado de gás ideal, calculando a massa molar média a partir da composição da mistura ar primário-combustível:

$$\chi_{A,pri} = \frac{N_A}{N_A + N_F} = \frac{Z}{Z+1},$$

onde Z é a razão molar ar primário-combustível:

$$Z = (x + y/4)4{,}76(\% \text{ aeração}/100)$$
$$= (1 + 4/4)(4{,}76)(40/100)$$
$$= 3{,}81.$$

Assim,

$$\chi_{A,pri} = \frac{3{,}81}{3{,}81+1} = 0{,}792,$$

$$\chi_{F,pri} = 1 - \chi_A = 0{,}208,$$

$$MW_{mis} = 0{,}792(28{,}85) + 0{,}208(16{,}04) = 26{,}19,$$

$$\bar{\rho} = \frac{P}{\left(\dfrac{R_u}{MW_{mis}}\right)T} = \frac{101.325}{\left(\dfrac{8315}{26{,}19}\right)300} = 1{,}064 \text{ kg/m}^3$$

e

$$Q_{TOT} = \frac{3{,}01 \cdot 10^{-4} + 4{,}4 \cdot 10^{-5}}{1{,}064} = 3{,}24 \cdot 10^{-4} \text{ m}^3/\text{s}.$$

Etapa 3. Verificar o requisito de comprimento de chama. A vazão por orifício é

$$Q_{ORIF} = Q_{TOT}/N = 3{,}24 \cdot 10^{-4}/36$$
$$= 9 \cdot 10^{-6} \text{ m}^3/\text{s}.$$

A razão molar ar ambiente-combustível estequiométrica, S, é dada pela Eq. 9.73 e avaliada como

$$S = \frac{1 - \psi_{pri}}{\psi_{pri} + (1/S_{puro})} = \frac{1 - 0{,}40}{0{,}40 + (1/9{,}52)} = 1{,}19.$$

Calculamos o comprimento da chama usando a Eq. 9.60:

$$L_f = 1330 \frac{Q_F(T_\infty/T_F)}{\ln(1 + 1/S)}$$

$$= \frac{1330(9 \cdot 10^{-6})(300/300)}{\ln(1 + 1/1{,}19)} = 0{,}0196 \text{ m}$$

$$= 19{,}6 \text{ mm}.$$

Um comprimento de chama de 19,6 mm satisfaz o requisito de $L_f \leq 20$ mm.

Etapa 4. Verificar a razoabilidade do projeto. Se arranjarmos os 36 orifícios lado a lado igualmente espaçados ao longo do perímetro do queimador com 160 mm, o espaçamento entre orifícios torna-se

$$l = r\theta = \frac{160}{2} \text{ (mm)} \frac{2\pi}{36} \text{ (rad)}$$

$$= 14 \text{ mm}.$$

Comentário

Este espaçamento parece razoável, embora não fique claro se as chamas individuais se unirão em uma única chama, ou se permanecerão queimando de forma independente. Caso as chamas individuais se juntem em uma única chama, o método de estimativa de comprimento de chama utilizado não será mais válido. Uma vez que todos os requisitos foram satisfeitos com o projeto de 36 orifícios, iterações adicionais não são necessárias.

FORMAÇÃO E DESTRUIÇÃO DE FULIGEM

Conforme mencionado quando descrevemos as características gerais da estrutura das chamas não pré-misturadas no início deste capítulo, a formação e destruição de fuligem é uma característica importante das chamas não pré-misturadas de hidrocarbonetos com o ar. A fuligem incandescente presente no interior da chama é a principal fonte de luminosidade em chamas não pré-misturadas, sendo a lâmpada a óleo um exemplo clássico de uma aplicação prática utilizada desde a antiguidade. A fuligem também contribui para a perda de calor a partir da chama por radiação térmica com o pico da emissão ocorrendo na região de infravermelho do espectro de radiação. Embora a formação de fuligem em aplicações de chamas laminares não pré-misturadas, por exemplo, em fogões a gás, deva ser evitada, a chama laminar não pré-misturada é frequentemente utilizada como uma ferramenta para pesquisas básicas de formação e destruição de fuligem em sistemas de combustão, logo, há inúmeras referências na literatura na área. As referências [30-36] apresentam revisões gerais sobre a emissão de fuligem em combustão.

É geralmente aceito que a fuligem é formada em uma faixa limitada de temperaturas, digamos, 1300 K < T < 1600 K. A Fig. 9.13 ilustra este aspecto para uma chama de jato laminar de etileno. Nesta figura, é apresentada a distribuição radial de temperatura medida em uma dada posição axial localizada entre a saída do orifício e a ponta da chama. Também, para a mesma posição axial, é mostrada a distribuição radial da intensidade da luz espalhada pela fuligem, a qual apresenta dois picos correspondendo às regiões que contêm uma concentração significativa de fuligem. Observamos que os picos de concentração de fuligem encontram-se em posições radiais localizadas mais próximas ao eixo da chama em relação ao pico de temperatura e correspondem às posições onde a temperatura atinge aproximadamente 1600 K. A região com fuligem é muito fina e confinada a uma faixa estreita de temperatura. Embora a química e a física da emissão de fuligem em chamas não pré-misturadas sejam complicadas, a visão atual aponta para um mecanismo em quatro etapas:

1. Formação de espécies químicas precursoras.
2. Nucleação de partículas.
3. Crescimento superficial e aglomeração de partículas.
4. Oxidação de partículas.

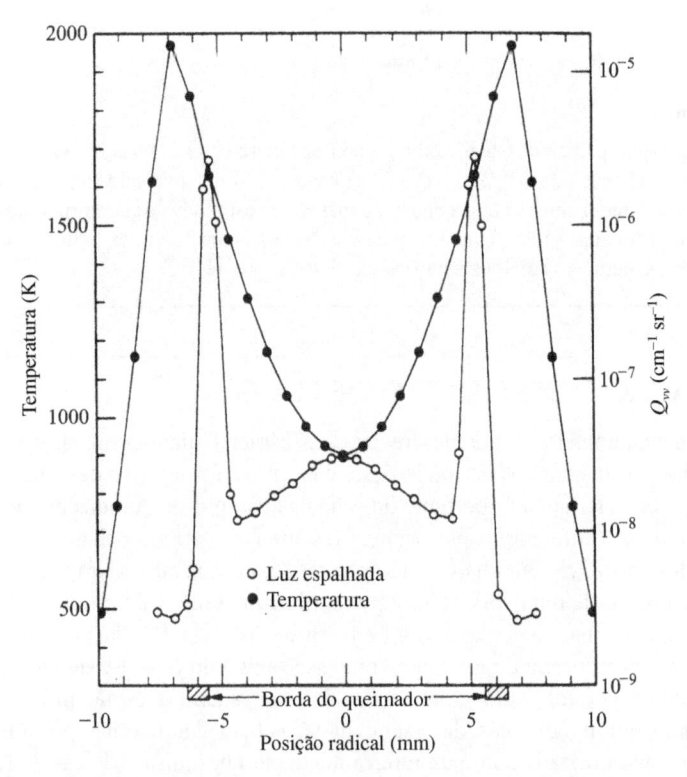

Figura 9.13 Distribuições radiais de temperatura e luz espalhada para uma chama não pré-misturada em jato de etileno laminar. A fuligem está presente nas regiões com alta intensidade da luz espalhada.

FONTE: Obtido da Ref. [1], com permissão de Gordon & Breach Science Publishers, © 1987.

Na primeira etapa, a formação de espécies químicas precursoras de fuligem, entende-se que os hidrocarbonetos policíclicos aromáticos (HPA) são intermediários importantes entre a molécula original de combustível e as partículas primárias de fuligem [31]. A cinética química é fundamental nesta etapa. Embora o mecanismo detalhado de cinética química e a identidade dos precursores de fuligem ainda sejam fonte de pesquisas, a formação de espécies químicas cíclicas e o seu crescimento a partir de reações com acetileno têm sido considerados processos importantes. A etapa de nucleação envolve a formação de pequenas partículas com dimensões críticas (3000–10000 unidades de massa atômica) a partir de crescimento tanto por mecanismos químicos quanto por coagulação. Nesta etapa, as espécies químicas pesadas são transformadas e se tornam identificáveis como partículas. Quando as pequenas partículas de fuligem, à medida que elas escoam através da chama, são expostas continuamente a uma atmosfera de espécies químicas oriundas da pirólise do combustível, elas experimentam crescimento superficial e aglomeração, a terceira etapa. Em algum ponto ao longo da sua vida, as partículas de fuligem devem atravessar as regiões oxidantes da chama. Para uma chama em jato, esta região é invariavelmente a ponta da chama, uma vez que a fuligem é sempre formada nas regiões inferiores da chama e internas em relação à zona de reação, e as linhas de corrente do escoamento, que as partículas de fuligem invariavelmente seguem, cruzam a zona de reação apenas em posições próximas à ponta da chama [1]. Se todas as partículas de fuligem são oxidadas, a chama é dita não fuliginosa; já a oxidação incompleta origina uma chama fuliginosa. A Fig. 9.14 ilustra condições fuliginosas e não fuliginosas para

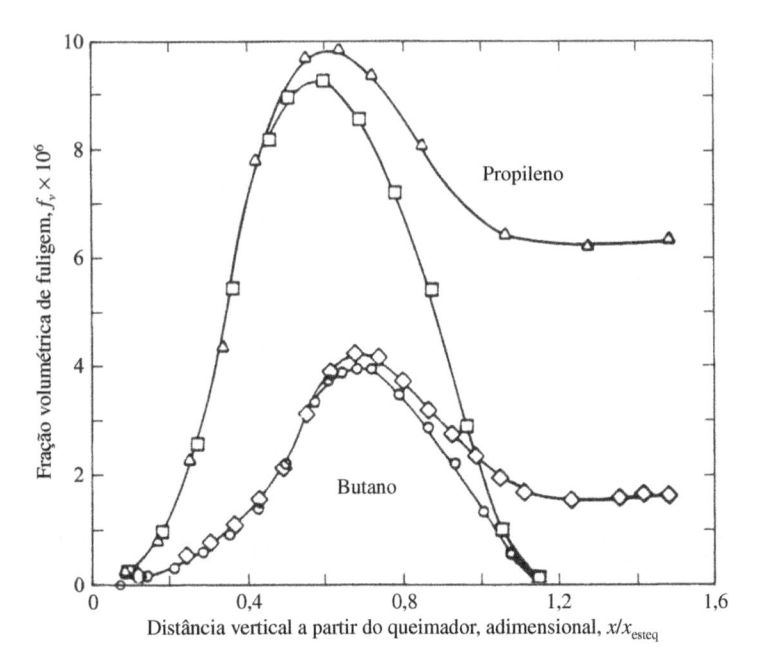

Figura 9.14 Fração volumétrica de fuligem medida em função da altura sobre queimadores de propileno e butano em condições formadoras e não formadoras de fuligem. FONTE: Obtido da Ref. [37], com permissão de Elsevier Science, Inc., © 1986, The Combustion Institute.

chamas não pré-misturadas de propileno e butano. Valores diferentes de zero para a fração volumétrica de fuligem além da ponta da chama ($x/x_{esteq} \gtrsim 1,1$) indicam uma chama fuliginosa.

Conforme sugerido na Fig. 9.14, a quantidade de fuligem formada em uma chama não pré-misturada depende muito do tipo de combustível. Uma medida da tendência de um combustível em formar fuligem, determinada experimentalmente, é o chamado **ponto de fumaça**. O teste de ponto de fumaça foi originalmente planejado para combustíveis líquidos e também tem sido usado para caracterizar combustíveis gasosos. O conceito básico é aumentar a vazão de combustível até que se observe o escape de fuligem a partir da ponta da chama. Quanto maior for a vazão de combustível no momento em que fuligem começa a ser detectada, menor é a propensão do combustível em formar fuligem. Às vezes, os pontos de fumaça são expressos como o comprimento da chama na situação de início de emissão de fuligem. Da mesma forma que observado com a vazão de combustível, quanto maior a altura da chama, menor a tendência de emissão de fuligem. A Tabela 9.5, extraída de Kent [37], lista os pontos de fumaça para inúmeros combustíveis. É interessante observar que o metano

Tabela 9.5 Pontos de fumaça, $\dot{m}_{sp}$; frações volumétricas de fuligem máximas, $f_{v,m}$; e produções de fuligem máximas, Y_s, para alguns combustíveis[a]

Combustível		$\dot{m}_{sp}$ (mg/s)	$f_{v,m} \times 10^6$	Y_s (%)
Acetileno	C_2H_2	0,51	15,3	23
Etileno	C_2H_4	3,84	5,9	12
Propileno	C_3H_6	1,12	10,0	16
Propano	C_3H_8	7,87	3,7	9
Butano	C_4H_{10}	7,00	4,2	10
Ciclohexano	C_6H_{12}	2,23	7,8	19
n-Heptano	C_7H_{16}	5,13	4,6	12
Ciclo-octano	C_8H_{16}	2,07	10,1	20
Iso-octano	C_8H_{18}	1,57	9,9	27
Decalin	$C_{10}H_{18}$	0,77	15,4	31
4-Metilciclohexeno	C_7H_{12}	1,00	13,3	22
1-Octeno	C_8H_{16}	1,73	9,2	25
1-Deceno	$C_{10}H_{20}$	1,77	9,9	27
1-Hexadeceno	$C_{16}H_{32}$	1,93	9,2	22
1-Heptino	C_7H_{12}	0,65	14,7	30
1-Decino	$C_{10}H_{18}$	0,80	14,7	30
Tolueno	C_7H_8	0,27	19,1	38
Estireno	C_8H_8	0,22	17,9	40
o-Xileno	C_8H_{10}	0,28	20,0	37
1-Fenil-1-propino	C_9H_8	0,15	24,8	42
Indeno	C_9H_8	0,18	20,5	33
n-Butilbenzeno	$C_{10}H_{14}$	0,27	14,5	29
1-Metilnaftaleno	$C_{11}H_{10}$	0,17	22,1	41

[a] FONTE: Da Ref. [37].

não aparece na lista, pois não é possível estabilizar uma chama laminar de metano que produza fuligem.

Se agruparmos os combustíveis da Tabela 9.5 pelas suas respectivas famílias, observamos que a tendência de emissão de fuligem, da menor para a maior, segue a ordem alcanos, alcenos (olefinas), alcinos e aromáticos. A Tabela 9.6 apresenta este agrupamento. Obviamente, a estrutura molecular do combustível é crucial para determinar a tendência de formação de fuligem, e o agrupamento em famílias é consistente com a ideia de que os compostos cíclicos e o seu crescimento via acetileno são importantes características do mecanismo químico de formação da fuligem. No projeto de queimadores, geralmente busca-se evitar a formação de fuligem. Os efeitos de potência por orifício e aeração primária nas condições de formação de "ponta amarela", quando a fuligem é emitida da chama, são mostrados na Fig. 8.25 para chamas de metano e gás manufaturado.

Tabela 9.6 Pontos de fumaça organizados por família de hidrocarbonetos[a]

Alcanos		Alcenos		Alcinos		Alifáticos aromáticos	
Combustível	$\dot{m}_{sp}$[b]	Combustível	$\dot{m}_{sp}$[b]	Combustível	$\dot{m}_{sp}$[b]	Combustível	$\dot{m}_{sp}$[b]
Propano	7,87	Etileno	3,84	Acetileno	0,51	Tolueno	0,27
Butano	7,00	Propileno	1,12	1-Heptino	0,65	Estireno	0,22
n-Heptano	5,13	1-Octeno	1,73	1-Decino	0,80	o-Xileno	0,28
Iso-octano	1,57	1-Deceno	1,77			n-Butilbenzeno	0,27
		1-Hexadeceno	1,93				

[a] FONTE: Dados da Ref. [37].
[b] Pontos de fumaça em mg/s.

CHAMAS DE JATOS OPOSTOS[1]

Nas últimas décadas, muitos trabalhos teóricos e experimentais têm sido realizados usando chamas alimentadas por jatos opostos de combustível e oxidante (Fig. 9.15). Estas chamas são de grande interesse em pesquisa porque, além de aproximarem características unidimensionais, o tempo de residência no interior da chama pode ser facilmente variado. Na seção anterior, vimos a complexidade associada às chamas em jato bidimensional (axissimétrica). Em contrapartida, a unidimensionalidade da chama em contracorrente torna os experimentos e as previsões muito mais práticos. Por exemplo, nos experimentos, as medições de temperatura e de concentração de espécies químicas somente precisam ser realizadas ao longo de uma única linha, enquanto nos estudos teóricos, tempos de computação modestos são suficientes, mesmo utilizando mecanismos cinéticos extremamente detalhados (veja a Tabela 5.3). A chama de jatos opostos proporciona um conhecimento fundamental da estrutura das chamas não pré--misturadas e das suas características de extinção. Além disso, as chamas de jatos opostos têm sido propostas como um elemento essencial da complexa estrutura de chamas

---

[1] É possível pular esta seção sem qualquer perda de continuidade.

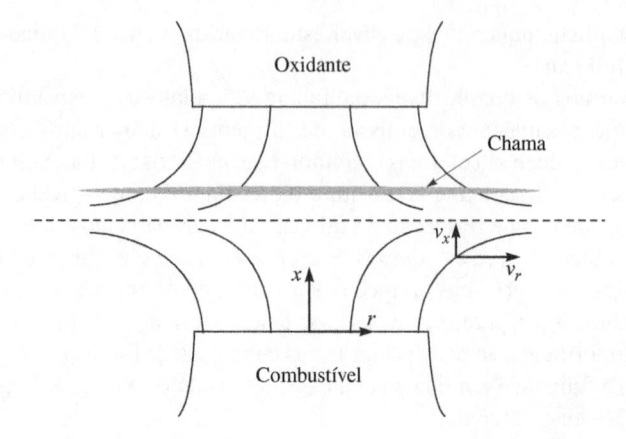

Figura 9.15 Chama não pré-misturada de jatos opostos estabilizada sobre o plano de estagnação (linha tracejada), criada por escoamentos opostos de combustível e oxidante.

turbulentas não pré-misturadas [38]. Uma vasta literatura em chamas de jatos opostos está disponível (por exemplo, refs. [39-42]) e continua a crescer.

Antes de apresentar uma descrição matemática, é importante entender as características básicas das chamas de jatos opostos. Um experimento típico é ilustrado na Fig. 9.15. Nela observamos que os jatos opostos de combustível e oxidante criam um plano de estagnação ($v_x = 0$) cuja localização depende das magnitudes relativas dos fluxos de quantidade de movimento iniciais dos jatos de combustível e oxidante. Para fluxos de quantidade de movimento linear iguais ($\dot{m}_F v_F = \dot{m}_{Ox} v_{Ox}$), o plano de estagnação se estabelece na metade da distância entre as saídas dos dois bocais. Entretanto, se o fluxo de quantidade de movimento linear de um escoamento cresce em relação ao outro, o ponto de estagnação é empurrado para uma posição próxima à saída do bocal com o menor fluxo de quantidade de movimento linear. Dadas as condições apropriadas, uma chama não pré-misturada é estabelecida entre os dois bocais na posição na qual a fração de mistura atinge o seu valor estequiométrico. Para a maioria dos hidrocarbonetos queimando em ar, as condições estequiométricas requerem consideravelmente mais massa de ar do que de combustível ($f_{esteq} \approx 0,06$). Neste caso, então, o combustível precisa difundir através do plano de estagnação para atingir a posição da chama, conforme mostrado na Fig. 9.15. Já, para um par de reagentes que requer maior massa de combustível para compor a mistura estequiométrica ($f_{esteq} > 0.5$), a chama se estabilizaria no lado do combustível do plano de estagnação. Uma característica importante do escoamento de jatos opostos é que a chama estabilizada entre os bocais é essencialmente plana (na forma de um disco para bocais com seção circular) e unidimensional, com as variáveis dependendo apenas da direção x.

Descrição matemática

Dois procedimentos diferentes para a modelagem de chamas de jatos opostos são encontrados na literatura. O primeiro associa o escoamento potencial em plano de estagnação com origem em uma fonte no infinito com uma análise de camada-limite (veja, por exemplo, a Ref. [42]). Nesta análise, a diferença de separação finita entre os bocais não pode ser considerada. Um segundo procedimento [43,44] foi desenvolvido para levar em consideração que os escoamentos opostos originam-se na saída dos bocais, em vez de serem gerados por uma fonte situada muito longe do plano de estagnação. A formulação original desse modelo foi desenvolvida para chamas pré-misturadas [43] e, subsequentemente, foi estendida para chamas não pré-misturadas [44]. O segundo procedimento é resumido a seguir. Para detalhes, o leitor deve consultar as referências originais [43,44]. Após apresentarmos o modelo, examinaremos os detalhes da estrutura de uma chama não pré-misturada de CH_4–ar a partir dos resultados de uma simulação numérica.

O objetivo da análise é transformar o conjunto de equações diferenciais parciais escritas em um sistema de coordenadas axissimétrico em um conjunto de equações diferenciais ordinárias escritas na forma de um problema de valores de contorno. O ponto de partida da análise são as formas axissimétricas das equações de conservação da massa e da quantidade de movimento linear dadas no Capítulo 7: a Eq. 7.7 para a conservação da massa e as Eqs. 7.43 e 7.44 para a conservação da quantidade de movimento linear nas direções axial e radial, respectivamente. Para executar a transformação desejada, a seguinte função linha de corrente é utilizada:

$$\Psi \equiv r^2 F(x), \qquad (9.75)$$

onde

$$\frac{\partial \Psi}{\partial r} = r\rho v_x = 2rF \qquad (9.76a)$$

e

$$-\frac{\partial \Psi}{\partial x} = r\rho v_r = -r^2 \frac{dF}{dx}. \qquad (9.76b)$$

A partir dessas definições, é um problema relativamente simples mostrar que a função linha de corrente (Eq. 9.75) satisfaz a equação da continuidade (Eq. 7.7). Para reduzir a ordem da equação de conservação da quantidade de movimento linear na direção radial, conforme mostrado a seguir, uma nova variável $G(\equiv dF/dx)$ é definida. Esta equação, que de fato é uma definição, é a primeira equação diferencial ordinária do nosso sistema de equações:

$$\frac{dF}{dx} = G. \qquad (9.77)$$

As Eqs. 9.76a, 9.76b e 9.77 são agora substituídas nas equações de conservação da quantidade de movimento linear, Eqs. 7.43 e 7.44, porém negligenciando a flutuação. As equações que resultam dessa substituição possuem a seguinte forma:

$$\frac{\partial P}{\partial x} = f_1(x) \qquad (9.78a)$$

$$\frac{1}{r}\frac{\partial P}{\partial r} = f_2(x). \qquad (9.78b)$$

Este resultado é usado para criar uma equação de autovalor para o gradiente de pressão na direção radial. A partir de operações puramente matemáticas, relacionamos os lados esquerdos das Eqs. 9.78a e 9.78b:

$$\frac{\partial}{\partial x}\left(\frac{1}{r}\frac{\partial P}{\partial r}\right) = \frac{1}{r}\frac{\partial}{\partial x}\left(\frac{\partial P}{\partial r}\right) = \frac{1}{r}\frac{\partial}{\partial r}\left(\frac{\partial P}{\partial x}\right).$$

Além disso, como ambos $\partial P/\partial x$ e $(1/r)(\partial P/\partial r)$ são funções de x somente, obtemos

$$\frac{\partial}{\partial x}\left(\frac{1}{r}\frac{\partial P}{\partial r}\right) = \frac{1}{r}\frac{\partial}{\partial r}\left(\frac{\partial P}{\partial x}\right) = 0 \tag{9.79}$$

e

$$\frac{1}{r}\frac{\partial P}{\partial r} = \text{constante} \equiv H. \tag{9.80}$$

O autovalor gradiente-de-pressão-radial, H, entra assim no sistema de equações diferenciais ordinárias na forma

$$\frac{dH}{dx} = 0. \tag{9.81}$$

Como a pressão é uniforme ao longo do escoamento (uma aproximação de pequeno número de Mach), não temos mais utilidade para a componente axial da equação da quantidade de movimento linear (Eq. 9.78a). A componente radial, no entanto, ainda precisa ser mantida. Substituir a Eq. 9.80 na Eq. 9.78b e mover todos os termos para o lado esquerdo resulta em:

$$\frac{d}{dx}\left[\mu\frac{d}{dx}\left(\frac{G}{\rho}\right)\right] - 2\frac{d}{dx}\left(\frac{FG}{\rho}\right) + \frac{3}{\rho}G^2 + H = 0. \tag{9.82}$$

As equações de conservação da energia e da massa das espécies químicas correspondentes são, respectivamente:

$$2Fc_p\frac{dT}{dx} - \frac{d}{dx}\left(k\frac{dT}{dx}\right) + \sum_{i=1}^{N}\rho Y_i v_{i,\text{dif}} c_{p,i}\frac{dT}{dx} - \sum_{i=1}^{N} h_i \dot{\omega}_i MW_i = 0 \tag{9.83}$$

e

$$2F\frac{dY_i}{dx} + \frac{d}{dx}(\rho Y_i v_{i,\text{dif}}) - \dot{\omega}_i MW_i = 0 \quad i = 1, 2, \ldots, N. \tag{9.84}$$

Em resumo, o modelo de chama de jatos opostos não pré-misturados consiste em um conjunto de cinco equações diferenciais ordinárias (Eqs. 9.77, 9.81, 9.82, 9.83 e 9.84) para as quatro funções $F(x)$, $G(x)$, $T(x)$ e $Y_i(x)$ e o autovalor, H. Para completar o sistema de equações, as seguintes relações auxiliares ou dados são requeridos:

- Equação de estado de gás ideal (Eq. 2.2).
- Relações constitutivas para as velocidades de difusão (Eqs. 7.23 e 7.25 ou Eq. 7.31).
- Propriedades das espécies químicas dependentes da temperatura: $h_i(T)$, $c_{p,i}(T)$, $k_i(T)$ e $\mathcal{D}_{ij}(T)$.
- Relações para as propriedades da mistura para calcular MW_{mis}, k, D_{ij} e D_i^T a partir das propriedades das espécies químicas puras e das frações molares (ou mássicas) (por exemplo, a Eq. 7.26 para os D_{ij}s).

- Um mecanismo detalhado de cinética química para obter $\dot{\omega}_i$s (por exemplo, a Tabela 5.3).
- Relações para a conversão entre χ_is, Y_is e $[X_i]$s (Eqs. 6A.1–6A.10).

Para completar a formulação do problema de valores de contorno, condições de contorno são aplicadas nas saídas dos dois bocais (Fig. 9.15), definidas como $x \equiv 0$ na saída do bocal do combustível e $x \equiv L$ na saída do bocal do oxidante. As condições necessárias são as velocidades e os seus gradientes, as temperaturas e as frações mássicas das espécies químicas (ou os fluxos de massa), os quais são especificados na forma:

Para $x = 0$:

$$F = \rho_F v_{e,F}/2,$$
$$G = 0,$$
$$T = T_F,$$
$$\rho v_x Y_i + \rho Y_i v_{i,\text{dif}} = (\rho v_x Y_i)_F;$$

Para $x = L$:

$$F = \rho_{Ox} v_{e,Ox}/2,$$
$$G = 0, \quad (9.85)$$
$$T = T_{Ox},$$
$$\rho v_x Y_i + \rho Y_i v_{i,\text{dif}} = (\rho v_x Y_i)_{Ox}.$$

Estrutura de uma chama de CH$_4$–ar

Utilizaremos agora o modelo de chama de jatos opostos recém-descrito para analisar a estrutura de uma chama não pré-misturada de CH$_4$–ar. O *software* OPPDIF descrito na Ref. [44], completado pelas bibliotecas do CHEMKIN [45], foi usado com um mecanismo de cinética química obtido de Miller e Bowman [46]. A Fig. 9.16 apre-

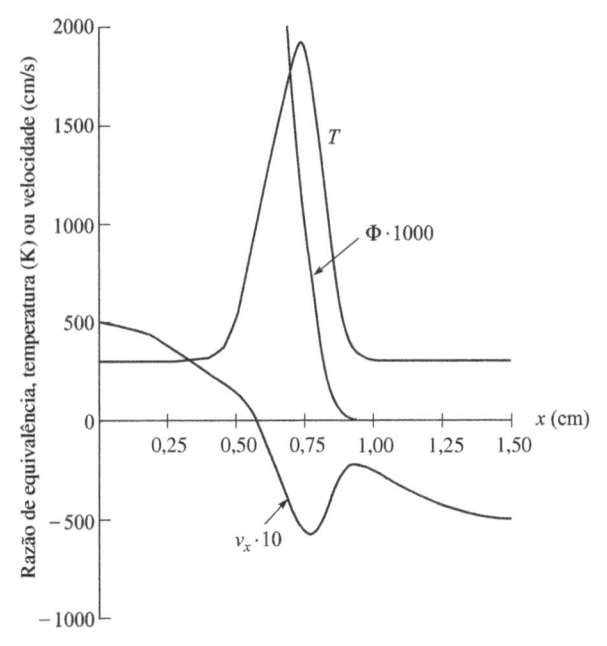

Figura 9.16 Distribuições de razão de equivalência, temperatura e velocidade através de uma chama não pré-misturada de jatos opostos de CH$_4$–ar. Os escoamentos de ambos, CH$_4$ e ar, deixam os bocais a 50 cm/s; $L = 1{,}5$ cm.

senta as distribuições de temperatura e velocidade entre os bocais do combustível (à esquerda) e do ar (à direita), e a Fig. 9.17, as correspondentes frações molares das espécies químicas majoritárias. Na Fig. 9.16 também é mostrada a razão de equivalência local obtida do balanço de carbono e oxigênio.

Enfocando a distribuição de velocidade, verificamos na Fig. 9.16 que o plano de estagnação ($v_x = 0$) ocorre à esquerda do plano central entre os dois bocais, o que está de acordo com a nossa expectativa, visto que, em função da maior densidade do ar, o fluxo de quantidade de movimento linear do ar é maior do que o fluxo de quantidade de movimento linear do combustível para a mesma velocidade de saída (50 cm/s). A distribuição de velocidade exibe um comportamento interessante na região de liberação de calor, onde um valor mínimo ($v_x = -57,6$ cm/s) é observado deslocado levemente para o lado do ar do pico de temperatura. Notamos que este é o maior valor absoluto de velocidade, pois as velocidades orientadas para a esquerda são negativas. De uma forma simplista, este resultado é entendido como uma consequência da conservação da massa, pois a velocidade do gás aumenta à medida que a densidade diminui. Frequentemente, o gradiente de velocidade, dv_x/dx, é usado para caracterizar a taxa de deformação em chamas de jatos opostos. Para uma geometria de bocais gêmeos, a região um tanto longa com inclinação essencialmente constante é utilizada como gradiente característico. Para o caso ilustrado na Fig. 9.16, o valor do gradiente de velocidade é aproximadamente 360 s^{-1}.

Uma característica essencial das chamas não pré-misturadas é a contínua variação da fração de mistura, f, ou, alternativamente, da razão de equivalência, Φ, desde o combustível puro no bocal da esquerda ($f = 1$, $\Phi \to \infty$) até o ar puro no bocal da

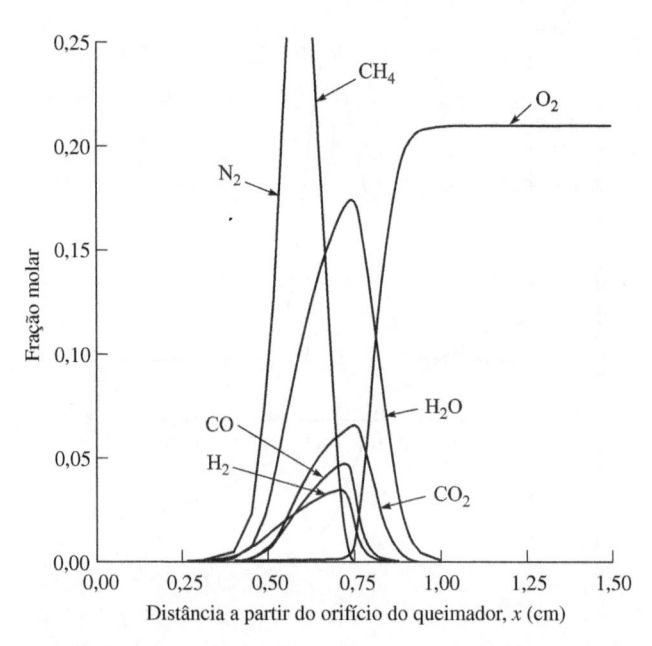

Figura 9.17 Distribuições das frações molares das espécies químicas majoritárias em uma chama não pré-misturada de jatos opostos de CH_4–ar. Mesmas condições que as da Fig. 9.16.

direita ($f = 0$, $\Phi = 0$). A Fig. 9.16 mostra a razão de equivalência variando entre 2 e zero. Uma inspeção mais cuidadosa da Fig. 9.16 revela que o ponto de temperatura máxima encontra-se levemente deslocado para o lado rico ($\Phi = 1,148$), com um valor 40 K maior do que o da temperatura em $\Phi = 1$. A partir de argumentos apenas termodinâmicos, esperamos realmente que o pico de temperatura ocorra levemente para o lado rico (veja o Capítulo 2). Para o sistema CH_4–ar, a temperatura de chama adiabática máxima ocorre em $\Phi = 1,035$. Este valor de Φ, no entanto, é consideravelmente menos rico que o valor observado na chama não pré-misturada ($\Phi = 1,148$). Na verdade, em chamas não pré-misturadas, são os efeitos combinados da convecção, difusão e cinética química, além da termodinâmica, que determinam o valor da razão de equivalência onde se observa a máxima temperatura.

Em relação às distribuições de frações molares de espécies químicas (Fig. 9.17), começaremos observando o comportamento dos reagentes. Vemos que as frações molares de CH_4 e O_2 atingem valores próximos a zero em aproximadamente $x = 0,75$ cm, o que corresponde com boa aproximação ao valor onde se observa a temperatura máxima, conforme a Fig. 9.16. Notamos também certa sobreposição, ou presença simultânea, de CH_4 e O_2, mesmo que pequena, na região que precede imediatamente a máxima temperatura. Para as condições desta simulação, a cinética de combustão não é suficientemente rápida para obter uma aproximação fiel a uma superfície de chama fina, resultando em uma zona de reação distribuída. Outra característica interessante relacionada aos reagentes na Fig. 9.17 é a presença de N_2 no lado do combustível. Como o N_2 tem origem no lado do ar, ele deve difundir-se através do plano de estagnação para resultar nas concentrações relativamente altas presentes no lado do combustível. Obviamente, a presença de combustível no lado direito do plano de estagnação (em $x = 0,58$ cm) resulta da difusão na direção oposta à do N_2.

Na Fig. 9.17, vemos uma progressão dos máximos observados para as espécies químicas da esquerda para a direita. Isso é ilustrado nos dados da Tabela 9.7, onde o pico de H_2 ocorre na condição mais rica de todas as espécies químicas mostradas, sendo seguido pelos picos de CO, H_2O e CO_2. Todos esses pontos de máximo ocorrem em razões de equivalência no lado rico, conforme esperado, exceto para o CO_2. Alguns dos efeitos de cinética química podem ser clarificados ao comparar os valores previstos de frações molares das espécies químicas majoritárias com os valores em equilíbrio químico nas mesmas temperaturas e estequiometrias. Duas destas comparações são mostradas na Tabela 9.8: a primeira, no local onde ocorre a temperatura máxima, e a segunda, no ponto onde existem as condições estequiométricas ($\Phi = 1$). Em ambos os casos, vemos substancialmente menos CO_2 e H_2O

Tabela 9.7 Localização dos picos de fração molar das espécies químicas majoritárias e da temperatura previstos por simulação numérica de uma chama não pré-misturada de jatos opostos de CH_4–ar

Espécie química	Fração molar máxima	Localização do máximo, x (cm)	Φ	T (K)
H_2	0,0345	0,7074	1,736	1786,5
CO	0,0467	0,7230	1,411	1862,6
H_2O	0,1741	0,7455	1,165	1926,8
		$T_{max} = 1925,8$ K em $x = 0,7468$ cm, $\Phi = 1,148$		
CO_2	0,0652	0,7522	1,085	1913,8

Tabela 9.8 Comparação entre as frações molares na chama e aquelas previstas pelo equilíbrio químico para condições adiabáticas nos pontos de temperatura máxima e de fração de mistura estequiométrica ($\Phi = 1$)

Condição	O_2	CO	H_2	CO_2	H_2O	N_2
			$T = T_{max}$ (1925,8 K); $\Phi = 1{,}148$			
Chama	0,0062	0,0394	0,0212	0,0650	0,174	0,686
Equilíbrio	$2{,}15 \cdot 10^{-6}$	0,0333	0,0207	0,0714	0,189	0,686
			$\Phi = 1{,}000$; $T = 1887{,}5$ K			
Chama	0,0148	0,0280	0,0132	0,0648	0,170	0,697
Equilíbrio	0,0009	0,0015	0,0007	0,0934	0,189	0,714

na chama do que requer o equilíbrio químico. Com valores menores de produtos completamente oxidados (CO_2 e H_2O) na chama, produtos de combustão incompleta devem aparecer em maior abundância. Para a condição $\Phi = 1$, as frações molares de CO, H_2 e O_2 são aproximadamente 15 a 20 vezes maiores na chama do que os valores previstos pelo equilíbrio.

RESUMO

Este capítulo iniciou com uma discussão sobre os jatos laminares com densidade constante, cujo comportamento tem muito em comum com as chamas em jato laminar, embora seja mais simples de descrever matematicamente. Você deve ser capaz de descrever as características gerais dos campos de velocidade e de concentração do fluido que emerge do orifício de um jato laminar, bem como compreender a dependência das características de espalhamento do jato em relação ao número de Reynolds. Também vimos que as distribuições de concentração do fluido que emerge do orifício são idênticas para vazões volumétricas iguais, o que implica no conceito de que o comprimento da chama, para uma mesma combinação de oxidante e combustível, depende apenas da vazão volumétrica do jato. Você precisa saber descrever as características gerais dos campos de temperatura, fração mássica de combustível e oxidante e campo de velocidade para jatos laminares e ter um firme entendimento de como a estequiometria determina a forma do contorno da chama. A formulação de escalar conservado para o problema da chama de jato laminar foi desenvolvida e enfatizada, resultando em uma simplificação matemática considerável. De uma perspectiva histórica, revisamos as soluções de Burke-Schumann e de Fay para o problema da chama em jato laminar e então enfocamos as análises simplificadas de Roper, apresentando as correlações para o comprimento de chama para orifícios circulares, quadrados e em fenda. Você deve se familiarizar com o uso destas relações. A teoria de Roper demonstrou a importância da razão de estequiometria entre o fluido do orifício e o fluido do ambiente, a qual é determinada pelo tipo de combustível, pela concentração de O_2 no oxidante, pela aeração primária e pela diluição do combustível por um gás inerte. Também vimos neste capítulo como a emissão de fuligem é uma característica essencial das chamas de difusão, embora a formação de fuligem possa ser evitada caso os tempos de residência (comprimentos de chama) sejam curtos o suficiente. Você deve se familiarizar com a sequência de quatro etapas do mecanismo de formação e destruição de fuligem em chamas, bem como reconhecer a importância do tipo de combustível (estrutura da molécula) na determinação da tendência de emissão de fuligem. O capítulo foi concluído com uma discussão das chamas em jatos opostos.

LISTA DE SÍMBOLOS

a	Aceleração média causada pela flutuação térmica, Eq. 9.67 (m/s^2)
A/F	Razão mássica ar–combustível
b	Largura de um orifício em fenda, Tabela 9.3 (m)
c_p	Calor específico à pressão constante (J/kg-K)
D_{ij}	Coeficiente de difusão multicomponente ou difusidade multicomponente (m^2/s)
D_i^T	Coeficiente de difusão térmica (kg/m-s)
$\mathcal{D}_{ij}$	Coeficiente de difusão binária ou difusidade binária (m^2/s)
f	Fração de mistura (kg/kg)
f_v	Fração volumétrica de fuligem
F	Função definida na Eq. 9.76
Fr	Número de Froude, Eq. 9.68
g	Aceleração da gravidade (m/s^2)
G	Função definida na Eq. 9.77
h	Entalpia específica (J/kg) ou comprimento de um orifício em fenda, Tabela 9.3 (m)
h_f^o	Entalpia de formação (J/kg)
H	Autovalor quantidade de movimento linear radial, Eq. 9.86
I	Razão de fluxo de quantidade de movimento linear ou integral da quantidade de movimento linear, Tabela 9.2
J	Vazão de quantidade de movimento linear, Eq. 9.1 (kg-m/s^2)
J_0, J_1	Funções de Bessel do primeiro tipo, de ordens 0 e 1
k	Condutividade térmica (W/m-K)
L_f	Comprimento da chama (m)
Le	Número de Lewis
m	Massa (kg)
$\dot{m}$	Vazão mássica (kg/s)
MW	Massa molar (kg/kmol)
N	Número de mols (kmol)
P	Pressão (Pa)
Pr	Número de Prandtl
Q	Vazão volumétrica (m^3/s)
r	Coordenada radial (m)
$r_{1/2}$	Raio da metade da largura do jato (m)
R	Raio (m)
R_o	Raio externo do tubo de oxidante, Eq. 9.55 (m)
R_u	Constante universal dos gases (J/kmol-K)
Re	Número de Reynolds

S	Razão de estequiometria entre o fluido no ambiente e o fluido no orifício, Eq. 9.71 (kmol/kmol)
Sc	Número de Schmidt, Eq. 9.41
T	Temperatura (K)
v	Velocidade (m/s)
v_r, v_x	Componentes da velocidade na direção radial e axial, respectivamente (m/s)
x	Coordenada axial (m) ou número de carbonos na molécula de combustível
y	Número de hidrogênios na molécula de combustível
Y	Fração mássica (kg/kg)

Símbolos gregos

α	Ângulo de espalhamento (rad) ou difusividade térmica (m^2/s)
β	Definida de acordo com a Eq. 9.64
ς	Variável conservada genérica, Eq. 9.42
μ	Viscosidade dinâmica ($N\text{-}s/m^2$)
ν	Viscosidade cinemática (m^2/s) ou razão ar-combustível estequiométrica (kg/kg)
ξ	Definida pela Eq. 9.11
ρ	Densidade (kg/m^3)
Φ	Razão de equivalência
χ	Fração molar (kmol/kmol)
ψ	Aeração primária
Ψ	Função linha de corrente
$\dot{\omega}$	Taxa de produção de espécie química ($kmol/m^3\text{-}s$)

Subscritos

real	Real
A	Ar
B	Controlado por flutuação
c	Núcleo
dif	Difusão
dil	Diluente
s	Saída
exp	Experimental
f	Chama
F	Combustível
i	espécie química i
j	Jato
m	Máximo
mis	Mistura
M	Controlado por quantidade de movimento linear
Ox	Oxidante
Pr	Produtos
pri	Primário
puro	Combustível puro

ref	Referência
sp	Ponto de fumaça
Esteq	Estequiométrico
teo	Teoria
T	Transição
0	Linha de centro
∞	Ambiente

Sobrescritos

*	Variável adimensional

Outras notações

[X]	Concentração molar da espécie química X (kmol/m^3)

REFERÊNCIAS

1. Santoro, R. J., Yeh, T. T., Horvath, J. J. e Semerjian, H. G., "The Transport and Growth of Soot Particles in Laminar Diffusion Flames," *Combustion Science and Technology,* 53: 89–115 (1987).

2. Santoro, R. J. e Semerjian, H. G., "Soot Formation in Diffusion Flames: Flow Rate, Fuel Species and Temperature Effects," *Twentieth Symposium (International) on Combustion,* The Combustion Institute, Pittsburgh, PA, p. 997, 1984.

3. Santoro, R. J., Semerjian, H. G. e Dobbins, R. A., "Soot Particle Measurements in Diffusion Flames," *Combustion and Flame,* 51: 203–218 (1983).

4. Puri, R., Richardson, T. F., Santoro, R. J. e Dobbins, R. A., "Aerosol Dynamic Processes of Soot Aggregates in a Laminar Ethene Diffusion Flame," *Combustion and Flame,* 92: 320–333 (1993).

5. Quay, B., Lee, T.-W., Ni, T. e Santoro, R. J., "Spatially Resolved Measurements of Soot Volume Fraction Using Laser-Induced Incandescence," *Combustion and Flame,* 97: 384–392 (1994).

6. Smooke, M. D., Long, M. B., Connelly, B. C., Colket, M. B. e Hall, R. J., "Soot Formation in Laminar Diffusion Flames," *Combustion and Flame,* 143: 613–628 (2005).

7. Thomson, K. A., Gülder, Ö. L., Weckman, E. J., Fraser, R. A., Smallwood, G. J. e Snelling, D. R., "Soot Concentration and Temperature Measurements in Co-Annular, Nonpremixed, CH$_4$/Air Laminar Flames at Pressures up to 4 MPa," *Combustion and Flame,* 140: 222–232 (2005).

8. Bento, D. S., Thomson, K. A. e Gülder, Ö. L., "Soot Formation and Temperature Field Structure in Laminar Propane–Air Diffusion Flames at Elevated Pressures," *Combustion and Flame,* 145: 765–778 (2006).

9. Williams, T. C., Shaddix, C. R., Jensen, K. A. e Suo-Antilla, J., M., "Measurement of the Dimensionless Extinction Coefficient of Soot within Laminar Diffusion Flames," *International Journal of Heat and Mass Transfer,* 50: 1616–1630 (2007).

10. Burke, S. P. e Schumann, T. E. W., "Diffusion Flames," *Industrial & Engineering Chemistry,* 20(10): 998–1004 (1928).

11. Fay, J. A., "The Distributions of Concentration and Temperature in a Laminar Jet Diffusion Flame," *Journal of Aeronautical Sciences,* 21: 681–689 (1954).

12. Roper, F. G., "The Prediction of Laminar Jet Diffusion Flame Sizes: Part I. Theoretical Model," *Combustion and Flame*, 29: 219–226 (1977).
13. Roper, F. G., Smith, C. e Cunningham, A. C., "The Prediction of Laminar Jet Diffusion Flame Sizes: Part II. Experimental Verification," *Combustion and Flame*, 29: 227–234 (1977).
14. Roper, F. G., "Laminar Diffusion Flame Sizes for Curved Slot Burners Giving Fan-Shaped Flames," *Combustion and Flame*, 31: 251–259 (1978).
15. Lin, K.-C., Faeth, G. M., Sunderland, P. B., Urban, D. L. e Yuan, Z.-G., "Shapes of Nonbuoyant Round Luminous Hydrocarbon/Air Laminar Jet Diffusion Flames," *Combustion and Flame*, 116: 415–431 (1999).
16. Aalburg, C., Diez, F. J., Faeth, G. M., Sunderland, P. B., Urban, D. L. e Yuan, Z.-G., "Shapes of Nonbuoyant Round Hydrocarbon-Fueled Laminar-Jet Diffusion Flames in Still Air," *Combustion and Flame*, 142: 1–16 (2005).
17. Lin, K.-C. e Faeth, G. M., "Shapes of Nonbuoyant Round Luminous Laminar-Jet Diffusion Flames in Coflowing Air," *AIAA Journal*, 37: 759–765 (1999).
18. Miller, J. A. e Kee, R. J., "Chemical Nonequilibrium Effects in Hydrogen–Air Laminar Jet Diffusion Flames," *Journal of Physical Chemistry*, 81(25): 2534–2542 (1977).
19. Kee, R. J. e Miller, J. A., "A Split-Operator, Finite-Difference Solution for Axisymmetric Laminar-Jet Diffusion Flames," *AIAA Journal*, 16(2): 169–176 (1978).
20. Mitchell, R. E., Sarofim, A. F. e Clomburg, L. A., "Experimental and Numerical Investigation of Confined Laminar Diffusion Flames," *Combustion and Flame*, 37: 227–244 (1980).
21. Heys, N. W., Roper, F. G. e Kayes, P. J., "A Mathematical Model of Laminar Axisymmetrical Natural Gas Flames," *Computers and Fluids*, 9: 85–103 (1981).
22. Smooke, M. D., Lin, P., Lam, J. K. e Long, M. B., "Computational and Experimental Study of a Laminar Axisymmetric Methane-Air Diffusion Flame," *Twenty-Third Symposium (International) on Combustion*, The Combustion Institute, Pittsburgh, PA, p. 575, 1990.
23. Anon., *Fundamentals of Design of Atmospheric Gas Burner Ports*, Research Bulletin No. 13, American Gas Association Testing Laboratories, Cleveland, OH, August 1942.
24. Weber, E. J. e Vandaveer, F. E., "Gas Burner Design," Chapter 12 in *Gas Engineers Handbook*, The Industrial Press, New York, pp. 12/193–12/210, 1965.
25. Schlichting, H., *Boundary-Layer Theory*, 6th Ed., McGraw-Hill, New York, 1968.
26. Davis, R. W., Moore, E. F., Santoro, R. J. e Ness, J. R., "Isolation of Buoyancy Effects in Jet Diffusion Flames," *Combustion Science and Technology*, 73: 625–635 (1990).
27. Kuo, K. K., *Principles of Combustion*, 2nd Ed., John Wiley & Sons, Hoboken, NJ, 2005.
28. Spalding, D. B., *Combustion and Mass Transfer*, Pergamon, New York, 1979.
29. Beyer, W. H. (ed.), *Standard Mathematical Tables*, 28th Ed., The Chemical Rubber Co., Cleveland, OH, 1987.
30. Kennedy, I. M., "Models of Soot Formation and Oxidation," *Progress in Energy and Combustion Science*, 23: 95–132 (1997).
31. Glassman, I., "Soot Formation in Combustion Processes," *Twenty-Second Symposium (International) on Combustion*, The Combustion Institute, Pittsburgh, PA, p. 295, 1988.
32. Wagner, H. G., "Soot Formation–An Overview," in *Particulate Carbon Formation during Combustion* (D. C. Siegla e G. W. Smith, eds.), Plenum Press, New York, p. 1, 1981.
33. Calcote, H. F., "Mechanisms of Soot Nucleation in Flames–A Critical Review," *Combustion and Flame*, 42: 215–242 (1981).

34. Haynes, B. S. e Wagner, H. G., "Soot Formation," *Progress in Energy and Combustion Science,* 7: 229–273 (1981).
35. Wagner, H. G., "Soot Formation in Combustion," *Seventeenth Symposium (International) on Combustion,* The Combustion Institute, Pittsburgh, PA, p. 3, 1979.
36. Palmer, H. B. e Cullis, C. F., "The Formation of Carbon in Gases," *The Chemistry and Physics of Carbon* (P. L. Walker, Jr., ed.), Marcel Dekker, New York, p. 265, 1965.
37. Kent, J. H., "A Quantitative Relationship between Soot Yield and Smoke Point Measurements," *Combustion and Flame,* 63: 349–358 (1986).
38. Marble, F. E. e Broadwell, J. E., "The Coherent Flames Model for Turbulent Chemical Reactions," *Project SQUID,* 29314-6001-RU-00, 1977.
39. Tsuji, H. e Yamaoka, I., "The Counterflow Diffusion Flame in the Forward Stagnation Region of a Porous Cylinder," *Eleventh Symposium (International) on Combustion,* The Combustion Institute, Pittsburgh, PA, p. 979, 1967.
40. Hahn, W. A. e Wendt, J. O. L., "The Flat Laminar Opposed Jet Diffusion Flame: A Novel Tool for Kinetic Studies of Trace Species Formation," *Chemical Engineering Communications,* 9: 121–136 (1981).
41. Tsuji, H., "Counterflow Diffusion Flames," *Progress in Energy and Combustion Science,* 8: 93–119 (1982).
42. Dixon-Lewis, G., et al., "Calculation of the Structure and Extinction Limit of a Methane–Air Counterflow Diffusion Flame in the Forward Stagnation Region of a Porous Cylinder," *Twentieth Symposium (International) on Combustion,* The Combustion Institute, Pittsburgh, PA, p. 1893, 1984.
43. Kee, R. J., Miller, J. A., Evans, G. H. e Dixon-Lewis, G., "A Computational Model of the Structure and Extinction of Strained, Opposed-Flow, Premixed Methane–Air Flames," *Twenty-Second Symposium (International) on Combustion,* The Combustion Institute, Pittsburgh, PA, p. 1479, 1988.
44. Lutz, A. E., Kee, R. J., Grcar, J. F. e Rupley, F. M., "OPPDIF: A Fortran Program for Computing Opposed-Flow Diffusion Flames," Sandia National Laboratories Report SAND96-8243, 1997.
45. Kee, R. J., Rupley, F. M. e Miller, J. A., "Chemkin-II: A Fortran Chemical Kinetics Package for the Analysis of Gas-Phase Chemical Kinetics," Sandia National Laboratories Report SAND89-8009, March 1991.
46. Miller, J. A. e Bowman, C. T., "Mechanism and Modeling of Nitrogen Chemistry in Combustion," *Progress in Energy and Combustion Science,* 15: 287–338 (1989).

QUESTÕES DE REVISÃO

1. Prepare uma lista contendo todas as palavras destacadas em negrito neste Capítulo 9 e defina-as.
2. Descreva os campos de velocidade e de concentração do fluido que emerge do orifício em um jato laminar com densidade constante.
3. Descreva os campos de temperatura e de fração mássica para o combustível, o oxidante e os produtos para uma chama laminar em jato.
4. No modelo de superfície de chama fina, explique por que a superfície de chama corresponde à posição na qual $\Phi = 1$. *Dica:* Considere o que aconteceria se a su-

perfície da chama estivesse um pouco para dentro ($Y_{Ox} = 0$, $Y_F > 0$) ou um pouco para fora ($Y_F = 0$, $Y_{Ox} > 0$) da posição na qual $\Phi = 1$.

5. Como as equações para a chama laminar são simplificadas usando as hipóteses de números de Lewis e de Schmidt unitários?

6. Explique o que significa uma chama em jato ser controlada por flutuação térmica ou por quantidade de movimento linear. Que parâmetro adimensional permite a verificação do regime de escoamento? Qual é a interpretação física deste parâmetro?

7. Acenda uma chama em um isqueiro a gás. Segure o isqueiro em ângulo com a direção vertical, tomando cuidado para não queimar os seus dedos. O que acontece com a forma da chama? Explique.

8. Liste e discuta as quatro etapas envolvidas no mecanismo físico-químico de formação e destruição de fuligem em chamas laminares não pré-misturadas.

9. Explique como o uso de escalares conservados simplifica a descrição matemática de chamas em jatos laminares. Que hipóteses são necessárias para chegar a essas simplificações?

PROBLEMAS

9.1 Comece com a equação mais geral para a conservação da quantidade de movimento linear axial para o escoamento em um jato não reativo, axissimétrico (Eq. 7.48) e derive a forma com propriedades constantes e densidade constante dada na Eq. 9.4. *Dica:* Você precisará aplicar a equação da conservação da massa.

9.2 Repita o problema 9.1 para a conservação da massa das espécies químicas, partindo da Eq. 7.20 e obtendo a Eq. 9.5.

9.3 Usando a definição de vazão volumétrica ($Q = v_e \pi R^2$), mostre que a fração mássica na linha de centro $Y_{F,0}$ de um jato laminar (Eq. 9.18) depende somente de Q e v.

9.4* Calcule o decaimento da velocidade para dois jatos: um com uma distribuição inicial de velocidade (no orifício de saída) uniforme (Eq. 9.13) e outro com uma distribuição de velocidade inicial parabólica, dada por $v(r) = 2v_e[1 + (r/R)^2]$, onde v_e é a velocidade média. Ambos os jatos apresentam as mesmas vazões volumétricas. Apresente seus resultados de forma gráfica em função da distância axial e discuta as diferenças observadas.

9.5 Dois jatos laminares isotérmicos (300 K, 1 atm) de ar descarregando em um ambiente com ar possuem diâmetros de orifício diferentes mas as mesmas vazões volumétricas.

A. Quando expressos em termos de R, qual é a razão entre os seus respectivos números de Reynolds?

B. Para $Q = 5$ cm³/s, $R_1 = 3$ mm e $R_2 = 5$ mm, calcule e compare $r_{1/2}/x$ e α para os dois jatos.

---
* Indica a opção de uso de um computador.

C. Determine para cada jato a localização axial onde a velocidade da linha de centro decai para 1/10 do valor da velocidade na saída do orifício.

9.6 A taxa de espalhamento de um jato laminar, $r_{1/2}/x$, definida na Eq. 9.14, é baseada em $r_{1/2}$, isto é, na localização ao longo da coordenada radial onde a velocidade axial decai para a metade do seu valor na linha de centro.

A. Avalie a taxa de espalhamento para $r_{1/10}/x$, onde agora a distância radial é aquela para a qual a velocidade axial decai para 1/10 do seu valor na linha de centro. Compare $r_{1/10}/x$ com $r_{1/2}/x$.

B. Determine a velocidade média, normalizada pela velocidade na linha de centro, desta seção do jato, isto é, determine $\bar{v}_x(0 \leq r \leq r_{1/10})/v_{x,o}$.

9.7 Partindo da definição de fração de mixtura, f, mostre que a Eq. 9.44a está correta.

9.8 Usando a teoria de jato isotérmico, estime o comprimento de uma chama não pré-misturada de etano-ar para uma velocidade inicial de 5 cm/s. A distribuição de velocidade do jato deixando um orifício com diâmetro de 10 mm é uniforme. O ar e o etano estão a 300 K e 1 atm. A viscosidade dinâmica do etano é aproximadamente $9{,}5 \cdot 10^{-6}$ N-s/m^2. Compare a sua estimativa usando uma viscosidade média dada por $(\mu_{ar} + \mu_{etano})/2$ com a previsão obtida das correlações semiempíricas de Roper.

9.9 Dois jatos, um com orifício circular e outro com orifício quadrado, apresentam as mesmas velocidades médias e resultam nos mesmos comprimentos de chama. Qual é a razão entre o diâmetro D do orifício circular e o comprimento do lado b do orifício quadrado? O combustível é metano.

9.10 Considere um queimador com orifício de fenda com uma razão de aspecto $h/b = 10$ e largura da fenda $b = 2$ mm. A fenda é construída com uma saída curva, a qual cria um campo de velocidade de saída uniforme. Operando com metano, o queimador apresenta potência de 500 W. Determine o comprimento da chama.

9.11 Dois queimadores com orifício circular apresentam a mesma velocidade média inicial $\bar{v}_e$, mas, enquanto a distribuição de velocidade do primeiro é uniforme, a distribuição de velocidade do segundo é parabólica, $v(r) = 2\bar{v}_e[1 - (r/R)^2]$. Determine a razão entre as vazões de quantidade de movimento linear dos dois queimadores.

9.12 Em um estudo da formação de óxido nítrico em chamas de jato laminar, o propano é diluído com N_2 a fim de suprimir a formação de fuligem. O fluido que deixa o orifício do jato possui 60% de N_2 em massa. O queimador tem orifício circular. Combustível, nitrogênio e ar estão todos a 300 K e 1 atm. Para os dois casos a seguir, compare os comprimentos de chama em relação ao jato operando com combustível não diluído com vazão mássica de $5 \cdot 10^{-6}$ kg/s. Qual é o significado físico dos seus resultados? Discuta.

A. A vazão mássica total do escoamento diluído ($C_3H_8 + N_2$) é $5 \cdot 10^{-6}$ kg/s.

B. A vazão mássica de C_3H_8 no escoamento diluído é $5 \cdot 10^{-6}$ kg/s.

9.13 Para determinar a constante da correlação de comprimento de chama (Eq. 9.60), Roper usou uma temperatura de chama de 1500 K. Qual valor de coeficiente de difusão médio $\mathcal{D}\infty$ da Eq. 9.59 é consistente com o valor da constante da Eq. 9.60? Como este valor se compara com a difusividade binária de oxigênio no ar a 298 K ($\mathcal{D}_{O_2-ar} = 2{,}1 \cdot 10^{-5}\,m^2/s$)?

9.14 Estime os números de Lewis e de Schmidt para uma mistura de O_2 em ar a 298 K e 1 atm. Admita $\mathcal{D}_{O_2-ar} = 2{,}1 \cdot 10^{-5}\,m^2/s$ nestas condições. Discuta as implicações dos seus resultados.

9.15 Avalie os números de Prandtl (*Pr*), de Schmidt (*Sc*) e de Lewis (*Le*) para o ar nas seguintes situações:

A. $P = 1$ atm, $T = 298$ K.

B. $P = 1$ atm, $T = 2000$ K.

C. $P = 10$ atm, $T = 298$ K.

Admita um coeficiente de difusão binária $\mathcal{D}_{O_2-ar}$ de $2{,}1 \cdot 10^{-5}\,m^2/s$ a 1 atm e 298 K.

9.16 Os seguintes combustíveis são queimados em chamas de jato laminares, todos com vazão mássica de 3 mg/s: acetileno, etileno, butano e iso-octano. Quais chamas emitirão mais fuligem? Discuta a sua resposta.

9.17 Um sensor de temperatura é colocado acima de uma chama em jato de CH_4–ar, em uma posição sobre a linha de centro do queimador. Deseja-se posicionar o sensor o mais perto possível da chama, porém, a temperatura máxima tolerada pelo sensor é 1200 K. O sistema opera a 1 atm e 300 K.

A. Usando relações de estado simplificadas para a chama não pré-misturada, determine a fração de mistura que corresponderia à temperatura-limite do sensor de 1200 K. Admita calor específico constante $c_p = 1087$ J/kg-K.

B. Usando as equações para o jato laminar de densidade constante, determine a distância axial ao longo da linha de centro desde o orifício até a posição do sensor correspondente às condições do item A. Use um número de Reynolds do jato ($\rho_e v_e R/\mu$) de 30 e raio do jato R de 1 mm.

9.18 Projete um queimador com múltiplos orifícios capaz de aquecer uma panela contendo 3 litros de água desde a temperatura ambiente (25 °C) até a temperatura de ebulição (100 °C) em 5 min. Admita que 30% da energia liberada pelo combustível é transferida para a água. O projeto está limitado a certo número de chamas laminares não pré-misturadas individuais e iguais, espaçadas uniformemente sobre o perímetro de um círculo que não deve exceder 160 mm de diâmetro. O combustível é metano (como uma aproximação para gás natural). O menor comprimento de chama possível é desejado. A aeração primária deve ser utilizada, mas o queimador ainda deve operar em um modo de chama não pré-misturada. O seu projeto deve contemplar o seguinte: vazão volumétrica de gás, número de chamas, diâmetro do queimador, diâmetro dos orifícios, aeração primária e altura das chamas. Liste todas as suas hipóteses.

apêndice

Propriedades termodinâmicas para alguns gases contendo C–H–O–N

A

TABELAS A.1 A A.12

Valores para gases ideais no estado de referência padrão ($T = 298,15$ K, $P = 1$ atm) para

$\bar{c}_p(T)$, $\bar{h}^o(T) - \bar{h}^o_{f,\text{ref}}$, $\bar{h}^o_f(T)$, $\bar{s}^o(T)$, $\bar{g}^o_f(T)$ para

CO, CO_2, H_2, H, OH, H_2O, N_2, N, NO, NO_2, O_2, O.

A entalpia de formação e a função de Gibbs de formação para as moléculas são calculadas a partir dos elementos como

$$\bar{h}^o_{f,i}(T) = \bar{h}^o_i(T) - \sum_{j \text{ elementos}} v'_j \bar{h}^o_j(T)$$

$$\bar{g}^o_{f,i}(T) = \bar{g}^o_i(T) - \sum_{j \text{ elementos}} v'_j \bar{g}^o_j(T)$$

$$= \bar{h}^o_{f,i}(T) - T\bar{s}^o_i(T) - \sum_{j \text{ elementos}} v'_j [-T\bar{s}^o_j(T)]$$

FONTE: As tabelas foram geradas utilizando os coeficientes fornecidos em Kee, R. J., Rupley, F. M. e Miller, J. A., "The Chemkin Thermodynamic Data Base", Sandia Report, SAND87-8215B, March 1991.

TABELA A.13

Coeficientes para $\bar{c}_p(T)$ para os mesmos gases que os anteriores.
FONTE: Ibid.

Apêndice A – Propriedades termodinâmicas para alguns gases contendo C–H–O–N

Tabela A.1 Monóxido de carbono (CO), MW = 28,010 kg / kmol, entalpia de formação a 298 K (kJ/kmol) = –110 541

$T(K)$	$\bar{c}_p$ (kJ/kmol-K)	$(\bar{h}^o(T)-\bar{h}^o_f(298))$ (kJ/kmol)	$\bar{h}^o_f(T)$ (kJ/kmol)	$\bar{s}^o(T)$ (kJ/kmol-K)	$\bar{g}^o_f(T)$ (kJ/kmol)
200	28,687	–2 835	–111 308	186,018	–128 532
298	29,072	0	–110 541	197,548	–137 163
300	29,078	54	–110 530	197,728	–137 328
400	29,433	2 979	–110 121	206,141	–146 332
500	29,857	5 943	–110 017	212,752	–155 403
600	30,407	8 955	–110 156	218,242	–164 470
700	31,089	12 029	–110 477	222,979	–173 499
800	31,860	15 176	–110 924	227,180	–182 473
900	32,629	18 401	–111 450	230,978	–191 386
1000	33,255	21 697	–112 022	234,450	–200 238
1100	33,725	25 046	–112 619	237,642	–209 030
1200	34,148	28 440	–113 240	240,595	–217 768
1300	34,530	31 874	–113 881	243,344	–226 453
1400	34,872	35 345	–114 543	245,915	–235 087
1500	35,178	38 847	–115 225	248,332	–243 674
1600	35,451	42 379	–115 925	250,611	–252 214
1700	35,694	45 937	–116 644	252,768	–260 711
1800	35,910	49 517	–117 380	254,814	–269 164
1900	36,101	53 118	–118 132	256,761	–277 576
2000	36,271	56 737	–118 902	258,617	–285 948
2100	36,421	60 371	–119 687	260,391	–294 281
2200	36,553	64 020	–120 488	262,088	–302 576
2300	36,670	67 682	–121 305	263,715	–310 835
2400	36,774	71 354	–122 137	265,278	–319 057
2500	36,867	75 036	–122 984	266,781	–327 245
2600	36,950	78 727	–123 847	268,229	–335 399
2700	37,025	82 426	–124 724	269,625	–343 519
2800	37,093	86 132	–125 616	270,973	–351 606
2900	37,155	89 844	–126 523	272,275	–359 661
3000	37,213	93 562	–127 446	273,536	–367 684
3100	37,268	97 287	–128 383	274,757	–375 677
3200	37,321	101 016	–129 335	275,941	–383 639
3300	37,372	104 751	–130 303	277,090	–391 571
3400	37,422	108 490	–131 285	278,207	–399 474
3500	37,471	112 235	–132 283	279,292	–407 347
3600	37,521	115 985	–133 295	280,349	–415 192
3700	37,570	119 739	–134 323	281,377	–423 008
3800	37,619	123 499	–135 366	282,380	–430 796
3900	37,667	127 263	–136 424	283,358	–438 557
4000	37,716	131 032	–137 497	284,312	–446 291
4100	37,764	134 806	–138 585	285,244	–453 997
4200	37,810	138 585	–139 687	286,154	–461 677
4300	37,855	142 368	–140 804	287,045	–469 330
4400	37,897	146 156	–141 935	287,915	–476 957
4500	37,936	149 948	–143 079	288,768	–484 558
4600	37,970	153 743	–144 236	289,602	–492 134
4700	37,998	157 541	–145 407	290,419	–499 684
4800	38,019	161 342	–146 589	291,219	–507 210
4900	38,031	165 145	–147 783	292,003	–514 710
5000	38,033	168 948	–148 987	292,771	–522 186

Tabela A.2 Dióxido de carbono (CO_2), MW = 44,011 kg / kmol, entalpia de formação a 298 K (kJ/kmol) = –393 546

T(K)	$\bar{c}_p$ (kJ/kmol-K)	$(\bar{h}^o(T)-\bar{h}^o_f(298))$ (kJ/kmol)	$\bar{h}^o_f(T)$ (kJ/kmol)	$\bar{s}^o(T)$ (kJ/kmol-K)	$\bar{g}^o_f(T)$ (kJ/kmol)
200	32,387	–3 423	–393 483	199,876	–394 126
298	37,198	0	–393 546	213,736	–394 428
300	37,280	69	–393 547	213,966	–394 433
400	41,276	4 003	–393 617	225,257	–394 718
500	44,569	8 301	–393 712	234,833	–394 983
600	47,313	12 899	–393 844	243,209	–395 226
700	49,617	17 749	–394 013	250,680	–395 443
800	51,550	22 810	–394 213	257,436	–395 635
900	53,136	28 047	–394 433	263,603	–395 799
1000	54,360	33 425	–394 659	269,268	–395 939
1100	55,333	38 911	–394 875	274,495	–396 056
1200	56,205	44 488	–395 083	279,348	–396 155
1300	56,984	50 149	–395 287	283,878	–396 236
1400	57,677	55 882	–395 488	288,127	–396 301
1500	58,292	61 681	–395 691	292,128	–396 352
1600	58,836	67 538	–395 897	295,908	–396 389
1700	59,316	73 446	–396 110	299,489	–396 414
1800	59,738	79 399	–396 332	302,892	–396 425
1900	60,108	85 392	–396 564	306,132	–396 424
2000	60,433	91 420	–396 808	309,223	–396 410
2100	60,717	97 477	–397 065	312,179	–396 384
2200	60,966	103 562	–397 338	315,009	–396 346
2300	61,185	109 670	–397 626	317,724	–396 294
2400	61,378	115 798	–397 931	320,333	–396 230
2500	61,548	121 944	–398 253	322,842	–396 152
2600	61,701	128 107	–398 594	325,259	–396 061
2700	61,839	134 284	–398 952	327,590	–395 957
2800	61,965	140 474	–399 329	329,841	–395 840
2900	62,083	146 677	–399 725	332,018	–395 708
3000	62,194	152 891	–400 140	334,124	–395 562
3100	62,301	159 116	–400 573	336,165	–395 403
3200	62,406	165 351	–401 025	338,145	–395 229
3300	62,510	171 597	–401 495	340,067	–395 041
3400	62,614	177 853	–401 983	341,935	–394 838
3500	62,718	184 120	–402 489	343,751	–394 620
3600	62,825	190 397	–403 013	345,519	–394 388
3700	62,932	196 685	–403 553	347,242	–394 141
3800	63,041	202 983	–404 110	348,922	–393 879
3900	63,151	209 293	–404 684	350,561	–393 602
4000	63,261	215 613	–405 273	353,161	–393 311
4100	63,369	221 945	–405 878	353,725	–393 004
4200	63,474	228 287	–406 499	355,253	–392 683
4300	63,575	234 640	–407 135	356,748	–392 346
4400	63,669	241 002	–407 785	358,210	–391 995
4500	63,753	247 373	–408 451	359,642	–391 629
4600	63,825	253 752	–409 132	361,044	–391 247
4700	63,881	260 138	–409 828	362,417	–390 851
4800	63,918	266 528	–410 539	363,763	–390 440
4900	63,932	272 920	–411 267	365,081	–390 014
5000	63,919	279 313	–412 010	366,372	–389 572

Tabela A.3 Hidrogênio (H_2), $MW = 2,016$ kg / kmol, entalpia de formação a 298 K (kJ/kmol) = 0

$T(K)$	$\bar{c}_p$ (kJ/kmol-K)	$(\bar{h}^o(T)-\bar{h}_f^o(298))$ (kJ/kmol)	$\bar{h}_f^o(T)$ (kJ/kmol)	$\bar{s}^o(T)$ (kJ/kmol-K)	$\bar{g}_f^o(T)$ (kJ/kmol)
200	28,522	−2 818	0	119,137	0
298	28,871	0	0	130,595	0
300	28,877	53	0	130,773	0
400	29,120	2 954	0	139,116	0
500	29,275	5 874	0	145,632	0
600	29,375	8 807	0	150,979	0
700	29,461	11 749	0	155,514	0
800	29,581	14 701	0	159,455	0
900	29,792	17 668	0	162,950	0
1000	30,160	20 664	0	166,106	0
1100	30,625	23 704	0	169,003	0
1200	31,077	26 789	0	171,687	0
1300	31,516	29 919	0	174,192	0
1400	31,943	33 092	0	176,543	0
1500	32,356	36 307	0	178,761	0
1600	32,758	39 562	0	180,862	0
1700	33,146	42 858	0	182,860	0
1800	33,522	46 191	0	184,765	0
1900	33,885	49 562	0	186,587	0
2000	34,236	52 968	0	188,334	0
2100	34,575	56 408	0	190,013	0
2200	34,901	59 882	0	191,629	0
2300	35,216	63 388	0	193,187	0
2400	35,519	66 925	0	194,692	0
2500	35,811	70 492	0	196,148	0
2600	36,091	74 087	0	197,558	0
2700	36,361	77 710	0	198,926	0
2800	36,621	81 359	0	200,253	0
2900	36,871	85 033	0	201,542	0
3000	37,112	88 733	0	202,796	0
3100	37,343	92 455	0	204,017	0
3200	37,566	96 201	0	205,206	0
3300	37,781	99 968	0	206,365	0
3400	37,989	103 757	0	207,496	0
3500	38,190	107 566	0	208,600	0
3600	38,385	111 395	0	209,679	0
3700	38,574	115 243	0	210,733	0
3800	38,759	119 109	0	211,764	0
3900	38,939	122 994	0	212,774	0
4000	39,116	126 897	0	213,762	0
4100	39,291	130 817	0	214,730	0
4200	39,464	134 755	0	215,679	0
4300	39,636	138 710	0	216,609	0
4400	39,808	142 682	0	217,522	0
4500	39,981	146 672	0	218,419	0
4600	40,156	150 679	0	219,300	0
4700	40,334	154 703	0	220,165	0
4800	40,516	158 746	0	221,016	0
4900	40,702	162 806	0	221,853	0
5000	40,895	166 886	0	222,678	0

Apêndice A — Propriedades termodinâmicas para alguns gases contendo C–H–O–N

Tabela A.4 Átomo de hidrogênio (H), $MW = 1{,}008$ kg/kmol, entalpia de formação a 298 K (kJ/kmol) = 217 977

$T(K)$	$\bar{c}_p$ (kJ/kmol-K)	$(\bar{h}^o(T) - \bar{h}_f^o(298))$ (kJ/kmol)	$\bar{h}_f^o(T)$ (kJ/kmol)	$\bar{s}^o(T)$ (kJ/kmol-K)	$\bar{g}_f^o(T)$ (kJ/kmol)
200	20,786	−2 040	217 346	106,305	207 999
298	20,786	0	217 977	114,605	203 276
300	20,786	38	217 989	114,733	203 185
400	20,786	2 117	218 617	120,713	198 155
500	20,786	4 196	219 236	125,351	192 968
600	20,786	6 274	219 848	129,351	187 657
700	20,786	8 353	220 456	132,345	182 244
800	20,786	10 431	221 059	135,121	176 744
900	20,786	12 510	221 653	137,569	171 169
1000	20,786	14 589	222 234	139,759	165 528
1100	20,786	16 667	222 793	141,740	159 830
1200	20,786	18 746	223 329	143,549	154 082
1300	20,786	20 824	223 843	145,213	148 291
1400	20,786	22 903	224 335	146,753	142 461
1500	20,786	24 982	224 806	148,187	136 596
1600	20,786	27 060	225 256	149,528	130 700
1700	20,786	29 139	225 687	150,789	124 777
1800	20,786	31 217	226 099	151,977	118 830
1900	20,786	33 296	226 493	153,101	112 859
2000	20,786	35 375	226 868	154,167	106 869
2100	20,786	37 453	227 226	155,181	100 860
2200	20,786	39 532	227 568	156,148	94 834
2300	20,786	41 610	227 894	157,072	88 794
2400	20,786	43 689	228 204	157,956	82 739
2500	20,786	45 768	228 499	158,805	76 672
2600	20,786	47 846	228 780	159,620	70 593
2700	20,786	49 925	229 047	160,405	64 504
2800	20,786	52 003	229 301	161,161	58 405
2900	20,786	54 082	229 543	161,890	52 298
3000	20,786	56 161	229 772	162,595	46 182
3100	20,786	58 239	229 989	163,276	40 058
3200	20,786	60 318	230 195	163,936	33 928
3300	20,786	62 396	230 390	164,576	27 792
3400	20,786	64 475	230 574	165,196	21 650
3500	20,786	66 554	230 748	165,799	15 502
3600	20,786	68 632	230 912	166,384	9 350
3700	20,786	70 711	231 067	166,954	3 194
3800	20,786	72 789	231 212	167,508	−2 967
3900	20,786	74 868	231 348	168,048	−9 132
4000	20,786	76 947	231 475	168,575	−15 299
4100	20,786	79 025	231 594	169,088	−21 470
4200	20,786	81 104	231 704	169,589	−27 644
4300	20,786	83 182	231 805	170,078	−33 820
4400	20,786	85 261	231 897	170,556	−39 998
4500	20,786	87 340	231 981	171,023	−46 179
4600	20,786	89 418	232 056	171,480	−52 361
4700	20,786	91 497	232 123	171,927	−58 545
4800	20,786	93 575	232 180	172,364	−64 730
4900	20,786	95 654	232 228	172,793	−70 916
5000	20,786	97 733	232 267	173,213	−77 103

Tabela A.5 Hidroxila (OH), MW = 17,007 kg / kmol, entalpia de formação a 298 K (kJ/kmol) = 38 985

$T(K)$	$\bar{c}_p$ (kJ/kmol-K)	$(\bar{h}^o(T)-\bar{h}^o_f(298))$ (kJ/kmol)	$\bar{h}^o_f(T)$ (kJ/kmol)	$\bar{s}^o(T)$ (kJ/kmol-K)	$\bar{g}^o_f(T)$ (kJ/kmol)
200	30,140	−2 948	38 864	171,607	35 808
298	29,932	0	38 985	183,604	34 279
300	29,928	55	38 987	183,789	34 250
400	29,718	3 037	39 030	192,369	32 662
500	29,570	6 001	39 000	198,983	31 072
600	29,527	8 955	38 909	204,369	29 494
700	29,615	11 911	38 770	208,925	27 935
800	29,844	14 883	38 599	212,893	26 399
900	30,208	17 884	38 410	216,428	24 885
1000	30,682	20 928	38 220	219,635	23 392
1100	31,186	24 022	38 039	222,583	21 918
1200	31,662	27 164	37 867	225,317	20 460
1300	32,114	30 353	37 704	227,869	19 017
1400	32,540	33 586	37 548	230,265	17 585
1500	32,943	36 860	37 397	232,524	16 164
1600	33,323	40 174	37 252	234,662	14 753
1700	33,682	43 524	37 109	236,693	13 352
1800	34,019	46 910	36 969	238,628	11 958
1900	34,337	50 328	36 831	240,476	10 573
2000	34,635	53 776	36 693	242,245	9 194
2100	34,915	57 254	36 555	243,942	7 823
2200	35,178	60 759	36 416	245,572	6 458
2300	35,425	64 289	36 276	247,141	5 099
2400	35,656	67 843	36 133	248,654	3 746
2500	35,872	71 420	35 986	250,114	2 400
2600	36,074	75 017	35 836	251,525	1 060
2700	36,263	78 634	35 682	252,890	−275
2800	36,439	82 269	35 524	254,212	−1 604
2900	36,604	85 922	35 360	255,493	−2 927
3000	36,759	89 590	35 191	256,737	−4 245
3100	36,903	93 273	35 016	257,945	−5 556
3200	37,039	96 970	34 835	259,118	−6 862
3300	37,166	100 681	34 648	260,260	−8 162
3400	37,285	104 403	34 454	261,371	−9 457
3500	37,398	108 137	34 253	262,454	−10 745
3600	37,504	111 882	34 046	263,509	−12 028
3700	37,605	115 638	33 831	264,538	−13 305
3800	37,701	119 403	33 610	265,542	−14 576
3900	37,793	123 178	33 381	266,522	−15 841
4000	37,882	126 962	33 146	267,480	−17 100
4100	37,968	130 754	32 903	268,417	−18 353
4200	38,052	134 555	32 654	269,333	−19 600
4300	38,135	138 365	32 397	270,229	−20 841
4400	38,217	142 182	32 134	271,107	−22 076
4500	38,300	146 008	31 864	271,967	−23 306
4600	38,382	149 842	31 588	272,809	−24 528
4700	38,466	153 685	31 305	273,636	−25 745
4800	38,552	157 536	31 017	274,446	−26 956
4900	38,640	161 395	30 722	275,242	−28 161
5000	38,732	165 264	30 422	276,024	−29 360

Tabela A.6 Água (H_2O), MW = 18,016 kg / kmol, entalpia de formação a 298 K
(kJ / kmol) = −241 845, entalpia de vaporização (kJ / kmol) = 44 010

T(K)	$\bar{c}_p$ (kJ/kmol-K)	$(\bar{h}^o(T)-\bar{h}^o_f(298))$ (kJ/kmol)	$\bar{h}^o_f(T)$ (kJ/kmol)	$\bar{s}^o(T)$ (kJ/kmol-K)	$\bar{g}^o_f(T)$ (kJ/kmol)
200	32,255	−3 227	−240 838	175,602	−232 779
298	33,448	0	−241 845	188,715	−228 608
300	33,468	62	−241 865	188,922	−228 526
400	34,437	3 458	−242 858	198,686	−223 929
500	35,337	6 947	−243 822	206,467	−219 085
600	36,288	10 528	−244 753	212,992	−214 049
700	37,364	14 209	−245 638	218,665	−208 861
800	38,587	18 005	−246 461	223,733	−203 550
900	39,930	21 930	−247 209	228,354	−198 141
1000	41,315	25 993	−247 879	232,633	−192 652
1100	42,638	30 191	−248 475	236,634	−187 100
1200	43,874	34 518	−249 005	240,397	−181 497
1300	45,027	38 963	−249 477	243,955	−175 852
1400	46,102	43 520	−249 895	247,332	−170 172
1500	47,103	48 181	−250 267	250,547	−164 464
1600	48,035	52 939	−250 597	253,617	−158 733
1700	48,901	57 786	−250 890	256,556	−152 983
1800	49,705	62 717	−251 151	259,374	−147 216
1900	50,451	67 725	−251 384	262,081	−141 435
2000	51,143	72 805	−251 594	264,687	−135 643
2100	51,784	77 952	−251 783	267,198	−129 841
2200	52,378	83 160	−251 955	269,621	−124 030
2300	52,927	88 426	−252 113	271,961	−118 211
2400	53,435	93 744	−252 261	274,225	−112 386
2500	53,905	99 112	−252 399	276,416	−106 555
2600	54,340	104 524	−252 532	278,539	−100 719
2700	54,742	109 979	−252 659	280,597	−94 878
2800	55,115	115 472	−252 785	282,595	−89 031
2900	55,459	121 001	−252 909	284,535	−83 181
3000	55,779	126 563	−253 034	286,420	−77 326
3100	56,076	132 156	−253 161	288,254	−71 467
3200	56,353	137 777	−253 290	290,039	−65 604
3300	56,610	143 426	−253 423	291,777	−59 737
3400	56,851	149 099	−253 561	293,471	−53 865
3500	57,076	154 795	−253 704	295,122	−47 990
3600	57,288	160 514	−253 852	296,733	−42 110
3700	57,488	166 252	−254 007	298,305	−36 226
3800	57,676	172 011	−254 169	299,841	−30 338
3900	57,856	177 787	−254 338	301,341	−24 446
4000	58,026	183 582	−254 515	302,808	−18 549
4100	58,190	189 392	−254 699	304,243	−12 648
4200	58,346	195 219	−254 892	305,647	−6 742
4300	58,496	201 061	−255 093	307,022	−831
4400	58,641	206 918	−255 303	308,368	5 085
4500	58,781	212 790	−255 522	309,688	11 005
4600	58,916	218 674	−255 751	310,981	16 930
4700	59,047	224 573	−255 990	312,250	22 861
4800	59,173	230 484	−256 239	313,494	28 796
4900	59,295	236 407	−256 501	314,716	34 737
5000	59,412	242 343	−256 774	315,915	40 684

Tabela A.7 Nitrogênio (N_2), MW = 28,013 kg / kmol, entalpia de formação a 298 K (kJ/kmol) = 0

T(K)	$\bar{c}_p$ (kJ/kmol-K)	$(\bar{h}^o(T)-\bar{h}^o_f(298))$ (kJ/kmol)	$\bar{h}^o_f(T)$ (kJ/kmol)	$\bar{s}^o(T)$ (kJ/kmol-K)	$\bar{g}^o_f(T)$ (kJ/kmol)
200	28,793	−2 841	0	179,959	0
298	29,071	0	0	191,511	0
300	29,075	54	0	191,691	0
400	29,319	2 973	0	200,088	0
500	29,636	5 920	0	206,662	0
600	30,086	8 905	0	212,103	0
700	30,684	11 942	0	216,784	0
800	31,394	15 046	0	220,927	0
900	32,131	18 222	0	224,667	0
1000	32,762	21 468	0	228,087	0
1100	33,258	24 770	0	231,233	0
1200	33,707	28 118	0	234,146	0
1300	34,113	31 510	0	236,861	0
1400	34,477	34 939	0	239,402	0
1500	34,805	38 404	0	241,792	0
1600	35,099	41 899	0	244,048	0
1700	35,361	45 423	0	246,184	0
1800	35,595	48 971	0	248,212	0
1900	35,803	52 541	0	250,142	0
2000	35,988	56 130	0	251,983	0
2100	36,152	59 738	0	253,743	0
2200	36,298	63 360	0	255,429	0
2300	36,428	66 997	0	257,045	0
2400	36,543	70 645	0	258,598	0
2500	36,645	74 305	0	260,092	0
2600	36,737	77 974	0	261,531	0
2700	36,820	81 652	0	262,919	0
2800	36,895	85 338	0	264,259	0
2900	36,964	89 031	0	265,555	0
3000	37,028	92 730	0	266,810	0
3100	37,088	96 436	0	268,025	0
3200	37,144	100 148	0	269,203	0
3300	37,198	103 865	0	270,347	0
3400	37,251	107 587	0	271,458	0
3500	37,302	111 315	0	272,539	0
3600	37,352	115 048	0	273,590	0
3700	37,402	118 786	0	274,614	0
3800	37,452	122 528	0	275,612	0
3900	37,501	126 276	0	276,586	0
4000	37,549	130 028	0	277,536	0
4100	37,597	133 786	0	278,464	0
4200	37,643	137 548	0	279,370	0
4300	37,688	141 314	0	280,257	0
4400	37,730	145 085	0	281,123	0
4500	37,768	148 860	0	281,972	0
4600	37,803	152 639	0	282,802	0
4700	37,832	156 420	0	283,616	0
4800	37,854	160 205	0	284,412	0
4900	37,868	163 991	0	285,193	0
5000	37,873	167 778	0	285,958	0

Tabela A.8 Átomo de nitrogênio (N), MW = 14,007 kg / kmol, entalpia de formação a 298 K (kJ/kmol) = 472 629

T(K)	$\bar{c}_p$ (kJ/kmol-K)	$(\bar{h}^o(T)-\bar{h}^o_f(298))$ (kJ/kmol)	$\bar{h}^o_f(T)$ (kJ/kmol)	$\bar{s}^o(T)$ (kJ/kmol-K)	$\bar{g}^o_f(T)$ (kJ/kmol)
200	20,790	−2 040	472 008	144,889	461 026
298	20,786	0	472 629	153,189	455 504
300	20,786	38	472 640	153,317	455 398
400	20,786	2 117	473 258	159,297	449 557
500	20,786	4 196	473 864	163,935	443 562
600	20,786	6 274	474 450	167,725	437 446
700	20,786	8 353	475 010	170,929	431 234
800	20,786	10 431	475 537	173,705	424 944
900	20,786	12 510	476 027	176,153	418 590
1000	20,786	14 589	476 483	178,343	412 183
1100	20,792	16 668	476 911	180,325	405 732
1200	20,795	18 747	477 316	182,134	399 243
1300	20,795	20 826	477 700	183,798	392 721
1400	20,793	22 906	478 064	185,339	386 171
1500	20,790	24 985	478 411	186,774	379 595
1600	20,786	27 064	478 742	188,115	372 996
1700	20,782	29 142	479 059	189,375	366 377
1800	20,779	31 220	479 363	190,563	359 740
1900	20,777	33 298	479 656	191,687	353 086
2000	20,776	35 376	479 939	192,752	346 417
2100	20,778	37 453	480 213	193,766	339 735
2200	20,783	39 531	480 479	194,733	333 039
2300	20,791	41 610	480 740	195,657	326 331
2400	20,802	43 690	480 995	196,542	319 612
2500	20,818	45 771	481 246	197,391	312 883
2600	20,838	47 853	481 494	198,208	306 143
2700	20,864	49 938	481 740	198,995	299 394
2800	20,895	52 026	481 985	199,754	292 636
2900	20,931	54 118	482 230	200,488	285 870
3000	20,974	56 213	482 476	201,199	279 094
3100	21,024	58 313	482 723	201,887	272 311
3200	21,080	60 418	482 972	202,555	265 519
3300	21,143	62 529	483 224	203,205	258 720
3400	21,214	64 647	483 481	203,837	251 913
3500	21,292	66 772	483 742	204,453	245 099
3600	21,378	68 905	484 009	205,054	238 276
3700	21,472	71 048	484 283	205,641	231 447
3800	21,575	73 200	484 564	206,215	224 610
3900	21,686	75 363	484 853	206,777	217 765
4000	21,805	77 537	485 151	207,328	210 913
4100	21,934	79 724	485 459	207,868	204 053
4200	22,071	81 924	485 779	208,398	197 186
4300	22,217	84 139	486 110	208,919	190 310
4400	22,372	86 368	486 453	209,431	183 427
4500	22,536	88 613	486 811	209,936	176 536
4600	22,709	90 875	487 184	210,433	169 637
4700	22,891	93 155	487 573	210,923	162 730
4800	23,082	95 454	487 979	211,407	155 814
4900	23,282	97 772	488 405	211,885	148 890
5000	23,491	100 111	488 850	212,358	141 956

Tabela A.9 Óxido nítrico (NO), MW = 30,006 kg / kmol, entalpia de formação a 298 K (kJ / kmol) = 90 297

T(K)	$\bar{c}_p$ (kJ/kmol-K)	$(\bar{h}^o(T) - \bar{h}^o_f(298))$ (kJ/kmol)	$\bar{h}^o_f(T)$ (kJ/kmol)	$\bar{s}^o(T)$ (kJ/kmol-K)	$\bar{g}^o_f(T)$ (kJ/kmol)
200	29,374	−2 901	90 234	198,856	87 811
298	29,728	0	90 297	210,652	86 607
300	29,735	55	90 298	210,836	86 584
400	30,103	3 046	90 341	219,439	85 340
500	30,570	6 079	90 367	226,204	84 086
600	31,174	9 165	90 382	231,829	82 828
700	31,908	12 318	90 393	236,688	81 568
800	32,715	15 549	90 405	241,001	80 307
900	33,489	18 860	90 421	244,900	79 043
1000	34,076	22 241	90 443	248,462	77 778
1100	34,483	25 669	90 465	251,729	76 510
1200	34,850	29 136	90 486	254,745	75 241
1300	35,180	32 638	90 505	257,548	73 970
1400	35,474	36 171	90 520	260,166	72 697
1500	35,737	39 732	90 532	262,623	71 423
1600	35,972	43 317	90 538	264,937	70 149
1700	36,180	46 925	90 539	267,124	68 875
1800	36,364	50 552	90 534	269,197	67 601
1900	36,527	54 197	90 523	271,168	66 327
2000	36,671	57 857	90 505	273,045	65 054
2100	36,797	61 531	90 479	274,838	63 782
2200	36,909	65 216	90 447	276,552	62 511
2300	37,008	68 912	90 406	278,195	61 243
2400	37,095	72 617	90 358	279,772	59 976
2500	37,173	76 331	90 303	281,288	58 711
2600	37,242	80 052	90 239	282,747	57 448
2700	37,305	83 779	90 168	284,154	56 188
2800	37,362	87 513	90 089	285,512	54 931
2900	37,415	91 251	90 003	286,824	53 677
3000	37,464	94 995	89 909	288,093	52 426
3100	37,511	98 744	89 809	289,322	51 178
3200	37,556	102 498	89 701	290,514	49 934
3300	37,600	106 255	89 586	291,670	48 693
3400	37,643	110 018	89 465	292,793	47 456
3500	37,686	113 784	89 337	293,885	46 222
3600	37,729	117 555	89 203	294,947	44 992
3700	37,771	121 330	89 063	295,981	43 766
3800	37,815	125 109	88 918	296,989	42 543
3900	37,858	128 893	88 767	297,972	41 325
4000	37,900	132 680	88 611	298,931	40 110
4100	37,943	136 473	88 449	299,867	38 900
4200	37,984	140 269	88 283	300,782	37 693
4300	38,023	144 069	88 112	301,677	36 491
4400	38,060	147 873	87 936	302,551	35 292
4500	38,093	151 681	87 755	303,407	34 098
4600	38,122	155 492	87 569	304,244	32 908
4700	38,146	159 305	87 379	305,064	31 721
4800	38,162	163 121	87 184	305,868	30 539
4900	38,171	166 938	86 984	306,655	29 361
5000	38,170	170 755	86 779	307,426	28 187

Tabela A.10 Dióxido de nitrogênio (NO_2), MW = 46,006 kg / kmol, entalpia de formação a 298 K (kJ/kmol) = 33 098

T(K)	$\bar{c}_p$ (kJ/kmol-K)	$(\bar{h}^o(T)-\bar{h}^o_f(298))$ (kJ/kmol)	$\bar{h}^o_f(T)$ (kJ/kmol)	$\bar{s}^o(T)$ (kJ/kmol-K)	$\bar{g}^o_f(T)$ (kJ/kmol)
200	32,936	−3 432	33 961	226,016	45 453
298	36,881	0	33 098	239,925	51 291
300	36,949	68	33 085	240,153	51 403
400	40,331	3 937	32 521	251,259	57 602
500	43,227	8 118	32 173	260,578	63 916
600	45,737	12 569	31 974	268,686	70 285
700	47,913	17 255	31 885	275,904	76 679
800	49,762	22 141	31 880	282,427	83 079
900	51,243	27 195	31 938	288,377	89 476
1000	52,271	32 375	32 035	293,834	95 864
1100	52,989	37 638	32 146	298,850	102 242
1200	53,625	42 970	32 267	303,489	108 609
1300	54,186	48 361	32 392	307,804	114 966
1400	54,679	53 805	32 519	311,838	121 313
1500	55,109	59 295	32 643	315,625	127 651
1600	55,483	64 825	32 762	319,194	133 981
1700	55,805	70 390	32 873	322,568	140 303
1800	56,082	75 984	32 973	325,765	146 620
1900	56,318	81 605	33 061	328,804	152 931
2000	56,517	87 247	33 134	331,698	159 238
2100	56,685	92 907	33 192	334,460	165 542
2200	56,826	98 583	33 233	337,100	171 843
2300	56,943	104 271	33 256	339,629	178 143
2400	57,040	109 971	33 262	342,054	184 442
2500	57,121	115 679	33 248	344,384	190 742
2600	57,188	121 394	33 216	346,626	197 042
2700	57,244	127 116	33 165	348,785	203 344
2800	57,291	132 843	33 095	350,868	209 648
2900	57,333	138 574	33 007	352,879	215 955
3000	57,371	144 309	32 900	354,824	222 265
3100	57,406	150 048	32 776	356,705	228 579
3200	57,440	155 791	32 634	358,529	234 898
3300	57,474	161 536	32 476	360,297	241 221
3400	57,509	167 285	32 302	362,013	247 549
3500	57,546	173 038	32 113	363,680	253 883
3600	57,584	178 795	31 908	365,302	260 222
3700	57,624	184 555	31 689	366,880	266 567
3800	57,665	190 319	31 456	368,418	272 918
3900	57,708	196 088	31 210	369,916	279 276
4000	57,750	201 861	30 951	371,378	285 639
4100	57,792	207 638	30 678	372,804	292 010
4200	57,831	213 419	30 393	374,197	298 387
4300	57,866	219 204	30 095	375,559	304 772
4400	57,895	224 992	29 783	376,889	311 163
4500	57,915	230 783	29 457	378,190	317 562
4600	57,925	236 575	29 117	379,464	323 968
4700	57,922	242 367	28 761	380,709	330 381
4800	57,902	248 159	28 389	381,929	336 803
4900	57,862	253 947	27 998	383,122	343 232
5000	57,798	259 730	27 586	384,290	349 670

Tabela A.11 Oxigênio (O_2), MW = 31,999 kg / kmol, entalpia de formação a 298 K (kJ/kmol) = 0

T(K)	$\bar{c}_p$ (kJ/kmol-K)	$(\bar{h}^o(T)-\bar{h}^o_f(298))$ (kJ/kmol)	$\bar{h}^o_f(T)$ (kJ/kmol)	$\bar{s}^o(T)$ (kJ/kmol-K)	$\bar{g}^o_f(T)$ (kJ/kmol)
200	28,473	−2 836	0	193,518	0
298	29,315	0	0	205,043	0
300	29,331	54	0	205,224	0
400	30,210	3 031	0	213,782	0
500	31,114	6 097	0	220,620	0
600	32,030	9 254	0	226,374	0
700	32,927	12 503	0	231,379	0
800	33,757	15 838	0	235,831	0
900	34,454	19 250	0	239,849	0
1000	34,936	22 721	0	243,507	0
1100	35,270	26 232	0	246,852	0
1200	35,593	29 775	0	249,935	0
1300	35,903	33 350	0	252,796	0
1400	36,202	36 955	0	255,468	0
1500	36,490	40 590	0	257,976	0
1600	36,768	44 253	0	260,339	0
1700	37,036	47 943	0	262,577	0
1800	37,296	51 660	0	264,701	0
1900	37,546	55 402	0	266,724	0
2000	37,788	59 169	0	268,656	0
2100	38,023	62 959	0	270,506	0
2200	38,250	66 773	0	272,280	0
2300	38,470	70 609	0	273,985	0
2400	38,684	74 467	0	275,627	0
2500	38,891	78 346	0	277,210	0
2600	39,093	82 245	0	278,739	0
2700	39,289	86 164	0	280,218	0
2800	39,480	90 103	0	281,651	0
2900	39,665	94 060	0	283,039	0
3000	39,846	98 036	0	284,387	0
3100	40,023	102 029	0	285,697	0
3200	40,195	106 040	0	286,970	0
3300	40,362	110 068	0	288,209	0
3400	40,526	114 112	0	289,417	0
3500	40,686	118 173	0	290,594	0
3600	40,842	122 249	0	291,742	0
3700	40,994	126 341	0	292,863	0
3800	41,143	130 448	0	293,959	0
3900	41,287	134 570	0	295,029	0
4000	41,429	138 705	0	296,076	0
4100	41,566	142 855	0	297,101	0
4200	41,700	147 019	0	298,104	0
4300	41,830	151 195	0	299,087	0
4400	41,957	155 384	0	300,050	0
4500	42,079	159 586	0	300,994	0
4600	42,197	163 800	0	301,921	0
4700	42,312	168 026	0	302,829	0
4800	42,421	172 262	0	303,721	0
4900	42,527	176 510	0	304,597	0
5000	42,627	180 767	0	305,457	0

Tabela A.12 Átomo de oxigênio (O), MW = 16,000 kg / kmol, entalpia de formação a 298 K (kJ/kmol) = 249 197

T(K)	$\bar{c}_p$ (kJ/kmol-K)	$(\bar{h}^o(T) - \bar{h}^o_f(298))$ (kJ/kmol)	$\bar{h}^o_f(T)$ (kJ/kmol)	$\bar{s}^o(T)$ (kJ/kmol-K)	$\bar{g}^o_f(T)$ (kJ/kmol)
200	22,477	−2 176	248 439	152,085	237 374
298	21,899	0	249 197	160,945	231 778
300	21,890	41	249 211	161,080	231 670
400	21,500	2 209	249 890	167,320	225 719
500	21,256	4 345	250 494	172,089	219 605
600	21,113	6 463	251 033	175,951	213 375
700	21,033	8 570	251 516	179,199	207 060
800	20,986	10 671	251 949	182,004	200 679
900	20,952	12 768	252 340	184,474	194 246
1000	20,915	14 861	252 698	186,679	187 772
1100	20,898	16 952	253 033	188,672	181 263
1200	20,882	19 041	253 350	190,490	174 724
1300	20,867	21 128	253 650	192,160	168 159
1400	20,854	23 214	253 934	193,706	161 572
1500	20,843	25 299	254 201	195,145	154 966
1600	20,834	27 383	254 454	196,490	148 342
1700	20,827	29 466	254 692	197,753	141 702
1800	20,822	31 548	254 916	198,943	135 049
1900	20,820	33 630	255 127	200,069	128 384
2000	20,819	35 712	255 325	201,136	121 709
2100	20,821	37 794	255 512	202,152	115 023
2200	20,825	39 877	255 687	203,121	108 329
2300	20,831	41 959	255 852	204,047	101 627
2400	20,840	44 043	256 007	204,933	94 918
2500	20,851	46 127	256 152	205,784	88 203
2600	20,865	48 213	256 288	206,602	81 483
2700	20,881	50 300	256 416	207,390	74 757
2800	20,899	52 389	256 535	208,150	68 027
2900	20,920	54 480	256 648	208,884	61 292
3000	20,944	56 574	256 753	209,593	54 554
3100	20,970	58 669	256 852	210,280	47 812
3200	20,998	60 768	256 945	210,947	41 068
3300	21,028	62 869	257 032	211,593	34 320
3400	21,061	64 973	257 114	212,221	27 570
3500	21,095	67 081	257 192	212,832	20 818
3600	21,132	69 192	257 265	213,427	14 063
3700	21,171	71 308	257 334	214,007	7 307
3800	21,212	73 427	257 400	214,572	548
3900	21,254	75 550	257 462	215,123	−6 212
4000	21,299	77 678	257 522	215,662	−12 974
4100	21,345	79 810	257 579	216,189	−19 737
4200	21,392	81 947	257 635	216,703	−26 501
4300	21,441	84 088	257 688	217,207	−33 267
4400	21,490	86 235	257 740	217,701	−40 034
4500	21,541	88 386	257 790	218,184	−46 802
4600	21,593	90 543	257 840	218,658	−53 571
4700	21,646	92 705	257 889	219,123	−60 342
4800	21,699	94 872	257 938	219,580	−67 113
4900	21,752	97 045	257 987	220,028	−73 886
5000	21,805	99 223	258 036	220,468	−80 659

Tabela A.13 Coeficientes para o cálculo das propriedades termodinâmicas (C–H–O–N)

$$\bar{c}_p/R_u = a_1 + a_2 T + a_3 T^2 + a_4 T^3 + a_5 T^4$$

$$\bar{h}°/R_u T = a_1 + \frac{a_2}{2}T + \frac{a_3}{3}T^2 + \frac{a_4}{4}T^3 + \frac{a_5}{5}T^4 + \frac{a_6}{T}$$

$$\bar{s}°/R_u = a_1 \ln T + a_2 T + \frac{a_3}{2}T^2 + \frac{a_4}{3}T^3 + \frac{a_5}{4}T^4 + a_7$$

Espécie química	T (K)	a_1	a_2	a_3	a_4	a_5	a_6	a_7
CO	1000–5000	0,03025078E+02	0,14426885E−02	−0,05630827E−05	0,10185813E−09	−0,06910951E−13	−0,14268350E+05	0,06108217E+02
	300–1000	0,03262451E+02	0,15119409E−02	−0,03881755E−04	0,05581944E−07	−0,02474951E−10	−0,14310539E+05	0,04848897E+02
CO$_2$	1000–5000	0,04453623E+02	0,03140168E−01	−0,12784105E−05	0,02393996E−08	−0,16690333E−13	−0,04896696E+06	−0,09553959E+01
	300–1000	0,02275724E+02	0,09922072E−01	−0,10409113E−04	0,06866686E−07	−0,02117280E−10	−0,04837314E+06	0,10188488E+02
H$_2$	1000–5000	0,02991423E+02	0,07000644E−02	−0,05633828E−06	−0,09231578E−10	0,15827519E−14	−0,08350340E+04	−0,13551101E+01
	300–1000	0,03298124E+02	0,08249441E−02	−0,08143015E−05	−0,09475434E−09	0,04134872E−11	−0,10125209E+04	−0,03294094E+02
H	1000–5000	0,02500000E+02	0,00000000E+00	0,00000000E+00	0,00000000E+00	0,00000000E+00	0,02547162E+06	−0,04601176E+01
	300–1000	0,02500000E+02	0,00000000E+00	0,00000000E+00	0,00000000E+00	0,00000000E+00	0,02547162E+06	−0,04601176E+01
OH	1000–5000	0,02882730E+02	0,10139743E−02	−0,02276877E−05	0,02174683E−09	−0,05126305E−14	0,03886888E+05	0,05595712E+02
	300–1000	0,03637266E+02	0,01850910E−02	−0,16761646E−05	0,02387202E−07	−0,08431442E−11	0,03606781E+05	0,13588605E+01
H$_2$O	1000–5000	0,02672145E+02	0,03056293E−01	−0,08730260E−05	0,12009964E−09	−0,06391618E−13	−0,02989921E+06	0,06862817E+02
	300–1000	0,03386842E+02	0,03474982E−01	−0,06354696E−04	0,06968581E−07	−0,02506588E−10	−0,03020811E+06	0,02590232E+02
N$_2$	1000–5000	0,02926640E+02	0,14879768E−02	−0,05684760E−05	0,10097038E−09	−0,06753351E−13	−0,09227977E+04	0,05980528E+02
	300–1000	0,03298677E+02	0,14082404E−02	−0,03963222E−04	0,05641515E−07	−0,02444854E−10	−0,10208999E+04	0,03950372E+02
N	1000–5000	0,02450268E+02	0,10661458E−03	−0,07465337E−06	0,01879652E−09	−0,10259839E−14	0,05611604E+06	0,04448758E+02
	300–1000	0,02503071E+02	−0,02180018E−03	0,05420529E−06	−0,05647560E−09	0,02099904E−12	0,05609890E+06	0,04167566E+02
NO	1000–5000	0,03245435E+02	0,12691383E−02	−0,05015890E−05	0,09769283E−09	−0,06275419E−13	0,09800840E+05	0,06417293E+02
	300–1000	0,03376541E+02	0,12530634E−02	−0,03302750E−04	0,05217810E−07	−0,02446262E−10	0,09817961E+05	0,05829590E+02
NO$_2$	1000–5000	0,04682859E+02	0,02462429E−01	−0,10422585E−05	0,01976902E−08	−0,13917168E−13	0,02261292E+05	0,09885985E+01
	300–1000	0,02670600E+02	0,07838500E−01	−0,08063864E−04	0,06161714E−07	−0,02320150E−10	0,02896290E+05	0,11612071E+02
O$_2$	1000–5000	0,03697578E+02	0,06135197E−02	−0,12588420E−06	0,01775281E−09	−0,11364354E−14	−0,12339301E+04	0,03189165E+02
	300–1000	0,03212936E+02	0,11274864E−02	−0,05756150E−05	0,13138773E−08	−0,08768554E−11	−0,10052490E+04	0,06034737E+02
O	1000–5000	0,02542059E+02	−0,02755061E−03	−0,03102803E−07	−0,04551067E−10	0,04368051E−14	0,02923080E+06	0,04920308E+02
	300–1000	0,02946428E+02	−0,16381665E−02	0,02421031E−04	−0,16028431E−07	0,03890696E−10	0,02914764E+06	0,02963995E+02

FONTE: Kee, R. J., Rupley, F. M. e Miller, J. A., "The Chemkin Thermodynamic Data Base", Sandia Report, SAND87-8215B, reimpresso, March 1991.

Propriedades de combustíveis

apêndice B

Tabela B.1 Propriedades para alguns hidrocarbonetos: entalpia de formação[o]; função de Gibbs de formação[o]; entropia[o]; poderes caloríficos superior e inferior a 298,15 K e 1 atm; temperatura de ebulição[b] e calor latente de vaporização[c] a 1 atm; temperatura de chama adiabática à pressão constante a 1 atm[d], densidade da fase líquida[c]

Fórmula	Comb.	MW (kg/kmol)	$\bar{h}_f^o$ (kJ/kmol)	$\bar{g}_f^o$ (kJ/kmol)	$\bar{s}^o$ (kJ/kmol-K)	PCS[†] (kJ/kg)	PCI[†] (kJ/kg)	Temp. Ebulição[b] (°C)	h_{fg} (kJ/kg)	$T_{ad}^{\ddagger}$ (K)	ρ_{liq}^* (kg/m³)
CH_4	Metano	16,043	−74 831	−50 794	186,188	55 528	50 016	−164	509	2226	300
C_2H_2	Acetileno	26,038	226 748	209 200	200,819	49 923	48 225	−84	—	2539	—
C_2H_4	Eteno	28,054	52 283	68 124	219,827	50 313	47 161	−103,7	—	2369	—
C_2H_6	Etano	30,069	−84 667	−32 886	229,492	51 901	47 489	−88,6	488	2259	370
C_3H_6	Propeno	42,080	20 414	62 718	266,939	48 936	45 784	−47,4	437	2334	514
C_3H_8	Propano	44,096	−103 847	−23 489	269,910	50 368	46 357	−42,1	425	2267	500
C_4H_8	1-Buteno	56,107	1 172	72 036	307,440	48 471	45 319	−63	391	2322	595
C_4H_{10}	n-Butano	58,123	−124 733	−15 707	310,034	49 546	45 742	−0,5	386	2270	579
C_5H_{10}	1-Penteno	70,134	−20 920	78 605	347,607	48 152	45 000	30	358	2314	641
C_5H_{12}	n-Pentano	72,150	−146 440	−8 201	348,402	49 032	45 355	36,1	358	2272	626
C_6H_6	Benzeno	78,113	82 927	129 658	269,199	42 277	40 579	80,1	393	2342	879
C_6H_{12}	1-Hexeno	84,161	−41 673	87 027	385,974	47 955	44 803	63,4	335	2308	673
C_6H_{14}	n-Hexano	86,177	−167 193	209	386,811	48 696	45 105	69	335	2273	659
C_7H_{14}	1-Hepteno	98,188	−62 132	95 563	424,383	47 817	44 665	93,6	—	2305	—
C_7H_{16}	n-Heptano	100,203	−187 820	8 745	425,262	48 456	44 926	98,4	316	2274	684
C_8H_{16}	1-Octeno	112,214	−82 927	104 140	462,792	47 712	44 560	121,3	—	2302	—
C_8H_{18}	n-Octano	114,230	−208 447	17 322	463,671	48 275	44 791	125,7	300	2275	703
C_9H_{18}	1-Noneno	126,241	−103 512	112 717	501,243	47 631	44 478	—	—	2300	—
C_9H_{20}	n-Nonano	128,257	−229 032	25 857	502,080	48 134	44 686	150,8	295	2276	718
$C_{10}H_{20}$	1-Deceno	140,268	−124 139	121 294	539,652	47 565	44 413	170,6	—	2298	—
$C_{10}H_{22}$	n-Decano	142,284	−249 659	34 434	540,531	48 020	44 602	174,1	277	2277	730
$C_{11}H_{22}$	1-Undeceno	154,295	−144 766	129 830	578,061	47 512	44 360	—	—	2296	—
$C_{11}H_{24}$	n-Undecano	156,311	−270 286	43 012	578,940	47 926	44 532	195,9	265	2277	740
$C_{12}H_{24}$	1-Dodeceno	168,322	−165 352	138 407	616,471	47 468	44 316	213,4	—	2295	—
$C_{12}H_{26}$	n-Dodecano	170,337	−292 162	—	—	47 841	44 467	216,3	256	2277	749

[†]Baseado no combustível no estado gasoso.
[‡]Para combustão estequiométrica com ar padrão (79% de N_2, 21% de O_2, em volume).
*Para líquidos a 20°C ou para gases na temperatura de ebulição do gás liquefeito.

FONTES:
[a]Rossini, F. D. et al., *Selected Values of Physical and Thermodynamic Properties of Hydrocarbons and Related Compounds*, Carnegie Press, Pittsburgh, PA, 1953.
[b]Weast, R. C. (ed.), *Handbook of Chemistry and Physics*, 56th Ed., CRC Press, Cleveland, OH, 1976.
[c]Obert, E. F., *Internal Combustion Engines and Air Pollution*, Harper & Row, New York, 1973.
[d]Calculado usando o programa HPFLAME (Apêndice F).

Tabela B.2 Coeficientes para o cálculo do calor específico do combustível e da entalpia padrão[a] para o estado de ocorrência natural dos elementos a 298,15 K, 1 atm

$$\bar{c}_p(\text{kJ/kmol·K}) = 4,184(a_1 + a_2\theta + a_3\theta^2 + a_4\theta^3 + a_5\theta^{-2}),$$

$$\bar{h}°(\text{kJ/kmol}) = 4184(a_1\theta + a_2\theta^2/2 + a_3\theta^3/3 + a_4\theta^4/4 - a_5\theta^{-1} + a_6),$$

onde $\theta \equiv T(\text{K})/1000$

Fórmula	Combustível	MW	a_1	a_2	a_3	a_4	a_5	a_6	a_8[b]
CH_4	Metano	16,043	−0,29149	26,327	−10,610	1,5656	0,16573	−18,331	4,300
C_3H_8	Propano	44,096	−1,4867	74,339	−39,065	8,0543	0,01219	−27,313	8,852
C_6H_{14}	Hexano	86,177	−20,777	210,48	−164,125	52,832	0,56635	−39,836	15,611
C_8H_{18}	Iso-octano	114,230	−0,55313	181,62	−97,787	20,402	−0,03095	−60,751	20,232
CH_3OH	Metanol	32,040	−2,7059	44,168	−27,501	7,2193	0,20299	−48,288	5,3375
C_2H_5OH	Etanol	46,07	6,990	39,741	−11,926	0	0	−60,214	7,6135
$C_{8,26}H_{15,5}$	Gasolina	114,8	−24,078	256,63	−201,68	64,750	0,5808	−27,562	17,792
$C_{7,76}H_{13,1}$		106,4	−22,501	227,99	−177,26	56,048	0,4845	−17,578	15,232
$C_{10,8}H_{18,7}$	Óleo diesel	148,6	−9,1063	246,97	−143,74	32,329	0,0518	−50,128	23,514

FONTE: Heywood, J. B., *Internal Combustion Engine Fundamentals*, McGraw-Hill, New York, 1988, com permissão de McGraw-Hill, Inc.
[a]Para obter os valores da entalpia no estado de referência de 0 K, some a_8 a a_6.

Tabela B.3 Coeficientes para o cálculo da condutividade térmica, da viscosidade dinâmica e do calor específico dos combustíveis no estado gasoso[a]

$$\left.\begin{array}{l} k\,(\text{W/m-K}) \\ \mu\,(\text{N}\cdot\text{s/m}^2)\cdot 10^6 \\ c_p\,(\text{J/kg-K}) \end{array}\right\} = a_1 + a_2 T + a_3 T^2 + a_4 T^3 + a_5 T^4 + a_6 T^5 + a_7 T^6$$

Fórmula	Comb.	Faixa de T(K)	Prop.	a_1	a_2	a_3	a_4	a_5	a_6	a_7
CH_4	Metano	100–1000	k	−1,34014990E−2	3,66307060E−4	−1,82248608E−6	5,93987998E−9	−9,14055050E−12	6,78968890E−15	−1,95048736E−18
		70–1000	μ	2,96826700E−1	3,71120100E−2	1,21829800E−5	−7,02426000E−8	7,54326900E−11	−2,72371660E−14	0
			c_p	Ver Tabela B.2						
C_3H_8	Propano	200–500	k	−1,07682209E−2	8,38590325E−5	4,22059864E−8	0	0	0	0
		270–600	μ	−3,54371100E−1	3,08009600E−2	−6,99723000E−6	0	0	0	0
			c_p	Ver Tabela B.2						
C_6H_{14}	n-Hexano	150–1000	k	1,28775700E−3	−2,00499443E−5	2,37858831E−7	−1,60944555E−10	7,71027290E−14	0	0
		270–900	μ	1,54541200E+0	1,15080900E−2	2,72216500E−5	−3,26900000E−8	1,24545900E−11	0	0
			c_p	Ver Tabela B.2						
C_7H_{16}	n-Heptano	250–1000	k	−4,66014700E−2	5,95652224E−4	−2,98893153E−6	8,44612876E−9	−1,22927E−11	9,0127E−15	−2,62961E−18
		270–580	μ	1,54009700E+0	1,09515700E−2	1,80066400E−5	−1,36379000E−8	0	0	0
		300–755	c_p	9,46260000E+1	5,86099700E+0	−1,98231320E−3	−6,88699300E−8	−1,93795260E−10	0	0
		755–1365	c_p	−7,40308000E+2	1,08935370E+1	1,26512400E−2	9,84376300E−6	−4,32282960E−9	7,86366500E−13	0
C_8H_{18}	n-Octano	250–500	k	−4,01391940E−3	3,38796092E−5	8,19291819E−8	0	0	0	0
		300–650	μ	8,32435400E−1	1,40045000E−2	8,79376500E−6	−6,84030000E−9	0	0	0
		275–755	c_p	2,14419800E+2	5,35690500E+0	−1,17497000E−3	−6,99115500E−7	0	0	0
		755–1365	c_p	2,43596860E+3	−4,46819470E+0	1,66843290E−2	−1,78856050E−5	8,64282020E−9	−1,61426500E−12	0
$C_{10}H_{22}$	n-Decano	250–500	k	−5,88274000E−3	3,72449646E−5	7,55109624E−8	0	0	0	0
			μ	Indisponível						
		300–700	c_p	2,40717800E+2	5,09965000E+0	−6,29026000E−4	−1,07155000E−6	0	0	0
		700–1365	c_p	−1,35345890E+4	9,14879000E+1	−2,20700000E−1	2,91406000E−4	−2,15307400E−7	8,38600000E−11	−1,34404000E−14
CH_3OH	Metanol	300–550	k	−2,02986750E−2	1,21910927E−4	−2,23748473E−8	0	0	0	0
		250–650	μ	1,19790000E+0	2,45028000E−2	1,86162740E−5	−1,30674820E−8	0	0	0
			c_p	Ver Tabela B.2						
C_2H_5OH	Etanol	250–550	k	−2,46663000E−2	1,55892550E−4	−8,22954822E−8	0	0	0	0
		270–600	μ	−6,33595000E−2	3,20713470E−2	−6,25079576E−6	0	0	0	0
			c_p	Ver Tabela B.2						

[a]FONTE: Andrews, J. R. e Biblarz, O., "Temperature Dependence of Gas Properties in Polynomial Form," Naval Postgraduate School, NPS67-81-001, January 1981.

apêndice C
Propriedades para o ar, nitrogênio e oxigênio

Apêndice C – Propriedades para o ar, nitrogênio e oxigênio

Tabela C.1 Propriedades para o ar a 1 atm[a]

T (K)	ρ (kg/m³)	c_p (kJ/kg-K)	$\mu \times 10^7$ (N·s/m²)	$\nu \times 10^6$ (m²/s)	$k \times 10^3$ (W/m-K)	$\alpha \times 10^6$ (m²/s)	Pr
100	3,5562	1,032	71,1	2,00	9,34	2,54	0,786
150	2,3364	1,012	103,4	4,426	13,8	5,84	0,758
200	1,7458	1,007	132,5	7,590	18,1	10,3	0,737
250	1,3947	1,006	159,6	11,44	22,3	15,9	0,720
300	1,1614	1,007	184,6	15,89	26,3	22,5	0,707
350	0,9950	1,009	208,2	20,92	30,0	29,9	0,700
400	0,8711	1,014	230,1	26,41	33,8	38,3	0,690
450	0,7740	1,021	250,7	32,39	37,3	47,2	0,686
500	0,6964	1,030	270,1	38,79	40,7	56,7	0,684
550	0,6329	1,040	288,4	45,57	43,9	66,7	0,683
600	0,5804	1,051	305,8	52,69	46,9	76,9	0,685
650	0,5356	1,063	322,5	60,21	49,7	87,3	0,690
700	0,4975	1,075	338,8	68,10	52,4	98,0	0,695
750	0,4643	1,087	354,6	76,37	54,9	109	0,702
800	0,4354	1,099	369,8	84,93	57,3	120	0,709
850	0,4097	1,110	384,3	93,80	59,6	131	0,716
900	0,3868	1,121	398,1	102,9	62,0	143	0,720
950	0,3666	1,131	411,3	112,2	64,3	155	0,723
1000	0,3482	1,141	424,4	121,9	66,7	168	0,726
1100	0,3166	1,159	449,0	141,8	71,5	195	0,728
1200	0,2902	1,175	473,0	162,9	76,3	224	0,728
1300	0,2679	1,189	496,0	185,1	82	238	0,719
1400	0,2488	1,207	530	213	91	303	0,703
1500	0,2322	1,230	557	240	100	350	0,685
1600	0,2177	1,248	584	268	106	390	0,688
1700	0,2049	1,267	611	298	113	435	0,685
1800	0,1935	1,286	637	329	120	482	0,683
1900	0,1833	1,307	663	362	128	534	0,677
2000	0,1741	1,337	689	396	137	589	0,672
2100	0,1658	1,372	715	431	147	646	0,667
2200	0,1582	1,417	740	468	160	714	0,655
2300	0,1513	1,478	766	506	175	783	0,647
2400	0,1448	1,558	792	547	196	869	0,630
2500	0,1389	1,665	818	589	222	960	0,613
3000	0,1135	2,726	955	841	486	1 570	0,536

[a]FONTE: Incropera, F. P. e DeWitt, D. P., *Fundamentals of Heat and Mass Transfer*, 3rd Ed., Reimpresso com permissão de John Wiley & Sons, Inc. © 1990

Tabela C.2 Propriedades para nitrogênio e oxigênio a 1 atm[a]

T (K)	ρ (kg/m³)	c_p (kJ/kg-K)	$\mu \times 10^7$ (N-s/m²)	$\nu \times 10^6$ (m²/s)	$k \times 10^3$ (W/m-K)	$\alpha \times 10^6$ (m²/s)	Pr
Nitrogênio (N_2)							
100	3,4388	1,070	68,8	2,00	9,58	2,60	0,768
150	2,2594	1,050	100,6	4,45	13,9	5,86	0,759
200	1,6883	1,043	129,2	7,65	18,3	10,4	0,736
250	1,3488	1,042	154,9	11,48	22,2	15,8	0,727
300	1,1233	1,041	178,2	15,86	25,9	22,1	0,716
350	0,9625	1,042	200,0	20,78	29,3	29,2	0,711
400	0,8425	1,045	220,4	26,16	32,7	37,1	0,704
450	0,7485	1,050	239,6	32,01	35,8	45,6	0,703
500	0,6739	1,056	257,7	38,24	38,9	54,7	0,700
550	0,6124	1,065	274,7	44,86	41,7	63,9	0,702
600	0,5615	1,075	290,8	51,79	44,6	73,9	0,701
700	0,4812	1,098	321,0	66,71	49,9	94,4	0,706
800	0,4211	1,22	349,1	82,90	54,8	116	0,715
900	0,3743	1,146	375,3	100,3	59,7	139	0,721
1000	0,3368	1,167	399,9	118,7	64,7	165	0,721
1100	0,3062	1,187	423,2	138,2	70,0	193	0,718
1200	0,2807	1,204	445,3	158,6	75,8	224	0,707
1300	0,2591	1,219	466,2	179,9	81,0	256	0,701
Oxigênio (O_2)							
100	3,945	0,962	76,4	1,94	9,25	2,44	0,796
150	2,585	0,921	114,8	4,44	13,8	5,80	0,766
200	1,930	0,915	147,5	7,64	18,3	10,4	0,737
250	1,542	0,915	178,6	11,58	22,6	16,0	0,723
300	1,284	0,920	207,2	16,14	26,8	22,7	0,711
350	1,100	0,929	233,5	21,23	29,6	29,0	0,733
400	0,9620	0,942	258,2	26,84	33,0	36,4	0,737
450	0,8554	0,956	281,4	32,90	36,3	44,4	0,741
500	0,7698	0,972	303,3	39,40	41,2	55,1	0,716
550	0,6998	0,988	324,0	46,30	44,1	63,8	0,726
600	0,6414	1,003	343,7	53,59	47,3	73,5	0,729
700	0,5498	1,031	380,8	69,26	52,8	93,1	0,744
800	0,4810	1,054	415,2	86,32	58,9	116	0,743
900	0,4275	1,074	447,2	104,6	64,9	141	0,740
1000	0,3848	1,090	477,0	124,0	71,0	169	0,733
1100	0,3498	1,103	505,5	144,5	75,8	196	0,736
1200	0,3206	1,115	532,5	166,1	81,9	229	0,725
1300	0,2960	1,125	588,4	188,6	87,1	262	0,721

[a]FONTE: Incropera, F. P. e DeWitt, D. P., *Fundamentals of Heat and Mass Transfer*, 3rd Ed., Reimpresso com permissão de John Wiley & Sons, Inc. © 1990

apêndice D
Coeficientes de difusão binária e metodologia para a sua estimativa

Tabela D.1 Coeficientes de difusão binária a 1 atm[a, b]

Substância A	Substância B	T (K)	$\mathcal{D}_{AB} \times 10^5$ (m²/s)[c]
Benzeno	Ar	273	0,77
Dióxido de carbono	Ar	273	1,38
Dióxido de carbono	Nitrogênio	293	1,63
Ciclohexano	Ar	318	0,86
n-Decano	Nitrogênio	363	0,84
n-Dodecano	Nitrogênio	399	0,81
Etanol	Ar	273	1,02
n-Hexano	Nitrogênio	288	0,757
Hidrogênio	Ar	273	6,11
Metanol	Ar	273	1,32
n-Octano	Ar	273	0,505
n-Octano	Nitrogênio	303	0,71
Tolueno	Ar	303	0,88
2, 2, 4-Trimetil pentano (Iso-octano)	Nitrogênio	303	0,705
2, 2, 3-Trimetil heptano	Nitrogênio	363	0,684
Água	Ar	273	2,2

[a]FONTE: Perry, R. H., Green, D. W. e Maloney, J. O., *Perry's Chemical Engineers' Handbook,* 6th Ed, McGraw-Hill, New York, 1984.
[b]Admitindo comportamento de gás ideal, a dependência do coeficiente de difusão em relação à pressão e à temperatura pode ser estimada usando $\mathcal{D}_{AB} \propto T^{3/2}/P$.
[c]Para as misturas binárias, $D_{BA} = D_{AB}$.

ESTIMATIVA DOS COEFICIENTES DE DIFUSÃO BINÁRIA A PARTIR DA TEORIA

O procedimento a seguir para prever os coeficientes de difusão binária é um breve resumo daquele apresentado por Reid et al. [1]. A metodologia é baseada na descrição teórica de Chapman–Enskog da difusividade binária para misturas de gases em pressões baixas a moderadas. Nessa teoria, a difusidade binária para o par de espécies químicas A e B é

$$\mathcal{D}_{AB} = \frac{3}{16} \frac{(4\pi k_B T/MW_{AB})^{1/2}}{(P/R_u T)\pi \sigma_{AB}^2 \Omega_D} f_D, \qquad (D.1)$$

onde k_B é a constante de Boltzmann, T (K) é a temperatura absoluta, P (Pa) é a pressão, R_u é a constante universal dos gases e f_D é um fator teórico de correção cujo valor é suficientemente próximo à unidade, logo, admitimos que ele é igual a um. Os termos restantes são definidos a seguir:

$$MW_{AB} = 2[(1/MW_A) + (1/MW_B)]^{-1}, \qquad (D.2)$$

onde MW_A e MW_B são as massas molares das espécies químicas A e B, respectivamente;

$$\sigma_{AB} = (\sigma_A + \sigma_B)/2, \qquad (D.3)$$

onde σ_A e σ_B são os diâmetros de colisão de esfera rígida das espécies químicas A e B, respectivamente, cujos valores para várias espécies químicas de interesse em combustão são mostrados na Tabela D.2.

A integral de colisão, Ω_D, é uma variável adimensional calculada usando a seguinte expressão:

$$\Omega_D = \frac{A}{(T^*)^B} + \frac{C}{\exp(DT^*)} + \frac{E}{\exp(FT^*)} + \frac{G}{\exp(HT^*)}, \qquad (D.4)$$

onde

$A = 1{,}06036 \qquad B = 0{,}15610$
$C = 0{,}19300 \qquad D = 0{,}47635$
$E = 1{,}03587 \qquad F = 1{,}52996$
$G = 1{,}76474 \qquad H = 3{,}89411$

e a temperatura adimensional T^* é definida por

$$T^* = k_B T/\varepsilon_{AB} = k_B T/(\varepsilon_A \varepsilon_B)^{1/2}. \qquad (D.5)$$

Os valores da energia característica de Lennard–Jones, ε_i, também são listados na Tabela D.2 [1].

Tabela D.2 Parâmetros de Lennard–Jones para algumas espécies químicas [2]

Espécie química	σ (Å)	ε/k_B (K)	Espécie química	σ (Å)	ε/k_B (K)
Ar	3,711	78,6	$n\text{-}C_5H_{12}$	5,784	341,1
Al	2,655	2750	C_6H_6	5,349	412,3
Ar	3,542	93,3	C_6H_{12}	6,182	297,1
B	2,265	3331	$n\text{-}C_6H_{14}$	5,949	399,3
BO	2,944	596	H	2,708	37,0
B_2O_3	4,158	2092	H_2	2,827	59,7
C	3,385	30,6	H_2O	2,641	809,1
CH	3,370	68,7	H_2O_2	4,196	389,3
CH_3OH	3,626	481,8	He	2,551	10,22
CH_4	3,758	148,6	N	3,298	71,4
CN	3,856	75	NH_3	2,900	558,3
CO	3,690	91,7	NO	3,492	116,7
CO_2	3,941	195,2	N_2	3,798	71,4
C_2H_2	4,033	231,8	N_2O	3,828	232,4
C_2H_4	4,163	224,7	O	3,050	106,7
C_2H_6	4,443	215,7	OH	3,147	79,8
C_3H_8	5,118	237,1	O_2	3,467	106,7
$n\text{-}C_3H_7OH$	4,549	576,7	S	3,839	847
$n\text{-}C_4H_{10}$	4,687	531,4	SO	3,993	301
$iso\text{-}C_4H_{10}$	5,278	330,1	SO_2	4,112	335,4

Substituir os valores numéricos para as constantes na Eq. D.1 resulta em

$$\mathcal{D}_{AB} = \frac{0{,}0266 T^{3/2}}{P M W_{AB}^{1/2} \sigma_{AB}^2 \Omega_D} \qquad (D.6)$$

com as seguintes unidades: $\mathcal{D}_{AB}[=]m^2/s$, $T[=]K$, $P[=]Pa$ e $\sigma_{AB}[=]Å$.

REFERÊNCIAS

1. Reid, R. C., Prausnitz, J. M. e Poling, B. E., *The Properties of Gases and Liquids*, 4th Ed., McGraw-Hill, New York, 1987.
2. Svehla, R. A., "Estimated Viscosities and Thermal Conductivities of Gases at High Temperatures", NASA Technical Report R-132, 1962.

Método de Newton generalizado para a solução de sistemas de equações não lineares

apêndice E

O método de Newton–Raphson,

$$x_{k+1} = x_k - \frac{f(x_k)}{f'(x_k)} = x_k - \frac{f(x_k)}{\frac{df}{dx}(x_k)}; \qquad k \equiv \text{iteração}, \tag{E.1}$$

pode ser estendido e aplicado a um sistema de equações não lineares:

$$\begin{aligned} f_1(x_1, x_2, x_3, \ldots, x_n) &= 0, \\ f_2(x_1, x_2, x_3, \ldots, x_n) &= 0, \\ &\vdots \\ f_n(x_1, x_2, x_3, \ldots, x_n) &= 0, \end{aligned} \tag{E.2}$$

onde x_i, $i = 1, 2, 3, \ldots, n$, são as incógnitas, no mesmo número que o número de equações f_i. Cada uma das equações no sistema de equações *não lineares* E.2 pode ser expandida em série de Taylor e, após negligenciar os termos de ordem superior, obtemos a aproximação *linear*

$$f_i(\tilde{x}+\tilde{\delta}) = f_i(\tilde{x}) + \frac{\partial f_i}{\partial x_1}\delta_1 + \frac{\partial f_i}{\partial x_2}\delta_2 + \frac{\partial f_i}{\partial x_3}\delta_3 + \cdots + \frac{\partial f_i}{\partial x_n}\delta_n, \tag{E.3}$$

para $i = 1, 2, 3, \ldots, n$. Nas Eqs. linearizadas E.3, $\{\delta\}$ é o vetor de diferença entre o vetor de valores estimados $\{x\}$, representado anteriormente como

$$\tilde{x} \equiv \{x\},$$

Se o vetor $\{x+\delta\}$, com componentes $x_i + \delta_i$, é uma aproximação do vetor solução do sistema de equações *não lineares*, então, $f(\tilde{x}+\tilde{\delta}) \to 0$, e o sistema de equações linearizadas E.3 pode ser rearranjado e representado de forma matricial como

$$\left[\frac{\partial f}{\partial x}\right]\{\delta\} = -\{f\};$$

ou, de forma expandida, como

$$\begin{bmatrix} \dfrac{\partial f_1}{\partial x_1} & \dfrac{\partial f_1}{\partial x_2} & \cdots & \dfrac{\partial f_1}{\partial x_n} \\ \vdots & \vdots & & \vdots \\ \dfrac{\partial f_n}{\partial x_1} & \dfrac{\partial f_n}{\partial x_2} & \cdots & \dfrac{\partial f_n}{\partial x_n} \end{bmatrix} \begin{Bmatrix} \delta_1 \\ \vdots \\ \delta_n \end{Bmatrix} = \begin{Bmatrix} -f_1 \\ \vdots \\ -f_n \end{Bmatrix}. \tag{E.4}$$

A matriz de coeficientes no lado esquerdo da Eq. E.4 é chamada de **Jacobiano** do sistema de equações.

O sistema de equações lineares, Eq. E.4, pode ser resolvido para δ usando, por exemplo, o método de eliminação de Gauss. Uma vez obtidos os valores de δ, que é a solução do sistema de equações *linearizadas*, valores mais próximos da solução do sistema de equações *não lineares*, ou seja, os valores que darão início à próxima iteração, são encontrados pela relação de recursividade

$$\{x\}_{k+1} = \{x\}_k + \{\delta\}_k. \tag{E.5}$$

O processo de cálculo do Jacobiano, de solução do sistema linear expresso pela Eq. E.4 e de obtenção dos novos valores para $\{x\}$ da relação de recursividade E.5, é repetido até que um critério de convergência seja atingido. O seguinte critério é recomendado por Suh e Radcliffe [1]:

Critério de convergência	Quando
$\left\|\delta_j / x_j\right\| \leq 10^{-7}$	$\left\|x_j\right\| \geq 10^{-7}$
ou	
$\left\|\delta_j\right\| \leq 10^{-7}$	$\left\|x_j\right\| \leq 10^{-7}$

para $j = 1, 2, 3, \ldots, n$.

As estimativas das derivadas parciais podem ser obtidas numericamente a partir de

$$\frac{\partial f_i}{\partial x_j} = \frac{f_i(x_1, x_2, \ldots, x_j + \varepsilon, \ldots, x_n) - f_i(x_1, x_2, x_3, \ldots, x_j, \ldots, x_n)}{\varepsilon}$$

onde

$$\varepsilon = 10^{-5} \left|x_j\right| \quad \text{para} \quad \left|x_j\right| > 1{,}0$$

$$\varepsilon = 10^{-5} \quad \text{para} \quad \left|x_j\right| < 1{,}0.$$

A **instabilidade** na convergência das equações pode (em muitos casos) ser evitada com as seguintes medidas:

1. Compare a norma do novo vetor solução com a norma do vetor solução calculado na iteração anterior, onde a norma é definida como

$$\text{norma} = \sum_{i=1}^{n} \left|f_i(\tilde{x})\right|.$$

2. Se a norma do novo vetor solução for maior do que a do anterior, assuma que aplicar o valor total de $\{\delta\}$ no cálculo do novo vetor solução na relação de recur-

sividade E.5 não seria produtivo; use um valor menor, como $\{\delta\}/5$. Caso contrário, use o valor total $\{\delta\}$ como usual.

O processo de comparar normas e fracionar $\{\delta\}$ por uma constante arbitrária é chamado de "amortecimento" e se mostra efetivo para obter convergência mesmo quando partimos de estimativas iniciais muito distantes da solução final.

Uma desvantagem do método de Newton–Raphson é que o Jacobiano deve ser recalculado em cada iteração.

REFERÊNCIA

1. Suh, C. H. e Radcliffe, C. W., *Kinematics and Mechanisms Design*, John Wiley & Sons, New York, pp. 143–144, 1978.

apêndice F

Programas computacionais para o cálculo dos produtos em equilíbrio da combustão de hidrocarbonetos com o ar

Programas computacionais para serem usados com este livro estão disponíveis no *site* da editora em *www.grupoa.com.br*. Esses programas são fornecidos nos seguintes arquivos:

Arquivo	Propósito
README	Arquivo contendo instruções e outras informações relacionadas ao uso dos demais artigos listados abaixo.
Programa principal de acesso às sub-rotinas TPEQUIL, HPFLAME e UVFLAME	Interface escrita pelo usuário para enviar e receber dados das sub-rotinas TPEQUIL, HPFLAME e UVFLAME. O usuário pode usar essas sub-rotinas individualmente ou integrá-las como parte de outros programas escritos para aplicações específicas.
TPEQUIL	Programa executável (.exe) que calcula os produtos de combustão em equilíbrio e as propriedades termodinâmicas para valores especificados de combustível, razão de equivalência, temperatura e pressão.
TPEQUIL.F	Programa-fonte escrito em linguagem FORTRAN.
INPUT.TP	Arquivo de entrada do programa TPEQUIL, especificado pelo usuário, contendo os dados de entrada de combustível, razão de equivalência, temperatura e pressão.
HPFLAME	Programa executável (.exe) que calcula a temperatura de chama adiabática, os produtos de combustão em equilíbrio e as propriedades termodinâmicas para a **combustão adiabática à pressão constante** de hidrocarbonetos com o ar, a partir de valores especificados de formulação do combustível, entalpia da mistura de reagentes, razão de equivalência e pressão.
HPFLAME.F	Programa-fonte escrito em linguagem FORTRAN.
INPUT.HP	Arquivo de entrada do programa HPFLAME, especificado pelo usuário, contendo os dados de entrada de formulação do combustível, entalpia da mistura de reagentes (por kmol de combustível), razão de equivalência e pressão.

Apêndice F — Programas computacionais para o cálculo dos produtos... **391**

UVFLAME	Programa executável (.exe) que calcula a temperatura de chama adiabática, os produtos de combustão em equilíbrio e as propriedades termodinâmicas para a **combustão adiabática a volume constante** de hidrocarbonetos com o ar, a partir de valores especificados de formulação do combustível, entalpia da mistura de reagentes, razão de equivalência e temperatura e pressão iniciais.
UVFLAME.F	Programa-fonte escrito em linguagem FORTRAN.
INPUT.UV	Arquivo de entrada do programa UVFLAME, especificado pelo usuário, contendo os dados de entrada de formulação do combustível, entalpia da mistura de reagentes (por kmol de combustível), razão de equivalência, mols de reagentes por mol de combustível, massa molar de reagentes e valores iniciais de temperatura e pressão.
GPROP.DAT	Arquivo de dados de propriedades termodinâmicas.

Esses programas incorporam os algoritmos de Olikara e Borman [1] para o cálculo dos produtos de equilíbrio da combustão com o ar de um combustível cuja composição contém os átomos de C, H, O e N e que poderia ser representado genericamente como $C_N H_M O_L N_K$[1]. Assim, combustíveis oxigenados, como os álcoois, e combustíveis contendo nitrogênio ligado quimicamente podem ser tratados pelos programas. Para hidrocarbonetos simples, os números de átomos de oxigênio L e de nitrogênio K são fixados iguais a zero nos arquivos de entradas de dados. O oxidante é suposto como ar com a composição simplificada de 79% (em volume) de nitrogênio e 21% (em volume) de oxigênio, conforme especificado na sub-rotina TABLES. Uma composição mais complexa, por exemplo, incluindo argônio, pode ser usada facilmente ao modificar essa sub-rotina e recompilar o programa-fonte. Onze espécies químicas são consideradas como produtos de combustão: H, O, N, H_2, OH, CO, NO, O_2, H_2O, CO_2 e N_2. Os programas também consideram o argônio (Ar) nos produtos caso ele seja incluído no oxidante. As sub-rotinas originais de Olikara e Borman [1] foram modificadas para usar as unidades no SI. Outras modificações nas sub-rotinas originais incluem a forma como são lidas as tabelas termodinâmicas JANAF e as constantes de equilíbrio, conforme observado nas listagens dos programas-fonte em FORTRAN.

REFERÊNCIA

1. Olikara, C. e Borman, G. L., "A Computer Program for Calculating Properties of Equilibrium Combustion Products with Some Applications to I.C. Engines", SAE Paper 750468, 1975.

---

[1] Os programas da Ref [1], com as modificações, são usados com permissão da Society of Automotive Engineers, Inc., © 1975.

Índice

A
abstração de átomo H, 154
acetileno
 limites de inflamabilidade, distâncias de extinção e energias mínimas de ignição, 287
 ponto de fumaça, 346–348
 velocidade de chama, 277–279, 281
acoplamento de análises térmicas e químicas de escoamentos reativos
 escoamento uniforme, reator, 183, 204–209
 mistura, 182
 modelagem de sistemas de combustão, aplicações, 208–209
 perfeitamente misturado, reator, 183, 192–204
 pressão constante, reator de massa fixa, 183–186
 resumo, 209–210
 visão geral, 182–183
 volume constante, reator de massa fixa, 183, 185–192
acoplamento entre análises térmicas e químicas de escoamentos reativos
 aplicações à modelagem de sistemas de combustão, 208–209
 mistura, 182
 reator de escoamento uniforme, 183, 204–209
 reator de massa fixa e pressão constante, 183–186
 reator de massa fixa e volume constante, 183, 185–192
 reator perfeitamente misturado, 183, 192–204
 resumo, 209–210
 visão geral, 182–183

acoplamento entre análises térmicas e químicas de sistemas reativos
 aplicações na modelagem de combustão, 208–209
 mistura, 182
 reator de escoamento uniforme, 183, 204–209
 reator de pressão constante e massa fixa, 183–186
 reator de volume constante e massa fixa, 183, 185–192
 reator perfeitamente misturado, 183, 192–204
 resumo, 209–210
 visão geral, 182–183
adimensionais, equações para escalar conservado, 323–325
adimensional, condição de contorno, 324–325
adimensional, entalpia, 324–325
adsorção, 136–137
adsorção física, 135–136
adsorção química, 135–136
aeração primária
 chamas não pré-misturadas, 338–340
 comprimento de chama, 338–340
 definição, 338–339
água-gás, equilíbrio, 50–53
água-gás, reação de deslocamento, 50
AKI
 definição, 152
 esquema geral de oxidação, 152–155
 pontos de fumaça, 347–348
alcanos superiores, oxidação, 155

alcenos
 pontos de fumaça, 347–348
alcinos
 pontos de fumaça, 347–348
alta intensidade, queimadores, 197–198
alta temperatura, caminhos de reação, 167–170
análise de chamas laminares pré--misturadas
 condições de contorno, 270–273
 conservação da energia, 270–271
 continuidade, 270–271
 equações governantes, 270
 estrutura de uma chama CH_4–ar, 272–276
análise simplificada, extinção, 284–288
análise simplificada de chamas pré--misturadas
 conservação da energia, 265–276
 conservação da massa, 264–265
 conservação da massa das espécies químicas, 264–266
 hipóteses, 263–264
 leis de conservação, 263–266
 solução, 266–268
 volume de controle, 264–265
ângulo de espalhamento
 definição, 312, 313
 jato de etileno, 314–315
aproximação de regime permanente, ou estado estacionário
 definição, 120–121
 resultado, 134–135
 taxas de reação 120–121
ar
 aquecimento por onda de choque, 127–128

ar percentual estequiométrico, 23
aromáticos alifáticos, 347–348
Arrhenius, equação da velocidade de reação, 112
Arrhenius, gráficos, 112
autoignição, 9–11
autovalores
 definição, 266
 fluxo de massa, 271–272
axissimétrico, coordenadas, conservação da massa das espécies químicas, 224
axissimétrico, equação de Shvab-Zeldovich, 242
axissimétrico, sistema de coordenadas, chamas, 219

B

baixa temperatura, caminhos de reação, 167–170
baixo NO_x, câmara de combustão de turbina a gás, 24
batida de pino (detonação)
 autoignição, 9–11
 em motores de ignição por centelha, 187–192
 fotografias, 189
benzeno
 fluxo de massa, 93–94
 taxa de evaporação, 91–95
Bessel, funções, 329–330
biodiesel
 combustível de pesquisa similar, 158
bocal, escoamento de saída
 solução numérica para chamas não pré-misturadas, 331–333
bocal, orifício de saída, 315–316
Burke–Schumann, solução para chamas laminares não pré-misturadas, 329–331
butano
 fração volumétrica de fuligem, 345
 ponto de fumaça, 346–348
n-butilbenzeno, 346–348

C

caixa preta, procedimento, 108
caldeira compacta, 64
calor, condução, 85–87
calor, função fluxo de calor, 205–206
calor de combustão, 32
calor específico molar, 15, 17

camada-limite
 equações, 310
 placa plana, 266
câmara de combustão de turbina a gás, 24
câmaras de combustão
 alta intensidade, 197–198
 invólucro, 24
caminho livre molecular médio, 84, 109
catalisadores
 definição, 136–138
catálise
 cinética química, 135–139
 mecanismo de cinética química detalhado, 136–139
 reações superficiais, 135–138
chama, ancorada
chama em bico de Bunsen, 258, 307
chama em jato, comprimento, 318–319
chamas de escoamentos opostos
 características básicas, 348–349
 chamas laminares não pré-misturadas, 347–354
 descrição matemática, 348–351
 equações diferenciais, 350–351
 estrutura de chamas de CH_4–ar, 350–354
chamas laminares não pré-misturadas
 Burke–Schumann, solução, 329–331
 comprimentos de chamas, 332–343
 conservação da energia, 321–322
 densidade constante, solução, 330–331
 densidade variável, solução aproximada, 330–332
 descrição física, 316–319
 equações de conservação, 320–322
 escalar conservado, 321–330
 escoamentos opostos, chamas, 347–354
 estrutura, 316
 forma, efeito, 336–338
 fuligem, formação e destruição, 343–348
 integral da quantidade de movimento linear, estimativa, 331–332
 jato não reagente, com densidade constante, 308–316

relações, 321–322
 resumo, 353–355
 Roper, solução, 330–331
 simplificada, descrição teórica, 319–333
 solução numérica, 331–333
 vazão, efeito, 336–338
 visão geral, 307
chamas laminares pré-misturadas. *Veja também* análise simplificada; velocidade de chama laminar
 aplicações, 255
 bico de Bunsen, queimador, 258
 características, 256–258
 combustíveis, 277–281
 definição, 256
 descrição física, 256–263
 distribuição de temperatura, 256–257
 estabilização, 295–300
 extinção (*quenching*), 280, 284–290
 fogão a gás, 255–256
 forma, 262–263
 ignição, 284, 287, 291–297
 inflamabilidade, 284, 287, 289–292
 laboratório, chamas típicas, 258–263
 propano-ar, 268–270
 resumo, 299–301
 teorias, 263–264
 unidimensional, 232–233, 260–261
 visão geral, 255–256
chamas não pré-misturadas, equações de conservação, 320–322
chamas planas, sistema de coordenadas, 219
chamas planas, unidimensionais, 260–261
chamas *Veja também* temperatura de chamas adiabáticas; estrutura de chama de CH_4–ar; regimes; chamas laminares não pré-misturadas; chamas laminares pré-misturadas
 ancoradas, 295–297
 autopropagantes, 125
 axissimétricas, sistema de coordenadas, 219
 bico de Bunsen, 258, 307
 cálculos, forma útil da conservação da energia, 242
 definição, 256
 escoamentos opostos, 348–351

esfericamente simétricas, sistema de coordenadas, 219
geometria, 262–263
hidrocarbonetos, 257–258
modo, 9–10
radiação, 258
superventiladas, 316
suspensas (*liftted*), 295–297
tipos, 9–11
CHEMKIN, biblioteca de programas de cinética química, 199–200, 226, 229, 270, 352–353
C–H–O, reações, análise de caminhos de reação, 159–164
ciclohexano, 346
ciclo-octano, 346
cinética química
  banco de dados, 119
  catálise, 135–139
  combustão de um combustível real, 158
  definição, 9–11, 107
  mecanismos reduzidos, 134–136
  na formação de fuligem, 345
  reações globais *versus* elementares, 107
  reações heterogêneas, 135–139
  resumo, 138–140
  taxas de reação para mecanismos em múltiplas etapas, 115–135
  taxas de reações elementares, 109–115
  visão geral, 107
Clausius-Clapeyron, equação
  definição, 19
Clean Air Act Amendments, 4
coeficiente de taxa, experimental, 119
coeficientes de taxa
  global, 108
  relação com a constante de equilíbrio, 118–119
  sistema H_2-O_2, 112
  sistema N–H–O, 120
  teoria de colisão, 113
  três parâmetros, experimental, 113
colisão
  coeficiente de taxa, 113
  frequência, 109–110
  teoria, 109–113
  volume, 110
coluna dorsal, 167–169
combustão
  calor, 32
  combustíveis "reais", 157–158

definição, 8–9
engenharia, 8–9
entalpia, 30–34
modelagem de sistemas, 208–209
modos, 9–11
motivação para o estudo, 1–9
pobre, produtos majoritários, 48
preaquecimento de ar, 59
procedimento para o estudo, 9–12
reações, 130–133
tipos de chamas, 9–11
combustão pré-misturada
combustível
  chamas laminares pré-misturadas, 277–281
  combustível de pesquisa similar, 157–158
  comprimento de chama 338–339
  definição, 62
  diluição com gás inerte, 340–341
  distância mínima de ignição, 287
  energia mínima de ignição, 287
  espessura de chama laminar pré--misturada, 277–281
  fração mássica, 309
  fuligem, 346
  ignição, 287
  limites de inflamabilidade, 287
  ponto de fumaça, 346–348
  velocidade de chama laminar, 277–281
combustível de aviação, substituto de pesquisa, 158
complexo ativado, 112
compostos orgânicos voláteis, 5–6, 8–9
comprimento de chama, orifícios circulares e fendas
  aeração primária, 338–340
  chamas laminares não pré--misturadas, 332–343
  combustível, efeito, 338–339
  diluição com gás inerte, 340–341
  estequiometria, 337–343
  geometria, efeito, 336–338
  metano, 338–340
  oxigênio no oxidante, efeito, 340–341
  retorno (*flashback*), 339–340
  Roper, correlação, 332–337
  vazão, efeito, 336–338
condições de contorno
  adimensionalização, 324–325
  análise detalhada de chamas laminares não pré-misturadas, 270–273

interface líquido-vapor, 90–95
jato laminar com densidade constante não reativo, 310–311
condução
  fluxo de calor, 85–87
  lei de Fourier, 82
congelado, escoamento, 331–332
conservação da energia
  análise detalhada de chamas pré--misturadas, 270–271
  análise simplificada de chamas laminares pré-misturadas, 265–276
  análise simplificada para escoamentos reativos, 236–242
  chamas laminares não pré--misturadas, 321–322
  escoamentos reativos, 236–242
  forma geral unidimensional, 236–239
  forma unidimensional, 236–239
  forma útil para cálculos de chamas, 242
  hipóteses, 239–240
  reator de escoamento uniforme 207
  Shvab–Zeldovich, forma, 238–242
conservação da massa
  análise simplificada de chamas laminares pré-misturadas, 264–265
  análise unidimensional, 220
  chamas laminares não pré--misturadas, 320
  das espécies químicas, 221–224
  global, 219–221
  gota, 97–100
  jato laminar não reativo com densidade constante, 310
  reator de escoamento uniforme, 207
conservação da quantidade de movimento linear
  forma simplificada para escoamentos reativos, 230–237
  formas bidimensionais, 232–237
  reator de escoamento uniforme, 207
  unidimensional, 230–233
conservação da quantidade de movimento linear axial
  chamas laminares não pré--misturadas (ou de difusão), 320
  jato laminar não reativo com densidade constante, 310

conservação das espécies químicas
  análise simplificada para chamas não pré-misturadas, 264–266
  chamas em jatos laminares não pré-misturados, 310
  chamas laminares não pré-misturadas, 320
  equação, axissimétrica, 224
  lei de Fick da difusão, 87
  reator de escoamento uniforme, 207
  transferência de massa, 87–89
conservação de elementos químicos, 45
continuidade
  análise detalhada de chamas laminares pré-misturadas, 270–271
  equação adimensionalizada, 323–324
continuidade das espécies químicas, 219–221
correlações de Roper, 332–337

D

Davey, Sir Humphrey, 284
decaimento da velocidade da linha de centro para um jato laminar com densidade constante não reativo, 312
decalin, 346
n-decano, 287
deceno, 346–348
decino, 346–348
deflagração, 256
densidade constante, solução para chamas não pré-misturadas, 330–331
densidade variável, solução para chamas não pré-misturadas, 330–332
descarte de resíduos, 4
detonações
  definição, 256
  visão geral, 116
diatômicas, moléculas, 15–17
diesel, combustível óleo diesel substituto de pesquisa, 158
diesel, motores
  modos de combustão, 9–11
diferenciais, equações, chama em escoamentos opostos, 350–351
difusão, chamas. *Veja* chamas não pré-misturadas

difusão, fluxo
  da i-ésima espécie química, 237–238
  de A, 81
  significado, 82
difusão, velocidade, 222
difusão. *Veja também* lei de Fick; chamas laminares não pré-misturadas;
  base molecular, 83–85
  binária, unidimensional, 81
  espécie química, 242
  forçada, 225
  massa, 84, 98–100
  ordinária, 83, 222–224
  pressão, 83, 225
  significado, 9–11
difusão de massa, evaporação de gota determinada por, 98–100
difusão multicomponente
  coeficientes, 226–229
  equações de conservação simplificadas, 224–231
  formulações gerais, 224–226
  ordinária, 225
  procedimento simplificado, 229–231
difusão térmica
  coeficiente, 226
  definição, 83, 224–225
  velocidade, 226
difusividade binária, 81
diluente, 284
dióxido de carbono
  dissociação, 44–46
dióxido de nitrogênio
  definição, 172–173
direta, coeficiente de taxa da reação
  atualizações, 166–167
  reações C—H—O, 159–164
  reações N, 164–166
disco rotativo, regenerador, 56
dissociação
  dióxido de carbono, 44–46
  efeito da pressão, 53–54
  equilíbrio químico, 39, 44–46
distâncias de extinção (*quenching*)
  baseadas no método do tubo, 284–285
distribuição da fração mássica das espécies químicas em chamas de CH_4–ar, 272–273, 351–352
distribuição de temperatura
  chamas laminares pré-misturadas, 256–257

estrutura de chamas CH_4–ar, 272–273, 351–352
limites de inflamabilidade, 290–291
distribuições similares, 311

E

efetivo, coeficiente de difusão binário, 229–231
EGR. *Veja* recirculação de gases de exaustão
elementares, taxas de reação
  cinética química, 109–115
  outras reações, 114–115
  reações bimoleculares, teoria de colisão, 109–113
eletricidade, geração, 1, 3–4
emissões
  Clean Air Act Amendments, 4
  comportamento ao longo dos anos nos Estados Unidos, 5–9
  compostos orgânicos voláteis, 5–6, 8–9
  material particulado, 5–6, 8–9
  monóxido de carbono, 5–6, 8–9
  óxidos de enxofre, 6–9
  óxidos de nitrogênio, 6–9
energia, fontes e consumo, 1–2
energia, modos de armazenamento, 15–16
energia de ativação, 111
energias de ignição mínimas, 287, 291–292, 294–296
energizada, molécula, 122
engenharia de combustão, 8–9
  chamas laminares não pré-misturadas, 321–330
  conservação da energia, 248–249
  definição, 242
  entalpia padrão, 322–324
  equações de conservação simplificadas para escoamentos reativos, 242–249
  equações de estado, 325–329
  fração de mistura, 243–248, 321–323
  hipóteses, 324–326
  resumo dos modelos, 329–330
entalpia
  adimensional, 324–325
  de combustão, 30–34
  de formação, 27–30
  de reação, 30–34
  de vaporização, 19

Índice

entalpia padrão
  definição, 27
  mistura de reagentes e produtos, 27–30
  procedimento de escalar conservado, 322–324
entalpia sensível, 28
entropia, máximo, 40
equação de estado, 14–16, 207
equação de Euler, 232–233
equações de conservação para escoamentos reativos
  chamas axissimétricas, com simetria esférica, sistema de coordenadas, 219
  conceito de escalar conservado, 242–249
  conservação da energia, 236–242
  conservação da massa da mistura, 219–221
  conservação da massa das espécies químicas, 221–224
  conservação da massa global, 219–221
  conservação da quantidade de movimento linear, 230–237
  difusão multicomponente, 224–231
  resumo, 249
  visão geral, 218–219
equações de estado calóricas
  gás ideal, 15, 207
  relações entre propriedades, 14–16
equações diferenciais ordinárias (ODE), 195–196, 204–205
equações rígidas, 116
equilíbrio
  átomos de O, 201–204
  completo, 45–50, 53
  constante, 43, 118–119
  deslocamento água-gás, 50–53
  temperatura de chama adiabática, 48
equilíbrio adiabático, 48, 353–354
equilíbrio parcial, aproximação, 132–135
equilíbrio químico
  considerações de segunda lei, 39–41
  dissociação, 39, 44–46
  função de Gibbs, 41–46
  programas, 45–47
  sistemas complexos, 45–47
  termoquímica, 39–47
erf

escalar conservado, procedimento
  adimensionalização das equações, 327–328
  chamas laminares não pré--misturadas, 325–333
  conservação da energia, 251–252
  definição, 245
  entalpia padrão, 326–327
  equações de conservação simplificadas para escoamentos reativos, 245–252
  equações de estado, 329–332
  fração de mistura, 246–251, 325–326
  hipóteses, 328–329
  resumo dos modelos, 333
escalas de tempo químicas
  características
  reações bimoleculares, 128–130
  reações termoleculares, 129–131
  reações unimoleculares, 128–129
  taxas de reação, 128–133
escoamento da mistura, 82
escoamento da mistura, velocidade, 222
escoamentos reativos, equações simplificadas
  conceito de escalar conservado, 242–249
  conservação da energia, 236–242
  conservação da massa das espécies químicas, 221–224
  conservação da massa global, 219–221
  conservação da quantidade de movimento linear, 230–237
  difusão multicomponente, 224–231
  resumo, 249
  sistemas de coordenadas cartesianas, esféricas e axissimétricas, 219
  visão geral, 218–219
esfericamente simétricas, chamas, 219
espécies químicas, distribuições
  chama de CH_4–ar, espécies químicas, 272–273, 351–352
  chama de CH_4–ar, taxa de produção volumétrica de espécies químicas, 273–274
espessura de chamas laminares pré--misturadas
  fatores influenciando, 275–281

mistura estequiométrica propano--ar, 268–270
  pressão, 276–279
  pressão atmosférica, 280
  temperatura, 275–278
  tipo de combustível, 277–281
estabilização de chama
  chamas laminares pré-misturadas, 295–300
  retorno (*flashback*), 295–298
  suspensão de chama (*liftoff*), 295–300
estado de referência padrão, 27
estado padrão, variação da função de Gibbs, 43
estequiometria
  misturas de produtos e reagentes, 22–27
  queimadores não pré-misturados, 337–343
estequiométrica, mistura propano-ar, 268–270
estequiométrica, razão ar--combustível, 22–23
estequiométricos, coeficientes, 116
estireno, 346–348
estrutura de chama de CH_4–ar
  chamas de escoamentos opostos, 350–354
  chamas laminares não pré--misturadas, análise detalhada, 272–276
  espécies químicas, distribuições de frações molares, 272–273, 351–352
  espécies químicas majoritárias, distribuição de frações molares, 353–354
  óxido nítrico, distribuição da taxa de produção molar, 274–275
  razão de equivalência, distribuição, 351–352
  taxa de produção de espécies químicas por unidade de volume, 273–274
  temperatura, distribuição, 272–273, 351–352
  velocidade, distribuição, 351–352
etano
  detonação, batida de pino, 187–188
  limites de inflamabilidade, distâncias de extinção e energias mínimas de ignição, 287
etapa única, parâmetros de reação, 156

eteno, 157, 378
etileno
   jato, 314–315, 318, 344
   limites de inflamabilidade,
      distâncias de extinção e energias
      mínimas de ignição, 287
   ponto de fumaça, 346–348
   velocidade de chama, 277–279,
      281
evaporação, constante, 98–99
evaporação, taxa
   benzeno, 91–95
   gotas, 96–98
evaporação. *Veja* gotas, evaporação
excesso de ar percentual, 23
explosão, características do sistema
   H_2–O_2, 149–151
explosão térmica, 190
extensivas, propriedades, 13–14
extinção (*quenching*)
   análise simplificada, 284–288
   chamas laminares pré-misturadas,
      280, 284–290
   critérios, 284–285
   distância, 280, 284–285, 287
   parede, 284–289
   queimador de chama plana,
      286–290
extinção de chama (*quenching*),
   dispositivos, 284
extinção por excesso de vazão
   (*blowout*)
   características, 195–199
   programa computacional, 64

F

fase gasosa, reações, 138–139
fator estérico, 111, 113
fator pré-exponencial, 112
fenda quadrada, queimador
   correlações de Roper, 333–334
   propano, vazão volumétrica para,
      335–337
1-fenil-1-propino, 346
Fenimore, mecanismos
   definição, 168–172
   óxidos de nitrogênio, 172–173
   taxa de produção de óxido nítrico,
      275–276
FGR. *Veja* recirculação de gases
   queimados
Fick, lei de Fick da difusão
   conservação das espécies
      químicas, 87
   difusão ordinária, 223
   rudimentos, 81–83

flutuação térmica, 317
flutuação térmica, chama em
   queimador de fenda, 333–336
fluxo mássico
   autovalor, 271–272
   benzeno, 93–94
   da espécie química i, 17-18,
      222–223
   das espécies químicas, 222–223
   definição, 81
   fração de massa interfacial,
      efeito, 90–91
fogão comercial, 340–343
fogão de acampamento, cilindro
   com propano, cheio, 290–292
fonte, 193–194
forçada, difusão, 225
forma, efeitos, 336–338
forma bidimensional da conservação
   da quantidade de movimento linear,
   232–237
formaldeído, 167–169
formil, radical, 167–169
fornalha
   FGR, 61
   industrial, 57
   preaquecimento do ar de
      combustão, 54
fornos rotativos, 1, 4
FORTRAN, programa PSR,
   200–201
Fourier, lei da condução de calor, 82
fração de mistura
   chama não pré-misturada, 352–
      353
   conservação, 244
   definição, 243
   equação adimensional, 324–325
   escalar conservado, 243–248,
      321–323
   temperatura, 326–327
   valores típicos, 246–247
fração mássica, gradientes, 271–272
fração molar
   da espécie química i, 16, 18
   distribuição, CH_4-ar, 272–273,
      351–352
   reator perfeitamente misturado,
      201–202
frações molares, espécies
   majoritárias na estrutura de uma
   chama de CH_4-ar, 353–354
frequência, fator, 112
frequência de colisão com parede,
   109
Froude, número, 335–336

fuligem
   asas (*wings*), 317–318
   chamas laminares não pré-
      -misturadas, 343–348
   destruição, 343–348
   formação, 317, 343–348
   frações volumétrica, 345
   radiação, 258
   tipo do combustível, 346
fumaça, 317
função de Gibbs
   de formação, 41, 42
   equilíbrio químico, 41–46
   variação no estado padrão, 43
função erro (erf)
   definição, 333–334
   Gaussiana, 334–336
função erro inversa (inverf),
   333–334

G

gás
   equilíbrio água gás, 50–53
   escoamento, 29
   exaustão, recirculação, 60–67
   fogão, 255–256
   inerte, diluição do combustível,
      340–341
   mistura vapor-gás ambiente,
      95–96
   molecular, movimento, 86
   queimador a gás ideal, 255–256
   reação de deslocamento água-gás,
      50
   recirculação, 60–67
   volume crítico, ignição por
      centelha, 292–293
gás ideal
   equação de estado, 186–187
   equação de estado calórica, 15,
      207
   misturas, 16–19
gás natural
   queimador, 340–343
   substituto de pesquisa, 158
gasolina
   substituto de pesquisa, 158
Gaussiana, função erro, 334–336
generalizado, método de Newton,
   45–47
geral, forma da equação da
   conservação da energia, 236–239
Gibbs, energia livre *Ver* função de
   Gibbs, 41
global, coeficiente de taxa, 108

global, conservação da massa, 219–221
global, mecanismo de oxidação de hidrocarbonetos, 155–157
gotas
  mistura vapor-gás do ambiente, 95–96
gotas, evaporação.
  conservação da massa 97–100
  determinada por transferência de massa, 98–100
  hipóteses, 95–97
  quiescente, ambiente, 95–96
  taxa de evaporação, 96–98
  temperaturas elevadas, 101–102
  transferência de massa, 94–102
governantes, equações para chamas laminares não pré-misturadas, 270
GRI Mech, 159, 173–175

H

H_2—O_2, coeficientes de taxa, 112
H_2—O_2, sistema
  características de explosão, 149–151
  etapas, mecanismo detalhado, 148–149
  mecanismo químico, 148–151
  oxidação do monóxido de carbono, efeito, 152
halogênios, 284
HCCI, motor
  ponto de fumaça, 346–348
1-heptino, 346–348
heterogêneas, reações
  cinética química, 135–139
  definição, 135–136
  fase gasosa, 138–139
  mecanismos complexos, 136–139
  reações superficiais, 135–138
1-hexadeceno, 346–348
hidrocarbonetos
  chamas, 257–258
  eteno, como intermediário, 157
  ponto de fumaça, 347–348
hidrocarbonetos, oxidação
  alcanos, esquema geral, 152–155
  mecanismo químico, 152–158
  mecanismos globais e quase--globais, 155–157
  substitutos de pesquisa, 157–158
hidrocarbonetos policíclicos aromáticos (PAH), 345

Hidrogênio
  limites de inflamabilidade, distâncias de extinção e energias mínimas de ignição, 287
  velocidade de chama, 277–279, 281
hidroxila
  radical, 151
hipótese de Le unitário, 238–239
homogêneas, reações
  definição, 135–136
  fase gasosa, 138–139
H–O–N mecanismo, 198–200
HPFLAME, 55, 66

I

ignição
  análise simplificada, 291–294
  atraso, 192
  autoignição, 9–11
  centelha, 292–295
  chamas laminares pré-misturadas, 284, 287, 291–297
  combustíveis, 287
  critérios, 284–285
  energia mínima, 287, 291–292, 294–296
  pressão, efeito, 293–297
  razão de equivalência, 293–297
  temperatura, efeito, 293–297
ignição por compressão. *Veja* motores a combustão interna
incineração, 4
indeno, 346
indução, período, 192
industrial, aplicações de fornalhas, 57
industrial, processos, 1
inerte, diluição com gás, 340–341
inflamabilidade, limites
  combustíveis, efeito, 287
  inferior, 289–290
  laminar não pré-misturada, 284, 287, 289–292
  pobre, 294–296
  propano, 290–292
  superior, 289–290
  temperatura, efeito, 290–291
integral da quantidade de movimento linear, estimativa, 331–332
interface, fluxo de massa influenciado pela fração de massa interfacial, 90–91
intermediários, 108
inverf. *Veja* função erro inversa

iso-octano
  ponto de fumaça, 346–348
  velocidade de chama laminar, 281–282

J

jato, meia espessura, 312, 313
jato, número de Reynolds, 312–313
jato laminar não reagente com densidade constante
  chamas laminares não pré--misturadas, 308–316
  condições de contorno, 310–311
  decaimento da velocidade da linha de centro, 312
  descrição física, 308–309
  equações de conservação, 310
  etileno, 314–315
  hipóteses, 309
  hipóteses principais, 319–320
  raio do orifício, 315–316
  solução, 311–314
jatos, chamas. *Veja também* comprimento de chama, chamas laminares não pré-misturadas
  aproximação de chama fina, 326–327
  características, 234–236
  descrição física, 316–319
  etileno, 314–315, 318, 344
  não pré-misturadas, 247–248, 307
  velocidade, 235–236
JP-8, 158

L

laboratório, chamas pré-misturadas de laboratório, 258–263
lâmina de chama
  aproximação, 320, 326–327
Le Châtelier, princípio, 45, 53
leis de transferência de massa
  base molecular da difusão, 83–85
  lei de Fick da difusão, 81–83
  lei de Fourier da condução de calor, 85–87
Lewis, número, 238–241, 263–264
limite de inflamabilidade inferior, 289–290
limite de inflamabilidade superior, 289–290
líquidas, taxas de produção, 115–116
local, velocidade do escoamento, 295–297

Longwell, reator. *Veja* reator perfeitamente misturado

M

majoritárias, espécies químicas, 48
manufatura de cimento, 1
massa, 266
massa molar, mistura, 18
material particulado (PM)
  emissões, 5–6, 8–9
  emitido diretamente, 5–6
máxima entropia, 40
mecânica dos fluidos
  camada-limite sobre placa plana, 266
  definição, 9–11
mecanismo cinético reduzido, 134–136, 173–175
mecanismo em múltiplas etapas. *Veja* taxas de reação para mecanismos em múltiplas etapas
mecanismo imediato. *Veja* Fenimore, mecanismo
mecanismo químico, 109.
mecanismo térmico. *Veja* Zeldovich, mecanismo estendido
mecanismos químicos
  CO, umidade, 155
  definição, 109
  evolução temporal, 148
  global, 155–157
  H_2–O_2, sistema, 148–151
  hidrocarbonetos, oxidação, 152–158
  H–O–N, sistema, 198–200
  metano, mecanismo reduzido, 173–175
  monóxido de carbono, oxidação, 151–152, 174–175
  N_2O, intermediário, 168–172
  NNH, 168–170, 172–173
  NO imediato, 170–172
  óxidos de nitrogênio, formação, 168–175
  óxidos de nitrogênio, mecanismo reduzido, 173–175
  quase-global, 155–157
  reduzido, 134–136
  resumo, 174–175
  visão geral, 148
metano, combustão, 158–170
  análise de caminhos de reação, 159–170
  complexo, 158–167
  mecanismo químico, 158–170

mecanismo químico reduzido, 173–175
metano, mecanismo cinético complexo, 158–167
metano. *Veja também* estrutura de chama CH_4–ar
  comprimento de chama, 338–340
  limites de inflamabilidade, distâncias de extinção e energias mínimas de ignição, 287
  razão ar-combustível, 22–23
  velocidade de chama laminar, 277–279, 281
metanol
  limites de inflamabilidade, distâncias de extinção e energias mínimas de ignição, 287
  velocidade de chama laminar, 281–282
4-metilciclohexeno, 346
1-metilnaftaleno, 346
método do tubo, 289–290
mineiro, lâmpada de segurança, 284
minoritárias, espécies químicas, 49, 50
mistura, sistema ar-combustível, 24–25
misturas de reagentes e produtos
  entalpia de combustão, 30–34
  entalpia de formação, 27–30
  entalpia padrão, 27–30
  estequiometria, 22–27
  poderes caloríficos, 30–34
  termoquímica, 22–34
modelo de reator, resumo
  perfeitamente misturado, 195–196
  pressão constante, massa fixa, 185–186
  volume constante, massa fixa, 186–187
modelo simplificado, reator perfeitamente misturado, 195–198
modos, combustão, 9–11
moléculas monoatômicas, 15–17
moléculas triatômicas, 15–17
monóxido de carbono
  emissões, 5–6, 8–9
  limites de inflamabilidade, distâncias de extinção e energias mínimas de ignição, 287
motores a combustão interna de ignição por centelha (SI)
  detonação (batida de pino), 187–192

EGR, 60
modos de combustão, 9–11
velocidade de chama laminar, 283–284

N

N, reações contendo, 164–166
N_2O, mecanismo intermediado por, 168–172
não equilíbrio, átomos de O, 202–204
não pré-misturadas, chamas.
  definição, 9–10
  fração de mistura, 352–353
  jato, 247–248, 307
N—H—O, taxas de reação, 120
NIST, *National Institute of Standards and Technology*, 119
nitrogênio
  combustível, 172–173
NNH, mecanismo, 168–170, 172–173
NO imediato, mecanismo, 170–172
notação compacta, 116–118
núcleo potencial, 308
número de transferência, número de Spalding, 97–98

O

O, átomos, 201–204
n-octano, 287
1-octeno, 346–348
ODE. *Veja* equações diferenciais ordinárias
onda de choque, aquecimento do ar, 127–128
OPPDIF, programa, 350–353
ordinária, coeficientes de difusão multicomponente, 225
ordinária, difusão, 83, 222–224
orifício circular, correlações de Roper, 332–334
Otto, análise do ciclo, 37
oxidação. *Veja também* hidrocarbonetos, oxidação
  alcanos, 152–155
  monóxido de carbono, 151–152, 174–175
  propano, 153, 156–157
oxidação de monóxido de carbono
  efeito da umidade, 174–175
  mecanismo cinético, 151–152
  sistema H_2–O_2, 152
óxido nítrico
  aquecimento do ar por onda de choque, 127–128

taxa de produção molar, 274–276
Zeldovich, mecanismo de formação, 121, 125, 128
óxidos de enxofre
  emissões, 6–9
  oxidante, fração de oxigênio, 340–341
óxidos de nitrogênio, formação
  emissões, 6–9
  Fenimore, mecanismo, 172–173
  mecanismo químico, 168–175

P

PAH. *Veja* hidrocarbonetos policíclicos aromáticos
parafina, 152
parcial, equilíbrio, 132–135
parcial, pressão, 18
PCI. *Veja* poder calorífico inferior
PCS. *Veja* poder calorífico superior
pistão-cilindro, reagentes, 183
plano de estagnação, 347–349
PM. *Veja* material particulado
pobre, 22–23
pobre, limite de inflamabilidade, 294–296
pobre, razão de equivalência, 294–296
poder calorífico inferior (PCI), 32
poder calorífico superior (PCS), 32
poderes caloríficos, 30–34
poluição
  comportamento histórico nos Estados Unidos, 5–8
  fontes, 4
  reduzida, 8–9
Ponta amarela (*yellow-tipping*), 298
ponto de fumaça
  definição, 346
  para alguns combustíveis, 346
  para famílias de hidrocarbonetos, 347–348
pré-misturadas, chamas. *Veja também* chamas laminares pré-misturadas
  definição, 9–10
pressão
  difusão, 83, 225
  efeitos, 53–54
  energias mínimas de ignição, 294–295
  ignição, 293–297
  parcial, espécie química i, 18
  taxa de aumento de pressão, 187–188
  velocidade e espessura, 276–279

pressão constante, calores específicos, 15
pressão constante, reator de massa fixa
  acoplamento de análises térmicas e químicas de escoamentos reativos, 183–186
  princípios de conservação, aplicação, 183–185
  resumo do modelo, 185–186
pressão constante, temperatura de chama adiabática, 35–37
primeira lei da termodinâmica
  fixa, massa, 19–20
  regime permanente, 21
  sistema, 19–20
  volume de controle, 21–23
princípio de Le Châtelier, 45, 53
princípios de conservação
  chamas laminares pré-misturadas, análise simplificada, 263–266
  escoamento uniforme, reator, 204–209
  jato laminar com densidade constante, não reativo, 310
  perfeitamente misturado, reator, 192–196
  pressão constante, reator com massa fixa, 183–185
  volume constante, reator com massa fixa, 185–187
problema de Stefan, 89–91
problema de valores no contorno, 270–271
produtos de combustão em equilíbrio
  completo, 45–50, 53
  deslocamento água-gás, 50–53
  efeito da pressão, 53–54
  termoquímica, 45–54
propano
  fogão de acampamento, 290–292
  fração volumétrica de fuligem, 345
  limites de inflamabilidade, distâncias de extinção, energias mínimas de ignição, 287
  mistura estequiométrica propano-ar, 268–270
  oxidação, 153, 156–157
  ponto de fumaça, 346–348
  vazão volumétrica, queimador de fenda, 335–337
  velocidade de chama laminar, 281–282

propileno
  ponto de fumaça, 346–348
propriedades
  calor latente de vaporização, 19
  equação de estado calórica, 14–16
  extensivas, 13–14
  intensivas, 13–14
  mistura de gases ideais, 16–19
  termoquímica, 13–19
propriedades de transporte, 82
propriedades intensivas mássicas, 13–14
propriedades mássicas da mistura, 18
propriedades molares da mistura, 18

Q

quantidade de movimento linear, queimador controlado por, 333–335
quase-global, mecanismo de oxidação de hidrocarbonetos, 155–157
queimador de chama plana adiabática, 259–261
queimador de chama plana laminar, 286–290
queimador de chama plana não adiabática, 259–261
queimador de fenda
  controlado por flutuação, 333–336
  controlado por quantidade de movimento linear, 333–335
  regime de transição, 335–337
queimador de fenda, comprimento de chama
  aeração primária, 338–340
  chamas laminares não pré-misturadas, 332–343
  correlações de Roper, 332–337
  diluição do combustível com gás inerte, 340–341
  efeitos na estequiometria, 337–343
  forma do orifício, efeitos, 336–338
  fração de oxigênio no oxidante, 340–341
  metano, 338–340
  retorno de chama (*flashback*), 339–340
  tipo de combustível, 338–339
  vazão, 336–338
queimador de gás natural para fogão doméstico, 340–343

queimador de mesa avançado para fogões domésticos, 255–256
queimador de tubo radiante acoplado a regenerador, 55
queimador radiante direto, 260–261
queimadores de orifício circular, comprimento de chama
  aeração primária, 338–340
  chamas laminares não pré--misturadas (ou de difusão), 332–343
  diluição do combustível com gás inerte, 340–341
  efeitos de forma, 336–338
  estequiometria, fatores que afetam, 337–343
  fração de oxigênio no oxidante, 340–341
  metano, 338–340
  retorno de chama (*flashback*), 339–340
  Roper, correlação, 332–337
  tipo de combustível, 338–339
  vazão, 336–338
queimadores radiantes diretos, 260
querosene
  substituto de pesquisa, 158

R

radiação
  chama, 258
  corpo negro, 258
  fuligem, 258
radicais
  definição, 108
  formil, 167–169
  hidroxila, 151
  livres, 108
  ramificação de cadeia, 125
raio crítico, 292–294
razão de equivalência
  definição, 23
  distribuição, chama não pré--misturada de CH_4–ar, 351–352
  ignição, 293–297
  pobre, 294–296
  velocidade de chama pré--misturada, 276–277, 280
reação, análise de caminhos
  atualizações, 166–167
  combustão do metano, 159–170
  espécies químicas contendo N, 164–166
  sistema C–H–O, 159–164

temperatura alta, 167–170
temperatura baixa, 167–170
reação, entalpia, 30–34
reação, mecanismo, 109
reação, ordem, 108
reação, zona, 257
reação global
  cinética detalhada desconhecida, 126–127
  mecanismo químico, 107
  versus reações elementares, 107–109
reações bimoleculares
  definição, 109
  escalas de tempo químicas características, 128–130
  notação compacta, 116–118
  relação entre coeficientes da taxa e constante de equilíbrio, 118–119
  teoria de colisão, teoria elementar de velocidade de reação, 109–113
reações de embaralhamento, 133–134
reações de ramificação
  definição, 125
  taxas de reação, 123–128
reações de recombinação, 114, 132–133, 274–275
reações de recombinação de terceiro corpo, 274–275
reações elementares
  definição, 108
  reações globais *versus*, 107–109
reações em cadeia
  definição, 123
  taxas de reação, 123–128
reações finalizadoras da cadeia, 123
reações iniciadoras da cadeia, 123
reações propagadoras da cadeia, 123
reações superficiais, 135–138
reações termoleculares
  definição, 114
  escalas de tempo químicas características, 129–131
reações unimoleculares
  definição, 114
  escala de tempo química característica, 128–129
  mecanismo químico, 121–123
reator perfeitamente misturado
  acoplamento de análises térmicas e químicas, 183, 204–209
  análise dos átomos de O, 201–204

aplicações à modelagem de combustão, 208–209
câmara de combustão de alta intensidade, 197–198
características de extinção (*blowout*), 195–199
com um dos hemisférios removido, 193–194
como reator ideal, 192–194
esquema, 192–194
frações mássicas previstas, 201–202
hipóteses, 204–205
leis de conservação, 192-196, 204–209
modelo simplificado, 195–198
relações, 204–205
resumo, 195–196
temperaturas previstas, 201–202
variáveis, 204–205
vazão, influência, 196–198
recirculação de gases de exaustão (EGR), 60–67
recirculação de gases queimados (FGR), 60–67
  caldeira compacta, 64
  fornalha, 61
recuperação, 54–60
recuperador, 54, 55
recuperador acoplado, 55
redução de mecanismos, técnicas, 134–135
reduzido, mecanismo químico, 173–175
regeneração, 54–60
regenerador, 54, 56–57
regenerador de disco girante para turbina a gás automotiva, 56
regenerador de roda girante, 57
regime de transição em queimadores de fendas, 335–337
regime permanente, aplicação da primeira lei, 21
regime permanente, determinação da entalpia de combustão, 30
regra de cisão β, 154–155
relações de estado
  definição, 325–326
  escalar conservado, 325–329
  relações simplificadas, 327–328
relações simplificadas, 327–328
retorno (*flashback*)
  comprimento de chama, efeito, 339–340
  definição, 284–285, 295–297, 339–340
  estabilização de chama, 295–298

Índice

Reynolds, número
  jato, 312–313
rico, 22–23
RMFD, 299–300, 281–282
RQL. *Veja* câmara de combustão de turbinas a gás

S

Sandia, programas computacionais, 271–272
Schmidt, número, 309, 324–325
segunda lei da termodinâmica, 39–41
sem chama, modo, 9–10
sem fonte, equação, 244
Shvab–Zeldovich, conservação da energia, 238–242
Shvab–Zeldovich, equação da energia, 238–239
SI, motores a combustão interna. *Veja* motores a combustão interna de ignição por centelha
sistema, 19–20
sistema de coordenadas, chamas axissimétricas, de simetria esférica e planas, 219
sítios ativos, 135–136
solução de Roper para chama não pré-misturada em jato, 330–331
Soret, efeito, 83, 224–225
Stefan–Maxwell, equação, 225
substitutos de pesquisa, 157–158
sumidouro, 193–194
superequilíbrio, átomo O, 170–171, 203–204
superventilada, chama, 316
supressores químicos, 284
suspensão de chama (*liftoff*)
  definição, 295–297
  estabilização, 295–300
suspensas, chamas (*liftoff*), 295–297

T

taxa de aumento de pressão, 187–188
taxa de combustão mássica, 266
taxa de espalhamento, 312
taxa mássica de evaporação, do benzeno, 91–95
taxas de produção, 118
taxas de reação para mecanismos em múltiplas etapas
  aproximação de estado estacionário, 120–121
  cadeia e ramificadores de cadeia, 123–128
  cinética química, 115–135
  equilíbrio parcial, 132–135
  escala de tempo química, 128–133
  notação compacta, 116–118
  reações unimoleculares, 121–123
  relações entre constante de taxa e constante de equilíbrio, 118–119
  taxas de produção líquidas, 115–116
temperatura. *Veja também* chama adiabática
  aumento, na explosão térmica, 190
  caminhos de reação em temperatura baixa, 167–170
  caminhos de reação em temperatura elevada, 167–170
  evaporação de gotas em temperatura elevada, 101–102
  ignição, 293–297
  reator perfeitamente misturado, 201–202
  velocidade e espessura de chamas não pré-misturadas, 275–278
temperatura da mistura, 326–327
temperatura de chamas adiabáticas
  influência do preaquecimento do ar de combustão, 59
  pressão constante, 35–37
  taxas de reações químicas, 182
  termoquímica, 34–38
  volume constante, 37–38, 63
tempo de residência, 195
tensões viscosas para fluido Newtoniano, 234–235
teoria de colisão molecular, 109–113
terceiro corpo de colisão, 114
termodinâmica
  segunda lei da termodinâmica, 39–41
termoquímica
  aplicações, 54–67
  definição, 9–11
  equilíbrio químico, 39–47
  misturas de reagentes e produtos, 22–34
  primeira lei da termodinâmica, 19–23
  produtos de combustão em equilíbrio, 45–54
  relações de propriedades, 13–19
  resumo, 67
  temperaturas de chamas adiabáticas, 34–38
  visão geral, 13
tolueno
  ponto de fumaça, 346–348
transferência de massa
  aplicações, 89–102
  condição de contorno na interface líquido-vapor, 90–95
  conservação das espécies químicas, 87–89
  definição, 80
  evaporação de gotas, 94–102
  resumo, 101–102
  rudimentos, 80–89
  Stefan, problema de, 89–91
  visão geral, 80
transporte molecular de massa e calor, 9–11, 80–81
transporte molecular de quantidade de movimento linear, 80
tubo de *flash*, 295–297
turbina a gás
  automotiva, com regenerador de disco girante, 56
turbina a gás, câmara de combustão baixo NOx, invólucro da câmara de combustão de turbina a gás, 24
sistema de combustão, modelagem, 208–209
turbulência, 81

U

unidimensional, chama plana, 260–261
unidimensional, chamas pré-misturadas, 232–233, 260–261
unidimensional, conservação da energia, 236–239
unidimensional, conservação da massa, 220
unidimensional, conservação da quantidade de movimento linear, 230–233
unidimensional, difusão binária, 81
unidimensional, esférica, forma de Shvab–Zeldovich, 242

V

valor inicial, 184
vaporização, calor latente, 19
vaporização, entalpia, 19
variável de progresso, 118
variável de similaridade, 311

vazão
  geometria, efeito, 336–338
  orifício circular, queimadores, 336–338
  reator perfeitamente misturado, efeito, 196–198
  volumétrica, propano em orifício quadrado, 335–337
velocidade
  acetileno, 277–279, 281
  chamas em jato, 235–236
  constante, 319
  difusão, 222
  difusão das espécies químicas, 242
  difusão térmica, 226
  distribuição para chama CH_4–ar, 351–352
  escoamento, 222, 295-297
  espécies químicas, 222
  etileno, 277–279, 281
  hidrogênio, 277–279, 281
  linha de centro, decaimento, 312
  metano, 277–279, 281
  mistura, 295–297
velocidade de chama laminar
  definição, 256
  em motores de ignição por centelha, 283–284
  fatores que influenciam, 275–281
  iso-octano, 281–282
  metanol, 281–282
  mistura propano-ar estequiométrica, 268–270
  para alguns combustíveis, 281–284
  pressão, 276–279
  propano, 281–282
  razão de equivalência, 276–277, 280
  RMFD, 299–300, 281–282
  temperatura, 275–278
  tipo do combustível, 277–281
  velocidade local do escoamento, 295–297
velocidade média molecular, 84, 109
volume constante, calores específicos, 15
volume constante, explosões, 186–187
volume constante, reator de massa fixa
  acoplamento de análises térmicas e químicas de escoamentos reativos, 183, 185–192
  princípios de conservação, aplicação, 185–187
  resumo do modelo do reator, 186–187
volume constante, temperatura de chama adiabática, 37–38, 63
volume de controle, 21–23, 264–265
volumétrica, taxa de produção de espécies químicas, chama CH_4–ar, 273–274
volumétrica, vazão, propano, queimador de fenda quadrada, 335–337

W
Wien, lei, 258

Z
Zeldovich, mecanismo
  de formação de óxido nítrico, 121, 125, 128
  definição, 168–171
  estendido, 170–171
  taxa de produção molar de óxido nítrico, 274–276
zona de preaquecimento, 257